Einbandgestaltung: Sven Rauert
Bildnachweis Umschlag: Fortepan, Hungary, CC-BY-SA

ISBN: 978-3-613-04756-3

1. Auflage 2025

Sie finden uns im Internet unter www.motorbuch-verlag.de

Druck und Bindung: Graspo CZ, 763 02 Zlín
Printed in Czech Republic

C. Hertweck

DER KUPFERWURM

Elektrotechnik, Zündung und Lichttechnik an Kraftfahrzeugen

Grundwissen
Messen
Batterien
Regler
Lichtmaschinen
Lichttechnik
Zünder
Kerzen
Nebendinge

Der Kupferwurm

mußte diesen seinen Titel schwer verteidigen. Wenn es nach den sogenannten seriösen Leuten gegangen wäre, dann hieße er „Großes Handbuch der Motorrad-Elektrik" oder so ähnlich – aber Gott sei Dank sind Motorräder heute nicht mehr seriös. Die Produktion neuer Motorräder in Bundesdeutschland beträgt heute, 1960, noch weniger als 5 % der Produktion von 1954, das heißt also, daß es keine Motorradproduktion mehr gibt. Selbst da, wo in geringen Stückzahlen Motorräder heute noch gefertigt werden, fehlt längst schon ein qualifizierter Kundendienst – nur im Ausnahmefall gibt es selbst bei sehr großen Handelsfirmen (die sich ja heute alle auf Pkw und Mobile umgestellt haben) noch einen alten Mechaniker, der mit Motorrädern wirklich Bescheid weiß. Und wenn es diesen bescheidwissenden Mechaniker nicht mehr gibt oder er gerade an einem Mobil arbeitet, dann wird das Motorrad eben von einem anderen Mechaniker verarztet, so, wie der das halt kann. Es hat keinen Sinn, vor dieser Lage die Augen zu verschließen: Es gibt so gut wie keine Motorradindustrie mehr und die Motorradwerkstätten mußten sich auf Wagen umstellen. Funktionsfähige, gute Motorradwerkstätten sind heute seltener denn je. Wer also heute noch so verrückt ist und glaubt, sich ein Motorrad halten zu müssen, darf nicht warten, daß ihm an jeder Straßenecke sachkundige Hilfe zuteil wird – heute muß man sich wieder selber helfen, wie wir uns selber helfen mußten, als wir an 1924 mit Motorrädern anfingen. Es geht also nicht mehr darum, daß irgendwelchen notleidenden Handwerksbetrieben das berühmte tägliche Brot fortgenommen werden soll, indem ich hier den Leuten zeige, wie man sein bißchen Krämchen selber macht – die Aufgabenstellung hat sich ins Gegenteil verkehrt: Weil es heute kaum mehr eine Werkstatt gibt, in der man Arbeiten an einem Motorrad sachgemäß ausgeführt bekommt, sind die paar überlebenden Motorradfahrer gezwungen, „ihren Dreck eben alleine" zu machen. Diesen Leuten zu helfen ist meine Absicht, nichts weiter. Zwar behauptet so mancher, anderen Leuten „nur helfen" zu wollen, ich kann das aber beweisen: Motorrad-Literatur, die ein jüngeres Datum als 1956 trägt, ist wunderselten, seitdem lohnt es sich nämlich nicht mehr, Bücher über Motorräder zu machen. Wer nun an 1960 noch ein Buch über Motorräder und erst recht über Motorrad-Elektrik schreibt, muß damit rechnen, daß dieses Buch sich nur noch äußerst schleppend verkauft und er deshalb auch nur schleppend sein Geld sieht – Bücherschreiber bekommen ihr Geld nämlich erst, wenn die Bücher verkauft sind. Als vernünftiger Mensch hätte ich ein Automobilbuch schreiben müssen, statt meine Arbeitszeit mit einem Buch über Motorrad-Elektrik zu verpulvern, wo mir doch jeder prophezeit, daß man davon höchstens noch ein paar hundert Stück verkaufen könne. So ist das also. Daher nehme ich mir auch die moralische Berechtigung, ab und zu mal etwas über die Arbeitsgepflogenheiten mancher Werkstätten zu sagen – sofern es Arbeiten an Motorrädern betrifft. Es handelt sich da um pure Erfahrung – um meine persönliche Erfahrung wie auch um belegbare Erfahrungen meiner Freunde, Erfahrungen aus Konjunkturzeiten und Erfahrungen aus nachfolgenden schlechteren Zeiten. Es liegt mir nichts daran, den Berufsstand der Kraftfahrzeug-Elektriker schlechtzumachen, es ist aber eine beweisbare Tatsache, daß es heute nur noch sehr wenige Fachleute gibt, die sich mit Motorrad-Anlagen wirklich auskennen, da liegen die Dinge nun eben einmal etwas anders als bei Wagen-Anlagen. Man kann und soll nicht verlangen, daß ein Handwerker von jetzt bis gleich mit der Einstellung etwa eines Motorradreglers fertig wird, wenn er bestenfalls jede zweite Woche noch ein Motorrad sieht – wer unter diesen Umständen sein Motorrad nicht verschrotten und immer noch am Leben erhalten will, muß sich eben selbst darum kümmern. Er wird dabei auch kein Geld sparen – insofern können die Herren Oberzunftmeister ganz beruhigt sein –, er wird außer viel Geld für (mindestens) ein genaues Voltmeter noch Dutzende eigener Probier- und Arbeitsstunden aufwenden müssen, und nicht nur das, er wird in schweißtreibender Weise eigenen Verstand auf Drehzahl bringen müssen. Kupferwürmer zu suchen ist eben nicht einfach. Man hätte es wie gesagt in Lehrbuchmanier angehen können, hübsch aufgebaut mit erstens, zweitens und drittens – nur ist eben dieses Buch auch nicht zum Lob und Preis einer hehren Wissenschaft verfaßt worden, es ist einfach aus dem täglichen Verdruß entstanden. Kupferwürmer halten sich nicht an wissenschaftliche Systematik, die sind eben da, müssen gesucht und gefunden werden. Die einzige Systematik in diesem Buch ist die Häufigkeit der Kupferwurmsorten – das, was an einer Motorradanlage am meisten Verdruß macht, ist auch am ausführlichsten behandelt. Es war nur schlicht unvermeidlich, dabei auch ein bißchen auf Theorie einzugehen. Wer das nicht überliest und wer gar ein bißchen mitzudenken versucht, erwirbt freilich unversehens das, was man gemeinhin mit Fachwissen bezeichnet – er ist dann über kurz oder lang auch in der Lage, Kupferwürmer bei Wagenanlagen zu finden. Was wieder zweifellos den Argwohn mancher Zunftmeister erwecken wird – wie man's auch macht, immer ist es falsch.

Lassen wir also das unfruchtbare Gerede – wer Kupferkummer an seiner Maschine und ein kleines bißchen Verstand im Kopfe hat, wird mit Hilfe dieses Buches den Kupferkummer zu beseitigen vermögen. Mehr wollte ich damit nicht erreichen.

Meinen alten Lesern und Freunden vom MOTORRAD her schulde ich noch eine gewisse Zeit-Erklärung: Dies Buch war im wesentlichen begonnen im Frühjahr 1959, die Kapitel über Grundwissen, Batterien, Regler und Lichtmaschinen haben alle schon mal im MOTORRAD gestanden. Vom Kapitel Lichttechnik ab wurde das Buch im Laufe des Jahres 1960 geschrieben, als ich längst nicht mehr beim MOTORRAD war und endlich kennenlernte, was es heißt, nicht mehr von Inseraten abhängig zu sein. Dabei allerdings hat sich die Schreiberei etwas in die Länge gezogen, das letzte Manuskript zum letzten Kapitel habe ich Ende Januar 1961 an die Druckerei abgeliefert — auf diese Weise ist der Elektronik-Abschnitt sogar sehr aktuell, einfach weil ich mich von Mitte 1959 bis heute in einer Weise mit dieser Elektronik befassen konnte — oder vielmehr mußte —, wie dies beim MOTORRAD nie möglich gewesen wäre. Das ist aber auch alles. Im übrigen habe ich feststellen müssen, daß es tatsächlich — wie eingangs bemerkt — auch vollends zur Liebhaberei geworden ist, Motorradbücher zu schreiben: Wenn man die Sachkosten noch nicht einmal rechnet und nur die aufgewendeten Arbeitsstunden addiert, dann kommt etwas weniger als der Stundenlohn einer Putzfrau heraus. Falls die ganze Auflage verkauft wird. Es ist mir dabei auch endlich klargeworden, warum es heute so wenig kraftfahrtechnische Fachliteratur gibt, in der mehr zu lesen wäre als umgeschriebene Fabriks-Drucksachen — selber den Stoff eines Buches zu erarbeiten und eigene Erfahrungen hineinzupacken ist so mühsam und heute so „unlohnend“, daß man schon ein ganz ausgemachter Motorradnarr sein muß, um damit noch seine Zeit zu verplempern. Und weil ich auch nicht mehr freie Zeit hatte als andere Normalverbraucher, hat eben die zweite Buchhälfte anderthalb Jahre aufgefressen.

Darmstadt, im Frühjahr 1961 C. Hertweck

Elektrisches Grundwissen

Hier wird elektrisches Grundwissen geboten – anders als in normalen Lehrbüchern und vor allem auf unsere ganz speziellen Fahrzeugbedürfnisse hin zurechtgemacht und skelettiert. Es ist nicht unbedingt nötig, mit der Lektüre hier anzufangen – aber es wäre gut, hier anzufangen. Denn hier stehen ein paar Dinge, die selbst Fachleute recht häufig nicht so ganz „gefressen" haben, weswegen immer wieder die erstaunlichsten Fehler gemacht werden.

Man kann gut da beginnen, wo einen grade der Schuh drückt, bei den Batterien, bei den Reglern, oder sonstwo – sobald man aber dort das Gefühl hat, irgend etwas nicht richtig verstehen zu können, ist es Zeit, hier vorn bei den Grundlagen zu beginnen.

Volt - Ampere - Ohm - Watt

Also, Leute, seid's mir net bös, aber es fiel mir nun mal keine bessere Kapitelüberschrift ein, obwohl jeder Simpel so anfangen könnte. Es bleibt wirklich nichts übrig, als mal so tief unten anzufangen, oder wissen Sie tatsächlich den Unterschied zwischen Strom, Spannung und Leistung, zwischen Ampere (Nebenbei gesagt: Der Herr Marie André Ampère schrieb sich mit Akzent, die Stromstärkebezeichnung schreibt man ohne, nur so, nur Ampere), Volt und Watt?

Am anschaulichsten wird es, wenn man den elektrischen Strom mit einem Wasserstrom vergleicht. Der Strom, also die elektrische Stromstärke, ist direkt zu vergleichen mit der Wassermenge, die durch einen Querschnitt fließt. Durch ein dickes Rohr fließt mehr als durch ein dünnes, unter der Düsseldorfer Rheinbrücke fließt mehr als unter der Nesenbachbrücke. Die elektrische Stromstärke bedeutet also immer eine Menge.

Ganz genau: Eine Menge pro Zeiteinheit, etwa pro Sekunde, genau wie beim Wasser. Da mißt man Liter oder Kubikmeter pro Sekunde, hat aber kein besonderes Wort dafür, beim elektrischen Strom sind es Coulomb [das Coulomb ist sozusagen das elektrische Liter] pro Sekunde, dafür hat man eben das Wort Ampere.

Gemessen wird, wie gesagt, in Ampere, abgekürzt A. Ein paar Faustwerte: eine Scheinwerferlampe von 35 Watt braucht bis zu 6,5 A, eine Zündspule braucht rund 3 A, Motorradanlasser brauchen zum Durchdrehen an die 30 A, die großen Wagenanlasser an die 300 A. Für Kleinbedarf gibt es noch das Milliampere, mA, wobei jedermann wohl weiß, daß ein mA das Tausendstel eines A ist. Wenn ein Elektrofritze „Milli" sagt, dann meint er immer mA damit, obwohl auch Millivolt und Milliwatt zum täglichen Brot gehören, nur zu mA sagt man eben bloß „Milli". Das 1,2-W-Schlußlämpchen z. B. läßt 200 mA durch. (Bei 6 Volt.)

Die **Spannung** hat unmittelbare Ähnlichkeit mit dem Druck in einer Wasserleitung, etwa in einem Fallrohr. Dabei leuchtet es einem ohne weiteres ein, daß es weder bei der Spannung noch beim Wasserdruck auf die Ergiebigkeit ankommt, auf das, was „dahintersteht". Man kann sich anstandslos ein nur millimeterweites Rohr denken, in das einer auf der Montblanc-Spitze Wasser füllt – unten im Rhonetal sind im Röhrl 400 atü Druck, eben ein atü für jede zehn Meter Höhe. Der Druck ist in der Lage, ein Rohr von mehreren Millimetern Wandstärke zu sprengen, nur sitzt eben nix dahinter, drei ordentliche Literflaschen voll bei einem Millimeter Weite, das söffe einer glatt aus, wenn es nicht geradezu bloß Wasser wäre und ihm außerdem nicht vorher ein Loch durch beide Backen schösse.

Die größte Fallhöhe eines praktisch ausgeführten Kraftwerkes mit meterweiten Rohren gibt es übrigens im Mölltal in Kärnten, 1800 Meter gleich 180 atü, Weltrekord. Bei Hamburg bauen sie ein Kraftwerk um lausiger fünf Meter Fallhöhe willen, deren halbes atü kneift einer im Gummischlauch mit zwei Fingern ab – obwohl da viele hunderttausend Kubikmeter dahinterstehen.

Elektrisch übersetzt ist das ähnlich: Was aus einer Zündspule 'rauskommt, hat so hohen Druck, daß es an die 10 mm Luftraum glatt überspringt, aber der „Masse" nach noch nicht für das kleinste Damenhandtaschenlampenbirnchen reicht. Umgekehrt hat eine normale Wagenbatterie so lächerlich wenig „Druck", daß die funzeligste Klavierlampe von 15 Watt nicht mal etwas davon merkt, geschweige angeht, hat aber so viel „dahinter", daß sie für einen Anlasser ein reichliches PS zu entnehmen erlaubt.

Gemessen wird der elektrische Druck, die Spannung, in Volt, nach dem Herrn Alessandro Volta, dem wir übrigens die erste „richtige" Stromquelle für halbwegs starke Ströme verdanken, mit denen man – hätte es sie schon gegeben – hätte ganz gut Taschenlampenbirnchen speisen können. (Die Volta-Zelle, die heute nicht mal mehr in Lehrbüchern vorkommt, war ein Zinkblech und ein Kupferblech in einem Becherglas mit Schwefelsäure.)

Abkürzung ist V, oder mV für Kleinbedarf. Größenordnungen: 6 V in Kraftfahrzeugen, billig und schlecht, 12 V teurer und vorteilhafter, 24 V für große Lkw-Anlasser, 60 V für Elektrofahrzeuge, um die 10 000 bis 20 000 V für Zündspannung. Millivolt kommen auch vor – als Spannungsverlust. Wenn man zum Beispiel einen Schalter ganz erstklassig konstruiert, die Kontakte noch viel größer macht, als bei Kraftfahrzeugen sonst üblich, wenn man sie mit gewaltigem Druck aufeinanderlegt und nicht vergißt, dabei auch noch ausgiebig zu reiben und zu scheuern, dann bleiben in so einem Kontakt gut und gern 50 bis 100 mV Spannung stecken. Auf dem Weg von der Batterie bis zum Glühlampenfaden in einem Motorrad können so an die 500 mV, also ein halbes Volt, glatt verschwinden, nur weil da ein paar Kontakte hintereinander vorkommen.

Schließlich noch die **Leistung,** die für Wasserturbinen und für Motoren gefühlsmäßig schon ein Begriff ist: Dafür gibt es elektrisch die Bezeichnung Watt, so genannt nach dem Herrn James Watt, der die erste wirtschaftliche und alltagsbrauchbare Dampfmaschine baute. 1 PS sind 736 Watt. Was die wenigsten Leute aber wissen: Das Watt W, das sich so bequem aus Volt und Ampere errechnet, *ist ursprünglich gar keine elektrische Größe*, sondern eine *mechanische* Größe, aufgebaut aus lauter runden Zentimetern, Grammen und Sekunden. Nur weil man für das Watt eine einwandfreie, mit Zollstock, Waage und Uhr jederzeit kontrollierbare Grundlage hatte, wurden nachher die elektrischen Einheiten für Strom, Spannung und Widerstand kunstreich so hingedeichselt, daß man jetzt nur noch eine Amperezahl mit einer Voltzahl zu multiplizieren brauchte, um gleich eine glatte Wattzahl zu bekommen. Deshalb sind die „Normale" für Spannung und Widerstand, deren Urmasse also, so seltsam „krumm" und können nicht in ganzen Zahlen, sondern nur in unzähligen Dezimalen angegeben werden, man hat die Normale eben so gemacht, daß sich nachher, das Normal als 1 gesetzt, glatte Rechnungen ergeben. Sonst würde man in der elektrischen Rechnerei genauso ekelhafte Dezimalen und Brüche mitzuschleppen haben, wie wenn europäisches metrisches System und amerikanisches Zollsystem miteinander zu tun kriegen.

Damit ist die simple Rechnerei möglich: Volt mal Ampere gibt Watt. 6 Volt mal 6 Ampere gibt 36 Watt, und wenn eine Positionslampe in einem 6-Volt-Netz 3 Watt aufnimmt, dann läßt sie eine Stromstärke von 0,5 A durch. 15 Watt in einem Moped-

Zusammenschalten von Batterien

Unsere frisch erworbenen Kenntnisse über elektrische Maßeinheiten können wir gleich benützen, um einen Durchguck über die Möglichkeiten des Zusammenschaltens von Batterien zu erlangen. Irgendwann sieht man sich ja immer mal der Frage gegenübergestellt, ob und wie sich verschiedene Batterien zusammenschalten lassen. Bevor wir aber in dieses Kapitel einsteigen können, müssen wir noch ganz kurz ein elektrisches Maß besprechen, das es nur bei Batterien gibt: die *Amperestunde*. Man bezeichnet damit das Fassungsvermögen, die Kapazität der Batterie. Wenn eine Motorradbatterie beispielsweise 8 Amperestunden (Ah) Kapazität hat, dann bedeutet das, daß man 4 A während 2 Stunden entnehmen kann, oder $^1/_2$ A während 16 Stunden oder $^1/_{10}$ A während 80 Stunden. Eine Wagenbatterie von 80 Ah hat also die zehnfache Kapazität.

Ferner ist es notwendig, zu wissen, daß eine Einzelzelle einer Bleibatterie 2 Volt Spannung hat. Damit können wir hier weitermachen, ohne den Inhalt des Batterieabschnittes zu kennen – dort steht natürlich ganz genau, was es mit Kapazitäten und Spannungen bei Batterien auf sich hat.

Um nun ganz klein und allgemeinverständlich zu beginnen, überlegen wir einmal, wie sich einzelne Batteriezellen schalten lassen:

Man kann schalten wie in Bild 3, man kann alle Plus-Pole miteinander verbinden und alle Minus-Pole, das Ganze nennt sich Parallelschaltung. Dabei beträgt die Spannung nach wie vor 2 Volt. Da jede Zelle 8 Ah hat, kann man jetzt dieser Batterie aber 24 Ah entnehmen.

Auch so ein bißchen Grundwissen: Die Bezeichnung „Batterie" verwendet man immer nur dann, wenn mehrere „Zellen" zusammengeschaltet sind. Das einzelne Element einer Batterie wird stets als Zelle bezeichnet.

Die **Arbeit,** die wir dieser aus 3 Zellen bestehenden Blei-Batterie entnehmen können, sind 2 × 24 = 48 Wh. (Diese Wh sind wichtig, sobald das Gewicht einer Batterie eine Rolle spielt, denn das Gewicht kann man weder zur Spannung allein noch zur Amperestundenzahl allein in Beziehung setzen, sondern nur zur Wattstundenzahl.) Nun können wir unsere 3 Zellen aber auch anders verbinden: Wir können nach Bild 4 den Pluspol einer Zelle mit dem Minuspol der nächsten Zelle verbinden, dann haben wir zum Schluß einen Minuspol und einen Pluspol übrig, zwischen diesen beiden Polen haben wir aber jetzt 6 Volt Spannung, weil die 2 Volt jeder einzelnen Zelle sich in dieser Hintereinanderschaltung addieren, dafür haben wir aber eine Kapazität von nach wie vor nur 8 Ah, wohl aber haben wir wieder die gleiche Wattstundenzahl, nämlich 6 × 8 = 48 Wh. In dieser Weise sind nun unsere Motorradbatterien und auch Wagenbatterien geschaltet, wir können uns damit ein Grundgesetz merken:

Wenn man mehrere Stromquellen parallel schaltet, bleibt die Spannung erhalten, das Stromlieferungsvermögen wächst aber entsprechend der Zahl und der Größe der Stromquellen.

Wenn man mehrere Stromquellen hintereinanderschaltet, dann vervielfacht sich zwar

Elektrisch übersetzt ist das ähnlich: Was aus einer Zündspule 'rauskommt, hat so hohen Druck, daß es an die 10 mm Luftraum glatt überspringt, aber der „Masse" nach noch nicht für das kleinste Damenhandtaschenlampenbirnchen reicht. Umgekehrt hat eine normale Wagenbatterie so lächerlich wenig „Druck", daß die funzeligste Klavierlampe von 15 Watt nicht mal etwas davon merkt, geschweige angeht, hat aber so viel „dahinter", daß sie für einen Anlasser ein reichliches PS zu entnehmen erlaubt.

Gemessen wird der elektrische Druck, die Spannung, in Volt, nach dem Herrn Alessandro Volta, dem wir übrigens die erste „richtige" Stromquelle für halbwegs starke Ströme verdanken, mit denen man – hätte es sie schon gegeben – hätte ganz gut Taschenlampenbirnchen speisen können. (Die Volta-Zelle, die heute nicht mal mehr in Lehrbüchern vorkommt, war ein Zinkblech und ein Kupferblech in einem Becherglas mit Schwefelsäure.)

Abkürzung ist V, oder mV für Kleinbedarf. Größenordnungen: 6 V in Kraftfahrzeugen, billig und schlecht, 12 V teurer und vorteilhafter, 24 V für große Lkw-Anlasser, 60 V für Elektrofahrzeuge, um die 10 000 bis 20 000 V für Zündspannung. Millivolt kommen auch vor – als Spannungsverlust. Wenn man zum Beispiel einen Schalter ganz erstklassig konstruiert, die Kontakte noch viel größer macht, als bei Kraftfahrzeugen sonst üblich, wenn man sie mit gewaltigem Druck aufeinanderlegt und nicht vergißt, dabei auch noch ausgiebig zu reiben und zu scheuern, dann bleiben in so einem Kontakt gut und gern 50 bis 100 mV Spannung stecken. Auf dem Weg von der Batterie bis zum Glühlampenfaden in einem Motorrad können so an die 500 mV, also ein halbes Volt, glatt verschwinden, nur weil da ein paar Kontakte hintereinander vorkommen.

Schließlich noch die **Leistung,** die für Wasserturbinen und für Motoren gefühlsmäßig schon ein Begriff ist: Dafür gibt es elektrisch die Bezeichnung Watt, so genannt nach dem Herrn James Watt, der die erste wirtschaftliche und alltagsbrauchbare Dampfmaschine baute. 1 PS sind 736 Watt. Was die wenigsten Leute aber wissen: Das Watt W, das sich so bequem aus Volt und Ampere errechnet, *ist ursprünglich gar keine elektrische Größe,* sondern eine *mechanische* Größe, aufgebaut aus lauter runden Zentimetern, Grammen und Sekunden. Nur weil man für das Watt eine einwandfreie, mit Zollstock, Waage und Uhr jederzeit kontrollierbare Grundlage hatte, wurden nachher die elektrischen Einheiten für Strom, Spannung und Widerstand kunstreich so hingedeichselt, daß man jetzt nur noch eine Amperezahl mit einer Voltzahl zu multiplizieren brauchte, um gleich eine glatte Wattzahl zu bekommen. Deshalb sind die „Normale" für Spannung und Widerstand, deren Urmasse also, so seltsam „krumm" und können nicht in ganzen Zahlen, sondern nur in unzähligen Dezimalen angegeben werden, man hat die Normale eben so gemacht, daß sich nachher, das Normal als 1 gesetzt, glatte Rechnungen ergeben. Sonst würde man in der elektrischen Rechnerei genauso ekelhafte Dezimalen und Brüche mitzuschleppen haben, wie wenn europäisches metrisches System und amerikanisches Zollsystem miteinander zu tun kriegen.

Damit ist die simple Rechnerei möglich: Volt mal Ampere gibt Watt. 6 Volt mal 6 Ampere gibt 36 Watt, und wenn eine Positionslampe in einem 6-Volt-Netz 3 Watt aufnimmt, dann läßt sie eine Stromstärke von 0,5 A durch. 15 Watt in einem Moped-

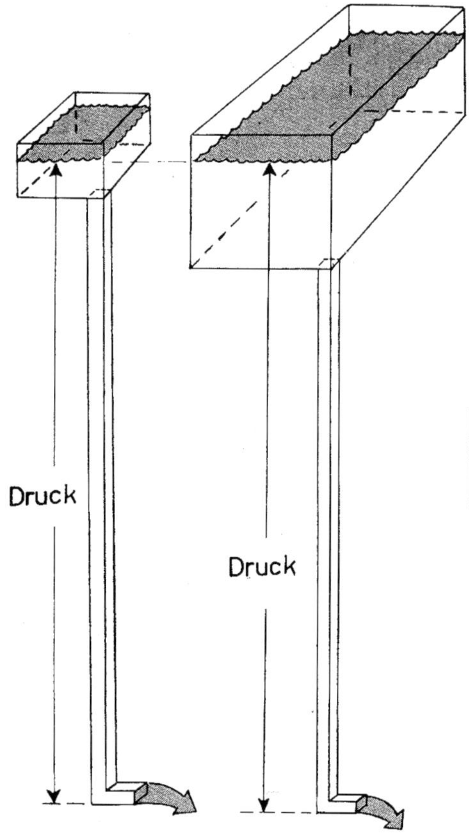

Bild 1
Bei gleichem Druck (gleicher Spannung) sind sehr wohl verschiedene Stromstärken möglich, es kommt nur auf den Ausflußquerschnitt (den Widerstand) an.

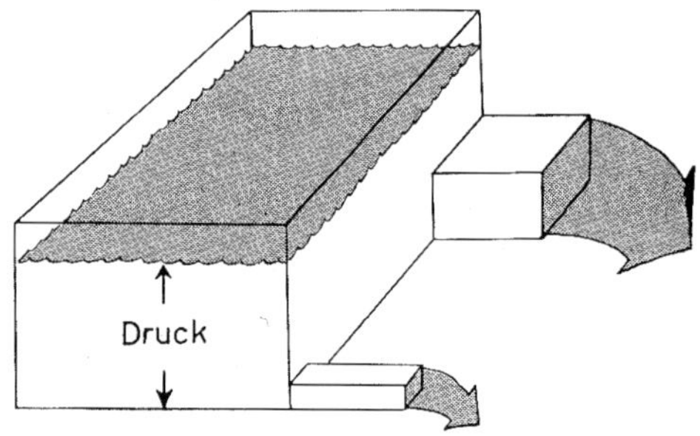

Bild 2
Bei gleicher Fallhöhe ist der Druck (die Spannung) völlig unabhängig von der Größe des Wasserbeckens (der Batterie oder der Lichtmaschine), so lange der Vorrat noch nicht ausgelaufen ist. Selbst die Stromstärke ist gleich, wenn die Ausflußquerschnitte gleich sind, nur fließt eben der Strom aus dem größeren Vorratsbecken länger.

scheinwerfer bei 6 Volt bedingen eine Stromstärke von 2,5 Ampere, die gleichen 15 Watt im Nachttischlämpchen bei 220 Volt bedingen eine Stromstärke von 70 mA. Gerade sagten wir, das Watt sei eigentlich eine mechanische Größe, 736 geben ja 1 PS. Damit wir auch die Gegenvorstellung haben, können wir uns noch merken, daß 1 Kilowatt (richtig geschrieben kW) rund einundeindrittel PS ist. Wenn wir den Strahlofen mit 2000 Watt laufen lassen, dann entspricht das 2,7 PS – einem alten 100er Mofa-Motor also.

Das, was wir mit der Stromrechnung bezahlen, sind nun Kilowattstunden, also soundsoviel Watt während soundsoviel Stunden entnommen – die 2 kW des Strahlofens verbrauchen in der Stunde 2 kWh, dafür kann man auch eine 100-W-Glühlampe volle 20 Stunden brennen lassen. Die Kilowattstunde hat auch ihre mechanische Parallele – die Pferdekraftstunde, die PSh: Die müßte aus meinen diversen Tests und Artikeln über Verbrauch geläufig sein, denn man gibt den Verbrauch immer in Grammen pro PSh, pro Pferdekraftstunde an. Man kann einen Mopedmotor von 1,25 PS beispielsweise 10 Stunden laufen lassen, macht 12,5 PSh, dabei verbraucht er 350 g/PSh, also 12,5 × 350 = 4,36 kg = 5,8 Liter Sprit. Wir können auch eine ältere 250er mit 12,5 PS eine Stunde laufen lassen, dann kommen wieder 12,5 PSh heraus, beim gleichen spezifischen Verbrauch wieder 5,8 Liter. Das Moped fährt in 10 Stunden 400 km weit, die 250er fährt in 1 Stunde nur 100 km weit – daher beziehen Mopeds den Ruf, sparsam zu sein. Anders wird es, wenn es einem auf die Zeit ankommt: Da kommt man mit einem Moped in 1 Stunde eben nur 40 km weit, mit der 250er aber 100 km weit – genauso kriegt man mit einem Heizofen von 2000 Watt die Bude warm, mit 500 Watt hat man zwar nur ein Viertel Verbrauch, aber man kriegt die Bude auch nicht warm – womit wir die Begriffsverbindung Temperatur und Fahrgeschwindigkeit hätten.

Das letzte wichtige Maß wird für den **Widerstand** gebraucht. Dieser Widerstand – gegen die Strömung – war keineswegs immer so anschaulich, wie er für uns heutige Menschen ist, die wir inmitten einer fortgeschrittenen Technik aufgewachsen sind. Ein Mann, der bei Kerze und Petroleumlampe zu arbeiten gewohnt war, der unter einer Pferdekraft zunächst keine Leistung, sondern nur einen einfachen Zug des Pferdes an der Strippe, also eine Kraft, zu verstehen geneigt war, in dessen Gehirn bedeutete die Vorstellbarkeit dessen, was uns heute als Widerstand geläufig ist, bereits eine wissenschaftliche Erkenntnis. Uns erscheint es heute kindisch einfach, daß Spannung, dividiert durch den Widerstand, eben den Strom ergibt – für die Herren Georg Simon Ohm und Robert Kirchhoff war es noch eine Tat, vor ihnen hatte noch niemand so „glasklar" zu denken vermocht.

Aber zunächst mal begriffliches Bargeld: Uns erscheint es selbstverständlich, daß aus einem hochgelegenen Wasserbecken, durch ein 10 cm weites Rohr, in einer Stunde oder sonst einer Zeiteinheit nur halb so viel Wasser läuft wie durch ein 14,15 cm weites Rohr. (Doppelter Querschnitt.) Ebenso geläufig ist uns die Vorstellung, daß durch dicke Drähte ein stärkerer Strom fließt als durch dünne. Widerstand hat also zunächst mit Querschnitten zu tun. Es ist uns aber auch geläufig, daß durch rauhe oder gar mit Steinen gefüllte Rohre weniger durchfließt, wie es uns auch geläufig ist, daß es gut leitendes Kupfer, schlechter leitendes Aluminium und daß es endlich ausgesprochenes Widerstandsmaterial gibt – Widerstand hat also auch mit Werkstoffeigenschaft zu tun.

Es erscheint uns klar, daß man durch ein Rohr mehr Wasser durchkriegt, wenn man mit einer Pumpe noch Druck dahintersetzt – die elektrische Parallele dazu, daß man durch einen Draht bei doppelter Spannung auch doppelten Strom durchkriegt, war zu Ohms Zeiten keineswegs selbstverständlich und mußte durch Versuch erst bewiesen werden. Diese Zusammenhänge – je mehr Spannung desto mehr Strom, je weniger Widerstand desto mehr Strom usw. – erfaßt das „Ohmsche Gesetz", das wissenschaftliche Verdienst des Herrn Georg Simon Ohm. Nach ihm wurde auch die Maßeinheit des elektrischen Widerstandes benannt, das Ohm. Es ist kein physikalisches Maß, das sich in Zentimetern, Grammen und Sekunden ausdrücken bzw. bestimmen ließe – das Ohm hat man als Widerstandseinheit kunstreich so hingedeichselt, daß die Spannung von einem Volt in einem Widerstand von einem Ohm gerade den Strom von einem Ampere erzeugt. (So schlecht sind die Leute!)

Mit diesem Ohmschen Gesetz können wir schon fein rechnen. Zum Beispiel: Irgendwer hat gesagt, ein geheizter Lenkergriff müsse 10 Watt Leistungsaufnahme haben, damit die Wärme reicht. Wir haben 7 Volt Spannung im Bordnetz – warum das nicht die 6 sind, von denen alle Welt redet, dat krieje mr schpätr – und daraus errechnet sich die Stromaufnahme zu 10:7 = 1,43 A. Wir müssen also den Heizdraht für den Griff so wählen, daß 7 Volt darin 1,43 A hervorrufen, 7:1,43 gibt 4,9 Ohm – so viel Widerstand muß der Heizdraht haben.

Noch ein Beispiel: Da ist ein Anlasser, der aus Preisgründen, aus Raum- und Gewichtsgründen nun eben mal nicht größer gemacht werden kann, als er schon ist – man braucht aber die vierfache Leistung. Was tun? Weil man ihn nicht größer machen kann, läßt sich nicht mehr Kupfer drin unterbringen, man kann also bei der vorhandenen Spannung den Strom nicht mehr vergrößern, es geht durch die möglichen Querschnitte einfach nicht mehr durch. (Für die Weisen: Ich tu mal so, als gebe es keine magnetische Sättigung!) Wenn man aber die Spannung verdoppelt, von 6 auf 12 Volt, dann geht auch der doppelte Strom durch, sagen wir mal statt 30 A gehen jetzt 60 A durch. Dann haben wir statt ursprünglich $6 \times 30 = 180$ Watt plötzlich $12 \times 60 = 720$ Watt, die gewünschte vierfache Leistung.

Zwar gibt man es in Wirklichkeit nicht so klotzig, aber auch Kleinvieh macht Mist: Wenn ein bestimmter Anlasser bei 5 Volt an den Klemmen noch 50 A aufnimmt, also 250 Watt, und damit den Motor noch sicher durchdreht, dann braucht man an der Batterie 6 Volt, denn 0,5 Volt bleiben in den Schalterkontakten stecken und weitere 0,5 Volt in den Leitungen, die nicht mehr dicker gemacht werden können. Geht man aber auf 12 Volt Batteriespannung, dann bleiben in den Schalterkontakten zwar wieder 0,5 V stecken, in den Leitungen bleiben aber nur 0,25 Volt stecken, da bei doppelter Spannung nur halber Strom gebraucht wird, entsprechend halbiert sich der Spannungsverlust in den Leitungen. Man bekommt an die Anlasserklemmen 11,25 Volt herunter. Die Batterie doppelter Spannung gibt da, wo die Spannung tatsächlich gebraucht wird, unten an den Anlasserklemmen, einen Spannungsgewinn – über die bloße Verdoppelung hinaus – von 12,5 %, nämlich 11,25 Volt statt $2 \times 5 = 10$ Volt. Diese 12,5 % Spannungsgewinn sind aber gleichbedeutend mit etwas mehr als 15 % Leistungsgewinn. Dabei kann man im Anlasser selbst noch Kupfer sparen. Hier liegt letztlich der Grund, warum man auch bei Kleinstanlassern für Motorrad- und Mobilmotoren auf 12 Volt ging – mit 6 Volt wäre die Aufgabe nicht zu lösen, man bekäme da Kupferklötze und Eisenklötze für die Anlasser, die nicht zu schleppen wären.

Dieses Kapitel über Maßeinheiten können wir nicht schließen, ohne an eine sonst recht wenig gebrauchte Einheit gedacht zu haben – das Joule. Es ist ein ziemlich kleines Maß für die Stromarbeit, nämlich eine Wattsekunde – also ein Watt, das eine Sekunde lang geleistet wurde. Tausend Watt, eine Stunde lang geleistet, sind bekanntlich eine kWh – damit kommen wir an einen geläufigen, vorstellbaren Wert heran. 3 600 000 Joule geben eine Kilowattstunde. Dieser kleine Arbeitswert ist in einem späteren Kapitel wichtig, bei der Zündung – Stromarbeit gibt Wärmemenge, und Wärmemenge ist nötig, um das Gasgemisch anzuzünden. Bedarf: Ein gut gehender, heißer Motor braucht ungefähr ein Tausendstel Joule Arbeit im Zündfunken, bei kaltem Motor und schlecht brennbarem Startgemisch ist schon der hundertfache Betrag, also 0,1 Joule nötig, die heute gangbaren Zündspulen und Magnete können zwischen 0,05 und 0,15 Joule pro Funken liefern.

Weil nun nicht jeder, der sich mit der Elektrik seines Motorrades befassen muß, von der Schule her genügend viel Rechenregeln übrigbehalten hat, setze ich lieber gleich ein paar der häufigst gebrauchten Formeln her. Der Fachmann mag das für kindisch bis idiotisch halten, ich bin aber sicher, daß dieses Buch eine Anzahl Leser haben wird, die für diese Formeln gut Verwendung haben. Also:

$$\frac{\text{Spannung (Volt)}}{\text{Widerstand (Ohm)}} = \text{Strom (Ampere)} \qquad \frac{\text{Spannung (Volt)}}{\text{Strom (Ampere)}} = \text{Widerstand (Ohm)}$$

Strom (Ampere) mal Widerstand (Ohm) = Spannung (Volt)

Strom (Ampere) mal Spannung (Volt) = Leistung (Watt)

$$\frac{\text{Leistung (Watt)}}{\text{Spannung (Volt)}} = \text{Strom (Ampere)}$$

Strom · Spannung · Zeit = Arbeit (kleines Maß: Joule, Wattsekunde) (großes Maß: Kilowattstunde)

Der sehr aufmerksame Leser ist vielleicht noch über eine scheinbare Ungereimtheit gestolpert – da wurde bei Schalterkontakten von einem Spannungsabfall gesprochen, obwohl diese Kontakte nicht nur sehr groß sind, sondern auch noch aufeinander gescheuert wurden. Ursache für diesen Spannungsabfall ist kein Ohmscher Widerstand – der Abfall ist gleich groß, ganz gleichgültig, wie schwach man den Strom, wie ausgedehnt man die Kontaktflächen macht und wie sauber man sie scheuert. Der Spannungsabfall beruht auf Sauerstoffschichten von molekularer Stärke zu den Kontaktflächen und ist eher der elektromotorischen Kraft eines galvanischen Elementes zu vergleichen als einem eigentlichen Widerstand. Der Spannungsabfall ist auch unter Klemmschrauben und zwischen den Kohlen und dem Kollektor einer Maschine vorhanden, er verschwindet erst, wenn man lötet oder die Flächen – gegf. durch starke Reibung – sich verschweißen. Da der Spannungsabfall pro Schaltkontakt oder pro Schraubklemme nur ein bis mehrere Dutzend Millivolt beträgt, bleibt er in Kreisen höherer Spannung unbemerkt, wird aber in 6-Volt-Anlagen doch schon sehr bemerkt. Auch deshalb versucht man in steigendem Maße, auf 12-V-Anlagen überzugehen.

Zusammenschalten von Batterien

Unsere frisch erworbenen Kenntnisse über elektrische Maßeinheiten können wir gleich benützen, um einen Durchguck über die Möglichkeiten des Zusammenschaltens von Batterien zu erlangen. Irgendwann sieht man sich ja immer mal der Frage gegenübergestellt, ob und wie sich verschiedene Batterien zusammenschalten lassen. Bevor wir aber in dieses Kapitel einsteigen können, müssen wir noch ganz kurz ein elektrisches Maß besprechen, das es nur bei Batterien gibt: die *Amperestunde*. Man bezeichnet damit das Fassungsvermögen, die Kapazität der Batterie. Wenn eine Motorradbatterie beispielsweise 8 Amperestunden (Ah) Kapazität hat, dann bedeutet das, daß man 4 A während 2 Stunden entnehmen kann, oder $^1/_2$ A während 16 Stunden oder $^1/_{10}$ A während 80 Stunden. Eine Wagenbatterie von 80 Ah hat also die zehnfache Kapazität.

Ferner ist es notwendig, zu wissen, daß eine Einzelzelle einer Bleibatterie 2 Volt Spannung hat. Damit können wir hier weitermachen, ohne den Inhalt des Batterieabschnittes zu kennen – dort steht natürlich ganz genau, was es mit Kapazitäten und Spannungen bei Batterien auf sich hat.

Um nun ganz klein und allgemeinverständlich zu beginnen, überlegen wir einmal, wie sich einzelne Batteriezellen schalten lassen:

Man kann schalten wie in Bild 3, man kann alle Plus-Pole miteinander verbinden und alle Minus-Pole, das Ganze nennt sich Parallelschaltung. Dabei beträgt die Spannung nach wie vor 2 Volt. Da jede Zelle 8 Ah hat, kann man jetzt dieser Batterie aber 24 Ah entnehmen.

Auch so ein bißchen Grundwissen: Die Bezeichnung „Batterie" verwendet man immer nur dann, wenn mehrere „Zellen" zusammengeschaltet sind. Das einzelne Element einer Batterie wird stets als Zelle bezeichnet.

Die **Arbeit,** die wir dieser aus 3 Zellen bestehenden Blei-Batterie entnehmen können, sind 2 × 24 = 48 Wh. (Diese Wh sind wichtig, sobald das Gewicht einer Batterie eine Rolle spielt, denn das Gewicht kann man weder zur Spannung allein noch zur Amperestundenzahl allein in Beziehung setzen, sondern nur zur Wattstundenzahl.) Nun können wir unsere 3 Zellen aber auch anders verbinden: Wir können nach Bild 4 den Pluspol einer Zelle mit dem Minuspol der nächsten Zelle verbinden, dann haben wir zum Schluß einen Minuspol und einen Pluspol übrig, zwischen diesen beiden Polen haben wir aber jetzt 6 Volt Spannung, weil die 2 Volt jeder einzelnen Zelle sich in dieser Hintereinanderschaltung addieren, dafür haben wir aber eine Kapazität von nach wie vor nur 8 Ah, wohl aber haben wir wieder die gleiche Wattstundenzahl, nämlich 6 × 8 = 48 Wh. In dieser Weise sind nun unsere Motorradbatterien und auch Wagenbatterien geschaltet, wir können uns damit ein Grundgesetz merken:

Wenn man mehrere Stromquellen parallel schaltet, bleibt die Spannung erhalten, das Stromlieferungsvermögen wächst aber entsprechend der Zahl und der Größe der Stromquellen.

Wenn man mehrere Stromquellen hintereinanderschaltet, dann vervielfacht sich zwar

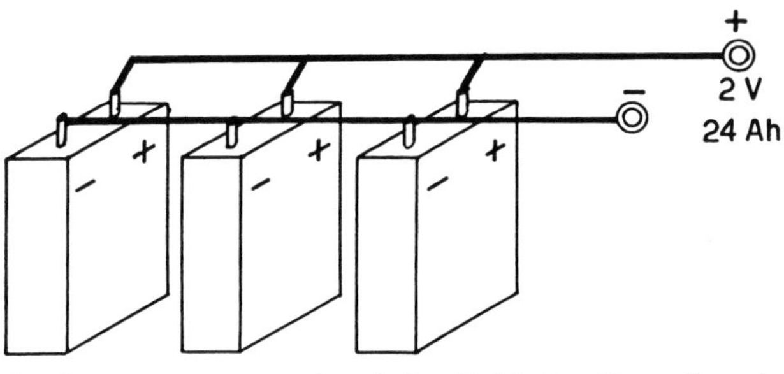

Bild 3
Bei der Parallelschaltung mehrerer Zellen bleibt die Spannung gleich, wohl aber addieren sich die Kapazitäten und damit auch die lieferbaren Stromstärken.

die Spannung entsprechend der Zahl der hintereinandergeschalteten Stromquellen, es bleibt aber beim Stromlieferungsvermögen einer einzelnen Stromquelle.

Bei genauer Überlegung wird man schon selbst dahinterkommen, daß zu einer Parallelschaltung sich nur Stromquellen gleicher Spannung eignen, dabei ist es dann ziemlich wurscht, welche Ergiebigkeit die einzelne Stromquelle hat, die gesamten Ergiebigkeiten addieren sich eben schlicht. Man kann also mühelos eine Zelle mit 50 Ah, eine Zelle mit 8 Ah und eine Zelle mit 2 Ah parallel schalten, man kommt dadurch immer nur auf die Gesamtsumme von 60 Ah bei 2 Volt. Bei der Hintereinanderschaltung ist es wiederum gleichgültig, welche Spannung die einzelne Stromquelle hat, man kann also eine Stromquelle von 1,2 Volt, eine von 0,8 Volt und eine von 10 Volt hintereinanderschalten, an den freien Klemmen bekommt man dann eben 12 Volt.

Man trachtet nun danach, bei einer Hintereinanderschaltung möglichst gleich ergiebige Stromquellen zu haben, im vorliegenden Beispiel soll also jede Zelle 10 Ah haben. Wenn man dann 10 Stunden lang ein Ampere entnimmt, dann sind alle Zellen dieser 12-Volt-Batterie gleichzeitig entladen und lassen sich auch so wieder laden, daß sie gleichzeitig wieder voll sind. Etwas anderes wäre es, wenn die 1,2-Volt-Zelle sagen wir einmal 20 Amperestunden hätte, die 0,8-Volt-Zelle 8 Amperestunden und die 10-Volt-Batterie nur 2 Amperestunden. Man könnte dann der ganzen Schaltung nur die 2 Amperestunden entnehmen, die von der 10-Volt-Batterie hergegeben werden. Wenn die 10-Volt-Batterie erschöpft ist, nützen einen die ganzen in der 1,2-Volt-Zelle und in der 0,8-Volt-Zelle noch vorhandenen vielen Amperestunden nichts mehr. Für unsere Fahrzeugpraxis heißt das folgendes:

Wenn die im Fahrzeug eingebaute Batterie 8 Ah hat, können wir dieser Batterie anstandslos eine zweite Batterie mit 8 Ah parallel schalten, wir haben dann 16 Ah verfügbar, ebensogut können wir aber auch 40 Ah parallel schalten, wir haben dann 48 Ah.

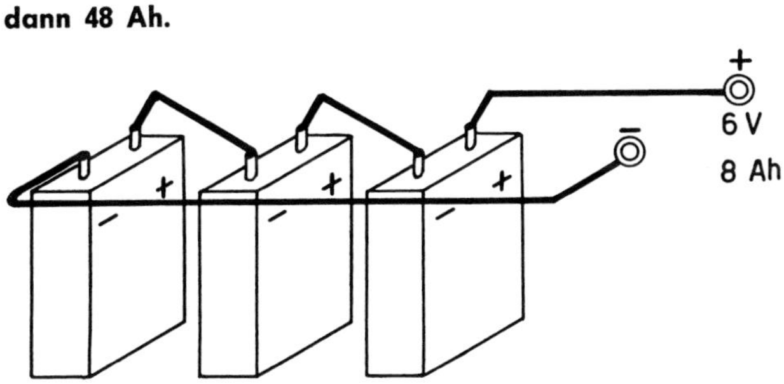

Bild 4
Bei Hintereinanderschaltung mehrerer Zellen addieren sich die Spannungen, die Kapazität und die lieferbare Stromstärke ändert sich nicht.

Es wird zwar gemeinhin behauptet, man könne Batterien in einem Fahrzeug nicht parallel schalten, weil dadurch die Lichtmaschine überlastet werde. Das stimmt aber nur sehr bedingt, eine Motorrad-Lichtmaschine, die ja gemeinhin auf eine Batterie mit 8 Ah arbeitet, wird auch durch eine Batterie mit 80 Ah noch nicht überlastet. Selbst bei diesem abenteuerlichen Verhältnis wirken die bei Motorrad-Lichtmaschinen vorhandenen Regler noch hinreichend gut als Leistungsbegrenzer, die Lichtmaschine wird also nicht überlastet. Umgekehrt ist es möglich, zu einer etwa vorhandenen großen Wagenbatterie eine kleine Motorrad-Batterie parallel zu schalten, die dann – auf der Ferienreise – tagsüber voll geladen wird und die man für die Nacht herausnimmt, etwa als Zeltbeleuchtung.

Es ist auch anstandslos möglich, eine volle Batterie und eine leere Batterie parallel zu schalten, dadurch wird weder die Lichtmaschine überlastet noch geschieht den Batterien etwas. Ist beispielsweise die kleine Batterie voll und die große Batterie leer, dann ist nach kurzer Fahrzeit die große Batterie noch nicht sehr geladen, die kleine Batterie dafür aber zu einem Teil entladen, umgekehrt ist bei voller großer Batterie und völlig leerer kleiner Batterie schon nach kurzer Zeit die kleine Batterie wieder voll, die große hat aber in ihrem Ladezustand fast gar nicht nachgelassen.

Vor einer Schaltung allerdings muß man sich sehr hüten: Man darf eine gute, heile Batterie nicht mit einer dreiviertelskaputten Batterie zusammenschalten. Bei dieser Schaltung frißt die fast kaputte Batterie drei Viertel oder gar neun Zehntel des verfügbaren Ladestroms, die nutzlos vergast werden. Die neue Batterie bekommt dadurch kaum mehr Ladestrom und geht schnell auch kaputt.

(Das wird übrigens noch begründet, es wird dort davor gewarnt, zu einer bereits oder vermutlich angeschlagenen Batterie eine neue zweite Batterie parallel zu schalten. Besteht Verdacht auf das Angeschlagensein, dann wird die angeschlagene Batterie so lange noch gefahren, bis sie vollends ganz zusammenbricht und dann erst geht man auf zwei neue Batterien über.)

Damit sind wir auch bei einer Frage gelandet, die sehr häufig gestellt wird:

Kann man Batterien unterschiedlicher Kapazität und Spannung hintereinanderschalten?

Man kann, in Bild 5 ist das gezeigt. Die Spannungen der einzelnen Batterien addieren sich, die drei Kerle von Bild 5 bringen eine Spannung von 12 Volt zusammen und schieben den Block weg – aber nur soweit, bis der Lange-Dünne seine 2 Ah Kapazität aufgebraucht hat. Von da an nützen die beim Dicken übriggebliebenen 18 Ah und die beim 8-Ah-Mann übriggebliebenen 6 Ah auch nichts mehr. Die Ausnützbarkeit einer Serienschaltung von Batterien unterschiedlicher Kapazität richtet sich nach dem Teilstück geringster Kapazität – nach dem schwächsten Glied der Kette, ganz gleich, wieviel Spannung das beisteuert.

Nächste Frage:

Kann man Batterien unterschiedlicher Spannung parallel schalten?

Man kann nicht, ist in Bild 6 gezeigt. Der Lange-Dünne stemmt mit seinen 10 Volt den Balken hübsch hoch, so hoch, daß die beiden 1,2-V- und 0,8-V-Männer kein Bein mehr auf den Boden kriegen, sie tragen nichts zur gemeinsamen Stemmerei

Bild 5
Man kann zwar Batterien ungleicher Spannung und Kapazität hintereinanderschalten, wobei sich alle Spannungen addieren, das System ist aber erschöpft, wenn – unabhängig von der Spannung – die Batterie mit der geringsten Kapazität erschöpft ist.

bei, im Gegenteil, sie belasten noch den Mann mit der hohen Spannung. Sobald man Batterien auch nur wenig verschiedener Spannung parallel legt, ziehen die Zellen niedriger Spannung sogar noch Strom aus den Zellen hoher Spannung. Deshalb darf man alte Zellen und neue Zellen für längere Zeit nie parallel schalten – schon zwei bis drei Zehntel Volt altersbedingter Spannungsunterschied geben eine üble Belastung für die neue, gesunde Zelle.
Man kann sehr wohl Zellen bzw. Batterien unterschiedlicher Kapazität parallel legen – nur müssen sie dann genau gleiches Spannungsverhalten zeigen. „Genau" heißt in diesem Fall bei Bleibatterien sogar „gleichalterig", wenn die Sache *auf die Dauer* gut gehen soll. Wohl aber kann man etwa die Batterie der Zeltbeleuchtung, die in der Nacht ziemlich ausgepumpt wurde, tagsüber mit der Fahrzeugbatterie parallel schalten und viele Stunden lang fahren – das tut keiner der beiden Batterien etwas, für die vielleicht kleine Zeltbatterie ist es eine Art Schnelladung, die mit der Zeit in eine Normalladung übergeht. Eine 10-Ah-Zeltbatterie kann mit einer 30-Ah-Fahrzeugbatterie den ganzen Tag zusammengeschaltet bleiben, auch wenn man zehn Stunden lang scharf fährt, eine 5-Ah-Zeltbatterie kann man zwar mit einer 80-Ah-Wagenbatterie zusammenschalten, man nimmt sie aber nach 2 Fahrstunden besser wieder weg, wenn sie dann schon hörbar gast. Zwei gleich große Bleibatterien – deren eine in der Nacht ziemlich ausgepumpt wurde – für eine ganze Tagesfahrt zusammenzuschalten ist erst recht möglich, die ausgepumpte Batterie wird schnell vollgeladen und die volle Batterie wird nur sachte weitergeladen.

Bild 6
Batterien ungleicher Spannung kann man nicht parallel schalten – Batterien kleiner Spannung tragen da nicht nur nichts zur Stromlieferung bei, sie nehmen sogar noch Strom aus der Batterie höherer Spannung auf.

Zusammenschalten von Verbrauchern

In unseren Fahrzeugen haben wir es bei den Verbrauchern immer mit einer Parallelschaltung zu tun, der Einfachheit halber nehmen wir für ein Rechenbeispiel einmal an, daß es sich nur um Glühlampen handelt. Wie das aussieht, zeigt Bild 7, wir haben da unsere 6-Volt-Batterie und 3 Glühlampen, von 3 Watt, von 36 Watt und von 6 Watt. Die Belastung für die Batterie beträgt 45 Watt, denn bei einer Parallelschaltung braucht man lediglich die Wattzahlen der einzelnen Verbraucher zu addieren. Wir haben es noch insofern sehr bequem, als bei allen Verbrauchern im Fahrzeugbetrieb nur Wattzahlen und keine Widerstände angegeben werden. Nun interessiert uns aber auch der insgesamt fließende Strom, wir müssen uns also zunächst darum kümmern, welchen Strom jede einzelne unserer Lampen aufweist: Die kleinste Lampe hat 3 Watt. Wenn wir diese 3 Watt durch die Netzspannung von 6 Volt dividieren, kommt 0,5 heraus, das ist der Strom, der in diese 3-Watt-Lampe fließt, eben 0,5 Ampere. Durch die 36-Watt-Lampe fließen 6 Ampere, durch die 6-Watt-Lampe 1 Ampere – diese Rechnung dürfte ja wohl selbstverständlich sein. *(Ich habe hier stillschweigend 36 Watt vorausgesetzt, damit nicht unnötig Kommastellen entstehen. In der Tat hat auch kaum eine 35-Watt-Scheinwerferlampe jemals genau 35 Watt, die Leistungsaufnahme schwankt zwischen 34 und 36 Watt, wir dürfen also wirklich mit gutem Gewissen hier einmal 36 Watt voraussetzen.)* In unserer Parallelschaltung fließen also 0,5 A + 6 A + 1 A = 7,5 A. **In einer Parallelschaltung addieren sich die einzelnen Ströme einfach zum Gesamtstrom, die Batterie muß also 7,5 A Strom liefern.**

Hier ist Gelegenheit, Batteriewissen zu betätigen: Wenn wir eine Batterie von 7 Ah Kapazität haben, dann müßten unsere Lampen doch wohl eigentlich 55 Minuten brennen? Diese Rechnung stimmt zwar, die Lampen brennen aber dennoch bestenfalls 30–35 Minuten. Das hat mit einer ganz besonderen Batterie-Eigenschaft zu tun: Die Kapazitätsangaben gelten nicht für hohe Ströme. Was es damit auf sich hat, wird nun im Batterie-Abschnitt eingehend behandelt – hier sollte nur darauf hingewiesen werden, weil das gerade so schön paßt.

Die Parallelschaltung von Verbrauchern ist also einfach:

Wenn in einem Netz die Verbraucher parallel geschaltet sind, brauchen nur die Wattzahlen der einzelnen Verbraucher addiert zu werden, um den gesamten Wattverbrauch des Netzes zu ermitteln. Ebenso brauchen nur die einzelnen Stromverbrauche addiert zu werden, um den Gesamtstromverbrauch im Netz zu erhalten.

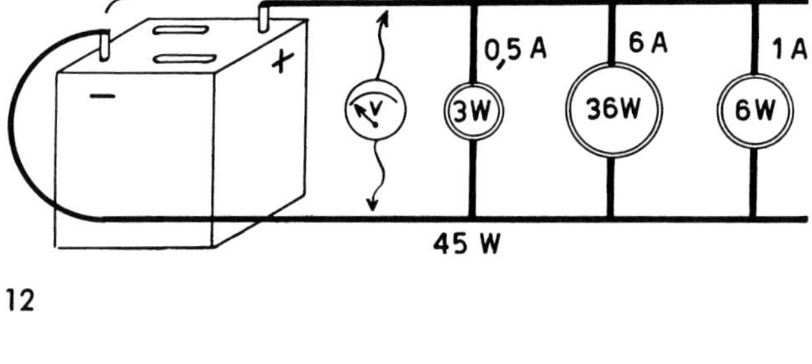

Bild 7
Verbraucher unterschiedlicher Leistungsaufnahme können ohne weiteres parallel geschaltet werden, die Verbrauche addieren sich schlicht.

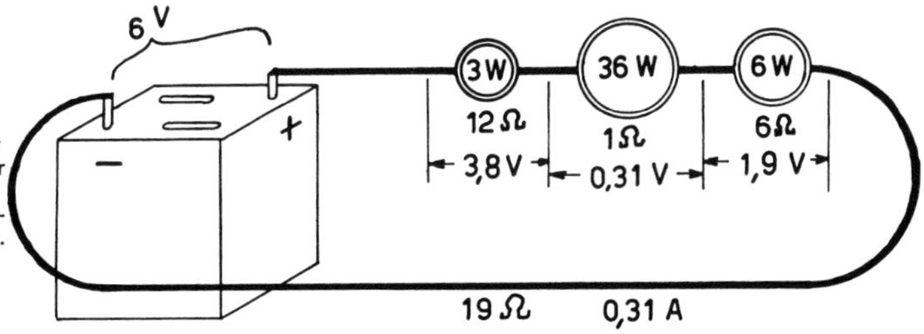

Bild 8
Die Serienschaltung von Verbrauchern ungleicher Leistungsaufnahme schafft verzwickte Ergebnisse, für jeden einzelnen Verbraucher muß das Ergebnis besonders berechnet werden.

Die Hintereinanderschaltung von Stromverbrauchern kommt in Fahrzeugnetzen so gut wie gar nicht vor, wir müssen sie hier aber dennoch behandeln, denn das, was dabei herauskommt, ist doch sehr instruktiv. In Bild 8 haben wir wieder unsere 3 Glühlampen, die aber jetzt vom Strom nacheinander beziehungsweise hintereinander durchgeflossen werden. Wenn wir jetzt wissen wollen, wieviel Strom fließt, ist die Rechnung bedeutend umständlicher: Mit den Wattzahlen fangen wir dieses Mal nichts an, es bleibt uns nichts anderes übrig, als aus der Wattzahl beziehungsweise aus den in Bild 7 bereits errechneten Stromverbrauchen erst mal den Widerstand jeder einzelnen Glühlampe zu berechnen.

Das geht folgendermaßen vor sich: Die 3-Watt-Lampe läßt bei 6 Volt 0,5 A durch, 6:0,5 = 12, diese 3-Watt-Lampe hat also 12 Ohm Widerstand. Die 36-Watt-Lampe läßt bei 6 Volt 6 A durch, 6:6 = 1, also hat die 36-Watt-Lampe 1 Ohm – die 6-Watt-Lampe hat sinngemäß 6 Ohm. Nun addieren sich bei der Hintereinanderschaltung die Widerstände aller eingeschalteten Verbraucher, wir haben demnach 12+1+6 = 19 Ohm. Durch diese 19 Ohm pressen 6 Volt einen Strom von 6:19 = 0,31 A durch. Das heißt also, daß in der Leitung durch alle drei Verbraucher hintereinander 0,31 A fließen.

Ein harmloses Gemüt könnte nun auf den Gedanken verfallen, daß die 6 Volt, die sich doch auf die 3 hintereinandergeschalteten Glühlampen verteilen, an diesen Glühlampen gleichmäßig abfallen, daß also auf jede Glühlampe 2 Volt entfallen. Dem ist aber nicht so, bei hintereinandergeschalteten Verbrauchern ist der Spannungsabfall für jeden Verbraucher nicht gleichmäßig, sondern richtet sich durchaus nach dessen Stromverbrauch.

Da sind also erst mal die 12 Ohm der 3-Watt-Lampe: Durch diese 12 Ohm fließen 0,31 A, das gibt 12 · 0,31 = 3,8. An den Klemmen der 3-Watt-Lampe herrschen in der Tat 3,8 Volt, die da sogar mit Voltmeter gemessen werden können. Damit glüht diese für 6 Volt berechnete Lampe schon fast hell. Dieselbe Rechnung ergibt sich für die 36-Watt-Lampe mit ihrem 1 Ohm, wir bekommen da 1 · 0,31 = 0,31 Volt Spannungsabfall, dabei sagt diese 36-Watt-Lampe aber gar nichts, sie bleibt dunkel. Für die 6-Watt-Lampe bekommen wir für deren 6 Ohm die Rechnung 6 · 0,31 = 1,9 Volt, die Lampe wird gerade schwach glimmen. Wir sehen also:

Wenn Stromverbraucher hintereinandergeschaltet werden, dann fließt in dieser Kette ein Strom, der sich aus den addierten Widerständen aller Verbraucher ergibt. Dieser Strom ist bei allen Verbrauchern gleich hoch, dadurch entsteht an jedem einzelnen Verbraucher ein Spannungsabfall, der um so größer ist, je größer der Widerstand des betreffenden Verbrauchers ist.

Nur wegen der einfachen Rechnung habe ich vorausgesetzt, daß eine Glühlampe kalt denselben Widerstand habe wie bei voller Glut. In Wirklichkeit ist dies aber nicht der Fall, so hat speziell die 36-Watt-Lampe in kaltem Zustand einen Widerstand, der bei 0,25 Ohm liegt. (An den zu erweisenden Gesetzmäßigkeiten wird aber durch diese vereinfachende Annahme nichts geändert.) Wie das mit diesen veränderlichen Widerständen bei Glühlampen aussieht, kriegen wir später noch.

Der Übung halber noch ein Blick auf die Möglichkeit der Stromlieferung: In dieser Hintereinanderschaltung fließen 0,31 A, die Batterie soll wiederum eine zehnstündige Kapazität von 7 Ah haben. Damit würde der zehnstündige Entladestrom 0,7 A betragen, 0,31 A fließen aber bloß, das entspricht noch etwas weniger als dem zwanzigstündigen Entladestrom. Dabei hat nun die Batterie mit ihren zehnstündigen 7 Ah nicht nur 8 Ah, sondern sogar noch eine geringe Wenigkeit mehr, wir können mit einer Stromlieferung von rund 16 Stunden rechnen.

Eine ganz verzwickte Sache:

Spannung

Klemmenspannung

Innerer Widerstand

Wir haben bisher still und friedlich immer von „Spannung" gesprochen, dabei findet man überall in der elektrotechnischen Literatur noch den Begriff der „Elektromotorischen Kraft". Die Tatsache, daß Spannung und elektromotorische Kraft zuweilen zweierlei Dinge sind, wird vom inneren Widerstand verursacht, den unweigerlich jede Stromquelle aufweist. Das äußert sich folgendermaßen:

Wenn man an eine unbelastete Blei-Batterie von Motorradgröße ein Voltmeter anschließt, dann zeigt das rund 6 Volt an. Wenn man einen schwachen Strom entnimmt, sagen wir mal mit einer 3-Watt-Lampe, dann wackelt vielleicht beim Voltmeter ein bißchen der Zeiger, er geht aber höchstens um eine Strichdicke zurück. Hält man eine 35-Watt-Lampe daran, dann geht der Zeiger schon um einen bis zwei Teilstriche zurück und schließt man gar einen Anlasser an, dann springt der Zeiger um annähernd anderthalb Volt zurück.

Nun ist der innere Widerstand insbesondere von Bleizellen außerordentlich gering, es gibt dafür aber einen gut passenden Faustwert: Der innere Widerstand einer einzelnen Zelle von 7-8 Ah beträgt erfahrungsgemäß 0,01 Ohm.

Das ist wirklich ein Faustwert, denn er gilt für die bei Fahrzeugbatterien verwendete Plattenbauart und auch für die Bauweise der Zelle mit Plattenscheidern. Bei Nachrichtenbatterien für lange Entladezeiten ist der Widerstand beträchtlich höher, man kann ihn umgekehrt auch mit Sonderbauarten mit Hilfe von Bleifolien oder Bleifilz noch beträchtlich niedriger machen.

Eine normale Motorrad-Batterie von 7–8 Ah mit 3 Zellen hat also einen Innenwiderstand von 0,03 Ohm, weil sich die 0,01 Ohm jeder Zelle addieren. Wir lassen jetzt diese Batterie auf einen Anlasser arbeiten, der so gebaut ist, daß er 0,1 Ohm hat. *(Diese 0,1 Ohm sind natürlich nicht mit dem Ohmmeter gemessen, sondern bei laufendem Anlasser vorhanden, also etwa im Augenblick des Überdrehens der Kompression.)* Wir dürfen nun beileibe nicht sagen, unsere Batterie habe ja 6 Volt, infolgedessen müßten durch 0,1 Ohm eben $6:0,1 = 60$ Ampere fließen. So einfach ist das leider nicht. Wir müssen dem Problem auf einem kleinen Umweg zuleibe gehen und folgendes sagen: Der Anlasser hat 0,1 Ohm, die Batterie hat 0,03 Ohm, macht zusammen 0,13 Ohm. Vorhanden ist aber eine elektromotorische Kraft von 6 Volt. *(Weil die nun eben einmal der liebe Gott oder sonstjemand der dreizelligen Bleibatterie mit auf den Weg gegeben hat.)* Diese EMK von 6 Volt ruft in 0,13 Ohm

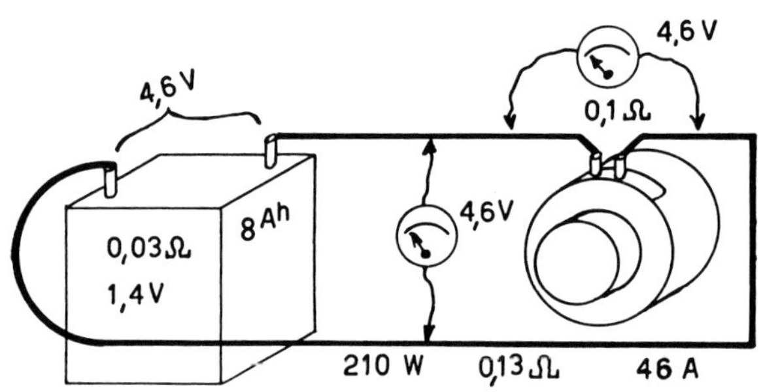

◀ Bild 9
Weil jede Batterie einen nicht zu vernachlässigenden Eigenwiderstand hat, sinkt die Klemmenspannung bei Belastung mit hoher Stromstärke ziemlich stark ab, der Anlasser bekommt auch bei voll geladener Batterie bei weitem nicht die 6 Volt, die bei unbelasteter Batterie vorhanden sind.

Bild 10 ▶
Durch Parallelschaltung mehrerer Batterien – oder durch Vergrößerung – sinkt der gemeinsame innere Widerstand, der Spannungsverlust wird kleiner, der Anlasser bekommt eine höhere Spannung.

Widerstand einen Strom von 6:0,13 = 46 A hervor. Damit können wir jetzt wieder rückwärts rechnen: Diese 46 A erzeugen in 0,1 Ohm Widerstand einen Spannungsabfall von 46×0,1 = 4,6 Volt. Diesen Spannungsabfall können wir messen, wenn wir ein Voltmeter an die Klemmen des Anlassers halten, wie in Bild 9 oben eingezeichnet. Diese 4,6 Volt „Klemmenspannung" sind natürlich auch zwischen den Drähten vorhanden, die zum Anlasser führen, sie sind infolgedessen auch zwischen den Klemmen der Batterie vorhanden. *(Der einfachen Rechnung halber wird vorausgesetzt, daß die Zuleitungen zum Anlasser so entsetzlich dick sind, daß darin keinerlei Spannungsabfall entsteht.)* Wir stehen also vor der zunächst verblüffenden Tatsache, daß aus den ursprünglichen 6 Volt unserer Batterie ganze 4,6 Volt geworden sind, und es fragt sich, wo die 1,4 Volt verschwunden sind. Aber auch das läßt sich errechnen:

Unsere Batterie hat doch einen inneren Widerstand von 0,03 Ohm. Durch diesen Widerstand fließen aber auch die 46 Ampere, das gibt wiederum einen Spannungsabfall von 46 × 0,03 = 1,4 Volt. Diese 1,4 Volt sind in der Tat der Eigenverbrauch der Batterie. Weil sie einen Eigenwiderstand hat, muß sie auch einen Eigenverbrauch haben.

Wir sagten soeben, die Klemmenspannung von 4,6 Volt sei an den Klemmen des Anlassers und zwischen den Zuleitungsdrähten zu messen. Ebenso ist sie auch an den Batterieklemmen vorhanden, weshalb man auch bei der Batterie von einer Klemmenspannung sprechen kann.

Mit dem Ausdruck „Klemmenspannung" wird nicht nur bei einer Batterie, sondern bei jeder Stromquelle schlechthin die Spannung bezeichnet, die vorhanden ist, wenn und solang der gewünschte Strom geliefert wird.

Wegen des unvermeidlich bei jeder Stromquelle vorhandenen inneren Widerstands ist diese bei tatsächlicher Stromlieferung vorhandene Klemmenspannung eine andere, und zwar niedriger als die Spannung ohne Strombelastung.

Die ohne Strombelastung gemessene Spannung wird auch als „Leerlaufspannung" bezeichnet, diesem Ausdruck begegnet man sogar in der Praxis sehr viel häufiger als der eigentlich nur in der Theorie gebräuchlichen Bezeichnung „elektromotorische Kraft".
Dieser überall auftretende innere Widerstand braucht aber beileibe kein reiner Ohmscher Widerstand zu sein, da gibt es die wildesten Arten von Widerstand, es gibt sogar „vorgetäuschte" Widerstände: Die bei unseren Lichtmaschinen vorhan-

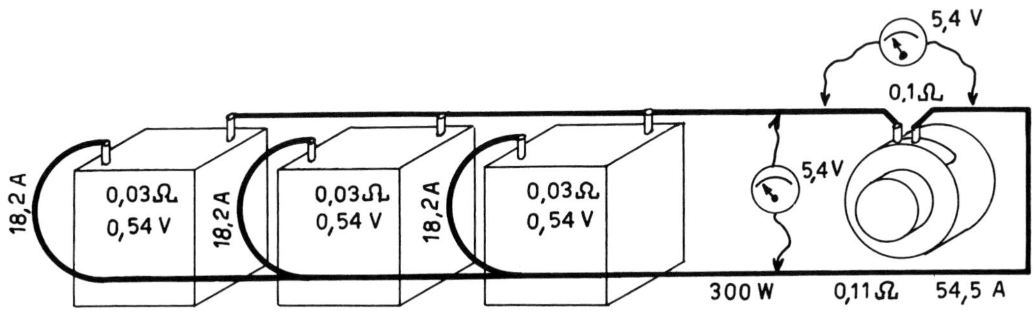

denen Spannungsregler erlauben es, fast jeden beliebigen inneren Widerstand vorzutäuschen, wie er nun eben gerade benötigt wird. Diese vorgetäuschten Widerstände kann man sogar obendrein nach Bedarf veränderlich machen, daß etwa bei niederer Belastung ein niedriger Widerstand und bei hoher Belastung ein besonders hoher Widerstand vorgetäuscht wird. Vorgetäuscht wird da aber nicht nur etwa dem kleinen Moritz, sogar die Batterie und alle übrigen Verbraucher lassen sich diesen „falschen" inneren Widerstand einer Lichtmaschine vortäuschen.

In unserem soeben gebrauchten Beispiel mit der einen Motorrad-Batterie und dem Anlasser fließen 46 A Anlasserstrom bei 4,6 Volt Klemmenspannung, macht 210 Watt Anlasserleistung. Wir können nun annehmen, daß diese 210 Watt nicht reichen, den Motor durchzudrehen, er bleibt also vor der Kompression hängen. Wir brauchen mehr Anlaßleistung, sagen wir einmal 260–270 Watt, bleibt also zu überlegen, wie wir die wohl gewinnen können:

Wir haben gesehen, daß in der Batterie mit ihren 0,03 Ohm von unserer kostbaren EMK volle 1,4 Volt steckenbleiben. Im gesamten Stromkreis haben wir nicht nur die 0,1 Ohm des Anlassers, sondern die 0,03 Ohm der Batterie dazu. Wir könnten jetzt mühelos auf die Idee kommen, einmal 3 Batterien parallel zu schalten, dadurch ermäßigt sich der gesamte Batteriewiderstand auf ein Drittel, nämlich auf 0,01 Ohm. In Bild 10 ist das gezeichnet, wir haben bei einer EMK beziehungsweise Leerlaufspannung von 6 Volt im ganzen Stromkreis nur noch 0,11 Ohm, das ergibt $6:0{,}11 = 54{,}5$ Ampere Strom. Das sieht gegenüber dem Fall von Bild 9 schon anders aus, 54,5 A rufen über den 0,1 Ohm des Anlassers einen Spannungsabfall von 5,4 Volt hervor, der Anlasser nimmt also jetzt $5{,}4 \cdot 54{,}5 = 300$ Watt auf! Auf der Batterieseite verteilt sich der Strom von 54,5 A auf 3 Batterien, jede Batterie hat also nur noch 18,2 A zu schlucken, das ergibt einen Spannungsverlust von $18{,}2 \times 0{,}03 = 0{,}54$ Volt.

Diesen Weg der Batterievergrößerung ist man seit Jahrzehnten in Millionen von Pkws gegangen, man verwendet dort ja nicht nur Batterien von 24 Ah wie hier in unserem Beispiel von Bild 9, es sind dort Batterien von 40 bis zu 80 und sogar über 100 Ah üblich.

Dem aufmerksamen Leser müßte jetzt der Verdacht aufkeimen, beim Rechnungsbeispiel von Bild 7 hinters Licht geführt worden zu sein. Dem ist in der Tat so, ich war sogar dazu gezwungen, weil die Rechnerei damals ja noch einfach und übersichtlich bleiben sollte. Mit dem jetzt gewonnenen Stande unseres Wissens können wir aber dem Beispiel von Bild 7 noch einmal rechnerisch zuleibe gehen:

Wir haben ausgerechnet, daß angesichts der Belastung von 45 Watt ein Strom von 7,5 A fließt, bei einer Netzspannung von 6 Volt läßt sich daraus wieder ein Widerstand von 6:7,5 = 0,8 Ohm berechnen. Zu diesem „äußeren" Widerstand kommt jetzt der innere Widerstand der Batterie von 0,03 Ohm, gibt 0,83 Ohm. Nun ergibt aber eine EMK von 6 Volt über einen Widerstand von 0,83 Ohm nur noch einen Strom von 7,2 Ampere und nicht mehr 7,5, wie noch in Bild 7 ausgerechnet beziehungsweise angenommen. Diese 7,2 Ampere rufen aber über den 0,03 Ohm Innenwiderstand der Batterie einen Spannungsabfall von 7,2 × 0,03 = 0,22 Volt hervor. Wenn wir in Bild 7 wie gezeichnet ein Voltmeter anschalten, dann zeigt das nicht 6 Volt an, sondern nur noch 5,78 Volt. Daraus können wir wieder eine Folgerung ziehen:

Wenn eine Stromquelle einen sehr niedrigen Innenwiderstand hat, dann ist die Klemmenspannung annähernd gleich der elektromotorischen Kraft beziehungsweise der Leerlaufspannung, wenn der Widerstand im äußeren Stromkreis hoch, die Belastung also niedrig ist. Die Klemmenspannung unterscheidet sich um so mehr von der Leerlaufspannung, je höher die äußere Belastung, also die Stromabgabe wird, bei sehr hohen Stromabgaben kann die Klemmenspannung empfindlich viel niedriger als die Leerlaufspannung sein.

(Die Berufselektriker unter unseren Lesern werden ja wohl den von mir benützten Taschenspielertrick erkannt haben, mit Hilfe dessen ich am entscheidenden Punkt entweder mit Ohmzahlen oder mit Wattzahlen operiere, ich wollte nämlich den bei Stromverzweigungen und der Parallelschaltung von Widerständen notwendig auftretenden reziproken Werten aus dem Wege gehen, man soll nämlich die Fähigkeit zum Bruchrechnen nicht überschätzen. Welcher Erwachsene kennt denn schon noch die Regeln des Bruchrechnens? Wahrscheinlich bleibt auch deswegen von der in jeder Berufsschule so ausgiebig gepaukten Theorie der Stromverzweigungen bei den Schülern so wenig hängen. Mit den hier exerzierten Taschenspielerkniffen müßte aber ein Mann instandgesetzt werden, das nachzurechnen, was an seinem Motorrad bestenfalls auftreten kann.)

Bei der Aufgabe, einem Anlasser genügend Energie zuzuführen, kann man aber auch einen anderen Weg gehen: Man braucht nicht unbedingt die **Kapazität** einer Batterie zu vergrößern, indem man etwa mehrere Batterien parallel schaltet, man kann auch die **Spannung** vergrößern, indem man zwei Batterien hintereinander schaltet. Damit bekommen wir die Verhältnisse, wie sie in Bild 11 gezeichnet und durchgerechnet sind.

Wie man sieht, hat der Anlasser jetzt 0,4 Ohm, die aber nicht vom Himmel gefallen und nicht aus den Fingern gesogen sind, auch diesem Wert von 0,4 gegenüber früher 0,1 liegt eine Überlegung zugrunde, der wir immer wieder begegnen:

Normalerweise hat man doch in einem Stromkreis einen bestimmten Leistungsbedarf, also eine bestimmte Wattzahl, die zu bewältigen ist. Wird in diesem Stromkreis nun die Spannung verdoppelt, soll aber die Wattzahl erhalten bleiben, dann kommt man sichtlich bei doppelter Spannung mit dem halben Strom aus. Doppelte Spannung bei halbem Strom bedeutet aber, daß die auftretenden Widerstände vier-

Bild 11
Die Hintereinanderschaltung mehrerer Batterien ändert zwar nichts an Innenwiderstand und Spannungsverhalten, es fallen aber unvermeidliche andere Widerstände an Kollektor, Schaltern und Leitungen weit weniger ins Gewicht.

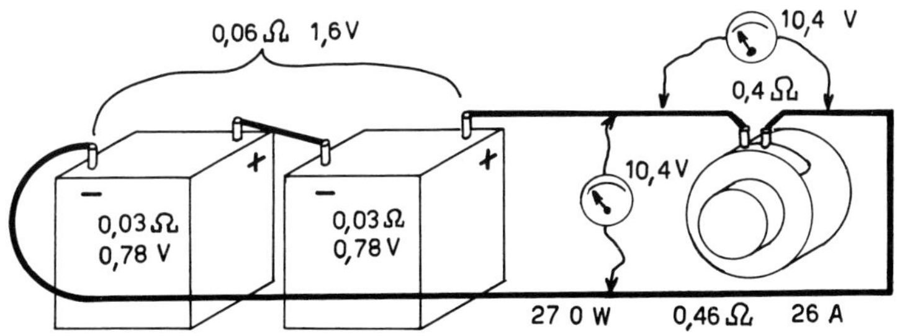

mal so groß sein müssen oder aber auch viermal so groß sein dürfen – es kommt eben auf den Standpunkt an. Den Anlasser muß man also mit mehr Windungen aus dünnerem Draht bewickeln, die Leitungen zwischen Batterie und Anlasser dürfen aber aus einem Material sein, das nur ein Viertel soviel Querschnitt hat wie bei der 6-Volt-Batterie.

Da wir auf der Batterieseite jetzt zwei 6-Volt-Batterien hintereinander geschaltet haben, bekommen wir auch den doppelten inneren Widerstand, nämlich 0,06 Ohm. Der gesamte Stromkreiswiderstand beträgt mithin 0,46 Ohm, in dem die vorhandene EMK von 12 Volt einen Strom von 26 A hervorruft. Am Anlasser stellt sich eine Klemmenspannung von 10,4 Volt ein, der Spannungsverlust in der Batterie beträgt $0{,}06 \cdot 26 = 1{,}6$ Volt, die verfügbare Anlasserleistung ist $10{,}4 \cdot 26 = 270$ Watt.

Diesen Weg der Hintereinanderschaltung von zwei 6-Volt-Batterien niedriger Kapazität – gemeinhin werden dafür Batterien von 10–11 Ah verwendet – ist man bei Motorrad- und Roller-Anlassern gegangen, diese 2 Batterien wurden auch bei den ersten Mobilen verwendet, inzwischen hat die Batterie-Industrie aber komplette 12-Volt-Batterien mit Kapazitäten zwischen 15 und 30 Ah geschaffen.

Jeder Leser ist nun wohl in der Lage, nach dem Beispiel von Bild 9 und Bild 10 einmal durchzurechnen, was passiert, wenn man nicht 3 Batterien parallel schaltet wie in Bild 10, sondern nur zwei. Dem weniger mißtrauischen Leser sei versichert, daß dabei genauso eine Anlasserleistung von 270 Watt herauskommt wie in Bild 10 Womit sich wieder die Frage auftut, warum man denn bei den Roller-Anlassern nun ausgerechnet zwei 6-Volt-Batterien hintereinander geschaltet hat, statt eine Batterie mit doppelter Kapazität zu nehmen, wo doch gleich viel herauskommt und wo man doch den „beliebten, bewährten und stets gern gekauften" übrigen 6-Volt-Krempel hätte beibehalten können. Die Antwort darauf setzt sich aus mehreren Punkten zusammen:

1. Wir stellten gerade eben hier fest, daß in einem Netz mit doppelter Spannung die Leitungsquerschnitte nur noch ein Viertel so groß zu sein brauchen wie bei der einfachen Spannung. Das heißt aber auch, daß bei gleichen Querschnitten bei doppelter Spannung die Leitungsverluste auf ein Viertel sinken, das ist gerade bei den sehr starken Anlasserströmen von 25 bis 50 A gar nicht zu verachten.
2. Bei gleicher Leistungsaufnahme läßt sich ein Anlasser für 12 Volt Netzspannung kleiner, leichter und billiger machen als einer für 6 Volt, vor allem, wenn es sich um einen Schwungrad-Anlasser handelt. (Das läßt sich hier auf der Stelle nicht belegen, muß also vorläufig geglaubt werden.)

3. Die unvermeidlichen (nicht linearen!) Spannungsverluste an Klemmen, an Schalterkontakten, und vor allem am Kollektor des Anlassers fallen bei verdoppelter Netzspannung weniger ins Gewicht als bei einfacher Netzspannung.

Dieser letztere Umstand ist nun allerdings wichtig, denn in einem Leitungsnetz gibt es Spannungsverluste, **die von der Strombelastung der betreffenden Teile völlig unabhängig sind.** Das gilt vor allem für Schalterkontakte, es gilt auch und erst recht für die Kollektoren elektrischer Maschinen. Man kann sagen, daß im Kollektor eines Anlassers 0,5 Volt steckenbleiben, ganz gleich, ob das ein großer oder ein kleiner Anlasser ist oder ob die Strombelastung hoch oder ob sie niedrig ist. In Bild 9 beispielsweise fließen 46 A Strom, das bedeutet im Kollektor allein einen Verlust von 23 Watt, wir haben bei dieser Anlage für die Erzeugung von Drehkraft nur noch 187 Watt zur Verfügung. Schaltet man zwei Batterien parallel, dann bleiben von 270 Watt elektrischer Leistung noch 244 Watt für die Erzeugung von Drehkraft übrig, schaltet man die beiden Batterien aber hintereinander, dann bleiben von 270 Watt noch 257 Watt für die Drehleistung übrig. Es stehen also 244 gegen 257, das sind reichlich 5%, also genug, daß im Verein mit da ein paar Prozent und dort noch ein paar Prozent doch noch etwas herauskommt.

Man sieht aber auch wieder, daß diese lästige Prozentbettelei eigentlich nur dadurch bedingt ist, daß man bei den Rollern und bei den allerersten ganz leichten Mobilen um jeden Preis an den kümmerlichen Kapazitäten der üblichen Motorradbatterien festhalten wollte. Angesichts dieser Winzlinge von Batterien war die Aufgabe wirklich nur mit 12 Volt Netzspannung zu schaffen. Da aber auch der kümmerlichste Wagen von Urzeiten an eine Batterie von nie weniger als 40 Ah hatte, konnten die Wagen auch jahrzehntelang auf 12 Volt pfeifen und sich mit 6 Volt begnügen, denn wenn gar 40 Ah Kapazität zur Verfügung stehen, dann hat man fast doppelt so günstige Verhältnisse wie in Bild 9 und braucht sich um die vielen Spannungsverluste keinen Deut mehr zu kümmern, die dem Roller-Bauer das Leben so sehr schwer machen.

Elektrisches Messen

Hier ist von Meßinstrumenten die Rede, von welcher Art die sein müssen, welche Meßbereiche sie haben müssen, und wo man die richtigen herkriegt. Fast noch wichtiger sind die hier auch besprochenen Meßmethoden, denn ich habe noch keinen Berufs- und Gewerbs- oder sonstwie abgestempelten Kfz-Elektriker getroffen, der gewußt hätte, was eine Netzspannung überhaupt ist, geschweige denn, wie man sie mißt. Wahrscheinlich gibt es auch solche Kfz-Elektriker, nur habe ich eben bis jetzt noch keinen getroffen.

Warum und wieso?

Um ein Motorrad zerlegen, abgenutzte Teile ersetzen und das Ganze wieder montieren zu können, braucht man zur Not überhaupt nichts zu messen – selbst die Ovalität eines ausgelutschten Zylinders läßt sich mit Hilfe des ebenso abgenützten Kolbens und einiger Rasierklingen hinreichend beurteilen, Kolbenringpassungen und -spalte sowie Unterbrecherabstände lassen sich erst recht mit Rasierklingen als Fühlmaß hinkriegen. Man kann das Handwerk jahrzehntelang betreiben, ohne zu ahnen, daß der im Laden gekaufte Meterstab bei weitem keinen Meter lang ist. Anders in der Elektrik – die ist ja für das einfache Gemüt nur so unheimlich, weil man sie weder sehen noch fühlen kann. (Riechen kann man sie allenfalls noch, dann ist es aber auch schon reichlich spät.) Zwar kann man sie mit einem Kontroll-Lämpchen zur Not sichtbar machen, auch die gelehrtesten Leute kommen ohne ein solches Suchlämpchen nicht aus, wenn Fehler in einem Kabelnetz gesucht werden müssen, das ist aber auch alles. Die Fragen, ob etwas paßt, nicht paßt, wackelt, verhungert, klemmt oder sonst was, sind ohne leider teures Meßgerät nicht zu beantworten. Und nicht nur das – man muß mit dem Meßgerät auch umgehen können! Dabei gibt es ein paar eklige Fußfallen, von denen vielfach nicht mal die „Fach"leute in den Werkstätten eine Ahnung haben. (Kürzlich fand sogar mal ein Hochschul-Physiker einen unserer Meß-Artikel interessant, weil seine Studenten und selbst Doktoranden in ihren Meß-Aufbauten immer noch Grundsatzfehler machen!) Man sucht nun in allen Lehrbüchern der Auto-Elektrik vergeblich Anweisungen für die Wahl brauchbarer Meßinstrumente, von brauchbaren Arbeitsmethoden sind diese Lehrbücher überhaupt chemisch rein. Dabei sind gerade Pannen in der Elektrik – wovon wieder die Bosch-, Noris-, Lucas- usw. Kundendiener keine Kenntnis nehmen – nur deshalb so kostspielig, weil kein Mensch etwas von genügend genauem Messen versteht. (Ich spreche hier von *Motorrad*-Elektrik und von *Mobil*-Ausrüstung!) Es genügt nicht, irgendeinen Bauteil zu beschuldigen, ihn auf den Prüfstand zu nehmen, verändert wieder einzubauen und eine Rechnung zu schreiben, so gewissenhaft-gekonnt das auch aussehen mag.

Selbst wenn der beschuldigte Teil – etwa eine Lichtmaschine – fehlerhaft war und repariert wurde, ist es nicht gesagt, daß der Fehler vom Himmel kam: Man muß eine solche Anlage genau absuchen, ob da nicht noch die Ursachen für den reparierten Fehler drin sind – eine zeitraubende Beschäftigung, die *nicht* gemacht wird, weil die dazu nötigen Arbeitsstunden auf jeder Rechnung schlecht aussehen und von jedem Kunden reklamiert würden. (Nachher wird das Geld aber doch ausgegeben, für wiederholte Maschinenreparaturen, für viele Ersatzregler und für viele Batterien, Kupferwürmer laufen immer schwer ins Geld.)

Es ist auch nicht mit den vielen wunderbaren Testgeräten getan – die rangieren mehr unter Repräsentation, als daß man damit wirkliche Kupferwürmer suchen könnte. Wenn mal wo ein wirklich versteckter Fehler sitzt, kann der doch nur mit passend gewählten Einzelinstrumenten gesucht werden, die man nach jeweiliger Überlegung an unterschiedlichen Punkten des Netzes einsetzt, und die man vor allem an die Strecke mitnehmen kann. Zuweilen ist es gerade wichtig, bei ganz bestimmten Betriebszuständen messen zu können, die man nur draußen, außerhalb der Werkstatt hat, um einen Kupferwurm zu finden. Selbst ist der Mann – bei *allen* kniffligen Fehlern! Wenn also jemand langwierigen elektrischen Kummer hat, soll er nicht mehr vom Fachmann Rat erhoffen, sondern selber suchen. Das kann man aber nur durch genaues Messen, und deshalb beschreiben wir hier, wie man das macht.

Die richtigen Instrumente

Am wichtigsten für Fehlersuche und korrekte Einstellung ist eigentlich ein Voltmeter, das es gar nicht gibt – uns kommt es auf die möglichst genaue Messung zwischen 6 und höchstens 8,5 Volt bzw. zwischen 12 und höchstens 17 Volt an. Die Meßbereiche der käuflichen Instrumente liegen aber alle bei 6, bei 12 und bei 30 Volt. Selbst das Gossen-Mavometer haut nicht ganz hin, obwohl sich da sehr enge Meßbereiche hinbauen lassen: Die 150er-Teilung ist leider in Zehntel geteilt, die jeweils dem Wert 0,3 entsprechen – das gibt grausame Ablesepannen, die einem auch bei großer Übung dauernd unterlaufen und viel Ärger geben. Ein Voltmeter für 6-Volt-Bordnetze müßte als Endwert der Skala 9 Volt haben, unterhalb 5 Volt ist die Skala wieder uninteressant, man könnte sie ohne weiteres unterdrücken, um den Bereich von 5–8,5 Volt über den ganzen Skalenbogen dehnen zu können. So etwas wäre für die Instrumentenmacher eine Kinderei, um höchstens 20 % Preisaufschlag zu haben – von den ganzen Fahrzeug-Elektrikern kommt aber keiner auf diese Idee. (Die Kulis in den Werkstätten verstehen natürlich nichts von Instrumenten, die Herren Ingenieure in den Werken ahnen nichts vom Genauigkeitsbedarf am Fahrzeug, die Kundschaft meutert über schlechte Reparaturen auch nicht, weil sie erst recht nichts von den Möglichkeiten weiß, und so ist die Messerei an Fahrzeugen das überhaupt traurigste Kapitel elektrischer Meßtechnik geworden mit Methoden aus der Zeit, als der alte Herr Bosch noch selber Voltmeter kaufte.)

Die schulmäßige O-X-Teilung ist grundsätzlich nicht gut, aber nicht zu umgehen, solange niemand auf die Idee kommt, wie in der übrigen Elektrotechnik so auch in der Fahrzeugelektrik Skalen mit unterdrücktem Nullpunkt zu verlangen, die für unsere Zwecke etwa von 5,5 – 9 oder von 11 – 18 Volt gehen müßten. Daß die

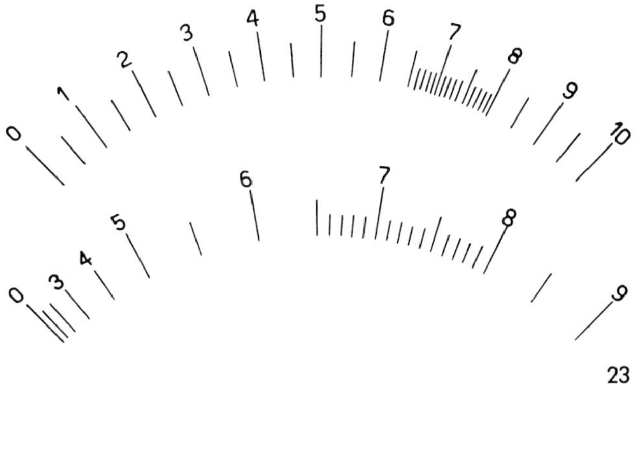

Bild 12
Oben die schulmäßige, lineare Teilung aller Universalinstrumente, große Teile der Skala werden im Kfz-Betrieb gar nie gebraucht. Die untere Skala mit unterdrücktem Anfangsbereich zeigt im ausgenützten Bereich eine viel breitere, genauere Teilung.

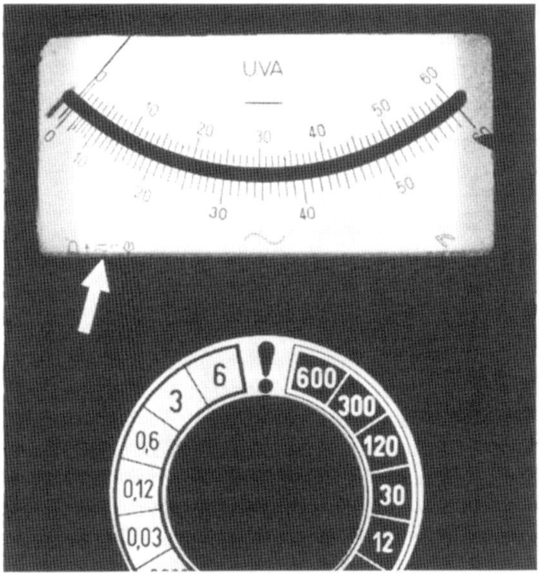

Bild 13
Die typische Skala eines Vielfachinstrumentes, bei der man sich vor Verwechslung der Gleichstrom- und Wechselstromteilung hüten muß. Der Pfeil zeigt auf den „Steckbrief" des Meßwerkes.

Bild 14
So sieht der Steckbrief aus. Hufeisen ganz links: Drehspulmeßwerk, daneben das Zeichen für einen Gleichrichter, also auch Wechselstrommessung möglich. Das nach unten offene, flache U: Für wagerechte Gebrauchslage bestimmt. Die Zahl 1,5: Grad der Genauigkeit. Zahl im Stern: Prüfspannung 2000 Volt. (Praktischer Benutzungsbereich bis 650 Volt.)

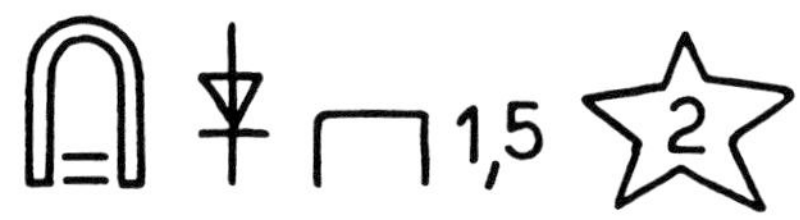

schulmäßige Universalteilung nicht gut ist, hat folgenden Grund: Genau wie Zollstöcke weniger genau sind als Präzisionsendmaße, gibt es bei Meßinstrumenten auch unterschiedliche Genauigkeiten. Man findet auf den Skalenblättern neben allerhand magischen Zeichen jedesmal auch eine Zahl: 0,2 – 0,5 – 1,0 – 1,5 oder 2,5. (Diese Zahl steht frei. Zahlen in Sternchen bedeuten etwas anderes, Isolationswerte.) Wo die Zahl auf der Skala fehlt, hat man entweder ein ausländisches Erzeugnis, unqualifizierbaren Pofel oder auch etwas ganz Feines vor sich, bei dem auf der Rückseite große Tabellen stehen, in denen der Anzeigefehler besonders feierlich aufgeführt ist. Dieser Anzeigefehler – etwa 1,5 wie bei den meisten in Werkstätten üblichen Instrumenten – bedeutet, daß 1,5% Fehler plus oder minus vorhanden sein können. Aber: Prozent vom *End*wert! Nehmen wir die gebräuchliche 10-V-Skala: Da darf also ein Fehler von 0,15 Volt vorhanden sein, etwa zu hohe Anzeige. Wenn man nun in Skalenmitte mißt, bei 5 Volt, dann sind dort nicht 0,075 Volt Fehler da, sondern es dürfen *auch hier* 0,15 Volt Fehler auftreten, es darf sogar am 10-V-Ende ein Plusfehler von 0,15 V da sein, der bei 5 V in der Mitte zu einem Minusfehler von 0,15 V umkippt! *Das ist in dieser genormten Toleranz alles drin.* Zwar treten bei erstklassigen Fabrikaten weit geringere Fehler auf, aber zulässig sind diese Fehler und erfahrungsgemäß auch immer da, wenn man einen Kupferwurm sucht.

Ferner: Jeder Metzger muß seine Waage und jeder Tuchverkäufer seine Elle periodisch auf Genauigkeit prüfen lassen, in jeder Fabrikation werden auch ohne Gesetz im eigenen Interesse die Betriebsmeßgeräte in sehr engen Abständen auf Genauigkeit überprüft. Aber kein Mensch denkt daran, daß auch elektrische Meßinstrumente laufend kontrolliert werden müßten – was da drin ist, bleibt drin, ganz gleich, welchen Fremdfeldern, welchen Erschütterungen und welcher Atmosphäre diese armen Meßbüchsen ausgesetzt werden. Die scheinen jedem gut, solange die Gläser noch ganz sind. So manche Batterie wird totgekocht, wenn das Voltmeter auf dem Reglerprüfstand stillschweigend 0,2 oder 0,3 Volt zu wenig anzeigt, nur weil sich seit einem Jahr niemand mehr darum gekümmert hat.

Es gibt aber auch einen Trost: Selbst die relativ billigen Vielfach-Instrumente wie Gossen-Uva, H & B-Multavi, Siemens-Multizett usw. pflegen ihr zugelassenes ein Prozent Fehler bei weitem nicht auszunützen und auch über Jahre genau zu bleiben, wenn sie schonend behandelt werden. Zu schonender Behandlung gehört nicht nur sorgsames Absetzen auf Putzlappen oder Schaumgummi statt auf den Werkstattboden, sondern auch ein Nichtüberlasten. Selbst wenn es bei einer Fehlschaltung nicht geradezu den Zeiger krummhaut, ändern doch – durch Erwärmung! – die Zuleitungs- bzw. Rückstellfedern ihre Kraft, und schon ist der Meßfehler größer. In dieser Beziehung sind Vielfachinstrumente gefährlich, wenn man nach einer Schaltungsänderung das Nachstellen des Bereichwählers versäumte. (Die Radio-Fans unter unseren Lesern werden ja wohl nicht erst seit jetzt verständnisvoll grinsen!)

Noch eine Tücke: Fast alle Vielfachinstrumente sind für Gleich- und Wechselstrom umschaltbar. Bei Fehlschaltung auf Wechselstrommessung und Benutzung an Gleichstrom zeigt das Ding aber fröhlich an, man wird also nicht mit der Nase auf den Schaltfehler gestoßen – also wieder Pedanterie, man überzeuge sich von der richtigen Schalterstellung wie ein Professor. Und zweite Tücke: Immer wieder passiert es, daß man irrtümlich statt von der Gleichstromskala von der ganz anders geteilten Wechselstromskala abliest, das gibt dann ganz wilde Resultate. (Davon weiß man nur etwas, wenn man diese Fehler selbst häufig genug gemacht hat. Ich geniere mich vor dem Geständnis nicht und sehe wieder das besagte Grinsen. Passiert jedem, nur druckte es bis jetzt keiner.)

Also: Elektrische Meßinstrumente sind nur beschränkt genau, Werkstattinstrumente verdienen überhaupt jedes Mißtrauen, sofern sie nicht vorgestern nachgeeicht wurden, und außerdem soll man möglichst weit oben an der Skala messen, also den kleinstmöglichen Meßbereich zu finden trachten.

Bis jetzt nichts gesagt wurde über die Skalenteilung – wie aus unseren zahllosen Regler- und Batterieartikeln hervorgeht, kommt es auf Zehntelvolt an. Die muß man also ablesen können, die Teilung dazu muß vorhanden sein. Striche für ganze und halbe Volt sind also ungenügend. Bei der hier in Bild 13 gezeigten UVA-Skala kann eine 6-Volt-Lichtmaschine nur mit dem 12-Volt-Bereich durchgemessen werden, der Teilstrich 35 – obere Skala – bedeutet 7 Volt und die erforderlichen Zehntel sind nur als Mittelstellung des Messerzeigers zwischen zwei kleinen Teilstrichen abzulesen. So geht das also – vielleicht wird jetzt klar, was die vorhin genannte schonsame Behandlung bedeutet!

Dazu gehört noch eine genaue Nullstellung, die jedesmal kontrolliert, aber nur im Notfall korrigiert wird. Dazu gehört auch ein leises Klopfen mit dem Bleistift, damit sich der genaue Endwert einstellen kann – nicht mit dem Schraubenzieher und erst recht nicht mit dem Fingerknöchel. (Soeben stelle ich fest, daß ich mitten in der sechsten Schreibmaschinenseite bin, wo ich nur zwei zu verbrauchen gedachte – es ist doch eine gewaltige Menge, die da gewußt sein will und verkorkst werden kann – nein, wird, gerade in Fachwerkstätten. Das sind alles Dinge, die von Werkstattleuten längst nicht mehr beachtet werden.)

Spiegelskala ist nicht nötig, wenn auch schön, aber Messerzeiger ist notwendig, Messerlanzenzeiger angenehm, normaler Lanzenzeiger unbrauchbar.

Wichtig ist auch eine eventuelle Lagebezeichnung auf der Skala, man darf ein für senkrechte Lage bestimmtes Instrument nicht liegend verwenden und man darf ein Radio-Tischinstrument sich nicht von einem Helfer in senkrechter Lage über die Maschine herüber vor die Nase halten lassen.

Bild 15
Verschiedene Lagebezeichnung – im Winkel für schräge Gebrauchslage steht meist eine Winkelangabe.

Man darf aber doch, wenn man vorher – etwa mit der Batterie – in vorschriftsmäßiger Lage einen geeigneten Ausschlag hervorruft, genau abliest, das Instrument in die nötige Gebrauchslage bringt und die Anzeigeänderung feststellt. Damit kann man dann die späteren Ablesungen korrigieren.

Minder wichtig als Spannungsmesser sind Strommesser, auf deutsch Amperemeter. Dennoch ist es zuweilen angenehm, auch eine Stromstärke messen zu können, etwa um eine sulfatierte Batterie erkennen zu können. (Keine Angst, kriegen wir noch.) Für Strommesser gilt an sich das gleiche, was über Spannungsmesser gesagt wurde, nur kommt es da nicht so auf besondere Genauigkeit an, für Strommessung tut es auch eine Werkstattzwiebel, weil uns Ströme immer erst dann zu interessieren beginnen, wenn sie nur halb so stark oder doppelt so stark sind, wie sie eigentlich sein sollten – das zeigt schließlich jede Zwiebel einigermaßen verläßlich an, wenn

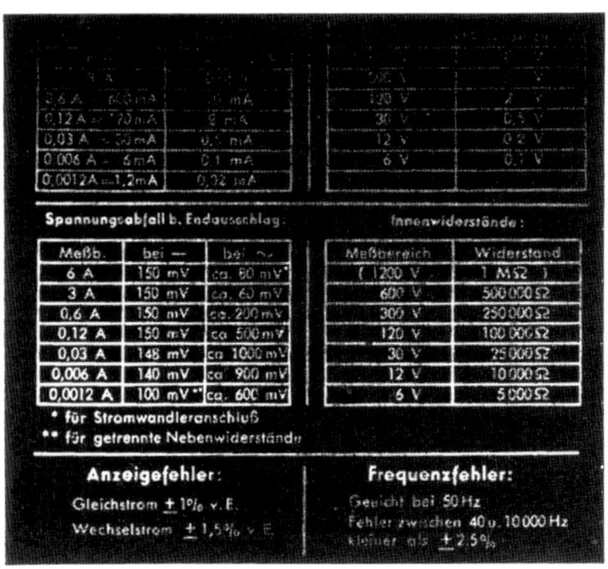

Bild 16
Die besseren Sachen – hier Gossen-UVA – tragen ihren Steckbrief auf der Rückseite. Es lohnt sich, solche Zahlensammlungen genau auf ausgefallene Randwerte abzusuchen, spart einem manchmal Kopfzerbrechen über scheinbare Streuwerte bei ausgefallenen Messungen.

man auch danach trachten wird, lieber in der oberen als in der unteren Skalenhälfte zu messen. Im unteren Viertel einer Skala sollte man überhaupt nur dann messen, wenn man die hier auftretenden Anzeigen mit einem zweiten, besonders genauen Instrument vergleichen und eichen konnte.

Man kann aber nicht immer am oberen Ende messen und muß zuweilen mit Nutzen ans andere Ende gehen, das hängt mit der grundsatzhäßlichen Eigenschaft aller Strommesser zusammen, mit deren Spannungsverbrauch.

Bei guten Sachen ist der Spannungsverbrauch immer auf der Rückseite oder der Skala angegeben, siehe Bild 16, bei Schalttafelinstrumenten steht er leider nicht mal immer im Prospekt. Weil das Meßwerk unvermeidlich einen Widerstand hat, entsteht am Instrument bei Stromdurchfluß ein Spannungsabfall, der für Vollausschlag angegeben wird. Schalttafelinstrumente und Werkstattzwiebeln pflegen 0,2 Volt Spannungsabfall zu haben, Dreheiseninstrumente bis zu 1 Volt, gute Sachen haben 150 Millivolt Abfall, die ganz guten nur 100 Millivolt. In der übrigen Elektrotechnik ist dieser Spannungsverbrauch nur bei ganz genauen Messungen wichtig; da es bei unseren Reglereinstellungen aber auf Zehntelvolt ankommt, kann man keine Strommessung unbesehen gelten lassen, wenn man den Spannungsverbrauch des Strommessers nicht kennt. Wenn es gilt, die Stromaufnahme einer vollgeladenen Batterie zu kontrollieren, die etwa 0,5 A betragen soll, dann wird man das schulmäßig etwa mit dem 0,6-A-Bereich des UVA tun, gibt einen sehr genauen Ausschlag. Nur frißt das UVA dann $^5/_6$ von 150 mV Ladespannung, also 0,125 Volt vor der Batterie aus dem Netz. Schaltet man nun auf den 6-A-Meßbereich um, dann fällt der Verbrauch auf 0,01 Volt ab, die wirklich keine Rolle mehr spielen, aber der Zeiger steht jetzt nicht mehr auf dem 50er Strich, sondern ganz unten irgendwo beim 5er Strich. So kann man zwar den Spannungsabfall größtenteils herausmogeln, müßte sich aber vorher überzeugen, wie genau die Anzeige da unten noch ist. Bei Schalttafel-Instrumenten bleibt nichts anderes übrig als der Vergleich mit einem zweiten Instrument in der Hintereinanderschaltung. Bei Vielfachinstrumenten kann man sich notdürftig auch mit der Schaltung Bild 17 helfen, in der eine Glühlampe passender Wattzahl als recht ordentlicher Stromkonstanthalter wirkt, auch wenn sich die wirksame Spannung durch Umschalten des Instrumentes ändert. Man wählt die Glühlampe so, daß im einen Meßbereich für niedrigen Strom ein fast voller Ausschlag herauskommt, der notiert wird. Danach schaltet man auf den größeren Meßbereich, bei dem der Zeiger in einer Anfangsstellung ausschlägt und kann jetzt feststellen, wieviel kleine Teilstriche auf den früher angezeigten Strom kommen. Die Glühlampe hat die freundliche Eigenschaft, den Strom annähernd konstant zu halten, obwohl jetzt nur ein Fünftel oder gar ein Zehntel des früheren Spannungsverbrauches im Meßinstrument vorhanden ist.

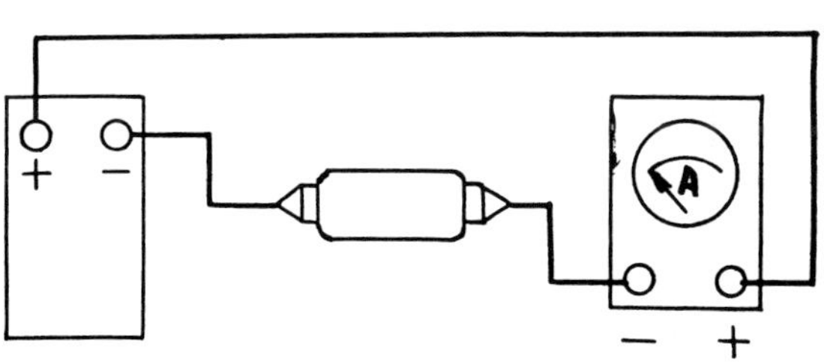

Bild 17
Mit einer Glühlampe als Stromkonstanthalter in dieser Schaltung kann man die Stromabgabe am oberen und unteren Ende der Skala nach Bereichumschaltung sehr genau vergleichen.

Strommesser mit Nullpunkt der Skala in der Mitte wären ganz schön, wenn dadurch nicht der Skalenmaßstab 1 : 2 verkleinert würde. Man kann so etwas zwar zur Untersuchung des Reglerverhaltens bei niedriger Drehzahl gut gebrauchen, ist davon aber nicht abhängig, Rückströme lassen sich auch anders messen.

Völlig nutzlos

sind sowohl die Tascheninstrumente um siebenfünfzig aus dem Kaufhaus wie die Einbau-Strommesser, wie sie sich in englischen Motorrädern und Wagen zuweilen finden. Davon reden wir erst gar nicht, da ist selbst die rote Signallampe vergleichsweise ein Präzisionsgerät. Wer glaubt, wegen öfterer Lichtmaschinenschwierigkeiten den Strom dauernd überwachen zu müssen, soll uns nicht um Rat löchern, was dafür als Instrument in Frage käme, er soll lieber den vorhandenen Kupferwurm suchen. Finden kann man ihn allerdings nur mit einem sehr genauen Instrument, das man zuweilen sogar mit auf die Strecke nehmen muß – dann hängt man es aber wohlgeborgen um den Hals.

Bis hierher

stand das alles schon im Elektrik-Bandwurm im MOTORRAD 1958, aber da geschah ein Wunder: Es fand sich eine Instrumentenfabrik, die für einen Motorradfahrer – der sein tägliches Brötchen mit der Entwicklung elektrischer Geräte verdient – zwei Spezialinstrumente für Fahrzeugzwecke baut. Bild 18 zeigt den Spannungsmesser, zwei Meßbereiche, für 6 und 12 Volt Nennspannung, also 9 und 18 Volt

Bild 18
Seit kurzem gibt es dieses Kfz-Spezialvoltmeter, sogar mit Gleichrichter und damit zweitem Meßbereich für Wechselstrom-Anlagen. Die beiden niedrigen Meßbereiche werden erst durch Knopfdruck eingeschaltet, versehentliche Überlastung ist damit ziemlich sicher vermieden.

Vollausschlag. Der kleine Meßbereich wird erst durch Knopfdruck eingeschaltet, verhütet Überlastungen durch Irrtum.

Mit der Nullpunktunterdrückung hat man sich hier kein Bein gebrochen, das Meßwerk hat gar keinen „spielenden" Nullpunkt mehr, es schlägt einfach links an. Die Meßwerkmacher – ganz renommierte Leute, wie aus dem Steckbrief zu ersehen – behaupten, daß man das heutzutage ohne weiteres dürfe, das sei an Fortschritt im Instrumentenbau der letzten zehn Jahre drin. Auch sei die Genauigkeit wesentlich besser als 1,0, obwohl im Steckbrief nur 1,5 steht. Wie man sieht, ist die Teilung so gezogen, daß man damit wirklich etwas anfängt – diese Dinger gehörten eigentlich in die sogenannten „Tester", mit denen in den Reparaturwerkstätten den Kunden hohe Rechnungsbeträge schmackhaft gemacht werden.

Der Strommesser ist hinsichtlich Skala auch für unseren Zweck angepaßt: Der Nullpunkt liegt im ersten Fünftel. Damit hat man für die Ströme, die etwa die Lichtmaschine zu liefern hat, nach rechts einen hinreichend großen Skalenbogen, der Genauigkeit sichert, es ist aber noch Platz nach links, um Rückströme messen zu können, die bei manchen Fahrzuständen fröhlich fließen, ohne daß die rote Lampe auch nur blinzelt, geschweige angeht. Auch hier wird der empfindliche Bereich erst auf Knopfdruck geschaltet.

Diese beiden gut ausgedachten Spezialsachen wird man allerdings vergeblich im Handel suchen, man bekommt sie aber bei F. P. Langheinrich, Überlingen/Bodensee, Moserhof 5. (Wetten, daß die gewerbsmäßigen KfZ-Elektriker in den nächsten fünf Jahren davon überhaupt keine Notiz nehmen werden?)

Bild 19
Spezieller Kfz-Strommesser mit eingerücktem Nullpunkt, erlaubt die Messung von Rückströmen, wie sie bei kleinen Wagen- und Motorrad-Reglern vorkommen, wieder zwei Meßbereiche, kleiner Bereich wird erst auf Knopfdruck geschaltet.

Die Meßmethoden

Wir pflegen ja erst dann nach Meßinstrumenten zu laufen, wenn mal etwas gründlich schiefgegangen ist. Die erste Untersuchung gilt dem Regler, was der wohl hergibt, für diese Kontrolle am bequemsten zugänglich sind die Batterieanschlüsse. Wenn man nun den Spannungsmesser nach Bild 20 anlegt, dann bekommt man bei stillstehendem Motor die Batteriespannung angezeigt, die je nach Ladezustand zwischen 5,5 und 6,6 V betragen kann. Man schaltet auch mal probeweise das Licht ein, bei Standlicht darf der Zeiger ein bißchen wackeln, bei Fernlicht darf die Spannung um 0,3 – 0,4 Volt sinken, wenn sie stärker sinkt, ist die Batterie nicht geladen oder sulfatiert. Bricht die Spannung bei Belastung mit Fernlicht sofort – also nicht in 5 – 10 Sekunden wie bei einer nur tiefentladenen Batterie, sondern mit einem Schlag um 2 – 3 ganze Volt herunter, dann ist eine Zelle erledigt und die Batterie auch reif zum wegschmeißen.

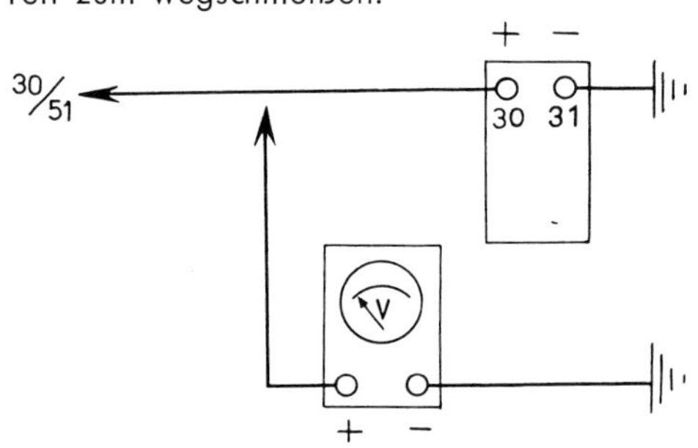

Bild 20
An dieser Stelle wird bei stehendem Motor die Batteriespannung gemessen, bei laufendem Motor mißt man so eine Spannung, die weitestgehend durch die Batterie diktiert wird und keinen Rückschluß auf die Funktion von Regler und Lichtmaschine erlaubt.

Danach läßt man den Motor laufen, fährt ihn womöglich durch viertelstündiges Jagen gut warm und stellt abermals – aber jetzt bei laufendem Motor – die Schaltung Bild 20 her. Jetzt darf eine kleinere Spannung als 6,6 Volt angezeigt werden, wenn der Motor einigermaßen schnell geht – jedenfalls ein bißchen schneller als zum Verlöschen der roten Lampe nötig. Einschalten von Fernlicht darf etwa vorhandene 6,6 V höchstens auf 6,2 V abfallen lassen, das wäre dann ein Zeichen von schlechtem Ladezustand der Batterie. Sobald man aber Motordrehzahl zulegt, muß die Spannung um 2 – 3 Zehntel (da sind schon die Zehntel!) steigen, wenn sie auch nicht an 6,5 – 6,6 V herankommt. Man gibt dann eben die Batterie zum Laden. Voraussetzung für 6,5 – 6,6 Volt Spannung bei laufendem Motor ohne Licht ist eine wenigstens zu ½ geladene Batterie und viertelstündiges Fahren vor der Messung.

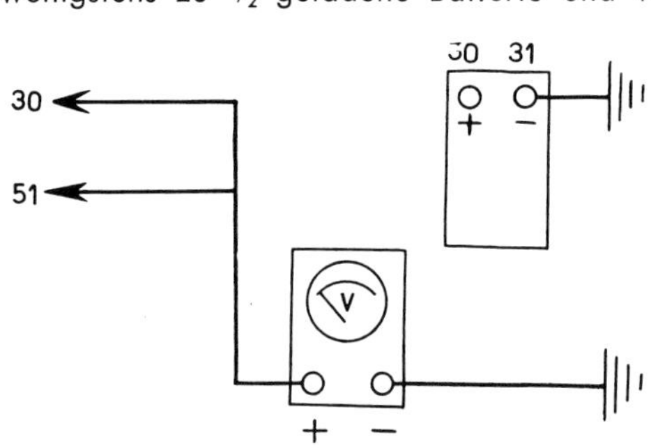

Bild 21
Wenn bei laufendem Motor die Batterie abgeklemmt wird, kann man auf diese Weise die tatsächlich von Regler und Lichtmaschine abgegebene Spannung messen. Mit dieser Schaltung kann alles das exerziert werden, was im Regler- und Lichtmaschinen-Abschnitt geschildert wird.

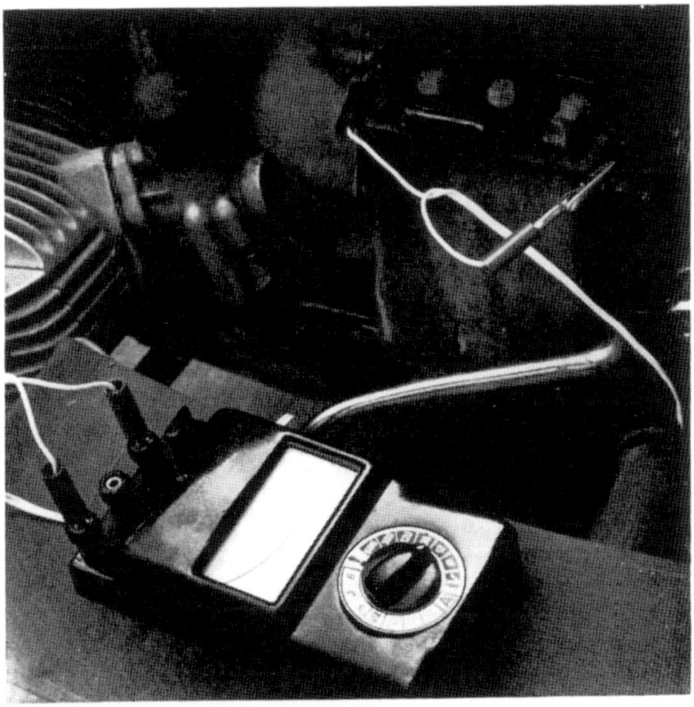

Bild 22
So sieht das in Wirklichkeit aus, das Pluskabel ist vom Batteriepol gelöst und führt zur Plusklemme des Spannungsmessers. Nur wenn der Motor stirbt und wieder angetreten werden muß, schließt man vorübergehend die Batterie wieder an.

Nun ist aber das, was in der Schaltung Bild 20 gemessen wird, trotz laufendem Motor immer nur die Batteriespannung und nicht die Lichtmaschinenspannung, die man für sich allein nach der Schaltung Bild 21 untersuchen kann.

Die Leitung zur Plusklemme der Batterie wird also abgenommen und bei laufendem Motor an die Plusklemme des Voltmeters gehängt. (Falls da zwei Leitungen sind: Da geht eine in den Scheinwerfer, eine zur Lichtmaschine, es müssen beide von der Batterie abgenommen und beide ans Voltmeter gehängt werden.) Was wir jetzt angezeigt finden, ist die vom Regler der Lichtmaschine eingeregelte Spannung, wobei die Lichtmaschine lediglich mit der Zündleistung belastet ist. Dabei muß nun eine Spannung von mindestens 7,2 Volt als unterste Grenze angezeigt werden – dann wäre es nicht verwunderlich, wenn man unter erschöpfter Batterie zu leiden hätte, vor allem im Winter. Es darf als oberste Grenze 8,2 V angezeigt werden, da wäre es dann wieder kein Wunder, wenn man im Sommer die Batterie totgekocht bekäme. Man versäume auch nicht, bei dieser Messung mal Fernlicht einzuschalten. Dabei darf dann, ja muß sogar die angezeigte Spannung um 0,3 bis höchstens 0,6 Volt sinken – bei 90-Watt-Maschinen wenig, bei 60-Watt-Maschinen mehr. Es kann aber auch passieren, daß einem mit dem Einschalten des Fernlichtes der Motor stehen bleibt, vor allem, wenn die Netzspannung von vornherein nur 7,2 V oder gar noch weniger betrug. Man wiederholt die Sache bei höherer Motordrehzahl, der Motor darf lustig jubeln, muß aber durchlaufen, auch wenn bei brennendem Fernlicht die Netzspannung auf 6,4 – 6,5 Volt absinkt. Wenn der Motor aber auch bei hoher Drehzahl auf das Einschalten des Fernlichtes hin stirbt, ist da ein Kupferwurm drin. (Zur Vermeidung von Zweifeln: In diesem und dem letzten Absatz ist von **laufendem Motor bei abgeklemmter Batterie** die Rede!)

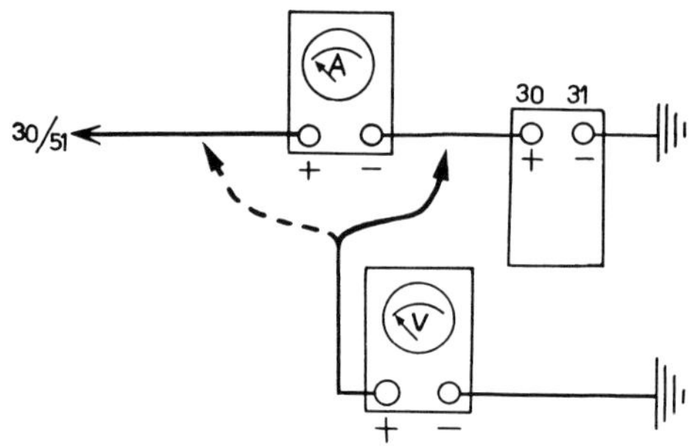

Bild 23
Wenn einen die Stromaufnahme der Batterie interessiert, wird so geschaltet – man darf dann nicht versäumen, die Spannung einmal vor und einmal hinter dem Strommesser zu messen, nur so erfährt man, wieviel Spannung im Strommesser abfällt.

Wie man Kupferwürmern und falschen Reglerspannungen zu Leibe geht, kriegen wir später, hier soll ja nur vom richtigen Messen die Rede sein.

Diese Messung nach Bild 21 ist die überhaupt wichtigste Messung bei jeglicher Art Elektrokummer, ohne diese Grundmessung – wie man wieder sieht, auf die berühmten Zehntel genau! – ist und bleibt alles hilflose Bastelei, auch wenn man ein noch so großes Testgerät dranhängt. Man versäume auch nicht, sowohl mit Lichtlast wie ohne, den Motor möglichst langsam steigend rauf und runter jubeln zu lassen. Wenn der Spannungsmesser dabei auch um 0,2, allenfalls 0,3 Volt seine Anzeige mit der Drehzahl erhöht oder mindert, besagt das nichts, das tun die Dinger meistens. Wenn der Instrumentenzeiger aber nicht stetig steigt oder fällt, wenn er zuckt oder gar dauernd wackelt, ist entweder im Regler oder im Kollektor der Kupferwurm. Diese Wackelei kann auch daher rühren, daß Motorvibrationen den Regler beeinflussen – deshalb ist diese Messung am Motorrad so wichtig, am Lichtmaschinenprüfstand entdeckt man naturgemäß nichts, weil da kein Motor schüttelt. Nur tritt diese Zeigerwackelei eben sehr regelmäßig bei ganz engen Drehzahlbereichen des Motors auf, gerade daran ist Vibrationseinfluß kenntlich.

Schließlich interessiert zuweilen auch die Stromaufnahme der Batterie, wenn man trotz augenscheinlich richtig eingestelltem Regler ungenügende Ladung oder im Gegenteil Kocherei hat. Zwar täte man besser daran, die Batterie am Ladegerät mit regelbarer Spannung zu prüfen – merkwürdigerweise sind aber die wenigsten Werkstätten darauf eingerichtet, die halten stur den Zellenprüfer dran – aber in Ermangelung eines Ladegerätes muß man eben an der Maschine messen. Man **schaltet nach Bild 23** und bedenkt, was vorhin über Spannungsverbrauch gesagt wurde. In eine vollgeladene Batterie von 7 – 8 Ah (vollgeladen ist sie, wenn sie – Ohr dran – hörbar gast) dürfen bei 7,8 bis 8,0 V Lichtmaschinenspannung nicht mehr als 0,6 – 0,7 A Ladestrom fließen. Dabei verliert sie noch reichlich Sprühsäure, man tut gut, die Spannung herunterzuregeln, damit nur noch ca. 0,3 bis 0,35 A fließen. Man soll sich diese Kontrolle nicht zu leicht machen – lieber Strommesser in die Tasche stecken, eine Stunde sehr scharf jagen, damit alles schön warm wird, und dann blitzschnell nochmal messen, so lange der Braten noch warm ist. Bekommt man gar bei sehr niedrigen Netzspannungen von etwa 7,2 bis 7,5 Volt trotz hörbar gasender und bestens geladener Batterie auch schon Ströme von 2 – 3 A, dann ist die Batterie sulfatiert und bald wegschmeißreif.

Konnte man nun den Strommesser nicht günstig wählen, wie wir das vorhin zeigten, hat man also im Strommesser Spannungsabfälle von 0,1 oder gar 0,2 Volt, dann braucht man noch nicht zu verzagen: Wenn man außer dem Strommesser noch einen Spannungsmesser hat, dann kann man mit dem nach Bild 23 die Spannung einmal vor und einmal hinter dem Strommesser feststellen, man kann auch probieren, was aus dem Strom wird, wenn man die Reglereinstellung ändert. Die daraus zu ziehenden Folgerungen sind ja wohl klar – man kann da die wildesten Korrekturen anbringen. Nur – verläßlich sind allein die Ladeströme in die garantiert volle, gasende Batterie.

Die Batterien

Nur weil Batteriesorgen die ersten sind, mit denen man bei einem Motorrad zu tun bekommt, wird dieser Abschnitt über Batterien vorangestellt. Aber auch wenn man keine Sorgen mit der Batterie hat, fängt man am besten hier an zu lesen, es sind nämlich ausschließlich Batterie-Eigenschaften, durch die so manche Reglereigenschaft diktiert wird – wahrscheinlich begreift man Reglerfragen erst dann so richtig, wenn man zuvor genau über Batterien Bescheid weiß.

Batteriewissen in Zahlen

Die unterschiedlichen Größen

Daß es 6-Volt- und 12-Volt-Batterien gibt, ist notdürftig bekannt. Schon weniger bekannt ist die Tatsache, daß es Batterien mit 4, mit 7, 10, 14 und 18 Ah gibt. Man hat das dunkle Gefühl, daß es sich dabei auch noch um eine Angabe der Leistungsfähigkeit handelt, weiß aber nicht viel damit anzufangen. Deshalb müssen wir uns erst mal darüber klarwerden, was es mit dieser „Ah"-Angabe für eine Bewandtnis hat.

Ah bedeutet Amperestunden – Ampere (Stromstärke) mal Zeit. Ein Ampere 1 Stunde lang ist 1 Ah, 10 A eine Stunde lang oder 1 A 10 Stunden lang sind 10 Ah. Gleich ein paar Faustwerte für den Gebrauch:

Bei Wechselstrom-Motorradanlagen, wo die Batterie nur das Standlicht und das Horn zu versorgen hat, sind 4 Ah üblich.

Bei Gleichstromanlagen sind 7 Ah üblich, nur bei ganz feinen Leuten in Deutschland und bei englischen Motorrädern – aber nur wegen deren früher unzulänglichen, primitiven Lichtmaschinen – hat man auch 14 Ah.

Die elektrischen Anlasser für Roller haben einen Zwischentyp von 10 Ah erzwungen, weil die Macher dieser Roller zu geizig waren, 14 Ah aufzuwenden. (Was zu klein ist, geht ja in der Hand des Kunden erst dann kaputt, wenn die Garantiezeit vorbei ist, der Kunde schimpft nicht über den Rollermacher, sondern über den Batteriemacher und bezahlt dann für Batterieersatz das ca. 5fache dessen, was er bei der ersten Anschaffung durch Kleinheit gespart hat. Schon beim ersten Batterie-Ersatz!)

Bei den Mobilen hat man dann gemerkt, daß auch eine Zweizylinder-300er mit 10 Ah nicht sicher anzudrehen ist und ging auf 18 Ah, aber auch die sind für Winterbetrieb noch zu kümmerlich, unter 30 Ah wird nichts Rechtes draus. (Mobilmacher waren gemeinhin nicht in Rußland und haben deshalb keine Kältekammern zum Probieren. Anlasserfabrikanten, die Kältekammern haben und zu 30 Ah raten, dringen aber nicht durch, weil es Batteriefabrikanten gibt, die wieder keine Kältekammern haben und deshalb um sieben Groschen billigere Batterien mit 25 Ah anbieten. Das Ganze nennt man „zielstrebige Entwicklung" und gedenkt ihrer bei fünfzigsten und sechzigsten Geburtstagen.)

Die Amperestundenzahl einer Batterie festzustellen ist nicht einfach, denn eine Batterie kann zwar wie ein Gefäß gefüllt werden, bis 100 % des Hineingefüllten überlaufen, also wirklich nichts mehr reingeht – es bekommt ihr übrigens ganz und gar nicht –, aber der Zustand „leer" ist nicht so einfach hinzukriegen wie bei einem Gefäß mit Flüssigkeit, das man ja notfalls austrocknen kann – wenn man eine Batterie bis zur elektrischen „Trockenheit" entleert, ist sie auch definitiv hin. Es blieb also nichts anderes übrig, als sich auf bestimmte Grenzen zu einigen, bei de-

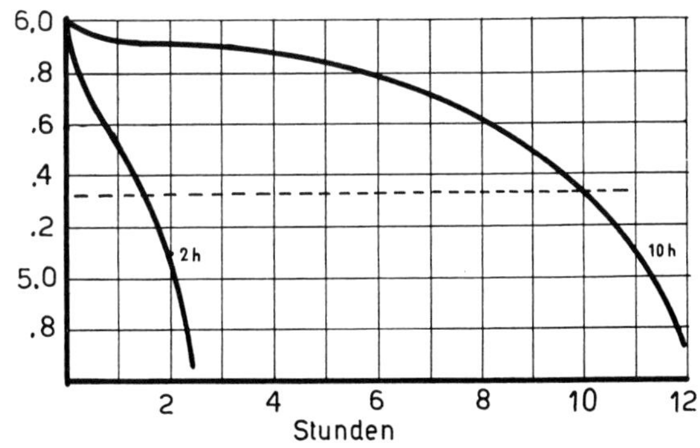

Bild 24
So benimmt sich die Spannung einer 6-V-Batterie bei Entladung mit verschieden starkem Strom. Bleibatterie, 10 Ah Kapazität, rechte Kurve bei 1 A Stromentnahme, linke Kurve bei 5 A Entnahme, die Kapazität ist weit geringer.

nen man die Batterie als „voll" und als „leer" betrachten will. Gemessen wird die Kapazität auch nicht durch Hineinfüllen von Strom, sondern durch Entladung. Und auch das ist kompliziert – wenn 10 Stunden lang entladen wird, muß wegen sinkender Spannung alle paar Minuten der Strom mit einem Regelwiderstand nachgeregelt werden. Was dabei passiert, zeigt Bild 24, gültig für eine Batterie von 10 Ah. Die zeigt unbelastet, aber ganz voll geladen 6 Volt. Stellt man den Belastungswiderstand so ein, daß nach dem Einschalten 1 A fließt, dann sackt die Spannung für die nächsten drei Stunden auf ca. 5,9 Volt ab, um von da an immer schneller zu sinken. (Der Widerstand muß also laufend nachgeregelt werden, damit trotz sinkender Spannung immer hübsch 1 A fließt.) Nach zehn Stunden hat die Batterie noch etwas über 5,3 Volt, pro Zelle also 1,75 Volt. Und dieses – daß also bis 1,75 Volt in 10 Stunden 1 A Strom geliefert wurde – nennt man die Kapazität, den Strom nennt man den „zehnstündigen" Strom. (Wir werden ihm noch öfter begegnen, er haftet der Batterie an wie das Soldbuch dem Soldaten und das Vorstrafenregister dem Redakteur.)

Sobald man nun einen stärkeren Strom braucht – sagen wir mal 5 A – beginnt der fromme Schwindel, denn 5 A werden gerade nicht für 2 Stunden geliefert, wie man denken sollte, sondern nur für höchstens anderthalb Stunden, wie in Bild 24 zu sehen. (Deswegen bemessen die Amerikaner ihre Kapazitätsangabe für 20 Stunden Entladung, das gibt größere Zahlen. Für die Kundschaft, die es nicht besser weiß. Macht 10 % Rebbach. Obwohl den Kunden eigentlich die Startfähigkeit interessieren müßte – dazu entnimmt man nämlich nicht nur 5 A aus 10 Ah Batteriegröße, sondern wenigstens 30 A.)

Seit ungefähr 1950 bedient man sich nun auch in Deutschland der amerikanischen Norm und bemißt die Kapazitätsangabe für zwanzigstündigen Entladestrom. Bei Bosch ist man insofern ehrlich, als man in den Batterie-Katalogen zwei Kapazitätszahlen nennt, einmal für zehnstündigen und dann für zwanzigstündigen Entladestrom. Das wirkt sich so aus, daß für die gute alte 7–Ah-Motorradbatterie für zwanzigstündigen Strom volle 8 Ah angegeben werden können. Man wird mit Recht fragen, was da denn diese 10-Ah-Batterien noch sollen, mit denen Anlasser-Roller ausgerüstet werden – erstens handelt es sich da meist um eine Angabe für zwanzigstündigen Strom und zweitens deucht einen die Mehrleistung danach gar nicht so gewaltig. Nun, auch das ist ein Teil der Augenauswischerei, die von der ganzen

Kfz-Wirtschaft der Kundschaft gegenüber getrieben wird. In Wirklichkeit würden zum Anlassen selbst einer 125er zwei Batterien mit 14 Ah alter Norm gebraucht, die das Motorradwerk — um einen Betrag zu nennen — runde 25 Mark Erstausrüstungspreis gekostet hätten. Als Lieferanten kamen etwa fünf Batteriemacher in Frage, einer davon kam auf die Idee, zwei Batterien von 10 Ah neuer Norm anzubieten, die nur 22 Mark (zusammen) kosten sollten. Zwar machten die Ingenieure des Werkes geltend, daß für diese 12 % Preisunterschied die Batterielebensdauer glatt halbiert und auch die Kaltstartfähigkeit nahezu halbiert würde, so etwas hat Kaufleute aber noch nie gestört und so wurde der 10-Ah-Anlassertyp geboren. Wie so mancher andere traurige Pofel auf genau dieselbe Art geboren wurde.

Vielleicht ist hier auch der Platz, eine hübsche Geschichte zu erzählen: In einem großen Motorradwerk brachte ein neuer Direktor einen sehr tüchtigen Direktionsassistenten mit, der den Auftrag bekam, systematisch zu sparen. Es durfte nichts mehr eingekauft werden, bis herunter zum Kohlepapier, was dieser Sparkommissar nicht überprüft hatte, ob es nicht billiger zu beschaffen sei. (Die Materialkenntnisse dieses Herrn waren für Stähle, Batterien, Kohlepapier, Heizöl und Kolbenringe sichtlich gleich ausgezeichnet.) Nach einem Jahr hatte der Kommissar eine Million gespart, laut Statistik. Das Werk hatte aber 8 Millionen verloren und ein Jahr danach hatte es vollends nur noch Papierwert und wurde als höchst fragwürdiges Trümmerstück in eine neue Firma eingebracht.

Es soll niemand kommen und sagen, auf diese Art markweiser und pfennigweiser Sparerei könne man allein wirtschaften – daran ist eine ganze Industrie kaputtgegangen. Man kann dem Kunden nicht jahrelang Pofel aufhängen, der nach einem Jahr kaputtgeht – wenn man das macht, ist nach zwei oder drei Jahren der Kunde nicht mehr bereit, die 500 bis 600 % Gemeinkosten zu bezahlen, die auf den gewaltsam abgemagerten Einstandspreis aufgeschlagen werden. Wie gehabt.

Also merken:

Die Kapazitätsangabe in Ah bezieht sich auf zehnstündige Entladung, bei stärkeren Strömen ist es erheblich weniger.

Beispiel: Eine normale 7-Ah-Batterie, mit den 5,5 A für Fernlicht und Schlußlicht belastet, ist in ca. 50 Minuten leer und nicht in 1 Stunde 15 Minuten, wie sie theoretisch halten müßte. Schaltet man die scheinbar leere Batterie ab, wartet man eine Stunde und schaltet wieder ein, dann brennen die Lampen wieder. Die Batterie hat sich „erholt". Von dieser Erholungsfähigkeit wird eine Menge Wesens gemacht – ist aber nicht der Rede wert. Wenn es nämlich darauf ankommt, merkt man, daß das nur ein Strohfeuer ist, gut, um Leute zu bluffen. Da ist Bild 25. Da wurde die Entladung mit 1 A nach 9 h 30 min abgebrochen, dann 3 h 30 min Pause. Man sieht, wie schön die Spannung wieder klettert und freut sich. Man schaltet an – nach einer hellen Sekunde brennt die Lampe wieder rot und die Spannung säuft fast ebenso rapid ab wie vorher, die Erholungsfähigkeit beträgt noch nicht ganz eine halbe Ah. Macht man dasselbe mit hohem Strom, mit 5 h, dann steigt die Spannung in der einstündigen Ruhepause zwar auch, sackt aber auch ebenso schnell wieder ab.

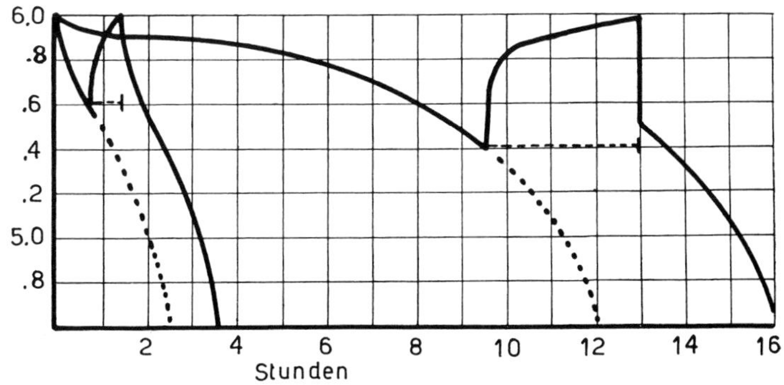

Bild 25
So sieht die angebliche Erholungsfähigkeit bei unterbrochener Entladung aus, wieder Stromentnahme 1 A. Es wird zwar etwas gewonnen, ist aber völlig unbedeutend.

Wieder merken:

Die vielgerühmte Erholungsfähigkeit der Bleibatterie ist zwar nachweisbar, aber ausgesprochen ärmlich und für die Praxis so gut wie wertlos.

Alle Schreiber von Winterartikeln pflegen sorgfältig den Grubenhund von der Erholungsfähigkeit in ihren Winterartikeln, seit 30 Jahren lebt der schon und wird sogar in HDVs aller Nationen gepflegt. Da steht z. B., man solle bei Kälte einen Anlasser nur sekundenlang betätigen und so der Batterie Erholungspausen gönnen. Ist Mumpitz. Denn:

1. Wenn ein sehr kalter Motor 5 Sekunden lang durchdreht und in diesen 5 Sekunden kein zündfähiges Gemisch da war, dann ist nach 2 oder 3 Minuten Pause und weiteren 5 Sekunden Durchdrehen bestimmt auch kein zündfähiges Gemisch da. Auf diese Art kann man die Batterie völlig leernuddeln, ohne daß der Motor auch nur einen Ton sagt.

2. Wenn ein sehr kalter Motor aber 30 Sekunden lang ununterbrochen durchdreht, hat man Aussicht, so viel untere Siedeschwänze aus dem Sprit oder so viel Verdichtungstemperatur in die Köpfe zu kriegen, daß die ersten schüchternen Zündungen kommen. Wenn man dann den Daumen nochmal 10 Sekunden auf dem Starterknopf läßt, dreht der Motor mit Zündungen immer schneller, bis er voll läuft und auch von selber weiterläuft.

3. Wenn aber die Batterie keine 30 Sekunden lang den Motor durchzudrehen vermag und der Anlasser vorher verhungert — it's hard to say so —, dann ist sie wegschmeißreif und man soll sie auch wegschmeißen. Sie hätte dann auch nicht sechsmal 5 Sekunden, sondern mit Not vielleicht siebenmal 5 Sekunden durchgezogen, aber der Motor wäre dabei auch nicht gekommen.

4. Der Anlasser hält 30 Sekunden schweres Ziehen ohne Zündungen und weitere 10 Sekunden schnelleres Ziehen mit Zündungen glatt aus. Wenn er es nicht aushält und auslötet oder verbrennt, dann ist der Starter eben minderwertig, auf gutes Handelsdeutsch sagt man dazu Pofel.

(Soll ich noch sagen, daß bei mir Wintertests nur auf diese Art mit der Stoppuhr in der Hand gemacht werden? Was da nicht mitmacht, geht zurück.)

5. Kommt der Motor nach 30 Sekunden nicht wenigstens mit vereinzelten Zündungen, dann hat es Sinn, 3–4 Minuten zu warten. Nicht etwa, damit sich die Batterie erhole, sondern damit sich der Anlasser abkühle. 3 Minuten, nur verwartet, sind lang, man warte also nicht ohne Uhr. Kommt der Motor auch nach den zweiten 30 Sekunden Durchdreherei nicht, kann man gleich aufgeben. Er kommt dann nämlich mit diesem Anlasser und dieser Batterie auf gar keine andere Art mehr.

Gründe: Zu geizig bemessene Batterie, zu alte Batterie, zu geizig bemessener Anlasser, verwahrloster Kollektor im Anlasser, falsches Öl im Motor, zu große Kerzenabstände, verwahrloster Unterbrecher oder Kälte noch unter –20° Celsius. (Da drunter ist dann verschiedenes wieder erlaubt.)

Hier ist ein wichtiger Grund nicht aufgeführt: Die lediglich ausgelutschte, also leere Batterie. Damit kommt der Motor zwar auch nicht, nur ist das eben kein Grundsatzfehler. Auch kein Batteriefehler. Sondern ein Lichtmaschinenfehler. Das kriegen wir aber noch.

Verhalten an der Lichtmaschine

Wenn Motorradbatterien und auch Mobilbatterien nun noch schneller kaputtgehen als sie es ohnedies dürfen – anderthalb Jahre sind schon eine ganz annehmbare Lebensdauer –, dann ist da meistens die Lichtmaschine oder vielmehr die Einstellung des Reglers schuld. Regler kann nämlich „nur der Fachmann" einstellen. Sagt man. Der hat aber auch Batterien zu verkaufen. Und grade deshalb sind anderthalb Jahre schon viel.

Wenn man eine gewissenhaft bis zur vereinbarten unteren Grenze entladene Motorradbatterie auf den Tisch stellt und da ein Voltmeter dranhängt, dann zeigt das 6,4 Volt an, Bild 26, sobald man eine Ladestromquelle anschließt. Während der ersten 20–30 Minuten Ladung steigt die Spannung auf über 6,5 Volt, geht dann wieder ein rundes Zehntel zurück – was alle Leute überrascht, die das zum erstenmal beobachten – und steigt von da an unaufhaltsam. Bei „zehnstündigem" Ladestrom – da ist er also wieder! – sind nach 10 Stunden 8 Volt da. Die meisten Werkstattleute wissen das nicht. Ladet man länger als 10 Stunden, immer mit dem zehnstündigen Strom – bei 7 Ah also mit 0,7 A –, dann steigt die Spannung bis ungefähr 8,3 Volt weiter, um von da an zu verharren. Ladet man dagegen mit dreifachem Strom, dann schießt die Spannung in einem Drittel der Zeit auf 8,0 Volt, und wenn damit weitergeladen wird, dann kann die Spannung auf 8,7 Volt klettern, bis sie wieder konstant bleibt.

Wer es überlesen haben sollte: Hier ist von Zehntelvolt die Rede. Auf die kommt es sogar an. Wenn man Batteriefehler sucht oder Lichtmaschinenfehler, müßte man also zwischen 6 und 8 Volt die einzelnen Zehntel zuverlässig ablesen können. Auf den Spannungsmessern der gebräuchlichen Testgeräte und auf den Handzwiebeln, die da Lehrjungen in den Werkstätten herumschleppen, kann man aber nur halbe Volt ablesen. Bestenfalls Viertelvolt schätzen, die dann um ein halbes Volt falsch sein können und meistens auch sind. Darauf gründet sich wiederum ein stetiger und zuverlässiger Umsatz an Ersatzbatterien für die Werkstätten. Wer Batteriekummer hat und aus diesem Artikel Erkenntnisse schöpfen will, fängt mit diesen

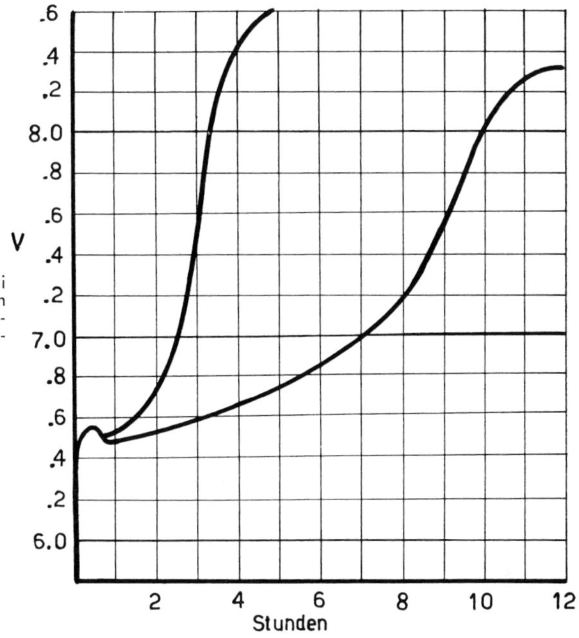

Bild 26
So benimmt sich eine Bleibatterie bei der Wiederladung aus völlig entladenem Zustand, rechte Kurve bei „zehnstündigem" Ladestrom, linke Kurve bei Ladung mit dreifacher Stromstärke.

Erkenntnissen nichts an, sofern er über kein genaues Voltmeter verfügt. Vor dem Weiterlesen tut man also gut, zu überlegen, wo man ein genaues Voltmeter herkriegt, das zwischen 6 und 8 Volt unbedingt Zehntelstriche hat.

Bevor wir – mit oder ohne Beschaffungsmöglichkeit für genaue Instrumente – verläßliche Richtwerte angeben können, müssen wir noch Bild 27 untersuchen. Da sind jetzt waagerecht nicht mehr Stunden abgetragen, sondern Ladeströme in die volle Batterie. *(Voll ist die Batterie, wenn man sie soeben vom Ladegerät abgenommen und an das Motorrad angeklemmt hat, sie muß dann noch hörbar gasen, Ohr am Batteriekasten.)* Bei diesen Ladeströmen und verschiedenen Batteriegrößen stellen sich dann die senkrecht abgetragenen Spannungen ein. Oder umgekehrt: Wenn man an eine volle 7-Ah-Batterie die 8 Volt Ladespannung legt, auf die der Lichtmaschinenregler eingestellt ist, dann fließen 0,45 bis 0,6 A Ladestrom. **In die volle Batterie!** In eine volle 10-Ah-Batterie fließen 0,9 bis 1,2 A. (So viel streuen Batterien verschiedener Herkunft, bei 7 Ah ist der Streubereich getönt angegeben.)

Frage: Was darf in eine schon volle Batterie überhaupt noch an Ladestrom fließen?

Dafür gibt es einen Faustwert: Der Dauerstrom in die volle Batterie soll nicht mehr als die Hälfte des zehnstündigen Ladestromes sein. (Schon wieder – wie das Soldbuch!) Bei einer 7-Ah-Batterie sind also 0,35 A die obere Grenze. In Bild 27 ist das mit der gestrichelten Linie eingetragen. Damit 0,35 A nicht überschritten werden, muß der Regler auf 7,7 bis 7,9 Volt eingestellt werden. Man denke jetzt an die Ablesegenauigkeit der gebräuchlichen Testgeräte! Wird mit zu hohem Dauerstrom geladen, dann geht die Batterie an Überladung zugrunde, ziemlich schnell sogar.

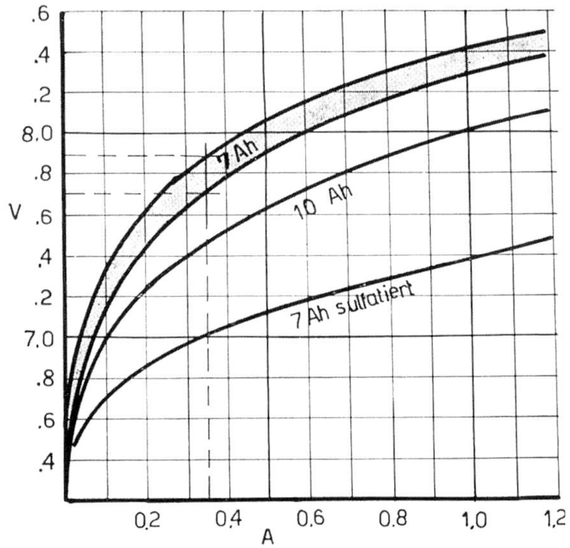

Bild 27
Spannungsverhalten vollgeladener Batterien bei Weiterladung – das ist der Zustand bei Langstrecken-Tagfahrt, vor allem im Sommer. Für 7 Ah ist der Streubereich getönt, für 10 Ah muß man mit einem ähnlichen Streubereich rechnen, alte, sulfatierte Batterien nehmen sehr hohe Ströme auf und gehen in der Spannung nicht mehr hoch.

Frage: Was passiert, wenn die Reglereinstellung mit dem genauen Voltmeter sehr genau gemacht wurde, aber die Batterie schon einen Knacks hat?

Das sieht man auch in Bild 27 – eine alte, stark sulfatierte Batterie nimmt bei einer bestimmten Spannung den drei- bis fünffachen Strom auf. Von dieser Tatsache wissen die Elektrowerkstätten gewöhnlich nichts, jedenfalls aber merken wir uns, daß man aus der Stromaufnahme einer Batterie bei einer genau bemessenen Ladespannung auf deren mögliche Krankheit schließen kann.

Sommer und Winter

Wenn man an Batterien herummißt, ist die Temperatur sehr wichtig. Unsere bisherigen Kurvenblätter gelten alle für Temperaturen um die 20 Grad herum. Im Winter auf dem Werkstatthof gemessen stimmen die Zahlen nicht mehr, so wenig wie im Juli bei 35 Grad hinter einem sonnigen Fenster.

Was die Temperatur ausmacht, zeigt Bild 28 für eine schon gebrauchte, aber sonst normale 7-Ah-Batterie. Bei 7,8 Volt Ladespannung nimmt die Batterie bei -4^0 Kälte ganze 0,1 A Ladestrom auf – was ihr wohl bekommt, das schadet nicht –, bei $+30^0$ nimmt sie aber 0,9 A auf und das bekommt ihr gerade eben nicht. Wenn man den Regler auf 7,4 Volt nachstellen würde, dann wäre das eine gar nicht üble Sommereinstellung, damit wären dann die 0,35 A Dauerstrom da. Im Winter könnte man wieder auf 8,2 Volt gehen – damit haben wir schon wieder einen Umstand, von dem eine normale Werkstatt ebenfalls nichts weiß:

Die Batterien von Motorrädern und Anlasser-Rollern sind so hoffnungslos unterbemessen, daß man eine Sommer- und eine Wintereinstellung des Reglers braucht. Die Mitteleinstellung ruiniert im Sommer die Batterie durch Dauerüberladung und erschöpft sie im Winter durch Unterladung. Bei Mobilen ist das bei heute üblichen

Bild 28
Solche Ladeströme nimmt eine Bleibatterie von 7 Ah Kapazität auf, wenn sie bei verschiedenen Temperaturen nach der Voll-Ladung noch weitergeladen wird.

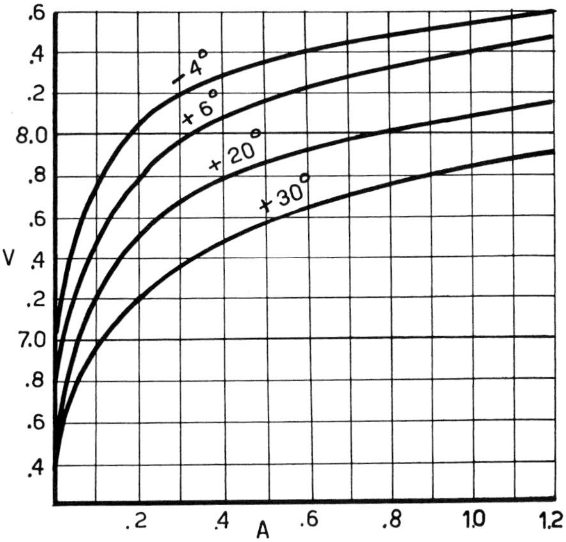

Batteriegrößen zwar nicht ganz so schlimm, aber für Vielfahrer fast ebenso übel.

(Wer das nicht weiß – so gibt's noch viele –, wundert sich dann über den teuren Mobil-Unterhalt!)

Hier gibt es aber noch ganz besondere Tücken – wenn die Batterietemperatur an die 50° C herankommt, dann geht der Ladestrom überhaupt „durch", da fließen dann leicht 5–8 Ampere, obwohl der Regler längst mit der Überstromregelung eingesetzt und die Ladespannung von 7,8 Volt automatisch auf 7,0 oder noch weniger heruntergebracht hat. (Wie er das macht, kriegen wir auch noch.)

Diese 50° Batterietemperatur sind nun keineswegs selten, die kommen schon immer mal zusammen, wenn die Batterie heiße Kühlluft vom Motor kriegt oder wenn sie, wie seit einigen Jahren Mode, in einem schwarzlackierten Blechkasten sitzt, auf den die Sonne brennt. Ganz zu schweigen von den Blechkabusen der Roller. Und fließen erst mal 5 A, dann gehen davon nur vielleicht 4 A für Knallgaserzeugung drauf, wenigstens 1 A heizt aber schön weiter.

Es ist auch nicht so, daß in solchen Fällen die Stromspule des Reglers vor Überlastung schütze – Regler sind *auch* wärmeempfindlich, sie regeln bei steigender Temperatur auf höhere Spannungen. Ein bei 20 – 30 Grad auf genau 7,7 Volt eingestellter Regler läuft bei 60 – 70 Grad glatt auf 8,0 bis 8,2 Volt hinauf. Man kann sich selbst ausrechnen, was dabei passiert, auch wenn die Batterie selbst kühl bleibt – sie kocht sich schlicht tot. Das Hochheizen des Reglers ist kaum zu vermeiden, wenn er mit der Lichtmaschine zusammengebaut auf dem Kurbelgehäuse des Motors sitzt – allein diese Bauweise hat dem Ersatzhandel einen Absatz von einigen hunderttausend Batterien in den letzten Jahren gebracht. Der Regler hat nirgendwo etwas zu suchen, wo Motorwärme hin kann, und wer Batterieschwierigkeiten hat, der untersucht am besten seine Maschine auf einen geeigneten Ort, wohin der

Lichtmaschinenregler verpflanzt werden kann. Unter den Sattel oder so wo hin, wo keine Hitze hinreicht. So verlockend der Zusammenbau des Reglers mit der Lichtmaschine auch ist – er muß aber überall weg, wo Wärme in irgendeiner Form produziert wird.

Wir stellten gerade fest, daß man bei einer kleinen 7-Ah-Batterie für Sommer und Winter zwei verschiedene Reglereinstellungen brauche, um sowohl einen hinreichenden Ladezustand der Batterie zu erhalten, wie auch diese nicht durch Dauerüberladung zu zerstören. Das führt uns auf die nächste Überlegung:

Die sehr große Batterie

Von Besitzern großer Gespanne werden wir häufig gefragt, ob man nicht statt der ewig totgekochten 7-Ah-Batterie eine kleine Wagenbatterie, so mit 40 – 50 Ah, verwenden könne. Gewöhnlich wird dann auch noch dazugesetzt, irgendein Fachmann habe dringend davon abgeraten, die Lichtmaschine ginge davon kaputt. Nun, die große Batterie schadet gar nichts – im Gegenteil, es ist nur Armutei, wenn kleine Batterien verwendet werden, 14 Ah sind für eine 60-Watt-Anlage eigentlich Minimum, und 30 Ah beginnen erst für eine Bleibatterie erträgliche, stabile Zustände zu schaffen.

Allerdings: Man kann auch aus der großen Batterie nicht mehr herausholen, als man hineinladet. Wer eine Lichtmaschine mit 60 Watt Leistung hat – bei 7,5 Volt Netzspannung, am Regler eingestellt, sind das 8 Ampere –, kann ungefähr folgende Rechnung aufmachen:

Scheinwerferlampe 5 A, Schlußlampe und Seitenwagenlampen 1,3 A, Zündspule 0,8 A, macht 7,1 A. Die Lichtmaschinenleistung ist damit so gut wie erschöpft, denn die restlichen 0,9 A gehen als Ladestrom in die Batterie. Für Heizgriffe bleibt nichts übrig – die würden für sich 2,5 – 3 A brauchen. Man kann sie aber dennoch anschalten, wenn die Nachtfahrzeit wesentlich kürzer ist als die Tagfahrzeit. Das sieht dann so aus:

Die tägliche Nachtfahrt soll 1 Stunde dauern. Da die Batterie keine Ladung mehr bekommt, sackt die Netzspannung auf rund 6,0 Volt ab, der Strombedarf der Glühlampen und der Zündspule wird gänzlich aus der Lichtmaschine gedeckt, der Strombedarf der Heizgriffe sinkt auf 2,5 A, die Batterie verliert dadurch in der einen Nachtstunde 2,5 Ah, rechnen wir mal zur Sicherheit mit 4,0 Ah. (Sie verliert auch bei langsamem Drehen an die übrigen Verbraucher, was sie nicht wiederkriegt!)

Kann eine Stunde Tagfahrt am folgenden Tag ohne Licht gefahren werden, nur mit Zündstrom und Heizgriffstrom, dann sind das 3,8 bis 4 A, es bleiben 4 A Ladestrom übrig – und damit sind die 4 Ah Entnahme vom Abend vorher wieder drin. Theoretisch müßte das auch bei einer 7-Ah-Batterie gehen – praktisch geht es aber nicht, weil man da in der einen Stunde die 4 Ah nicht hineinkriegt. – Die 4 A Ladestrom erzeugen in der Batterie eine so hohe Gegenspannung, daß bei der verfügbaren Netzspannung eben nicht mit 4 A, sondern bestenfalls mit 2,5 A geladen wird. Die große Batterie schluckt dagegen die 4 A, ohne daß dazu mehr als die Netzspannung nötig wäre, sie wird unbedingt wieder voll.

Kann man gar bei Tag länger als nur eine Stunde fahren, dann kriegt man in die große Batterie auch mehr Ladung hinein, 4 Stunden Tagfahrt laden also den Verbrauch von 4 einstündigen Nachtfahrten hinein. In der kleinen Batterie hat aber höchstens eine Stunde Tagfahrtladung Platz, die restlichen 3 Stunden Tagfahrt produzieren nur noch Gas.

Eine übergroße Batterie erlaubt also, hohen Nachtverbrauch durch entsprechend lange Tagfahrt wieder aufzuholen, bei einer kleinen Batterie kann man dagegen bei Tag nicht mehr hineinladen, als eben hineingeht. Nach der Musterrechnung ist wohl jeder für sich allein in der Lage, auszurechnen, was etwa geheizte Nierengürtel und derlei in der Nacht verzehren und wieviel Tagesstunden nötig sind, um eine Stunde Nachtverbrauch wieder aufzuholen.

Nun aber die Frage, was dabei der Lichtmaschine passiert: Deren Regler hat die glückliche Eigenschaft, nicht nur die Spannung, sondern auch die Leistung zu begrenzen. Wenn der Regler beispielsweise 7,5 Volt Netzspannung bei reiner Zündbelastung einstellt und die Lichtmaschine mit 60 Watt belastbar ist, dann regelt er ganz von selbst auf 6,0 Volt herab, wenn aus irgendeinem Grund der Strom auf 10 A steigt. Selbst eine klapperleere 40-Ah-Batterie, die an eine auf 7,5 V gestellte Lichtmaschine angeschlossen wird, kann diese Maschine nicht überlasten, weil auf Grund des hohen Ladestromes der Regler einfach die Spannung heruntersetzt – einfach so weit, bis 60 Watt da sind. Es kann also sein, daß die leere Batterie in der ersten halben Stunde mit 9,5 A geladen wird – dann steigt allmählich deren Gegenspannung, der Strom sinkt, der Regler stellt sich höher – in einer fast hyperbelähn-

Bild 29
Stromaufnahme voll aufgeladener, aber noch weitergeladener Bleibatterien verschiedener Kapazität bei Raumtemperatur von 20 Grad.

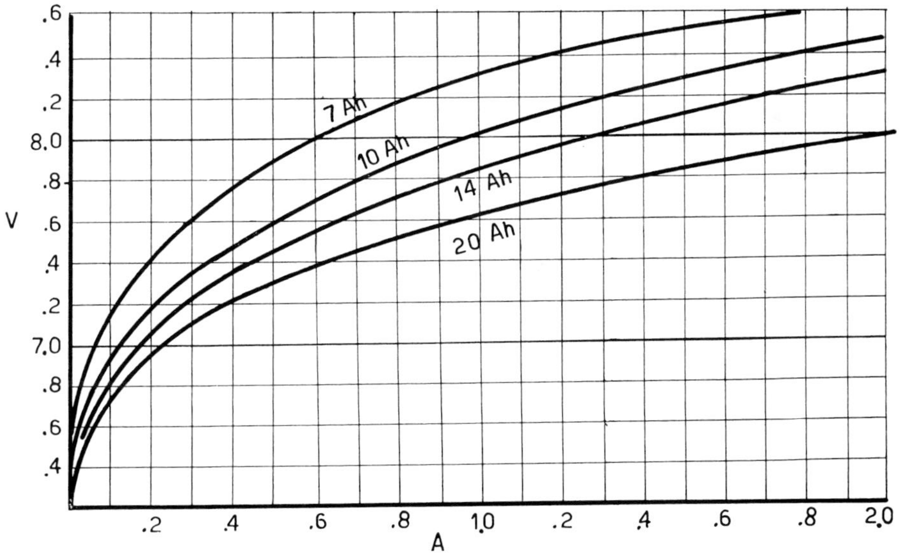

lichen Kurve ändern sich Strom und Spannung unter Einhaltung der zulässigen Lichtmaschinenbelastung.

Mit welchen Strömen und Spannungen man bei verschieden großen Batterien rechnen kann, zeigt Bild 29 – daraus läßt sich auch abschätzen, was bei 40- und 50-Ah-Batterien geschieht.

Die Meinung, eine große Batterie ruiniere die Lichtmaschine, ist ein Grubenhund aus der Zeit, als es noch stromregelnde Lichtmaschinen gab. Diese allerdings gehen mit einer zu großen Batterie zu heiß und löten immer mal aus. Nicht aber unsere spannungsregelnden Maschinen. (Englische Maschinen haben noch zuweilen stromregelnde Maschinen bei 14-Ah-Batterien, da ist Vorsicht geboten.)

Wer sich also eine große Batterie leisten kann und an der Maschine dafür Platz schaffen kann, soll das ruhig tun – doppelte Kapazität bedeutet ungefähr anderthalbfachen Preis, aber doppelte Lebensdauer, über den Daumen gepeilt. Gelegentlich, unter rauhen Bedingungen, kann es auch drei- oder gar vierfache Lebensdauer bedeuten. Allerdings: Zwei Jahre Lebensdauer sind viel, drei Jahre sind ein Rekord. Man kann eine Batterie aber auch in drei Monaten totkochen.

Allerdings gibt es eine weitere Lebensdauergrenze in Gestalt der Erschütterungen bei schlecht gefederten Maschinen – weil bei den alten Starrahmen vor dem Kriege eine Batterie pro Jahr einfach totgeschüttelt wurde, wußte man damals von Reglerschwierigkeiten noch nichts, da taten es 0,6 Volt Einstelltoleranz vollauf. Bei Batterien, die bei heutigen Federungen in Maschinenmitte untergebracht sind, kann man schon mit 2 Jahren Schüttelzeit rechnen, da lohnt sich eine elektrisch genaue Einstellung. Kann man die Batterie auch noch im gefederten Seitenwagenboot unterbringen, dann sind 3 Jahre Lebensdauer glatt erreichbar, sofern man die elektrischen Bedingungen durch genaue Reglereinstellung und genügende Batteriegröße schafft.

Batteriebehandlung

Eine Batterie kann man nicht pflegen!

So. Da steht's. Und nun schießt!

Es ist tatsächlich so, daß eine Fahrzeugbatterie in einem richtig eingestellten Netz keinerlei Pflege bedarf, selbst das ach so berühmte destillierte Wasser ist nur alle heiligen Zeiten einmal nötig.

Eine Batterie in einem falsch eingestellten Netz oder eine zu kleine Batterie – wie bei allen Zweirädern – zeigt zwar Krankheitserscheinungen in Menge, aber diese Krankheiten sind durch keinerlei Pflege zu mildern, die Batterie geht hoffnungslos kaputt, ganz gleich, ob mit oder ohne sogenannte Pflege.

Wenn also eine Batterie Pflegebedürftigkeit zeigt, dann heißt das, daß sie unter schlechten elektrischen Bedingungen arbeiten muß. Daran kann aber keine Pflege etwas ändern, sondern nur eine Änderung der Bedingungen. Gehen wir also mal der Reihe nach die geläufigen Todesursachen bei Batterien durch.

Der Wasserbedarf

Im Grunde genommen bedeutet er nicht viel mehr als eine sichere Einnahmequelle für Fachjournalisten. Sobald die Reglerspannung nämlich so eingestellt ist, daß in die volle Batterie höchstens die Hälfte des „zehnstündigen" Ladestromes fließt, ist der Wasserverbrauch äußerst gering, er bemißt sich für viele hundert Betriebsstunden nach einzelnen Kubikzentimetern. Sobald aber eine Batterie *nennenswerten* Wasserverbrauch zeigt, daß man also ungefähr nach vier Wochen Laufzeit ein deutliches Sinken des Säurestandes feststellen kann, ist das unweigerlich ein Zeichen zu hohen Dauerladestromes und also zu hoher Reglerspannung. **Auch wenn man noch so fleißig Wasser nachfüllt, ist die Batterie dennoch bald hin – also erst mal Reglereinstellung prüfen und nachstellen.**

Würde man allerdings gar kein Wasser nachfüllen, ginge die überladene Batterie *noch* schneller kaputt, als sie es ohnedies schon tut.

Ob der Wasserverbrauch einigermaßen normal ist, sieht man auch am Zustand der Batterieoberfläche und der Innenseite des Deckels. Ein ganz feiner Beschlag winzigster Tröpfchen am Deckel gegenüber den Zellenstöpseln ist erlaubt – dickere, zusammengelaufene Tropfen und sichtbare Feuchtigkeitshaut auf Deckel und Verguß sind aber von Übel und Indizien für wirklich übermäßigen Ladestrom. Hier nützt keine Pflege, diese Batterie kocht sich besonders schnell tot. Die Tatsache, daß es Batterien mit „Kanalisation" des Deckels nach außen gibt, ist Folge eines gedanklichen Kurzschlusses: Erst fing es mit den eingebauten Flachbatterien an, NSU Lux, DKW usw., bei denen die versprühte Säure flüssig in den Blechkästen 'rumlief und das Blech weiß bekalkte, zum Schluß gar durchfraß. Man beseitigte aber – weil das Geld gekostet hätte – nicht die Ursache dieser Säurekocherei in Gestalt einer irrsinnigen Batterieüberladung. Man erfand lieber den kanalisierten Batteriedeckel, damit blieb das Batteriekabuff sauber und vor allem der laufende Ersatzbedarf an Batterien erhalten.

Wer mit solchen Plagen zu tun hat, kann sich nur auf dem einen, logischen Weg helfen: Vorhandene Batterie vollends ganz kaputtfahren, inzwischen den Blechkasten auf der anderen Seite für eine zweite Batterie herrichten und dann, wenn die erste Batterie kaputt ist, *zwei* neue Batterien kaufen und parallel schalten. (Eine alte und eine neue Batterie zusammen vertragen sich schlecht, deshalb gleich *zwei* neue!) Das haut dann richtig hin, vollends wenn man auch noch für die richtige Reglereinstellung sorgt.

Wenn schon nachfüllen, dann

füllt man wenigstens *ganz* sauberes Wasser nach. Aseptisch sauber. Denn *Spuren* von Eisen, von Kupfer, von Essigsäure, von schlechthin allem, „vergiften" eine Batterie. Bechergläser, Säureflaschen, Wasserflaschen und Säuremesser, die offen in einer Werkstatt stehen, sind mit Verbandsmaterial zu vergleichen, das offen auf dem Fußboden der Pförtnerbude des Krankenhauses liegt. (Das hebt aber alles den Batterie-Umsatz). Einmal Werkstatt auskehren genügt, um mit dem Staub an der Pipette des Säuremessers zwei bis drei Zellen zu vergiften. Da wir bei unseren Testmaschinen nicht ohne Wassernachfüllen auskommen, war das früher ein ganz großer Zauber mit Spülen und Reinigen und Forträumen und Wiederherräumen. Jetzt ist das einfacher: ein Polyvinyl-Spritzfläschchen und über der Spitze ein Schutzröhrchen. Fertig, ist ewig sauber und genau das, was man braucht. (Gibt's bei Dillenberg, Stuttgart-Vaihingen, Hauptstr. 106.)

Bild 30
Das passierte bei einer alten OSL, wo weder Regler noch Batterie zu warm gehen konnten – schlicht falsche, serienmäßige Reglereinstellung, die Sprühsäure hat das Spannband schon fast durchgefressen.

Säure messen

Es ist angenehm, einen Säuremesser zu haben, aber nicht notwendig. Wenn schon, dann aber wenigstens ein *kleiner*, der mit dem bißchen Säure der Kleinbatterie sich auch richtig vollsuzzelt, so daß der Schwimmer frei schweben kann. Außerdem darf dieses Ding nicht frei in der Werkstatt 'rumliegen, muß jedesmal sauberst gespült und weggeschlossen werden. Einige Richtwerte: Volle Batterie soll ein Säuregewicht von 1,285 oder 32^0 Bé haben, leere Batterie 1,12 Wichte oder 16^0 Bé. Gemessen wird bei garantiert voller, deutlich gasender Batterie, dann müssen 1,285 Wichte da sein. Aber nicht nur leere Batterien haben geringere Säurewichte, auch sulfatierte Batterien haben zu geringe Wichte. Eine verdächtige Batterie hängt man ans Ladegerät, bis sie lebhaft gast, und mißt dann die Säuredichte, kommt dabei etwas um die 1,20 heraus, so besteht Verdacht auf Sulfatierung, dann lohnt sich auch ein Versuch mit einer Glühlampe, die wahrscheinlich auf nur halbe Soll-Brenndauer kommt. Dann wegschmeißen. Wenn eine kleine Lampe – etwa 2–3 Watt – aber dennoch auf etwa 80% ihrer Soll-Brenndauer kommt, dann besteht Verdacht, daß bloß irgendein Knülch zu dünne Säure eingefüllt hat oder mal Säure verloren und durch Wasser ersetzt wurde. Dann keine konzentrierte Säure nachfüllen, sondern lieber die alte Säure bei voll geladenen Platten ausgießen und durch frische Säure mit 1,285 Wichte ersetzen. Dann stimmt es wenigstens genau.

Die korrodierten Klemmen

Eigentlich gibt es diese nicht mal bei übermäßig stark kochenden Batterien, denn bei neuen Klemmen reicht auch flüssige Säure nicht zu einer Korrosion. Wenn also irgendwo Korrosion losgeht, also die gewaltigen Salzausblühungen an den positi-

Bild 31
Auch diese Anfressungen stammen von Sprühsäure infolge zu starken Ladestromes – hier kann aber Erwärmung der Batterie und Erwärmung des Reglers schuld sein. In der Werkstatt kann an der kalten Maschine alles in bester Ordnung sein. (Max)

Bild 32
Solche Ausblühungen gibt es nur an Pluspolen, Sprühsäure oder Kriechsäure bei rissigem Verguß, Reinigen hilft nicht, braucht neue, verbleite Kabelschuhe und neue, verbleite Schrauben, ebenso Schutzfett.

Bild 33
Der Trugschluß: Das Schläucherl soll Sprühsäure ableiten und tut das auch. Das Grundübel des zu starken Restladestromes wird damit aber nicht beseitigt, die Batterie wird brav weiter zerstört, trotz Schläucherl.

ven Polköpfen, dann nur, weil irgendwo von Eisen die Verbleiung oder von Leitungskupfer der Schutzlack abging. Da ist aber nur schwer etwas zu machen – die berühmten Superspezialsäureschutzfette bis herunter zum gebrauchten Motorenöl helfen nämlich nicht ohne weiteres.

Eine solche korrodierte Klemme muß völlig auseinander bis auf die leere Bleifahne.
Ich pflege dann die ganze Batterie unter viel fließendem Leitungswasser mit dem Pinsel säuberlich abzuspülen, jeder kleine Rest von weißem Zeug wird sauber abgekratzt. Die alte Klemmschraube mit Mutter, Unterlegscheiben und Federring wird weggeschmissen – da ist nämlich die Verbleiung schon abgescheuert. Man stiftet neue Teile mit guter Verbleiung. Ebenso wird der alte Polschuh vom Kabel abgekniffen und ein neuer, verbleiter Polschuh aufgelötet. Mit Zinn schön in die Öse eingeschmolzen. Dann wird das alles mit richtigem Säureschutzfett hübsch einzeln eingeschmiert und *jetzt erst* zusammengeschraubt. Das ist es nämlich! Selbst wenn man nagelneue, tadellos verbleite Teile erst zusammenschraubt und dann fettet, hilft das nicht viel – man muß vor dem Zusammenbau fetten. Und nach ein paar Stunden noch mal die Verschraubung nachziehen. Wenn in einem Batteriekasten erst mal der blaugrüne Dreck Fuß gefaßt hat, dann wird man ihn nur auf diese radikale Art los. Im übrigen hilft aber auch das nicht lang, wenn man nicht die Grundursache beseitigt, also die Sprühsäure infolge heftiger Dauerüberladung.

Eine sehr gute Lösung auch für schwierige Fälle – etwa Batteriekästen in Rollern – ist die Steck-Öse von Kopp. Da ist wirklich nur Blei, nichts kann korrodieren. Der Kontakt ist sehr gut, wenn man beim Aufstecken ein bißchen reibt. Die Ösen sitzen auch ausgezeichnet fest – vermutlich klemmen sie sich durch frisch gebildetes Bleioxyd selbst fest, denn wenn man nach Tagen eine Öse abnimmt, knistert und „bricht" es dadrin vernehmlich. Nur: Die Batterie müßte dazu eben schon die richtigen Polköpfe statt der üblichen Polfahnen haben. (Kopp und Co., Berlin-Spandau, Ruhlebener Straße 23.)

Die gesprengten Zellengefäße

Das ist eine spezielle Teufelei der 10-Ah-Batterien für Elektrostarter. Wir haben uns lang den Kopf zerbrochen, auch die Batteriemacher glaubten lang an eine besondere Erscheinung sowohl beim Gefäßmaterial – meist Polystyrol, tritt nur bei den durchsichtigen Kästen der Flachbatterien auf – wie bei der Vergußmasse, immer wieder wurde der Schaden als bewältigt gemeldet, aber bis heute gibt es Batteriegefäße mit Rissen im oberen Rand, von allen Herstellern, ob Bosch, Varta, Moll oder sonst jemand. Mir scheint ein anderer Grund vorzuliegen – hohe Dauerüberladung. Dabei wachsen nämlich die Platten und sprengen vermutlich die Kästen. Wir haben seit unserer ersten Begegnung mit gesprengten Vartakästen in einem Goggo-Roller an 1954 auch an einen Fertigungsmangel geglaubt und getreu der Fabrikantenanweisung an Anfrager geschrieben, das sei jetzt behoben. Aber es ist eben nur sehr teilweise behoben, es kommt immer noch vor. Vor allem bei Langstreckenfahrern und eigentlich nur im Sommer. Also warme Regler und warme Batterie, damit bis in den Himmel gestiegener Ladestrom. Wenn man es nicht weiß, mißt man sich in der Werkstatt krüpplig und findet nichts, da ist ja alles auf ganz normaler Temperatur. Ein Thermometer unterm Sitz des Goggo im Sommer sagt aber, was da wirklich los ist. Grundabhilfe ist ausgesprochene Sommer-Einstellung des Reglers.

Die stillgelegte Maschine

Selbst wenn man nicht abmeldet – was nur vierteljahrweise möglich ist – und „bloß so" acht oder zehn Wochen nicht fährt, bekommt das der Batterie nicht. In

Bild 34
Eine weit verbreitete Todesart für kleine Anlaß-Batterieen, Einrisse am Gefäßrand, die nach gequollenem Deckel aussehen. Ursache dürften aber gewachsene Platten sein, die wieder Folge hoher Überladung infolge zu großer Wärme sind.

Bild 35
Die sehr schönen Kopp-Anschlüsse aus Blei, unverwüstlich, brauchen nur entsprechend bearbeitete Polköpfe an der Batterie.

acht Wochen Stillstand verliert die Batterie ungefähr so viel Kapazität wie in einem halben Jahr regulärem Betrieb. Es gibt da aber die Drogistenregel, die Batterie auszubauen und alle vier Wochen zum Laden zu geben. Leider haut das auch nicht so recht hin, die Batterie geht doch kaputt. Man müßte sich die Mühe machen, so ungefähr alle 14 Tage die Batterie mit einer schwachen Glühlampe – so in zehn bis zwanzig Stunden – völlig zu entladen und dann wieder neu zu laden. Dabei bliebe sie bestimmt gut und käme wahrscheinlich sogar auf die ihr zustehende dreijährige Lebensdauer. Aber wer kann das schon? Und wer tut das schon, selbst wenn er den nötigen Kleinlader dazu hat?

Übrigens: Wenn eine Batterie *dauernd* in bestem Ladezustand ist, bei optimaler Netzspannung, und wenn sie nie durch Lichtverbrauch bis auf wenigstens $1/4$ ihrer Kapazität entladen wird, geht sie *auch* kaputt. Besonders, wenn sie als *Fahrzeug*batterie für hohe Stromabgabe gebaut ist. *Nachrichten*batterien halten das besser aus. Man müßte sich die Mühe machen, die Batterie ungefähr alle vier Wochen tief zu entladen und dann am Lader oder auf Fernfahrt wieder aufladen zu lassen. Würde ihr bekommen. Aber wer tut das schon?

Also: **Stillgelegte Batterien müssen regelmäßig geladen werden und sollen tunlichst vor jeder Ladung möglichst tief entladen werden, sonst nützt auch die schönste Nachladung nicht viel.**

Langzeitige Aufbewahrung

Im Kriege war es mal wichtig, als der Endsieg noch Sache von zwei Jahren zu sein schien. Auch heute erreicht uns manche Anfrage, wie man eine Batterie für Jahresfrist konservieren könne. Also auf Ehre: Man kann nicht! Ist alles Mumpitz, was da erzählt wird, hat keiner wirklich probiert. Nun können ja fabrikfrische Batterien nicht wie Brötchen verkauft werden, morgens zwischen sechse und halber neune. Diese fabrikfrischen Batterien müssen imstande sein, vier bis sechs Monate in Händlerlägern zu überdauern, bis sie vom Endkäufer in Gebrauch genommen werden. Diese Batterien werden im Werk aus „geladenen" Plattensätzen zusammengebaut, beim Händler werden sie nur noch mit Säure gefüllt, ein bißchen nachgeladen und fertig ist die Laube. Man kann eine solche Batterie sogar *nur* mit Säure füllen, etwa eine Stunde stehen lassen und dann schon einbauen, wenn man anschließend wenigstens 2–3 Stunden damit fährt.

Diesen Trick kann man sich auch zur Konservierung zunutze machen – man lädt die Batterie am Ladegerät mit allerhöchstens dem halben zehnstündigen Strom rappelvoll und gießt dann die Säure aus. Es wird danach mehrmals mit destilliertem Wasser gefüllt und jeweils mehrere Stunden lang – womöglich unter einer Ladespannung von 8 Volt, bei der immer noch einige Milliampere fließen – ausgelaugt. Danach ist es gleichgültig, ob man das letzte Wasser drinläßt oder auch noch ausgießt – von da an kann nicht mehr viel passieren. Die so zu gewinnende Lebensdauer bemißt sich auf wenigstens ein halbes Jahr, manche Leute behaupten ein ganzes Jahr. Sollen sie recht haben.

Bilder 36/37
Diese Kunststoff-Fläschchen für destilliertes Wasser sind werkstattsicher, es bricht nichts, Staub macht nichts aus, Trichter und Becher überflüssig – batteriehygienisch absolut sauber und obendrein bequem.

Sinngemäß müßte dieser Trick um so besser funktionieren, je weniger alt die zu konservierende Batterie ist – eine einjährige Batterie noch konservieren zu wollen erscheint unrentabel.
Seit dieser Satz vor reichlich anderthalb Jahren im MOTORRAD gestanden hat, haben sich vier Leute gemeldet, die dieses Konservierungsverfahren schon gekannt und benutzt haben. In einem Falle ließ sich eine schon zwei Jahre in Betrieb befindliche Batterie über ein Jahr lang konservieren, die Wiederinbetriebnahme ergab keinen feststellbaren Kapazitätsverlust, also mit Bordmitteln nicht feststellbar, danach scheint die Sache also zu funktionieren, wie erwartet.

Die totgeschüttelte Batterie

Bei den Starrahmenmaschinen der Vorkriegszeit war eine einjährige Batterielebensdauer ganz normal – diese Batterien wurden von den Fahrwerkstößen wie mit Hämmern totgeschlagen. Reglergenauigkeiten von ± 0,3 Volt genügten vollauf, denn bevor die Batterie elektrisch vernichtet war, wurde sie mechanisch zerschlagen. Bei gut gefederten Maschinen wird eine Batterie eigentlich nicht mehr tot*geschlagen,* aber je nach Motor tot*vibriert.* Was Zweitakt-Twins da produzieren, ist nicht sehr viel verschieden von dem, was Ultraschall-Wascher produzieren. Da wird die Masse aus den Gittern einfach herausvibriert. Bei vielgefahrenen Adlern und Ilo-Twins sind neun bis zehn Monate Batterielebensdauer ganz normal – dann fangen Kurzschlüsse einzelner Zellen an.

Mit diesen hochfrequenten Vibrationen wird aber Schaumgummi oder Moltoprene, also Kunststoffschaum, ausgezeichnet fertig. Wenn man Platz hat. Man braucht nämlich wenigstens 10 mm Schichtstärke. Damit wird die Batterie rundherum gepolstert. Trick: Alles, was die Batterie festhält, also Grundplatte, Rückwand, Spannband – restlos alles muß weich gepolstert werden, die Batterie muß rundherum schwimmen können. Sie auch nur mit dem Ende eines Schraubenbolzens zu berühren macht die Isolation bereits illusorisch. Deswegen die Voraussetzung des Platzhabens. Kostet immer ziemliche Bauerei, man muß meist die Grundplatte verbreitern und das Spannband erheblich verlängern. Dann lohnt es sich aber auch. So eine Rund-um-Polsterung ist bei „Mineralwasser"-Motoren ungewöhnlich wirksam.

Extreme Kälte

Alte Rußland-Erfahrung, schon ein Jahr, bevor der Rußlandfeldzug auch nur erfunden war: Eine Bleibatterie gefriert nicht, d. h. sie zerspringt nicht. Sie gibt nur einfach keinen Strom her. Und wenn man den Karren anschleppt und losfährt, so daß Ladespannung auf die sehr kalte Batterie kommt, dann „kocht" die gleich ganz gewaltig und spuckt womöglich Säure in Strömen aus. Denn: Die Hauptmasse der Säure ist in der Kälte wie Pelikanol so dick und nicht aktiv. Zuerst gibt es beim Losfahren nur schmale Säurekanäle zwischen den Platten, die natürlich enorm belastet sind. Damit beginnt partiell übermäßige Gasentwicklung und der Gasdruck speit dadurch ganze Batzen Säurepaste nach draußen.

Der ganze faule Zauber, der die Winter-HDVs aller Nationen seitenweise füllt und gelehrt verkündet, wie man Batterien winterfest machen kann, ist dann gegenstandslos, wenn man die Batterie abends ausbauen und mit ins Quartier nehmen kann. Da braucht es keine Sorge mehr, da stimmt jedes Öl, jede Vergasereinstellung, so schwer geht auch der kälteste Motor nicht, daß der Anlasser von einer *warmen* Batterie nicht spielend durchgezogen würde.

(Das habe ich mit meinen Landsern in zwei Kriegswintern exerziert, bevor die roten Hosen in der Bendlerstraße im dritten Kriegswinter mit Staunen davon vernahmen.)

Die warme Batterie wird auch sofort, von der ersten Laufminute an, wieder voll geladen, während die gefrorene Batterie u. U. den ganzen Tag nicht so weit „aufgeht", um auch nur Nennstrom aufzunehmen, eher spuckt sie gasend ihre halbe Säurefüllung aus.

Man wird sich daran erinnern, wenn man ein Mobil in der Laternengarage hat. Man kann sich da jede Abdeckerei sparen, ist alles Mumpitz, denn nach drei Stunden ist es unter der dicksten Decke genauso kalt wie draußen. Das einzige mögliche Mittel: Batterie 'raus und mit ins Wohnzimmer, hübsch neben der Heizung. Die warme Batterie zieht am Morgen den Anlasser durch wie einst im Mai, nach längstens 10 Sekunden läuft der Motor und nach einer Stunde Fahrzeit ist auch die Batterie wieder voll.

Etwas anderes ist es, wenn man im Winter Kurzstreckenbetrieb hat, die Batterie also weder konsequent warmhalten noch wirklich volladen kann. So wird sie dann nach Tagen auch mal leer, auch wenn man eine Garage hat, in der sich nur zehn Kältegrade aufbauen statt zwanzig Grade draußen im Freien. Da kommt man dann ohne Nachladen nicht aus. Man soll sich aber keine übertriebenen Vorstellungen davon machen, das Hauptverdienst der Klein-Ladeanlage besteht eigentlich darin, die Batterie nicht so sehr aufzuladen, als ungefähr auf 0 Grad zu halten – dann zieht sie auch einen kalten Motor gerade noch durch.

Man kann das viel einfacher haben: In größeren Elektro-Bedarfsläden gibt es „Widerstandskordel für Heizkissen" zu kaufen. Davon läßt man sich so viel Meter 'runterschneiden, wie man für 1 500 Ohm (für 220 Volt) oder für 750 Ohm (für 110 Volt) braucht. Diese Kordel versieht man mit Anschlüssen und wickelt sie um den Batteriekasten, ganz außen drum ein paar dicke Lappen oder ganz vornehm auch Moltoprenplatte. Die Kordel nimmt 30–35 Watt auf und hält die Batterie auf 20–30 Grad Wärme – *dem widersteht am Morgen kein Motor,* so kalt kann der gar nicht werden, daß er von dieser Batterie nicht 'rumgewirbelt würde wie im Sommer.

Natürlich steht das in keiner Winter-HDV, das ändert aber nichts an der Tatsache, daß die Kaltstartfähigkeit eines Fahrzeuges zu 90% nur von der Batterietemperatur diktiert wird. Das schönste Kühlwasserheizgerät nützt nichts, wenn die Batterie vom Motor weit entfernt sitzt und kalt werden kann. Umgekehrt kommt man mit 20–30 Watt Batterieheizung so weit wie mit 300–500 Watt Kühlwasserheizung. Und wenn man keine Kühlwasserheizung machen kann, weil Luftkühlung da ist, dann erweist sich die gewärmte Batterie als ganz große Zaubermedizin – das geht *immer und mit Macht.* Vor allem ist das so wirksam, weil die warme Batterie sofort Ladestrom aufnimmt und nicht leer wird, bevor der Motor auskühlt und das Ganze wieder im Heimathafen ankommt.

So ist das also: Bei Anlasserbatterien, die hinreichend teuer sind, ist eine gewisse Batteriepflege schon angebracht.

Auch die schönste Batteriepflege ist nutzlos, wenn die Spannungslage des Bordnetzes nicht stimmt und die Batterie totkocht.

Bei Motorradbatterien ist Pflege nutzlos, die Batterie geht rein an Überlastung zugrunde, hier hilft nur Reglernachstellung oder Batterieverdoppelung. Außerdem muß jeder selber ausrechnen, was ihm wichtiger ist, Ausgaben für Batterie-Instandhaltung und Ladung oder eine ganz neue Batterie.

Wegen des soeben genannten Kniffs mit der Heizkissenkordel haben mich auch schon Leute angeschrieben, ob ich sie mit diesem elektrischen Stuhl denn partout umbringen wolle. Dabei haben diese Leute nicht mal unrecht!

Ging so: Ich habe das wiederholt gemacht, in mehreren Wintern, dabei hatte es immer tagelang und wochenlang noch unter – 10 Grad. Da ist alles Stein und Bein gefroren, kein bißchen Feuchte, die Asbestfusselisolation der Hochohmkordel ist absolut – und ich habe mir weiter keine Gedanken gemacht. Weil die Batterien immer gut geladen waren, dachte bei Tauwetter keiner von uns mehr an heizen und so blieb uns erspart, daß es einen Vollidioten umhaute, der bei Tauwetter und Feuchtigkeit immer noch zu heizen versuchte. Weil es solche Idioten aber gibt, die zwischen Warm und Kalt nicht unterscheiden können, sei hier ausdrücklich darauf hingewiesen, daß man diesen Kniff mit der Heizkordel zwar mit dem nötigen Verstand selbst exerzieren kann, daß man damit aber keinen Lohnknecht beauftragen darf. Sonst ist man drin, wenn es den umhaut, weil er zu dusselig war, auf etwaige gefährliche Feuchtigkeit zu achten.

Nickel- und Hexenbatterien

Fahrzeugbrauchbare Nickelbatterien

In Motorrädern und ausgesprochenen Kleinfahrzeugen ist nun einmal der schwächste Punkt der gesamten elektrischen Anlage die Bleibatterie. Sie ist es, die einem mit der Reglereinstellung die meisten Sorgen macht, deretwegen man für den Regler eine Sommereinstellung und eine Wintereinstellung braucht und die dennoch nicht allzulange lebt. In wenig benutzten Fahrzeugen, die gelegentlich auch einmal monatelang stillstehen müssen – man denke nur etwa an die Liebhabermaschine, die man nur in den sechs Sommermonaten in Betrieb zu halten gedenkt –, ist die Bleibatterie besonders übel dran, sie geht durch Nichtbenutzung noch schneller kaputt als durch Benutzung.

Bei den Batteriemachern begegnet man mit solchen Sorgen aber keinerlei Verständnis, die besitzen ja mit Motorradbatterien keine eigene Erfahrung, sie verkaufen sie bloß. *(Wovon man sich aber auch wieder keine übertriebenen Vorstellungen machen darf: Grob geschätzt dürfte der Umsatz von Motorrad- und Roller-Batterien nicht viel höher als 5 bis höchstens 7 % des Gesamtumsatzes einer Batteriefabrik sein.)* Die Batteriemacher selbst fahren nur Wagen, infolgedessen fehlen ihnen völlig die Begriffe, was eigentlich eine unzuverlässige Motorradbatterie bedeutet. Damit sind wir gleich beim zweiten Punkt: Bei Wagenbatterien ist die Batteriekapazität bezogen auf die Lichtmaschinenleistung mindestens fünfmal so hoch wie bei einer Motorradbatterie, wobei die hohe Belastung durch Startstrom gar nichts zu sagen hat, denn kaputtgemacht wird ja die Motorradbatterie nur durch dauernde Überladung. Gerade dieser Effekt ist aber bei fünffacher Batteriekapazität ganz unbedeutend.

Da Mobile gewöhnlich von Motorrädern wie von Wagen nur deren Unzulänglichkeiten zu erben pflegen, nehmen Mobile auch hinsichtlich Batteriegröße eine unangenehme Zwitterstellung ein, da sie vorläufig erst bei der halben Batteriekapazität angelangt sind, die man bei Wagen als Mindestgröße für nötig hält. *(Das hat damit zu tun, daß Mobile inzwischen 12-Volt-Anlagen haben, da genügt zur Erzeugung des Startstromes tatsächlich die halbe Kapazität. Für die Grenzverhältnisse bei der Ladung ist das naturgemäß nicht günstig, wenn auch nicht so extrem ungünstig wie bei Motorrad-Batterien. Wer aber sein Mobil schon länger als zwei Jahre besitzt, wird inzwischen auch schon gemerkt haben, daß die kleine Mobil-Batterie nicht auf die Lebensdauer einer großen Wagen-Batterie kommt.)*

Die allermeisten unangenehmen Eigenschaften einer Bleibatterie ließen sich nun radikal beseitigen, wenn man zu einer Nickelkadmiumbatterie überginge. Ein ganz typisches Beispiel: Als ich 1936 von Bleibatterien wieder einmal die Nase restlos voll hatte, kaufte ich mir um mein eigenes teures Geld eine Nickelkadmiumbatterie von Friemann & Wolf, damals noch in Zwickau. Die Batterie hatte 10 Amperestunden und war sündteuer, obwohl ich heute nicht mehr weiß, was ich damals dafür bezahlt habe. Diese Batterie steckte bis 1939 in den verschiedensten Motor-

Bild 38
Das ist die sagenhafte Friemann & Wolf-Batterie, die bis heute immer noch vollen Dienst tut. Links daneben zum Vergleich die heutige MZ-Batterie.

rädern, von 1939 – 45 stand sie verstaubt und verkommen unter allerlei Gerümpel, eigentlich gute Tage hat sie nur zwischen 1946 und 1948 wieder gehabt, wo sie als Stromquelle auf einem Eichplatz für Meßinstrumente diente. Dann steckte sie von Sommer 1948 bis Frühjahr 1950 wieder in Fahrzeugen, von da an lag sie völlig unbeachtet in feuchten Kellern und feuchten Garagen herum, verstaubt, verdreckt, kein Mensch kümmerte sich um irgendeine Ladung, sie lag eben da. Mitte Januar 1958 wurde sie nur wegen dieses Artikels aus dem Gerümpel wieder ausgegraben, sie ist jetzt mithin 22 Jahre alt, und siehe da, sie brauchte nur geladen zu werden, um wieder voll betriebsfähig zu sein. Ich hielt es nicht mehr für übertriebenen Luxus, nach diesen 22 Jahren einmal die alte Laugenfüllung wegzugießen, die Batterie mehrfach mit destilliertem Wasser auszuspülen und wieder mit frischer Lauge zu füllen. Mehrere Kapazitätsmessungen mit zehnstündigem Entladestrom zeigten, daß die ursprüngliche Kapazität von 10 Ah um allerhöchstens 15 %, wahrscheinlich sogar etwas weniger, gefallen ist. *(Auch die bestgeladene Bleibatterie braucht man nur ungefähr 6–7 Monate stehenzulassen, damit sie definitiv weggeschmissen werden muß.)*

Durch hohe Strombelastung, ja sogar durch Kurzschluß, kann man eine Nickelbatterie nicht beschädigen.

Jahrelanges Stehenlassen ohne Ladung, selbst mit Entladung durch feuchten Dreck, tut ihr gar nichts.

Durch Überladung kann man sie auch nicht zerstören.

Wirklich kaputt kriegt man sie vermutlich nur mit einer Handgranate. Es wäre nun ein Wunder, wenn für dieses Maximum von guten Eigenschaften nicht irgendwo bezahlt werden müßte. Es sind da zwar von den Daten einer Bleibatterie etwas abweichende elektrische Daten vorhanden, denen man aber anstandslos Rechnung tragen kann. Wirklich weh tut etwas ganz anderes:

Eine Bleibatterie von 7 Ah kostet DM 17.–.

Eine Nickelkadmiumbatterie von 7 Ah kostet DM 50.– bis 65.– (je nach Zellenzahl).

Wer weiß, daß bei Motorradzubehör schon wenig Groschen Preisunterschied absolut prohibitiv sind, also den Einbau des betreffenden Teils bei der Neufertigung verhindern, der wundert sich natürlich nicht, daß die Motorrad-Industrie keine Sekunde daran dachte, Bleibatterien durch Nickelbatterien zu ersetzen. Mit einer Ausnahme: Die MS-Motorräder des VEB-Motorrad-Werks Zschopau werden schon seit Ende 1957 **ausnahmslos** mit Nickelbatterien ausgerüstet. *(Sachverständige Gegenbemerkung westdeutscher Batteriefachleute: „Die haben drüben enorme Schwierigkeiten hinsichtlich genügender Reinheit der für Bleibatterien erforderlichen Materialien. Bei Nickelbatterien ist das wesentlich einfacher, da können sich die höheren Fertigungskosten der Nickelbatterie mit den Reklamationskosten bei mangelhaften Bleibatterien schon einmal die Waage halten.")* Für den Erfahrenen ist es aber unter allen Umständen klar, daß die Nickelbatterie sich trotz ihres höheren Preises spätestens vom vierten Jahr ab auszahlt, nach dem fünften Jahr ist sie mit einer Bleibatterie überhaupt nicht mehr zu vergleichen. Die Nickelbatterie übersteht eine beliebige Anzahl von Fahrzeugen, die der Reihe nach kaputtgehen können – die Nickelbatterie lebt immer noch wie des Börries von Münchhausen Hirschlederhosen. („Geschlechter kommen, Geschlechter vergehen, Hirschlederhosen bleiben bestehn.") **Überall, wo es auf sture Lebensdauer ankommt, denkt kein Mensch mehr an Bleibatterien, da werden heute ausschließlich Nickelbatterien verwendet, so zum Beispiel im Eisenbahnbetrieb für Zugbeleuchtung und für Grubenlampen.**

Befassen wir uns aber zunächst einmal mit den elektrischen Unterschieden, die eine Nickelbatterie gegenüber einer Bleibatterie zeigt: Da wäre zunächst einmal die Tatsache, daß eine Bleizelle rund gerechnet 2 Volt Spannung hergibt und eine Nickelzelle nur 1,3 Volt. Man kann hier multiplizieren wie man will, das geht nicht so recht auf: Wenn man vier Nickelzellen zu einer Batterie zusammenbaut, dann sind da nur 5,4 Volt vorhanden, baut man aber fünf Zellen zusammen, dann sind das schon wieder 6,5 Volt. (Die Batterien der MZ-Motorräder weisen 5 Zellen auf, die Leute wußten schon, was sie taten, kriegen wir aber noch.)

Um genau Bescheid zu wissen, dürfen wir uns aber auf diese paar Zahlen nicht beschränken, wir müssen uns schon einmal im einzelnen um das Ladeverhalten von Bleibatterien und Nickelbatterien kümmern, in Bild 39 ist das zusammengezeichnet. Es handelt sich hier um Spannungskurven, die entstehen, wenn man die Batterien mit dem „zehnstündigen" Strom aufladet. Die 7-Ah-Batterie wird also mit 0,7 A geladen, die 10-Ah-Batterie mit 1,0 A. Wenn man nun den Regler der Lichtmaschine auf 7,0 Volt einstellt, dann fließt, wenn die 7-Ah-Nickelbatterie mit 4 Zellen ganz voll ist, immer noch ein Restladestrom von 0,7 A. Die Nickelbatterie verträgt aber die 0,7 A ohne weiteres, sie kocht nur friedlich vor sich hin, braucht deswegen aber keineswegs mehr Wasser als eine Bleibatterie unter denselben Umständen. Stellt man dagegen bei einer Bleibatterie die Netzspannung auch auf 7,0 – 7,2 Volt ein, dann regelt sich die Bleibatterie ihren Ladestrom selbst zum größten Teil ab, sie wird nur noch mit ungefähr 0,2 – 0,3 A weitergeladen, was ihr nichts schadet – deshalb empfehlen wir ja als Sommereinstellung vor allem für lange Tagfahrten eine Netzspannung von 7,0 – 7,2 Volt.

Etwas anders sieht das in der Nacht aus: Da gerät man bei Ortsdurchfahrten und beim Kolonnenfahren hinter lästigen Vordermännern oftmals in Fahrbereiche, wo

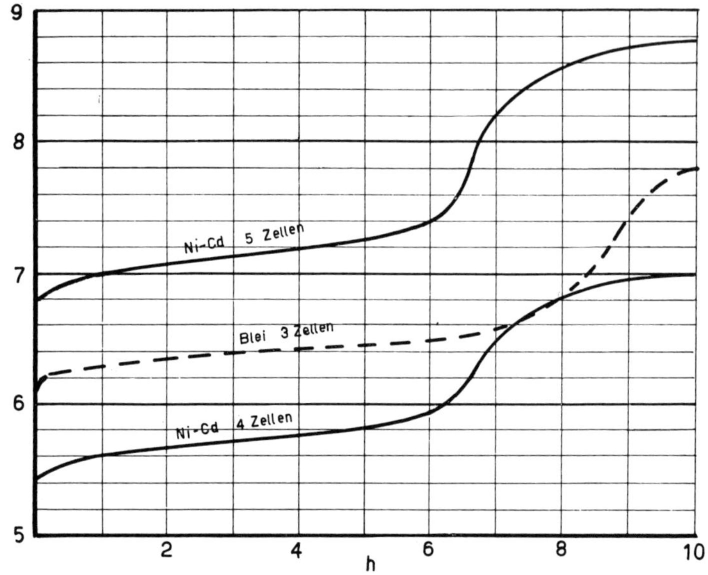

Bild 39
Das Ladeverhalten zweier Nickel - Cadmium - Batterien im Vergleich zu einer dreizelligen Bleibatterie, Ladung mit zehnstündigem Strom.

zwar der Motor auf niedriger Drehzahl läuft, wo sich ein Herunterschalten aber noch nicht lohnt. Dabei kommt man dann leicht in Drehbereiche, in denen die Lichtmaschine nur noch einen Teil des gesamten Strombedarfes liefert und der Rest von der Batterie gedeckt werden muß, ja, es gibt sogar Zustände, in denen die Lichtmaschine auch noch Strom aus der Batterie *aufnimmt,* ohne daß der Regler dabei anspricht und die rote Lampe erscheinen würde.

Das ist eine uralte Geschichte, auf die ich mehrfach schon in der Vorkriegszeit hingewiesen habe, die mir aber von den Lichtmaschinenleuten nie geglaubt wurde. Die haben sich immer auf den billigen Rat beschränkt, es müsse eben frühzeitig geschaltet werden, dann komme ein solcher Betriebszustand überhaupt nicht vor. Ich habe diesen Rat auch ein paar Jahre lang gegeben, erkläre aber jetzt feierlich, daß das ein Kanzleitrost ist. *(Wer traut sich schon, etwas laut zu sagen, wenn alle offiziellen Fachleute und Oberpäpste anderer Meinung sind. Jetzt soll mir das aber egal sein, schließlich kann ich ja beweisen, was ich behaupte.)* Ich gehöre ganz gewiß nicht zu den Leuten, die schaltfaul fahren, das ist immerhin durch meine Streckenverbrauche erwiesen. Dennoch geschieht es aber bei Motorrädern mit 7-Ah-Batterien immer wieder, daß deren Ladezustand rapid abfällt. Hier liegt wohl auch die Erklärung, weshalb die Lichtmaschinenmacher nichts von der Häufigkeit dieser Fahrzustände ahnen: Die fahren nicht mit Motorrädern und vor allem nicht bei Nacht auf längeren Strecken. Schon eine 14-Ah-Batterie läßt diesen Übelstand radikal vermeiden, denn selbst, wenn diese in einer halbstündigen langsamen Ortsdurchfahrt 4–6 Ah verliert, dann ist sie noch nicht auf 1 Ah herunter und am Rande des Zusammenbrechens, sie hat dann immerhin noch 9 Ah im Bauch. Die herausge-

Bild 40
Neben der MZ-Batterie zwei Handlampenbatterien von DEAC, auch 7 Ah Kapazität. Dienen bei mir als Motorrad-Notbatterie und als Zeltlampe.

lutschten 5 Ah sind dann bei Tage mit 40–60 Minuten Fahrt und in der Nacht auf freier Strecke mit höchstens 80 Minuten Fahrt wieder drin. Deshalb habe ich soviel gegen diese armseligen 7-Ah-Batterien, sie sind nun einmal für wirklichen Nachtbetrieb zu knapp.

Nun merkt man aber bei einer Bleibatterie so gut wie gar nicht, ob man in den gefährlichen Fahrzustand gerät, bei dem die Batterie viel Strom liefert, ohne daß die rote Lampe angeht. Bei der vierzelligen Nickelbatterie merkt man das aber sehr gut, das Scheinwerferlicht wird mit einem deutlichen Ruck dunkler, sobald sich die Batterie an der Stromlieferung überhaupt beteiligt, anstatt weiter geladen zu werden. Selbst wenn einem dieses Dunklerwerden entgeht, dann entgeht einem bestimmt nicht das Hellerwerden, wenn der Motor in der Drehzahl wieder zulegt und die Lichtmaschine wieder den vollen Strombedarf deckt. Insofern ist also eine vierzellige Nickelbatterie durchaus nicht von Übel. Wie man nun in Bild 39 sieht, liegt die fünfzellige Nickelbatterie in der Spannung erheblich über der dreizelligen Bleibatterie. Hier kann man sich eine Teufelei leisten, die sich insbesondere bei schnellen Maschinen sehr bemerkbar macht: Man braucht nur den Lichtmaschinenregler auf eine Netzspannung unter voller Last (!) von etwa 8 Volt einzustellen, eben auf das, was wir für Bleibatterien immer als Wintereinstellung bezeichnet haben. Dabei wird diese fünfzellige Batterie durchaus nicht etwa zu zwei Dritteln voll, sie wird anstandslos ganz voll, nur dauert das eben etwas länger als zehn Stunden, weil der Ladestrom von diesem Füllungsgrad ab nur noch sehr gering ist. (Infolgedessen bekommt die fünfzellige Batterie auch nur noch einen winzigen Restladestrom, was wieder einen minimalen Wasserverbrauch zur Folge hat.) Diese hohe Netzspannung von 8 Volt nun läßt die Scheinwerferlampe mit Überspannung brennen, was zwar eine Herabsetzung der Lebensdauer bedeutet, aber auch eine *gewaltig* verbesserte Lichtausbeute. Normalerweise sind die Scheinwerferlampen je nach

Größe auf 7,5 Volt Betriebsspannung eingerichtet, eine Betriebsspannung von 8–8,2 Volt bedeutet rund 10 % Überspannung, und das wiederum bedeutet 40–50 % mehr Licht. *(Wenn auf diese Weise eine 35-W-Lampe mit 10 % Überspannung brennt, dann gibt sie ungefähr ebensoviel Licht her wie eine mit normaler Spannung brennende 50-W-Lampe! Das läßt sich übrigens anstandslos mit einem Photo-Belichtungsmesser nachprüfen.)*

Das mit der Überspannung muß man eben wissen, an das helle Licht gewöhnt man sich nämlich sehr schnell und hält es für selbstverständlich, so lang, bis man wieder eine Bleibatterie drin hat, bei der man sich dann über das viel weniger weit reichende Licht wundert. Man sucht dann die Gründe dafür überall, an den unmöglichsten Stellen, niemals aber bei der anderen Netzspannung. Bezahlt wird natürlich für diese höhere Lichtausbeute mit einer geringeren Lebensdauer der Scheinwerferlampe, irgendwo muß ja für jeden Vorteil bezahlt werden, 10 % mehr Spannung bedingen nur ein Viertel der sonst möglichen Lebensdauer.

Genaues über diese Zusammenhänge findet sich weiter hinten in diesem Buch im Licht-Abschnitt.

Das deutliche Absinken der Lichtleistung, sobald bei fallender Lichtmaschinendrehzahl die Batterie einen wesentlichen Teil der Stromlieferung übernimmt, tritt bei einer Bleibatterie bei weitem nicht in gleichem Maß auf. Es hat seinen Grund beim inneren Widerstand der Nickelbatterie, der ungefähr 3,5–4mal so hoch ist wie bei einer Bleibatterie. Wenn bei 6–7 Ampere Gesamtstromverbrauch die Spannung einer Bleibatterie um 0,2–0,25 Volt sinkt, also völlig unbedeutend, dann sinkt die Klemmenspannung einer Nickelbatterie um 0,8–1,0 Volt, und das macht sich ja nun einmal bemerkbar. Natürlich könnte man das als Nachteil ansehen, ich sehe

Bild 41
Das hier ist War-Surplus, 15 Ah, eine Zelle kostet heute neu rund 17 Mark, ist auch unverwüstlich, DEAC.

es aber, wie schon gesagt, als Vorteil an, denn dieser Lichtabfall macht mich ja drauf aufmerksam, daß ich jetzt wieder Drehzahl zulegen muß.

Es ist zwar auch schon gesagt, sei aber noch einmal wiederholt: Die rote Signallampe ist bei weitem kein so genaues Anzeigemittel, sie schleppt da immer gewaltig hinterdrein.

Dieser hohe innere Widerstand – 3 Zellen Bleibatterie 0,03 Ohm, 4 Zellen Nickelbatterie 0,16 Ohm und 5 Zellen Nickelbatterie 0,2 Ohm – manchen nun leider eine Nickelbatterie unbrauchbar für Startzwecke. Wenn man etwa einen Startstrombedarf von 50 Ampere voraussetzt, wenn man den ferner aus einer Bleibatterie von 20 Ah entnimmt, dann sinkt deren Klemmenspannung um 0,5 Volt. Bei 50 A Strom würde aber die Klemmenspannung einer vierzelligen Nickelbatterie um volle 8 Volt sinken müssen, das heißt also, daß ein so hoher Startstrom überhaupt nicht entnommen werden kann.

Hier ist nun eine Geschichte fällig, die sich buchstäblich so zugetragen hat:
Wir hatten mal eine Test-MZ mit Nickelbatterie und da drin saß ein Kupferwurm. Also Batterie raus, das war ein Griff, nach Hause, ran ans Ladegerät, aufgeladen und danach Kapazitätsmessung nach allen Regeln der Kunst, denn gerade damals sammelte ich ja die Unterlagen für dieses Kapitel über Nickelbatterien. Es war kalter Winter und die Stube warm. Batterie rappelvoll geladen, in den Seitenwagen gestellt, das Gespann zur Elektrowerkstatt geschleppt. (Keine kleine Werkstatt!) Auftrag, den Kupferwurm zu suchen. Palaver mit dem Kuli, weil dem die fünf Zellenverschraubungen auffielen, wo Bleibatterien doch nur drei Verschraubungen haben. (Selber suchen wollte ich nicht, meine Garage ist so saukalt und da kann ich mir ruhigere Beschäftigungen vorstellen als Kupferwürmer zu suchen.) Alles schien klar, ich wollte gerade vom Hofe gehen, als mich der Kuli nochmal zurückrief: „Heh, Sie, en dera Badderieh isch doch gar nex dren!" Also noch mal rein, und was tat dieser Satansknochen? Er hatte einen dicken, kurzen Kupferdraht in der Hand, schon stinkend heiß, und damit fummelte er an den Nickel-Polköpfen herum, daß da das Feuer rausschoß. Nicht so viel wie bei einer Bleibatterie und Bleipolen, aber noch ganz schön. Ich habe dann sehr laut von Fachleuten und Schlappenschustern geredet, wobei sich herausstellte, daß man in dieser Werkstatt nicht nur kein Voltmeter besaß, sondern nicht mal eine Prüflampe. Ich habe dann Klacks angerufen, wir schleppten das Gespann aus der Werkstatt und ich suchte den Kupferwurm selber. So ist das mit Fachwerkstätten und ihren Fachleuten, immer das alte, häßliche Lied.

Vielleicht wird jetzt auch klar, warum der Kuli in meiner Elektrowerkstatt auf die Kateridee kommen konnte, in der Nickelbatterie sei „nichts drin": Der Kurzschlußdraht war zwar lästerlich heiß, er hat sich aber doch nicht derart die Finger verbrannt, wie er sich am gleichen Draht bei einer Bleibatterie die Finger verbrannt hätte. Immerhin ist das aber auch mit ein Grund dafür, daß Nickelbatterien kurzschlußunempfindlich sind. Übergetitelt: Dem Fachwissen.

Hier könnte nun die Geschichte von der Nickelbatterie bequem zu Ende sein, sie ist auch für den zu Ende, der eine Nickelbatterie nur in seinem Motorrad verwenden möchte. Für die Leute aber, die sich auch noch für Dinge am Rande interessieren, gibt es auch noch einen Roman der Nickelbatterie, der sich sogar in ziemlich kurzen Worten schreiben läßt.

Die Story von der Jägerbatterie

Es ist vielleicht bekannt, daß es mehrere Bauarten von Bleibatterien gibt: Da ist beispielsweise die Nachrichtenbatterie, die aus ganz furchtbar dicken Platten besteht. Ihre Aufgabe ist es, einen verhältnismäßig schwachen Strom für gewaltig lange Zeit zu liefern, wobei sie nur alle Vierteljahre, ja gelegentlich nur alle halbe Jahre einmal geladen wird. (Sehr im Gegensatz zur Fahrzeugbatterie, die durch ein halbes Jahr Nichtladung bereits völlig ruiniert ist.)

Eine Mittelstellung nehmen unsere Fahrzeugbatterien ein, die kurzzeitig starke Ströme liefern müssen, bei denen man aber diese hohe Belastbarkeit mit einer geringeren Speicherzeit bezahlt, man nimmt also ein vierwöchiges Wiederladenmüssen in Kauf.

Schon seit den Urzeiten der Akkumulatorentechnik, also schon seit Gaston Planté, kennt man aber auch Bleibatterien für extrem starke Ströme, die statt aus Bleiplatten aus aufgewickelten Bleifolien bestehen. Damit ist es möglich, auf ganz niedere Innenwiderstände zu kommen, die Stromstöße bis zum zehnfachen Betrag selbst gegenüber Fahrzeugbatterien erlauben.

Während des Krieges gab es eine Entwicklung, bei der man die Platten aus „verfilzten" Bleifäden aufbaute. Das lieferte naturgemäß selbst gegenüber Folien eine abermals vervielfachte Oberfläche, dem Hörensagen nach erlaubten diese Batterien mit Bleifaden- beziehungsweise Bleifilzplatten gegenüber normalen Wagenbatterien etwa zwanzigfache Stromstärken. Auf eine langzeitige Speicherung der Ladung mußte dabei allerdings verzichtet werden: Soviel ich noch in Erfahrung bringen konnte, mußten diese Bleifilzbatterien tunlichst unter Dauerladestrom stehen oder mindestens täglich nachgeladen werden.

Der Zweck dieser absonderlichen Batterien war die Startstromlieferung für Flugmotoren. Nicht bei Bombern, da stand ja immer genügend Zeit zur Verfügung, einen Schwungkraftanlasser hochzudrehen. Gebraucht wurden sie bei Jägern, wo nicht die 120 Sekunden zum Hochdrehen eines Schwungkraftanlassers zur Verfügung standen, ganz zu schweigen von einer Wiederholung des Startversuchs, wenn der Motor beim ersten Anlassen nicht kam, wo außerdem auch das Gewicht des Anlassers eine Rolle spielte. (Es waren die Motorjäger, die solche Starterbatterien für extreme Ströme erzwangen!) In diesen Bleifilzbatterien scheint nun aber doch ein Wurm drin gewesen zu sein, wenigstens scheinen sie schon seit ungefähr 1942 nicht mehr verwendet worden zu sein, ich habe auch seit meiner Bendlerstraßenzeit an 1942 nie wieder von einer Anwendung gehört.

Um die gleiche Zeit, in der diese Bleifadenbatterien entwickelt wurden, lief ungefähr synchron eine entsprechende Weiterentwicklung auch der Nickelbatterien. Hatte man bis dato Nickelhydroxyd und Nickelflöckchen beziehungsweise Eisenpulver und Kadmium in Röhrchen gestampft oder in eine Art winziger, durchlöcherter Zigarettendosen verpackt, aus denen dann die Platten aufgebaut wurden, so lag der Gedanke nahe, auch Nickelzellen aus Folien aufzubauen. Dabei kam man nun – so viel ich weiß, eine rein deutsche Entwicklung, die bei der DEAC in Hagen in Westfalen geleistet wurde – beträchtlich weit, man überflügelte sogar die Entwicklung der Bleifadenbatterien, allermindestens im Hinblick auf die mechanische Robustheit der Batterien.

Es scheint ziemlich festzustehen, daß die Engländer erstmals 1942 solche Nickelbatterien aus den über der Insel abgeschossenen deutschen Flugzeugen geborgen haben. Dort erregten diese Batterien wildes Aufsehen, wobei es natürlich den englischen und amerikanischen Batterieleuten ein Leichtes war, das Prinzip dieser Entwicklung herauszuschälen und mit einem bißchen Verstand auch die wichtigsten Fertigungskniffe zu rekonstruieren. Immerhin dauerte es aber bis 1952, bis amerikanische Sensationsschreiber diese Jägerstory aufgriffen und wilde Artikel über diese phantastisch leistungsfähige Art von Batterien schrieben. Amerikanische Batteriefabriken versuchten natürlich immer wieder, diese Kriegsbatterien auch für zivile Zwecke zu fertigen, die Dinger waren nur mindestens fünfmal teuerer als Bleibatterien, sie ließen sich deshalb sogar in Amerika nur schlecht verkaufen. Wohl aber eignete sich diese Tatsache herrlich zu Angriffen gegen die Hersteller von Bleibatterien ungefähr nach der Methode:

„Die großen Fabrikanten von Bleibatterien machen bloß die kleinen Nickelbatterie-Fabrikanten kaputt, um recht viel Bleibatterien verkaufen zu können!" Hier bei uns ist das umgekehrt: Die hier geschilderten Nickelbatterien werden von der DEAC in Hagen fabriziert, die zum AFA-Varta-Komplex gehört. (Deshalb gibt es bei allen Varta-Läden jemanden, der sich mit Nickelbatterien auskennt!) Umgekehrt gibt es in Deutschland eine ganze Menge kleiner Batteriefabrikanten, die gut und ausschließlich von Bleibatterien leben, ebenso wie Friemann & Wolf eine Nachkriegsexistenz in Duisburg gefunden hat, wo man fröhlich von Grubenlampenbatterien lebt, natürlich Nickel.

In Wahrheit liegt der Grund, weshalb Nickelbatterien sich beim breiten Publikum nicht einführen, ganz woanders: Eine Nickelbatterie vermag 4 – 8 Fahrzeuge zu überleben und wer macht sich schon die Mühe, eine Nickelbatterie um teures Geld zu kaufen, wenn er sie beim Verkauf des Fahrzeuges herausnehmen muß, um von der langen Batterielebensdauer überhaupt etwas zu haben? Wer außerdem ist bereit, ein Automobil ohne Batterie zu kaufen und den Batteriepreis von der Rechnung absetzen zu lassen, nur weil er vom vorhergehenden Fahrzeug noch eine wunderschöne Nickelbatterie zu Hause stehen hat? Nickelbatterien sind nun einmal nur für Leute, die wirklich etwas davon verstehen.

Diese amerikanische Nickelbatterie mit Folienplatten wurden auch schon in Europa angeboten, wir zitieren auf der nächsten Seite kurz einen einschlägigen Prospekttext.

Im gleichen Prospekt wird auch behauptet, man habe einer solchen Batterie 250 Ampere entnommen, nach 7¾ Minuten habe die Klemmenspannung der 6-Volt-Batterie noch 5 Volt betragen und alle Meßgeräte seien so heiß gewesen, daß man den Versuch habe abbrechen müssen. (Was muß das bloß für ein Plunderzeug von Meßgeräten gewesen sein!) Nach zwei Minuten sei die Spannung wieder auf 6,25 Volt gestiegen gewesen.

Solche Zahlen sehen für den Laien erstaunlich aus, wenn man aber nachrechnet, dann entdeckt man, daß zu diesem Versuch mit 7¾ Minuten ganze 32 Ah gehören,

Worin liegt das Geheimnis?

Durch Verwendung von speziellen Cadmium-Alloy-Platten hat die aktive Masse eine viel größere Beständigkeit und Silber-Nuclear-Zellen, deren Elementarteile (Proton und Neutron) eine radioaktive Strahlenart haben, welche für die Erhaltung der Energie im Atom sorgen und sich zur Beschleunigung der Elektronen einsetzen, war es tatsächlich möglich, eine Batterie mit so großer Lebensdauer zu schaffen, welche heute unter dem Patentschutz und Namen LIFE-LONG Batterie im Handel ist.

Bild 42
Dieses hemmungslose Gewäsch treibt einem zwar den Schweiß auf die Stirne, die Verkäufer dieser an sich durchaus reellen Batterie meinen das aber tödlich ernst. Wie gesagt – die Batterie selber ist völlig einwandfrei, kein Schwindel, nur dieses Reklamegewäsch ist in jedem Wort unsinnig.

was schon viel weniger schrecklich aussieht. Ein reiner Bluff sind auch die Demonstrationen der an sich vorhandenen Frostunempfindlichkeit, bei denen eine Batterie in einem Eisklotz eingefroren gezeigt wird. Der Laie staunt, er weiß ja nicht, daß ein solcher Eisklotz anstandslos null Grad haben kann, gar nicht zu vergleichen mit den 20 Grad Kälte einer normalen Stuttgarter Laternengarage.

Man kann nicht leicht begreifen, weswegen eine so gute Sache wie diese Nickelfolienbatterien mit Methoden angepriesen werden, mit denen sonst nur Schwindelmittel angepriesen werden. Scheint amerikanisch zu sein.

Aber: Die deutschen Batteriemacher – hier speziell DEAC – haben die Sache natürlich auch nicht auf Eis gelegt. Solche Hochleistungsbatterien für extreme Stoßbelastung gibt es in Hagen schon lange für jeden zu kaufen, unter der Bezeichnung Sinterplatten-Batterie. Man hat uns schon so Anfang *1954 die Fertigung gezeigt, aber gebeten, darum nicht viel Lärm zu machen.* Natürlich ist die Fertigung klein, hat aber etliche bemerkenswerte Arbeitsgänge aufzuweisen – die dünnsten Sinterplatten sind ungefähr von der Dicke und Breite eines Schlipses, ebenso lang und fast ebenso schmiegsam. Die Daten:

Bleibatterien für Wagen werden tunlichst mit einem Strom der *drei*fachen Nennkapazität belastet, eine 50-Ah-Batterie wird zum Starten also mit tunlichst nur 150 A belastet, im Extremfall geht man auf 250 A, also *fünf*mal Nennkapazität.
Eine Sinterplattenbatterie kann mit der *zehn*fachen Nennkapazität belastet werden. Eine 42 Ah-Batterie also mit 420 A. Bei 5 sec Stoßentladung mit diesen 420 A sinkt die Klemmenspannung von 1,2 Volt auf 0,78 Volt. Man kann rechnen, wie man will, gibt einen inneren Widerstand von einem Milli-Ohm. Bei 42 Ah! (Bei Bleibatterien ist dieses eine Milli-Ohm erst bei 75 Ah Größe vorhanden.) Das gleicht sich teilweise wieder aus, weil man bei Blei nur drei Zellen für 6 Volt braucht, bei Nickel-Sinter aber 5 Zellen. Geht man dagegen vom eigentlich ja gegebenen Starterstrom aus, dann darf die Sinterplatten-Nickelbatterie sogar etwas weniger als die halbe Nennkapazität einer Bleibatterie haben. 42 Ah einer Sinterbatterie sind mit einiger Reserve also den 75 Ah einer Bleibatterie gleichzusetzen.

Warum aber immer diese seltsamen 42 Ah? Nun, das ist eine zufällige Seriengröße, von der wir ebenso zufällig Preise haben: Pro Zelle rund fünfundsiebzig Mark. Und fünf Zellen müssen es schon sein. Tja.

Aber: Wie alle Nickelbatterien überlebt sie fröhlich und pflegelos mehr Bleibatterien, als man um dieses Geld kaufen könnte. Wahrscheinlich ums Doppelte. (Bevor ich mir eine Neulackierung leistete, käme in meinen Untersatz eine Sinterbatterie.)

Ein paar praktische Kniffe

Zunächst wären da einmal ein paar Lieferanten für Nickelbatterien zu nennen: Die hier erwähnte MZ-Motorradbatterie im alten Normalformat mit fünf Zellen gibt es im Westen beim MZ-Generalvertreter
Paul Lange, Stuttgart, Schubartstraße 4.

Die Hersteller der sagenhaften, immer noch nicht kaputten F & W-Batterie, von der hier die Rede war, machen m. W. nur noch Grubenlampen, haben aber natürlich auch Zellengrößen, die für uns in Frage kommen. Heutige Anschrift:
Friemann & Wolf GmbH, Duisburg, Meidericher Straße 6–8.

Sodann gibt es noch die
Nife Stahlakkumulatoren GmbH, Berlin-Steglitz, Nicolaistr. 2–6 und Hamburg 13, Bogenstraße 45

und endlich die DEAC, von der die hier erwähnten Sinterplatten-Batterien gebaut werden, Anschrift:
Deutsche Edison-Akkumulatoren-Company GmbH, Hagen-Westfalen.

Alle diese Nickelzellen bzw. Batterien haben Formate, die mit dem Motorrad-Normalformat nicht zusammenpassen, es ist also in jedem Fall eine gewisse Bauerei nötig – man muß also die gewünschte vier- oder fünfzellige Batterie selbst zusammenbauen und kunstreich irgendwo an der Maschine unterbringen. Es ist wichtig zu wissen, daß die stählernen Zellengefäße Spannung führen, sich also gegenseitig nicht berühren dürfen. Wenn man für die Batterie eine Kiste baut – 8 mm Buchensperrholz gibt eine sehr stabile Kiste, wird mit 3,5er Messingschrauben geschraubt – sind aber bei weitem keine massiven Trennwände zwischen den Zellen nötig, es genügt, wenn man im Radioladen dünne Pertinaxplatten von etwa ½ mm Stärke besorgt und diese so zwischen die Zellen schiebt, daß sie sich nicht berühren können. Man kann damit schön kompreß bauen. Der Kastenboden bekommt ein paar Ausschnitte, damit verschüttete Lauge oder Waschwasser ablaufen können.

Handlampenbatterien sind meist zu zwei Zellen fest zusammengebaut, dafür gibt es dann auch ein dünnwandiges Hartgummigefäß und wenn man sich mit vier Zellen begnügen will, braucht man eigentlich nur noch einen Deckel dazu zu machen. Bei einer vierzelligen Batterie und normaler Reglereinstellung für Bleibatterie kocht die Nickelbatterie nicht unbeträchtlich. Das tut ihr nichts, man muß nur öfter Wasser nachfüllen. Der weiße Niederschlag, der sich um die Zellenverschlüsse – nicht an den Klemmen – bildet, ist nichts anderes als harmlose Pottasche, weil sich versprühte Kalilauge mit der Luft-Kohlensäure zersetzt. Deshalb dürfen Nickelzellen auch nicht längere Zeit offen stehen, ebenso sind die Zellenverschlüsse alle als Ventile gemacht – man braucht sie beim Laden nicht abzunehmen wie bei Bleibatterien. Stark verschmutzte Nickelzellen braucht man nur verschlossen zu lassen, um sie unterm Wasserhahn einfach abbürsten zu können.

Schwindelmittel

Man sollte ja nun meinen, daß in unserer hochtechnisierten Zeit kein Platz mehr sei für irgendwelche Wunder- und Schwindelpräparate – weil sich ja schließlich alles nachmessen und beweisen läßt. Das ist aber sehr weit danebengedacht – der Durchschnittsmensch von heute steht seiner eigenen Technik nicht anders gegenüber wie ein Buschnigger vor sechzig Jahren einem Telefon. Nie ließ sich auch der primitivste Schwindel so leicht verkaufen wie gerade heute. Und nie war es so schwierig, jemanden vor Schwindeldingen zu warnen wie heute – ich habe in der Nachkriegszeit noch keinen Fall technischen Schwindels erlebt, in dem nicht ein paar für seriös geltende Leute, Minister, Hochschulprofessoren, höhere technische Beamte usw. so einem Schwindler ebenfalls aufgesessen wären und nun ihrerseits den Schwindler gegenüber dem Warner deckten. Mindestens, um nicht zugeben zu müssen, dem Schwindler auch aufgesessen zu sein. Zwar hat sich bislang noch jeder technische Schwindel wenigstens nach Jahren als solcher entpuppt – bis dahin ist es aber nicht möglich, vor dem Schwindel zu warnen, weil der Warner unweigerlich jeden Geschäftsschädigungsprozeß gegen den Schwindler verliert. Ich habe auf diese Art viele tausend Mark Prozeßkosten bezahlen müssen, obwohl von den ganzen Schwindlern, vor deren Erzeugnissen ich gewarnt hatte, heute keiner mehr funktioniert. Bezeichnenderweise suchen sich die meisten Schwindler auch Arbeitsgebiete aus, in denen Versuch und Messung sich auf längere Fristen erstrecken oder umfangreicher Apparatur bedürfen, so daß der Tatbestand vor Gericht nicht so einfach zu klären ist wie etwa bei der Ausgabe ungedeckter Schecks oder gefälschter Unterschriften.

Es ist also heutzutage nicht möglich, vor bestimmten Schwindelmitteln und Schwindelapparaten zu warnen, ja, es ist nicht einmal möglich, vor bestimmten Warengruppen zu warnen, in denen erfahrungsgemäß Schwindelerzeugnisse gehäuft aufzutreten pflegen. Obwohl nun zwingender Anlaß zu solcher Warnung wohl bestünde, muß ich mich darauf beschränken, zwei Waren*gruppen* zu nennen, aus denen ich selbst mir nie etwas kaufen würde:

1. Irgendwelche Wundersäuren, die Bleibatterien eine ungeahnte Leistungsfähigkeit oder ungeahnte Lebensdauer verleihen sollen.
2. „Wasserlose" Batterien mit Trockenfüllung.

Um mich vor Prozessen zu schützen, die ich glatt verlieren würde, muß ich also erklären, daß es sich bei beiden Produktgruppen keinesfalls um Schwindel handelt und daß mir sogar Produkte bekannt sind, an deren Wirksamkeit Erfinder und Verkäufer felsenfest glauben. Ich erkläre lediglich, daß ich mir selbst für meine Zwecke und um mein Geld keinen Gegenstand einer dieser genannten Warengruppen kaufen würde. Einen Grund dafür nenne ich ausdrücklich nicht. Indem ich diese Absicht bekanntgebe, mir selbst nichts derartiges zu kaufen, äußere ich lediglich meine Meinung, nichts weiter. Und das darf ich laut Grundgesetz gerade noch.

Ladegeräte

Ich will hier nicht viele Worte machen, ob ein Ladegerät nötig oder wünschenswert oder nützlich oder lohnend oder sonstwas sei. Ich habe eines und habe es schon sehr gut gebrauchen können. Und weil mich viele Leute nach Ladegeräten gefragt haben, hänge ich hier also gleich ein Kapitel über Ladegeräte an.

Die billige Tour

Ein anständiges Klein-Ladegerät ist als Markenerzeugnis nicht unter 60 Mark zu haben, es hat dann immer noch kein Meßinstrument für Strom oder Spannung aufzuweisen, aber wenigstens eine reelle Leistung, auf die Verlaß ist.
Es gibt auch wesentlich billigere Ladegeräte, bei denen dann aber Vorsicht geboten ist. Verläßlich scheint mir das Pöna-Ladegerät von Timmerbeil, das letzte genau untersuchte Exemplar (Anfang 1958) lieferte gegen die 8,0 V Gegenspannung einer vollen Batterie noch 0,8 – 0,9 A Ladestrom, in eine tiefentladene Batterie von 6,1 V Gegenspannung rund 1,1 – 1,2 A. Damit fängt man schon etwas an, das Gerät kostet rund 25 Mark.

Die nächsttollere Sache als Ladegerät ist der Fahrtransformator einer elektrischen Eisenbahn *mit Gleichstromsystem*. Bei mir ergab der abgebildete Fahrtrafo Katalog Nr. 503 von Fleischmann voll aufgedreht gegen die 9,2 V Gegenspannung einer Nickelbatterie noch 0,4 A Ladestrom, gegen die 8,0 V einer Bleibatterie runde 0,45 A, in eine leere Bleibatterie flossen gegen 6,2 V Gegenspannung auch nur 0,5 A, der Gleichrichter wird dabei also keinesfalls überlastet, er verträgt sicher 0,6 A Dauerstrom. (Bild 43)

Natürlich muß man sehr auf die Polung aufpassen, das Fahrgerät hat ja einen eingebauten Stromwender, mit dem man – auch versehentlich – beliebig falsch polen

Bild 43
Der Fleischmann-Eisenbahntrafo mit Schnapsglas zur Polsuche, funktioniert überzeugend.

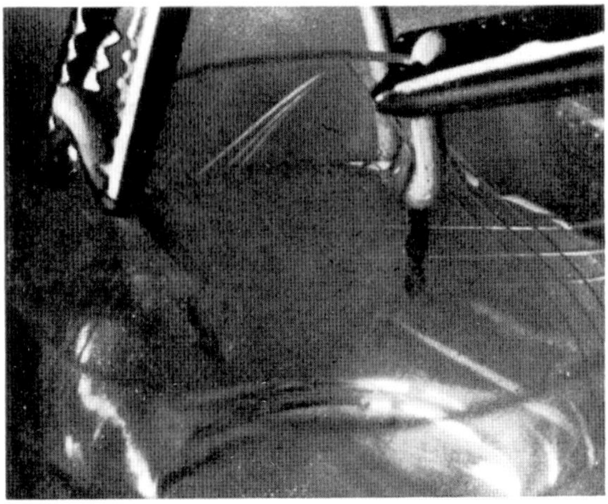

Bild 44
Schlecht zu fotografieren, der Unterschied ist aber deutlich: Der linke Drahtstummel ist der Minuspol und verschwindet in einem Schleier von Gasblasen. Der rechte Stummel wird schwarz.

kann. Bei Falschpolung verbrät binnen drei bis vier Minuten der Gleichrichter und ist nicht mehr reparierbar, wegschmeißreif.

Wenn man zur richtigen Polung kein Meßinstrument hat, hilft die alte Methode mit Schnapsgläschen und Wasser und ein paar Körnchen Salz drin: Das Drahtende, an dem ein dicker Strom Gasbläschen aufsteigt, ist der *Minus*pol. Geht am schnellsten und ist am sichersten. In alten Bastelbüchern findet man noch die Kartoffelprobe und die Lackmusprobe – ist längst nicht so klar überzeugend wie die Wasserprobe mit den Gasblasen.

Bild 45
So sieht ein billiger Klingeltrafo aus, der aber sehr gut zu verwenden ist.

Bild 46
Die Innerei des Trafo und ein kleiner Selen-Vollweggleichrichter, im Vergleich mit einer Streichholzschachtel.

Und noch etwas, auch wenn es wieder mal sehr doof klingt: Die Strippe, die man beim Ladegerät als Minus-Strippe erkannt hat, geht an den Minuspol der zu ladenden Batterie!

Dieser kleine Fleischmann-Bahntransformator kostet übrigens DM 22,40 über den Ladentisch im Spielwarengeschäft.

Der nächstbilligere Schritt wäre im Elektro-Bastlerladen zu tun. Man kann sich da einen ganz gewöhnlichen Klingeltrafo kaufen, kostet rund 7 Mark, und dazu einen Selen-Gleichrichter für 0,5 A in Vollwegschaltung, also mit 4 Platten. Beim Anschluß an die 8-V-Klemmen erhält man in eine leere Bleibatterie rund 0,3 A Ladestrom, in die volle Batterie noch 0,15 A. Fehler beim Anschluß kann man nicht machen, die Lötfahnen des Gleichrichters und die Klemmen des Klingeltrafo sind von Hause aus genau bezeichnet.

Die teurere Tour

Nicht alle meine Leser sind ja Bastler, da hat es auch nicht zu knapp Leute dabei, die vom Handwerk leben und für handfeste Einrichtungen Bedarf haben. Ich setze deshalb ein Foto meines eigenen Ladegerätes her, das in den letzten fünfzehn Jahren gute Dienste als allgemeine Gleichstromquelle geleistet hat. Der Gleichrichter besteht aus drei Plattensätzen in Graetz-Schaltung, rund 100 cm^2 Plattenfläche, mithin mit 7 A belastbar, wenn er freisteht und nicht in eine Kiste gebaut wird. Trafo ist selbstgewickelt. Da man heute in Radioläden laufend irgendwelche Schrott-Trafos um lächerliches Geld kaufen kann, ist es ohne weiteres möglich, auch die tollsten Trafos selbst zu wickeln, man braucht sich nur den passenden Eisenkern

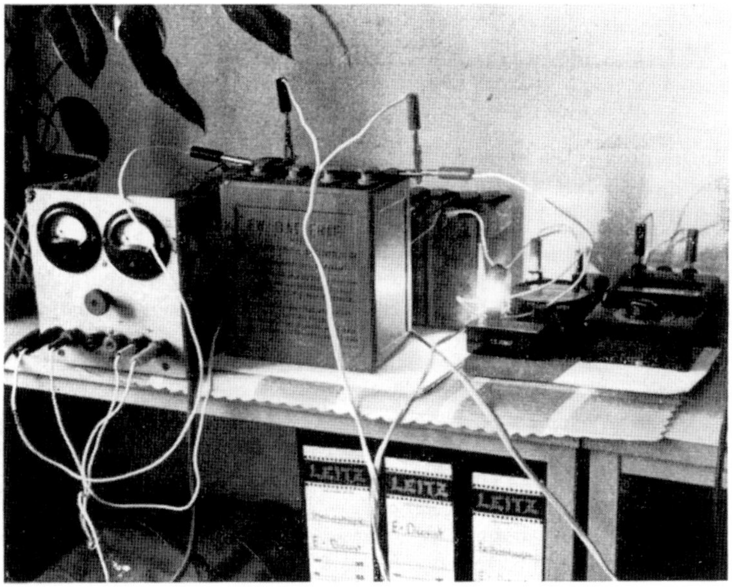

Bild 47
Das ist meine Lademechanik — damit lassen sich alle Kapazitätsprüfungen machen, von denen hier die Rede ist.

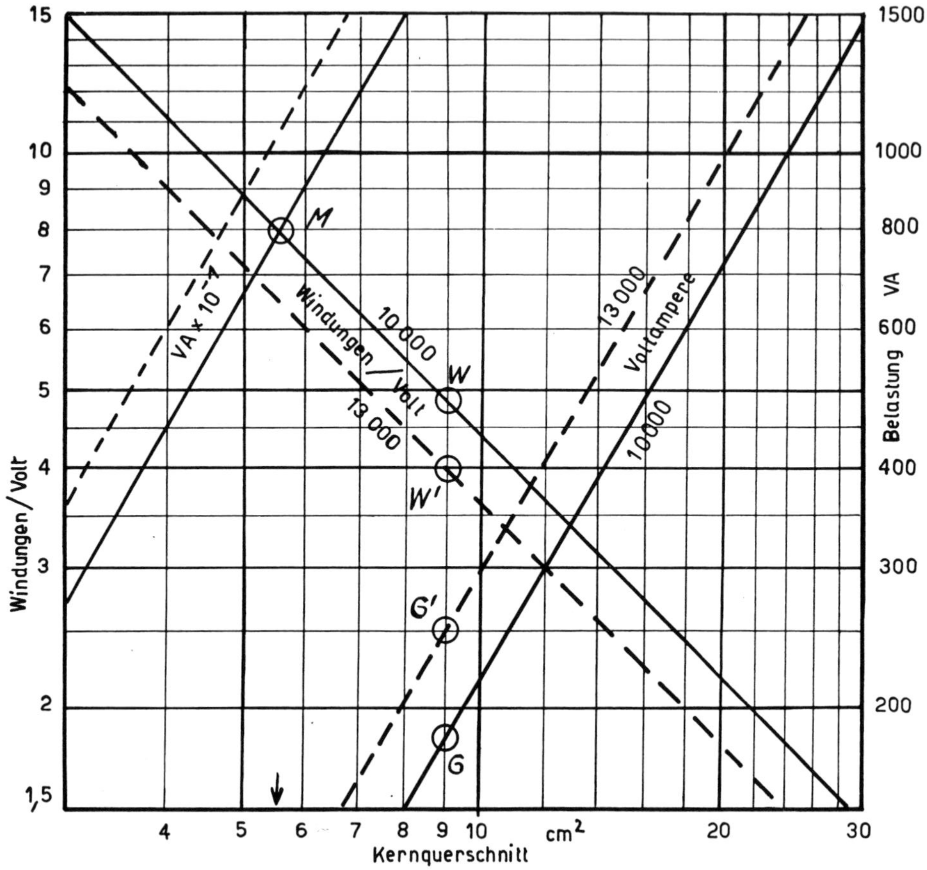

zu besorgen. Die alte Wicklung kommt herunter und neu gewickelt nach dem jeweiligen Bedarf wird nach den beiden Diagrammen, die ich auch seit undenklicher Zeit benütze, Bild 48 und 49.

Zunächst wichtig ist die Leistung, die wir brauchen, nehmen wir mal 7 Ampere Ladestrom an, die gegen 9 Volt Gegenspannung einer Nickelbatterie geliefert werden sollen. Macht 9.7 = 63 Watt Leistung. Wir runden auf und machen daraus mindestens 80 Watt, um einen vorläufigen Richtwert zu haben. In Bild 48 finden wir am rechten Rand die Belastungen nur von 150 bis 1500 Voltampere – also nehmen wir die Linie für 800 VA, gehen aber nicht nur bis zu dem Linienpaar, das mit „Voltampere" bezeichnet ist, sondern ganz weit nach links herüber bis zum Linienpaar, das mit VA x 10-1 bezeichnet ist, da finden wir den mit einem Kreis bezeichneten Punkt M. Von da senkrecht nach unten finden wir den benötigten Kernquerschnitt mit 5,5 cm^2 – so viel Eisen muß also mindestens in dem Spulenkern Platz haben. Wir gehen ferner von M an den linken Rand des Diagramms und finden dort den Wert 8 Windungen pro Volt. Das heißt, daß wir bei

Bild 48
Linke Seite: Diagramm zur Ermittlung von Eisenquerschnitt, Belastbarkeit und Windungszahl.

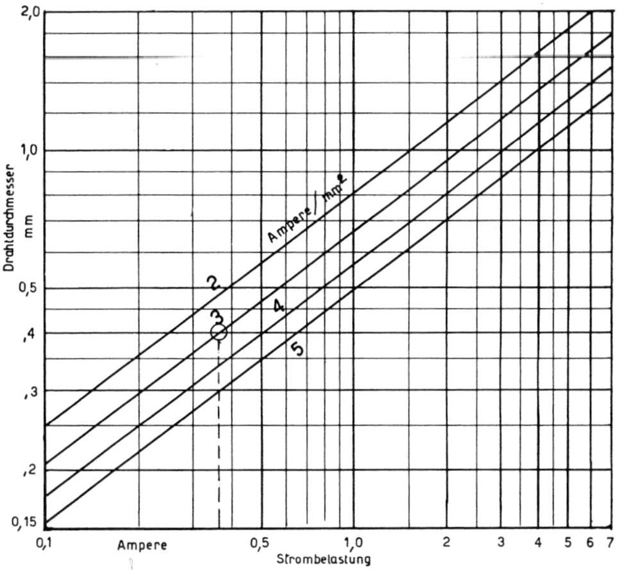

Bild 49
Rechte Seite: Diagramm zur Ermittlung der Drahtstärke aus der Strombelastung.

diesem Querschnitt von 5,5 cm² Eisen für die Primärwicklung 220,8 = 1760 Windungen brauchen – also eine Wickel- und Zählmaschine. (Manche Radioläden, die auf Bastelkundschaft geeicht sind, wickeln einem so etwas auf Bestellung gegen sehr billiges Geld.) Wir können aber auch anders überlegen: Im Radioladen steht ein dicker Brocken von Schrott-Trafo, der 10 Mark kosten soll und einen Kern von 3 × 3 = 9 cm² Querschnitt hat. Viel Eisen hat noch nie geschadet, also rechnen wir den mal durch:

Für 9 cm² finden wir den Punkt G, also eine Belastbarkeit von rund 180 VA bzw. Watt – brauchen wir zwar nicht, ich habe aber bisher noch immer bei späteren Umbauten Verwendung für solche Überkapazität gehabt und bin zum Schluß sogar immer bei der gestrichelten Linie, bei G' gelandet, also bei der hohen magnetischen Belastung mit 13 000 Gauß Felddichte. (Da sind dann 250 VA drin.) Wir gehen nun auf der 9er Linie hoch bis zur ausgezogenen Windungslinie, da finden wir den Punkt W, gehen nach links herüber und finden rund 4,8 Windungen pro Volt nötig. Krumme Zahl, paßt uns nicht. Also gestrichelte Linie, für 13 000 Gauß, W', wieder nach links: Jetzt finden wir 4 Windungen pro Volt. Macht für die Netzseite 880 Windungen.

So bemesse ich alle meine Trafos, alte, undefinierbare Vorkriegsbleche werden bei einer Belastung mit 13 000 Gauß manchmal etwas warm, heutige Bleche können aber anstandslos mit 13 000 Gauß belastet werden.

Damit ist dieser Teil der Rechnung fertig – der Wickelraum ist unwichtig, weil alle käuflichen Trafos genormte Bleche haben, die schon auf ein optimales Verhältnis von Kupfer zu Eisen ausgelegt sind. Sehr häufig habe ich den Kern auch gar nicht quadratisch gehalten, sondern die Kerne zweier Trafos aufeinandergepackt – bei einer Stegbreite von beispielsweise 3 cm also 6 cm Blech aufeinandergestapelt, gibt 18 cm². (Und fabelhaft kleine Windungszahlen, bei Schrottpreis ist das ja alles drin.)

Bleibt noch die Bestimmung der Drahtstärke. In unserem Beispiel rechneten wir mit 80 Watt bzw. VA, das gibt für die Primärseite 80 : 220 = 0,36 A. (Man darf so rechnen, ist in der Aufrundung alles drin.) Wir finden, wie in Bild 48 gestrichelt angegeben, für 0,36 A Strom einen Drahtdurchmesser von 0,4 mm, wenn wir eine Belastung von 3 A pro mm² Kupfer zulassen. Das ist ein sicherer Wert für tief innen drin liegende Wicklungen und heiß gehende (hohe Eisenbelastung!) Trafos. Hat man gerade 0,5er Draht, dann nimmt man den, und hat man nur 0,35er, dann kann man den zur Not noch nehmen, man riecht es ja, wenn das Ding anfängt zu stinken, deswegen brennt der Trafo noch lange nicht.

Für die Gleichrichterseite, der wir 7 A entnehmen wollen, brauchen wir dickeren Draht, rechte Kante des Diagramms, sind gerade 7 A Strom. Senkrecht hinauf bis zur Linie für 5 A pro mm² findet man knapp 1,4 mm Drahtdurchmesser nötig, man wird also 1,5er nehmen. Da die Gleichrichterwicklung außen liegt, darf man sie gut und gerne mit 5 A pro mm² belasten, da wird sie ja ihre Wärme glatt los. Welche Spannung man nun sekundär braucht, läßt sich schlecht angeben, weil das von Art und Größe des Gleichrichters abhängt. Man kann sich an den Faustwert für Selengleichrichter halten, zunächst 1,5 mal soviel Volt Wechselspannung vorzusehen, wie man nachher bei voller Belastung des Gleichrichters Gleichspannung haben will – also für 8 Volt nutzbare Ladespannung rund 12 Volt Wechselspannung. (Bei Graetz-Schaltung des Vierplatten-Gleichrichters.) Notfalls wird also eine provisorische Wicklung aufgebracht, der Kern eingeschachtelt und probiert, was herauskommt – dann weiß man ja mit völliger Sicherheit, wohin und wie weit korrigiert werden muß. Man kann es aber auch anders machen:

Gerade wenn man einen dicken Gleichrichter baut, kommt es nicht auf feste,

Bild 50
Mein eigener Ladegleichrichter kann in drei Stromkreisen je 7 A Strom bei 10 Volt Spannung abgeben.

sondern auf eine regelbare Spannung an. Man bemißt also die Sekundärwicklung für den Gleichrichter ziemlich reichlich, in unserem Beispielfall also nicht für 12, sondern für 14 Volt, damit es unter allen Umständen langt. Die Primärwicklung, auf der Netzseite, bekommt aber mehrere Gruppen zusätzlicher Windungen, die man zu einem Stufenschalter führt, mit dem sich dann die Ladespannung bzw. damit der Ladestrom für kleine Batterien herabsetzen läßt. Diese Zusatzgruppen werden nicht gleichmäßig gestuft, sondern in progressiver Weise, in Bild 51 sind zwei solcher Gruppierungen angegeben, für achtstufigen und fünfstufigen Schalter. Die Zahlen bedeuten Prozent der Windungszahl für 220 V. Hat man also beispielsweise genau 1000 Windungen auf der Primärseite, dann bekommen die Gruppen für den fünfstufigen Schalter 50, 70, 90 usw. Windungen. Falls der Materialaufwand eine Rolle spielt, können die äußeren Gruppen entsprechend der geringeren Strombelastung aus dünnerem Draht gewickelt werden.
Wenn man sich einen Transformator erst mal selbst gewickelt hat, kommt man alsbald dahinter, wie harmlos das ist. Erweist sich dann der vorhandene Trafo irgendwann einmal als nicht ganz geeignet, dann macht man sich gar nichts daraus, ihn binnen wenigen Stunden auseinanderzublättern, umzuwickeln und neu zu schachteln – fast wie man ein Brett zurechtsägt. Nur eines ist Voraussetzung: Man soll das Eisentrumm beim ersten Kauf ja nicht zu klein nehmen, lieber doppelt so groß, wie man es für nötig hält. Man ist später heilfroh, einen genügend großen Brocken zu haben.

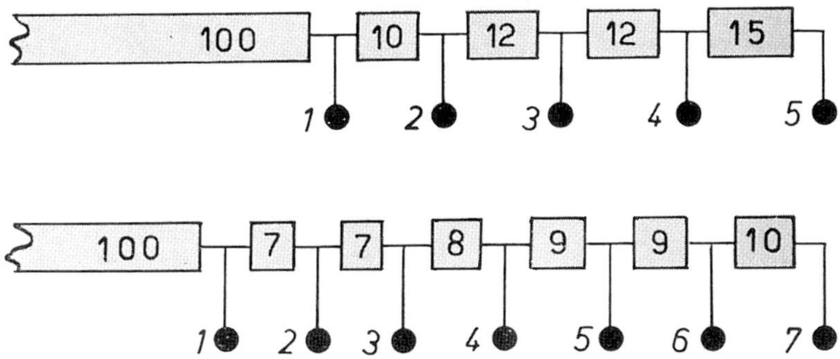

Bild 51
Mit diesen Prozentsätzen der Hauptwicklung lassen sich Zusatzwicklungen aufbringen, um eine stufenweise Lastregelung bei Batterieladung zu erzielen.

Die Regler

Wäre dies ein ordentliches, braves Lehrbuch, dann dürften hier nicht schon die Regler kommen – man müßte eigentlich zuerst sagen, was eine Lichtmaschine ist. Nun ist das aber kein Lehrbuch und wir können deshalb da anfangen, wo einem die eigene Lichtmaschine zuerst Kummer bereitet, eben beim Regler.

Bevor man anfangen kann

scheint mir trotz Vorwort eine Bemerkung wichtig: Das, was hier steht, ist in keinem Lehrbuch nachzulesen. Infolgedessen existiert es für richtige Fachleute gar nicht. Ich warne also dringend davor, sich mit einem solchen Fachmann über den Inhalt dieses Bandwurmes in ein Gespräch einzulassen. Dieser Fachmann wird das meiste für Unsinn erklären, er hat es ja nie so gelernt und an vielen Stellen steht es sogar in direktem Widerspruch zu dem, was er einmal gelernt hat. Infolgedessen werden viele Fachleute das, was hier steht, als aufgelegten Mist bezeichnen. Es sei denn, der Fachmann verstünde wirklich etwas von seinem Handwerk – dann braucht man aber wiederum nicht mit ihm zu diskutieren, denn er hat dann längst alles so gemacht, wie es hier steht, so daß jeder Diskussionsgrund entfällt.

Anfang bei Adam und Eva

Natürlich hätte ich auch eine ernsthafte Zwischenüberschrift nehmen können, aber schließlich will ich ja kein gelehrtes Lehrbuch schreiben. Zwar wird das jeder zweite Leser sagen, der Bild 52 sieht, wahrscheinlich gibt es aber ebenso viele, die Gott sei Dank sagen, diesen Anfängern zuliebe fange ich auch diesmal wieder ganz von unten an.

Bild 52 zeigt den grundsätzlichen Aufbau einer Lichtmaschine, da ist der Anker mit Kollektor und Bürste und da ist die Feldspule. Wer schon einmal eine normale Kurbelwellen-Lichtmaschine auseinander hatte, dem ist der Anker, auch Läufer genannt, nicht fremd, er stolpert aber zunächst über diese eine Feldspule, die in Bild 52 gezeichnet ist, denn in seiner Lichtmaschine hat er ja 4 Feldspulen gesehen. Das ist aber nicht wichtig, die Siba-Lichtmaschinen der DKWs haben beispielsweise 6 Feldspulen. Ob man 1 oder 4 oder gar 6 Feldspulen macht, hängt ausschließlich von herstellungstechnischen Gesichtspunkten ab, so daß wir uns darüber den Kopf nicht zu zerbrechen brauchen. Es geht auf jeden Fall auch mit einer Feldspule, praktisch gemacht wurde das bei den alten kleinen Walzenlichtmaschinen, wie sie in der OSL-Baureihe von NSU verwendet wurden, bis hinauf zu den Konsuls. Diese eine Feldspule genügt, um im Lichtmaschinengehäuse einen Nordpol und einen Südpol zu schaffen, mehr als diese zwei Pole braucht man nicht, damit die Sache überhaupt geht. Die Lichtmaschine mit der einen Feldspule führe ich hier nur deswegen als Beispiel an, weil ich mir damit das Zeichnen von 4 Feldspulen ersparen konnte, es zeichnet sich einfacher und die Schaltbilder bleiben übersichtlicher.

Auch wenn vom Schulunterricht nur wenig haftengeblieben ist, dann wird sich doch wohl jeder an eine Tatsache erinnern: Wenn ein Stück noch so weiches Eisen einmal in Berührung mit einem Magneten gekommen ist, sei das nun ein Stahlmagnet oder auch nur eine Magnetspule, dann bleibt in diesem noch so weichen Eisen ein winziger Rest Magnetismus zurück. (Wer sich daran nicht mehr erinnert, lernt es eben jetzt.) Wenn man also den Läufer der Lichtmaschine von Bild 52 in Bewegung setzt, dann erzeugt dieser sehr schwache, von der früheren Benützung her noch vorhandene Magnetismus im Läufer zunächst einmal eine winzige elektromotorische Kraft, eine winzige Spannung. Auch wenn man wie im Bild 52 außen eine

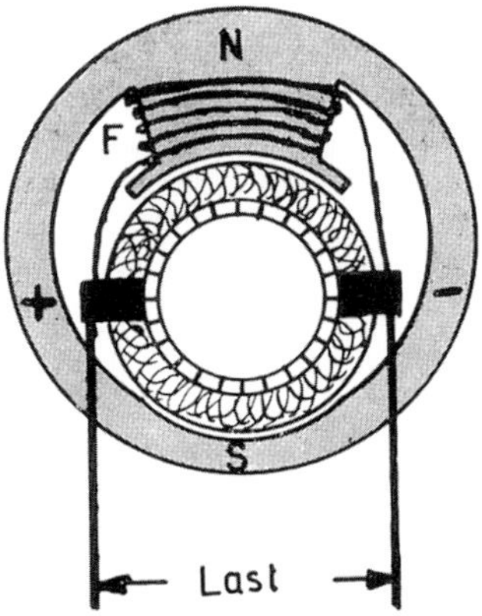

Bild 52
Das Grundschema jeder Gleichstrom-Lichtmaschine, die nach dem dynamo-elektrischen Prinzip arbeitet, es geht schon mit einer einzigen Feldspule.

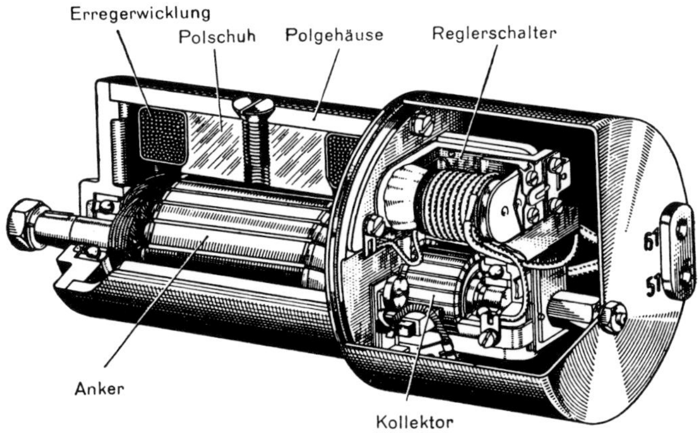

Bild 53
Lichtmaschinen mit einer einzigen Feldspule gibt es, die Läuferwelle liegt dabei nicht zentrisch, so daß man durch Verdrehen der ganzen Maschine die Antriebskette spannen kann.

Glühlampe angeschlossen hat, geht nur ein Teil des von der Spannung hervorgerufenen Stromes durch die Glühlampe, ein anderer Teil fließt durch die Feldspule. Es ist zunächst nur ganz wenig Strom, es handelt sich hier tatsächlich um einzelne Milliampere, aber diese paar Milliampere erzeugen in der Feldspule wieder ein ganz kleines bißchen zusätzlichen Magnetismus, der nun seinerseits die EMK an den Bürsten wachsen läßt. Dadurch fließen *noch* ein paar Milliampere mehr durch die Feldspule, die wieder *noch* mehr Magnetismus erzeugen, wodurch die EMK abermals wächst. So geht das lustig weiter, die Maschine erzeugt sich selbst den Magnetismus, den sie braucht, um den gewünschten Strom hervorzubringen. Setzt man die Maschine still, dann fällt auch der Magnetismus des Feldmagneten wieder zusammen bis auf den winzigen Rest, der immer bleibt und der ausreicht, daß die Maschine von selbst wieder „angeht".

Bei dem eben geschilderten Vorgang handelt es sich um nichts anderes als um das berühmte dynamo-elektrische Prinzip, das der gewesene Artillerieleutnant Werner von Siemens 1866 erfunden und realisiert hat. Dieser Aufbau des Feldmagnetismus bei Anlauf der Maschine geht außerordentlich schnell vor sich, es fragt sich aber jetzt, wie eigentlich die Strom*verteilung* vor sich geht, denn man wird rein gefühlsmäßig vielleicht einwenden, daß die aus Kupferdraht bestehende Feldspule gegenüber der Glühlampe mit ihrem hohen Widerstand eine Art Kurzschluß darstelle. Dem wäre in der Tat so, wenn man diese Feldspule aus genügend dickem Draht machen würde. Man macht sie aber aus dünnem Draht, weil der dünne Draht einen genügend großen Ohmschen Widerstand hat, um zu der Glühlampe beziehungsweise überhaupt zu den äußeren Verbrauchern keinen Kurzschluß mehr, sondern nur noch einen schwachen Nebenschluß darzustellen, der nur einen bescheidenen Teil des erzeugten Stromes verbraucht.

Bild 54
Gehäuse einer vierpoligen Lichtmaschine – man erkennt am Topfboden die Bürsten, die in 90 Grad Winkel zueinander stehen müssen, Noris. (Zündapp KS)

Bild 55
Gehäuse einer sechspoligen Lichtmaschine – die Bürsten am Topfboden haben 60 Grad Neigung gegeneinander.

Man kann sich das um so eher leisten, weil zur vollen Erregung des Feldmagnetismus nur sehr wenig elektrischer Strom erforderlich ist, vielleicht erinnert man sich noch von früher her oder nimmt es meinetwegen auch erst jetzt zur Kenntnis, daß jegliches Eisen sich nur bis zu einem bestimmten Grad, bis zur Sättigung magnetisieren läßt. Wenn man darüber hinaus weiteren Erregerstrom aufwendet, hat das keinen Erfolg mehr, das Eisen wird nicht mehr „magnetischer", als es eben dem Sättigungswert entspricht. Es kommt also darauf hinaus, für die zufällig vorhandene Lichtmaschinengröße die Feldspule aus so dünnem Draht mit so hohem Widerstand zu machen, daß diese Spule bei der endgültigen Betriebsspannung nur so wenig Strom aufnimmt, wie das eben zur gerade ausreichenden magnetischen Erregung notwendig ist. Deshalb finden wir, daß bei Lichtmaschinen die Feldspulen aus sehr vielen Windungen eines recht dünnen Drahtes bestehen, die Erregerleistung beschränkt sich auf wenige Watt.

Wir haben gerade festgestellt, eine Feldspule werde so dimensioniert, daß bei Sollspannung die magnetische Erregung der Maschine auf einen Optimalwert kommt, der praktisch immer um ein weniges unterhalb der Sättigung liegt. Zu dieser Sollspannung, bei der man die Lichtmaschine arbeiten lassen möchte, gehört nun eine ganz bestimmte, festliegende Drehzahl. Hier machen wir Bekanntschaft mit einem anderen Grundgesetz der elektrischen Maschinen:

Die im Läufer einer elektrischen Maschine erzeugte elektromotorische Kraft ist direkt abhängig von der Drehzahl des Läufers.

Theoretisch ist die erzeugte Spannung sogar genau linear abhängig von der Drehzahl, zur doppelten Drehzahl gehört also doppelte Spannung, zu vierfacher Dreh-

Bild 56
Wenn man den Regleranker in dieser Weise mit einem Hölzchen sperrt, kann man am Eisenbügel des Reglers – 61 – eine sehr hohe, ungeregelte Spannung abnehmen. Der Bügel ist immer Klemme 61.

zahl vierfache Spannung. In der Tat kann auch eine Motorradlichtmaschine, die beispielsweise bei 700 U/min gerade 6,5 Volt abgibt, bei 1400 U/min 13 Volt abgeben und bei 6000 U/min gibt sie fröhlich etwas mehr als 50 Volt ab!

Wer ein Voltmeter mit Meßbereich bis 60 V besitzt, kann den Versuch sehr schön machen: Die rote Signallampe wird herausgenommen, daß ihr nichts passiert (beachten, daß die Feder keinen Kurzen macht!), unter die Ankerplatte des F-Reglers (siehe Bild 56) wird ein passend geschnittenes Hölzchen geschoben, so daß die Platte nicht angezogen werden kann. Pluspol Voltmeter kommt an Klemme 61, Minuspol kommt an Masse. Man kann jetzt die Zündung einschalten und Motor antreten – das Voltmeter zeigt bei Leerlauf etwas um die 5 Volt herum. Mit mehr Gas und steigender Drehzahl steigt auch die angezeigte Spannung. Wieviel als Endwert herauskommt, hängt von der zufällig vorhandenen Lichtmaschine ab, es wird irgend etwas zwischen 40 und 60 Volt sein, wenn der Motor hübsch hoch dreht. Wichtig ist eben, daß der Regleranker nicht angezogen werden kann, weil dadurch der Regler außer Funktion bleibt. Man sollte nicht länger als ein oder zwei Minuten orgeln lassen, weil die Reglerspule sich bei der hohen Spannung sehr hochheizt. Sobald man das Hölzchen 'rauszieht, daß der Anker anfangen kann zu spielen, spricht der Regler an und die angezeigten 40 – 60 Volt brechen herunter auf die 6 – 7 Volt der Batteriespannung.

So ganz linear von Drehzahl Null bis zu Höchstdrehzahl steigt die Spannung der ungeregelten Lichtmaschine allerdings auch nicht an, bei ganz niedrigen Drehzahlen ist der Anstieg etwas steiler, solange der Feldmagnet noch nicht voll gesättigt ist, Jenseits der Sättigungsgrenze gilt das Gesetz der Spannungszunahme mit wachsender Drehzahl aber absolut, jede Umdrehung mehr muß sich in ein paar Millivolt mehr äußern. In der Tat nützt man das auch zur Drehzahlmessung aus, elektrische

Ferndrehzahlmesser sind nichts anderes als Stromerzeuger – wenn auch mit Dauermagnet und damit konstantem Feld –, deren Spannung gemessen wird. Nur wird eben das Meßinstrument nicht in Volt geeicht, sondern direkt in Drehzahlen.

Mit diesem theoretischen Wissen haben wir nun vorläufig genug, wir können uns der Praxis zuwenden, also der Aufgabe, die bereits am Motor angebrachte Lichtmaschine nach Bild 58 mit der Batterie in Verbindung zu bringen.

Der Rückstromschalter

Solange unsere Lichtmaschine noch nicht mit einer bestimmten, wenn auch niedrigen Drehzahl läuft – bei Motorradlichtmaschinen sind das immer 1000–1500 U/min –, gibt sie noch nicht die mindestens 6 Volt Spannung her, die überhaupt erst einmal vorhanden sein müssen, bevor man die Lichtmaschine mit der Batterie verbinden kann. Würde die Lichtmaschine bei niedriger Drehzahl, sagen wir einmal bei 1000 U/min, nur 4 Volt erzeugen, dann würde beim Zusammenschalten mit der Batterie ein Strom von der Batterie in die Lichtmaschine fließen. Würde die Lichtmaschine gar völlig stillstehen, dann käme das annähernd einem Kurzschluß der Batterie gleich, da die Lichtmaschine ja einen sehr niedrigen Innenwiderstand in der Größenordnung von 0,1 – 0,2 Ohm hat.

Will man also den noch stillstehenden Motor überhaupt erst mal starten, dann geht das nur, wenn man die Zündenergie einstweilen aus der Batterie bezieht, und um die Batterie nicht durch die stillstehende Lichtmaschine kurz zu schließen, darf man beide nicht verbinden, es muß also dafür gesorgt werden, daß die stillstehende oder langsamer als 1000–1500 U/min drehende Lichtmaschine noch nicht mit der Batterie zusammengeschaltet wird.

Wir machen das mit dem sogenannten Rückstromschalter, der seinen Namen daher bezieht, daß er das Rückwärtsfließen eines Stromes von der Batterie zur Lichtmaschine verhindern soll. Die Schaltung dazu finden wir in Bild 58, die Batterie als solche ist da ja ohne weiteres kenntlich, auch wieder die Lichtmaschine, von der nur der Kollektor und die Feldspule mit F gezeichnet ist. Da ist auch noch ein Widerstand W gezeichnet, den brauchen wir aber erst später, da wird dann auch erklärt, was für eine Bewandtnis es damit hat. Da oben zwischen den Klemmen 61 und 15 ist eine Glühlampe gezeichnet, es ist nichts anderes als unsere hübsche brave rote Anzeigelampe, die durch ihr bloßes Flackern in der rechten hinteren Hosentasche so eigentümlich hohle Gefühle hervorzurufen vermag. Das in dem gestrichelten Feld ist eben der besagte Rückstromschalter, nichts anderes als ein Magnetrelais, das bei genügender Erregung die beiden Kontakte zu schließen vermag. Erregt wird dieser Rückstromschalter durch die Sapnnungsspule Sp, die also wieder aus vielen Windungen eines verhältnismäßig dünnen Drahtes besteht. *(Bei 6-Volt-*

Bild 58
So funktioniert ein Rückstromschalter, nur liegt im Bordnetz der zweite Pol der Anzeigelampe an Klemme 15 des Zündschalters – hier an 51, weil eben kein Zündschalter da ist.

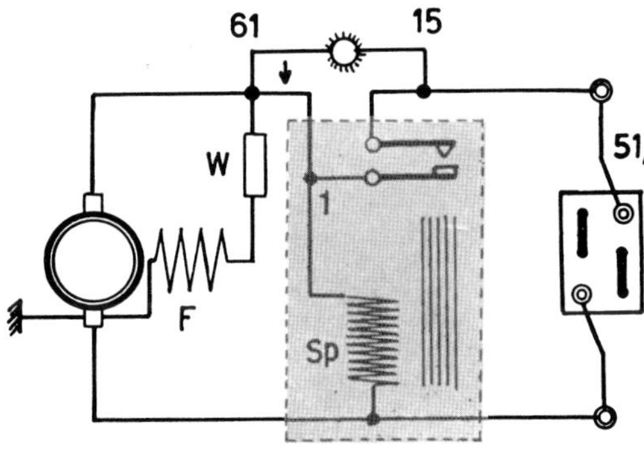

Anlagen werden normalerweise rund 800 Windungen verwendet, in denen rund 0,5 A fließen, diese Spannungsspule verbraucht also ca. 3 – 4 Watt.)

Was passiert nun beim Anlaufen der Lichtmaschine?

Solange der Motor noch steht, hat die Lichtmaschine die Spannung Null, dank ihrem niedrigen Innenwiderstand würde sie für die Batterie einen glatten Kurzschluß bedeuten, die Glühlampe brennt also praktisch mit voller Batterie-Spannung, die Kontakte des magnetischen Schalters sind noch offen. Wenn der Motor einmal angesprungen ist, dann gibt die Lichtmaschine zwar Spannung ab, es wird sich da bei der üblichen Leerlaufdrehzahl gut instand befindlicher Motoren von 700 U/min um eine Spannung von ungefähr 4 – 5 Volt handeln. Infolgedessen brennt die Anzeigelampe nicht mehr mit der vollen Spannung von 6 Volt, sondern nur noch mit 6 – 5 = 1 Volt, sie brennt also merklich dunkler.

Dieses „merklich" ist so eine Sache: Bei vollem Tageslicht sieht man es nicht, man muß schon die Hände drumlegen, dann kann man es aber ganz gut sehen, durch vorsichtiges Gasgeben kann man es auch so weit bringen, daß die Lampe nur noch glimmt. Ebenso sieht man dann, wenn der Motor wieder „stirbt", wie die Anzeigelampe jetzt mit einem deutlichen Ruck sehr hell aufleuchtet.

Durch entsprechende Bemessung der Spannungsspule Sp hat man es nun in der Hand, bei welcher Lichtmaschinenspannung man die Schalterkontakte schließen will, so daß die Lichtmaschine also Strom in die Batterie liefert und auch die Versorgung derjenigen Verbraucher übernimmt, die bisher allein von der Batterie gespeist wurden, wie etwa die Zündspule. Da es schwierig ist, solche Magnetspulen elektrisch ganz genau gleich zu machen, sieht man noch ein Gegengewicht vor, indem man die bewegliche Kontaktfeder unter eine regulierbare Federspannung setzt. Man kann dann am fertig zusammengebauten Schalter nachträglich die Federspannung ändern und so einen sehr präzisen Einschaltpunkt justieren, so daß man mit ein und derselben Spannungsspule beliebige Einschaltpunkte beispielsweise zwischen 6,0 und 7,0 Volt einstellen kann, ohne daß man von der Spule etwas ab- oder zuzuwickeln braucht.

Hier fängt jetzt wieder ein Stück Bastelpraxis an:
Bei jedem Regler ist die Einschaltspannung nachträglich einstellbar, einfach, weil das zuweilen nötig ist. Nicht alle Auto-Elektriker können aber damit richtig umgehen und regeln dann erst recht dem Teufel ein Bein ab. Was man wirklich braucht, ist ein genaues Voltmeter und gewußt-wo, deshalb nachstehend gleich die Anweisung, wo man hinzufassen hat:

Beim Bosch-F-Regler

ist es am unübersichtlichsten. Bild 59 zeigt das Gerippe des Schalters: Das obere Schraubenpaar A greift durch ovale Löcher der blauen Blattfeder. Damit wird, wie eingezeichnet, erst mal der Abstand des Ankers von der Polbrücke mit 0,3 – 0,5 eingestellt. Tunlichst nicht nach Schnauze, sondern mit Spion oder mit einem Stück Spulendraht, wenn der Spion zu breite Blätter hat. Sodann wird nachgeprüft, ob zwischen offenem Anker und der Spulenunterkante rund 2,5 mm Luft da ist. Wenn das alles stimmt, wird das Schraubenpaar A ange*knallt*, muß absolut fest sitzen.

Bild 59
Beim F-Regler kommt es sehr auf diesen Abstand D von 0,3 bis 0,5 mm an, der erst mal da sein muß. Eingestellt wird er, nachdem die mit Pfeil A bezeichneten Schrauben gelöst sind. Zungenabstand von der Spulenscheibe 2,5 mm.

Bild 60
Hier ist es noch deutlicher: Oberes Schraubenpaar A dient zum Einstellen des Ankerabstandes nach Bild 59, das untere Schraubenpaar B – man sieht das Langloch – dient zum Verstellen des Schiebebügels, mit dem die Einschaltspannung geändert wird.

Danach noch mal Abstände prüfen! Nun ist das Schraubenpaar B dran, in Bild 60 etwas deutlicher zu sehen – die Klemmbrücke hat sehr lange Ovallöcher und kann weit nach oben und unten verschoben werden. Durch dieses Verschieben wird der Einschaltpunkt eingestellt. Wenn nun noch im Ruhestand zwischen den Kontakten ein Abstand von 0,3 – 0,7 mm vorhanden ist, stimmt die Geschichte und man kann mit der elektrischen Einregelung beginnen. (Wenn dieser Abstand nicht stimmt, wird er eben durch Verbiegen der Feder F passend gemacht. Dazu wiederum kann man natürlich die Kombizange aus dem Bordwerkzeug nicht brauchen, am schönsten für solche Sachen ist die Zange Bild 61, gibt es bei Belzer unter der Bezeichnung „Justierzange für Kontaktfedern", Katalognummer 2713 a.)

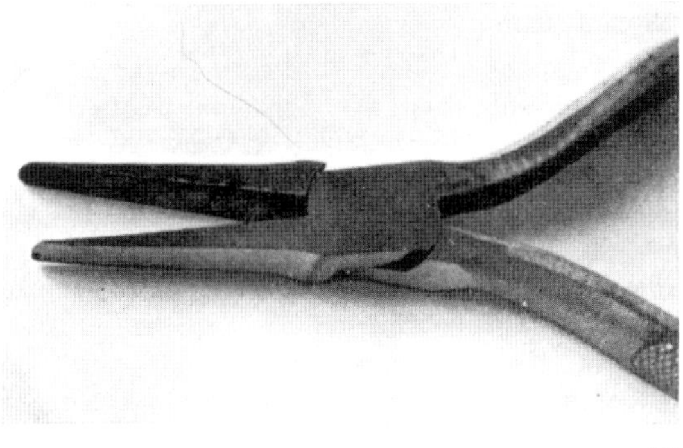

Bild 61
Das ist die richtige Reglerzange – kein Schlosserwerkzeug, sondern Elektrowerkzeug, die Backen sind glatt, ohne Hieb.

Bild 62
Die ganze Feder F muß kunstreich durch Verbiegen so hingebracht werden, daß der Kontaktabstand 0,3 bis 0,5 mm beträgt.

Bild 63
Der Siba-DKW-Regler hat zum Einstellen verbiegbare Widerlager für die Spannfeder, A ist Regler, B ist Rückstromschalter.

Den Regler der Auto-Union-Lichtmaschinen

zeigt Bild 63 – da sitzt der Anker des Rückstromschalters rechts, wo B steht. (Ich glaube wenigstens, *ganz* sicher weiß ich es nicht mehr – ich müßte jetzt wieder mal weglaufen, bei Spahr in der Neckarstraße nachsehen, dankeschön sagen und dann erst weiterschreiben. Deshalb ist diese Art Schreiberei so zeitraubend und deshalb ziehen es manche Autoren vor, sich gegenseitig abzuschreiben. Oder hat schon mal jemand diese Rückstromschalterstory außer hier noch sonstwo gedruckt gesehen? Der kriegt von mir 'n Taler!) Da in Bild 63 weist der Pfeil auf eine Metallzunge – durch Verbiegen dieser Zunge läßt sich die Einschaltspannung variieren. *(Inzwischen sind ein paar Monate ins Land gegangen, ich habe mich überzeugt, es ist die Zunge, auf die der Pfeil B weist.)*
Verhältnismäßig selten verwendet ist der

Bosch Z-Regler,

zuletzt gesehen habe ich ihn an einer Test-Imperator, wo er laufend Anlaß zu Kupferwürmern bot, wir bekamen diesbezüglich auch eine ganze Anzahl Leserbriefe. Die Horexer hatten den Regler zwar endlich aus dem Lichtmaschinengehäuse entfernt, wo er ja nun wirklich nicht hingehört, hatten ihn aber in den Scheinwerfer gesetzt, weil da das Blech nichts kostete. Nun standen da oben aber nicht unbeträchtliche Schwingungen ziemlich hoher Frequenz – Parallelzweizylinder sind schwingungsmäßig bekanntlich außerordentlich überraschungsreich – und diese Motorvibrationen scheinen die Ursache für die dauernden Kupferwürmer gewesen zu sein, die man also diesem Regler nicht ankreiden sollte. Der Vollständigkeit halber setze ich noch ein Bild des Z-Reglers, Rückstromschalterseite, her, Bild 65.

Es wären noch eine Reihe weiterer Bosch-Regler-Schalter zu nennen, doch kommen diese bei Motorrädern nie vor. Wer sich dafür interessiert, möge am Schluß dieses Abschnittes weiterlesen, dort habe ich alles zusammengefaßt, was auch im Grenzfall und für Aushilfslösungen überhaupt nur in Frage kommt.

Beim MZ-Regler,

Bild 66, ist die Sache vollends klar – der Rückstromschalter ist daran kenntlich, daß er nur einen Kontakt hat. Die andere Zunge, der beidseits Kontakte gegenüberstehen, ist die Reglerzunge. Daran kennt man übrigens bei Reglerschaltern dieser Bauart die beiden Zungen auseinander – die mit dem Doppelkontakt ist ganz bestimmt die Reglerzunge.

Bei den Lucas-Reglern

der englischen Maschinen stecken im Gehäuse sowieso zwei Spulen, da hat der Rückstromschalter seine eigene Spule. In Bild 67 ist das die vordere Spule mit den vielen Windungen, der Pfeil Z zeigt auf eine Federzunge, die sich gegen einen Schraubenbolzen legt. – Auf der Schalterrückseite findet man das geschlitzte Ende und die Kontermutter. Hineindrehen der Schraube erhöht die Einschaltspannung.

Bei unbekannten Reglern

kann man den Rückstromschalter auch auf eigene Faust finden, man ist nicht auf die paar hier beschriebenen Reglersysteme angewiesen:

Sind zwei getrennte Magnetsysteme oder wenigstens zwei getrennte Anker an einem Magnetsystem vorhanden, dann ist im allgemeinen derjenige Kontakt der Rückstromschalter, der beim Anziehen des Ankers schließt.

Wenn ein Kontakt da ist, der sich einmal gegen einen unteren und beim Anlüften

Bild 65 ▶
Rückstromschalterseite des Bosch - Z - Reglers, Schaltspannung wird durch Verbiegen der Anschlagzunge eingestellt. Hübsch die hochkant aus Band gewickelte Stromspule.

Bild 64 ▼
Älterer Siba- bzw. DKW-Regler, hat noch Schraubeinstellung für die Federzungen, Rückstromschalter rechts.

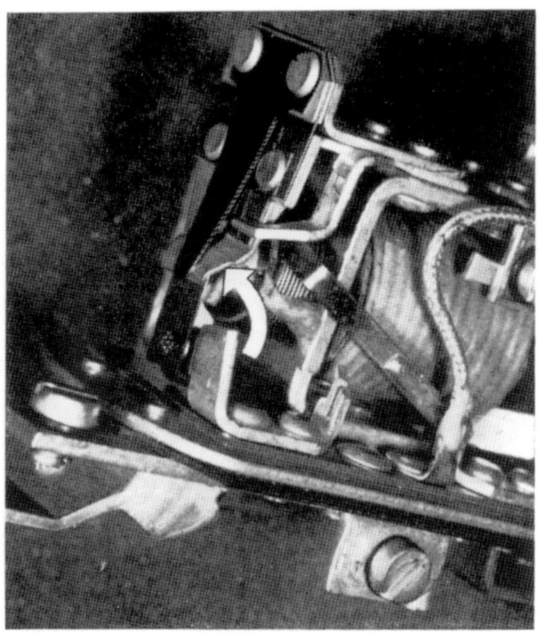

Bild 66
Das ist der MZ-Regler, hat auch verbiegbare Widerlager, länger als bei DKW. Hier erkennt man den Rückstromschalter tatsächlich am Einzelkontakt, rechts.

gegen einen oberen Gegenkontakt legt, dann ist das mit Sicherheit der Reglerkontakt, *der mit dem Rückstromschalter ganz und gar nichts zu tun hat.*

Viele Reglersysteme brauchen aber gar keinen Doppelkontakt, da ist dann nur ein Einfachkontakt da, wie z. B. in Bild 69 gezeigt, einem älteren Siba-Regler. Wie man sieht, öffnet dieser Kontakt, sobald der Anker angezogen wird – so etwas ist mit größter Sicherheit immer ein Reglerkontakt und *der Rückstromschalter ist auf der anderen Seite des Bauwerkes zu suchen.*

Hat man einen Regler mit zwei getrennten Systemen vor sich, dann hat eines dieser Systeme beträchtlich mehr Windungen eines dicken Drahtes drauf als das andere System – das mit den vielen dicken Windungen ist der Rückstromschalter. (Da drunter muß aber auch noch eine dünndrähtige Wicklung sitzen, meist sauber zugeklebt.)

Bild 67
Der Lucas-Regler – der dicke Pfeil weist auf die Spannfeder des Rückstromschalters, für die hinter der Rückplatte eine Stellschraube vorhanden ist.

Bild 68
RS ist die Stellschraube für die Einschaltspannung, R für die Reglerspannung, die schwarze Scheibe unter dem Kontaktstern ist der Reglerwiderstand.

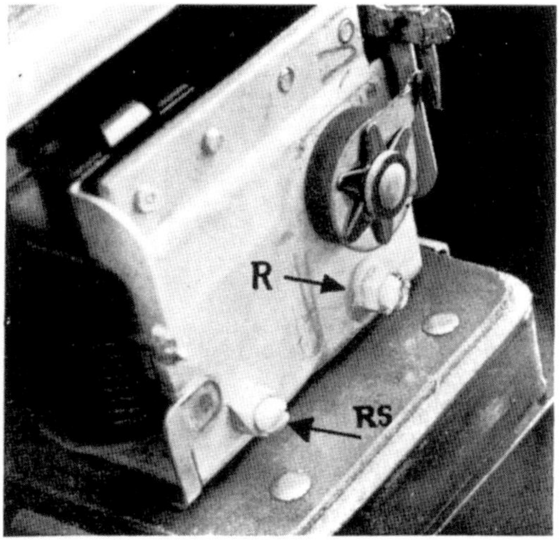

Bild 69
Rückseite des (verbrannten) Siba-Reglers von Bild 64, jetzt ist der Regelkontakt rechts – solche Regelkontakte sind im Ruhestand geschlossen und werden durch Anziehen geöffnet, während Rückstromkontakte im Gegensatz dazu beim Anziehen des Ankers geschlossen werden – auch daran kann man bei unbekannten Reglern entziffern, was Schalterkontakte und was Reglerkontakte sind.

Es gibt nun auch Regler mit drei Systemen, das sind sogar ganz besonders noble und erstrebenswerte Systeme, da sind auf der dritten Systemspule überhaupt nur dicke Windungen drauf – die zugehörigen Kontakte *öffnen* aber, wenn der Anker angezogen wird: Das ist der Stromregler und nicht der Rückstromschalter.

Die Tschechen benutzen bei den Jawas einen Regler, der bis auf alle mechanischen und elektrischen Abmessungen dem F-Regler entspricht. Eigentlich wäre damit alles besprochen, was es im alten Europa gibt, weil es aber sein könnte, daß eines Tages auch japanische Motorräder herumlaufen und die am Ende gar original-japanische Regler haben, sei noch ein elektrisches Verfahren besprochen, das mit tödlicher Sicherheit den Rückstromschalter ermitteln läßt:

- Pluskabel von Batterie abhängen, Prüflampe zwischen Batterieklemme und Kabelende. (Bei den Engländern ist es das Minuskabel, macht aber nichts, gemeint ist das Kabel, das am heißen, nicht an Masse liegenden Ende der Batterie hängt.)
- Zündung einschalten, rote Lampe muß brennen. (Das tut sie, wenn die Prüflampe wenigstens 5 Watt oder so hat.) Die Prüflampe wird nicht brennen, wenn man den Motor so hindreht, daß der Zündunterbrecher offen ist, eine 3-W-Lampe wird vielleicht ganz wenig glimmen, weil durch sie ja der Signallampenstrom geht.
- Sich so hinsetzen, daß man genau sehen kann, wenn das Kontaktpaar schließt, das man für den Rückstromschalter hält.
- Mit dem Finger ganz sachte auf den Anker drücken, den man für den Rückstromanker hält, bis die Kontakte sich gerade berühren – dann wird der Helfer schreien, die rote Lampe sei ausgegangen und die Prüflampe brenne. Er isses! Wenn selbiges nicht passierte, war er es nicht, dann drückt man eben auf den anderen, dann isses der.

Die Schaltereinstellung

Nachdem so zweifelsfrei feststeht, welches der Rückstromanker ist, wird die Batterie wieder angeschlossen und der Motor angetreten, man stellt ihn auf ganz langsamen Leerlauf. Ein genaues Voltmeter kommt mit Minuspol an Masse, mit Pluspol an die Klemme 61. *Bei den Engländern ist alles, was bei uns Plus ist, ganz einfach Minus, weil da immer Plus an Masse liegt. Unsere berühmte Klemme 61 heißt bei Lucas D, am Regler und an der Lichtmaschine.* Was jetzt angezeigt wird, ist die vorhandene *Lichtmaschinen*spannung, die – sofern die rote Lampe oben glimmt – niedriger ist als die Batteriespannung. Da der Motor natürlich schüttelt, kann man nicht sehen, wie der Schalteranker dabei vibriert – die Kontakte müssen aber offen sein und das kann man deutlich sehen. (Da sind die herausgebauten Regler so schön – die schraubt man vollends ganz ab und hält sie in der Hand, da kann man dann wirklich was sehen.) Man läßt einen Helfer sehr gefühlvoll Gas geben oder macht es womöglich selbst mit der Schieberanschlagschraube am Vergaser, so daß der Motor ganz langsam Drehzahl zulegt. Die vom Voltmeter angezeigte Spannung wird steigen und wenn sie auf 6,8 Volt gestiegen ist, muß der Kontakt schließen. Man darf sich nicht bluffen lassen, weil der Helfer schon viel früher schreit, die rote Lampe sei ausgegangen – die geht schon ca. 0,5 Volt früher aus, bevor der Kontakt schließt. Ich stelle nun meine Rückstromschalter so ein, daß sie erst bei wenigstens 6,8 Volt schließen. Wenn einer bei 7,0 schließt, lasse ich ihn stehen und regle nicht mehr tiefer. Er öffnet dann bei 6,6 Volt wieder, wenn also die Motordrehzahl wieder zurückgeht. Früheres Schließen, etwa bei 6,0 bis 6,4 Volt, sieht trostreich aus, weil dann die rote Lampe bei viel niedrigerer Drehzahl ausgeht – man bildet sich ein, daß da die Ladung früher einsetze. Ist aber typischer Fall von Denkste, eine niedrige Einschaltspannung kann bei viel und langsamem Nachtbetrieb zu verhungerter Batterie führen, der Mann bummelt zu lang, weil er ja von der roten Lampe nicht gewarnt wird. Mit der hohen Einschaltspannung dagegen kommt die rote Lampe alle Nase lang, man ist gewarnt und legt Drehzahl zu. (Hat jemand das sonstwo auch schon gelesen?)

Noch ein Handwerkskniff: Schraubverstellungen einer Federspannung sind ja wohl klar – Kontermutter lösen, Schraube nachdrehen, wieder kontern, wobei sich die Einstellung noch ein bißchen „gibt". Man wird versuchen, das bei laufender Maschine zu machen – Vorsicht, die Eisenmasse des Schlüsselkopfes oder der Zange beeinflußt den magnetischen Fluß! Da kann man wunderhübsch eine primissima Spannung hinregulieren, und wenn man den Schlüssel wegnimmt, ist doch wieder eine ganz andere Spannung da. Dasselbe gilt für die Zungenbiegerei mit der Zange Bild 62 – selbst diese schlanken Backen ändern den magnetischen Fluß. Ich mache *das so:*

Erst mal angezeigte Spannung ablesen, sagen wir mal 6,8 Volt. Dann mit Zange hinfassen, aber noch nicht biegen – Spannung ändert sich, sagen wir mal auf 7,2 Volt. Nun biege ich, bis 7,4 Volt da sind, wenn ich zwar keine Biegekraft mehr ausübe, aber die Zange noch sitzt. Nehme ich dann die Zange raus, sind die gewünschten 7,0 Volt da.

Nun wird man das beim Rückstromschalter nicht so üben können, wohl aber später beim Reglereinstellen, ich habe es nur jetzt schon beschrieben, für den Fall, daß sich einer über den wackelnden Voltmeterzeiger wundert. Um einen Rückstromschalter einzustellen, muß man jedesmal den Motor stillsetzen, probeweise biegen und neu antreten. (Wundert sich noch wer, daß ich vorhin sagte, ich ließe meine Schalter auf 7,0 stehen und machte mir nicht mehr die Mühe, auf 6,8 herunterzugehen?)

Es wäre nun ohne weiteres möglich, den Rückstromschalter auch in der Praxis so auszuführen, wie in Bild 58 angegeben, obwohl da noch ein weiterer Haken vorhanden ist:

Alle elektromagnetischen Schalter haben „toten Gang"

Dieser tote Gang sieht folgendermaßen aus: Man braucht eine bestimmte Erregung, also eine Spannung bestimmter Höhe, damit der elektromagnetische Schalter anspricht, sich also überhaupt einmal in Bewegung setzt. Hat der Schalter aber angesprochen, *dann kann man die Erregung um ein sehr großes Stück wieder verringern, bevor der Schalter wieder abfällt.* In der Praxis sieht das so aus, daß wir beispielsweise den Schalter von Bild 58 so einstellen können, daß er bei einer Erregung von 6,8 Volt schließt. Wenn nun aus irgendeinem Grund die Lichtmaschinenspannung wieder sinkt, etwa auf 6,7 Volt, dann geschieht gar nichts, der Schalter öffnet deswegen noch nicht. Die Lichtmaschinenspannung muß in unserem Beispiel tatsächlich auf 6,2 Volt absinken, bevor der Schalter endlich wieder öffnet und die Lichtmaschine von der Batterie wieder getrennt wird.

Diese Spannweite, also Einschalten bei 6,8 Volt und Abschalten bei 6,2 Volt, gilt beispielsweise für die Spannungsspule des Bosch-F-Reglers, mit dem 80% aller in Deutschland laufenden Motorräder ausgerüstet sind. An sich wäre diese große Spannweite gar nicht wild, man könnte auch in der Praxis ganz gut damit auskommen, es würde dabei weiter nichts passieren, als daß eben die Batterie immer nur zu bestenfalls 90% vollgeladen wäre. Das wiederum geht folgendermaßen zu: Die rappelvoll geladene Batterie hat bekanntlich 8 Volt, und da bei geschlossenem Schalter in Bild 58 der Pluspol der Batterie an der Klemme 1 des Rückstromschalters hängt, bekommt die Spannungsspule von der Batterie her Spannung, die Batterie hält sich also den Rückstromschalter selbst geschlossen, und würde man bei dem Pfeil in Bild 58 den Draht durchschneiden, dann bliebe der Rückstromschalter immer noch geschlossen, da er von der Batteriespannung festgehalten wird. Erst wenn die Batterie auf irgendeine Weise soweit entladen wird, daß ihre Spannung unter 6,2 Volt sinkt, öffnet der Schalter wieder.

„Auf irgendeine Art entladen wird": Dazu genügt es, daß die Lichtmaschinendrehzahl soweit sinkt, daß die Lichtmaschine weniger als 6,2 Volt hergibt. Die Batterie hat aber noch 8,0 Volt, also fließt zunächst einmal von der Batterie lustig Strom in die Lichtmaschine, der ohne weiteres in der Größenordnung von 5–10 A liegen kann, so lang, bis die Batteriespannung dadurch unter 6,2 Volt gesunken ist – und jetzt öffnet der Schalter wieder.

Nun sinkt aber die Batteriespannung von 8,0 Volt sehr schnell auf 6,2 Volt, dazu genügt bei einer Motorradbatterie von 14 Ah schon weniger als eine einzelne Amperestunde, das wäre also nicht weiter tragisch. Bei großen Wagenbatterien

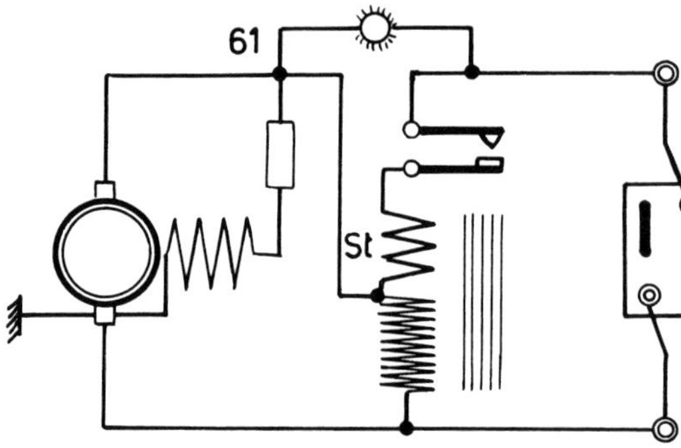

Bild 70
Hier ist die Spannungsspule durch eine Stromspule ergänzt, die für schnelles Abschalten bei sinkender Lichtmaschinendrehzahl sorgt.

oder überhaupt bei anlaßfähigen Batterien ist das aber wieder etwas anders, da gehen dann im Handumdrehen 10–15 Ah weg, bis die Batteriespannung wieder auf den Abfallwert des Rückstromschalters gesunken ist, und auf diese 10 –15 Ah möchte man auch bei einer sehr großen Batterie nicht unbedingt verzichten. Aus diesem Grunde bedient man sich nun eines weiteren Kunstgriffes, den wir in Bild 70 sehen:

Da ist jetzt die eine Schalterfeder nicht mehr unmittelbar am „heißen" Ende der Spannungsspule angeschlossen, sondern über eine zweite Spule. Diese zweite Spule ist regelmäßig aus dickem Draht, denn durch sie fließt ja die gesamte Lichtmaschinenleistung, man will da keine unnötigen Verluste haben und macht die Spule schon deshalb aus dickem Draht. Außerdem genügen einige wenige Windungen, normalerweise 5 – 6, in Sonderfällen kommen auch einmal 10 –15 Windungen vor, mehr braucht man aber im allgemeinen nicht. Diese zweite, dicke Spule ist in einem solchen Drehsinn gewickelt, daß sie die Haltekraft der Spannungsspule unterstützt, *solang die Lichtmaschine Strom in die Batterie und in die übrigen Verbraucher liefert.* Wenn jetzt bei fallender Drehzahl die Spannung der Lichtmaschine wieder sinkt, dann fängt wieder wie vorhin die Batterie an, rückwärts in die Lichtmaschine Strom zu liefern. Dieser Strom läuft auch durch die Stromspule, aber umgekehrt wie vorher der Lichtmaschinenstrom lief, dieser Rückstrom schwächt also jetzt die von der Spannungsspule noch ausgeübte Haltekraft. Mußte in Bild 58 ein Rückstrom von 5 –10 A so lange Zeit fließen, bis die Batteriespannung infolge Entladung auf 6,2 Volt gesunken war, dann braucht jetzt der Strom von 5 –10 A nur für den Bruchteil einer Sekunde zu fließen, damit der Rückstromschalter wieder öffnet! Man braucht also jetzt von der Batteriekapazität so gut wie gar nichts mehr zu opfern, der Rückstrom braucht nicht mehr minutenlang zu fließen, damit der Schalter wieder öffnet, es genügt der Bruchteil einer Sekunde und der Schalter fällt wieder ab.

Ich habe die Funktion dieses Rückstromschalters deshalb so sehr breitgetreten, weil bei vielen Lichtmaschinen, so zum Beispiel bei Siba und vor allem bei den modernen englischen Lichtmaschinen, ein solcher selbständiger Rückstromschalter tatsächlich vorhanden ist. Beim Bosch-F-Regler werden die Wicklungen des Rückstromschalters gleichzeitig für den Regler benutzt. Das bringt gewisse Unzuträglichkeiten mit sich, deshalb trennt man ja neuerdings wieder – um den Preis von ungefähr Zweifuffzig – die Funktion von Rückstromschalter und Regler, gibt also jedem seine eigene Spule. In Bild 70 sind der Übersichtlichkeit halber nicht so viele Inschriften vorhanden wie in Bild 58, man sieht aber doch wohl auf den ersten Blick, daß es sich um denselben grundsätzlichen Aufbau handelt.

Ein modernes Leiden

bei Rückstromschaltern gibt es auch – die Geschwindigkeitsbeschränkung! In allen Lehrbüchern steht, die Einschaltdrehzahl der Lichtmaschine werde im Kfz-Betrieb ziemlich schnell durchfahren und es käme deshalb praktisch nicht vor, daß der Rückstromschalter dauernd hin- und herschaltet. Bei Eisenbahnlichtmaschinen, die für längere Zeit – worunter Minuten zu verstehen sind – mit konstanter Geschwindigkeit und damit gerade im Einschaltbereich laufen können, benützt man auch besonders raffinierte Schalterkonstruktionen, die das aushalten. Die dusselige Geschwindigkeitsbeschränkung auf langen Ausfallstraßen und auch so manches Autobahngeschleiche in Kolonnen wirkt sich nun gewöhnlich auch für mehrere Minuten aus und – speziell beim Fahren in großen Gängen – dabei kann gerade mit einer Drehzahl gefahren werden, bei der dauernd hin- und hergeschaltet wird. Da steht dann Dauerfeuer zwischen den Kontakten, die verschmoren. (Ist mir zuletzt vor genau vierzehn Tagen mit der KS auf der Autobahn passiert, wo die Sonne so blöd auf das rote Lampenglas schien, daß die Flackerei unbemerkt blieb.) Der Schaden ist beträchtlich, denn säubern lassen sich die Kontakte nicht mehr, ebensowenig auswechseln, kostet gewöhnlich einen komplett neuen Regler.

Also bei Kolonnenbummelei auf die rote Lampe achten – wenn die auch nur im geringsten glimmt, muß entweder runtergeschaltet werden, damit die Lichtmaschine höher dreht, und die Lampe ganz ausgeht oder rauf, damit sie genügend niedrig dreht und die rote Lampe voll angeht. (Dann lebt die Zündung aus der Batterie, kann sie bei Tage viele Stunden lang.)

Dieses Buch ist ja nun einmal in Etappen und mit Unterbrechungen geschrieben worden, deshalb war es auch möglich, hier noch einen Hinweis unterzubringen: Diese verfluchte Ratterei ist ein uraltes Kreuz der Reglermacher und heutzutage, bei der Kolonnenkriecherei auf überfüllten Straßen, der Tod jedes Reglers. Man entgeht ihm, wenn man mindestens den Rückstromschalter des Reglers durch eine Siliziumzelle ersetzt. Wie man das macht, steht weiter hinten im Buch – dann hat das G'frett mit den verbrannten Kontakten ein Ende.

Die Spannungsregler

Vorausgesetzt haben wir bei der bisherigen Überlegung nach den Bildern 58 und 70 auch, daß da ein Mann ist, der mit dem Gasgriff der Versuchsanordnung sehr vorsichtig umgeht, also nicht mehr Gas und keine höhere Drehzahl zuläßt, als eben im äußersten Fall zur Abgabe von 8,0 Volt nötig sind, die von der Batterie noch vertragen werden. Wenn die Lichtmaschine also beispielsweise bei 6,8 Volt und 1000 U/min einschaltet, dann wären diese 8 Volt bei noch nicht einmal 1200 U/min vorhanden, man könnte mit einem solchen Motorrad so gut wie gar nicht fahren, man wäre an eine sehr niedrige obere Grenzgeschwindigkeit gebunden, wenn man nicht Batterie und Lampen und überhaupt jeglichen elektrischen Kram kaputtbrennen wollte. Wir müssen also die von der Lichtmaschine abgegebene Spannung noch regeln, dazu wird dieses Kapitel geschrieben.

Da wir unseren Motor nicht bis 1200 U/min drehen lassen können – wir müssen ja auf 6000 U/min und darüber kommen –, müssen wir also auf geeignete Weise dafür sorgen, daß ab 1200 U/min die Spannung nicht mehr weitersteigt, auch wenn die Lichtmaschinendrehzahl zulegt. Wir können das machen, wie in Bild 71 gezeigt, da ist wieder unsere Feldspule F, der Widerstand W, eine Spannungsspule Sp und ein Reglerkontaktpaar R. Dieses Kontaktpaar ist im Ruhezustand geschlossen, dadurch wird der Widerstand W kurzgeschlossen, die Feldspule bekommt einen so starken Erregerstrom, wie das eben der Spannung entspricht, die zwischen den Klemmen + und – vorhanden ist. Die Spannungsspule Sp ist nun so bemessen, daß unter gehöriger Nachhilfe einer Spannfeder für das Kontaktpaar R dieser Kontakt gerade geöffnet wird, wenn zwischen den Klemmen + und – eine Spannung von sagen wir einmal 8,0 Volt vorhanden ist. Ist aber das Kontaktpaar R offen, dann ist der Widerstand W nicht mehr kurzgeschlossen, also wirksam, und er ist so bemessen, daß er den Erregerstrom in der Feldspule F empfindlich herabsetzt. Dadurch sinkt die Erregung der Lichtmaschine, die abgegebene Spannung bricht um ein Stück herunter, und jetzt kann die Spannungsspule das Kontaktpaar nicht mehr offenhalten, der Kontakt schließt wieder, der Widerstand W wird wieder unwirksam und die Spannung der Lichtmaschine schießt wieder hoch. Bis die Erregung in Sp wieder ausreicht, um R zu öffnen, und so das Spiel von vorne beginnt.

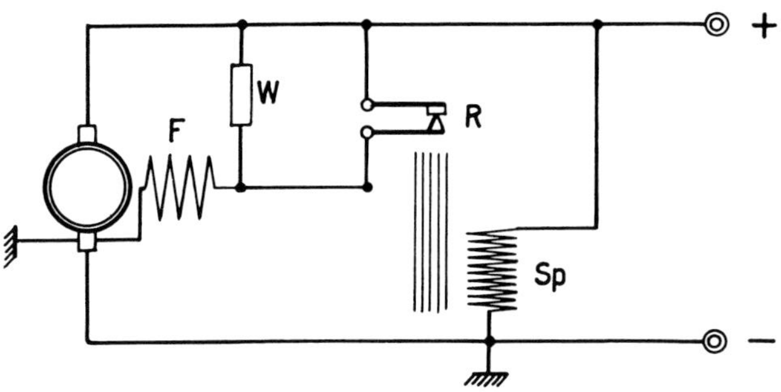

Bild 71
Die Grundsatzschaltung eines Einkontaktreglers – damit kann man auf alle möglichen Verbraucher arbeiten, man kann statt irgendwelcher Verbraucher auch nur ein Voltmeter anschließen, nur kann man eine Batterie nicht ohne weiteres anschließen – die müßte man eben wegnehmen, sobald die Maschinendrehzahl nicht mehr zu 6,5 Volt reicht.

Dabei sind zwei Dinge wichtig:

- Der Widerstand W muß so bemessen sein, daß er auch bei der höchsten vorkommenden Motordrehzahl ausreicht, die Erregung der Feldspule F so weit zu drosseln, daß die Netzspannung unter 8 V fällt und der Kontakt R wieder abfällt.
- Die ganze Regelungsweise lebt sichtlich davon, daß der Kontakt R dauernd öffnet und schließt, *in unaufhörlichem Spiel*. Bei geringer Lichtmaschinendrehzahl, also geringer Überschußspannung, wird der Kontakt jeweils ziemlich kurze Zeit offen und die längste Zeit geschlossen sein, umgekehrt wird er bei sehr hoher Lichtmaschinendrehzahl längere Zeit offen als geschlossen sein.

Falls nun jemand diesen Widerstand W an seiner Lichtmaschine sucht: Bei den Bosch- u. Noris-Lichtmaschinen sind die paar Ohm, die da nötig sind, auf eine Feldspule mit draufgewickelt. Also unsichtbar. Man könnte das bißchen Draht – meist weniger als ein halber Meter – auch irgendwo unter dem Reglerfuß verbergen. Dort wäre es aber schon weniger gut untergebracht: Der Widerstand heizt sich auf und würde auch den Regler mitheizen – gerade das wollen wir aber nicht. (Kriegen wir später.) Sitzt der Widerstand in der Lichtmaschine, dann kann man ihn zudem ganz dicht ans Eisengehäuse setzen, wo er keinen Schaden stiftet und von der eventuell vorhandenen Lichtmaschinenkühlung gleich mitgekühlt wird. (Da fallen immerhin zwischen 2 und 10 Watt Verlustleistung an.) Bei den Lucassen sitzt der Widerstand in Gestalt eines keramischen Klötzchens, das aussieht wie eine bessere Unterlegscheibe, unter dem Kontaktsternchen auf der Rückwand des Reglers, Bild 68. Seine Wärme scheint da nicht zu stören, obwohl ich sagen muß, daß wir bisher natürlich englische Maschinen noch nicht so ausgiebig fahren konnten, um da auch Grenzfälle zu erleben. Für Durchschnittsverhältnisse geht es sicherlich – so sicher wie ein F-Regler ist der Lucas-Regler also allemal.

Bei DKW und Milles wickelt man seit Urzeiten den Regelwiderstand gleich mit auf die Reglerspule, beim Bosch-Z-Regler und beim Bosch-GA-2-Regler findet man den Widerstand in Gestalt eines kleinen Spulchens unter der Regler-Grundplatte.

Falls jemand den Regler von der Lichtmaschine abbauen will: Selbst ich mache mir eine Skizze und schreibe genau auf, welche Strippe an welche Klemme ging! Lieber gehe ich noch mal zu Fuß nach Hause und hole Papier und Bleistift, bevor ich mehr als eine einzige Strippe abklemme. Nur weil ich weiß, wieviel Stunden man vertun kann, bis lose Drahtenden identifiziert sind. Wir werden zwar im späteren Verlauf noch Schaltbilder von Reglern und Lichtmaschinen bringen, nach denen man sich meist wird selbst helfen können – es ist aber von vornherein besser, sich aufzuschreiben, was man wo rauszieht.

Einen nach dem Schema von Bild 71 aufgebauten Regler nennt man einen *Einkontaktregler*, diese Bauart ist sehr häufig verbreitet, sie ist bei großen Lichtmaschinen über 100 W Leistung eigentlich die Norm. Man kann auch nicht sagen, daß diese Bauart vielleicht an einen geringen Arbeitsbereich der Lichtmaschine gebunden wäre, die vielleicht nur zwischen 1200 und 4000 U/min zu arbeiten braucht, man findet diese Reglerbauart auch bei Lichtmaschinen, die ganz einwandfrei zwischen 800 U/min und 6500 U/min arbeiten. Ich weiß nicht, ob es bei den Lucas-Motorrad-

Bild 73
Bosch GA-Regler, Regelwiderstand sitzt auch hier unter der Grundplatte, bei Motorrädern wahrscheinlich nur bei den in Freilassing montierten Puchs verwendet.

Bild 72
Bosch Z-Regler, rechts der Rückstromkontakt, links der Zweikontaktregler, der Regelwiderstand – Pfeil – sitzt unter der Reglergrundplatte, Spannungseinstellung durch Biegezungen, wird außer bei einigen Horexen sehr viel in Mobilen verwendet.

lichtmaschinen überhaupt einen anderen Regler gibt, wenn ja, dann ist er mir eben noch nicht begegnet.

Auch bei DKW hat man Lichtmaschinen noch nie anders geregelt, da mußte immer der Einkontaktregler genügen – und hat auch genügt, bis heute, auch bei Lichtmaschinen an später zurechtgemachten Motoren, die über einen weit breiteren nutzbaren Drehbereich laufen mußten, als er bei den Serien-Maschinen vorgesehen und erzielbar war. (Worüber sich die wenigsten Leute klar sind: Serienzweitakter haben einen wesentlich schmaleren, ausnutzbaren Drehbereich als Viertakter, sie werden – ohne daß die Fahrer das überhaupt merken – weit häufiger geschaltet. Ein schmaler Drehbereich erleichtert die Aufgabe für den Reglerbauer ganz wesentlich.) Wie dem nun auch sei, ob der Einkontaktregler nun tatsächlich beengende Grenzen hat oder ob es sich um eine der vielen bloßen Gewohnheiten handelt, von denen es in der Technik wimmelt, bei Bosch wurde schon in vorgeschichtlicher Zeit, gleich als Noah aus dem Kasten war und die Menschen begannen, sich wieder auf dem Trockenen zu bewegen, der Zweikontaktregler verwendet.

Wie in der Grundsatzschaltung Bild 74 zu sehen ist, hat man wieder das altbekannte Kontaktpaar R, das genauso arbeitet wie in Bild 71, nur ist diesmal der Widerstand W so bemessen, daß von einer bestimmten Drehzahl bzw. einer erreichten Spannung ab die Funktion des Kontaktpaares R nicht mehr ausreicht, da zieht die Spannungsspule Sp dann so stark, daß das Kontaktpaar R *dauernd* offenbleibt. Die Spannung wächst daraufhin natürlich weiter, die Spannungsspule zieht stärker, und jetzt schließt der bewegliche Kontakt nach unten, das Kontaktpaar A fängt an zu arbeiten. Dadurch wird aber jetzt die Spule F kurzgeschlossen, die Lichtmaschi-

Bild 74
So funktioniert ein Zweikontaktregler – das zweite Kontaktpaar schließt die Feldspule kurz.

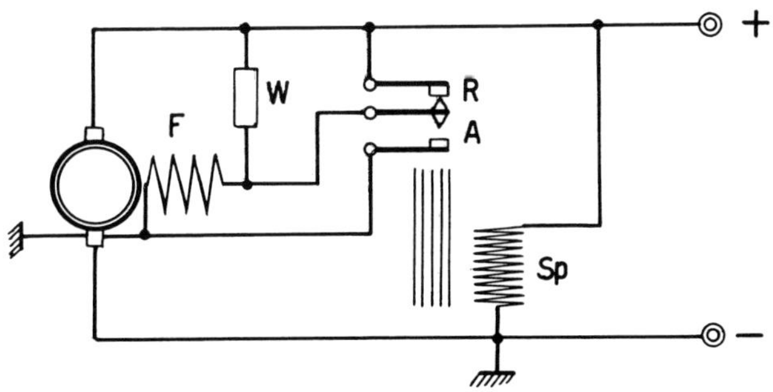

nenerregung bricht völlig zusammen und ebenso schnell sinkt die Netzspannung. Dadurch läßt wieder die Spannungsspule Sp in ihrer Haltekraft nach, das Kontaktpaar öffnet wieder und die Lichtmaschinenerregung steigt wieder. Wenn alles so geht, wie der Rechtgläubige sich das vorstellt, dann spielt jetzt dauernd das Kontaktpaar A, während das Kontakpaar R überhaupt nicht mehr schließt. Im Paradies wäre es also so, daß bei niedriger Lichtmaschinendrehzahl, sagen wir einmal von 1200 bis ungefähr 3500 U/min, nur das Kontaktpaar R spielt, von 3500 bis 6500 U/min spielt nur das Kontaktpaar A. So findet man es in allen Lehrbüchern, in Wirklichkeit scheint es aber nicht so zu sein, denn wenn man genau hinsieht, dann feuern in der Übergangszone meist beide Kontaktpaare. Gleich noch ein Einwand: Wenn man die Bilder 71 und 74 mit den Schaltbildern der Boschdrucksachen vergleicht, dann wird man finden, daß Widerstand, Feldspule und Kontakte in unseren Zeichnungen hier etwas anders liegen. Man wird aber auch ebenso finden, daß unsere vorliegenden Zeichnungen etwas übersichtlicher sind, deshalb habe ich das nämlich so gezeichnet. Man soll also ja nicht versuchen, an seiner eigenen Lichtmaschine eine Schaltung nach Bild 71 und 74 herzustellen, das geht nämlich mit Bosch-Noris-Reglern gar nicht. (An sich würden natürlich die hier gezeichneten Schaltungen auch funktionieren, nur müßte man dann beispielsweise am Bosch-F-Regler andere Spulenenden und andere Verschraubungen isolieren, als jetzt isoliert sind.)

Wie schon vorhin erwähnt, gehört sowohl zum Einzelkontakt von Bild 71 wie zum Doppelkontakt von Bild 74 auch eine regelbare Federspannung, mit der man dann die abgegebene Lichtmaschinenspannung einstellen kann. Beim F-Regler ist das die Schraube R in Bild 75, beim Lucas-Regler ist es die Schraube R in Bild 68 beim Auto-Union-Regler ist es die Zunge A in Bild 63, mit der die gewünschte Spannung buchstäblich „hingebogen" wird. Man kann also grundsätzlich bei jeder Bauart eines Reglers die abgegebene Spannung auf Wunsch hintrimmen, der Regelbereich ist ziemlich groß, er reicht von etwas weniger als 7 Volt gewöhnlich über 9 Volt hinaus. Nach welchen Gesichtspunkten nun die Spannung einzustellen ist, wollen wir zunächst dahingestellt sein lassen, wir haben uns erst mit einem anderen Problem zu beschäftigen:

Wir wissen, daß wir der Scheinwerferlampen und auch der Zündspule wegen anstandslos eine Spannung von 7,5 oder gar 8 Volt einstellen können, das würde

Bild 75
Die Oberseite des F-Reglers: Mit R wird die abgegebene Spannung eingestellt, es kommt auf wenige Grad Drehwinkel an, man braucht einen genauen Schlüssel dazu. St ist die Stellschraube, mit der die Funktion des Rückstromkontaktes weit genug von der Reglerfunktion getrennt gehalten wird, der Abstand der oberen Reglerkontakte in Ruhelage des Reglers muß 0,2 bis 0,3 mm betragen.

denen nicht viel ausmachen, wir bekämen im Gegenteil von unseren Scheinwerferlampen ein wunderschönes helles Licht. Die Lampen schlucken bei 8,0 Volt nicht wesentlich mehr Strom als bei 7,5 Volt, dasselbe gilt für die Zündspule. Es besteht für die Lichtmaschine also keine Gefahr, ganz gleich, ob wir sie nun auf 7,5 oder auf 8,0 Volt eingestellt haben.

Entschieden kitzliger ist es mit der Batterie: Nehmen wir mal an, wir hätten eine Batterie von 14 Ah, die vollgeladen bei 8,0 Volt einen Ladestrom von ca. 1,8 A aufnimmt. Das sind knapp 15 Watt, also an sich nicht gewaltig. Nun sei die Batterie aber völlig entladen: Dann schießen bei 8,0 Volt rund 30 – 35 A Ladestrom in die Batterie, das wären 240 Watt, dabei wird der Lichtmaschine leicht übel! Zwar fließt dieser enorme Strom in die völlig entladene Batterie nur für ungefähr 2 – 3 Minuten, weil danach die Batteriespannung bereits zu steigen beginnt und der Strom infolgedessen wieder abfällt. Diese 3 Minuten genügen aber vollkommen, sowohl die Läuferwicklung durch Ohmsche Wärme hochzuheizen, wie auch den Kollektor sehr stark feuern zu lassen, so daß er durch Feuer und durch Übergangswiderstand auch heiß wird wie eine Kochplatte und dann gehört nicht mehr viel dazu, daß die Läuferdrähte aus den Kollektorlamellen auslöten, die Lichtmaschine also hinüber ist. Selbst wenn man nicht so bösartig ist, daß man auf 8,0 Volt reguliert hat, wenn man sich beispielsweise mit 7,2 Volt begnügt, wobei in eine vollgeladene 16-Ah-Batterie bei 20° Celsius nur noch ein Dauerladestrom von 0,8 A fließt, dann jagen in die leere Batterie immer noch 20 – 25 A, die nach Verlauf von 10 Minuten auf ungefähr 12 A absinken. Wenn man Glück hat, dann lötet der Kollektor nach den 10 Minuten noch nicht aus, was aber noch nicht ist, kann noch werden, denn 7,2

Bild 76
So ist die Stromspule St geschaltet, die bei hoher Belastung die Netzspannung herunterregelt.

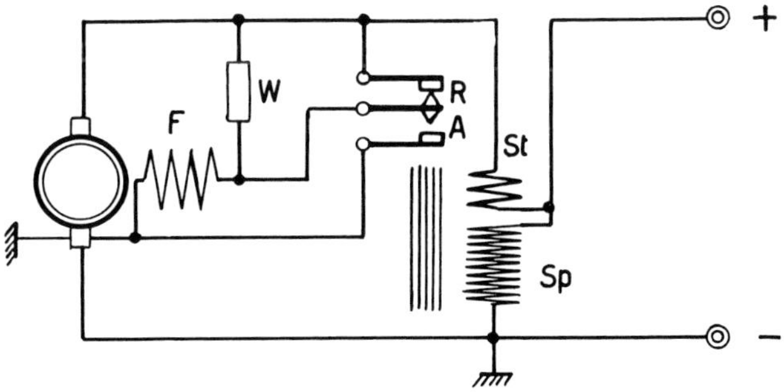

Volt und auch nur 12 A stellen immer noch eine Belastung von 80 Watt dar, also Grenzbelastung, bei der schon einiges möglich ist, vor allem, wenn die Lichtmaschine vom Motorgehäuse her auch noch schön angeheizt wird. An Einschalten von Licht und derlei ist überhaupt nicht zu denken, die Lichtmaschine würde da glatt ausbrennen. Damit sind wir um ein sehr wichtiges Stück klüger geworden: **Es genügt nicht, eine Lichtmaschine allein spannungsregelnd zu machen, sofern diese Lichtmaschine gelegentlich auf eine tiefentladene Batterie arbeiten soll.**

Natürlich kann man eine Lichtmaschine, die nur spannungsgeregelt ist, auf jeden anderen Verbraucher konstanten Widerstands arbeiten lassen, da macht sie sich gar nichts daraus, weil ja diese Verbraucher alle einen konstanten Strom aufnehmen. Selbst die Möglichkeit von Kurzschlüssen läßt sich berücksichtigen, indem man eine Sicherung einbaut, da gehört also weiter gar nichts dazu. *Sobald man aber auf den wechselnden Widerstand bzw. die wechselnde Stromaufnahmemöglichkeit einer Batterie Rücksicht nehmen muß, genügt die reine Spannungsregelung nicht mehr, man muß eine weitere Regelung einführen, die dafür sorgt, daß im Falle übermäßiger Belastung die Spannung weiter herabgesetzt wird.* Würde man auf die berühmte 16-Ah-Batterie in völlig entladenem Zustand eine Ladespannung von 6,6 Volt aufgeben, dann würde sie noch 12 A Strom aufnehmen, nach 2 Minuten nur noch 9 A und nach 9 Minuten gar vollends nur noch 7 A, das wären also nach 9 Minuten nur noch 50 W Leistung und man könnte bereits daran denken, auch noch Licht einzuschalten. Wir haben also eigentlich nichts weiter zu tun, als dafür zu sorgen, daß bei einem besonders hohen Strom die Lichtmaschinenspannung weiter herabgesetzt wird, als dies der ursprünglichen Spannungsregelung entspricht.

Man hilft sich da wieder mal mit der berühmten Stromspule, wie wir das schon beim Rückstromschalter kennengelernt haben, gezeichnet ist das in Bild 76.
Diese Stromspule unterstützt die Wirkung der Spannungsspule. Wenn die Spannungsspule also beispielsweise bestrebt ist, das Kontaktpaar A zu schließen und geschlossen zu halten, dann wird sie darin von der Stromspule St kräftig unterstützt, je stärker der Strom ist, der darin fließt, desto länger wird das Kontaktpaar A geschlossen gehalten und die Netzspannung damit herabgesetzt. Durch unterschiedliche Bemessung der Stromspule hat man es in der Hand, diesen Effekt nach Wunsch und Willen zu beeinflussen.

Das „Wunsch und Willen" ist allerdings noch so eine Sache: Damit die Stromspule, die da über die Spannungsspule gewickelt ist, überhaupt wirken kann, muß erst mal ein Strom fließen, ebenso ist damit zu rechnen, daß auch der beabsichtigte, *normale* Stromfluß sich schon bemerkbar macht – *zu einer Zeit, wo die Wirkung noch gar nicht nötig ist.* Das ist eine vermutlich tückische Angelegenheit und was sich hier schon im vorhinein durch üblen Geruch ankündigt, führt offiziell in allen Lehrbüchern die Bezeichnung

Nachgiebige Spannungsregelung

Diese Regelungsart ist von ehrwürdigem Alter und war eigentlich auch immer ganz zufriedenstellend, wenn man nur genügend große Batterien und vor allem genügend große Lichtmaschinen hatte, also bei Wagen. Sie ist aber *nicht* ausreichend, sobald man mit einem Motorrad ausgedehnte Nachtfahrten zu machen hat, wenn man also im Winter morgens bei Dunkelheit zur Arbeit fährt und abends wieder bei Dunkelheit zurückfährt, vor allem, wenn man dabei langsame Ortsdurchfahrten bewältigen muß. (Wer in der Nacht Langstrecke fährt, merkt aber nichts, deshalb blieb die Sache auch den Lichtmaschinenmachern bis heute verborgen – ein Versuchsfahrer auf Langstrecke *kann* das nicht bemerken.) Wir müssen uns da schon um Zahlenwerte kümmern, am besten geschieht das nach Bild 77, wo die Regelwerte der Allerwelts-Motorrad-Lichtmaschine 45/60 Watt von Bosch und Noris festgehalten sind, von der allein aus der Nachkriegszeit mindestens 1–1,2 Millionen Stück draußen herumfahren. (Wenn bei nur 10% davon die Regler nicht ganz genügen, dann macht das pro anno einen Mehrverbrauch von 100 000–150 000 Batterien. Muß ich noch mehr sagen?) Es ist zwar langweilig, aber unerläßlich, Bild 77 sehr genau zu studieren, denn dabei ist eine Menge zu lernen. Also los:

Da ist die mit 20° bezeichnete Kennlinie – die gilt für 20 Celsiusgrade Tempera-

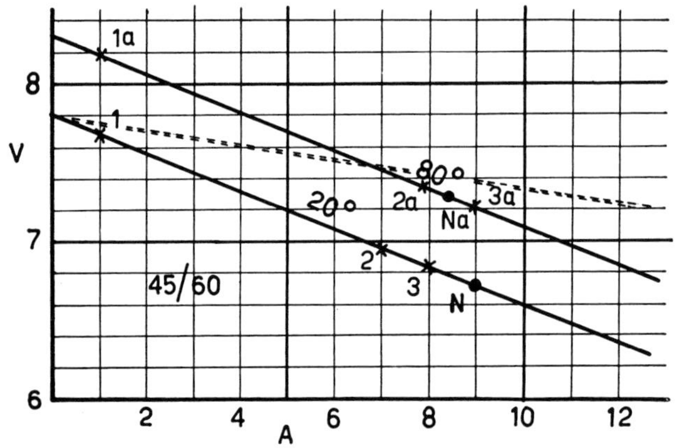

Bild 77
Regelumfang der meist verwendeten 45/60-Watt-Lichtmaschine mit F-Regler bei 20° und 80° Reglertemperatur, gestrichelte Linie gilt für weniger Stromwindungen.

tur von Lichtmaschine und Regler. Wenn man da bei Belastung Null – also auf dem Prüfstand, wo keine Zündspule zu versorgen ist – eine Reglerspannung von 7,8 Volt einstellt, wenn man ferner unterschiedliche Strombelastungen – etwa mit einem Schiebewiderstand – aufgibt, dann kommen entsprechend dieser Kennlinie niedrigere Spannungen heraus. Wenn man also einen Strom von 9 A mit Hilfe des Widerstandes einstellt und danach das Voltmeter abliest, sind da nicht mehr 7,8 Volt, sondern nur noch 6,7 Volt vorhanden. Bei 5 A Strombelastung sind 7,2 Volt da, zu jedem Strom gehört eine andere Spannung. Womit wir ein erstes Resultat haben:

Wenn bei einem Regler die Stromspule auf die Spannungsspule gewickelt ist, gibt der Regler keine konstante Spannung mehr, die Spannung sinkt mit steigendem Strom.

An sich wollten wir das ja, wir *wollten* gerade die Lichtmaschine vor allzu hohem Strom schützen und das kann man, indem man die Spannung sinken läßt. Fragt sich jetzt, ob das nicht anderweit stört:

In Bild 77 ist auf der 20°-Linie der Punkt 1 eingetragen – das ist der Strombedarf der Zündspule. (Nicht genau, aber für unsere Zwecke ausreichend.) Sobald wir also diese auf dem Prüfstand auf 7,8 Volt eingestellte Lichtmaschine am Motorrad laufen lassen, wobei die Zündspule versorgt werden muß, können wir an einem Voltmeter, das zwischen Masse und Klemme 51 des Bordnetzes liegt, nur noch 7,7 Volt ablesen. (Batterie abgeklemmt, wie bei allen solchen Messungen.) Schalten wir jetzt die Scheinwerferlampe ein – Schlußlampe zunächst aus der Fassung genommen –, dann wird nur noch eine Spannung von 6,9 bis höchstens 7,0 Volt angezeigt, denn die mit „35 Watt" betitelte Lampe schluckt bei 6,9 Volt volle 6 A Strom, was wiederum nicht 35 Watt, sondern ziemlich 42 Watt sind. (Siehste – das wissen die wenigsten Leute. Bei mir brennen diese Lampen sogar mit fast 50 Watt. Das kriegen wir aber noch, wird mit Daten und allen Einzelheiten im Lichtabschnitt beschrieben.) Setzen wir die Schlußlampe ein, die nochmal nominell 5 Watt braucht, dann sinkt die Spannung vollends auf 6,8 Volt, Punkt 2 und 3 in Bild 77.

Vielleicht wird jetzt klar, warum wir im Meßartikel die Meßinstrumente so breitgewalzt haben – hier hilft wirklich nur Genauigkeit, wenn man ungenügende Reglereinstellung im noch harmlosen Stadium erwischen will. Die ach so schönen Meßzwiebeln in den ganzen gelehrten „Elektrotestern" sind für die Katz, weil nicht genau genug, um eine falsche Einstellung zu erkennen, bevor eine Batterie verhungert oder totgekocht ist. Es handelt sich hier um Einstellbereiche von 0,3 bis 0,4 Volt, dabei ist nun einmal eine Meßgenauigkeit von ± 0,1 Volt unerläßlich.

Zurück zu Bild 77: Der Punkt N bedeutet die Nennlast der Lichtmaschine, 9 A Strom bei 6,7 Volt, macht 60 Watt. Ein Kind oder ein Motorradfabrikant mit Kindergemüt — welcher hat das nicht? — könnte nun auf die Idee kommen, zu sagen, daß da sichtlich noch 1 A Strom bei immerhin 6,7 Volt Netzspannung unausgenützt sei, das man ja zur Batterieladung heranziehen könne. In der Tat findet man diese Milchmädchenrechnung auch in der gesamten Literatur bis herunter zu den allherbstlichen Elektro-Fachartikeln der sogenannten Fachpresse. Wer aber von seiner Kundschaft so eingeklemmt wird, wie wir von unseren Lesern, wittert bei solchen Kinderverslein Unrat und fängt an, zu messen.

An die **mit Licht belastete** Maschine, die 6,8 Volt Netzspannung hergibt, wird bei 0° Außentemperatur

1. eine **volle** Batterie geklemmt. Resultat:
   Es fließen bestenfalls 200 mA Ladestrom. Das würde weiter nicht stören, die Batterie ist ja voll, so daß niedriger Dauerladestrom sogar erwünscht ist.

2. eine **halbvolle** Batterie geklemmt. Resultat:
   Es fließt nicht 1 A Ladestrom, sondern etwas zwischen 0,3 und 0,5 A. Das ist bei einer halbvollen Batterie eben nicht anders und gehört zur Ladecharakteristik. Man bekommt in einer Fahrstunde also höchstens eine halbe Ah hinein.

3. eine **leere** Batterie geklemmt. Resultat:
   Die leere Batterie nimmt tatsächlich 1 A Strom auf, jede Fahrstunde fördert anfänglich 1 Ah in die Batterie, von der dritten Fahrstunde ab wird das aber weniger, weil dann die Batterie ja schon wieder halb voll ist, und mehr als 80 – 90 Prozent der Nennkapazität bekommt man mit nur 6,7 bis 6,8 Volt Ladespannung sowieso nicht hinein.

Wer also nicht lange, zusammenhängende und obendrein schnelle Nachtfahrten hat – wobei die Batterie wenigstens auf 90% Füllungsgrad käme –, fährt im Winter meist mit nur halbvoller Batterie. Stadtdurchfahrten fressen viel Strom, auch wenn die rote Signallampe nicht aufleuchtet, und man hat ohne ausreichende Tagesetappen keine Aussicht, diesen herausgefressenen Strom wieder in die Batterie hineinzubekommen. *Für die Batterie ist immer erst dann wieder ausreichende Ladespannung und damit Strom da, wenn das Licht ausgeschaltet werden kann.* Im Winter genügt eine Arbeitswoche von fünf Tagen, um eine Motorradbatterie nahezu auszulutschen – da dann immer noch etwa 2 Ah drin sind, merkt der Besitzer aber nichts davon, denn morgens leuchtet ja die rote Lampe schön hell, der Motor springt auch an. Das kann im Dezember bis Januar acht Wochen so gehen, in denen die tiefentladene Batterie lustig sulfatiert, bis sie bei irgendeiner kleinen, zufälligen Mehrlast endlich ihre Ladung völlig verliert. Dann wird sie zum Laden gebracht, sie nimmt noch mal Ladung auf, wird noch als „wieder gut" bezeichnet, hat aber ihren Knacks weg. Wir werden diesem Batteriezustand aber nächstens wieder begegnen, und wenden uns einer anderen Kniffligkeit zu:

Die bisherige Überlegung galt für 20° Reglertemperatur und für 0° Außen- bzw. Batterietemperatur. Bei effektivem Frost fließen noch viel niedrigere Ladeströme, so daß die Batterie noch viel schneller verhungern müßte. Für viele Motorradbenutzer sind außerdem diese Betriebsbedingungen – Kälte und fast nur Nachtfahrt mit Licht von und zur Arbeit – für volle zwei Monate ein regelrechter Normalzustand. Danach müßten noch viel mehr Batterien verhungern, als das ohnehin schon der Fall ist. Daß dem aber nicht so ist, daß viele Batterien die Winterkur dennoch ganz annehmbar überstehen, wird durch die zweite Linie in Bild 77 begründet, die für 80° Reglertemperatur gilt. Da finden wir wieder die Punkte 2 und 3, nur sind da jetzt 7,2 bis 7,3 Volt Netzspannung da und damit kriegt man auch in eine kalte Batterie noch so viel Strom hinein, daß sie ihrem Besitzer nicht als „leer" auffällt, sondern sich gerade noch in einem betriebsfähigen Hungerzustand hält. Eine gelegentliche Sonntagsfahrt bringt die Batterie sogar wieder fast voll, so daß der Besitzer erst recht nichts von der Hungerei merkt und sich später nur über die geringe Lebensdauer infolge Sulfatation wundert. Wann aber treten diese 80⁰ Reglertemperatur auf? Bei manchen Motorrädern immer – jahrelang war es üblich, vielfach sogar heute noch, die Regler hübsch in die Lichtmaschinenkapsel zu setzen, in unmittelbare Nähe des Kurbelgehäuses, schön nach außen geschützt. Weil dem so ist und weil alle Regler „kalt" eingestellt werden, bleibt die chronische Verhungerei der meisten Batterien im Winter unbemerkt, der Regler liefert klammheimlich 0,4 – 0,5 Volt mehr als auf dem Prüfstand.

Ich empfehle, das nachzuprüfen, falls sich jemand ein genaues Voltmeter verschaffen konnte: Unmittelbar nach dem Start des kalten Motors ist ein halbes Volt weniger Netzspannung da, als wenn man die Maschine eine Stunde lang scharf gefahren hat.

Nun könnte man ja sagen, dieser Temperaturfehler des Reglers sei doch ganz angebracht, jedenfalls besser als nichts. Untersuchen wir aber, was im Sommer passiert, wo die Leute ohne Licht, in der Wärme und obendrein schnell fahren: Da sind bei Belastung nur mit Zündung – Punkt 1 – volle 8,2 Volt Netzspannung da, denn da hat der Regler garantiert seine 80⁰. Bei 8,2 Volt nimmt die Batterie aber fast 1,5 A Ladestrom auf – wo sie höchstens 0,3 A aufnehmen dürfte, ohne totzukochen. Sitzt die Batterie gar in einem Schutzkasten, der sie vorm Fahrwind abschirmt, auf den gar noch die Sonne brennt, dann sind 40⁰ Batterietemperatur schnell beisammen und damit ein Ladestrom von 3 – 4 Ampere – die Batterie kocht wie Bohnensuppe.

Die Batterie, die bei einer korrekt eingestellten 45/60-Watt-Lichtmaschine im Winter in chronischem Hungerzustand lebt und schwer sulfatiert, bekommt im Sommer eine horrende Überlast, was noch nicht sulfatiert ist, wird jetzt durch Gasentwicklung zersprengt und vollends ruiniert.

Daß das so lange hingenommen werden konnte, liegt nur daran, daß eben nur relativ wenige Motorräder diesem eigentlich „normalen" Winterbetrieb ausgesetzt sind und daß deren Besitzer sich zwar seufzend, aber doch mit der ewigen Batteriesorge abgefunden haben. Es gibt da nur eine Abhilfe:

Für Dauerbetrieb im Winter, also vorwiegende Nachtfahrt, wird der „kalte" Regler – also Werkstatt-Temperatur – auf rund 8,0 – 8,2 Volt eingestellt, bei Belastung mit Fernlicht und Schlußlicht müssen mindestens 7,2 und dürfen 7,4 Volt vorhanden sein. Damit verhungert die Batterie nicht geradezu und selbst kurze Tagfahrten packen wieder ausreichend viele Amperestunden hinein, um die Batterie ziemlich voll zu füllen. Eine gelegentliche Zehnstundenfahrt bei Tage richtet aber auch noch keinen merklichen Schaden an. Sobald die Nachtfahrten wegfallen, wenn also wenigstens die Hälfte der täglichen Kilometer wieder ohne Licht gefahren werden kann, *muß* die Netzspannung wieder herunter. Nur mit Zündbelastung und bei Werkstatt-Temperatur reichen 7,6 Volt vollauf, für ausgesprochenen Sommerbetrieb und *viel* Langstrecke wären sogar 7,4 Volt besser. Dann sind zwar bei Lichtbelastung nur 6,4 – 6,5 Volt vorhanden, daraus werden aber bei hoher Temperatur

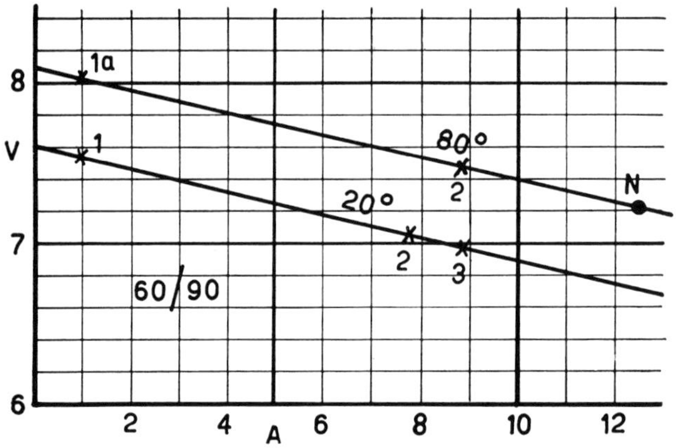

Bild 78
Regelkennlinien der 60/90-Watt-Lichtmaschinen mit F-Regler, Noris, Zündapp, KS 601.

– also auf Langstrecke – doch wieder 7,0 Volt, so daß die Batterie auch bei gelegentlicher Nachtfahrt nicht zu kurz kommt. Jedenfalls aber wird sie nicht totgekocht.

Eines natürlich ist klar: Dieser steile Abfall der eingeregelten Spannung ist schon ein Gfrett, man kann machen, was man will, man wird immer in den Hintern gekniffen, wenn nicht in die rechte Hälfte, dann doch in die linke. Bevor wir aber weiterdenken, untersuchen wir erst noch Bild 78, die Regelkennlinien der 90-Watt-Lichtmaschine, wie sie sowohl von Bosch wie von Noris für „anständige" Motorräder geliefert wird. Als welche zum Beispiel die großen BMWs, die KaEssen und die kleinen Zündappen ab Elastic zu gelten haben. (Ich müßte jetzt wieder mal nachsehen, was in R 25 und R 26 drin ist und ob nicht sonstjemand auch noch 90 Watt drin hat – mehr als 10% aller laufenden Motorräder sind es aber bestimmt nicht.) Man sieht, daß diese Regellinien viel flacher verlaufen, man hat *ohne* Lichtlast sowohl eine *niedrigere* Spannung wie *mit* Last eine *höhere* Endspannung. Der Speck ist allerdings noch nicht sehr fett, aber eine 14-Ah-Batterie hat Aussicht, zwei Winter zu überleben, obwohl sie im Sommer gelegentlich heftig gekocht wird. *Auch bei einer 90-Watt-Maschine hat eine Sommer- und Wintereinstellung immer noch ihre Vorteile.*

Bild 79 endlich zeigt das Verhalten der DKW-Lichtmaschinen, deren Regler einen negativen Temperaturgang aufweist. Ich müßte also jetzt nochmal, aber mit negativem Vorzeichen, alles das breitwalzen, was bei Bild 77 schon kleingekaut wurde. Im Interesse der übrigen Leser muß ich aber die DKW-Besitzer bitten, ihren eigenen Verstand anzustrengen und selber zu denken, was hier höhere und niedrigere Reglertemperaturen bringen. Im großen ganzen geht es darum, daß bei DKW-Anlagen die Batterie im Winter-Nachtbetrieb noch etwas mehr zum Verhungern neigt als mit den Bosch-Noris-Maschinen, daß sie aber im Sommer nicht so leicht totgekocht wird. Man kommt auch hier kaum um Sommer- und Wintereinstellung herum. (Was die MZ-Regler machen, weiß ich noch nicht, kriegen wir aber noch raus, ebenso Lucas. Dauert immer eine Weile, die Leute sind auf so kitzlige Angaben nicht eingerichtet und müssen meist erst selber nachmessen.)

Bild 79
Regelkennlinien der DKW-Lichtmaschinen ab RT 200 bzw. ab 1951, der Temperaturgang ist im Vergleich zu Bosch-Noris negativ, die heiße – gefährdete – Maschine regelt sich selbst auf niedrigere Spannung und Leistung.

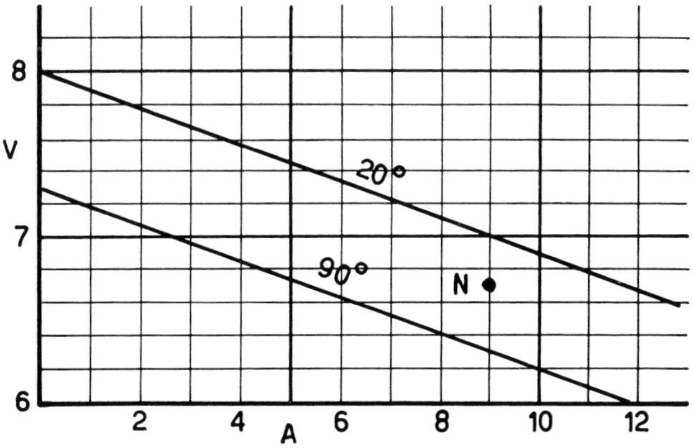

Damit aber die Kurvenschulmeisterei einmal eine Weile unterbrochen werde, kehren wir kurz zur Praxis zurück:

Es ist unwichtig, ob der Regler einer Lichtmaschine ein Kontaktpaar hat oder zwei, ob er also nach Bild 71 oder 74 aufgebaut ist. Wichtig ist nur, ob auf die Spannungsspule eine Stromspule gleich mit draufgewickelt ist. Wenn ja, dann hat der Regler unbedingt eine fallende Kennlinie, ist also suspekt und macht bei kleinen Lichtmaschinen Schwierigkeiten.

Man kann da aber ziemlich energisch helfen, indem man der Stromspule zuleibe geht. Die F-Regler der Bosch-Noris-Maschinen für 60 Watt haben gemeinhin 5 Windungen auf der Stromspule. Ich habe schon des öfteren 2 Windungen herausgeschnitten, so daß also nur 3 Windungen blieben. Das hat bei der 45/60er Maschine den Erfolg, daß eine Anfangsspannung – unter Zündungslast allein – von 7,8 Volt unter voller Lichtlast auf nur 7,4 Volt sinkt. Dabei kommt dann die Batterie schon eher auf ihre Rechnung. Andererseits wird dadurch die Wirkung des Rückstromschalters zwar etwas, aber nach meiner Beobachtung nicht empfindlich beeinträchtigt. In Bild 77 ist gestrichelt die Kennlinie eingezeichnet, die sich mit 2 Windungen weniger ergibt, es ist wohl jeder selbst in der Lage, sich den nötigen Vers dazu zu machen.

Man braucht im übrigen vor dieser Spulenänderung keine Gänsehaut zu kriegen, man lötet eben das Drahtende am Polschuh aus, nimmt erst eine Windung runter und mißt, um sich den vielleicht nötigen geistlichen Trost zu verschaffen. Dann kommt ganz von selbst der Mut, auch noch die zweite Windung herunterzunehmen. Rest wird wieder mit Zwirn festgebunden, also kein Klebeband rumwickeln, würde die Spulentemperatur unnötig steigern, die wir ja niedrig halten wollen.

In dieser Weise kann man jedem „nachgiebigen" Spannungsregler zuleibe gehen, sei das Bosch-Noris-F, sei es Siba, Lucas oder MZ – 1 bis 2 Fünftel der vorhandenen Windungszahl dürfen schon runter, außerdem ist ein eventuelles Zuviel ja ohne weiteres reparierbar, man wickelt dann eben die zuviel abgenommenen Windungen wieder drauf, den nötigen Draht dazu – auf gleichen Durchmesser achten – gibt es meterweise in Radio-Bastlerläden.

Der „nachgiebige" Regler, in Europa bei 95% aller Kraftfahrzeuge verwendet, ist – sagen wir es schon rund heraus – ein windiger Krampf, ganz gleich, ob er in Gestalt des bärtigen F-Reglers, eines MZ, Jawa, Lucas, Z- oder GA-Reglers vorliegt, oder ob man es ganz vornehm gibt und dem Rückstromschalter wie dem Regler getrennte magnetische Systeme gibt, wie etwa beim Bosch-T-Regler oder den Reglern der Siba-Dynastarter. Diese ganze Nachgeberei ist nun einmal untechnisch, weder wird die Lichtmaschine völlig zuverlässig geschützt, noch kommt die Batterie auf ihre Rechnung. Bei Wagenanlagen konnte man bislang zur Not noch darüber wegsehen, bei Motorradanlagen mit ihren prinzipiell kleinen Batterien war es schon immer ein Krampf – nur haben auf jahrelang geltend gemachte Anstände weder die Elektromacher noch die Motorradmacher reagiert. Der Krampf wurde ja auch so gekauft.

Wenn jetzt doch eine Änderung einzutreten scheint, dann ist daran die heutige Verkehrsdichte schuld, die bei Stadtdurchfahrten von halbstündiger Dauer zu einer Fahrweise zwingt, bei der Roller- und Mobil-Batterien binnen drei Tagen buchstäblich leergesoffen werden. Die Macher fühlen sich jetzt doch langsam getreten, eine an sich altbekannte Reglerart zu verwenden, die den tatsächlichen Ansprüchen weit besser gerecht wird. Zumal man wieder mal klug reden kann, diese Reglerart werde in Amerika schon seit Jahren verwendet.

Der Knickregler

Die „nachgiebige" Spannungsregelung, wie wir sie bisher kennengelernt haben, versucht eine Lichtmaschinenüberlastung dadurch zu verhindern, daß die bei niedriger Last hohe Netzspannung mit steigender Last immer weiter heruntergeregelt wird. Wenn die Regelung genügend steil erfolgt, gibt das zwar einen wirksamen Schutz für die Lichtmaschine, die man anstandslos auch auf eine völlig entladene Batterie schalten darf. Hat man aber bei 50–60 Watt Leistungsbedarf eine Batterie von nur 7–8 Ah zur Verfügung, dann befindet man sich in einer Zwickmühle:

Bei einer mittleren Einstellung des Reglers wird bei langen bzw. ausschließlichen Tagfahrten im Sommer die Batterie totgekocht, gleichwohl wird die Batterie im Winter unzureichend geladen und verhungert, wenn auf langsamen Strecken vorwiegend in der Nacht gefahren werden muß.

Dem kann man zwar abhelfen, indem man etwa mit Beginn der vorwiegenden Nachtfahrten auf eine hohe „Winter"-Einstellung geht, als welche – ohne Belastung gemessen – 7,8 bis 8,0 Volt zu bezeichnen wären, die dann so ab Mitte Februar, wenn die abendliche Heimfahrt kein Licht mehr braucht, bereits reichlich hoch sind, aber infolge Kälte noch keinen Schaden anrichten. Spätestens im April muß aber auf „Sommer"-Einstellung umgeregelt werden, wobei eine – wieder ohne Belastung gemessene – Netzspannung von 7,2 bis 7,4 Volt die Batterie mit Sicherheit vor dem Totkochen bewahrt.

Ist der Regler leicht zugänglich und steht ein genaues Meßinstrument zur Verfügung, dann ist das wirklich die einfachste Methode, mit dem Problem fertig zu werden – verglichen mit dem allerdings, was sein könnte und technisch ohne weiteres möglich ist, erscheint die Methode der Sommer- und Wintereinstellung ärmlich und primitiv.

Besinnen wir uns, was wir brauchen: Bei einer Netzspannung von 7,2 bis allerhöchstens 7,6 Volt, durchschnittlich aber 7,4 Volt, bekäme auch bei voller Lichtlast eine Batterie hinreichend viel Ladestrom, um wirklich voll geladen zu werden, andererseits ist bei höchstens 7,6 Volt und Sommerwärme der Ladestrom in die volle Batterie noch klein genug, um diese nicht totzukochen. (Rückschalten auf das Batteriekapitel: Es ist nicht so sehr der Wasserverlust durch zu hohen Ladestrom in die schon volle Batterie, der sich ja leicht ersetzen ließe, sondern die Auflockerung und Zerstörung der Plattenmasse. Im Sommer bilden sich die Schlammflocken, die im Winter Zellenschlüsse geben.) Wir brauchen eigentlich nur einen Regler, der von Zündlast bis zu voller Licht- und Ladelast unentwegt dieselbe Spannung gibt, also sagen wir mal 7,4 Volt. In einer solchen Anlage dürfte die Batterie ruhig halb entladen sein, sie dürfte sogar reichlich groß sein, sie dürfte sogar sommerlich warm sein – die Batterie nähme dann zwar einen ziemlich hohen Ladestrom auf, aber eben nur zu Anfang und gar nicht lang – dieses bißchen Überlast hielte die Lichtmaschine wohl aus. Würde man aber eine tief entladene Batterie – selbst bei 0^0 Celsius – bei 7,4 Volt anschalten, dann nähme diese Batterie 30–40 Ampere Ladestrom auf (wenn es eine 14-Ah-Batterie ist), zwar nur für die ersten 4–5 Minuten, aber eine 60-W-Lichtmaschine nimmt das übel. Sie liefert zwar nicht 30 A, denn Nebenschlußgeneratoren gehen bei Überlastung ganz von selbst auf niedere Spannung, unabhängig von einem etwa vorhandenen Regler, es fließen also höchstens nur 15–20 A. Sie heizt sich dabei aber so hoch auf, daß der Kollektor auszulöten beginnt. Nach den gefährlichen ersten fünf Minuten sinkt der Ladestrom weiter, es fließen dann nur noch rund 10-12 A, für die schon heiße Lichtmaschine genügt das aber, um einen vielleicht noch nicht ausgelöteten Kollektor nun definitiv doch noch auszulöten. Schaltet dazu noch jemand – in Unkenntnis des Ladezustandes der Batterie – Licht ein, ist der Bart vollends ab.

Vielleicht fragt man, wann denn ein solcher Zustand gegeben ist: Aus irgend einem Grunde ist die Batterie leer, Zündung blieb versehentlich eingeschaltet, Lausejungen haben daran gespielt, sie ist eben leer. Deswegen verzweifelt der feine Mann aber nicht, er schiebt an, vielleicht mit überbrücktem Regler ohne Batterie, um nach dem Anspringen auf Batterie zu schalten. Das Motorrad läuft wieder – aber jetzt wird eben die klapperleere Batterie mit gewaltigem Strom geladen, wenn kein Überstromschutz da ist. Wir können uns wieder mal eine Grundregel merken:

Nur weil immer mal eine völlig leere Batterie auf die Lichtmaschine geschaltet wird, womöglich zusammen mit Lichtlast, genügt für die Lichtmaschine keine Spannungsregelung allein, es muß auch noch ein Überstromschutz da sein.

Also machen wir eben einen solchen Überstromschutz. Wie das geht, zeigt Bild 80. Da ist wieder der altbekannte Spannungsregler Sp, der als Einkontaktregler die Spannung konstant hält. Natürlich könnte das auch ein Zweikontaktregler sein, wie in Bild 74 gezeigt, darauf kommt es nicht an. Jedenfalls zeichnet sich dieser Spannungsregler aber dadurch aus, daß er wirklich nur eine Spannungsspule hat – dadurch wird verbürgt, daß der Regler von der Last Null bis Höchstlast immer die gleiche Spannung herstellt. Hinter diesem Spannungsregler liegt aber jetzt

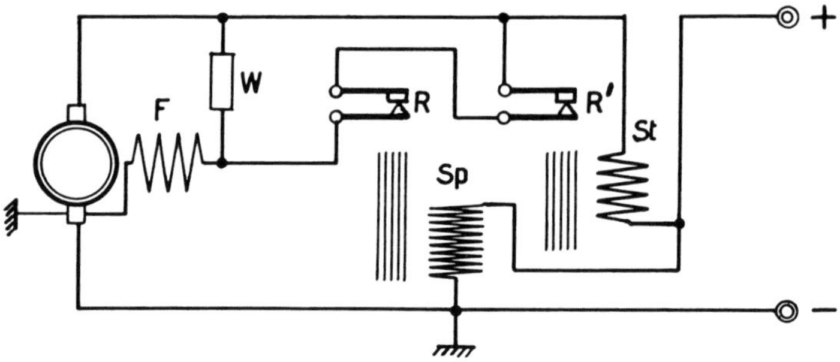

Bild 80
Grundsatzschaltung eines Knickreglers, bei dem der Stromregler St mit dem Kontakt R' erst zu arbeiten beginnt, wenn eine vorbestimmte Stromstärke überschritten wird.

der Stromregler St mit dem Kontakpaar R', der so gewickelt und eingestellt ist, daß der Kontakt bei Überschreiten des zulässigen Höchststromes öffnet. Dieser Stromregler spricht also erst von einer gefährlichen Stromstärke ab an, setzt damit aber den Spannungsregler außer Funktion, so daß die Lichtmaschinenspannung scharf abbricht. Erst wenn der Strom von den gefährlichen – sagen wir einmal 15 A – auf 11 A zurückgegangen ist, schließt R' wieder und der Spannungsregler arbeitet wieder – ist der Stromsäufer dann noch im Netz, schießt der Strom wieder auf 15 A und der Stromregler spricht wieder an.

Die Funktion des Stromreglers ist tatsächlich so exakt, wie dies Bild 81 zeigt. Bei 7,8 Volt eingeregelter Spannung ist bei 11,5 A Strom die Nennlast von 90 Watt erreicht und der Stromregler sorgt dafür, daß die Spannung alsbald steil herunterbricht. Bei völlig leerer Batterie und unter Lichtlast werden gegebenenfalls 6,0 oder 6,2 Volt eingeregelt, eben so wenig, daß in alle Verbraucher einschließlich des Stromsäufers nicht mehr als die Nennlast von 90 Watt geliefert wird. (Wie die Verbraucher das unter sich aufteilen, ist durchaus deren eigene Sorge – die Batterie holt sich schon ihr Teil, die Lampen brennen dann eben etwas dunkler.)

Dieser Knickregler ist genau das, was wir brauchen, er gibt die mittelhohe Netzspannung, die bei Nachtfahrt und Kälte die Batterie hinreichend vollädt und die dennoch bei langen Tagfahrten in der Wärme gering genug ist, um kein Totkochen zu geben. Er schützt die Lichtmaschine auch vor Überlastung durch eine zufällig total

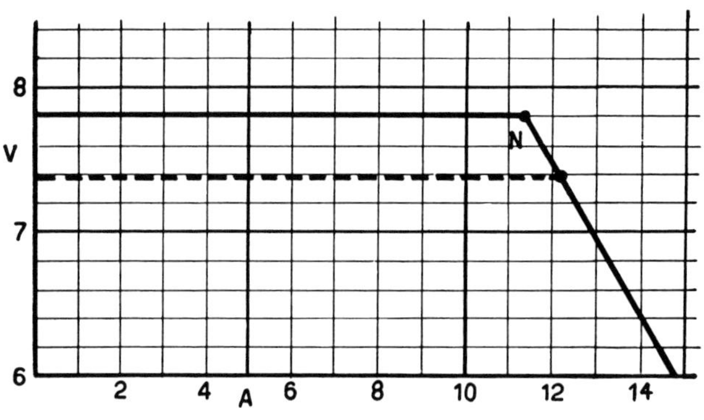

Bild 81
So regelt ein Knickregler – die Spannung bleibt von Null bis zur Höchstlast konstant, um von da an steil abzufallen, wodurch Überlastung der Lichtmaschine vermieden wird.

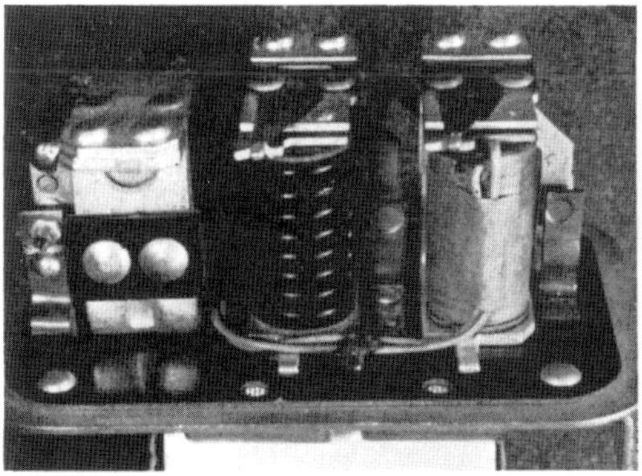

Bild 83
Knickregler-Rückseite, in der Mitte der Stromregler – für 200 Watt, deshalb der dicke Draht – und ganz rechts der Spannungsregler.

Bild 84
Bosch-Knickregler, es sind drei Magnetsysteme da, ganz rechts sitzt der Rückstromschalter, in der Mitte der Stromregler.

entladene Batterie und sorgt dafür, daß diese Batterie dennoch mit genau dem Strom geladen wird, den die Lichtmaschine hergeben kann, ohne Schaden zu nehmen.
Gerade letztere Feststellung ist wichtig: Bei Tage, ohne Lichtlast, wird eine tiefentladene Batterie mit Knickregler schneller aufgeladen als mit nachgiebigem Regler.
Warum verwendet nun aber nicht alle Welt diesen sagenhaft schönen, idealen Knickregler, wo der doch soooo schön ist?

Gewiß nicht aus elektrischen Gründen, da ist der Knickregler wirklich der ideale Regler, die Gründe liegen woanders:

In Bild 80 ist der reine Regler gezeigt, der ersichtlich schon zwei getrennte Magnetsysteme braucht. Mit dem Regler allein fängt man aber nichts an, wir haben schon

Bild 82
Die um den Rückstromschalter erweiterte und praktisch verwendbar gemachte Schaltung von Bild 80.

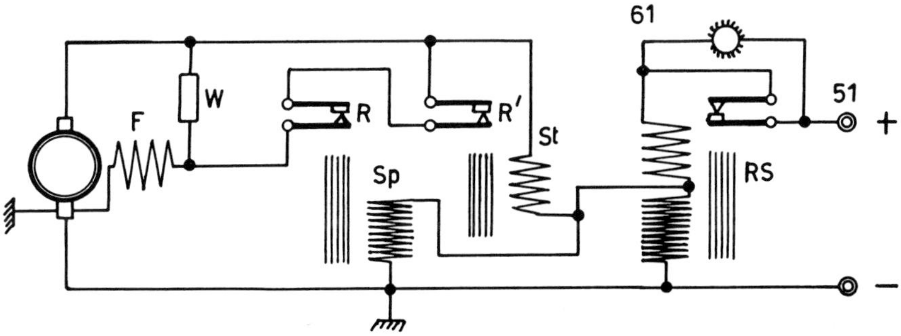

Bild 85
Die Kontakte St gehören zum Stromregler, die Stromstärke, bei der die Regelung beginnen soll, wird wieder durch Verbiegen der Zunge Z eingestellt.

Bild 86
Der Rückstromschalter – die Stellschraube hat mit der Regelung nichts zu tun, sie sorgt dafür, daß die Kontakte schön plan aufeinanderliegen und bei starkem Strom nicht aufspreizen – da sollen immerhin 30 A über die Kontakte!

Bild 87
Der Spannungsregler – Zweikontaktsystem, wie beim F-Regler, die abgegebene Spannung wird genau durch Verbiegen der Zunge Z eingestellt.

Bild 89, rechte Seite
Die tatsächliche Schaltung des Bosch-Knickreglers, der Widerstand W wird nur gebraucht, um die Spannungsspulen auf richtigen Widerstand zu bringen (ähnlich wie bei Voltmetern), die Widerstände Wst und Wsp sind dagegen Regelwiderstände, deren Größe von der Art der Lichtmaschine abhängt.

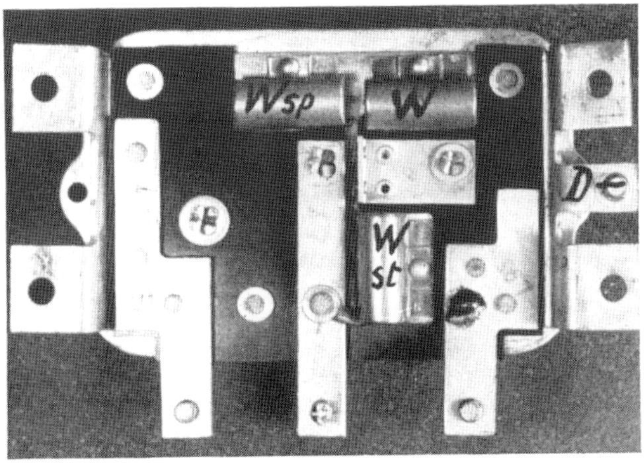

Bild 88
Unterseite des Knickreglers, unter den kleinen Deckelchen sitzen die Widerstände, die in der Schaltung Bild 34 eingezeichnet sind.

gesehen, daß man auf jeden Fall auch einen Rückstromschalter braucht, der dafür sorgt, daß die zu langsam drehende Lichtmaschine vom Bordnetz getrennt wird, damit sie nicht zum Stromsäufer statt Stromlieferanten wird. In Bild 82 ist nun gezeigt, wie ein solcher Rückstromschalter mit Spannungsregler und Stromregler zusammengeschaltet werden kann. Da sind also drei Magnetsysteme mit drei Ankern, von denen jeder hübsch für sich eingestellt werden muß. Das ist räumlich schon ein ziemlich großer Apparat und man kann verstehen, daß Bosch-Noris nicht wagten, so eine Schachtel den Motorradmachern anzubieten – ist fast dreimal so groß wie ein F-Regler. Die Motorradmacher selbst verstanden nichts von Elektrik und kümmerten sich erst recht nicht darum. Heute ist das aber anders: Man hat gemerkt, daß es falsch war, einen Regler mit der heißen Lichtmaschine zusammen auf ein heißes Motorengehäuse zu setzen – die Motorradmacher, die noch nicht des Todes verblichen sind, gingen seit kurzem dazu über, den Regler für sich und in ein besonderes Kästchen herauszubauen. Jetzt hätte man auf einmal auch bei Motorrädern Platz, einen Knickregler mit drei Elementen unterzubringen. Bliebe noch der Preis – wenn der F-Regler auf dem Ladentisch 28

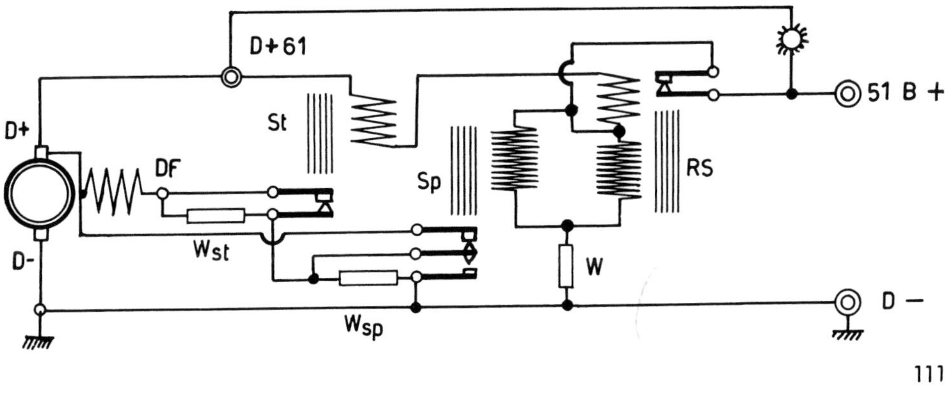

Mark kostet, dann schätzt man einen Knickregler über den Daumen auf 60—70 Mark. Habe ich auch getan, und weil ich so einen Knickregler fotografieren wollte, habe ich mit dem Chef des Bosch-Verkaufshauses in Feuerbach mit Engelszungen geredet, er solle mir gegen Geldhinterlegung doch so ein Ding zum Knipsen geben und es danach wieder zurücknehmen — nach dem Preis habe ich gar nicht zu fragen gewagt. Das Geschäft ging in Ordnung, mich traf aber fast der Schlag, als ich auf meinen Hunderter noch Geld herausbekam — der Knickregler kostet ganze 33 Mark! Und dieser alberne, notige, ratternde F-Regler kostet 28!

Die Bilder 83–89 zeigen also den serienmäßigen Knickregler, der bei Bosch unter der allgemeinen Typenbezeichnung RS/U... läuft. (Hinter U kommen dann die Bezeichnungen für die einzelnen Bauarten, Leistungen und Spannungen.) Natürlich habe ich meinen Knickregler nicht zurückgetragen, sondern umgebaut für 90 Watt Leistung – serienmäßig gibt es nämlich als kleinsten Knickregler nur einen für 6 Volt 200 Watt zu kaufen, einer für 90 Watt steht nur im Katalog, ist aber nicht mal in Feuerbach im Regal greifbar. Man muß ihn also erst mal bestellen, genaues Bestellzeichen ist für den 90-Watt-Regler RS/UA 90/6/1, er paßt dann für alle Bosch- und Noris-Maschinen. Unter der Bezeichnung RS/UB 90/6/1 gibt es denselben Regler, aber anders gepolt, für Netze, bei denen der Batterie-Pluspol an Masse liegt. Man lasse sich auch nicht verblüffen, wenn so ein Hintermladentischsteher behauptet, diesen Regler gebe es nicht — die Leute sind ja heutzutage schon zu bequem geworden, überhaupt noch in einem Katalog zu blättern. (Und der Bosch-Katalog ist ungewöhnlich dick!) Diesen 90-Watt-Knickregler gibt es, und es darf nicht mehr als sechs Wochen kosten, ihn auch nach einem Dorf im hintersten Bayrischen Wald zu bekommen.

Praktische Hinweise für den F-Regler

Eigentlich hätte dieses Kapitel schon auf Seite 106 anschließen müssen, nur wollte ich da den Gedankengang nicht unterbrechen, der zum Verständnis des Knickreglers führen mußte. Hier wäre nun an sich die Besprechung einiger weiterer gangbarer Reglertypen an der Reihe, nur können wir hier besser unterbrechen, um erst mal alles das abzuhandeln, was sonst noch rund um den F-Regler zu wissen nötig ist – und das ist noch eine ziemliche Menge. Schließlich sind gute 80% aller Motorräder mit F-Reglern ausgerüstet, wo er laufend Verdruß und Geldausgaben verursacht, so daß man dieses Kapitel schon vorziehen kann.

In Bild 90 ist noch einmal alles zusammengestellt, was am F-Regler an genauen Einstellmaßen vorhanden sein muß, obwohl in den bisherigen F-Bildern diese Maße immer angegeben worden sind. Der Abstand zwischen dem Regleranker und der Polbrücke, hinter der Ankerfeder, von 0,3–0,5 mm wird zuerst eingestellt, ich habe gefunden, daß man mit 0,5 mm besser hinkommt – die werden notfalls mit dem Spion hergestellt. Nächst wichtig ist der Abstand der Schalterkontakte SK1 und SK2, dabei habe ich gefunden, daß 0,5 mm völlig ausreichen, es dürfen auch nur 0,4 mm sein. Sehr wesentlich ist, daß diese Kontakte mit hinreichendem Druck aufeinanderliegen – ich habe mich mal krüpplig gesucht, als diese Kontakte zwar nach Augenschein aufeinanderlagen, aber mit zu wenig Druck, also dennoch keinen

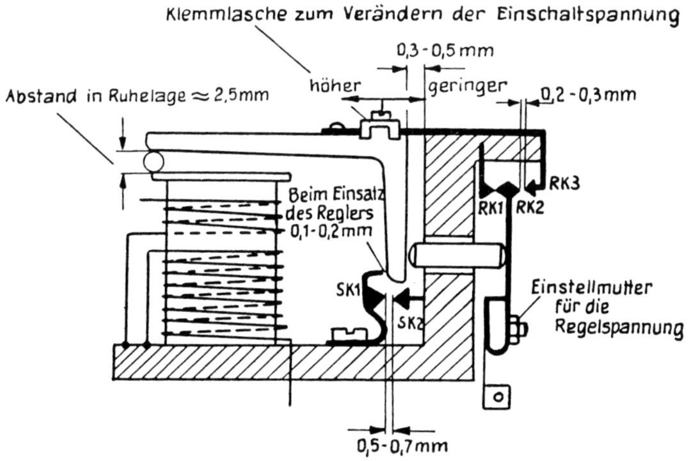

Bild 90
Die wichtigen Maße, die beim F-Regler zuerst einmal mechanisch hergestellt werden müssen, bevor man mit der Einstellarbeit beginnt. Wenn die elektrische Einstellung beendet scheint, müssen diese mechanischen Maße noch einmal nachgeprüft werden, ob sie wenigstens annähernd noch vorhanden sind.

Stromübergang gaben. Seitdem mache ich mit einer 35-Watt-Lampe Durchgangsprobe – sieht umständlich aus, dauert aber keine zwei Minuten, gesucht habe ich damals viele Stunden.

Wenn diese Maße stimmen und ausreichender Kontaktdruck da ist, kommt die nächste, wesentlich kitzligere Einstellung:

Man drückt auf den Regleranker, wie das der dicke Pfeil in Bild 91 zeigt. Dann schließen die beiden Rückstromschalterkontakte, kleine schwarze Pfeile. Wenn man

Bild 91
Die Erläuterung zu diesem Bild steht oben im Text, unwahrscheinlich wichtig ist, daß da, wo der krumme Pfeil hinweist, nach dem Schließen des Rückstromschalters wenigstens 0,2 mm Spiel da sind, bevor der Regler oben anzuheben beginnt.

jetzt vorsichtig weiter drückt, dann sieht man, wie sich der Gegenflügel des Ankers von der Kante der Kontaktfeder um 0,2–0,3 mm abhebt – krummer Pfeil –, bis man auf einen fühlbaren Widerstand trifft. (Fühlbar – na ja, ein bißchen aufpassen muß man schon, wenn man es aber weiß, fühlt man es doch ziemlich deutlich.) Dieser Gegenflügel des Reglerankers trägt nämlich einen etliche Millimeter hohen Zapfen, auf dem sogar ein Halbedelstein sitzt von z'wegen der Reibung. Dieser Zapfen legt sich wieder gegen eine Stellschraube in der Reglerzunge. Zunge und Stellschraube sind in Bild 92 für sich fotografiert, in Bild 75 ist diese Stellschraube mit St bezeichnet – danach müßte sich jeder zurechtfinden können. Man drückt also nur so viel auf den Anker, daß man dieses Gegenlegen fühlt, daß aber die Reglerzunge selbst auf keinen Fall angehoben wird. Dann müssen die 0,2–0,3 mm Abstand zwischen Federkante–Rückstromschalter und Gegenflügel des Reglerankers vorhanden sein. Notfalls wird an der Stellschraube St so lange gedreht, bis diese 0,2–0,3 mm da sind.

Ein zu großer Abstand scheint harmlos, ein zu kleiner Abstand – u. U. sind 0,2 mm schon knapp – führt dazu, daß der Regler in ziemlich breiten Drehbereichen rattert, was sich wieder durch Glimmen der Signallampe bemerkbar macht, das bei einer bestimmten noch ziemlich niedrigen Drehzahl – also dicht nach vollständigem Verlöschen der Lampe – einsetzt, um erst bei sehr hohen Drehzahlen wieder aufzuhören. Erfahrungsgemäß sucht man sich da krüpplig, zumal auch die wenigsten Elektro-Spezialiiisti davon zu wissen scheinen.

Da wir schon bei Kontaktabständen sind: Solange beim F-Regler der untere Kontakt sicher geschlossen ist, muß der Abstand vom mittleren zum oberen Kontakt – weiß in Bild 75 – auch 0,2 mm betragen. Natürlich lassen sich Zehntel schlecht schätzen, so kann es vorkommen, daß dieser Abstand zum oberen Kontakt ein bißen zu groß wird. Das äußert sich dann folgendermaßen: Wenn man bei angeschlossenem Voltmeter (und abgehängter Batterie) den Motor mit niedriger Drehzahl gehen läßt, zeigt das Voltmeter z. B. 7,0 Volt an, leicht schwankend, da der Motor ja nicht gleichmäßig läuft. (Dann spielt das untere Kontaktpaar nicht regelmäßig, die Kontakte bleiben zuweilen ganz offen und dabei kann die Spannung auf 7,2–7,3 Volt hinauflaufen.) Legt man weiter Drehzahl zu, dann kann die Spannung schön allmählich auf 8 Volt hinauflaufen, um von da an bei jeder Drehzahl konstant zu bleiben – bei 8 Volt fängt erst der obere Kontakt an zu arbeiten. Eben wenn der Abstand zwischen den oberen Kontakten etwas zu groß ist. Diesen Spannungssprung kann man klein halten – bei 0,2 bis 0,3 Volt –, wenn man den Abstand des oberen Kontaktes vom Zungenkontakt eng hält. Man kann das durch Nachbiegen der Messingbrücke ganz schön einstellen.

F-Regler umgebaut mit Rückstromschalter

Auf Seite 105 haben wir schon gesehen, wie man einen F-Regler auf wesentlich flachere Regelung bringen kann, indem man eine oder zwei Stromwindungen abwickelt.

Mehr abzuwickeln, um sehr flache Regelung zu bekommen, darf man aber nicht wagen, weil da der Rückstromschalter wieder zu spät abschaltet. Wenn man nun

Bild 92
Das ist die Reglerzunge mit der Stellschraube, um die Schalterluft herzustellen, die nach Bild 91 nötig ist. Lacksicherung ist unzuverlässig, muß durch Nachbiegen des Muttergewindes schwergängig gemacht werden, ist dazu eigens geschlitzt.

den Rückstromschalter im F-Regler totlegen und einen besonderen Rückstromschalter verwenden würde? Dann könnte man *alle* Stromwindungen vom F-Regler herunternehmen, bekäme eine völlig horizontale Spannungsregelung, die Rückstromschalterei wäre dennoch zuverlässig, und als Überlastschutz täte es vielleicht eine simple Schmelzsicherung?

In der Tat, das geht, denn bei Boschens gibt es einen selbständigen Rückstromschalter unter der Bezeichnung SSM 17/4Z, der ganze acht Märker über den Ladentisch kostet. Man kann den Regler sitzen lassen, wo er sitzt, der Rückstromschalter wird da angeschraubt, wo gerade Platz ist, und wo kein Dreckwasser hinlaufen kann. Geschaltet wird nach Bild 93 und man kann in Ruhe auf eine Netzspannung von 7,4 Volt einstellen. Damit ist man wie beim schönsten Knickregler den ganzen Sommer-Winter-Kummer los und plötzlich reicht auch wieder eine 7–8-Ah-Batterie, wo vorher ein 14-Ah-Ding nur notdürftig reichte. Nur darf eben die Sicherung nicht vergessen werden, die man folgendermaßen berechnet: Eine 60-Watt-Maschine ist im Winter bis 70 Watt überlastbar, das macht bei 7,4 Volt Netzspannung 70:7,4 = 9,5 A. Nehmen wir also eine „träge" 10-A-Sicherung, die es mindestens im Elektroladen als „Wickmann-Feinsicherung" gibt, falls der Kfz-Heinerich behauptet, das habe er nicht. Für eine 90-Watt-Maschine würde eine 15-A-

Bild 93
Ein F-Regler mit herausoperierter Stromspule und stillgelegtem Schalter. Die Sicherung S ist wichtig als Überlastschutz, da der Regler unentwegt auf Höchstspannung regelt. Nachgeschaltet ist ein serienmäßiger Rückstromschalter, die Klemmenbezeichnungen finden sich am Schalter, die Klemme F sitzt unter der Grundplatte, diese selbst muß Masseverbindung haben.

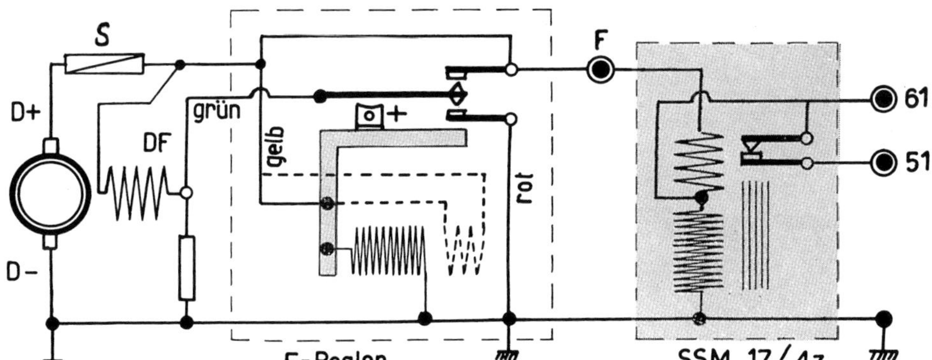

Bild 94
Der normale, billige Rückstromschalter, mit den beiden Zylinderkopfschrauben läßt sich der Luftspalt einstellen, Druckblech und Blattfeder haben Langlöcher.

Bild 95
Seitenansicht des Rückstromschalters, die F-Klemme sitzt unterhalb der Grundplatte verborgen, Pfeil, auf der Seite von Klemme 61.

Bild 96
Damit es gar keine Zweifel geben kann, was beim F-Regler rote und grüne Strippe ist. Die gelbe Strippe führte zur Stromspule, die ja weggeschnitten wurde, die Leitung von der Sicherung bzw. von der Plusbürste führt jetzt direkt an den Punkt, wo früher das andere Ende der Stromspule an den Reglerwinkel gelötet war. Der Winkel beim F-Regler ist „heiß", muß also gegen Masse gut isoliert bleiben.

Sicherung gut, und wenn man der Sache nicht ganz traut, kann man es ja zunächst mit einer „flinken" Sicherung versuchen.

Diese Sicherung knallt natürlich bei klapperleerer Batterie immer weg, man muß also die Batterie abklemmen und so fahren, daß der Motor nicht stirbt, weil er ja nur aus der Lichtmaschine Zündstrom bekommt. Nachgeladen wird die Batterie dann stationär. Wenn man es weiß, macht es einem nichts aus, schließlich kriegt man auch ohne Batterie anstandslos die längste Nachtfahrt hinter sich.

Die Einstellung des SSM 17/4Z ist „ladenfrisch" gewöhnlich so, daß bei 6,3–6,5 Volt Maschinenspannung geschaltet wird, bei 3–4 A Rückstrom fällt der Anker *sicher* ab. Nachprüfung der Einschaltspannung beim ersten Einbau empfiehlt sich auf jeden Fall – der Rückstrom stimmt dann ganz von selber. Man kann die Einschaltspannung ändern, wenn man die beiden mit Pfeil bezeichneten Schrauben in Bild 94 lockert und den Luftspalt zwischen Anker und Kern ändert – weniger Abstand gibt niedrigere Einschaltspannung. Mit dem Hakenbügel über dem Anker wird fein nachgestellt. Bei einem solchen getrennten Rückstromschalter hat man es in der Hand, erst bei ziemlich hoher Spannung, etwa bei 6,8 Volt, einschalten zu lassen. Dann geht die rote Lampe spät aus und kommt sehr früh, man ist also im Bilde, daß man ehestens wieder Drehzahl zulegen muß und nicht weiter bummeln darf. Die Wirkung dieser Schalter-Regler-Kombination – einige MOTORRAD-Leser haben sie schon nachgebaut – ist so, daß eine normale 60-Watt-Maschine auch mit zwei Seitenwagenlichtern von je 2 Watt und mit Heizgriffen die Batterie nicht mehr auspumpt, auch wenn man täglich eine halbe Stunde langsame Stadtfahrt hat – dreißig Minuten offene Straße verschaffen der Batterie einen genügend hohen Ladestrom, damit die Stadtfahrerei wieder ausgeglichen wird. Aufmerksamkeit verlangt nur die Sicherung – sie liegt nämlich zwischen Plusbürste und heißem Ende der Feldwicklung, weil nur so die rote Signallampe angeht, wenn die Sicherung doch mal wegbrennt. Man muß also das von Hause aus an der Plusbürste liegende Ende der Feldwicklung lösen und von da zwei dicke Drähte zu der Sicherung führen, die irgendwo gut zugänglich montiert wird.

Andere Regler

Der DKW-Motorrad-Regler ist grundsätzlich schon auf Seite 86 besprochen, so daß wir uns hier mit dem Hinweis begnügen können, daß bei allen DKW-Motorradanlagen die Feldspule an Masse und der Regelwiderstand an der Plusbürste liegt. Dieser Regelwiderstand ist beträchtlich höher als bei einem Zweikontaktregler, er liegt bei 50 Ohm, entsprechend gering ist der Wärme-Anfall, so daß der Widerstand auf die Reglerspule gewickelt werden konnte, seine Anschlußenden zu identifizieren dürfte bei diesem hohen Ohmwert kein Problem sein.

Der Milles-Regler

findet sich zwar nicht in den in Bundesdeutschland verkauften Puchs, da werden Bosch-Anlagen verwendet, man begegnet ihm aber in allen im nichtdeutschen Ausland laufenden Püchen. (Nur in Österreich selber gibt es auch Püche mit Bosch-Anlagen.) Der Milles ist sehr klein und sehr kompakt, es ist ein Einkontaktregler,

Bild 97
Reglerseite bei Milles – die untere Platte ist der Regleranker, die obere der Schalteranker, der für die Reglerkontakte ausgeschnitten ist, die helle Litze muß an Masse gelegt werden, ist das „kalte" Ende der Spannungsspule. (Das heiße Ende liegt am Magnetkern.) Die dicke Strippe geht nach Klemme 51.

Bild 98
Die Schalterseite – auf die eingezeichneten Abstände kommt es ziemlich genau an, die dicke, dunkle Strippe muß an die Plusbürste der Lichtmaschine und an Klemme 61.

bei dem auch wieder der Regelwiderstand gleich mit auf die Reglerspule gewickelt ist. Auf den ersten Blick erscheint der Milles-Regler verzweifelt unentzifferbar, das Besondere daran ist aber nur, daß er zwei übereinanderliegende Plattenanker hat. Wenn man das weiß, ist alles weitere ganz einfach:

In Bild 97 erkennt man gut die obere Ankerplatte und ein Kontaktpaar – das gehört aber *nicht* zu dieser oberen Ankerplatte, sondern das in Bild 97 halb verdeckte hintere Kontaktpaar: Das ist der Rückstromschalter, der Anker wird vom U-Schenkel des Magneten gezogen, auf dem hier die Zahl 7 250 zu lesen ist. Der Regleranker liegt *unter* dem Schalteranker und ist nur in seiner halben Dicke sichtbar, weil er in einer U-Schiene aus Messing verborgen ist. Hier kommt es auch auf ein paar Maße an:

Der *Regleranker* soll sich beim Öffnen des Reglerkontaktes um 0,3 mm bis zum Anschlag bewegen können und wenn der *Schalter*kontakt gerade geschlossen ist – zuvor soll er 0,12–0,3 mm offen gewesen sein –, dann soll die Ankerplatte vom U-Schenkel des Magneten noch 0,6–0,7 mm Abstand haben, darf also nicht anliegen. Wenn der Regleranker noch nicht angezogen ist, also die Reglerkontakte noch zu sind, aber der Schalteranker schon angezogen ist, so daß dessen Kontakte zu sind, soll zwischen beiden Ankerplatten noch 0,2–0,3 mm Luft sein. Das sieht zwar verzwickt aus, ist aber weiter nicht gefährlich, die Ankerplatte des Schalters läßt sich von oben her dirigieren, wenn man die schmale Messingzunge nachbiegt, die in Bild 101 auf das S von MILLES zeigt, der Kontaktabstand läßt sich mit der breiten Messingzunge über der Kontaktfeder noch beschränkt vertrimmen. (Überhaupt kann man sagen, daß bei allen Reglern irgendwelche Messingzungen immer nur als verbiegbare bzw. verstellbare Anschläge für Anker und Kontakte dienen, bei Ankern dienen sie sogar immer dazu, deren Abstände vom Kern in der Ruhelage zu begrenzen.

Bild 99 ▲
Die schräge Klemme muß mit dem freien Ende der Feldspule der Lichtmaschine verbunden werden, die helle Strippe W ist der Widerstand W aus Bild 102.

Bild 100
Das Ding mit Pfiff beim Milles-Regler: Durch Verdrehen der Schraube wird die Reglerfeder R verspannt und die eingeregelte Spannung verändert, dazu muß aber erst die Kontermutter K gelöst werden. Die Einschaltspannung läßt sich durch Verstellen der Zackenmutter E ändern.

Bild 101 ▶
Zum Ändern der Einschaltspannung wird die Kontermutter gelöst, die Schlitzschraube S muß aber festgehalten werden oder muß man sich deren Stellung merken. Dann wird die Zunge Z niedergedrückt, bis sich die Zackenmutter drehen läßt. Dabei darf natürlich die Schlitzschraube nicht versehentlich mitgedreht werden, ebenso muß sie zum Wiederanziehen der Kontermutter gut festgehalten werden.

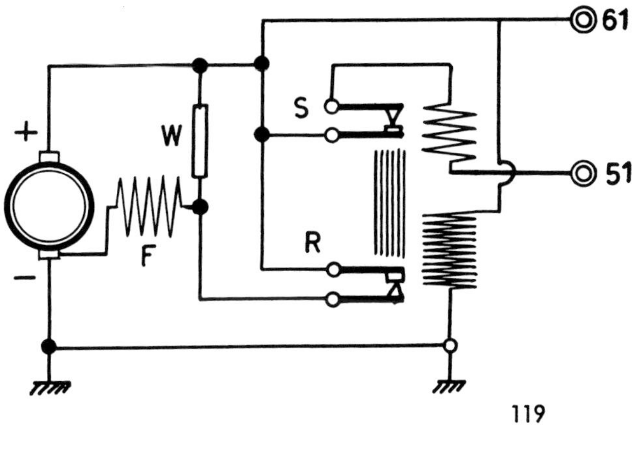

Bild 102 ▶
Die Grundsatzschaltung des Milles-Reglers – ist für Bosch-Maschinen nicht geeignet, umgekehrt kann eine für den Milles bestimmte Puch-Maschine nicht mit einem Bosch-Regler versehen werden, Feldspule und Widerstand ist anders geschaltet. Wenn man mit Bild 89 und 93 vergleicht, findet man den Unterschied und kann notfalls in der Lichtmaschine die Feldspule umklemmen. Beim Milles-Regler ist der Widerstand W mit auf die Reglerspule gewickelt.

Der Bosch-GA2-Regler

Man findet ihn zuweilen in den Puchs, die in Westdeutschland verkauft wurden. Er ist weiterhin nicht erschütternd, natürlich übliche Neigekennlinie, auch nur ein einziges Magnetsystem, aber wenigstens zwei getrennte Anker für Rückstromschalter und Regelung. Der Schalteranker hat noch eine Art magnetischen Nebenkreis, um trotz flacher Neigekennlinie ein exaktes Abschalten bei nicht zu hohen Rück-

Bild 103
So sieht der GA-Regler heute aus, Rückstromschalter rechts, der Pfeil weist auf die Biegezunge.

Bild 104
Rückseite des GA-Reglers, Zweikontakt-Spannungsregler links, Regelwiderstand rechts unter der Grundplatte.

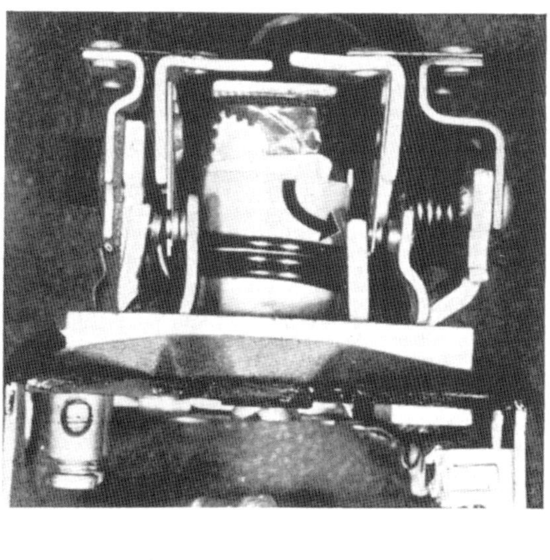

Bild 105, linke Seite
Älterer, aus 1954 stammender GA-Regler in einer Freilassinger Puch, die Stromspule ist noch etwas anders als bei der modernen Ausführung, Spannungseinstellung noch mit Schraube wie im Schemabild hier rechts.

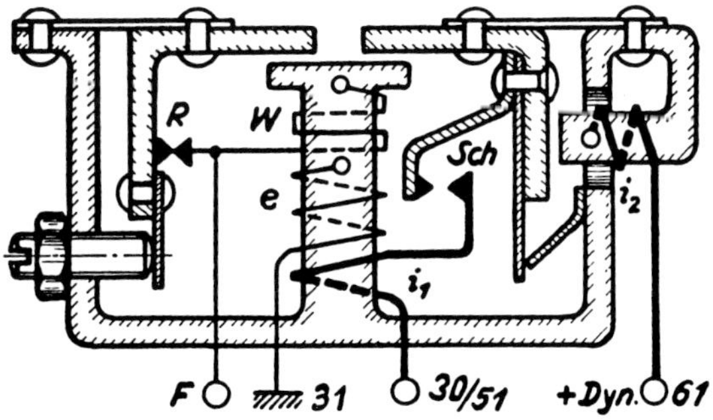

Bild 106
Grundaufbau des bei Puch verwendeten GA-Reglers, Bezeichnungen entsprechen dem Puch-System, Spannungseinstellung mit Stellschraube, Rückstromschalter mit Biegezunge.

strömen zu bekommen. Ich bringe hier das Bild eines solchen GA-Reglers, wie ich ihn 1954 noch in meiner eigenen Maschine hatte, ebenso die Originalzeichnung aus dem Puch-Handbuch. Wie man sieht, war damals für den Regler noch ein Einkontaktsystem verwendet, ebenso eine Stellschraube zur Spannungseinstellung. Der heutige GA-Regler ist magnetisch noch gleich aufgebaut, hat aber einen Zweikontaktregler und Biegezungen für die Einstellung von Schaltpunkt und Spannung. Beim alten Regler war der Regelwiderstand mit auf den Magnetkern gewickelt, beim neuen Regler sitzt der Widerstand unter der Grundplatte. Es ist kein Problem, den neuen Regler an die alte Lichtmaschine anzuschalten, falls der alte Regler nicht reparierbar hin ist, nur wird man nicht darum herumkommen, den neuen *Regler* mit einem genauen Voltmeter ebenso genau nachzustellen, bis die richtige Spannung da ist – der *Schalter* wird ja auf Anhieb funktionieren.

Der Leser wird ja nun wohl auch so langsam den Eindruck gewinnen, daß diese ganze Regelwirtschaft eine uferlose Bastelei sei, jeder Macher stoppelt zwar irgend etwas Billiges zusammen, aber jeder geht am Kern der Dinge vorbei – die Grundsatzkrankheit ist die geneigte Kennlinie, und falls doch jemand Bescheid wußte, dann hat er von diesem Wissen keinen Gebrauch gemacht, wohl um einsfuffzich zu sparen. Im Endergebnis haben wir trotz grundsatzkranker Regelei uns mit einer solchen Menge verschiedener Regler auseinanderzusetzen, daß man es keinem Berufs-Elektriker mehr übelnehmen kann, wenn er da erst gar keinen Versuch mehr macht, sich einen Überblick zu verschaffen und sich darauf beschränkt, auch bei harmlosen Anständen lieber gleich den ganzen Krempel auszuwechseln, statt erst mal eine halbe Stunde zu denken und dann mit einem Zangendruck richtig einzustellen.

Der Siba-Regler

Man findet ihn in den meisten Rollern mit Elektro-Starter, vor allem, wenn da Sachs-Motoren drin sind. (Aber auch bei Goggomobilen und Messerschmitts.) Kenntlich ist er am rechteckigen, blanken Alu-Gehäuse mit aufgesetztem Unterbrecher-Kondensator, Bild 107.

Das Element ganz links in Bild 108 ist das Starterschütz, kenntlich an den dicken Kupferklötzen, die als Kontakte dienen. (Übrigens: Man würde es sonst Relais nennen, sobald aber sehr starke Ströme geschaltet werden, nennt man es feierlich

Bild 107
Der Siba-Regler hat den Unterbrecherkondensator gleich am Schutzkasten angebaut.

Bild 108
Die Startstromklemme ist kupferfarben, das ganze Schaltelement links hat mit dem Regler eigentlich gar nichts zu tun.

„Schütz". Die Elektriker sagen eben so.) Da gibt es einfach infolge Simplizität keinerlei Anstände. Das in der Mitte ist der vielberühmte Rückstromschalter und ganz rechts sitzt der Regler, ein ganz braver Zweikontaktregler, Bild 110.

Auffällig ist die Stromspule auf dem Regler – nur drei Windungen. Wohlbegründet, denn Lichtmaschine ist ja in diesem Fall der dicke Kurbelwellen-Anlasser mit einer Läuferwicklung, die für 20–30 A Stromaufnahme ausgelegt ist, wobei eben dieser Strom über den Kollektor muß. Der Läufer vermag also umgekehrt auch einen sehr starken Strom zu liefern, etwa in die besagte völlig leere Batterie, es kommt da auf eine halbe Stunde nicht an. Da es sich um eine 10-Ah-Batterie handelt, (die 12 Volt sind in dieser Hinsicht belanglos), beschränkt sich die Lieferung

Bild 111
Unterseite des Siba-Reglers, ganz links die Anschlüsse des Starterschütz. Das bißchen Widerstandsdraht auf dem keramischen Stäbchen ist der ganze Regelwiderstand, von dem bisher immerzu bei jeglichem Regelverfahren die Rede war.

Bild 109
Diese beiden Zungen dienen zur Einstellung der Schalt- und Regelspannung – das sieht hier nur so winzig aus, weil sich da schlecht dazwischenfotografieren läßt, in Wirklichkeit sind das ziemlich deftige Nasen.

Bild 110
Die Spannungsreglerseite, Zweikontaktregler, bemerkenswert die nur drei Stromwindungen, gibt flache Neigung.

von 20–30 A Anfangsstrom in die tiefentladene Batterie auf ganz wenige Minuten, danach wird der Ladestrom sowieso wieder manierlich niedrig. Angesichts der Größe der Lichtmaschine wären hier die drei Stromwindungen kaum nötig, die scheinen mehr eine Art Gewissenberuhigung des Reglermachers zu sein.

Beim Siba-Regler vermißt man auf den ersten Blick eine Justiermöglichkeit für Einschalt- und Regelspannung. Bei den früheren Siba-Reglern gab es wenigstens am Rückstromschalter noch eine gekonterte Stellschraube, die ist aber seit geraumer Zeit auch verschwunden. Wenn man nun in Bild 109 genau hinsieht, entdeckt man da zwei Nasen – das sind die Stellnasen! Also Blechfahnen, gegen die sich die Federn des Schalter- und Regleránkers abstützen. Hier wird vor- und rückwärts gebogen, bis Einschalt- und Regelspannung stimmen. Ist ziemlich wenig „zangenempfindlich": Wenn man also bei laufender Maschine mit der Flachzange einstellt, gerade eine schöne Spannung erwischt hat und die Zange wieder wegnimmt, bleibt die eingestellte Spannung ziemlich gut erhalten.

Während nun bei den Bosch-Lichtmaschinen, die mit F-Regler ausgestattet sind, der Regelwiderstand sich in der Lichtmaschine befindet, sitzt er bei den Sibas unter der Regler-Grundplatte, Bild 111. Das Bild gibt gleich einen guten Begriff, wie klein so ein Widerstand überhaupt ist. Mit diesen Reglern gibt es sehr wenig Anstände, weil sie auf iurgend etwas zwischen 14 und 14,8 Volt eingestellt sein können. Die wenigen Stromwindungen sorgen dafür, daß auch bei eingeschaltetem Licht die

Spannung hoch bleibt und trotz der nur 14 Volt genügend Ladestrom in die tief entladene Batterie kommt, umgekehrt wird die Batterie wegen der nur 14,8 Volt Höchstspannung auch nicht totgekocht.

Immerhin begegnet man diesem Siba-Regler noch ziemlich häufig. Nur des reinen Interesses halber sei hier aber noch ein anderer Regler gezeigt, der

Bosch T-Regler

Sitzt im allgemeinen auf der VW-Lichtmaschine. TA *auf* der Lichtmaschine TB – *weggebaut,* irgendwo sonst am Fahrzeug. Auch Zweikontaktregler. Die haben eben den Vorteil, daß man damit einen sehr weiten Drehzahlbereich beherrscht. Nun sitzt da auf der Reglerspule nur eine *einzige* Stromwindung. Bild 112. Entweder verlassen sich hier die Reglermacher darauf, daß die Lichtmaschine zwangsbelüftet ist und sich in den ersten zehn Minuten Hochlast bei tiefentladener Batterie noch nicht aufgeheizt hat – nachher geht ja der Strom auch in einer 80-Ah-Batterie doch wieder stark zurück –, oder aber ist das einer der seltenen Regler mit empfindlicherem Magnetsystem, das mit 200 oder gar noch weniger Amperewindungen auskommt. Ich habe das bis jetzt nicht nachgeprüft, denn dieser Regler hat eine typische Geschichte:

Die Besitzerin des ursprünglich damit verbundenen VW beanstandete, daß nach Stillsetzen des Motors und bei gezogenem Schlüssel das rote Licht nicht immer ausgehe, man müsse dann immer ein paarmal rumschließen oder gar noch mal starten,

Bild 112
Der T-Regler hat nur eine einzige Windung als Stromspule, Zweikontaktregler, Spannungseinstellung durch Biegezunge, der Regler ist als VW-Bauteil ausgesprochen billig und kann einen F-Regler in einer 60-Watt-Anlage ersetzen, wenn man die Stromspule auf dem Rückstromschalter mit der dreifachen Windungszahl (dünner Draht) versieht und als Überlastschutz nach Bild 93 eine Sicherung in die Lichtmaschine setzt. Der Regelwiderstand W ist im T-Regler schon eingebaut.

Bild 113
So etwas vermag sicher 20 A zu übertragen – ist nicht etwa schlecht, sondern eine noch voll funktionsfähige Kontaktstelle.

Bild 114
Um ja nichts zu versäumen: Wenn Kontakte auf solchen Böcken sitzen, ist das nur gemacht, um durch genaues Nachbiegen ein ebenso genaues planparalleles Berühren der Kontakte zu erzielen.

Bild 115
Beim T-Regler wird die Einschaltspannung durch Nachbiegen des Drahtbügels eingestellt – Stummel der Stromwicklung.

Bild 116
Beim Nachstellen der Biegezunge oben gehen die Kontaktabstände unten „mit", da muß notfalls auch nachgebogen werden.

bis das Licht sich zum Ausgehen bequeme. Der Elektro-Spezialist in der VW-Werkstatt kam nicht auf die Idee, daß das eine Scheuerstelle oder eine abstehende Drahtborste im Zündschalter oder im Lenkschloß sein könnte, ja müßte, er tat, was sich Spezialiiist immer tut: „Is sich Reglär kapuuut!" (D. h., der hier sagte es natürlich auf schwäbisch: „Der isch hee!") Baute einen neuen Regler ein, schrieb Siebzehnfuffzich auf die Rechnung, und so kriegte ich den ausgebauten alten Regler als milde Gabe. Tut prima, werde ich nächstens um sechzehnfuffzich an einen Bedürftigen verkaufen. Nur weil es gerade so schön war, habe ich auch gleich die Kontakte fotografiert, die da drei Jahre lang zuweilen 20 und 25 Ampere sicher übertragen haben: Bild 113. Das ist eben Fabrikarbeit! Da hat der Reglermacher nicht aufgepaßt, die Kontakte in Schließstellung nicht genau genug parallel gestellt, Bild 114. Der feste Kontakt sitzt nämlich nur aus dem einen Grund auf diesem verbogenen Dingsda, daß er damit genau zurechtgebogen werde. Ich habe an der Brandstelle – die übrigens tadelfrei übertragen hatte – gar nichts gemacht, sondern nur parallel gerichtet, Bild 114, ein paarmal über eine dicke Induktion (Niederspannungsdrossel) geschlossen und öffnen lassen, damit sich der Öffnungsfunke abzeichnet, und nachgesehen – jetzt ist die Kontaktgabe genau in der Mitte. Verbrannte Kontakte: Man wird sie natürlich nur dann noch sauber feilen oder schmirgeln, wenn es darum geht, überhaupt nach Hause zu kommen. Dann aber *neue* Kontakte – jede Bearbeitung bedeutet frühen, gänzlichen Tod.

Hätten diese Kontakte geklebt, dann wäre die rote Lampe bei stillstehendem Motor und steckendem Zündschlüssel nicht mehr angegangen, die Batterie hätte sich über die Lichtmaschine entladen und Lichtmaschine wie Regler hätten sanft nach Ampere geduftet.

Hier wäre ja nun eine gute Gelegenheit, auf die gangbarsten Reglerfehler einzugehen. Bevor wir das aber tun, ist es besser, noch ein Reglerprinzip zu besprechen, das wahrscheinlich in der nächsten Zeit die Schwingkontaktregler ablösen wird, nämlich die Halbleiter-Regler, zu denen man notfalls auch „elektronische" Regler sagen kann, wenn es einem um feierliche Überschriften zu tun ist. Was hat es damit auf sich?

Unsere herkömmlichen Schwingkontakte sind schön und gut, man hat sich auch daran gewöhnt, sie für zuverlässig zu halten, sie sind es aber nicht. Man wird zwar von keiner Lichtmaschinenfabrik jemals erfahren, wieviel mehr Regler als Lichtmaschinen sie liefert, der Ersatz gestörter Regler ist aber ein nicht unbeträchtliches Werkstattgeschäft, wie jeder weiß, der damit zu tun hat.

Die moderne Halbleitertechnik, die sich unter anderem mit der Herstellung der in der Radiotechnik verwendeten Dioden und Transistoren befaßt, verfügt nun über Bauteile, die dort folgerichtig als „elektronische Schalter" bezeichnet werden und mit denen sich herkömmliche Schalt- und Schwingkontakte derart ersetzen lassen, daß bewegliche Teile gar nicht mehr vorhanden sind, daß es also Kontaktschwierigkeiten in Gestalt verbrannter Kontakte, von Öffnungsfunken, von isolierender Verschmutzung und derlei einfach nicht mehr gibt. Man ist zwar gewohnt, daß sich mit Röhren erstaunliche Dinge machen lassen, doch ist für Röhren schwacher Strom und hohe Spannung kennzeichnend. Für Halbleiter gilt das Gegenteil: Das sind ausgesprochene Niederspannungsbauteile, deren natürliche Arbeitsbereiche bei

Spannungen von Bruchteilen eines Volt beginnen und meist schon bei 12–25 Volt enden, wenn auch z. T. Arbeitsspannungen bis 150 Volt möglich sind. Dabei sind diese Halbleiter räumlich sehr bescheiden – ein Gleichrichter für volle zwei Kilowatt hat in der hohlen Hand Platz.

Es ist heute schon möglich, eine Lichtmaschine mit zwei Transistoren und einer Diode so zu kompoundieren und drehzahlunabhängig zu machen, daß irgendwelche bewegliche Reglerkontakte bekannter Art gar nicht mehr vorhanden sind – da sind die Kohlebürsten noch die einzigen beweglichen Kontakte.

Einen ersten bescheidenen Vorläufer dieser vollelektronisch geregelten Lichtmaschinen (ich sage ausdrücklich „-maschinen" und nicht Regler, weil zur vollelektronischen Regelung die Lichtmaschine kompoundiert werden muß, also eine besondere Wicklung braucht) gibt es in Gestalt wenigstens eines teilelektronisch arbeitenden Reglers, es ist der

Bosch-Varioden-Regler

Man soll sich zunächst durch die „Variode" nicht verblüffen lassen – das ist eine Hausbezeichnung, wie es ja allerwärts viele gibt, der normale Elektriker nennt so etwas schlicht eine Flächendiode, hier ist es zufällig eine Germaniumdiode. Weil das gerade da war. Es gibt auch brauchbare Siliziumdioden und wenn einem so ein Ding in Afrika verreckt, wo es keine Leistungsdioden gibt, kann man sich zur Not auch mit einer Platte aus einem Selengleichrichter helfen. Der springende Punkt bei diesem Variodenregler ist eine Grundsatzeigenschaft aller Halbleiterelemente – sie brauchen eine *Anlaufspannung*. Was das ist, zeigt Bild 117. Wenn man an eine Halbleiterzelle eine positive Spannung legt, etwa 0,1 Volt, dann passiert überhaupt nichts. Bei 0,2 Volt fließt ein winziges Strömchen, ein paar Dutzend mA, ein Nichts. Bei 0,3 Volt geht es aber los und bei 0,4 Volt schießt der Strom gewaltig hoch, als habe man einen Schalter geschlossen. Damit wird die Bezeichnung „Anlaufspannung" klar – erst müssen mal wenigstens 0,2 Volt da sein, bis überhaupt etwas passiert, bis 0,3 ist nicht viel los und erst ab 0,4 Volt schnurpst es richtig. *Diese Anlaufspannung macht eigentlich überall sonst, wo man Röhren und Halbleiter benützt, nur Kummer, zuweilen bricht man sich alle zehn Finger, um mit allerhand Kunstschaltungen diese verdammte Nichtlinearität auszukompensieren. Dieser Diodenregler dürfte wohl der erste Fall in der gesamten Elektronik sein, wo die Nichtlinearität ausgenützt wird, wo sie etwas bringt.* Bild 118 zeigt die dazugehörige Grundschaltung:

Da ist wieder unsere Lichtmaschine mit Einkontakt-Spannungsregler, entspricht bis dahin durchaus Bild 71 und würde auf gleichbleibende Spannung regeln, mit einer tiefentladenen, großen Batterie könnte man binnen einer Viertelstunde die Lichtmaschine bequem ausbrennen lassen.

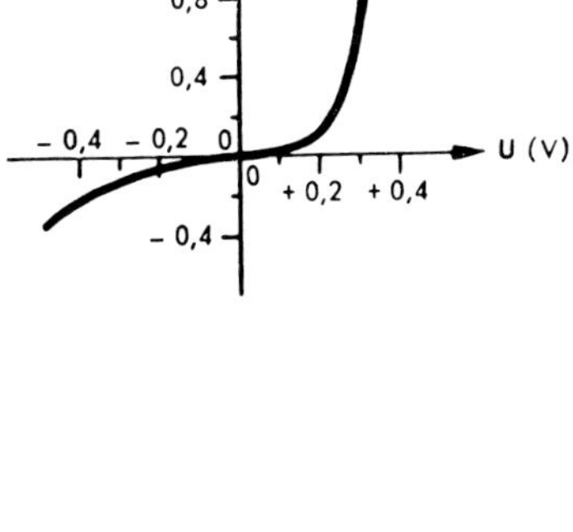

Bild 117
Die Strom-Spannungs-Kennlinie einer Halbleiter-Diode.

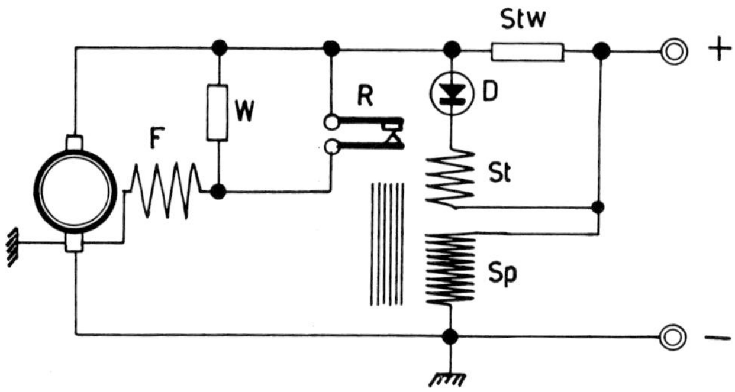

Bild 118
Die grundsätzliche Schaltung eines Spannungsreglers für gleichbleibende Spannung mit Strombegrenzung durch Diode.

Nun ist da aber in Bild 118 der Steuerwiderstand Stw, an dem der fließende Ladestrom einen Spannungsabfall hervorruft. Ist der Spannungsabfall klein, unter 0,2 Volt, dann passiert gar nichts, durch die Diode D fließt kein Strom. Sobald aber ein doppelt so starker Strom einen Spannungsabfall von 0,3–0,35 Volt hervorruft, wird die Diode durchlässig und schickt einen Strom durch die Steuerwicklung St, die auf die Reglerspule mit draufgewickelt ist. Man braucht sie nur richtig rum zu wickeln, damit sie mit ihrem Strom die Reglerwirkung unterstützt und die Spannung so herunterregelt.

Damit tut die Schaltung Bild 118 dasselbe, was der Knickregler auch tut: Die vom Regler eingestellte Spannung bleibt von Anfang an unentwegt gleich, unabhängig von der Belastung, und erst, wenn der fließende Strom für die Lichtmaschine gefährlich zu werden beginnt, wird die Spannung energisch so weit herabgesetzt, bis ein ungefährlich niedriger Strom erreicht wird.

Die tatsächliche Schaltung des Varioden-Reglers zeigt Bild 119, also mit Rückstromschalter zusammengebaut, ebenso Dreikontaktregler und Regelwiderstand nicht in die Lichtmaschine gewickelt, sondern an den Regler angebaut. Man vermißt in Bild 119 nur den Steuerwiderstand StW, und da finden wir den ersten Pferdefuß:

Eine Lichtmaschine für 120 Watt Höchstlast liefert bei 7 Volt Netzspannung einen Strom von rund 17 A. Wenn wir mit diesen 17 A an einem Steuerwiderstand einen Spannungsabfall von 350 mV erzeugen wollen, muß dieser Widerstand rund 0,02 Ohm haben – wie stellen Sie sich 0,02 Ohm vor? Siehste! In Wirklichkeit ist das

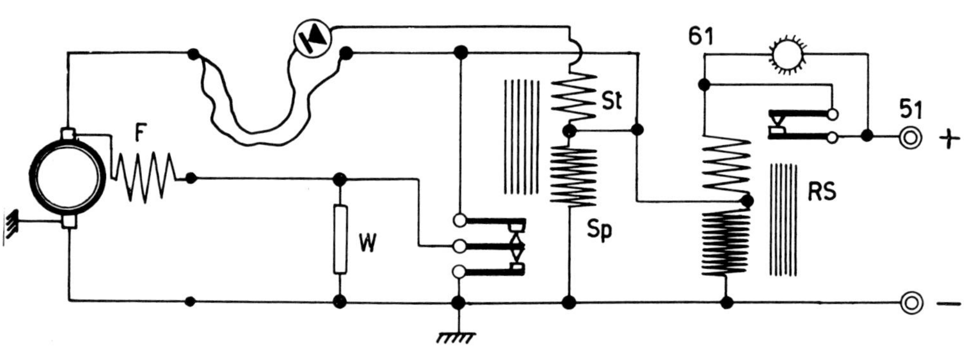

also ein gestreckt ziemlich 40 cm langer Draht, der mit der Leitung zwischen Lichtmaschine und Regler fest vereinigt ist.

Zu diesem Pferdefuß gehört noch eine weitere Teufelei: Diese Halbleiter-Dioden fallen in der Fertigung nicht gerade gleichmäßig aus, jedes Exemplar hat eine andere Anlaufspannung, man muß für jeden Regler den Widerstand, hier eben die Leitungslänge, individuell festlegen. In der VDT-Druckschrift von Bosch steht denn ja auch ganz treuherzig: „Wenn der Kabelsatz je einmal beschädigt werden sollte, so dürfen nicht etwa andere Leitungen angeflickt werden, sondern der ganze Regler ist zu ersetzen." (Wenn dann jemand diesen Regler in die Schrottkiste schmeißt, braucht man nur darauf zu achten, wo er hinfällt, um ihn herauszufischen, wenn gerade keiner hinsieht.) Die beschädigte Leitung läßt sich sehr wohl ersetzen – wenn man weiß, von welchem Strom ab die Diodenwirkung einsetzen soll, wenn man zweitens ein Meßinstrument hat, um diesen Strom einzustellen und wenn man ferner ein Voltmeter hat, um die bei diesem Strom einsetzende Spannungsminderung zu kontrollieren. Reine Intelligenzfrage.

Wie die Regelung mit der Diode aussieht, zeigt Bild 120, die dick ausgezogene Linie ist die Regelkurve des Variodenreglers. (Die verrückten Stromstärken: Ich habe von diesem Regler noch kein Exemplar für niedrige Leistung und damit noch keine eigenen Zahlen, ich mußte hier Bosch-Angaben übertragen.) Die punktierte Linie zeigt die Regelung mit einem Neigeregler – hohe, batteriegefährdende Anfangsspannung bei niedriger Last, lästiger Spannungsabfall bei hoher Last und damit unzulängliche Ladespannung. Die strichpunktierte Linie zeigt die Regelung mit normalem, magnetischem Knickregler. Da ist aber auch noch eine gestrichelte Linie: *So regelt der Diodenregler, so lange die Diode noch kalt ist.*

Das ist sehr zu schätzen: So lange die Lichtmaschine kalt ist, verträgt sie einen sehr viel höheren Strom, als wenn sie erst mal warm ist. Das kann man ausnützen, zumal es sich da um volle 15–20 Minuten ausnützbarer Zeit handelt, in denen man ein Mehrfaches der Strommenge wieder in die Batterie kriegt, die man vielleicht für einen 30-Sekunden-Start brauchte. Sobald die Lichtmaschine und damit der Regler warm werden, drückt die Diode ganz von selbst die Spannung auf ein ungefährliches Maß herunter.

Bild 119, linke Seite
Die tatsächliche Schaltung des Bosch-Variodenreglers.

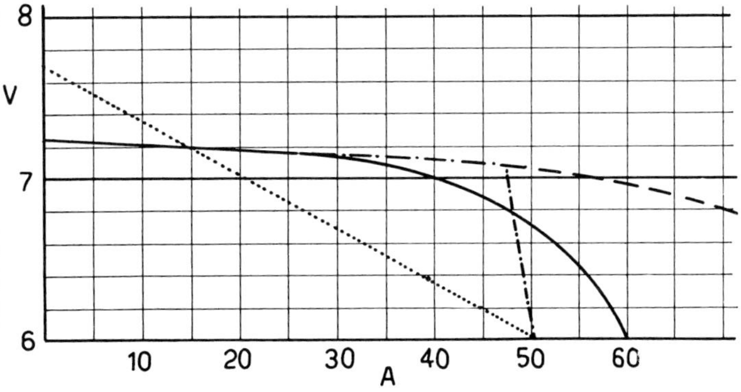

Bild 120
Vergleich Variodenregler – Knickregler – Neigeregler, die Stromwerte beruhen auf Bosch-Angaben. Durch Änderung des Steuerwiderstandes läßt sich der Regler für jede Lichtmaschinenleistung herrichten.

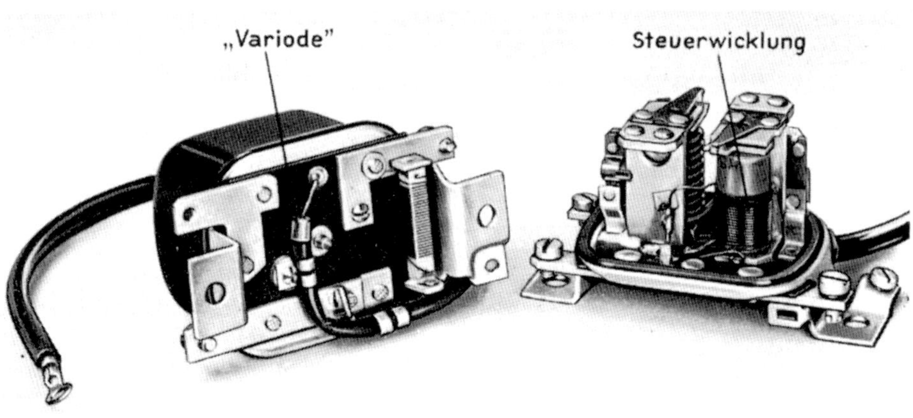

Bild 121
Der Variodenregler hat nur noch ein Rückstrom- und ein Spannungsregelsystem, wichtig ist die lange Anschlußstrippe, die genau auf Widerstand abgepaßt ist.

Der Erfahrene schätzt das zwar, wittert aber noch eine Gefahr – Halbleiter sind lausig wärmeempfindlich. Ich sage ausdrücklich lausig, denn bisher habe ich damit nur immer Sorge gehabt – hier soll die Wärmeempfindlichkeit nun einmal positiv ausgenützt werden. Das heißt, daß man sich über die Wärmeführung im Fahrzeug Gedanken machen muß, **man kann einen Dioden-Regler nicht irgendwo nach Schnauze annageln.**

Man muß den Anbringungsort sorgsam aussuchen, wo die Diode weder zu kalt bleibt noch extrem warm wird. Es gibt eben nichts umsonst auf dieser Welt. Vielleicht gibt es den Variodenregler auch schon für Nennleistungen von 90 oder gar 60 Watt, wenn dieses Buch ausgedruckt ist – das würde bedeuten, daß man fortan keine Motorradbatterie mehr im Sommer totzukochen brauchte und daß man im Winter dennoch die Batterie nicht mehr auslutschen würde, mancher fände dann mit einer 60-Watt-Maschine wieder sein Auslangen. Insofern ist der Diodenregler einer der wenigen wirklichen Fortschritte, da kann man gut und gern auf die paar Eigenheiten Rücksicht nehmen, die ihm von Hause aus mitgegeben sind. Der Variodenregler hat endlich auch für das magnetische, eigentliche Regelelement eine Temperaturkompensation – er regelt bei niedriger Temperatur eine höhere Spannung ein als bei hoher Temperatur – schon von Anfang an, also nicht erst bei hoher Last, wo die Diode einsetzt. Von – 10 Grad bis + 20 Grad sind 0,4 Volt Regelunterschied da – also genau das, was die Bleibatterie verlangt. (Und jede andere Batterie auch!) Vielleicht kommt doch einmal die Zeit, in der die Fahrzeugbauer für ihre Schlorren die Reglersorte kaufen, die da wirklich hineingehört.

Das sind bis jetzt 53 Seiten nur über Regler, kein Wort über Lichtmaschinen, und noch immer ist nicht alles gesagt. Fangen wir gleich mit der dringendsten Frage an, die uns immer wieder gestellt wird, wie man mit dem vorhandenen Neigeregler das aus der Lichtmaschine herausholt, was sie äußerstenfalls herzugeben vermag:

Zulässige Überbelastung

An sich sind auch Motorradlichtmaschinen gar nicht so überlastempfindlich, wie es den Anschein haben könnte, wenn man hier ein Dutzend Seiten gelesen hat, in denen immerzu nur von Überlast die Rede war. Man muß das nur sinnig machen. Zum Beispiel:

Da hat jemand eine Lichtmaschine von 45/60 Watt Nennlast drin, etwa die Noris ZLZ, er muß damit im Winter fahren und möchte nun noch Heizgriffe dranmachen. Geht das?

Schulmädchenrechnung: 35 Watt Licht, 3 Watt Rücklicht, 2×3 Watt im Seitenwagen, 8 Watt für die Zündung, 10 Watt für Batterieladung, macht 62 Watt, „für Heizgriffe ist nichts mehr drin".

Wir machen das anders:

Wir legen erst mal eine Netzspannung von 7 Volt bei voller Last zugrunde. (Die brauchen wir ja, um in die Batterie überhaupt etwas hineinzukriegen.) Dabei schluckt die Scheinwerferlampe – siehe Bild 122 – 6,2 A, macht runde 44 (!) Watt. (Eine 25-Watt-Lampe würde 32 Watt verbrauchen.) Hinten und im Seitenwagen müssen es dreimal 1,5 Watt tun. Die gehen zwar nach längstens 2000 Kilometer kaputt, dafür sind sie aber billig, macht 4,5 Watt. Wenn wir nicht bummelig fahren und hübsch drehen lassen, schluckt die Zündspule auch nur 5–6 Watt, sagen wir also 6. Macht zusammen höchstens 56 Watt. Bei 7,0 Volt nimmt die Batterie unge-

Bild 122
Die tatsächliche Stromaufnahme einer 35-Watt-Glühlampe für 6 Volt Nennspannung.

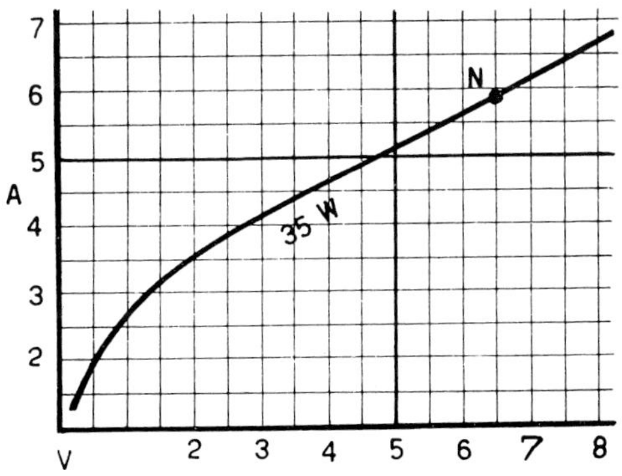

Bild 123
Stromaufnahme eines Paares Wafier-Heizgriffe.

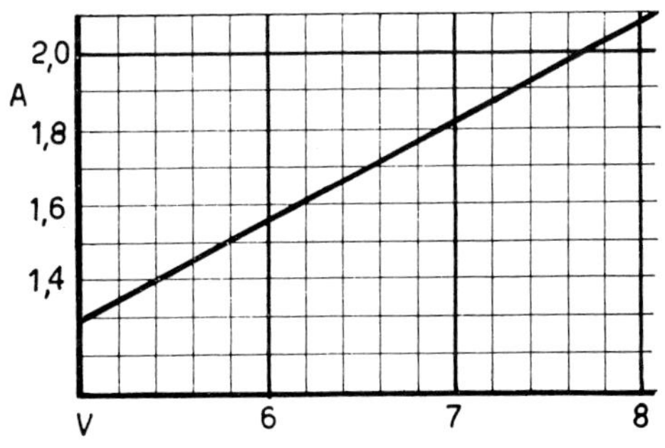

fähr 0,5 bis höchstens 0,8 A auf, macht noch mal 4–6 Watt aus, womit wir auf 62 Watt wären. Nach Bild 123 nimmt ein Paar Heizgriffe bei 7,0 V Netzspannung reichreichlich 1,8 A auf, macht 13 Watt.

Ich geniere mich nun gar nicht, diese ganze Last, also 75 Watt, an die Lichtmaschine zu hängen und bei knappen 11 A auf 7,0 Volt einzustellen. Bei Temperaturen – insbesondere Batterietemperaturen – um die null Grad herum geht das anstandslos. Wer ganz sicher sein will, nimmt eben nur 25 Watt in den Scheinwerfer. Sobald der eigentliche Winter aber vorbei ist und man wieder jagen möchte, müssen die Heizgriffe natürlich weg, meist wird man dann ja auch die Netzspannung nachbzw. niedriger regulieren, schon damit bei den wieder langen Tagfahrten die Batterie nicht zuviel Dauerladestrom bekommt.

Umgekehrt: Wenn da so ein armes Würmchen ankommt und weint, weil die Heizgriffe seine Batterie leergesoffen haben, dann braucht man im allgemeinen nicht viel anderes zu tun, als bei voller Last die Reglerspannung auf 7,0 Volt einzustellen. Wenn er dann nicht ganz bummelig fährt, wird er die Batterie so eben und eben am Leben erhalten – 7,4 Volt wären natürlich besser – aber auch die Lichtmaschine noch nicht schädlich überlasten, auch mit 35 Watt im Scheinwerfer. Stellt sich das als ungenügend heraus, ist also nach einer Woche die Batterie wieder leer, dann kontrolliert man nur, ob die 7,0 Volt unter voller Last noch da sind. Wenn ja, bleibt der Regler unangetastet und man setzt nur eine 25er Lampe ein. Damit wird die Spannung unter Last auf 7,3–7,4 steigen und man ist da, wo man der Batterie wegen hin will und auch hin muß. Selbiges armes Würmchen braucht dann nur so um April herum die Heizgriffe abzuschalten, wieder auf 35 Watt im Scheinwerfer zu gehen und kann den Regler *wieder* unangetastet lassen. Der wird dann ohne Lichtlast auf 7,6–7,8 Volt regeln, für Jagerei wäre das ein bißchen hoch, aber *dieser* Mann jagt ja nicht, also läßt man seinen Regler besser in Ruhe.

Reglerschäden

Manche Reglerschäden sind einfach dadurch bedingt, daß man jahrelang glaubte, den Regler gleich unten in die Lichtmaschine hineinbauen zu dürfen, weil da alles so schön kompakt beisammen ist. Abgesehen davon, daß hier der Regler vom Kurbelkasten her aufgeheizt und zu warm wird – dabei geht die Regelspannung hoch, Batteriekochen im Sommer ist die Folge, bei kalter Maschine in der Werkstatt findet man den Fehler aber nicht –, haben sich insbesondere bei Twins auch Vibrationsschwierigkeiten ergeben. Das hat dazu geführt, daß etwa bei den Adlers der F-Regler eine stählerne Grundplatte bekommen mußte, wohl isoliert von der normal vorhandenen Hartgewebe-Grundplatte. Es ist hier auch schon gesagt worden, daß der Z-Regler bei der Horex-Imperator unzuverlässig ging, weil er da im Scheinwerfer offenbar auch „Mineralwasser" aus dem Motor bekam. Der sicherste Ort für einen Regler ist eigentlich unter der Sattelecke des Rahmens – dort ist praktisch immer ein Schwingungsknoten und damit Ruhe.

Einem MOTORRAD-Leser ist aber etwas Putziges passiert: Er hatte bei seiner R 26 eine ganz harmlose Reglerpanne beseitigt und ließ den Motor kurz mal hoch-

Bild 124 ▶
Bei den BMWs ist – aus sichtbar schlechter Erfahrung – der Regler schon lange gegen Ölspritzer abgeschirmt, der große Blechlappen schützt den Rückstromschalter, der kleine die Reglerkontakte.

Bild 126, rechts unten
Die Hartgewebeplatte ist meist zu nachgiebig, sie muß durch eine Blechplatte verstärkt werden, die aber von den drei Kopfschrauben mitgefaßt werden muß, die den Reglerbügel festhalten. Diese Schrauben müssen von der Blechplatte dennoch zuverlässig isoliert werden, man braucht also längere Schrauben, damit die Isolation Platz hat.

Bild 125
Die Engländer setzen ihre Regler weit weg vom Motor und gut zugänglich in einen Blechkasten.

jubeln, nur um zu sehen, ob alles in Ordnung sei. Dabei ging ihm der Motor durch, es gab einen kurzen, heftigen Schüttler, der Regler konnte auf seiner Grundplatte schwingen und dabei bekam er vom Zündversteller eine Ohrfeige genau auf den Regleranker, die zunächst nicht mal bemerkt wurde. Der Mann fuhr weiter und nach zehn Minuten war der Regler verbrannt, erst nach dem Ausbau war zu sehen, daß der Regleranker schief stand wie die Nase in einem Boxergesicht.

So etwas braucht man an der roten Lampe nicht zu sehen, der Regler verbrennt schlicht – es hat schon Leute gegeben, die damit nach Hause gefahren sind, dort die Batterie ausbauten, um den Schlitten zu überwintern, und erst im nächsten Frühjahr merkten, daß Regler und Lichtmaschine ausgebrannt waren. Das müssen wir aber mit System durchdenken:

Jeder Schwingkontakt *muß* einmal in seinem Leben verbrennen, das ist sein natürlicher Tod, es gibt kein Kontaktmaterial, das eine unendliche Lebensdauer hätte – irgendwann ist der Zeitpunkt da, wo die Kontakte sich zwar aufeinanderlegen, aber kein Strom mehr durchgeht. Dieser Zeitpunkt ist bei den eigentlichen Reglerkontakten zwar sehr ferne, kann aber beträchtlich näher rücken, wenn die Kontakte Öl abkriegen, sei es den Öldunst aus undichten Kurbelwellenlagern bei Zweitaktern, sei es Schleuderfett vom Unterbrecher bzw. Zündversteller. Bei BMW scheint man das zu wissen, wenigstens haben die dort verwendeten F-Regler Schutzbleche, die Öltröpfchen von den Kontakten abhalten sollen – und auch abhalten.

Wenn nun der obere Reglerkontakt Öl abkriegt, verschmort und nicht mehr schaltet, dann kann die Lichtmaschinenspannung nach oben weglaufen. Sie tut das, auch wenn da eine 14-Ah-Batterie dranhängt, da kann die Spannung auf 10–11 Volt steigen, die Batterie kocht zwar enorm, dazu ist aber genügend viel Wasser drin, so daß der Regler binnen etwa einer halben Stunde verbrennt – die Spannungsspule wird bei 8 Volt schon beträchtlich heiß, und 10 Volt lassen die zulässige Grenztemperatur gemeiner Lackdrähte weit überschreiten, die Wicklung kokelt und verkokelt. Dies mit Vorliebe dann, wenn der Regler am heißen Kurbelkasten sitzt und seine Wärme sowieso nicht loswird. (Deshalb gehört ein Regler nicht da hin, wo Öl ist und wo Hitze ist!) Es ist nicht gesagt, daß das unbedingt sein müßte, es ist aber auch schon vorgekommen, daß dabei auch in der Lichtmaschine wenigstens die Feldspule verkokelte, auf die der Reglerwiderstand mit aufgewickelt war. Bemerkt wird auch dieser Reglerschaden erst, wenn die Isolationen so verschmort sind, daß aus der Spannungswicklung ein Kupfer-Kohle-Klotz wurde, so daß der Rückstromschalter öffnet. Es kommt immer wieder vor, daß auch das zuletzt erfolgende dauernde Aufleuchten der Signallampe nicht sofort bemerkt wird – da darf bloß die Sonne draufscheinen, dann kann kein Mensch sehen, daß die Lampe brennt, indes die Zündung friedlich aus der Batterie lebt – und das kann sie mehrere Stunden lang.

Wenn der untere Reglerkontakt Öl abkriegt, dann wird der Regelwiderstand nicht mehr kurzgeschlossen, die Einschaltspannung der Lichtmaschine rückt höher – wenn es ein Zweikontaktregler ist. Man kann das daran bemerken, daß die rote Lampe erst sehr viel später, bei mehr Gas ausgeht, als sonst. Aber wer merkt das? Erstens sieht man es wirklich nur beim Anfahren und wer ist schon darauf geeicht? Aber es ist wenigstens harmlos, es passiert nichts, bis auf das späte Einschalten bei hoher Drehzahl. (Sauber kriegt man die Kontakte mit einem Benzinläppchen, das man durchzieht.)

Es ist auch schon passiert, daß der Reglermagnetismus sich vergessene Unterlagscheibchen einfing, bei Ulrich Pohl war es einmal das Trümmerstückchen einer gebrochenen Unterbrecherfeder, das ihn über den Umweg des verbrannten Reglers die Sechstage-Goldene von 1951 kostete. Ein Leser hat auch mal ein Fetzchen Isolierschlauch unter der Reglerzunge gefunden – in allen diesen Fällen schaltete zwar der Rückstromschalter, die Lampe ging aus, der Fahrer dachte, alles sei gut – aber der obere Reglerkontakt konnte nicht mehr ansprechen, weil die mögliche Zungenbewegung nicht mehr ausreichte – und der Regler brannte aus. Es ist immer die alte Geschichte – offene Regler in Lichtmaschinengehäusen sind grober Unfug, eben Schreibtischkonstruktionen erfahrungsloser Bürokonstrukteure.

Das sind also Brandursachen, bei denen der Fahrer *nicht* sehen kann, daß da unten der Teufel los ist. Es gibt aber auch entgegengesetzte Reglerfehler, bei denen *zuerst* die rote Lampe auffällt:

Die Signallampe geht überhaupt nicht aus oder nur in einem ganz schmalen Drehbereich, um darunter und darüber friedlich und vor allem gleichmäßig hell zu brennen. Der Motor gibt volle Leistung, schießt nicht, gibt keine Aussetzer.

Dann nachdenken: War da nicht vor kurzem eine längere Kolonnenbummelei? Dabei kommt ein Rückstromschalter leicht ins Rattern und dann verbrennen die Rückstromkontakte – es ist keineswegs seltsam, daß sie da vorübergehend schließen, um bei höherer Drehzahl dennoch „keinen" Durchlaß mehr zu zeigen. (Man kann ja mit dem Auge nicht sehen, daß die Lampe lediglich etwas dunkler brennt als bei voll offenen Kontakten, es ist ein genügend großer Widerstand da, an dem hinreichend viel Spannungsabfall entsteht, um die Lampe ziemlich hell brennen zu lassen.) Ob man so verbrannte Kontakte erfolgreich – ohne baldigen radikalen Kontakttod – säubern kann, weiß ich nicht, ich brauchte meine Kontakte als Fotomuster und habe gleich einen neuen Regler gestiftet.

Der war zwar unbenutzt, hatte aber rund zwanzig Jahre lang in einer Schublade gelegen. Die Kontakte lagen einwandfrei aufeinander, waren tadellos sauber, man konnte sie „pingggg" aufeinanderschnellen lassen, da war also auch Druck da – aber die Lichtmaschine ging nicht an. Ich habe – ich schäme mich da gar nicht – zwei Nachmittage lang diesen Kupferwurm gesucht. Bis ich daraufkam, die Kontakte nicht nur mit den 0,5 mA Stromdurchgang des Voltmeters zu prüfen, sondern mit den 0,5 A einer Prüflampe. Das muß einem eben erst mal passiert sein, bevor man es für möglich hält.

Sodann kann es sein, daß die rote Lampe bei höherer Drehzahl wieder kommt und dann flackernd brennt, unregelmäßig – gerade dieses langsame Flackern ist ein wichtiges Indiz: Da klemmt eine Kohle in der Führung und auch der Kollektor ist nicht mehr rund. (Beides muß zusammenkommen!) Abhilfe klar.

Wenn trotz augenscheinlich frei beweglicher und auch nicht eckender Kohlen die rote Lampe dennoch bei hoher Drehzahl kommt, wobei sie allerdings nicht so sehr flackert wie bei klemmenden Kohlen, dann wird die Sache teuer: Dann ist das Kurbelwellenlager hinüber und muß erneuert werden. Dran wackeln, so etwas spürt man. Man kann ruhig sagen, daß man bei den meisten Motorrädern ein ausgelaufenes Hauptlager zuerst durch Flackern der roten Lampe bemerkt. (Wobei nicht vergessen sei, daß eine KS einmal ganz rätselhafte Zündaussetzer gab, als deren Ursache sich dann Luft im vorderen Hauptlager herausstellte – ist auch ein unverschämt langer Zapfen. Die Lichtmaschine nahm von diesem Spiel aber noch keinerlei Notiz.)

Wenn man nichts spürt, kann auch irgend jemand den Kurbelzapfen krummgeschlagen haben – auch das läßt die Kohlen tanzen und die rote Lampe angehen. Wie man das feststellt, steht im Lichtmaschinenabschnitt.

Diese ganze Flackerei und auch ruhiges Brennen der Lampe ist verhältnismäßig hell, man sieht es auch bei Tage, wenn nicht gerade die Sonne draufknallt. Es gibt aber noch eine Art des Angehens: Erst bei ziemlich hoher Drehzahl und bei voller Lichtlast beginnt die Lampe schwach zu glimmen – sobald man Licht ausschaltet oder auch nur auf Standlicht geht, verlöscht die Lampe wieder gänzlich. Das ist harmlos – da ist zwischen Regler, Batterie und Scheinwerferlampe irgendwo ein hoher Leistungswiderstand, an dem ein paar Zehntelvolt Spannungsabfall entstehen, die zum leichten Glimmen der Lampe ausreichen. Sobald die Last weg ist, hört auch der Spannungsabfall auf und die Lampe geht wieder aus. Ursachen: Popliger Lichtschalter – ist sowieso ein grausiger Tinnef – oder lose Verschraubung oder – meistens – eine Sicherung mit lahmen und dreckigen Kontaktfedern. (Sicherungen in kraftfahrzeugüblicher Tinnefbauweise schlucken neu unter Nennlast an die 200 mV und „gut erhalten, bestens im Lack" auch mal 0,7 Volt. (Alles schon dagewesen.) Was da zu tun ist, muß einem der eigene Verstand sagen – jedenfalls bedarf es keiner Eile, es geht so schnell nichts kaputt.

Ganz zuletzt noch eine Panne, die uns mal ganz böses Kopfzerbrechen machte und die wir damals „elektrische Kokosnuß" tauften: An einer R 25 begann eines Tages die rote Lampe bei sehr hoher Drehzahl ganz sachte zu glimmen. Jegliche Art Prüfung blieb erfolglos, alles bestens. Nach einer Woche gab es „Gummiseile" – aha, Zündaussetzer. Aber nur bei sehr hoher Drehzahl. Aha, Unterbrecher. Alle landesüblichen Kontrollen, nichts. Aus den Gummiseilen wurden Vergaserpatscher – es war zum Auswachsen. Nichts zu finden, nichts, nichts, nichts. Ich weiß nicht mehr, welcher Zufall es war, der die Ursache freilegte: Die Federn des Zündschalters lagen zwar aufeinander, sie machten auch „pingggg" und bewegten sich gegeneinander, es ging auch Spannung durch, es ging ja auch Strom in Menge durch – aber diese langen Federn konnten mit dem Lenker-Mineralwasser schwingen. Und öffnen, unregelmäßig. Nachbiegen, etwas mehr Spannung drauf – und die Maschine lief so, wie nur der Verfasser einer Bosch-Drucksache sich das vorzustellen vermag. Das war immerhin noch ein Bosch-Lichtschalter. Inzwischen gibt es aber so viele Lichtschalter und sogenannte Zündschlüssel, für die „Tinnef" noch viel zu vornehm ist – unglaublich, was für Dreck in Konjunkturzeiten fabriziert wird. Weil es um einen halben Groschen billiger ist. Wenn also die Lampe mal flackert und der Motor Aussetzer rülpst – **denk auch mal an den Zündschalter!**

Die Gleichstrom-Lichtmaschinen

Vieles, was man hier sucht, ist im Abschnitt über die Regler behandelt, hier ist wirklich nur von den Lichtmaschinen selbst die Rede.

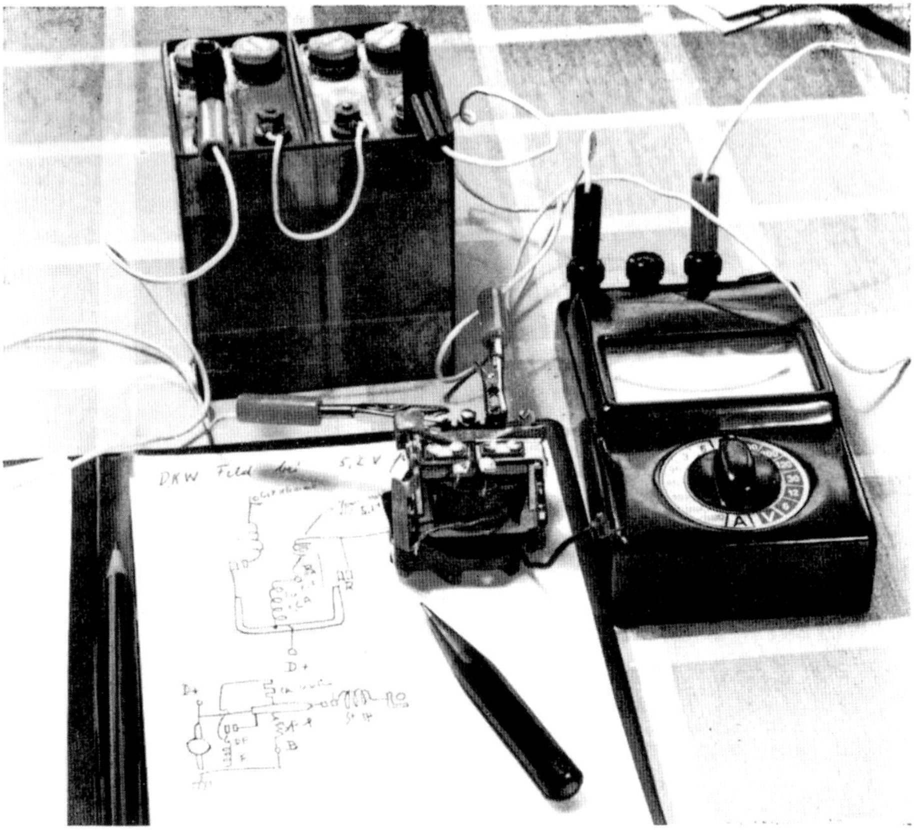

Nicht zu stolz

soll man sein, um bei noch unbekannten Lichtmaschinen oder unbekannten Reglern oder wenn überhaupt irgend etwas nicht völlig sonnenklar ist, mit größter Sorgfalt die Schaltung aufzunehmen und jedes Drahtende sorgfältig zu identifizieren. Die erste Schaltskizze sieht immer so grotesk aus wie hier – da kommt aber ganz von selber Ordnung hinein. Eine halbe Stunde, auf diese Weise zugebracht, sieht leicht verschwendet aus, erspart einem aber stundenlanges Probieren auf der Strecke. Ob man sich dabei dumm vorkommt oder nicht, ist völlig wurscht, man spart jedenfalls enorm Suchzeit und Ärger. Dabei kontrolliere ich neuerdings sogar mit einer starken (35 Watt) Lampe den Stromdurchgang von Kontakten, begnüge mich nicht mehr mit dem bloßen Ausschlag des Voltmeters – seit ich mich von einem „hochohmigen" Kontakt zwei Nachmittage an der Nase herumführen ließ.

Die Ausgangslage

Wenn man an der eigenen Lichtmaschine am eigenen Motor bastelt, dabei den Regler abnimmt oder wenn man gar aus irgendeinem Grunde die ganze Lichtmaschine abnehmen und weglegen mußte, dann macht es zwar ein bißchen Mühe, ist aber kein besonderes Kunststück, alle Drahtenden, die man aus einer Klemmschraube gezogen hat und alle Kabelschuhe, die man unter einer Kopfschraube herausgenommen hat, mit Leukoplaststreifchen zu versehen und da mit dem Tintenschreiber draufzumalen, unter was für einer Klemme das betreffende Ende gesessen hatte.

Wenn man das aber einmal nicht konnte, wenn man sich etwa eine andere Lichtmaschine besorgt hat oder sonstwie der Teufel los ist, so daß einen da zum Schluß nur ein paar lose Drahtenden höhnisch anstarren, dann pflegt guter Rat teuer zu sein. In solchem Falle läßt man sich nicht irritieren, sondern geht nach einigen Grundregeln vor, die ein für allemal festliegen:

Jede Lichtmaschine besteht grundsätzlich aus Anker (Läufer) und Feldwicklung, der Anker selbst ist zunächst uninteressant, wohl aber untersuchen wir genau den Lagerschild beziehungsweise den Teil der Lichtmaschine, auf dem die Führungen für die Kohlebürsten angebracht sind: Ist eine dieser Bürstenführungen mit Lagerschild oder Gehäuse Metall auf Metall vernietet, dann ist das

- bei einer deutschen Lichtmaschine grundsätzlich die Minusbürste,
- bei einer englischen oder einer tschechischen Lichtmaschine grundsätzlich die Plusbürste.

Genauso ist es aber auch möglich, daß beide Bürstenführungen vom Lagerschild oder Lichtmaschinengehäuse elektrisch getrennt, also mit Zwischenlagen aufgenietet sind. Wie das aussieht, geht ja aus unseren Bildern zur Genüge hervor. Falls beide Bürstenführungen isoliert aufgenietet sind, haben wir volle Freiheit und können jede dieser Bürsten nach Belieben zur Plus- oder Minusbürste ernennen.

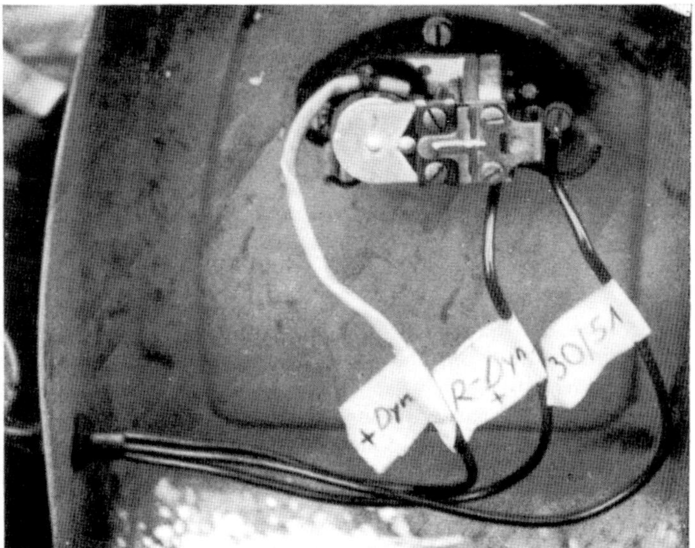

Bild 128
Bevor man etwas abschraubt, müßte es mit solchen Fahnen bezeichnet werden. Spart nachher enorm Zeit und noch mehr Verdruß.

Bild 129
Vierpolige Bosch-Maschine, beide Bürsten isoliert – so sieht das von unten aus.

Bild 130
Die gleiche Maschine, von oben, man sieht auch, wie die Bürstenzuleitung im Schlitz aufsetzen kann.

Drähte starren dich an

Schwieriger wird es mit dem Gehäuse, also mit dem Feldmagneten, vor allem, wenn da innen auch noch eine ganze Anzahl Spulen stecken. Wie wir schon bei der Besprechung der Regler gesehen haben, gibt es noch ältere Lichtmaschinen mit einer einzigen Feldspule, immerhin kommen aber auch bei Motorrädern Auto-Union-Lichtmaschinen mit 6 Polen vor, in denen also 6 Spulen drinstecken. (Von den Lichtanlaßmaschinen sehen wir zunächst ab, darauf kommen wir später noch zu sprechen.) Da diesen Feldspulen kaum jemals etwas passiert, wird gemeinhin auch deren Serienschaltung noch in Ordnung sein, also die Verbindung der Spulen untereinander. Wenn wir da umeinandergezwirbelte und miteinander verlötete Drahtenden finden, von denen irgendwer einmal den Isolierschlauch abgerissen hat, dann fassen wir aber dennoch diese Lötstutzen mit der Pinzette und rütteln vorsichtig daran, um zu sehen, daß das tatsächlich noch eine *Verbindung* zweier Spulenenden ist und daß hinter dieser Lötstelle noch nichts gebrochen ist. Im übrigen bemühen wir uns, diese blanken Lötstellen wieder in einem Streifchen Leukoplast oder in einem Streifchen „Lenkerband" zu verstecken und auf diese Weise zu isolieren. (Lenkerband klebt besser als Isolierband und ist diesem auch sonst in mancherlei Eigenschaft vorzuziehen. Gibt es übrigens im Fahrradladen, falls es der Elektroladen nicht hat.)

Sofern nun mehrere Feldspulen vorhanden und deren Verbindungen untereinander noch in Ordnung sind, müßten aus dem Lichtmaschinengehäuse also zwei Drahtenden herausragen, nämlich Anfang und Ende der in Reihe geschalteten Feldspulen. Leider sind das aber meistens drei Enden, manchmal sind es vier Enden und gelegentlich können es sogar einmal sechs Enden sein. Es kommt jetzt also darauf an, diese Drahtenden zu identifizieren, zu welchen Spulen beziehungsweise zu welchen sonstigen Vorrichtungen im Lichtmaschinengehäuse die Enden gehören. Dazu brauchen wir vor allem einmal eine Batterie, ein Meßinstrument ist nicht einmal nötig, ja nicht einmal unbedingt eine Probierlampe.

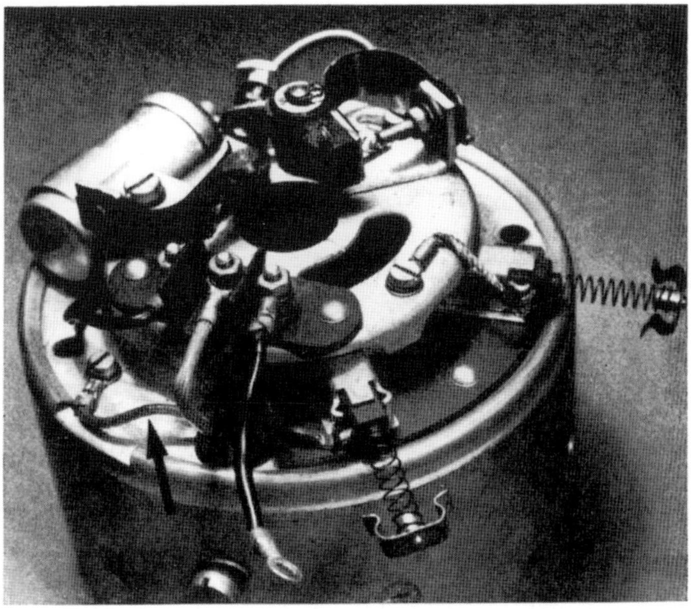

Bild 131
Sechspolige DKW-Maschine, alte Bürstenfederart, wärmeempfindlich, eine Bürste ist zwar isoliert montiert, aber an Masse gelegt, ein Ende der Feldwicklung liegt auch an Masse. Pfeil.

Wir klemmen den einen Pol der Batterie an irgendeinen der herausragenden Drähte, dann tasten wir der Reihe nach die gesamten übrigen herausragenden Drahtenden ab, währenddessen halten wir die Klinge eines Schraubenziehers in ganz wenigen Millimetern Abstand vor einen der Feldpole. Hatten wir nun mit der ersten Klemme zufällig den falschen Draht erwischt, dann können wir mit der zweiten Klemme sämtliche Drahtenden abtasten und mit dem Schraubenzieher wird gar nichts passieren. Wir haben dann nichts weiter zu tun, als mit der ersten Klemme an irgend ein anderes Drahtende zu gehen und jetzt mit der zweiten Klemme noch einmal alle übrigen Drähte abzutasten. Wir werden dann bestimmt einen Draht finden, bei dessen Berührung die Schraubenzieherklinge ziemlich heftig gegen den Feldpol geknallt wird. Damit haben wir, was wir wollen, denn diese beiden Drahtenden, die jetzt an unseren Batteriedrähten hängen, *sind die Enden der Feldwicklung.*

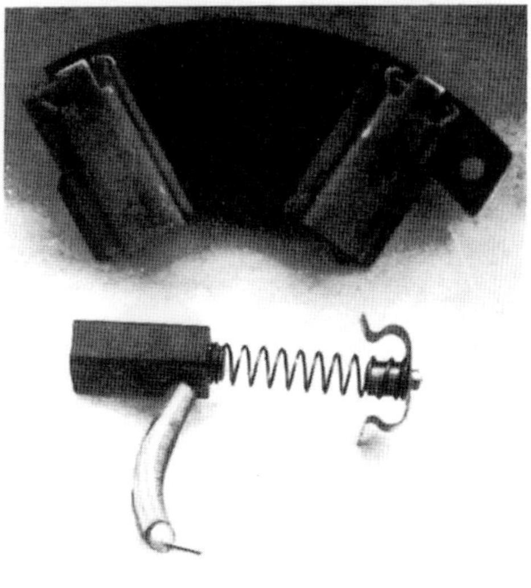

Bild 132
Rechts: Diese alten DKW-Bürstenhalter sitzen auf einer Isolierplatte, die gut abzunehmen ist. Für hohe Last sind die modernen Bürstenhalter mit Spiralfedern besser.

Bild 133
Neuere Art von DKW-Bürsten, Federn nicht wärmeempfindlich, Minusbürste direkt an Masse montiert.

Bild 134
Da liegt bei einer Bosch-Maschine, das eine Ende des Regelwiderstandes an Masse.

Bild 135
Links: Von drei Drähten müssen zwei zur Feldwicklung gehören, einer zum Regelwiderstand – wenn es Bosch oder Noris ist.

Diese beiden Drahtstummel werden unmißverständlich bezeichnet, also Leukoplastfahnen oder farbiges Lenkerband.

Was wir bisher gemacht haben, bedeutet für die Batterie keinen Kurzschluß, obwohl wahrscheinlich beim Berühren der Drahtenden Fünkchen knistern, denn die Feldspule (beziehungsweise mehrere Feldspulen zusammen) haben bei den für uns in Frage kommenden Lichtmaschinen einen Widerstand von ca. 3–4 Ohm, es fließt also ein Strom von 1,5–2,0 Ampere, der von der Batterie ohne weiteres geliefert wird. Haben wir gar ein Meßinstrument, dann ist die Sache noch bedeutend einfacher, denn sobald wir zwei Drahtenden erwischt haben, die einen Strom von 1,5–2,0 Ampere aufnehmen, sind das bestimmt die Enden der Feldwicklung, wenigstens bei den für uns in Frage kommenden 6-Volt-Lichtmaschinen. (Bei 12-Volt-

Bild 136
Sechspolige DKW-Lichtmaschine – da sind auch die Spulenverbindungen, die nicht abgerissen sein dürfen.

Bild 137
Wenn man mit dem Stecker an den Batteriepol tippt und die richtigen Drahtenden hat, wird der Schraubenzieher hart angezogen.

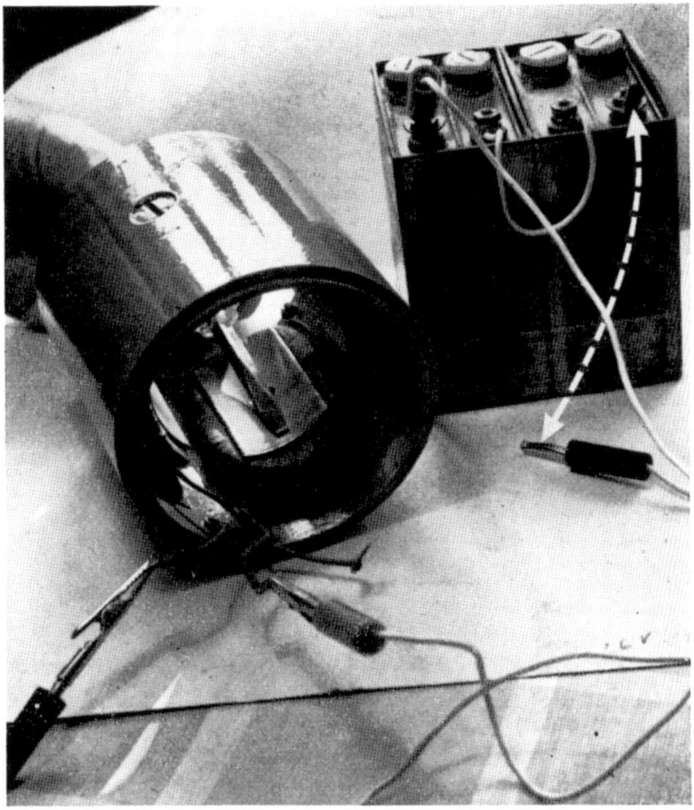

Bild 138
Der Regelwiderstand liegt einerseits immer an Masse, wenn es Bosch-Noris ist, man braucht nur noch das Drahtende zu ertasten, bei dem Stromdurchgang da ist – da geht halb so viel Strom durch wie durch die Feldwicklung.

Bild 139
Gegenprobe mit Feldwicklung – gibt ziemlich doppelt so hohen Strom.

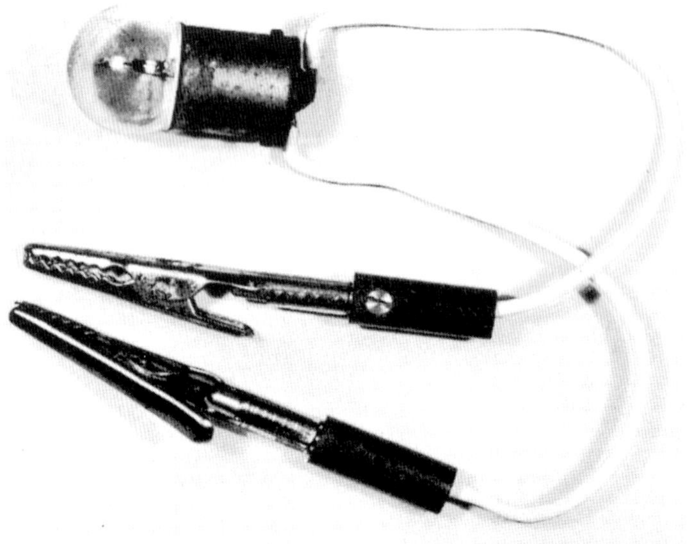

Bild 140
So eine Prüflampe braucht man auch später zur Zündeinstellung, ist billig, macht man selber. Schlaue Leute ziehen noch ein Stückchen Kunststoffschlauch über das Lampenglas, von wegen Steinboden.

Maschinen sind 12–16 Ohm Feldspulenwiderstand vorhanden, entsprechend einem Strom von nur 0,7–1 Ampere.)

Es fragt sich jetzt, was mit den anderen Drahtenden los ist, die noch aus der Lichtmaschine rausgucken: Wenn drei Enden rausgucken, müssen wir die Lichtmaschine noch genauer untersuchen, wir werden dann wahrscheinlich irgendwo am anderen Ende eine Klemmschraube finden, mit der ein aus irgendeiner Spule herausragendes Drahtende mit der Masse des Lichtmaschinengehäuses verbunden ist.

Bei diesem einen u. U. auch zwei Drahtenden handelt es sich nicht mehr um eine Feldspule, sondern um ein Stück Widerstandsdraht, das man auf irgendeine der Feldspulen gleich mit draufgewickelt hat, nur weil es da so schön Platz hatte. Es handelt sich hier um den Regelwiderstand, der für die Funktion des Reglers nun einmal notwendig ist und den man eben bei vielen Lichtmaschinen kurzerhand mit auf eine Feldspule wickelt. Bei unseren 6-Volt-Maschinen handelt es sich um einen Widerstand von ca. 5–7 Ohm, bei 12-Volt-Maschinen sind es 20–30 Ohm.

Hat man nun ein Meßinstrument, dann sind die Enden dieses Widerstandes sehr leicht und sehr sicher durch den Strom bzw. Ohmwert zu identifizieren, in Ermangelung eines Meßinstrumentes brauchen wir aber dazu eine Prüflampe von 2–3 Watt. Wir ersetzen dann eine der Batterieleitungen durch die Prüflampe und können schon am verschieden hellen Aufleuchten der Lampe bemerken, ob wir die niederohmige Feldwicklung oder den höherohmigen Regelwiderstand erwischt haben.

Sofern natürlich nur drei freie Drahtenden aus dem Gehäuse herausgucken, hat man wenig Kummer, denn zwei Drahtenden müssen ja unfehlbar die Erregerwicklung sein, so daß das dritte Ende samt Masse eigentlich nur der Regelwiderstand sein kann. Dennoch haben wir es gelegentlich mit Lichtmaschinen zu tun, aus de-

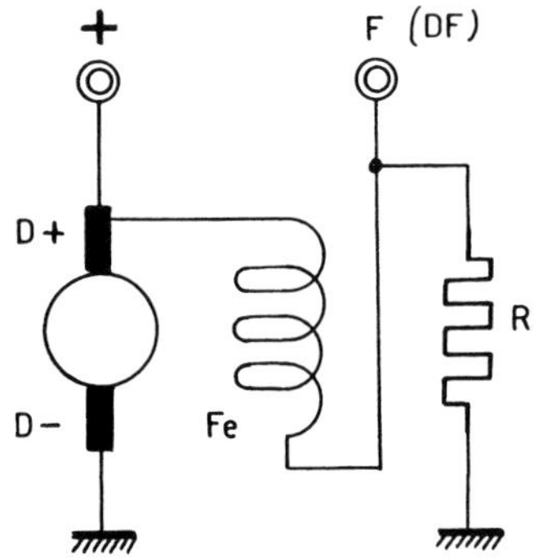

Bild 141
Schaltung aller Bosch-Noris-Motorrad - Lichtmaschinen und der meisten B.-N.-Wagenmaschinen.

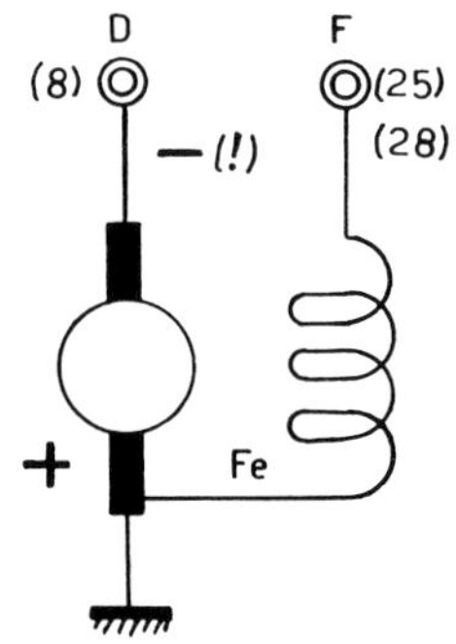

Schaltung und Klemmenbezeichnung der Lucas-Lichtmaschinen.

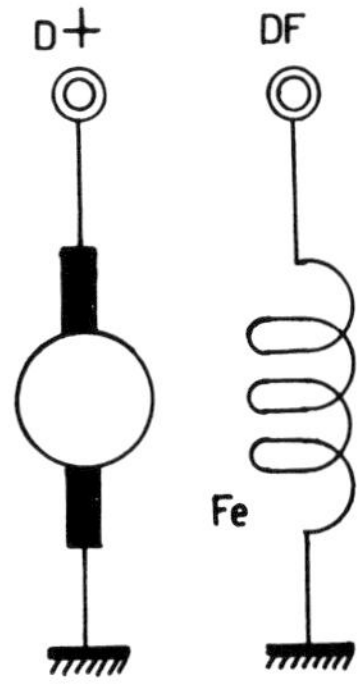

Schaltung und Klemmenbezeichnung der DKW-Lichtmaschinen.

nen nicht nur drei beziehungsweise vier, sondern fünf beziehungsweise sechs Drähte herausragen. Zwei davon werden auf Grund der magnetischen Wirkung ohne weiteres als Feldwicklung zu identifizieren sein, ebenso bekommt man eines oder zwei weitere Enden als zum verhältnismäßig niedrigen Regelwiderstand gehörig identifiziert, die beiden übrigen Drähte allerdings werden die Prüflampe nur ganz schwach, wenn überhaupt glimmen lassen, sie gehören nämlich zu einem sehr hochohmigen Dämpfungswiderstand, der bei 6-Volt-Lichtmaschinen in der Größenordnung zwischen 30 und 50 Ohm liegt.

Wie nun diese verschiedenen Spulen und Widerstände geschaltet werden, zeigen unsere Schaltbilder, das eine Ende der Feldspule kommt bei Bosch-Noris-*Motorrad*lichtmaschinen an die Plusbürste, das Gegenende der Feldspule führt an eine meist vorhandene, gut isolierte Klemme, die ebenso meistens gar nicht bezeichnet ist. Sollte sie bezeichnet sein, dann immer mit F oder DF, zuweilen führt auch bloß aus der Lichtmaschine heraus ein loser Draht nach außen, der nicht bezeichnet ist, dafür ist dann die zugehörige Klemme am Regler mit F oder DF bezeichnet. An diese F-Klemme kommt auch das freie Ende des Reglerwiderstandes R, dessen an-

Bild 142
Seltenere Schaltung von Bosch - Lichtmaschinen mit Dämpferwiderstand.

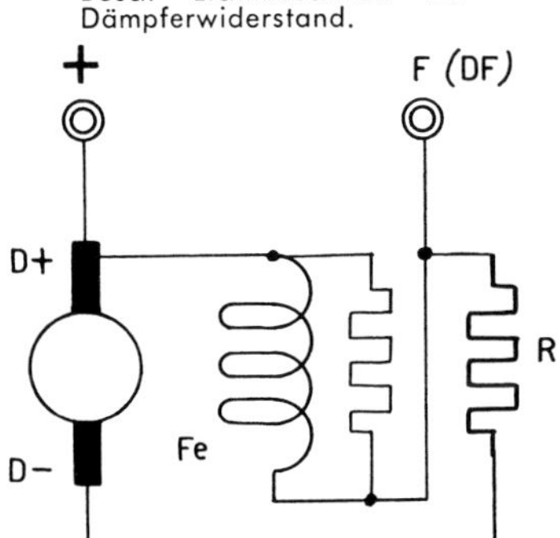

Schaltung und Klemmenbezeichnungen des Lucas-Reglers, die Zahlen bezeichnen Klemmenanschlüsse im Bordnetz, englisches Zahlensystem.

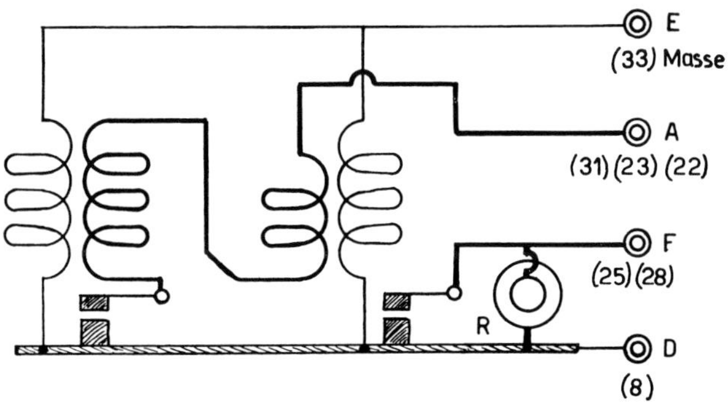

deres Ende ja, wie wir bereits festgestellt haben, bei Bosch-Noris an Masse beziehungsweise am Gehäuse der Lichtmaschine liegt.

Das ist, wie gesagt, die Grundsatzschaltung bei 90 % aller deutschen Motorrad-Lichtmaschinen, zuweilen allerdings bekommt man es auch mit einer Wagenlichtmaschine zu tun, bei der außer dem Reglerwiderstand R noch der bereits erwähnte weitere, sehr hochohmige Widerstand vorhanden ist, der zwischen 30 und 60 Ohm betragen kann. Dieser Widerstand wird an sich nur bei einer bestimmten Reglerart gebraucht, wenn also unsere Lichtmaschine mit einem F-Regler oder mit einem U-Regler arbeiten soll, braucht dieser Widerstand gar nicht angeschlossen zu werden. Wenn aber, dann wird er grundsätzlich parallel zur Feldwicklung geschaltet, er stört dann weder, noch nützt er etwas.

Anders ist das bei den DKWs, da liegt grundsätzlich ein Feldspulenende an Masse, ebenso grundsätzlich ist der Regelwiderstand außerhalb der Lichtmaschine untergebracht, meist mit auf die Reglerspule gewickelt – bei Einkontaktreglern ist er ziemlich hoch, rund 50 Ohm. Man kann die Wicklungsenden am Regler gut identifizieren, denn wenn man mit einer 6-V-Batterie die Enden der Spannungsspule erwischt hat, wird der Regleranker deutlich angezogen – er klappt vielleicht nicht hart an, bleibt aber in der Einschaltstellung, wenn man mit der Fingerspitze nachhilft. Sobald man die Batterie abklemmt, klappt er wieder hart zurück.

Bei englischen Lichtmaschinen liegt grundsätzlich die Plusbürste an Masse, an dieser Plusbürste liegt auch stets das eine Ende der Feldwicklung, wie unser Schaltbild zeigt. Bei diesen englischen Lichtmaschinen ist damit grundsätzlich die Minusbürste „heiß", sie führt an eine mit D bezeichnete, gut isolierte Klemme, die möglicherweise auch noch mit der Zahl 8 bezeichnet ist. Das freie Ende der Feldwicklung führt an die Lichtmaschinenklemme F, die ausnahmsweise auch einmal mit der Zahl 25 oder mit 28 bezeichnet sein kann. Wie man sieht, ist die Schaltung der englischen Lichtmaschinen wesentlich einfacher, vor allem ist da niemals ein eingebauter Reglerwiderstand wie bei den deutschen Lichtmaschinen vorhanden, denn dieser Reglerwiderstand befindet sich in Gestalt eines Kohlewiderstandes am Regler selbst. Im Verlauf des Reglerbandwurmes habe ich nun zwar zwei Fotos des Lucas-Reglers gebracht, aber kein Schaltbild dazu, weil dieses Schaltbild damals nur Verwirrung gestiftet hätte. Das wird hier nachgeholt, man erkennt den Reglerwiderstand R, die Buchstabenbezeichnungen der Klemmen sind verbindlich, nur im Ausnahmefall findet man die Klemmen auch einmal mit den eingeklammerten Zahlen bezeichnet. Es ist nun nur noch wichtig zu wissen, daß die Reglerklemme E bei einem Lucas-Regler unter allen Umständen mit der Motorradmasse verbunden werden muß.

Die richtige Polarität

Dem gelernten Elektriker wird bis jetzt aufgefallen sein, daß ich zwischen Anfang und Ende der Feldspule überhaupt nicht unterschieden habe, die Spulenenden wurden ganz einfach nach Schnauze an Plusbürste beziehungsweise an die Klemme F gelegt, das heißt also, daß wir uns um die Polarisierung der Maschine bis jetzt noch gar nicht gekümmert haben. Würden wir die Maschine so in Betrieb setzen, dann könnte es in der Hälfte aller Fälle geschehen, daß sie überhaupt keine Spannung abgibt, wir müssen sie also zuvor polarisieren. Das geschieht handwerksgerecht so, daß man die Lichtmaschine ins Bordnetz einbaut, als sei nichts geschehen, ebenso wird die Batterie eingebaut.

Man braucht dann eine Strippe, die einerseits am „heißen" Pol der Batterie hängt, also bei Bosch-Noris-DKW-Puch am Pluspol, bei allen Engländern und bei Jawa am Minuspol, weil bei denen nun eben mal der Pluspol an Masse liegt und „kalt" ist. Mit dem anderen Ende der Strippe tippt man kurz auf die Klemme 61 der Lichtmaschine, falls die überhaupt vorhanden ist. Bei DKW ist sie nicht da, aber eine Klemme DF, bei älteren Anlagen ist sie mit 20 bezeichnet, bei den Lucassen mit F. Da tippt man also wie gesagt kurz darauf, feuert ganz wenig, fertig.

Mir war diese Sucherei schon immer zu langweilig, ich mache das anders, nicht ganz so handwerksgerecht, auf die folgende Art: Batterie, Lichtmaschine, Regler usw. werden ordnungsgemäß zusammengeschaltet, man sieht dann, daß die rote Signallampe brennt, und nun tippe ich mit der Fingerspitze sachte auf den Anker des Rückstromschalters beziehungsweise des F-Reglers, bis die rote Lampe ausgeht. Damit bekommt der Lichtmaschinenanker und auch die Feldwicklung über die Kontakte des Rückstromschalters im richtigen Sinne Strom, die Lichtmaschine wird richtig herum erregt und wenn man nun den Motor in Gang setzt, liefert die Lichtmaschine ohne weiteres Strom in der richtigen Polarität, sofern es sich um die Lichtmaschine handelt, die von Anfang an auf diesem Motorrad „drauf" war. Wenn es sich um eine „wilde" Lichtmaschine handelt oder wenn man bei zwei von Masse isolierten Bürsten versehentlich die falsche zur Plusbürste ernannt hat, kann es

Bild 143
Da wird draufgetippt, bis die Rückstromkontakte schließen und das rote Licht ausgeht – dann ist auch schon das Feld richtig polarisiert. Völlig durchzudrükken ist weder nötig noch sinnvoll, es soll nur die rote Lampe gerade ausgehen.

sein, daß trotz dieser Polarisierung – *die unerläßlich ist, also auf jeden Fall erst mal gemacht werden muß* – die Lichtmaschine bei laufendem Motor immer noch keine Spannung abgibt. Sie hat dann falsche Drehrichtung, das ist aber leicht zu beheben, wenn man sich an die Grundregel aller elektrischen Maschinen hält:

Um die Drehrichtung zu ändern, werden innerhalb der Maschine entweder die Bürstenanschlüsse oder die Feldspulenanschlüsse vertauscht.

Man betrachtet die Innereien noch einmal mit Verstand und vertauscht eben die Anschlüsse, bei denen das am leichtesten geht. Noch einmal zu polarisieren braucht man jetzt nicht mehr, kann es aber natürlich, wenn einem das Trost bereitet.

Ganz kleine Nebenbemerkung: Im MOTORRAD-Bandwurm stand das noch nicht drin, hatte damals nicht dran gedacht. Aufgefallen ist es einem einzigen Leser, der dann auch prompt schrieb. Danke!

Wohl aber wurde damals von mehreren Leuten angezweifelt, ob das mit dem Antippen des Rückstromankers zulässig sei, da fließe doch ein sehr starker Strom und dabei könnten die Kontakte verschweißen, mindestens der Anker kleben bleiben. Es ist zulässig aus folgenden Gründen:

Der Anker kann nicht kleben bleiben, denn ein anständiger Regler hat entweder auf der Ankerplatte oder auf dem Magnetkern eine Messingauflage, die direkte Berührung verhindert. Sodann fließt der Polarisierstrom auf diese Weise durch die Stromwindungen auf dem Schaltermagneten – je stärker er ist, desto energischer wirkt er dem Feld der Spannungsspule entgegen, der Anker wird keinesfalls festgehalten. Beim F-Regler ist die Feder des Rückstromschalters zudem aus Bi-Metall, das in der Wärme bestrebt ist, den Kontakt zu trennen, da kann also bestimmt nichts passieren – immerhin gibt es Leute, die mit dem linken Hinterbein treten, wo andere mit der Fingerspitze tippen.

Dieses Verfahren mit dem Antippen des Ankers des Rückstromschalters funktioniert auch bei englischen Lichtmaschinen, wie es im Prinzip ja schließlich bei jeder Lichtmaschine jeder beliebigen Herkunft funktionieren muß. Da die italienischen Motorräder, die uns bislang als Testobjekte in die Hände fielen, ausschließlich Wechselstromanlagen hatten, habe ich noch keine Erfahrung mit italienischen Gleichstrommaschinen, da sich ja aber schließlich italienische Physik von deutscher Physik nicht unterscheidet, müßte man unter Anwendung der hier vorgeschlagenen Methodik, mit einem Minimum eigenen Verstandes untermischt, auch mit den italienischen Lichtmaschinen zurechtkommen können.

Fahren mit toter Lichtmaschine

Da die Feldspulen einer Lichtmaschine immer gut geschützt innerhalb des Gehäuses liegen, kann ihnen mechanisch eigentlich nicht viel passieren, selbst verbratene beziehungsweise ausgebrannte Spulen, die also auf elektrischem Wege beschädigt wurden, sind außerordentlich selten. Vornehmlich mag dies daran liegen, daß jedermann eine heilige Scheu davor empfindet, mit einem Fahrzeug auch nur noch wenige Kilometer weiterzufahren, das zwar noch betriebsfähig ist, dessen Lichtmaschine oder Regler aber aus irgendeinem Grunde ausgefallen sind. Hier liegt in der Tat auch die einzige Gelegenheit, bei der eine Lichtmaschine auf rein elektrischem Wege zerstört werden kann:

Wenn aus irgendeinem Grund der Regler einer Lichtmaschine gestört wurde, dann wird man vielleicht die tatsächliche Störungsursache zwar zu erkennen, aber mit Bordmitteln kaum zu beheben vermögen, andererseits pflegt aber die Batterie wohl meistens noch hinreichend viel Kapazität aufzuweisen, um damit selbst 100 km oder mehr bis in die heimatliche Werkstatt zurücklegen zu können. Man darf sich auch auf seine Bastlerfähigkeiten ruhig etwas einbilden, wenn es einem gelingt, Regler und Lichtmaschine totzulegen und nur unter Zuhilfenahme des Batteriestromes für die Zündung nach Hause zu fahren. Gerade bei diesem Totlegen der gestörten Lichtmaschine ist aber eine gewisse Vorsicht nötig:

Man darf sich keinesfalls darauf beschränken, den vielleicht für sich allein gestörten Regler abzuschrauben und seine Anschlüsse einerseits am Bordnetz und andererseits an der Lichtmaschine zu lösen, denn *gerade dann kann die Lichtmaschine zerstört werden.* Es ist sehr wenig bekannt, daß eine Lichtmaschine, die vielleicht bei 1500 U/min einschaltet und im übrigen für eine einzuregelnde Netzspannung von 8,0 – 8,2 Volt bemessen ist, ungeregelt und ohne äußere Belastung bei 6000 U/min eine Spannung zwischen 30 und 35 Volt erreicht. Diese 30 Volt liegen naturgemäß auch an der Feldspule, sie rufen darin einen Strom hervor, der um das Doppelte bis Dreifache höher ist als der Strom, für den die Feldspule ursprünglich bemessen wurde. Dieser hohe Strom fließt, obwohl die Feldspule bei abgeschlossenem Regler mit dem Reglerwiderstand noch in Reihe geschaltet ist. Er würde sonst einen noch viel höheren Wert erreichen, aber außer der Feldspule wird nun natürlich auch der Reglerwiderstand gewaltig hochgeheizt. Feldspule und Reglerwiderstand verbrennen unter diesen Umständen zwar nicht alsbald, sie werden erst einmal schön heiß, die Isolierung fängt sacht an zu schmurgeln, man kann aber rechnen, daß nach längstens einer halben Stunde derartiger Belastung von den Spulenisolationen nicht mehr viel übrig sein wird.

Das heißt also, daß eine Bosch- oder Noris-Lichtmaschine mit abgeschlossenem Regler nur mit äußerster Vorsicht gefahren werden darf. Wenn man sich daran hält, im großen Gang nicht sehr viel mehr als halbe Höchstgeschwindigkeit zu fahren und auch die Gänge nur immer für wenige Sekunden voll auszufahren, dann kann man die Maschine halbwegs heil nach Hause bringen. Auf jeden Fall ist es aber besser, wenn man schon mit Schlüsseln und Schraubenziehern zu Gang ist, auch gleich die beiden Kohlebürsten aus ihren Führungen zu ziehen und mit Isolierband irgendwo festzukleben, wo sie nicht herumschlackern und Schaden stiften können. Bei DKW-Lichtmaschinen mit Einkontaktreglern kann man sich das sparen – da ist der Regelwiderstand mit seinen 50 Ohm groß genug, daß weder ihm noch der Feldspule noch dem Kollektor etwas geschieht – da fährt man eben stur ohne Regler nach Hause.

Wir können uns gleich noch eine Regel merken: Man soll es überhaupt vermeiden, einen elektrisch unbelasteten Kollektor laufen zu lassen, weil die Kohlen dann schmieren und die Laufbahn auf dem Kollektor verderben. Wenn also einer Lichtmaschine kein Strom entnommen werden soll, zieht man auch die Bürsten aus ihren Führungen.

Bild 144
So geringfügig blieb der Bürstenabrieb bei Eitel Langes Weltreisemaschine über 35 000 Kilometer.

Wenn man natürlich von einer Lucas-Maschine den gestörten Regler abbaut, wird diese Lichtmaschine überhaupt nicht mehr erregt, es kann ihr also auch elektrisch nichts mehr passieren, wie einer deutschen Lichtmaschine, man hat also nur noch die Kohlen aus ihren Führungen zu ziehen, um den Kollektor nicht zu verschmieren.

Der Kollektor

Da wir jetzt glücklich beim Kollektor gelandet sind, können wir auch dem Lichtmaschinenläufer gleich einige Aufmerksamkeit widmen:

Der Kollektor ist eine reguläre Abnützungsstelle, nach den Begriffen der normalen Elektrotechnik sind Lichtmaschinenkollektoren obendrein auch noch haushoch überlastet, dennoch kommen sie auf erstaunliche Laufzeiten von wenigstens 40 000 bis 50 000 km, bevor einmal eine auch nur ganz harmlose Überholung notwendig wird. Wenn die Lichtanlage des Fahrzeuges im großen ganzen in Ordnung ist, wenn also die Lichtmaschine um nicht mehr als 50% ihrer Soll-Leistung für längere Zeiten überlastet worden ist, dann wird man am Kollektor schwerlich eine Abnützung entdecken. Die kupfernen Lamellen zeigen einen dunkel-blaugrün glänzenden Laufstreifen, die sogenannte Laufpatina, die sogar höchst erwünscht ist. Es hat also keinen Sinn, während der Laufzeit der Lichtmaschine diese Patina abzuschleifen, bis der Kollektor wieder schön kupfern aussieht, man soll sogar möglichst *alles* Herumputzen auf dem Kollektor unterlassen. Nach der genannten sehr langen Laufzeit werden vielleicht die Kohlebürsten erheblich kürzer geworden sein, sie zu erneuern ist kein Fehler, die Erneuerung ist vor allem dann geboten, wenn die Anschlußlitze der Kohlenbürsten im Schlitz der Bürstenführung aufzusetzen droht. Jedesmal, wenn aus irgendeinem Grunde der Lichtmaschinendeckel entfernt worden ist, gilt ein Blick den Kohlebürsten und eben der Tatsache, daß die Ableitungslitze im Führungsschlitz noch nicht aufsitzt und die Kohle weder in ihrer Führung ausgesprochen wackeln kann, noch etwa schwer geht.

Wenn man irgend kann, dann nimmt man sich auch gleich die Minute Zeit, die nötig ist, um den Motor ganz langsam durchzudrehen und dabei den Kollektor rundherum sehr genau in Augenschein zu nehmen: Sämtliche Lamellen müssen die genannte blaugrüne, glänzende Laufpatina zeigen, *es dürfen keine Lamellen dabei sein, die an einer Kante merklich schwarze Brandflecke zeigen.* Diese Brandflecke sind nämlich der Anfang vom Ende, sie zeigen bereits Störungen an, die der Fahrer oben im Sattel noch keineswegs bemerkt zu haben braucht, weder braucht dabei die rote Lampe zu flackern oder zu glimmen, noch braucht sich die Batterie irgendwie bemerkbar gemacht zu haben, unten in der Lichtmaschine kann aber dennoch schon gelinde der Teufel los sein.

Gewöhnliche und häufigste Ursache für Brandspuren auf den Kollektorlamellen sind „hüpfende" Kohlebürsten. Dafür wiederum die allerhäufigste Ursache ist ein

Bild 145
Der Kollektor der Weltreisemaschine – keine Abnützung der Lamellen, noch sehr tiefe Nuten, tadelloser Laufspiegel, völlig riefenfrei – die sichtbaren Striche sind nur Farbunterschiede, es sind keinerlei fühlbare Riefen vorhanden.

Bild 146
Auch hier sind keine Riefen zu fühlen, das sind nur unterschiedliche Blautönungen der Laufpatina. Man sieht aber die Näpfchen, in die alle Drahtenden der Läuferwicklung eingelötet sind. Bei Überlastung schmilzt das Zinn, wird ausgeschleudert und davon sieht man nachher die Spuren.

ausgelaufenes Kurbellager des Motors auf der Lichtmaschinenseite. Zwar zeigt sich ein solches Ausgelaufensein vornehmlich durch flackerndes Aufglimmen der roten Lampe bei höherer Drehzahl an, doch gehört dazu schon ein recht erhebliches Lagerspiel, ein geringeres Lagerspiel erkennt man wie gesagt schon lange vorher an schwarzen Brandflecken auf einzelnen Kollektorlamellen. Theoretisch kann das natürlich auch von Kohlebürsten kommen, die in ihren Führungen leicht klemmen, doch muß ich auch dazusetzen, daß mir dieser Fall bis jetzt erst ein einziges Mal vorgekommen ist. (Da hatte allerdings jemand eine nicht genau passende Bürste mit Gewalt in die Führung gezwängt.) In allen anderen Fällen von Lampenflackerei oder Brandflecken hat sich zum Schluß noch immer das zugehörige Kurbelwellenlager als Sünder herausgestellt.

Es ist allerdings unglaublich, wie sehr ein solches Lager auslaufen kann, ohne daß der Fahrer das überhaupt merkt, zumal wenn die rote Signallampe so unglücklich eingebaut ist, daß man ihr Flackern nur sehr schlecht erkennen kann, so daß es wenigstens dem Unerfahrenen überhaupt nicht auffällt. Ein Fall ist mir sogar untergekommen, bei dem das Hauptlager dermaßen ausgeschlackert war, daß das Eisen des Läufers auf den Polschuhen des Feldmagneten kratzte!

Erstaunlich oft stellt man allerdings auch noch fest, daß zwar das Kurbelwellenlager völlig in Ordnung ist, daß aber bei irgendeiner Gelegenheit der Kurbelzapfen krummgeschlagen wurde, so daß der Kollektor nicht mehr rund läuft, sondern „eiert". Dabei genügt schon eine winzige Krümmung, vermutlich schon 0,1 mm, ganz bestimmt aber 0,2 mm Exzentrizität, um die Kohlen wie wild tanzen zu lassen, so daß der Kollektor anschließend schwer verbrennt. Bei mir gehört es zur Routineuntersuchung einer Lichtmaschine, unter irgendeinen gerade geeignet liegenden Schraubenkopf ein Drahtende zu klemmen, dessen Spitze so gebogen wird, daß sie den Kollektor der Lichtmaschine gerade eben sacht berührt. Dreht man dann vorsichtig den Motor durch, wie vorhin schon angeraten, dann entdeckt man eine solche winzige Exzentrizität dadurch, daß der den Kollektor berührende Drahtstummel ungleich weit mitgenommen wird.

Einen Kollektor sachgemäß zu überdrehen ist nun zwar keine Kunst, man kann es auch ruhig einer Fachwerkstatt überlassen, zumal die Fachwerkstätten mit Einspannvorrichtungen und derlei besonders darauf eingerichtet sind und im Grunde genommen eigentlich auch ein Fachmann dabei nichts falsch machen kann.

(Im Vorwort von „Besser machen", Teil 1, steht ein sehr bitterer Absatz über die professionelle Schlamperei von sogenannten Fachhandwerkern. Damals hatte ich nur von einer harmlosen Schreibmaschine zu berichten, mitten im Diktat dieses Lichtmaschinenartikels habe ich nun eine teure Waschmaschine nach einer sogenannten Grundüberholung zurückbekommen: Ich habe geschlagene drei Stunden eigener angestrengter Arbeitszeit hineingesteckt, bis alle Keilriemen richtig gespannt waren, alle Reibscheiben den richtigen Andruck hatten und alle Kipplager wieder frei gangbar waren. Ich habe am Antriebsmotor die abgenützten Kohlebürsten mühsam wieder kurzfristig benutzbar gemacht, die der Herr Handwerker nach 3 Jahren Laufzeit auszuwechseln vergessen hatte, und jetzt habe ich immer noch in der Schaltautomatik einen Wackelkontakt zu suchen, den der ehrbare Handwerker höchstwahrscheinlich hineingebaut hat, als er die sogenannte Grundüber-

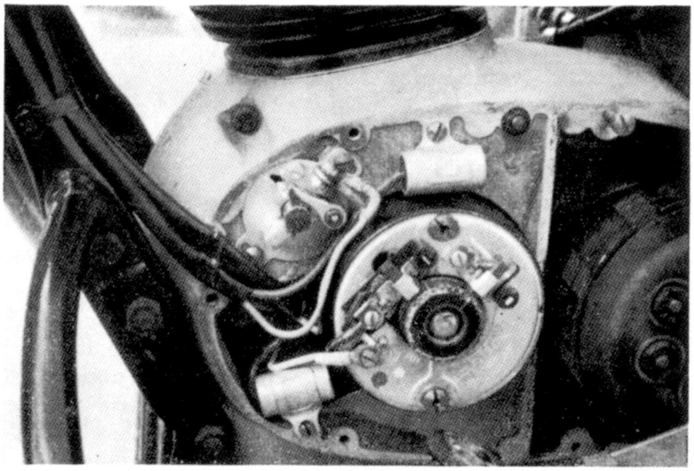

Bild 147
Das hat sich schon lange kein deutscher Konstrukteur mehr erlaubt – Trennung von Unterbrecher und Lichtmaschine bei einem Viertakter. Das hier war eben auch ein Italiener. Ganz abgesehen vom Vorteil niedriger Unterbrecherdrehzahl ist die Anlage gerade wegen der Funktionsaufteilung weit einfacher, übersichtlicher und störungssicherer als unsere deutschen, ach so komprimierten und verschachtelten Anlagen. Allerdings: Der Italiener brauchte dazu so etwas wie Verstand. Und zuweilen hat der Seltenheitswert.

holung vornahm. Man braucht heutzutage offensichtlich nur irgendeine technische Vorrichtung dem zuständigen Kundendiener zu übergeben, damit diese technische Vorrichtung unaufhaltsam ruiniert wird.)

Wenn nun aber ein Kollektor überdreht worden ist, dann wird es immer notwendig sein, die Isolierung zwischen den Kollektorlamellen wieder einzusägen. Vor Jahr und Tag nannte man das „Glimmerreißen", heutzutage gibt es wunderschöne

Bild 148
Das sind die Spuren eines streifenden Läufers – zwar nicht bei einer Motorradmaschine, sondern bei einem Motor, aber so sieht das nachher aus.

kleine Kreissägen, die jedem Zahnarzt Ehre machen würden, mit denen man den Isolierstoff zwischen den Lamellen heraussägen kann. Ich mache es aber bis heute auf die altmodische Art, indem ich eine Schraubenzieherklinge sehr scharf schleife und damit das Isoliermaterial zwischen den Lamellen tief auskratze. Natürlich treibt man damit an den weichen Kupferlamellen wieder Grate hoch, die ich in ebenso geduldiger Arbeit mit einem spitzen Schaber entferne. In Wirklichkeit kommt es gar nicht einmal so sehr darauf an, daß die Gräben zwischen den einzelnen Lamellen besonders tief sind, *viel wichtiger ist es, daß die Lamellen keine Grate behalten, so daß die Kohlen glatt und ruhig darauf laufen können.*

Ist ein Kollektor einmal schwarzfleckig, dann muß er auf jeden Fall überdreht werden, der Läufer muß also vom Kurbelzapfen herunter. Man untersucht dann auch gleich die Lötstellen, wo die Spulenanschlüsse in die Kollektorlamellen eingelötet sind, zuweilen findet man da Schmelzspuren, auch ohne daß Drähte direkt ausgelötet sind. Solche Schmelzstellen deuten auf eine mehr als 50%ige Überlastung der Lichtmaschine, es lohnt sich dann schon ein gewisses Nachdenken, bei welcher Gelegenheit das passiert sein kann. Meist bietet es die Erklärung für ausgedehnten Batteriekummer, der wiederum auf einen mehr oder weniger gestörten Regler deutet. Im übrigen gleich ein Tip: Wenn ein Lichtmaschinenläufer irgendwelche Schäden zeigt, also angegriffener Kollektor, Schmelzspuren an Lötstellen oder was es auch immer sei, dann läßt man diesen Läufer nur reparieren, wenn man die betreffende Werkstatt als absolut zuverlässig kennt. Meist ist es billiger, einen nagelneuen Läufer zu kaufen, denn die paar Mark, die man mit einer Reparatur zu sparen glaubt, gibt man meist fünf- bis zehnfach aus, wenn bei dieser sogenannten Reparatur auch nur eine Kleinigkeit verkorkst worden ist.

Die möglichen Überlastungen

Zum Schluß noch ein paar Worte zur Überlastbarkeit der Lichtmaschine. Natürlich gibt es auch elektrische Einrichtungen, die einfach deshalb nicht überlastbar sind, weil das für eine Überlastung erforderliche Mehr simpel nicht herauskommt. Nicht so aber die Lichtmaschinen, aus denen man sogar drei- bis viermal mehr als die Nennleistung herausholen könnte. Bei solchen überlastbaren elektrischen Einrichtungen richtet sich nun die höchstzulässige Last gewöhnlich nach dem Wärmezustand, den die Maschine, der Transformator oder sonst etwas *im Dauerbetrieb* mit der betreffenden Last erreicht.

Es ist also ein sehr gewichtiger Umstand, wenn man eine Überlast nur kurzzeitig entnimmt, etwa 10 Minuten lang, so daß die Maschine nicht auf längere Dauer einer hohen Temperatur ausgesetzt ist. Noch radikaler wirkt es, wenn eine hohe Überlast einer *noch kalten* Maschine entnommen werden soll, die sich bei der Überlast dann lediglich schneller aufheizt als bei Nennlast, wobei ihr naturgemäß nicht das Mindeste geschieht. Man muß nur dafür sorgen, daß die Überlast aufhört, sobald die Maschine ihre noch zulässige Grenztemperatur erreicht hat. Es leuchtet auch ein, daß dabei die Außentemperatur eine große Rolle spielt. So wird also bei Sommerhitze und langsamer Bergfahrerei eine Motorrad-Lichtmaschine höher überlastet sein als bei Winterkälte und womöglich auf der Autobahn bei Höchstgeschwindigkeit.

Wenn man nun weiß, was gespielt wird und wenn man bereit ist, dabei einigen Verstand aufzuwenden, *dann kann man ohne weiteres sagen, daß alle derzeitigen Motorrad-Lichtmaschinen um wenigstens 50% überlastbar seien.* Eine Lichtmaschine mit 45 Watt Nennleistung kann also im Winter gut mit 70 Watt belastet werden, man kann damit anstandslos die Lenkergriffe heizen und den Spannungsregler obendrein noch so einstellen, daß trotz der hohen Last bei vollem Licht immer noch knapp 7 Volt Netzspannung einreguliert werden, so daß die Batterie in einem annehmbaren Ladezustand gehalten wird. Selbst wenn dann die Batterie einmal tief absinkt, etwa bei einer langsamen und langen Nachtfahrt, wenn sie also am anderen Morgen dank ihrer niedrigen Gegenspannung einen gewaltigen Ladestrom aufnimmt, braucht man dennoch für die Lichtmaschine nicht zu fürchten, sie ist ja winterkalt und kann anstandslos 10 Minuten lang diesen enormen Ladestrom liefern, bevor sie richtig heiß wird. Zehn Minuten extrem starker Ladestrom treiben aber die Batteriespannung wieder so hoch, daß der Ladestrom ganz von selber sinkt und die Belastung der Lichtmaschine deshalb wieder zurückgeht.

Wenn man schon mit einer so kleinen Lichtmaschine gesegnet ist, daß man um deren Überlastbarkeit fürchten muß, dann gibt es da noch einen Trick: Möglicherweise muß man am frühen Morgen trotz sehr tief entladener Batterie wieder mit Licht fahren, so daß deswegen vielleicht doch für eine halbe Stunde ernstliche Überlastungsgefahr besteht. Man startet dann den Motor mit der Batterie, klemmt diese aber wieder ab und fährt zunächst mit Licht und Griffheizung allein los. Sobald dann das Tageslicht halbwegs ausreicht, um ohne Scheinwerferlicht und nur noch mit Standlicht fahren zu können, schaltet man die Batterie wieder an, die Lichtmaschine gibt ohne Lichtbelastung eine verhältnismäßig hohe Spannung her und spuckt während einer weiteren Viertelstunde Fahrzeit ohne Überlastungsgefahr soviel Ladung in die Batterie, daß diese mindestens nicht mehr als tiefentladen gelten kann.

Natürlich kann man dieses Verfahren nicht Hinz und Kunz empfehlen, dazu gehört schon ein bißchen eigener Verstand und Schätzvermögen, aber gerade deshalb werden ja die Belastbarkeiten von Lichtmaschinen alle ziemlich niedrig angegeben, daß mit den Dingern auch in Laienhand nichts passieren kann. Hat man eine moderne 60-Watt-Maschine im Motorrad, dann kann man diese Maschine unter den gleichen Bedingungen, also Winterkälte und vielleicht nur die ersten 10–15 Betriebsminuten nach dem Start, anstandslos mit 90–100 Watt belasten.

Ein Musterfall von Stadtbetrieb

Durch die ganzen bisherigen Erörterungen über Regler, Batterieen und Lichtmaschinen zieht es sich wie ein roter Faden: Allerorten stolpert man über die Batterieschwierigkeiten, die einem Regler mit geneigter Kennlinie bereiten. Schon Jahre vor dem Kriege habe ich immer wieder darauf hingewiesen, daß bei einer normalen Motorrad-Lichtmaschine von 45–60 Watt Leistung und einer 7-Ah-Batterie auf langsamen Stadtdurchfahrten von einem Gleichgewicht zwischen Ladung und Verbrauch keine Rede sei, daß 20 Minuten Stadtdurchfahrt so viel Strom kosteten, wie nur in wenigstens zwei Stunden schneller Überlandfahrt wieder hineingeladen werden könne. Man hat mir das nicht nur bei der Motorradindustrie abgestritten – dort machte man nur runde Kinderaugen mangels Fachwissens – sondern auch bei Bosch. Bis heute. Weil ja bekanntlich nicht sein kann, was nicht sein darf. Und weil Motorradkunden sich dumm machen lassen – die Motorradindustrie hat viele Jahre davon gelebt, daß auch berechtigte Reklamationen sich weitgehend abwimmeln lassen, wenn der Kunde nicht weiß, was er um sein gutes Geld verlangen kann.

Bei Mobilkunden ist das etwas anderes – die fallen dem Händler auf den Wecker, wenn jede zweite Woche die Batterie ausgelutscht ist, der Händler fällt dem Kundendiener des Werkes auf den Wecker – und so kam es, daß ein Mobilwerk es genau wissen wollte, einen schreibenden Strommesser in ein Mobil baute und damit längelang durch die schöne Stadt München fuhr. Morgens und abends, genau so, wie es der Kunde auch tut. Jede Fahrt dauerte 30 Minuten, am Anfang und am Ende waren sogar etliche Kilometer „schnelle" Ausfallstraße. Dabei ist höchstens noch zu bedenken, daß jeder Fachmann für diesen Zweck ein Mobil ganz besonders empfehlen wird, als speziell geeignetes Kurzstreckenfahrzeug. Was dabei herauskam, zeigt nun Bild 149. Da ist von Minute zu Minute zu verfolgen, ob aus der Batterie Strom entnommen oder hineingeladen wurde. Wenn man die Zeiten verfolgt, wird auch klar, daß da höchstens 10 Ampelkreuzungen gewesen sein können, daß der Fahrer aber mindestens ebenso oft andere Leute so vorbeilassen mußte – es ist eben eine typische Stadtdurchfahrt. Die dreißig Minuten Gesamtfahrzeit spalten sich in rund ¾ reine Fahrminuten und ¼ reine Standminuten auf. Da jedesmal das rote Licht ausging, müßte doch (verdammt noch mal) in jeweils 3 Fahrminuten wieder so viel Strom in die Batterie gegangen sein, wie in 1 Standminute herausgeholt wurde? Das steht doch so in jedem Lehrbuch?

Wenn man nun Bild 149 ausplanimetriert, dann kommt heraus, daß in diesen 30 Minuten der Batterie rund 1,5 Ah entnommen wurden, aber nur 0,85 Ah hineingeladen worden sind. **Allein durch das Fahren wird die Batterie leergelutscht!** Nicht zu reden vom mindestens einmaligem Anlassen. (Das bei diesem Motor unter günstigen Bedingungen allerdings nur 0,15 Ah kostet.) Da die Batterie zudem noch die bei Mobilen übliche poplige Größe von nur 24 Ah hat, ist sie bei 12,5 A Entladestrom – wie dem Diagramm zu entnehmen – gewaltig überlastet und zeigt bei dieser Last ohnedies nur ⅔ ihrer „zehnstündigen" Kapazität (hoffen wir, daß die 24 Ah nicht auch noch in zeitüblicher Norm für zwanzigstündigen Strom gelten!) und so kann man rechnen, daß nach drei Wochen, wenn nicht schon nach zwei Wochen, der Starter nicht mehr durchzieht. Bekanntlich passiert das immer dann, wenn man es gerade brandeilig hat – es kommt einem ja gar nicht auf die zwei oder drei Mark an, die das Laden kostet, aber wieviel Ärger hat man, bis die Batterie endlich an der Ladekiste hängt! Das geht einmal zur Not, aber beim zweitenmal ist der Mobilist sauer, und dann – siehe oben. *Deshalb hat dieser Mobilfabrikant endlich mal gemessen!*

Bild 149
Stromhaushalt bei Stadtfahrt mit einem Mobil, Lichtmaschine Bosch LA 12/130/3R, Regler ZD 60/130/12/4, eingestellt auf 14,9 Volt Leerlaufspannung, Batterie 24 Ah.

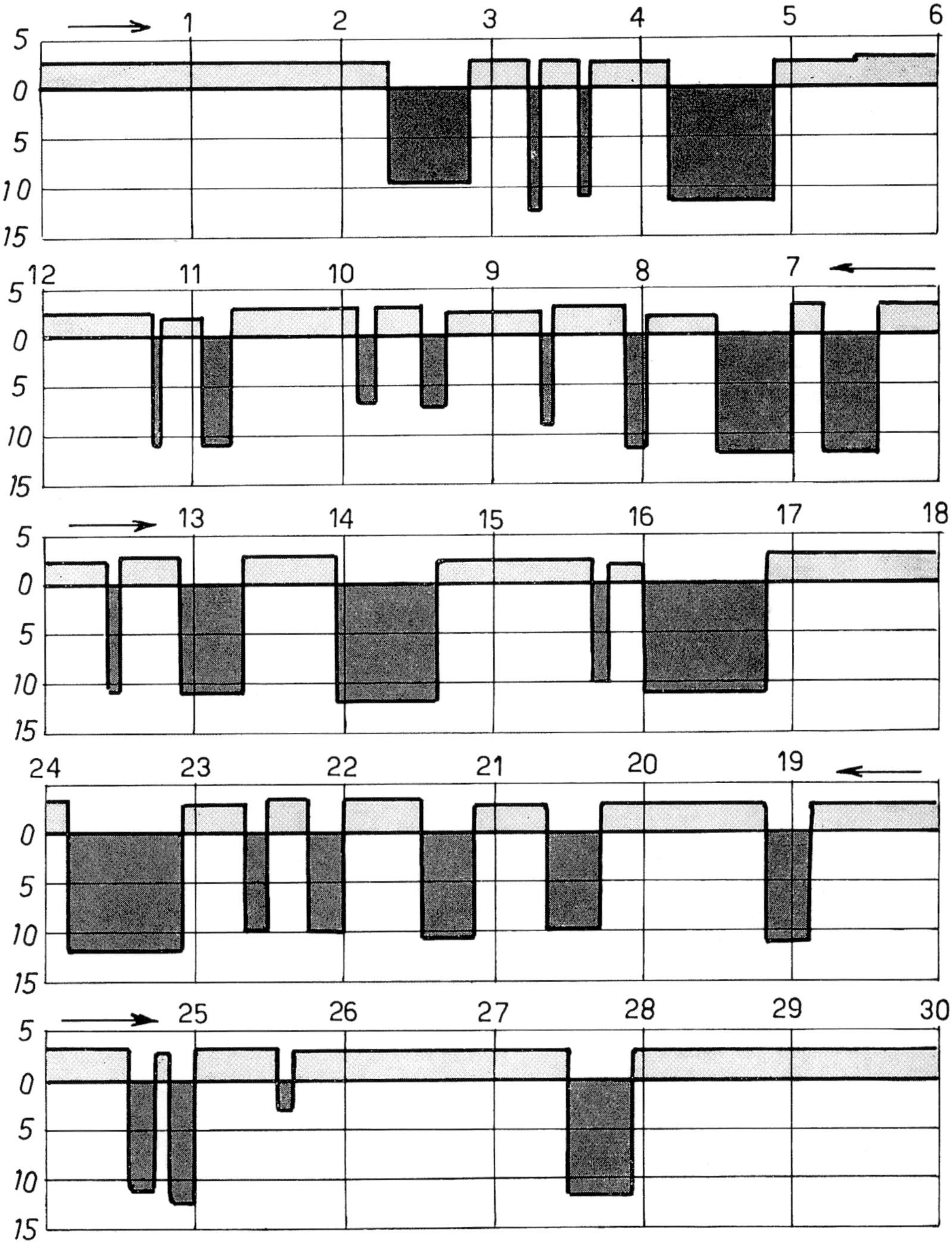
1 2 3 4 5 6
5 0 5 10 15
12 11 10 9 8 7
5 0 5 10 15
13 14 15 16 17 18
5 0 5 10 15
24 23 22 21 20 19
0 5 10 15
25 26 27 28 29 30
5 0 5 10 15

Vielleicht findet man diese 12,5 A Strom reichlich hoch. Also rechnen wir, getreu der alten Milchmädchenmethode:

2 Scheinwerferlampen	70 Watt
2 Standlichter i. Sch.	4
2 Rücklichter	10
2 Kennzeichenlichter	10
2 Bremslichter	30
1 Blinklicht	15
Zündung	10
	149 Watt

Ich sagte vorhin Milchmädchenrechnung: In dieser Aufstellung sind 10 Watt zweifelhaft, bei manchen Mobilen dienen die Rückleuchten gleich als Kennzeichenleuchten. Wenn wir also 10 Watt absetzen, dann verbleiben noch 139 Watt. In keiner üblichen Kalkulation findet man aber die 2 x 15 Watt für die Bremslichter – in der Stadt sind sie aber da und lutschen Strom! Wer steht im Pulk nicht mit dem Fuß auf der Bremse? Auch das Blinklicht muß angesetzt werden, und wenn nur mit 15 Watt – welcher Ordnungsbürger, der im wartenden Pulk steht und da abbiegen will, hat den Blinker nicht an? Das sind 45 Watt, die in jedem Lehrbuch als unbeachtlich hingestellt werden, hier aber fressen. (Und die Rechnung umwerfen.)

Laut Diagramm fließen bei den meisten Halten runde 12,5 A. Macht bei 12,0 V Entladespannung 150 Watt – nur sind eben keine 12,0 V da, denn bei diesem gewaltigen Strom kann man mit einer Entladespannung von höchstens 11,2 bis 11,4 Volt rechnen, woraus zu schließen wäre, daß dieses brave Mobilchen das Kennzeichen mit den gleichen Glühlampen beleuchtet, die auch als Rücklichter dienen.

Also runde 140 Watt für den Bedarf beim Stand an der Kreuzung bei weniger als 12 Volt Entladespannung. Bei Ladung fließen 3,0 A Ladestrom, sichtlich zu wenig. Man müßte mindestens 6–7 A Ladestrom haben, um die Batterie voll zu bekommen. Zu diesen 6 A Ladung gehören bei einer Batterie von 24 Ah aber wenigstens 15 Volt Netzspannung. Macht für Ladung 6 x 15 = 90 Watt.

Wenn das Mobilchen nun wieder läuft, braucht man keine 140 Watt mehr, dann fallen die 45 Watt für Brems- und Blinklicht weg, bleiben noch 95 Watt reeller Bedarf. (Die daran schuld waren, daß man nach der Milchmädchenmethode glaubte, mit einer Lichtmaschine von 130 Watt Nennleistung auskommen zu können.) Man weiß nun schon seit längerer Zeit, daß 95 + 90 ganze 185 gibt – ein Blick in das Typenblatt der Lichtmaschine belehrt einen darüber, daß diese mit 195 Watt belastet werden darf. Da wäre Dauerverbrauch und Ladestrom bei 15 Volt Netzspannung also glatt drin. Wenn es sein muß und nur die kalte Lichtmaschine so hoch belastet werden soll, auch noch so 20–30 Watt mehr.

Ein Blick in die Betriebs- bzw. Reparaturanweisung des Mobilchens sagt aber noch mehr: Dort steht eine notwendige Leerlaufspannung von 15–15,3 Volt angegeben und eine Spannung unter Nennlast (hier 130 Watt) von 12,5 bis 13 Volt. Wenn dabei nur 3 A Ladestrom geliefert werden, ist das nicht weiter verwunderlich.

Würde man nun den verwendeten Neigeregler durch einen Knickregler ersetzen, der auf 15 V eingestellt wird, dann hätte man den Ladestrom von 6 A. Wollte man das mit dem Neigeregler erzielen – was man anstandslos könnte –, dann liefe die Leerlaufspannung aber auf wenigstens 17,5 V hinauf – es wäre der Tod der Batterie, wenn man sich einfallen ließe, damit bei Tage zu fahren, die würde mit 16–16,5 V geladen und in Kürze totgekocht.

Mit dem Neigeregler ist überhaupt nicht hinzukommen, mit dem Knickregler wäre aber hinzukommen – denn diese Überleistung gibt die Lichtmaschine her, sie braucht es nicht einmal kurzzeitig zu tun, sie verträgt das glatt als Dauerlast. Wir haben damit den ganz klaren Fall, daß eine an sich völlig ausreichende Lichtmaschine nur wegen des popligen Neigereglers unzulänglich erscheint, während sie bei Verwendung eines Knickreglers nicht nur genügen würde, sondern noch ein paar Watt zuzusetzen hätte. Ohne die Batterie zu gefährden, denn mit 7,5 Volt wird die nicht mehr totgekocht.

So ist das also, und wer ein bißchen Verstand unter der Mütze hat, kann nach diesem Beispiel jeden anderen Sonderfall gültig durchrechnen – deshalb habe ich im Batteriekapitel diesen Haufen Lade- und Entladekurven gebracht.

Für die ganz klugen Köpfchen unter meinen Lesern noch ein paar Erläuterungen zum Diagramm: Da sind ein paar Entladegevierte, die bei weitem keine 12,5 A zeigen. Da wurde eben kein Blinklicht oder kein Bremslicht gebraucht. Da sind gleich 2–3 A zu gewinnen. An einer Stelle werden sogar nur 7 A angezeigt – wahrscheinlich drehte da die Lichtmaschine so langsam, daß sie zwar Strom lieferte, aber nur einen Teil des Bedarfes. Auch die ungleichmäßige Höhe des Ladestromes hat eine Erklärung: So groß ist der Einfluß des Spannungssprunges, der entsteht, wenn ein Zweikontaktregler in der Regelung vom unteren zum oberen Kontakt überspringt.

Auch dieses Kapitel ist ein bißchen lang geworden, es dürfte aber doch wohl klar geworden sein, warum ich den vielmillionenfach bewährten Neigeregler für ebenso bewährten Mist halte. Auf den die vielen Fachleute nur nicht aufmerksam geworden sind, weil der Durchschnittskäufer sich den Mist eben gläubig aufhängen ließ.

Die Belüftung

Wagenlichtmaschinen leben hinsichtlich ihrer Belastbarkeit weitgehend von einer kühlenden Belüftung sowohl des Kollektors wie auch des ganzen Läufers, nur läßt sich das bei einem Motorrad schlecht bewerkstelligen, weil es da schlechterdings keine Möglichkeit gibt, der Lichtmaschine entsprechend saubere Kühlluft zuzuführen. Man ist also auf die „natürliche" Kühlung durch schlichten Wärmefluß nach außen angewiesen, nur läßt sich die in mancherlei Beziehung noch unterstützen:

Eine nicht unbeträchtliche Wärmequelle stellt der Regler dar, dessen Spannungsspule immerhin 3–4 Watt aufnimmt. Er heizt nicht nur sich selbst in störender Weise hoch, und selbst wenn man gar nicht davon reden will, daß der Regler seinerseits die Lichtmaschine anheize, so verhindert er doch, daß die Lichtmaschine entsprechend viel Watt an Wärme loswerden kann. Schon im Regler-Kapitel habe ich dringend empfohlen, einen etwa in die Lichtmaschine eingebauten Regler dort herauszunehmen und irgendwo anders am Motorrad unterzubringen: Das wird gerade dann besonders wichtig, wenn man eine durchaus vorhandene Überlastbarkeit der Lichtmaschine ernstlich ausnützen will.

Man gibt sich normalerweise auch gar keine Rechenschaft darüber, wie hoch eigentlich die Verlustleistung einer Zündspule ist – sie liegt immerhin auch zwischen 6 und 12 Watt, die da unten in dem Lichtmaschinengehäuse nur stören. Es war einmal eine große Attraktion und es leuchtete sogar allen Fachleuten ein, wie schön es sei, in eine Motorrad-Lichtmaschine auch noch den Regler und die Zündspule

Bild 150
Nie wird man herauskriegen, was das bei einem Viertakter soll – der bläst ja nicht aus dem Kurbelkasten, im Gegenteil. Und auch noch gleich zwei. Das hat mit der Kurbelgehäuseentlüftung nichts zu tun.

hineinzupacken, in allen einschlägigen Lehrbüchern wird davon als von einem Fortschritt gesprochen, weil es Leitungsdrähte spart. Leider konzentriert es aber auch die Abwärme, und wenn es um die Wurst geht, dann hilft nichts, als Regler und Zündspule aus der Lichtmaschine wieder herauszunehmen.

Die Zündspule nimmt man auch deswegen heraus, weil man nach einigen Betriebsjahren erhebliche Mühe hat, die Hochspannung von da unten heil und verlustfrei bis in die Kerze hinaufzubringen, wo sie gebraucht wird. Man tut sich viel leichter, nicht die Hochspannung da hinaufzutransportieren, sondern die Zündspule irgendwo am Rahmen möglichst dicht an der Kerze unterzubringen und die Niederspannung zu dieser Zündspule hinaufzutransportieren.

Von Wettbewerbsmaschinen her kennt man nun eine sogenannte Belüftung der Lichtmaschine. Infolgedessen hält man sie für wichtig, bei genauer Überlegung kommt man aber doch darauf, daß dieser Belüftung wieder mal viel unzureichende Überlegung zugrunde liegt.

Belüften könnte man aus Kühlungsgründen, da wäre eine wirksame Belüftung sogar höchst erwünscht, nur ist die eben technisch nicht möglich: Die Lichtmaschine sitzt sehr tief unten, immer in der Höhe des Kurbelgehäuses, wo man nie weiß, was überwiegt, der Dreck und das Wasser oder die Luft. Will man also unbedingt Frischluft in die Lichtmaschine hineinhaben, dann muß die Frischluft hoch oben in der Gegend des Steuerkopfes oder unter dem Sattel entnommen werden, der Weg bis hinunter in die Lichtmaschine ist aber so lang und so gekrümmt, daß die Luft gar nicht daran denkt, da freiwillig hinunterzugehen. Dazu reicht auch kein Staudruck des Fahrwindes aus. Wagen-Lichtmaschinen haben deshalb auf ihren Läufern regelrechte Lüfterräder sitzen, mit denen man Luft in der erforderlichen Menge transportieren kann, das hat aber keine Motorrad-Lichtmaschine. Es ist also *nicht* möglich, in das Lichtmaschinengehäuse eines Motorrad-Motors einen noch so wünschenswerten Luftstrom hineinzubekommen. Wozu in aller Welt sind aber bei Wettbewerbsmaschinen diese Lichtmaschinenentlüftungen da?

Bei Zweitaktern kommt es tatsächlich vor, sogar ziemlich häufig, daß die Kurbelwellendichtung auf der Lichtmaschinenseite Gas durchtreten läßt, das bei seltenen Gelegenheiten vom Unterbrecherfeuer oder vom Bürstenfeuer angezündet wird, dann mehr oder weniger laut Puff sagt und den Lichtmaschinendeckel in die Gegend feuert. (Ich habe das sogar schon einmal bei einem Viertakter gesehen, da kam es vermutlich vom Waschbenzin, mit dem die Lichtmaschine kurz zuvor gereinigt worden war.) Das Ölpfützchen im Lichtmaschinendeckel ist nicht einmal selten, es ist sogar ein direkter Beweis dafür, daß Frischgas in erheblicher Menge in das Lichtmaschinengehäuse hinübergepustet worden ist. Die mangelhafte Überlegung besteht nun darin, daß man dieses Überblasen als gottgegeben annimmt, daß man sich in keiner Weise um die zugehörigen Dichtungen kümmert, aber nun kunstreich an die Gehäusedeckel Rohrstutzen anbringt und von da wunderschöne Schläuche wegführt, die ungeheuer gelehrt aussehen. Sichtlich sind diese Entlüftungen nutzlos, denn wer sollte das übergeblasene Gas auch veranlassen, sich durch den mehr oder weniger langen Schlauch hinauszubegeben? Das bleibt brav da unten sitzen und wenn der erforderliche Grad der Brennbarkeit erreicht ist, dann sagt es *doch* wieder

Puff und treibt den Deckel wieder in die Gegend, auch wenn da zwei Schläuche dran bammeln – *auch das habe ich schon gesehen.*

Es ist also unbedingt vernünftiger, bei einem Motorrad-Motor dafür zu sorgen, daß der Kurbelzapfen zum Lichtmaschinengehäuse hin einwandfrei abgedichtet ist und dann den Lichtmaschinendeckel völlig dicht aufzusetzen und die Dichtfuge gegen Wasserzutritt auch noch mit Klebeband zuzukleistern.

Ein besonderes Interesse an der Kurbelwellenabdichtung hat man auch noch deswegen, weil das durchtretende Gaszeug auch auf den Kollektor losgeht, ihn mindestens verschmiert. Die weitaus größte Zahl verbrannter Regler ist auch nur verbrannt, weil die Reglerkontakte von verbranntem Gas und Öldunst verschmierten, so die Netzspannung hochschießen und bei dieser Gelegenheit den Regler kunstgerecht verbraten ließen. Ich habe mir deshalb angewöhnt, bei jeder Arbeit an einer Lichtmaschine diese mit einem sehr sauberen Lappen peinlich zu putzen, da ist also nirgendwo auch nur eine Spur Öl. Muß dann nach einiger Betriebszeit die Lichtmaschine wieder geöffnet werden, so sieht man sofort, ob sich da inzwischen ein Ölhauch ausgebreitet hat. Das ist dann Signal, daß man sich bei der Lichtmaschine nicht aufhalten darf, sondern *daß man unbedingt auf den Motor selbst beziehungsweise auf die Dichtung des zuständigen Kurbelzapfens losgehen muß,* bevor der Schaden größer und teurer geworden ist.

Man möge es mir nicht als Pedanterie anrechnen, wenn ich ausdrücklich noch mal darauf hinweise: Wenn bei einem Zweitakter die Kurbelzapfendichtung in Richtung Lichtmaschine bläst, dann ist die Explosionsgefahr *nicht* zu fürchten, dazu sind viel

Bild 151
Bei den BMW-Sechstagemaschinen 1958 saß der F-Regler da hinten unterm Sattel und damit weitaus besser untergebracht als in der Lichtmaschine, obwohl nicht wasserdicht – aber wenn Wasser dahin kommt, ist der Bart schon längst anderweitig ab.

Bild 152
Bei den DKWs ist der Regler nochmal für sich gekapselt und gegen durchblasenden Öldreck geschützt, hier wäre ganz bestimmt ohne Belüftung auszukommen.

zu selten die richtigen Zündbedingungen da, auf zehntausend durchblasende Dichtungen knallt es noch nicht einmal. Zu fürchten ist aber der Öldunst an den Reglerkontakten, der immer zu ungenauer Regelung, häufig zu verbrannten Reglern führt. Daran gemessen, wie häufig Zapfendichtungen blasen, gehört bei einem Zweitakter ein Regler nicht in das Lichtmaschinengehäuse.

Sodann hat es sich schon öfter als ganz natürlich erwiesen, daß der größte Teil meiner Bücher erst mal als Bandwürmer im MOTORRAD erscheint – da gibt es immer lehrreiche Einwände von Lesern. Auch zur Belüftung. Zum Beispiel den folgenden:

Ein Mann hat den Lichtmaschinendeckel seiner Geländemaschine zwar abgedichtet, aber zunächst keine Entlüftung daran. Er donnert in eine Wasserdurchfahrt hinein, der Motor fängt an zu spucken, gibt Zündaussetzer. Seine Theorie: Durch die plötzliche Abkühlung gab es in der Lichtmaschine einen Niederschlag von Kondenswasser und das war an den Aussetzern schuld. Jetzt hat er eine Entlüftung dran, „seitdem" gab es keine Aussetzer mehr.

Die Maden in dieser so einleuchtenden Theorie: Wo kommt denn der Wasserdampf her, der sich da kondensiert haben soll? Seit wann kondensiert Wasserdampf auf nach wie vor heißen E-Maschinenteilen? Abgekühlt wird ja nur der Außendeckel, und wenn sich etwas niederschlägt, dann gewiß nicht auf heißen Teilen, sondern auf dem kalten Deckel.

Tatsächlich mögliche Ursachen für die Aussetzer: Keine einwandfreie Abdichtung. Es findet tatsächlich eine beträchtliche Abkühlung bei Wasserdurchfahrten statt, die zu einem spürbaren Unterdruck führt, der wiederum Ursache sein kann, daß an einer undichten Stelle viel Wasser eingesaugt wird. Man könnte da eine Belüftung für ein brauchbares Gegenmittel halten, weil die ja keinen Unterdruck aufkommen läßt. *Wenn* aber eine undichte Stelle da ist, läuft da trotz Belüftung an der nächsten und übernächsten Wasserdurchfahrt oder bei einer Stunde Regenfahrt so viel Wasser hinein, daß das auch zu Aussetzern langt. Entlüftung dran und „seitdem" keine Aussetzer mehr: Ist kein Beweis, denn im Verlauf dieser Arbeit wurde höchstwahrscheinlich die undichte Stelle beseitigt, ohne daß dies besonders bemerkt wurde. Wenn es sich nicht bloß um eine rissige Hochspannungsdurchführung handelte! Das ist unendlich viel wahrscheinlicher. Belüftung ist kein Ersatz für einwandfreie Abdichtung und tadellose Durchführungen. Wenn das aber stimmt, ist wieder die Belüftung überflüssig.

Nebenbeibemerkt: Zehn Jahre lang zog ich von einer schweren Geländefahrt zur anderen – gewiß gab es immer mal Zündaussetzer nach Wasserdurchfahrten. Wie ja auch Blumentöpfe, die von Fensterbrettern fallen, unten zuweilen jemandem genau auf den Kopf fallen. Die weitaus meisten Zündaussetzer wegen Wasser in den Lichtmaschinen ereigneten sich aber an ganz beliebigen Streckenpunkten bei ganz normalem Regenwetter und das Wasser dazu kam vom Vorderrad. Also lieber gut abdichten! Wobei man dann entdeckt, daß so manches Produkt einer ach so fortgeschrittenen Motorradtechnik – na, rühren wir schon nicht daran.

Die Wechselstrom-Lichtmaschinen

Hier wird zwar ein Grundlehrgang über Magnetwissen geboten, behandelt wird aber nur das, was man seit fünfzig Jahren unter der Bezeichnung Schwungmagnet kennt.

Magnetisches Grundwissen

Bei Motorrad-Wechselstromlichtmaschinen hat man es wie bei Magnetzündern hinsichtlich der Stromerzeugung mit Dauermagneten zu tun. Wenn man da nicht nur auswendig lernen will, sondern auf diesem Gebiet genau genug Bescheid wissen möchte, so daß man auch einmal einem auftauchenden Sonderproblem gewachsen ist, dann wäre es schon ganz angebracht, wenn man sich einmal mit den Grundgesetzen der Magnetik vertraut machen würde. Ich ertrage zwar gerne den Vorwurf der Pedanterie, andererseits haben wir aber auch auf die ersten Artikel der Kupferwurm-Serie, in denen die elektrischen Grundbegriffe behandelt wurden, so viele zustimmende Zuschriften erhalten, daß ich es nun doch riskiere, hier einmal auf eben diese magnetischen Grundgesetze einzugehen. Hinzu kommt, daß die Magnetik in den guten Lehrbüchern der Elektrotechnik nur sehr stiefmütterlich behandelt wird. In den populären Lehrbüchern für den Hausgebrauch, die also einem durchschnittlichen Verstand zugänglich sein sollen, wird sie überhaupt nicht behandelt. Eine rühmliche Ausnahme macht da allein die „Praxis der Auto-Elektrik" von Dierdorf. (Dort findet man übrigens auch ein Berechnungsbeispiel für eine Magnetisierungsvorrichtung!)

Soviel wird ja jeder noch von der Schule her wissen, daß in einem Draht ein Strom fließt, wenn man diesen Draht in einem magnetischen Kraftfeld bewegt, also beispielsweise im Luftspalt zwischen den Polen eines Magneten. Wenn man soviel noch weiß, dann weiß man auch, daß der entstehende Strom in diesem Draht um so stärker beziehungsweise die Spannung um so höher wird, je schneller dieser Draht bewegt wird und je stärker das magnetische Feld ist, in dem er bewegt wird. Lassen wir die Geschwindigkeit der Bewegung zunächst unbeachtet, dann haben wir sichtlich ein Interesse daran, das magnetische Feld so stark wie möglich zu machen, wenn wir starken Strom oder hohe Spannung haben wollen. Was heißt nun überhaupt „starkes Feld"?

Zur begrifflichen Veranschaulichung der Stärke eines magnetischen Feldes bedient man sich weitgehend des Begriffes der „Kraftlinienzahl", obwohl es diese Kraftlinien in Wirklichkeit gar nicht gibt. (Die Elektrotechniker unter meinen Lesern seien höflichst darauf hingewiesen, daß ich soeben nur „Stärke des magnetischen Feldes" gesagt und die Bezeichnung „Feldstärke" streng vermieden habe.) Der in dem berühmten Draht entstehende Strom richtet sich nun danach, wie viele solche Kraftlinien vom Draht während seiner Bewegung durchschnitten werden. Wenn beim Durchschneiden von 10 000 Kraftlinien (in bestimmter Zeit) im Draht 1 Volt Spannung entsteht, dann entstehen beim Durchschneiden von 30 000 Linien in der gleichen Zeit 3 Volt, beim Durchschneiden von 50 000 Linien entstehen 5 Volt. Es spielt dabei zunächst keine Rolle, wie groß die Fläche ist, auf der diese 10 000 oder 50 000 Kraftlinien durchschnitten werden. 50 000 Linien können ebensogut auf einem cm^2 wie auf zehn cm^2 überstrichener Fläche vorhanden sein. Wenn das auch vom elektrischen Standpunkt aus ziemlich gleichgültig ist, so doch nicht vom mechanischen Standpunkt aus, denn selbstverständlich wird eine Maschine, bei der auf den cm^2 50 000 Kraftlinien entfallen, nur ein Fünftel so groß und über zehnmal leichter sein als eine Maschine, bei der nur 10 000 Kraftlinien auf den durchstrichenen einen cm^2 entfallen. Für diese *Zahl der Kraftlinien pro qcm,* die sichtlich so wichtig ist, gibt es die Fachbezeichnung

Magnetische Induktion

Man mißt sie in Gauß und sagt kurzerhand, ein Gauß sei eine Kraftlinie pro cm^2. Wir können gleich Größenbegriffe geben: Bei Gleichstrommaschinen benützt man Magnetfelder mit einer Induktion von 8000 bis höchstens 13 000 Gauß, Transformatoren und derlei werden für 10 000 bis 15 000 Gauß ausgelegt, während man sich bei elektrischen Maschinen, die mit Dauermagneten arbeiten, mit Kraftliniendichten von 4000 bis 6000 Gauß begnügen muß. (Wiederum Hinweis für die gelernten Elektriker: Es handelt sich dabei um die in Zündern und Schwungmagneten *ausnützbaren* Kraftliniendichten, bei gleichen Magnetmaterialien sind die Induktionswerte, beispielsweise bei Lautsprechern, naturgemäß wesentlich höher und können dort auf 8000–10 000 Gauß steigen, in Spezialfällen bei Sondermaterialien sogar bis zu 15 000 Gauß. Es ist auch nicht so sinnlos wie es scheint, wenn vorhin von 50 000 Gauß gesprochen wurde: Eine solche Feldintensität ist ohne weiteres zu erzielen, wenn auch nicht mit normalen Dynamoblechen, so doch mit Sonderwerkstoffen, davon wird sogar in der Nachrichtentechnik recht häufig Gebrauch gemacht.)
Wir können also festhalten: Für die Kleinheit und Leistungsfähigkeit einer elektrischen Maschine maßgebend ist die Kraftliniendichte in deren Magnetfeldern. Je größer die Dichte, desto kleiner oder leistungsfähiger kann die Maschine werden. Die nächste Frage ist nunmehr, *auf welche Weise* sich eine große Kraftliniendichte erzeugen läßt:

Bei Dynamomaschinen erzeugt man ja bekanntlich den erforderlichen Magnetismus mittels der Feldspulen. Je mehr Windungen diese haben und von je stärkerem Strom diese Windungen durchflossen werden, desto intensiver wird der im Eisen erregte Magnetismus, er hängt in erster Linie ab von der „Amperewindungszahl" eben dieser Feldspulen. Ist überhaupt kein Eisen vorhanden, befindet sich die Spule also in freier Luft, dann wird im Innern der Spule für jede Amperewindung pro laufenden Zentimeter Spulenlänge eine Flußdichte von 1,257 Gauß erzeugt. Kommen etwa auf den laufenden Zentimeter Spulenlänge 20 Windungen und fließen darin 5 Ampere, dann macht das 100 Amperewindungen und mithin 125,7 Gauß. Und jetzt kommt etwas, was für den noch ungeübten Verstand zunächst schlecht auseinanderzuhalten ist:

Wir haben bisher peinlichst von „magnetischer Induktion" oder von „Kraftlinienzahl pro cm^2" gesprochen, man hätte allenfalls auch noch von Feld*dichte* sprechen können, wir haben aber streng die Bezeichnung „Feld*stärke*" vermieden. Der einfache Verstand ist zunächst versucht, die mehr oder weniger große Dichte der Kraftlinien in einem Magnetfeld als Feldstärke zu bezeichnen, gerade das muß aber vermieden werden, denn die Bezeichnung Feldstärke gilt für etwas ganz anderes:

Wir haben soeben gesehen, daß der von einer stromdurchflossenen Spule erzeugte magnetische Fluß sich nach der Amperewindungszahl der Spule und nach deren Länge richtet. Diese erregende Kraft ist es, für die allein die Bezeichnung

Feldstärke

gebraucht werden darf. Die Einheit der Feldstärke ist das Oersted, man versteht darunter die Magnetismus erregende Kraft einer Amperewindung pro cm. Man kann diese erregende magnetische Kraft, eben die elektro-magnetische Feldstärke, weitgehend mit einer elektrischen Spannung vergleichen, je größer die magnetische Feldstärke einer Spule, also deren Amperewindungszahl, desto größer wird der erregte magnetische Fluß, also die Kraftliniendichte, die ihrerseits wieder mit dem von einer Spannung erzeugten elektrischen Strom verglichen werden kann.

Wir brauchen uns hier nicht weiter mit Elektromagneten zu befassen und können gleich zu den Dauermagneten übergehen, bei denen der Magnetismus nicht mittels einer Spule, sondern mittels einer Magnetisiervorrichtung erzeugt wird, nur daß der so erzeugte Magnetismus im Dauermagneten eben erhalten bleibt, auch wenn die Magnetisiervorrichtung wieder ausgeschaltet und entfernt wird. Das praktische Problem bei Maschinen mit Dauermagneten sieht nun so aus, daß ein Luftspalt, in dem sich die stromgebenden Drähte bewegen sollen, mit einer bestimmten nicht zu kleinen Kraftlinienzahl durchsetzt werden muß. Die Maße dieses Luftspaltes sind unabänderlich gegeben, sie können eine bestimmte Größe nicht unterschreiten, die von außen her diktiert wird – das liegt an der möglichen Bearbeitungs- und Montagegenauigkeit, mit der beispielsweise die Ankerplatte eines Schwungmagneten auf einem Motorengehäuse äußerstenfalls befestigt werden kann, das liegt auch daran, daß mit einem gewissen Lagerspiel gerechnet werden muß, ein Luftspalt von 0,5 mm dürfte so ungefähr das Minimum dessen sein, was sich im heutigen Motorenbau erreichen läßt. Da dieser Luftspalt ja zweimal, mindestens oben und unten auftritt, ist das praktisch 1 mm, und dieser Millimeter Luft ist das große Problem aller Magnetmacher. Um diesen Millimeter mit der erforderlichen Kraftlinienzahl zu durchsetzen, bedarf es einer magnetischen Feldstärke, die man nur bei Spulen als solche bezeichnet, für die es aber bei Dauermagneten den Ausdruck

Koerzitivkraft

gibt. Auch diese Koerzitivkraft wird sinngemäß in Oersted gemessen, in Stoffwertetabellen findet man für Dauermagnete Koerzitivkräfte von 50 Oersted bis hinauf zu 700 Oersted. Wird nun im Luftspalt eines Magneten nach Bild 153, der eine Koerzitivkraft von sagen wir einmal 70 Oersted haben soll, eine bestimmte Flußdichte verlangt, dann muß dieser Magnet eine ganz bestimmte Länge haben, die bei 70 Oersted beträchtlich ist. Hätte das Magnetmaterial die doppelte Koerzitivkraft, also in unserem Falle 140 Oersted, dann wäre nach Bild 154 dazu ein nur halb so langer Magnet erforderlich. Wir können als Gesetz festhalten:

Je höher die Koerzitivkraft eines bestimmten Magnetmaterials ist, desto kürzer kann der Magnet ausfallen, um eine gewünschte, notwendige Kraftlinienzahl in einem Luftspalt bereitzustellen.

Auf diesem Grundsatz beruht der größte Fortschritt der Magnettechnik, der schon in den dreißiger Jahren erzielt wurde: Hatte man bis dahin für gewöhnliche Zwecke nur chromlegierte Magnetstähle, die Koerzitivkräfte von 55 bis höchstens 75 Oersted aufwiesen, und galten selbst Anfang der dreißiger Jahre noch Kobaltstähle mit Koerzitivkräften von 120 bis 260 Oersted als ganz hervorragend, so gelang es damals doch noch nicht, nennenswerte elektrische Leistungen etwa bei Lichtmaschinen mit Dauermagneten zu erzielen. Selbst Zündmagnete, die bestenfalls Leistungen von 5–10 Watt erzeugen mußten, waren recht voluminös, wie dies aus den Vergleichsbildern 156 und 157 hervorgeht, die ungetüme Form der alten Hufeisenmagnete nach Bild 156 ist nur bedingt durch die niedrige Koerzitivkraft der alten Chrom- und Wolframstähle. Erst die ganz besonders guten Kobaltstähle mit Koerzitivkräften bis 260 Oersted erlaubten eine Magnetkonstruktion nach Bild 157, wobei die Spule auf einem feststehenden Eisenkern sitzt und sich der viel kleiner gewordene Magnet bewegt. (Es braucht hier wohl kaum betont zu werden, was es für sich hat, wenn eine Hochspannung führende Spule feststehend gemacht werden kann, so daß Schleifkontakte entfallen.)

Wie gesagt, geschah der größte Fortschritt der Magnettechnik Mitte der dreißiger Jahre, als der japanische Professor Mishina einen mit Nickel und Aluminium legierten Magnetstahl fand, der Koerzitivkräfte von 550 bis 700 erlaubte. Mit diesen hohen Koerzitivkräften gelang es, die Magnete sehr kurz zu machen, also beispielsweise im Schwungradzünder eines Motorradmotors nicht nur zwei Magnetpole unterzubringen, sondern sechs. Bei Zündern nach Bild 157 ließ sich nicht nur *ein* umlaufender Magnet anordnen, sondern ein sechsstrahliger Stern, mit entsprechender Funkenzahl. Bei den Motorradmaschinen konnte man jetzt außer den 5 Watt Zündleistung nicht nur die kümmerlichen 5 Watt für ein Hilfslämpchen, sondern bei gleicher Abmessung des Magnetrades bis zu 40 Watt reiner Lichtleistung herausholen.

Bevor wir aber mit dieser Magnettheorie aufhören, müssen wir auch noch einen Blick auf die Flußdichten werfen, die bei den Dauermagneten mit diesen hohen Koerzitivkräften möglich sind:

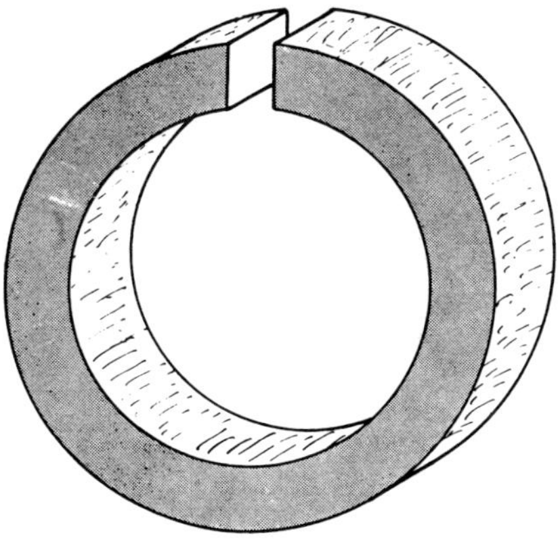
Bild 153
Magnet niedriger Koerzitivkraft, große Länge nötig.

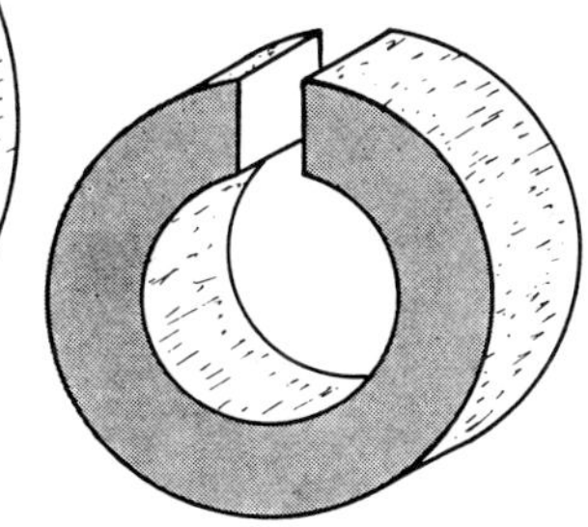
Bild 154
Magnet doppelter Koerzitivkraft, halbe Baulänge für gleiche Remanenz in gleichem Luftspalt.

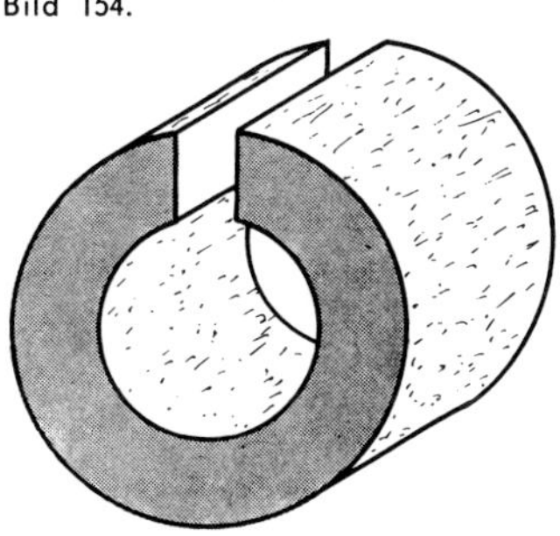
Bild 155
Hohe Koerzitivkraft plus doppelter Querschnitt – gibt Verdoppelung der elektrischen Leistung gegenüber Bild 154.

Wir haben schon eingangs festgestellt, daß man daran interessiert ist, eine möglichst hohe Flußdichte, also möglichst viel Gauß in einem Magnetfeld zu haben. Da ist es allerdings bei den Dauermagneten nicht ganz so gut bestellt wie bei den elektrisch erregten Feldmagneten der Dynamomaschinen, die mit 8000 bis 12 000 Gauß arbeiten. Gerade diese ganz hochwertigen Alni-Stähle lassen nicht ganz so hohe Flußdichten zu, man muß sich da im Durchschnitt mit 6000, manchmal sogar mit 5000 Gauß begnügen. Es ist nun weitgehend dem Geschick des Konstrukteurs überlassen, wie er die hohe Koerzitivkraft eines Alni-Stahles und die dadurch ermöglichte kurze Baulänge mit der etwas geringeren Kraftliniendichte unter einen Hut bringt, die meist einen entsprechend großen Querschnitt des wenn auch kurzen Magneten bedingt. Wenn also für die verlangte elektrische Leistung der Magnet nach Bild 154 nicht genügt, kommt man vielleicht hin, wenn man den Magneten bei gleicher Länge etwas verbreitert, wie das Bild 155 zeigt. In der Tat gibt es für derartige Magnetmaterialien auch eine Güteziffer, die sich nach dem Produkt von Koerzitivkraft und Kraftliniendichte richtet, für welch letztere man bei Dauermagneten die Bezeichnung

Remanenz

hat. Diese Remanenz hat es übrigens bei Dauermagneten in sich: Es ist kein Problem, einen Dauermagneten, der sich in der Magnetisierungsvorrichtung befindet, auf eine Flußdichte von 10 000 und gar 12 000 und noch mehr Gauß zu bringen. Sobald man den Magneten aber von der Magnetisierungsvorrichtung abzieht oder deren Erregungsstrom abschaltet, fällt die Remanenz auf 8000 oder 9000 Gauß herunter. Fängt man dann bei einem Magnetzünder nach Bild 156 gar an, den Anker zu drehen und Funken zu entnehmen, läßt man es sich gar einfallen, einen damit ausgerüsteten Motor mit dem Kurzschließer zu stoppen, dann fällt die Remanenz weiter ab, bis sie sich bei ungefähr 4000-5000 Gauß auf einen Dauerwert einspielt. Entfernt man aus diesem Zünder den Anker, dann bricht der Magnetismus des Feld-

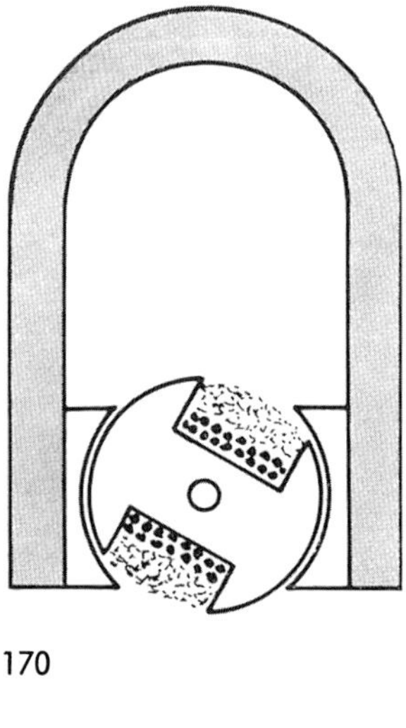

Bild 156
Links außen: Magnetzünder alter Bauart mit Magneten niedriger Koerzitivkraft.

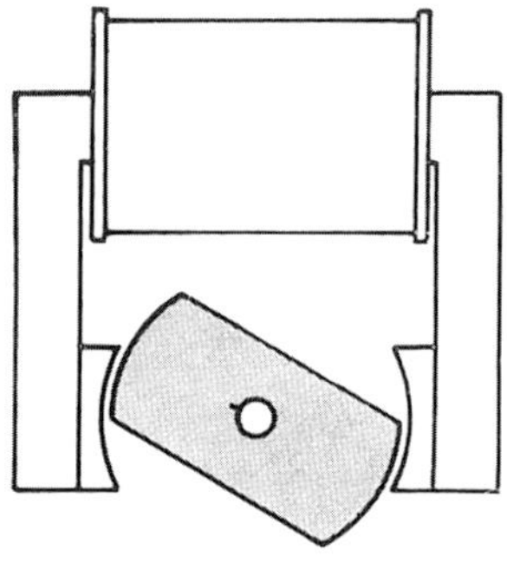

Bild 157
Magnetzünder moderner Bauart mit Magnet hoher Koerzitivkraft.

magneten weiter herunter, es kann sein, daß nur noch 1500 bis 2000 Gauß übrigbleiben. Einen solchen Zünder kann man also allein dadurch ruinieren, daß man den Anker aus dem Feldmagneten herauszieht, ohne gleichzeitig einen massiven Eisenkern *übergangslos* nachzuschieben. Wenn umgekehrt aus einem Magneten nach Bild 157 der Läufer entfernt werden soll, dann muß für diesen Läufer zuvor eine Eisenbüchse präpariert werden, in die er mit möglichst kleinem Luftspalt und möglichst ohne Übergang hineingeschoben wird, so, wie er aus dem Zünder herausgeschoben wird.

Wenn man das aus irgendwelchen Gründen nicht kann, braucht man sich deswegen aber auch keine grauen Haare wachsen zu lassen, man kann den Zünder in Ruhe wieder zusammenbauen, muß ihn aber danach zum Magnetisieren bringen, weil seine elektrische Leistung auf die Hälfte oder auf noch weniger abgesunken ist. Diese Eigenschaft haftet nicht nur den alten Chrom- und Kobaltstählen an, sie haftet genauso auch den Alni-Stählen an, spielt aber tatsächlich nur eine Rolle bei Zündern nach Bild 156 und Bild 157. (Die werden ja auch in der Tat erst magnetisiert, nachdem sie fertig zusammengebaut wurden.)

Ganz anders ist das aber bei den Schwungrädern unserer Motorradmotoren: Auch da hat sich aus uralter Zeit noch die Sage erhalten, daß die Magnete eines abgezogenen Schwungrades durch Schraubenschlüssel und Eisenstücke überbrückt werden müßten, um den Magnetismus nicht zu verlieren. Das ist nichts weiter als ein Grubenhund, denn wenn ein solches Schwungrad einmal abgezogen ist, ist der Magnetismus bereits *durch das Abziehen selbst* heruntergebrochen und durch nachträgliches Überbrücken mit Eisenstücken auch nicht mehr zu retten. Wohl aber sind die Magnete dieser Magneträder so ausgelegt, daß nur die Remanenz ausgenutzt wird, die verbleibt, nachdem das Magnetrad von der Magnetisierungsvorrichtung abgezogen wurde. In der Tat werden ja auch diese Magnete auf Magnetisiervorrichtungen aufmagnetisiert, von denen sie auf jeden Fall abgezogen werden müssen, um erst nach mehr oder weniger langer Zeit auf dem betreffenden Motor und über der zugehörigen Ankerplatte befestigt zu werden. Man kann also ein abgezogenes Magnetrad getrost beiseitelegen, bis man mit der Arbeit fertig ist und das Magnetrad wieder aufsetzen kann, zwar wird es ein paar Gauß von seiner Remanenz verlieren, aber nicht durch das Herumliegen, sondern durch das Abziehen, außerdem werden diese paar Gauß bei einem nur gelegentlichen Abziehen keine Rolle spielen.

Erst wenn man einmal häufig abziehen muß, sagen wir also öfter als fünfmal, etwa wenn man Verdruß mit einem immer wieder abscherenden Keil hat, wird der Remanenzverlust durch das wiederholte Abziehen bemerkbar. Aber auch da braucht man sich keine grauen Haare wachsen zu lassen, man zieht eben so oft ab, wie es nötig ist, bis der Konus wieder in Ordnung ist und hält. Erst dann fährt man so beiläufig einmal bei einer Elektrowerkstatt vorbei, die eine Magnetisiervorrichtung besitzt, zieht das Schwungrad noch einmal ab und läßt es endgültig aufmagnetisieren.

Es ist wohl bezeichnend, daß beispielsweise bei einigen hunderttausend Sachsmotoren der Nachkriegszeit, die alle mit Schwungmagneten ausgestattet sind, eigentlich kaum Fälle von nachlassendem Schwungradmagnetismus bekannt geworden sind. Nur die allerersten Nachkriegsmagneträder, und da auch nur im 49er

Jahr, zeigten zuweilen ein gewisses Nachlassen der Remanenz, das dann aber auch nicht am mangelhaften Licht bemerkt wurde, sondern zuerst an Zündaussetzern, die allerdings nie bei Tage auftraten, dabei liefen die Motoren immer einwandfrei. Die Aussetzer und Auspuffknaller gab es bezeichnenderweise immer erst, wenn das Fernlicht eingeschaltet wurde. Das ist eigentlich das Indiz für den Praktiker:

Wenn ein Motor mit Schwungmagnet bei Tag ganz einwandfrei geht, wenn man aber bei eingeschaltetem Licht gegen die berühmten „Gummiseile" fährt, Vergaserpatscher oder gar Auspuffknaller erhält, die wieder verschwinden, sobald man das Licht ausschaltet, dann ist das immer ein Zeichen, daß die Remanenz der Schwungradmagnete nachgelassen hat und daß ein ebenso einfaches wie billiges Aufmagnetisieren nötig ist, um den Schaden grundsätzlich und vor allem wieder auf Jahre hinaus zu beheben.

Schwunglichtmagnetzünder

Nachdem die wichtigsten Grundtatsachen der Magnetik erklärt sind, können wir mit gutem Gewissen auf die Wechselstrommaschinen losgehen, die in Deutschland als *Schwunglichtmagnetzünder* bezeichnet werden. Den Aufbau einer solchen Lichtmaschine zeigt Bild 158, wir haben da eine Zeichnung genommen, weil sie anschaulicher ist als ein Foto. Das grundsätzliche Schaltbild zeigt Bild 159, das wir im Grunde genommen eigentlich nur bringen, um auf die Klemmennummern Bezug nehmen zu können. Vielleicht ist noch die Bemerkung notwendig, daß es sich hier um die sechspolige Anlage von Bosch handelt, es gibt bei Noris auch noch eine vierpolige Anlage, die mindestens ebenso weit verbreitet ist und die zwar etwas billiger, aber dafür auch wesentlich ungünstiger, um nicht zu sagen primitiver ist. Um zu unterscheiden, ob man in der eigenen Maschine eine vierpolige oder eine sechspolige Anlage hat, braucht man nicht unbedingt das Magnetrad herunterzuziehen und die Pole zu zählen, man kann das schon von außen sehen, denn durch die Schlitze des Magnetrades hindurch kann man beurteilen, ob die Spulen im Dreiecksverband stehen, wie Bild 162 das andeutet, oder im Vierecksverband, Bild 165 und 166. Zum Dreiecksverband gehört immer ein sechspoliges Magnetrad, die Bosch-Maschine ist dabei sogar daran erkennbar, daß eine kleine Spule in radialer Richtung steht, die

Bild 158
Aufbau der sechspoligen Schwungradanlage von Bosch, mit besonderer Ladewicklung.

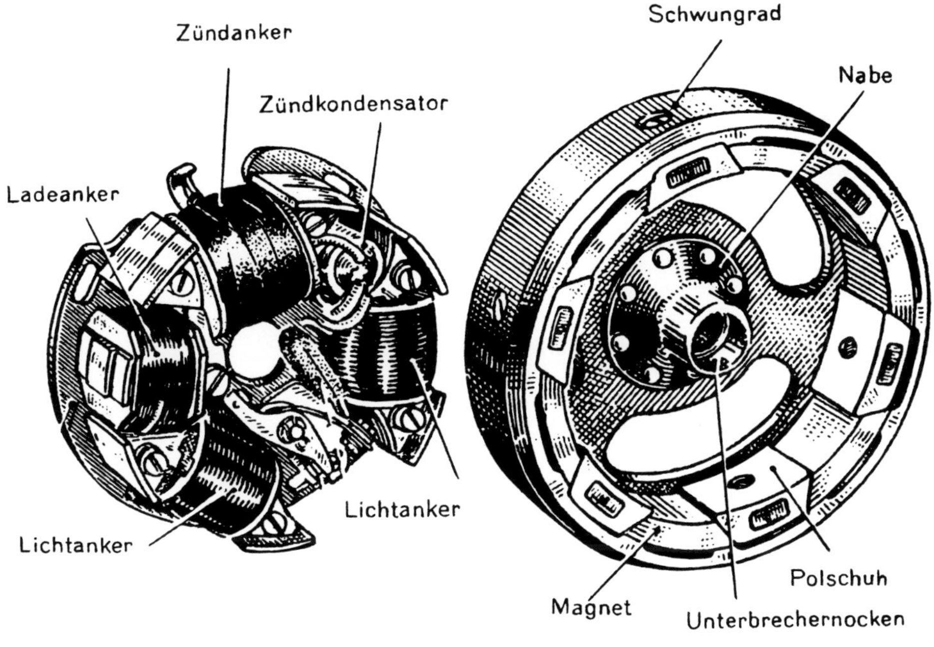

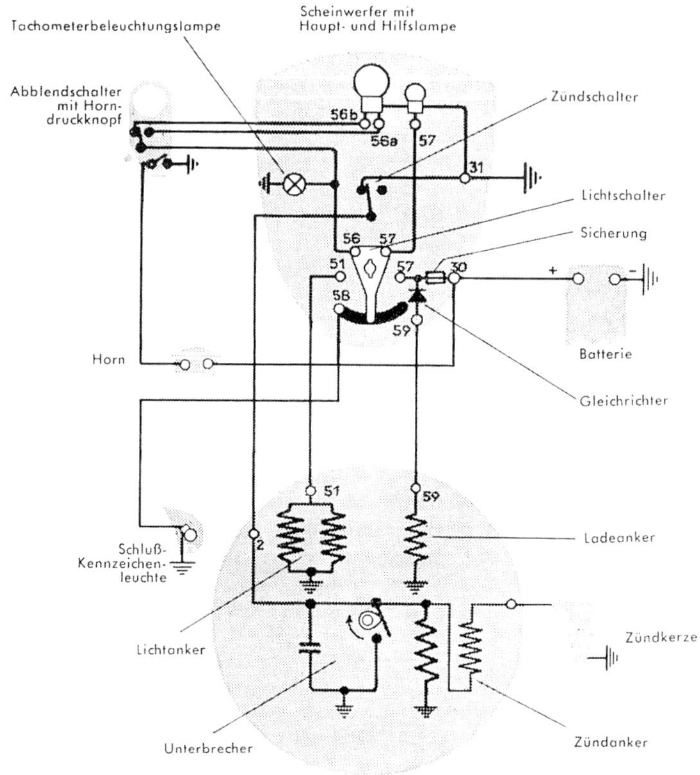

Bild 159
Grundsatzschaltung jeder Wechselstromanlage, an der man aber noch nicht sehen kann, wievielpolig die Anlage aufgebaut ist.

Bild 160
Unten links: Die beiden Lichtspulen des Bosch-Magneten sind parallel geschaltet.

Bild 161
Unten rechts: Die Schaltung des besonderen Lade-Ankers bei den Bosch-Maschinen.

Ladespule, Bild 162. Wie wir schon im Magnet-Artikel gesagt haben, sind vier- und sechspolige Magneträder erst durch die neuen Alni-Magnetstähle möglich geworden, die wegen ihrer hohen Koerzitivkraft ganz niedrige Magnetlängen erlauben. Dabei ist es gar nicht einmal notwendig, die Magnete nach Bild 166 bzw. Bild 168 anzuordnen, Bild 169 zeigt beispielsweise ein italienisches Magnetrad, bei dem die Magnete nur so lang sind, wie sie im Bosch-Rad von Bild 162 dick sind. Solche Sachen kann man sich heute also schon leisten, man braucht sich da nicht verblüffen zu lassen. Bei vierpoligen Anlagen ist naturgemäß nur eine einzige Lichtspule vorhanden, bei sechspoligen Anlagen sind 2 Spulen möglich, die gewöhnlich parallelgeschaltet werden, Bild 160.

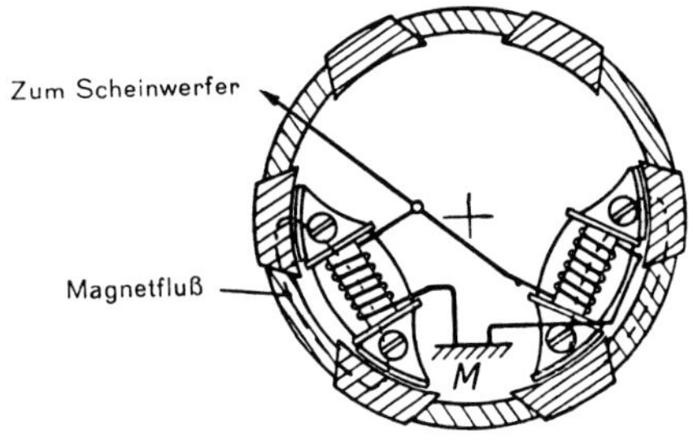

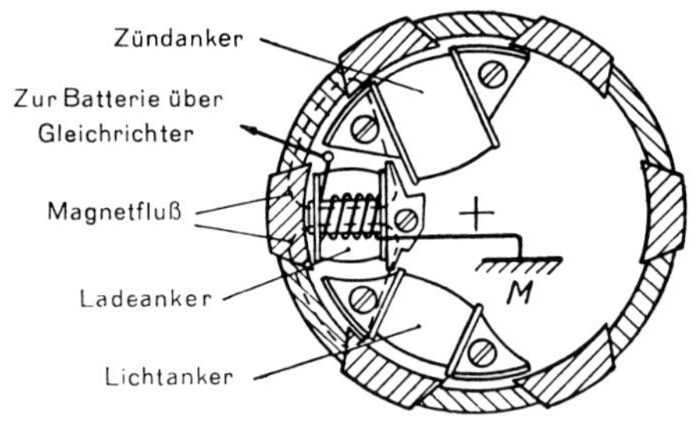

Bild 162
Bei einer sechspoligen Anlage stehen die Spulen im Dreiecksverband, der Pfeil zeigt auf die radial stehende Ladespule.

Wie zu sehen, ist eine solche Anlage außerordentlich simpel, vor allem, wenn man daran denkt, was für ein Zirkus das bei Gleichstrom-Maschinen allein mit dem Regler und Kollektor ist. Vor allem vermißt man bei der Wechselstromanlage den Regler, und gerade darum müssen wir uns jetzt kümmern.

Die selbsttätige Regelung

Wenn man bei laufendem Motor ein Voltmeter an Masse und an Klemme 51 legt, dann wird man zunächst sehr erstaunt sein, daß dieses Voltmeter schon bei Leerlauf so etwas zwischen 10 und 12 Volt anzeigt, und daß es bei hoher Drehzahl auf

Bild 163
Rechts: Die sechspolige Vespa-Anlage, oben die zwei Lichtspulen, unten die Erregerspule für die getrennte Zündspule.

Bild 164
Ganz unten: Magnetrad der sechspoligen Vespa-Anlage, die Magnete sind in den Leichtmetallkranz eingegossen.

Bild 165
Oben: Vierpolige italienische Anlage, keine Zündspule dabei, nur Erregerwicklung für selbständige Zündspule außerhalb des Magneten.

Bild 166
Rechts oben: Vierpoliges Magnetrad der italienischen Maschine, Nocken mit Fliehkraftversteller, Spätzündung.

Bild 167
Rechts: Dasselbe Magnetrad, Fliehgewicht ausgedrückt, volle Frühzündung.

Bild 168 u. 169
Unten u. unten rechts: Sechspolige Magneträder, rechts italienisches Rad mit sehr breiten und sehr kurzen Magneten.

30–40 Volt hinaufklettert. Voraussetzung dabei ist, daß kein Licht eingeschaltet ist, daß also die Klemme 51 völlig frei liegt.

Die Tatsache, daß die Spannung so schön hochsteigt, kann man sich nun zunächst einmal zur Drehzahlmessung zunutze machen. Wenn man keinen mechanischen Drehzahlmesser hat, den man gegen die Kurbelwelle des Motors drücken kann, um an ein oder zwei Stellen abzulesen, welche Drehzahl zu welcher Spannung gehört, dann kann man das auch anders machen: Man stellt mit der Stoppuhr fest, welche tatsächliche Geschwindigkeit einer Tachogeschwindigkeit von sagen wir einmal 60 km/h entspricht. Aus Reifenumfang und Übersetzung kann man zurückrechnen, welche Drehzahl zu dieser tatsächlich gefahrenen Geschwindigkeit gehört, wenn der Tacho auf 60 steht. (Bei 60 km/h kann der Schlupf noch vernachlässigt werden, höher als 5% ist er auf keinen Fall, gewöhnlich liegt er so um 2 – 3% herum.) Man hat dann nachher nichts weiter zu tun, als die Maschine aufgebockt laufen zu lassen, den großen Gang einzuschalten und ganz vorsichtig so viel Gas zu geben, daß der Tacho wieder schön auf 60 steht. Die dazugehörige Spannung wird abgelesen, und nun weiß man ja einwandfrei, welche Drehzahl zu dieser Spannung gehört. Angenommen, wir hätten für 60 km/h eine Drehzahl von 4300 U/min errechnet und eine Spannung von 25,5 Volt abgelesen. Wir können uns dann mit großer Genauigkeit darauf verlassen, daß zu 30 Volt 5000 U/min gehören, zu 20 Volt 3360 U/min und zu 15 Volt 2500 U/min. Auf diese Weise läßt sich auf Grund eines einzigen, möglichst genau festgestellten Meßwertes das Voltmeter als Drehzahlmesser eichen, wenn naturgemäß auch nur für diese betreffende Maschine. (Der man auch nicht überflüssig oft das Magnetrad abziehen sollte. Wie schon im letzten Artikel festgestellt, kostet jedes Abziehen ein paar Gauß Remanenz, dadurch ändert sich die Spannung um ein paar Prozent und damit auch die Eichung dieses elektrischen Drehzahlmessers.)

Diese Spannungen, die wir da gemessen haben – sie entsprechen ziemlich genau den tatsächlichen Verhältnissen bei einer 30-Watt-Maschine –, sind nun nichts weiter als die bei der jeweiligen Drehzahl vorhandene elektromotorische Kraft der Lichtmaschine.

(Es gibt todsicher Leute, die erst in der Mitte des Buches zu lesen anfingen und denen deshalb die Begriffe „elektromotorische Kraft", Klemmenspannung und innerer Widerstand noch fremd sind. Für diese Leser ist es jetzt Zeit, vorn in den Grundlagen nachzulesen. Man kann es natürlich auch lassen, nur wird man dann nie begreifen, was es mit der selbsttätigen Regelung in Wechselstromanlagen – und mit den ewig durchgebrannten Schlußlampen – auf sich hat. Ein bißchen reelles Wissen hat noch nie geschadet.)

Wenn nun die Maschine aufgebockt läuft, wenn der Tachometer auf 70 steht und 30 Volt angezeigt werden, dann schalten wir einmal versuchsweise Fernlicht ein – die Spannung wird alsbald auf 7,5 Volt herunterbrechen. Wenn wir so weit herunterdrosseln, daß 40 km/h angezeigt werden, wozu unbelastet 17,2 Volt gehören, und wenn wir dann wieder Licht einschalten, bricht die Spannung auf 6,5 Volt herunter. Ein unbelastetes Gemüt wird zwar die *Höhe* des Abbruches etwa von 30 auf 7,5 Volt erstaunlich finden, aber nicht die Tatsache als solche, ist ja doch bekannt, daß auch bei einer Batterie die Spannung zwischen den Polen mehr oder weniger heruntergeht, sobald die Batterie belastet wird. Man wird nun sagen „na ja, das ist eben der innere Widerstand der Lichtspulen!" Das ist zwar nicht ganz falsch, würde man sich aber daranmachen, mit einem Ohmmeter den Gleichstromwiderstand dieser Spulen zu bestimmen, dann käme da etwas zwischen 0,1 und 0,2 Ohm heraus. Damit ist also dieser gewaltige Abfall von 30 auf 7,5 Volt nicht zu erklären. Dennoch handelt es sich um einen inneren Widerstand der Lichtmaschine, nur eben nicht um einen rein Ohmschen, sondern um einen *induktiven* Widerstand, und diese induktiven Widerstände haben es in sich. Man kann sie vor allem nicht so ohne weiteres zu einem rein Ohmschen Widerstand, also etwa zu einem Glühlampenwiderstand, addieren, das geht hier buchstäblich um die Ecke. Rechnen wir gleich ein Beispiel durch:

Wir hängen zwischen Klemme 51 der Lichtmaschine und Klemme 51 im Scheinwerfer einen Strommesser, lassen den Motor mit 5000 U/min drehen, so daß unbelastet 30 Volt Spannung und bei eingeschalteter Lampe noch 7,5 Volt Spannung vorhanden sind. Dabei lesen wir einen Strom von 3,85 A ab, (die Schlußlampe wird solange einfach ausgehängt) und damit können wir wieder nach dem Ohmschen Gesetz rechnen. An der Lampe liegen, wie das Voltmeter anzeigt, 7,5 Volt, es fließen durch die Lampe 3,85 Ampere, das gibt einen reinen Ohmschen Widerstand der Lampe von 1,95 Ohm. Andererseits wissen wir aber, daß im gesamten Stromkreis eine elektromotorische Kraft von 30 Volt vorhanden ist, die in Spule und Lampe eben diese 3,85 A Stromfluß erzeugt. Auch daraus rechnen wir wieder $30 : 3{,}85 = 7{,}8$ Ohm *Gesamtwiderstand* des Kreises. Wir dürfen nun beileibe nicht einfach den Lampenwiderstand von 1,95 Ohm vom Gesamtwiderstand von 7,8 Ohm abziehen und sagen, der innere Widerstand der Lichtmaschine betrage 5,85 Ohm – das wäre bei Gleichstrom völlig richtig, aber leider nicht bei Wechselstrom. Da geht das etwas anders: Wir zeichnen nach Bild 170 eine Linie A – B, die genau 7,8 cm lang ist, und zeichnen über diese Linie einen Halbkreis. An das eine Ende dieses Halbkreises tragen wir wieder eine Strecke von 1,95 cm an, die bis C reicht, und nun messen wir ab, wie lang die Strecke CB ist. Wir finden 7,55 cm und diese entsprechen nach dem gewählten Maßstab 7,55 Ohm Innenwiderstand der Lichtwicklung. Diese 7,55 Ohm sind aber *ein fast reiner induktiver Widerstand,* sie sind nur bei Wechselstrom vorhanden und auch da nur bei einer ganz bestimmten Drehzahl. Dieser

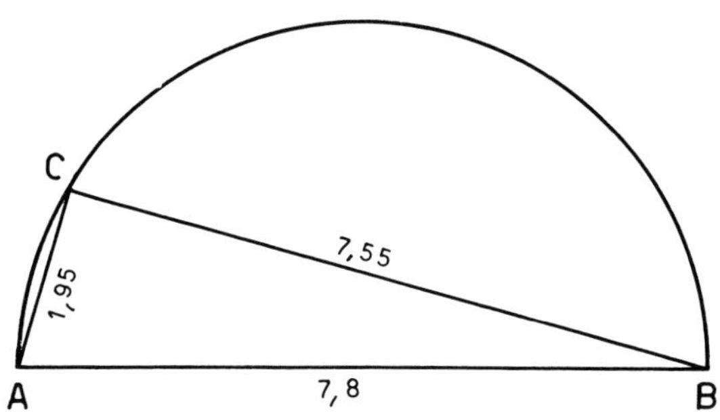

Bild 170
Links: Ermittlung der Spulenimpedanz aus Strom und Spannung bei hoher Drehzahl.

Bild 171
Unten: Impedanzermittlung bei niedriger Drehzahl.

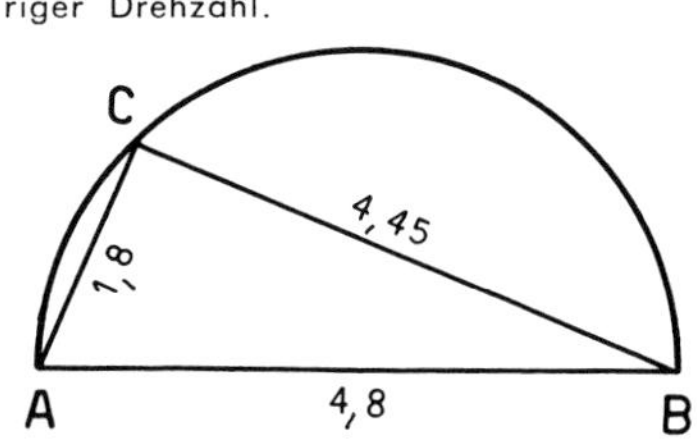

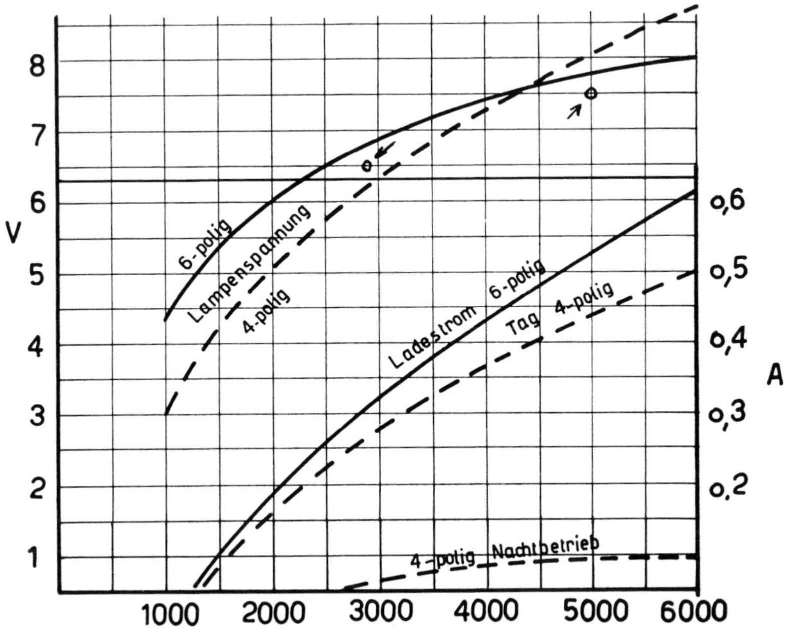

Bild 172
Leistungsvergleich vierpolige Maschine gegen sechspolige Maschine nach Ladestrom und Lichtspannung, vierpolige Maschine gestrichelt.

induktive Widerstand ist ein „Blind"widerstand, er verzehrt keine Leistung und ist nur schlicht da, während Ohmsche Widerstände Leistung verbrauchen.

Statt langer Theorie rechnen wir gleich ein zweites Beispiel durch: Wir lassen nunmehr die aufgebockte Maschine laufen, daß der Tacho 40 km/h anzeigt, wobei der Motor 2850 U/min dreht. Wir lesen an der unbelasteten Klemme 51 eine Spannung von 17,2 Volt ab, die unter Last auf 6,5 Volt herunterbricht, dabei zeigt dann der Strommesser zwischen den beiden 51er-Klemmen einen Strom von 3,6 Ampere an. Wir rechnen wieder wie vorhin nach dem Ohmschen Gesetz und finden für die Glühlampe einen Widerstand von 1,8 Ohm, für den gesamten Kreis einen Widerstand von 4,8 Ohm. Jetzt fällt zum erstenmal auf, *daß mit der gesunkenen elektromotorischen Kraft auch der Gesamtwiderstand gesunken ist.* Nach Bild 171 zeichnen wir wieder eine Strecke von 4,8 cm Länge, Halbkreis darüber, an das eine Ende werden die 1,8 cm entsprechend den jetzt vorhandenen 1,8 Ohm der Glühlampe angetragen, und die Länge der Strecke CB stellen wir nunmehr mit 4,45 cm = 4,45 Ohm induktivem Widerstand fest. Wir haben also bei 5000 U/min einen induktiven Spulenwiderstand von 7,55 Ohm, bei 2850 U/min sind es noch 4,45 Ohm. *Der Widerstand einer Spule in einem Wechselstromkreis, ganz gleich, ob es eine Generatorspule oder eine Verbraucherspule ist, ändert sich nun eben einmal proportional mit der Frequenz, also mit der Drehzahl des Generators.* (Bei einer sechspoligen Maschine beträgt die Frequenz bei 5000 U/min annähernd 250 Hertz, bei den soeben genannten 2850 U/min beträgt die Frequenz noch 144 Hertz.) Da sich nun genau proportional mit der Drehzahl sowohl der innere Widerstand ändert wie auch die Spannung, könnte man vielleicht auf die Meinung kommen, eine solche Wechselstrommaschine müßte völlig unabhängig von der Drehzahl einen konstanten Strom hergeben. Das geht einzig und allein nur deswegen nicht, weil ja außer dem induktiven Widerstand auch noch ein rein Ohmscher Nutzwiderstand da ist, der für das gewünschte Licht allein maßgebend und drehzahlunabhängig ist.

Die automatische Regelung ist bei einer Wechselstrommaschine nicht so exakt wie die Regelung bei einer Gleichstrommaschine mit Regler, diese Zusammenhänge sind in Bild 172 gezeigt. Es handelt sich hier um den Vergleich der sechspoligen Bosch-Maschine mit der vierpoligen Noris-Maschine, wie man sieht, ist bei 2000 U/min bereits eine Spannung von 6 Volt vorhanden, die bei 5000 U/min auf rund 7,75 Volt steigt, um bei 6000 U/min an die 8 Volt heranzukommen. Da man normalerweise mit dem Motor im Fahrbetrieb nicht unter 3000 U/min heruntergeht, weil da gemeinhin bereits wieder geschaltet wird, hat man eine zwischen ungefähr 6,8 und 7,5 Volt schwankende Spannung, also auch nicht viel anders als bei einer Gleichstromanlage.

Nur die vierpolige Maschine reguliert merklich schlechter, sie liefert nach oben sowohl Überspannung wie sie nach unten fast um ein volles Volt gegenüber der sechspoligen Anlage abfällt.

Wer genau aufgepaßt hat, hat gemerkt, daß wir in unseren beiden Beispielen mit 7,5 und 6,5 Volt gerechnet haben – die habe ich nämlich soeben unten auf dem Hof gemessen, um kurz mal nachzuprüfen, wieweit die Zeichnung Bild 172 stimmt, die ich nicht selber aufgenommen, sondern aus Bosch-Unterlagen abgeschrieben habe. Beide Meßpunkte sind in Bild 172 eingezeichnet, und man sieht, daß da so 0,25 bis 0,3 Volt fehlen – mit einer solchen Streuung muß man rechnen, da die Magnetisierung der einzelnen Magneträder naturgemäß nicht gleichmäßig ausfällt, da gibt es Unterschiede nach oben und unten, es hätten ebensogut an jedem Ende 0,2 bis 0,3 Volt *mehr* sein können.

Wir können nun auch noch einmal probieren, was eigentlich passiert, wenn man diese Anlage überlastet, also statt der 25-Watt-Scheinwerferlampe eine solche mit 35 Watt hineinhängt: Wir wissen, daß bei 5000 U/min unsere Generatorspule einen induktiven Widerstand von 7,55 Ohm hat, also zeichnen wir – Bild 173 – eine Strecke von 7,55 cm Länge, und senkrecht dazu tragen wir an einem Ende eine Strecke von 1,4 cm Länge ab, die Strecke CA. (Das ist über den Daumen gepeilt der Ohmsche Widerstand einer 35-Watt-Lampe bei den rund 7 bis 7,5 Volt Spannung, die wir gerne haben möchten.) Wir brauchen jetzt nur noch die Strecke AB zu ziehen und deren Länge abzumessen, es sind 7,7 cm = 7,7 Ohm gesamter Kreiswiderstand. Die vorhandenen 30 Volt EMK jagen aber durch diese 7,7 Ohm einen Strom von nur 3,9 A durch, während unsere 35-Watt-Lampe mindestens 5,0 A bräuchte. *Die 35-Watt-Lampe brennt also wesentlich dunkler als die 25-Watt-Lampe, wir haben nichts gewonnen und können uns merken, daß die Spannung einer Wechselstromanlage bei Überlastung noch sehr viel stärker herunterbricht als die einer Gleichstromanlage, Wechselstromanlagen sind nicht überlastbar.*

Wir müssen jetzt aber umgekehrt auch noch probieren, was passiert, wenn man die Wechselstromanlage nicht mit der Scheinwerferlampe, sondern nur mit der Schlußlampe belastet, die etwa 2 Watt haben soll. Das ist in Bild 174 gezeichnet:

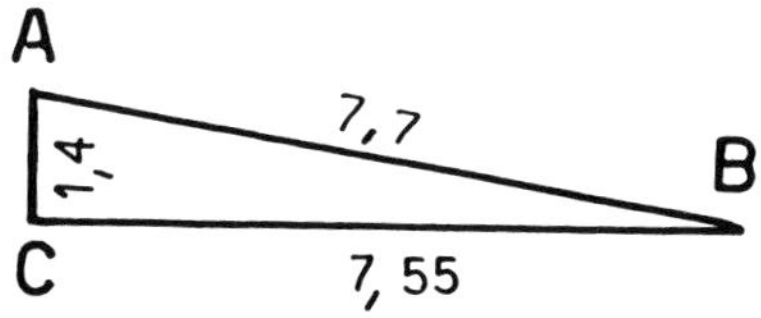

Bild 173
Rechts: Widerstände und Belastung bei einer zu großen Scheinwerferlampe.

Bild 174
Auftretende Widerstände bei Fortfall der Hauptlampe, nur Schlußlampe allein vorhanden.

Eine 6-Volt-Lampe von 2 Watt Leistungsaufnahme hat eine Stromaufnahme von 0,3 A, was einem Widerstand von 23,5 Ohm entspricht. Wir zeichnen wieder unsere Strecke von 7,55 cm Länge, an deren Ende wir wieder senkrecht 23,5 cm entsprechend 23,5 Ohm abtragen, die Diagonale stellen wir mit 24,6 cm Länge bzw. 24,6 Ohm fest. Zu diesem Gesamtwiderstand gehört die elektromagnetische Kraft von 30 Volt, die durch diesen Widerstand also einen Strom von 1,23 Ampere durchjagt. Das ist ziemlich genau viermal mehr, als das arme kleine Schlußlämpchen verträgt, wir würden daran eine Spannung von 23–25 Volt feststellen, das Ding ginge also binnen Sekunden durch.

Nur aus diesem Grunde haben Motorräder mit Wechselstromanlagen einen relativ hohen Verbrauch von Schlußlämpchen, denn immer, wenn vorn im Stromkreis der Scheinwerferhauptlampe irgend etwas wackelt und unsicher wird, wenn also die Stromzufuhr zur Hauptlampe unterbrochen wird, dann schießt blitzartig die Spannung an der Schlußlampe hoch, so daß diese durchbrennt. Der schwächste Punkt im Hauptstromkreis ist bis heute der Abblendschalter, der im Laufe seines Daseins unweigerlich einmal so schlecht wird, daß die Kontaktgabe beim Überschalten, wenn auch nur für eine Zehntelsekunde, aussetzt und dabei geht dann regelmäßig die Schlußlampe durch. Wenn einem also binnen wenigen Tagen die neue eingesetzte Schlußlampe auch wieder durchgebrannt ist, dann fackelt man nicht lange und kauft lieber gleich einen neuen Abblendschalter, denn die Dinger sind ja alle so liederlich, daß es wirklich keinen Sinn hat, da mit Kontaktreinigen und derlei irgendetwas ausrichten zu wollen.

Die Gleichstromverbraucher

Bei Wechselstrom ist die Batterie nur insofern noch von Bedeutung, als sie höchstens für Standlicht und Horn gebraucht wird.

Wie wir soeben gesehen haben, müssen die Generatorspulen einer Wechselstromanlage auf eine ganz bestimmte Last eingestellt sein, der Wechselstromgenerator verträgt weder eine Überlastung, darauf reagiert er mit Spannungszusammenbruch, noch darf man ihn entlasten, weil er das mit einem noch viel grausigeren Spannungsanstieg beantwortet. *In einer guten Wechselstromanlage müßte also jeder Verbraucher seine eigene Generatorspule haben, weil nur dann gewährleistet ist, daß sich die Spannung nicht durch Ab- und Zuschalten von Verbrauchern unzulässig ändert.*

Wir müssen uns diesen Satz gut merken, wir werden das bei der Besprechung der englischen Wechselstromanlagen, wie sie etwa bei den Triumphs verwendet werden, noch notwendig brauchen können.

Bei den Bosch-Maschinen hat man diesem Umstand Rechnung getragen und auf der Ankerplatte noch eine spezielle Generatorspule angebracht, die nur für die Batterieladung benützt wird, Bild 161. Diese Ladespule arbeitet sogar mit der doppelten Frequenz gegenüber den Lichtspulen, sie liefert einen Ladestrom wie aus Bild 172 zu entnehmen. Dieser Ladestrom wird unentwegt geliefert, ganz gleich, ob die Scheinwerferlampe brennt oder nicht. So lange man nun bei Bosch diese Wechselstrom-Generatoren mit Ladespule auch macht, ist diese Ladespule etwas zu groß, hat also etwas zuviel Windungen, denn der Ladestrom von 0,5–0,6 A bei voller Motordrehzahl ist für die Batterie viel zu hoch, selbst für eine 7-Ah-Batterie, erst recht für die bei diesen Motorrädern meist verwendeten 4-Ah-Batterien, die in kurzer Zeit totgekocht werden. Für eine 4-AH-Batterie wäre ein Ladestrom von 0,2 A gerade richtig, den man auf zweierlei Weise herstellen kann: In der bereits geschilderten Weise mit aufgebockter Maschine und Tacho-Ablesung kontrolliert man nach, ob bei voller Drehzahl, also beispielsweise 70 km/h bei der Hercules K 100, ein Ladestrom von 0,5–0,6 A in die Batterie geliefert wird. Wollte man es elegant machen, dann brauchte man nur von der Ladespule so viele Windungen abzuwikkeln, bis 0,2–0,3 A Ladestrom in die volle Batterie geliefert werden. (Man macht das so, daß man zunächst einmal 20–25 gezählte Windungen herunternimmt, das Magnetrad wieder aufsetzt und noch einmal probiert, was das ausgemacht hat. Man kann dann über den Daumen peilen, wieviel Windungen noch heruntermüssen, beim dritten Versuch wird es schon hinhauen.) In weniger eleganter, aber viel einfacherer Weise, weil man dazu das Magnetrad nicht abzuziehen braucht, geht es mit einem einfachen Widerstand, man fängt dabei mit 2 Ohm an. Einen so kleinen Widerstand bekommt man im Radioladen, es ist ein ungefähr meterlanges Stück von Widerstandsdraht von 0,3–0,4 mm Stärke. Der Radioladen besitzt einen Widerstandsmesser und schneidet einem das Drahtstück so lang ab, daß eben 2 Ohm vorhanden sind. Diese 2 Ohm drücken den Ladestrom normalerweise auf 0,2 A herunter, was allemale ausreicht, wenn man die Maschine nicht täglich stundenlang mit Standlicht irgendwo stehenlassen muß. Im Sommer reicht es garantiert, dabei lebt selbst eine Bleibatterie mehrere Jahre.

Bei den vierpoligen Anlagen von Noris ist das weit weniger elegant gemacht, man

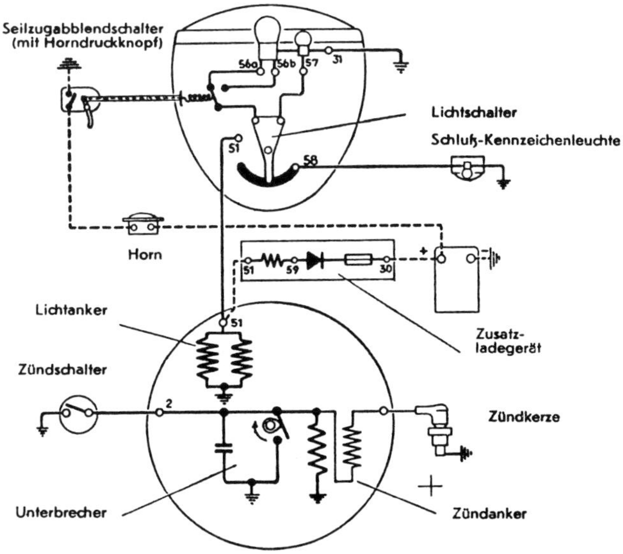

Bild 175
Bei den ganz kleinen Bosch-Maschinen unter 30 Watt ist kein Platz für den Lade-Anker, dafür gibt es einen speziellen Gleichrichter mit Drossel, der an die große Lichtspule geschaltet wird – bei Noris ist das auch bei den großen Anlagen schon von vornherein so vorgesehen.

hat sich da eine spezielle Ladespule ganz verkniffen und entnimmt den Ladestrom der Lichtspule. Leider gerät man dabei in eine ziemlich häßliche Beißzange: Solange die Scheinwerferlampe nicht brennt, schießt die Netzspannung gewaltig hoch. Bei Belastung mit 0,5 A Ladestrom würde die Netzspannung auf wahrscheinlich 20–22 Volt hinaufgehen, für die Batterieladung also viel zu viel. Deshalb gehört bei diesen vierpoligen Norisanlagen zum Gleichrichter auch noch eine Drosselspule.

Diese Drosselspule, die Schaltung ist in Bild 175 gezeichnet, ist nun auch wieder nichts anderes als ein induktiver Widerstand, der sich genauso mit der Frequenz und damit mit der Spannung ändert. Damit bekommt man bei Tagfahrt, also bei

Bild 176
Da unten in dieser Enge, wo Dreck, Öl und Wasser immer im Überfluß vorhanden sind, sollen runde 25 000 Volt Hochspannung beherrscht werden. Nur weil man dabei dreifuffzig sparen will – soll sich doch der Kunde damit ärgern, wozu gibt es denn Elektro-Spezialwerkstätten?

nicht mitbrennender Hauptscheinwerferlampe, einen Ladestrom wie in Bild 172 gezeichnet, sie steckt zwischen Klemme 51 und 59. Sobald man aber die Hauptlampe einschaltet, bricht natürlich die Klemmenspannung von 22–23 Volt auf 7–8 Volt herunter, die Drosselspule ist jetzt viel zu groß und infolgedessen wird bei Nachtbetrieb nur noch ein Ladestrom von etwa 0,05–0,1 Ampere geliefert.

Sobald man also den Ladestrom der großen Lichtwicklung entnehmen will, wird die Sache unerfreulich, man braucht eine zusätzliche Drosselspule, um den Ladestrom mit mäßiger Abhängigkeit von der Lichtmaschinendrehzahl auf einen vertretbaren Wert zu bringen. Das also ist der alleinige Zweck dieser Drosselspule, während in einem gar nicht einmal alten Handbuch der Zweirad-Elektrik in edler Einfalt und stiller Größe vermerkt steht, diese Drosselspule werde zur Glättung des vom Gleichrichter gelieferten stark welligen Gleichstromes gebraucht. Als ob sich schon jemals eine Batterie um die Welligkeit eines Gleichstromes gekümmert hätte, benützt man doch sogar im Gegenteil elektrolytische Verfahren zur Messung intermittierender Ströme, denen auf andere Weise nicht beizukommen ist. (Nur weil in diesem Lehrbuch der Zweirad-Elektrik noch eine beträchtliche Anzahl solcher und ähnlicher Fehler und Auslassungen zu finden sind, mußte hier darauf verwiesen werden, damit nicht erst Zweifel entstehen.)

In Bild 175 findet man noch eine Sicherung eingezeichnet, die eigentlich überflüssig wäre, wenn man sicher wüßte, daß die Leute ihre Batterien immer richtig anschließen. Also mit dem Minuspol an Masse und mit dem Pluspol an den Gleichrichter. Weil das aber nicht so ist und Leute mit fünf Daumen an der Hand eine Batterie auch mal verkehrtrum anschließen, entlädt sich die Batterie mit einem Strom von 2–3 A über den Gleichrichter gegen Masse. Das verträgt aber der Gleichrichter nicht auf die Dauer, er stinkt dann freundlich nach verfaultem Rettich und stellt seine Tätigkeit ein. Diese Sicherung findet man also sowohl bei den Noris-Anlagen wie bei den Bosch-Anlagen, sie steckt auf jeden Fall vor der Klemme 30 im Scheinwerfer oder im Ladezusatzgerät.

Die möglichen Leistungen

Die ersten Wechselstrom-Lichtanlagen steckten nach dem Kriege in den NSU-Foxen, sie hatten 30 Watt Nennleistung und reichten aus für Scheinwerferlampen von 25 Watt. Für damalige Verhältnisse war das durchaus normal, aber schon seit 1950 gibt es auch Wechselstromanlagen mit einer Nennleistung von 40 Watt, die Scheinwerferlampen von 35 Watt zulassen. So ist es aber leider auch bis heute geblieben, es ist unerfindlich, wie um der paar Mark Preisunterschied willen Fabrikanten immer wieder mit 30-Watt-Anlagen in Motorrädern ankommen. Man kann es noch verstehen, wenn beispielsweise die 100er-Sachs auch nur eine 30-Watt-Anlage hat, es wäre aber bestimmt ein verdienstvolles Werk von Hercules, wenn sie Sachs veranlassen würden, da endlich einmal eine 40-Watt-Anlage draufzumachen, damit man mit der K 100 endlich auch in der Nacht etwas zu sehen vermag. Nicht verständlich ist es aber, wenn 200er- und 250er-Adler-Maschinen mit Wechselstromanlagen auch von nur 30 Watt herumlaufen, zumal es nachträglich kaum möglich ist, eine solche 30-Watt-Anlage gegen eine 40-Watt-Anlage umzuwechseln, weil gemeinhin der Wellenstumpf nicht paßt.

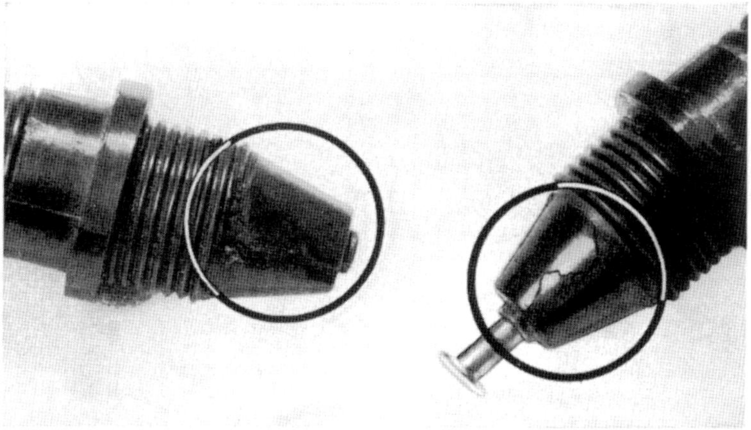

Bild 177
Hochspannungsdurchführungen sind immer kritisch – das fing mit feinsten Kriechfunken an, bis der Ruß-Kohle-Kanal da war. Und sah doch so solide aus!

Das ist wieder eine der vielen technischen Motorrad-Rückständigkeiten, man könnte mit Leichtigkeit noch ein bis zwei Dutzend dazu aufzählen, die sich die deutsche Motorrad-Industrie in den vergangenen zehn Jahren geleistet hat.

Schließlich zeigen ja auch die Italiener – außer den Engländern –, was man mit einer anständigen Wechselstromanlage machen kann, es wäre also mindestens zu fordern, daß eine der heutigen Zeit angemessene Wechselstrom-Lichtmaschine für Motorräder zunächst die 45 Watt hergibt, wie sie für die in asymmetrischen Scheinwerfern zugelassenen Glühlampen nun einmal nötig sind. Darüberhinaus wäre

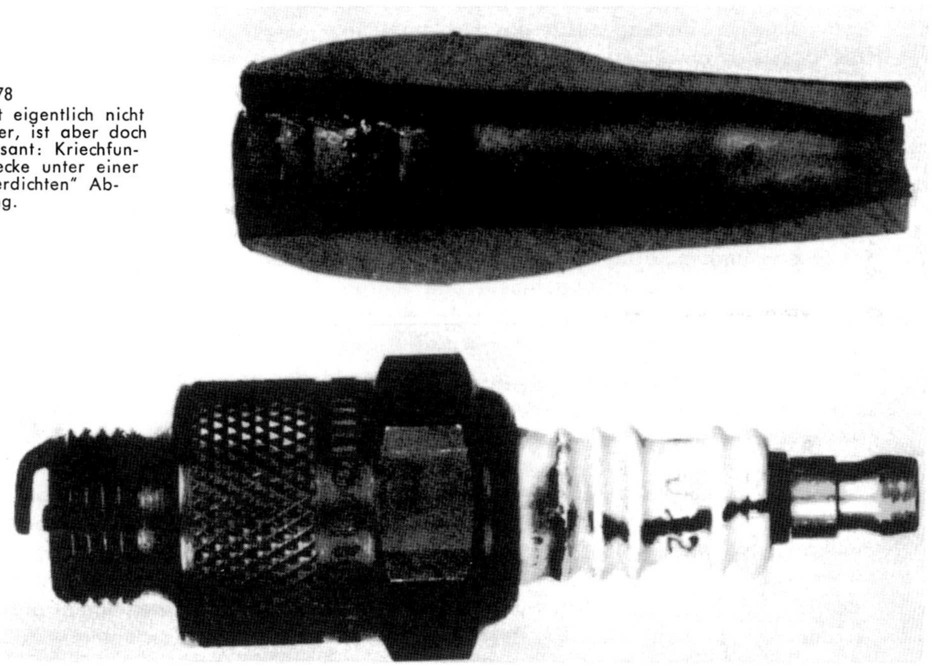

Bild 178
Gehört eigentlich nicht hier her, ist aber doch interessant: Kriechfunkenstrecke unter einer „wasserdichten" Abdeckung.

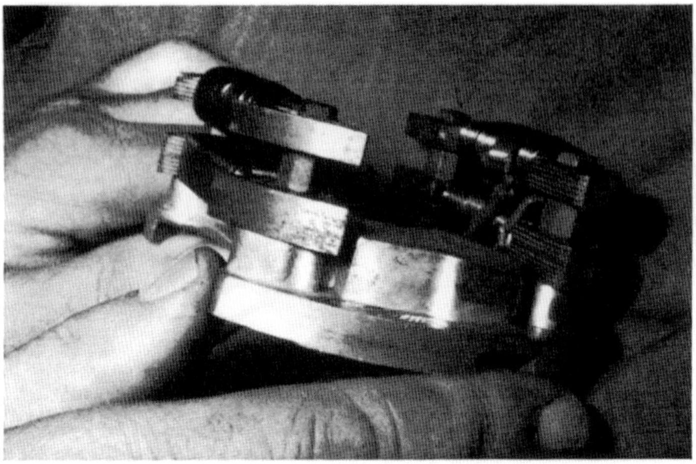

Bild 179
Die Italiener geben jedem Verbraucher tunlichst seine eigene Generatorspule – die wissen Bescheid, obwohl gerade diese Lösung hier magnetisch nicht besonders günstig ist. Das rechts sind die zwei Erregerspulen für zwei Zündspulen der Catria.

billigerweise auch noch mindestens eine 20-Watt-Spule zu verlangen, aus der man Heizgriffe oder geheizte Handschuhe speisen kann, auch eine Ladewicklung läßt sich anstandslos so hinkriegen, daß die dafür verwendeten Batterien nicht totgekocht werden.

Ebenso antiquiert ist es, bei einem Motorradmotor die Zündspule in den Generator hineinzusetzen, man wundert sich allenfalls, daß so etwas angesichts des gewaltigen deutschen Geländesports überhaupt noch existiert. Schließlich ist die Hochspannungsdurchführung durch das Lichtmaschinengehäuse ein sehr kritischer Punkt, bei dem sich unweigerlich in kurzer Frist Anstände ergeben – eine Lichtmaschine kann noch so gut abgedichtet sein, die Hochspannungsdurchführung kann aber feinste Risse haben, ohne daß man das sieht, und dann braucht es nur ein paar Tropfen zu regnen, daß da Wasser hineinkriecht und Patscherei und Knallerei losgeht, wenn der Motor nicht überhaupt stirbt. Damit ist schon manche Reise verdorben worden, und mancher Elektrospezialist hat dafür Zehnmarkscheine und Zwanzigmarkscheine kassiert, ohne im Ernst etwas zu leisten. Die Italiener sind von der Hochspannungsspule im Generator längst abgekommen, die setzen da eine schlichte Niederspannungswicklung hinein und führen diese 7–8 Volt an die Primärseite einer ganz gemeinen Wagenzündspule, die an geschützter Stelle unter dem Tank aufgehängt wird, mit meist nicht mehr als 10 cm freier Länge des Zündkabels.

Daß es zu diesem ungenügenden Leistungsstand der Motorrad-Generatoren kommen konnte, ist vielleicht weniger dem Hersteller dieser Lichtmaschinen zuzuschreiben als der Sachunkunde der Motorrad-Industrie, wo sich kein Mensch um das gekümmert hat, was sich elektrisch überhaupt leisten läßt. Man hat immer nur fasziniert auf Einemarkfünfzig Preisunterschied gestarrt, statt dem Kunden etwas zu bieten – und dann wundert man sich wieder, wenn die Leute keine Motorräder mehr kaufen. Eine solche Hochleistungs-Wechselstrommaschine braucht noch nicht einmal um 20% teurer zu sein als die heute verwendeten Maschinen, was vom Kunden auf jeden Fall akzeptiert würde, nur muß man es ihm eben erst einmal anbieten. *(Ganz kleines Beispiel: Alle deutschen Motorräder haben Leichtmetall-Lenkerhe-*

bel. Das gibt unweigerlich beerschwarze Finger und noch viel schwärzere Handschuhe, mit denen man nichts anfassen kann, ohne es ebenso schwarz zu machen. Würde man die Griffe auch nur eloxieren, dann wäre das ein für allemal vorbei, so eine Eloxalschicht greift sich wegen ihrer Härte kaum ab. Das würde – bei Magura – pro Motorradgarnitur 18 Pfennige kosten. Einer beflissenen Motorradindustrie war das zuviel, also ließ man die Leute eben mit schwarzen Fingern rumlaufen. Und wundert sich, daß die Leute keine Motorräder mehr kaufen. Englische Maschinen haben verchromte Griffe.)

Falls jemand eine 40-Watt-Maschine in seinem Motorrad hat, wäre da ein Umbau denkbar: Die vorhandene Zündspule kommt heraus und bleibt in Reserve, dafür besorgt man sich den zugehörigen Eisenkern mit Polschuhen – falls der Elektro-Spezialist das nicht kann, ist vielleicht eine kaputte Zündspule mit Kern in der Schrottkiste zu finden, die man aufsägt – dann sieht man sogar gleich, wieviel Primärwindungen die hatte. Ebenso wird eine einfache 6-V-Zündspule, gekapselt, gekauft, die man unterm Tank anbringen kann. Auf den Kern müssen jetzt durch mehrmaliges Probieren so viel Windungen darauf – aus denen die Zündspule gefüttert wird –, daß bei laufendem Motor die Zündspule 6–7 Volt (Wechselspannung! Mit Gleichrichterinstrument messen!) bekommt. Dann wird man finden, daß auf dem Kern noch eine Menge Platz ist – nicht nur das, es ist auch noch magnetische Leistung verfügbar, man kann auf den vorhandenen Platz *noch* eine Wicklung aufbringen, aus der sich Heizgriffe speisen lassen, diese 10–15 Watt sind immer da. Draht: 0,6 bis 0,7 mm müßten gut werden.

Wechselstrommaschinen hoher Leistung

Was hier steht, ist nur für die Besitzer einiger weniger englischer Motorräder unmittelbar zu gebrauchen, ist aber für andere Leute von nicht geringem theoretischem Interesse, weil man sieht, was sein könnte, aber nicht ist.

Vorstellungen und Gewohnheiten

Wenn das hier auch ein sehr wenig systematisches Buch ist, nach Inhalt und Gliederung eben so zusammengeschrieben wie der tatsächliche Anfall an Kupferwürmern das ratsam erscheinen ließ, werden die meisten Leute doch fragen, warum da nun ausgerechnet ein eigenes Kapitel aufgemacht wird, wo doch schon ein Kapitel über Wechselstrom-Lichtmaschinen da ist. Dafür hatte ich zwei Gründe:

Das, was im vorausgegangenen Kapitel steht, bezieht sich auf die ganz spezielle Entwicklungsrichtung, die unter der deutschen Bezeichnung „Schwungradmagnet" läuft. Diese Wechselstromgeneratoren tragen heute, 1960, immer noch die Eierschalen ihrer Geburtsjahre mit sich herum – und das sind die frühen Zwanzigerjahre. Der Schwungmagnet ist in seiner formalen Auslegung, in seiner äußeren Gestalt bestimmt durch die kümmerlichen magnetischen Eigenschaften der Stahl- und Kobaltmagnete jener Zeit. (Deshalb die vielen Worte über Magnetik im vorigen Kapitel, jetzt müßte man unter den Stichworten „Koerzitivkraft" und „Remanenz" nochmal genau nachlesen.) Als die Boschleute so um 37 – 38 herum die sehr viel leistungsfähigeren Alni-Magnetmaterialien einführten, mußten sie diese in einer Form anbieten, die der geistigen Spannweite der damaligen Motorrad-Konstrukteure entsprach – also in der Form von Schwungrädern, anderes hatte in den Gehirnen der damaligen Motorradmacher keinen Platz und wäre unverkäuflich gewesen. So kam es, daß man in Deutschland bis heute Wechselstrommaschinen mit Dauermagneten sich nur als Schwungräder vorstellen kann. (Daß man auf anderen Gebieten unter raffinierter Ausnützung der Werkstoffeigenschaften ganz anders baut, ja, daß man das sogar bei Bosch tut, spielt gar keine Rolle, wat de Buer nich kennt, dat fret hei nich.) Eine hoch leistungsfähige Wechselstromanlage sieht ganz anders aus als unsere derzeitigen Schwungradanlagen – deshalb erschien zunächst ein gesondertes Kapitel ratsam.

Sodann kommen die in Gebrauch befindlichen Hochleistungsanlagen ausschließlich bei englischen Maschinen vor, und auch da bei weitem nicht bei allen. Das ist der zweite Grund, ein eigenes Kapitel über diese Art Anlagen aufzumachen – in dessen Verlauf wir noch sehen werden, daß auch die Engländer begriffstutzig sein und an hergebrachten, längst überholten Denkgewohnheiten eisern festhängen können. Bliebe nur noch festzulegen, was denn unter „Hoch"-leistungsanlage verstanden werden soll: Für unsere Verhältnisse alles von 60 Watt Nennleistung aufwärts.

Warum Wechselstrom?

Die Fragestellung liegt nahe, ist aber ungenau: Wenn man schon so fragen will, dann muß man voraussetzen, daß dieser Nutzwechselstrom mittels Permanentmagneten erzeugt werden soll – nur unter dieser Voraussetzung gelten die aufzuführenden Gründe:

1. Man hat keine umlaufenden Wicklungen und damit weder Festigkeitssorgen (Abschleudern von Windungen) nach Unwuchtsorgen, die Leistung wird nicht mehr drehzahlbegrenzt wie bei gewickelten Läufern.
2. Man braucht keinerlei Schleifkontakte mehr, die letztlich wieder eine Leistungsbegrenzung erzwingen, auch wenn man von Abnützungs- und Störerscheinungen absieht.
3. Wechselstromanlagen variabler Frequenz können in sehr engen Grenzen selbstregelnd gemacht werden, Schwingkontaktregler können von vornherein wegfallen.
4. Da Schleif- und sonstige bewegliche Kontakte nicht da sind, ist die Anlage ölfest, kann also auch im Ölbad laufen, kann durch Umlauföl gekühlt werden oder kann mit dem feststehenden Wicklungsteil an einen Ort gelegt werden, wo der Fahrwind eine intensive Kühlung des Wicklungsträgers bewirkt.
5. Alle aufgezählten Umstände ermöglichen bei gleicher Größe gegenüber Gleichstrommaschinen eine wesentlich (doppelt) höhere Leistung oder bei gleicher elektrischer Leistung weniger Gewicht und geringere Größe, ganz abgesehen vom Preis.

Wenn man bedenkt, wieviele Seiten dieses Buches für Regler, Kollektoren, Batterieen und anderen Krempel verschwendet werden mußten, dann könnte man glatt noch einen sechsten Punkt anführen: Fast keine Kupferwürmer mehr. Einfach weil nichts mehr da ist, was gemeinhin von Kupferwürmern befallen zu werden pflegt.

Weil es aber auf dieser Welt nichts umsonst gibt, muß auch für die Einfachheit der Wechselstromanlage ein Preis bezahlt werden: Das Zu- und Abschalten von Verbrauchern erfordert bestimmte Schaltkniffe, wenn die Selbstregelung erhalten bleiben soll. Letztlich ist das aber eine Frage der richtigen Auslegung der gesamten Anlage, und wenn doch einmal besondere Schaltkunststücke nötig sind, betreffen sie simplen Schalterbau, sind narrensicher hinzubekommen und bedürfen keiner Überwachung mit Meßgeräten.

Um was es dabei geht, wird ganz von selbst klar, wenn man verfolgt, auf welche Weise das bei den Lucas-Anlagen englischer Motorräder angepackt wurde.

Die Lucas-Wechselstromanlage

Immer wieder frappierend ist die Einfachheit, die Bild 180 zeigt. Der Innenläufer ist eine nicht sehr große Walze, Magnete eingegossen, gut auszuwuchten, simpel, höchster Drehzahlen fähig. Der Ständer ist – naturgemäß – geblättert, hat feste Spulen und feste Leitungen und ist sicherlich jeder beliebigen Ausdehnung und Formgebung fähig. Bild 181 zeigt ein Einbaubeispiel an einer Triumph. Für dieses Einbaubeispiel gilt genau das, was wir vorhin für die deutschen Schwungradanlage als typisch bezeichneten: Der Konstrukteur hat sich keinerlei geistige Unkosten gemacht und das Ding genau da hingeklatscht, wo es jeder Taglöhner auch hingeklatscht haben würde. Es ist ein Grundgesetz für den Bau aller elektrischen Maschinen, mit dem Luftspalt zu geizen, und bei Permanentmagneten hängt die ausnützbare Leistung vollends am Luftspalt. Gewiß kann man so einen Kettenkastendeckel mit Paßstiften aufsetzen und einen geringen Luftspalt sichern – aber selbst ein so einfacher Läufer hat auf dem Kurbelwellenstumpf nicht den richtigen Ort, auch wenn man noch nicht an ein ausgelaufenes Hauptlager denkt.

Dennoch: Schon in dieser noch recht simplen Form ist der Wechselstromgenerator allen bekannten Gleichstromgeneratoren in allen eingangs aufgezählten Punkten vorzuziehen. Sachgemäß würde der Generator aber auf der anderen Motorseite, auf der Nockenseite, untergebracht, der Läufer für sich gelagert und mit doppelter Kurbelwellendrehzahl angetrieben. Den Kraftlinienverlauf und die Anordnung der Magnete im Läufer zeigt Bild 182, man hat es also mit einer ziemlich hohen Frequenz und damit recht engen Selbstregelung zu tun.

Bild 180
Die Lucas-Wechselstrommaschine für 60 Watt Nennleistung, lauter gleiche Spulen, in drei Gruppen zusammengeschaltet, Läufer hat eingegossene Alni-Magnete.

Bild 181
Rechte Seite: So wird bei Triumph der Wechselstromgenerator eingebaut, bedingt eine sehr genaue Montage des Kettenkastendeckels, der Generator läuft in der Ölpfütze des Primärantriebes.

Bild 182
Rechte Seite, ganz außen: Kraftlinienverlauf und Magnetteilung bei der Lucas-Maschine.

Im vorhergehenden Kapitel über Schwungradmagnete fanden wir das Grundgesetz für die Selbstregelung heraus: Man darf die Last nicht ändern. Jede Generatorspule muß ihre feste Last haben, auf die sie zugeschnitten ist, Lastwechsel – etwa durch andere eingeschaltete Glühlampen – wirkt sich zuweilen vernichtend aus. Das war auch das Problem für die Lucas-Anlage, mit dem die Engländer auf die in der Schaltung Bild 183 gezeigten Weise fertig zu werden versuchten:

Über die Schaltung des Graetz-Gleichrichters mit Batterie braucht kaum etwas gesagt zu werden, die Zündung wird aus der Batterie gespeist, in der gezeichneten Schalterstellung arbeitet nur das rechte Spulenpaar auf den Gleichrichter. (Spulenpaar: Es sind ja sechs Spulen vorhanden, diese sind paarweise hintereinandergeschaltet.) Die beiden linken Spulenpaare sind kurzgeschlossen. Das darf man bei Wechselstromanlagen ohne weiteres machen, hier handelt es sich zwar um einen richtigen Kurzschluß, aber mit fast reiner Blindlast und sehr geringem Wärmeanfall, da erhitzt sich nichts. Wohl aber gibt die Blindlast eine solche Kraftlinienverdrängung im Generator, daß das rechte Spulenpaar mit „halber Puste" arbeitet. Die erzeugte effektive Leistung reicht gerade aus, den Zündbedarf zu decken und in die Batterie wenige hundert Milliampere Dauerladestrom zu liefern – Tagfahrt. Legt man den Schalter auf 2, dann sind die beiden linken Spulenpaare nicht mehr kurzgeschlossen, sie arbeiten aber auch nicht, und weil die Feldverschiebung im Generator jetzt zurückgeht, liefert das rechte Spulenpaar mehr Leistung, jetzt können noch zwei Standlampen versorgt werden. Das ist im außerdeutschen Stadtverkehr sehr wichtig, da fährt alle Welt nur mit den Standlampen. (Nur der stumpfplinzige deutsche Ordnungsbürger braucht auch in der Stadt seine großen Scheinwerfer.) Der Schalter sitzt gleichachsig auf dem Lichtschalter – die Position 2 ist

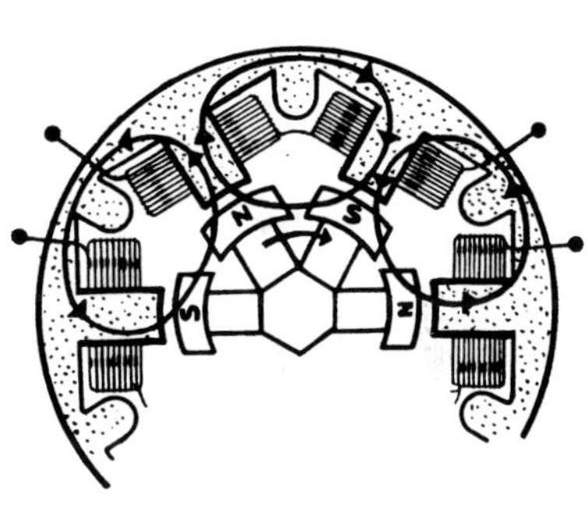

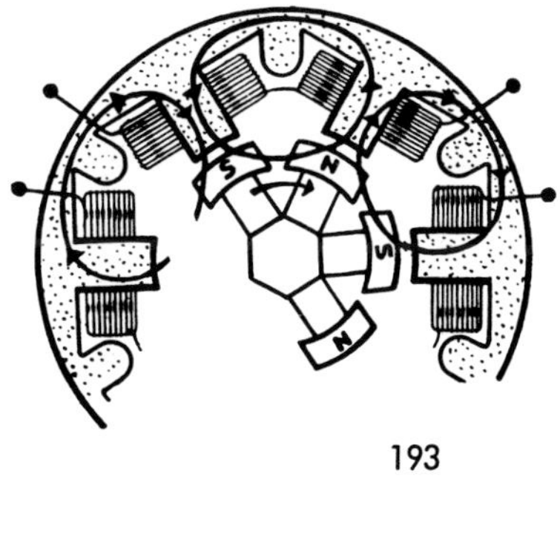

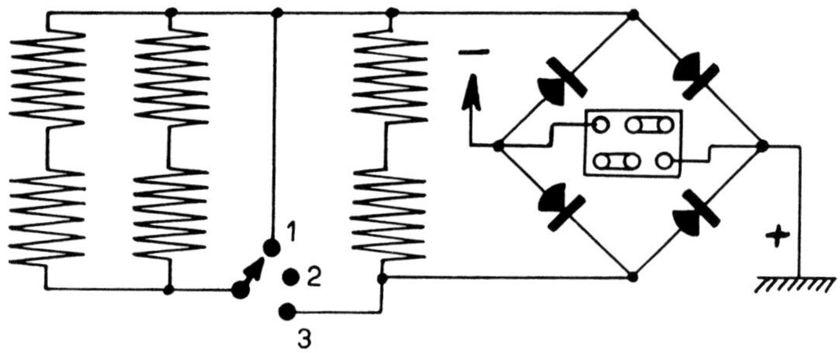

Bild 183
Grundsatzschaltung der Licas-Wechselstromanlagen mit Belastungsschalter, der mit dem Lichtschalter synchron läuft.

also erst möglich, wenn man den Lichtschalter auf Standlicht dreht. Das heißt auch, daß die Generatorspulen mit dem Bordnetz keinerlei Verbindung haben! Jedes Milliwatt erzeugter Wechselstromleistung geht über den Gleichrichter erst mal in die Batterie, jeglicher Verbrauch wird aus der Batterie bzw. aus de: Gleichstromseite des Gleichrichters entnommen. Schaltet man endlich auf 3, so daß die beiden linken Spulengruppen auch noch Leistung liefern, dann kann man die Fernlichtlampe mit versorgen – sie läßt sich auch wieder nur schalten, wenn der Generatorschalter auch auf 3 geht.

Bis jetzt sieht das sehr hübsch und schlau aus, was aber wird, wenn die Batterie ihren Knacks weg hat?

Dann gilt das Schaltbild 184, da ist nämlich noch eine vierte Schalterstellung E (emergency) vorhanden, bei der die beiden „dicken" Generatorspulen direkt auf die Zündspule geschaltet werden. Wenn man dafür sorgte, daß der Ständer des Generators und der Unterbrecher des Zünders im richtigen Winkel zu einander stehen, daß also der „Abriß" stimmt, dann kriegt die Zündspule weder zu wenig noch zuviel (hier ganz besonders wichtig!) Erregung, um einen brauchbaren

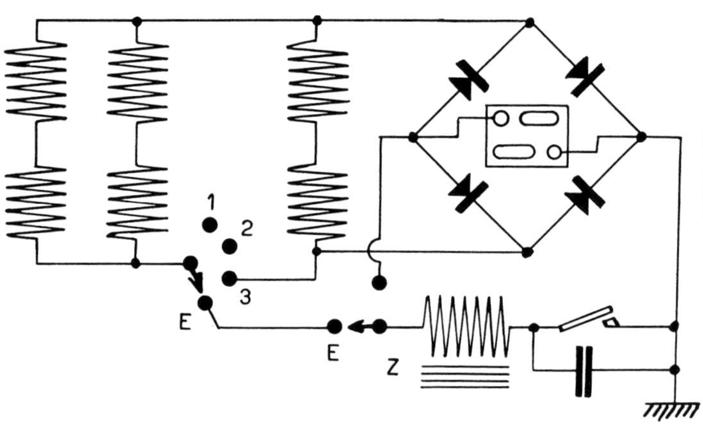

Bild 184
Schalterstellung für Notbetrieb mit direkter Erregung der Zündspule bei tiefentladener Batterie oder ohne Batterie.

Bild 185
Da der Gleichrichter 9 – 10 A schaffen muß, ist er groß und bedarf der Kühlung. Sieht nach unseren Begriffen wild aus, ist aber unempfindlich und wasserfest lackiert, kann man mit dem Schlauch abspritzen.

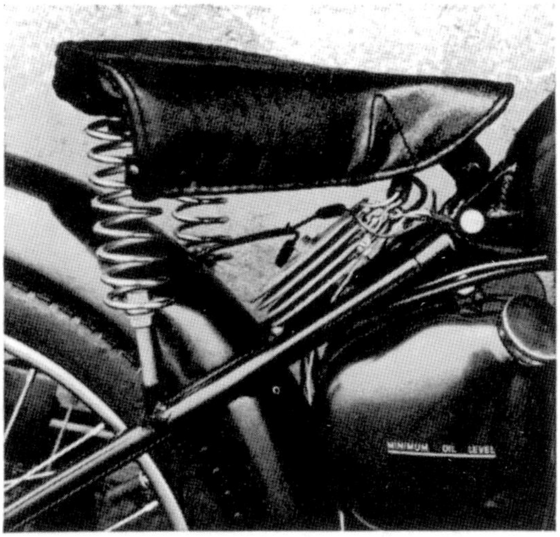

Bild 186
Sieht heute etwas weniger wild aus und ist so zu verlegen, daß die Kabelenden geschützt bleiben.

Startfunken zu geben, ohne nachher beim normalen Lauf überlastet zu werden. Die in Bild 184 gezeigte Schaltung gehört nun zu einer Zweizylindermaschine, die obendrein mit Zündverteiler arbeitet. An sich gibt es die Anlage auch für Einzylinder, nur ist da die Schaltung und der Stromweg noch umständlicher. Das rechte Spulenpaar ist in dieser Schaltung durch Zündleistung nicht mehr belastet und liefert einen ziemlich starken Ladestrom in die Batterie, die – hoffentlich – imstande ist, diesen Ladestrom zu verwerten.

Wenn jemand fragt, was in der Nacht mit ausgefallener Batterie werden soll, dann weiß ich auch keine Antwort. Bei Nacht darf eine Batterie eben nicht kaputtgehen.

Insgesamt bekommt man ja wohl den Eindruck, daß diese Lucas-Schaltung zwar ungewöhnlich umständlich sei, aber dennoch nicht ausnütze, was das Wechselstromverfahren bietet. Schuld daran ist die fixe Idee, daß die ganze Generatorleistung über die Batterie laufen müsse – eine wahrhaft fixe Idee, denn schließlich sind Batterien – Bleibatterien – seit Menschengedenken einer der überhaupt unzuverlässigsten Fahrzeugteile. (Nicht nur in Deutschland wird verquer gedacht.) Sobald man von diesem Batteriedenken abstrahiert, kommt man zwangsläufig auf die Schaltung Bild 187, bei der die Generatorspulen alle ihre feste Aufgabe haben: Aus der Klemme F wird das Fernlicht versorgt, die Spulengruppe arbeitet nur, wenn wirklich Licht gebraucht wird und regelt ihre Spannung infolge konstanter Last selbst. Aus der Klemme St_F werden die Standlichter in Fahrt versorgt, also bei Stadtfahrt.

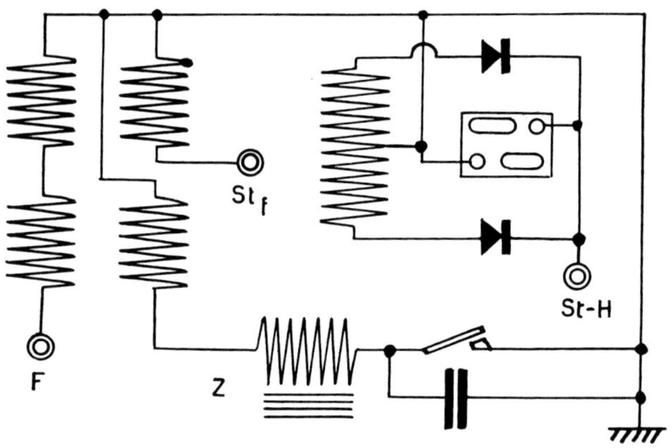

Bild 187
So wäre jeder Wechselstromgenerator zu schalten, damit die Zündung unabhängig von der Batterie bleibt und jeder Verbraucher seine automatisch geregelte Spannung bzw. Leistung bekommt.

Das heißt, daß aus F wirklich nur die Scheinwerferlampe versorgt werden muß – man kann dann auf besonders schmale Regelbreite kommen. Die Zündspule Z endlich hat ihre ein für alle mal feste Generatorspule und ist batterie-unabhängig – gerade das, was wir suchen und was es seit Jahren bei den großen BMWs gegen gutes Geld als Normalausrüstung gibt. (Eine Motorrad-Zündung batterieabhängig zu machen, war schon immer billiger Popelskram, Warenhausmoral.) Nur: Hier bei der Wechselstromanlage ist diese batterieunabhängige Zündung sehr billig zu machen, erfordert bei weitem keinen kompletten Zündmagneten wie bei den BMWs. Schließlich ist in Bild 187 noch eine dritte Spulengruppe, die auf eine Batterie arbeitet, wobei die Batterie einpolig am Bordnetz liegt, die Spulengruppe mit der neutralen Mittelanzapfung. Man wird fragen, was die Batterie noch soll – nun, es gibt noch kein anständiges Wechselstromhorn, vor allem kein Starkstromhorn. Also braucht man dazu die Batterie. Für Parklicht braucht man sie nicht unbedingt – in Bundesdeutschland brauchen Motorräder laut StVZO kein Parklicht zu haben. (Nur muß man sie dann eben bei Nacht von der Straße nehmen, denn unbeleuchtet parken dürfen sie natürlich noch lange nicht.)

Mit dieser Schaltung von Bild 187 hätte man tatsächlich alle die Vorteile realisiert, die eine Wechselstromanlage zu geben vermag, außerdem wäre man batterieunabhängig. Natürlich geht das Licht aus, wenn der Motor ausgeht – daß das überhaupt keine Rolle spielt, wissen wir von hunderttausenden deutschen Schwungradanlagen. (Die Engländer haben das anscheinend nicht für möglich gehalten und sich deshalb so zäh an den Umweg über die Batterie geklammert.) Im übrigen wäre es kein Problem, beim Ausgehen des Motors die Standlichter von St_f zu trennen und an St-H zu legen, mit Handschalter oder mit Automatik. Man hat aber eine sehr zuverlässige Zündart: Eine feste Zündspule, die irgendwo in Kerzennähe sitzen kann und eine Zündenergie, die beträchtlich diejenige eines Magnetzünders überschreiten kann, gerade bei niedriger Startdrehzahl, ohne bei hoher Drehzahl wieder abzusinken wie bei Batterie-Zündung.

Die weiteren Möglichkeiten

Nicht von ungefähr habe ich die mögliche Größenausdehnung des Wechselstromgenerators so sehr herausgestellt: Beim Lucas-Generator sind es sechs Spulen, die schon gruppenweise verwendet werden, einfach weil bloß drei Verbrauchsstufen vorhanden sind. Um ziemlich dasselbe Geld kann man noch mehr Spulen haben, die sich bauklötzchenweise verwenden lassen. Sagen wir mal zwei Spulen von je 10 Watt: Da könnte man eine zur 35-Watt-Scheinwerferspule dazuschalten, wenn man zu einer 45-Watt asymmetrischen Lampe übergeht. Die zweite liefert die Leistung für Heizgriffe. Bei Wagenanlagen wäre man vollends beweglich – jeder Verbraucher hat seine Generatorspule, aus der Batterie wird nur der Anlasserstrom gedeckt. Auch könnte die Batterie nicht mehr vom langsamen Stadtbetrieb leergezuzelt werden. Und selbst wenn die Regelbreite einer selbstregelnden Wechselstromanlage wesentlich breiter ist als die einer Gleichstromanlage, was macht das am Licht schon aus? Man braucht nur dafür zu sorgen, daß bei Höchstdrehzahl die Glühlampen am oberen Rand der Spannungstoleranz brennen (meine dürften ruhig noch etwas darüber liegen, also mit Überspannung brennen), wenn man mit niedriger Drehzahl fahren muß und die Lampen dadurch am unteren Rand brennen, braucht man ja ohnedies nicht das hellste Licht, zumal es von selber heller wird, wenn man Fahrt zulegt.

Wechselstromanlagen haben nur einen grundsätzlichen Nachteil: Sie dürfen nicht beim Elektromacher gekauft und an den fertigen Motor drangeklatscht werden, man muß sie von vornherein in den Motor einkonstruieren. Motorenkonstrukteure fürchten sich aber schon vor Gleichstrom, Wechselstrom ist ihnen vollends unheimlich. Es wird wohl einem Wunder gleichkommen, wenn eines Tages ein Motorenkonstrukteur entdeckt, welche Vorteile eine Wechselstromanlage für sein geplantes Traumfahrzeug bietet. (Eine neue Chromleiste ist billiger, eine italienische Karosserie liegt näher und über die geeignete Lage des Aschenbechers bekommt man von den Testern der Fachpresse viel mehr werbeträchtige Zeilen als über diese dämliche Wechselstromanlage, die eh keiner begreift.) Zwar könnte man aus einer Wechselstromanlage beispielsweise die Leistung für eine elektrische Scheibenentfrostung beziehen – aber auch da haben sich die Leute inzwischen daran gewöhnt, den lieben langen Winter einen stinkigen Warmluftstrom ins Gesicht zu bekommen und davon einzudusseln, bis es kracht. Also warum ausgerechnet Wechselstrom? Die Leute kaufen ja auch Gleichstrom. Ja, und das war also der dritte Grund, warum hier ein besonderes Kapitel über starke Wechselstromanlagen geschrieben wurde. Es mußte mal wieder gesagt werden.

Ein Kapitel Lichttechnik

Wenn dies ein ernsthaftes, wohlgeordnetes Buch wäre, müßte es hier mit irgendetwas rein „Elektrischem" weitergehen – glücklicherweise ist dies aber kein wohlgeordnetes Buch, es ist bloß so hinerzählt, und so macht es fast gar nichts aus, wenn die nächsten 45 Seiten sich mit dem größten Stromverbraucher an Bord, dem Licht, befassen. Außerdem ist das ja gar nicht so unwichtig, erstens hängt Kopf und Kragen am Licht und zweitens gibt es kein Gebiet, wo selbst sogenannte Fachleute so wenig Bescheid wissen wie in der Scheinwerferoptik. (Und wer Bescheid weiß, darf davon keineswegs immer Gebrauch machen.)

Die boshafte Vorbemerkung

Man sagt zwar, daß es in der Technik keine Halbheiten gebe, man könne ja schließlich alles konstruieren, berechnen, und das, was im Einzelfall einmal nicht ganz klar sei, durch messenden Versuch ermitteln und infolgedessen sei es doch eigentlich gar nicht nötig, sich über den richtigen Entwurf irgendeiner technischen Sache jahrelang zu *streiten*. Andererseits fragt man sich aber doch angesichts vieler Erzeugnisse der Fahrzeug-Industrie regelmäßig, ob denn diese Erzeugnisse tatsächlich von Ingenieuren konstruiert worden seien. Es gibt wohl kaum eine Industrie, deren Produkte in so vielfältiger Beziehung selbst gegen fundamentale Erkenntnisse von Naturwissenschaft und Technik verstoßen.

Es ist hier nicht der Platz, Untersuchungen darüber anzustellen, woher das kommt, obwohl es sogar mehrere Erklärungen dafür gibt. Es muß aber auch gesagt werden, daß auf dem Gebiet der Beleuchtungstechnik an Kraftfahrzeugen am meisten selbst gegen die einfachsten optischen Grundgesetze verstoßen wird, und wenn wir da wenigstens für unseren persönlichen Bereich weiterkommen wollen, tun wir gut daran, uns zunächst einmal eben diesen Grundgesetzen zuzuwenden.

Wie funktioniert ein Scheinwerfer?

Natürlich klingt es blöd, aber man muß sich den allereinfachsten Versuch vergegenwärtigen: Wenn man eine frei brennende Glühlampe, also etwa eine Scheinwerferlampe, vor sich in der Hand hält, sieht man damit gar nicht weit. Aus zwei Gründen:

1. Das Licht hat keine besonders große Reichweite, schon in etwa 10 m Abstand liefert selbst eine 35-W-Lampe nur noch eine so geringe Helligkeit, daß es unmöglich ist, dabei selbst größere Dinge ausreichend voneinander zu unterscheiden.

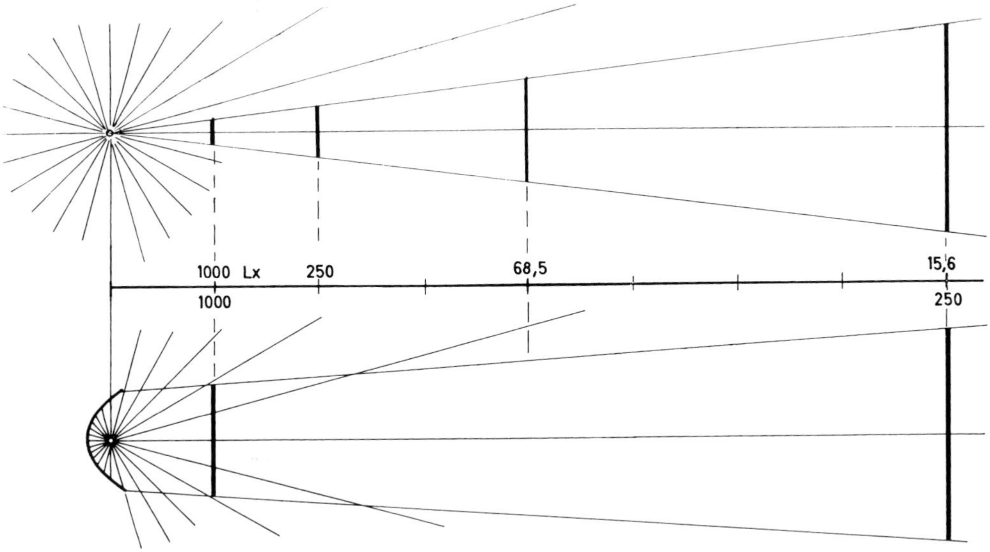

Bild 1
Links: Ein bißchen viel für eine Vordergabel, man sieht solch lebensgefährlichen Unsinn aber auch heute noch genug – an einer Vordergabel ist jedes vermeidbare Gramm schon zuviel. Hier sind die beiden Suchscheinwerfer nicht nur gefährlich, sie sind auch nutzlos.

Bild 2
Oben: Weil bei einer frei strahlenden Glühlampe die angestrahlten Flächen so schnell mit der Entfernung wachsen, sinken die Beleuchtungsstärken ebenso rapid von 1000 Lux auf 15,6 Lux. Beim Scheinwerferstrahl bekommt man ein wesentlich langsameres Absinken von 1000 auf 250 Lux.

2. Auch wenn man die Glühlampe auf Armeslänge von sich abhält, scheint sie einem derart hell in die Augen, daß man jenseits der Glühlampe praktisch nichts mehr erkennen kann, man kann also nicht einmal die geringe Reichweite der Glühlampe ausnützen.

Gerade dieser letztere Umstand erscheint banal, schließlich weiß doch jeder, daß man von einer frei brennenden Glühlampe geblendet wird, es handelt sich hier aber um eine Grundsatzeigenschaft des Menschenauges, die uns später wieder begegnen wird und der wir noch mehrfach Rechnung tragen müssen.

Bleiben wir zunächst bei Punkt 1: Ein frei brennendes Licht reicht nicht weit. Die Strahlen fallen nach allen Seiten, verlieren sich im Raum und da, wo wir gerne etwas sehen möchten, kommt eben nicht ausreichend viel Licht hin. Der Gedanke liegt nahe, einen Hohlspiegel zu nehmen, der, wie Bild 2 das zeigt, einen möglichst großen Raumwinkel hinter der Lichtquelle erfaßt, um das in diesem Raumwinkel abgestrahlte Licht parallel zu richten und in einem geschlossenen Bündel nach vorn zu werfen. Man weiß auch, gleichgültig woher, daß dieser Spiegel nicht eine Halbkugel sein darf, daß er vielmehr ein Paraboloid sein muß, weil man nur damit parallel gerichtete Strahlen erhält, sofern sich die Lichtquelle im Brennpunkt des Paraboloids befindet. Von hier ab beginnt nun eine Unklarheit, über die man sich sogar mit ausgefuchsten Technikern tagelang streiten kann, sofern diese nur über physikalisches Schulwissen verfügen. Man ist nämlich in der Schul-Optik gewöhnt, mit punktförmigen Lichtquel-

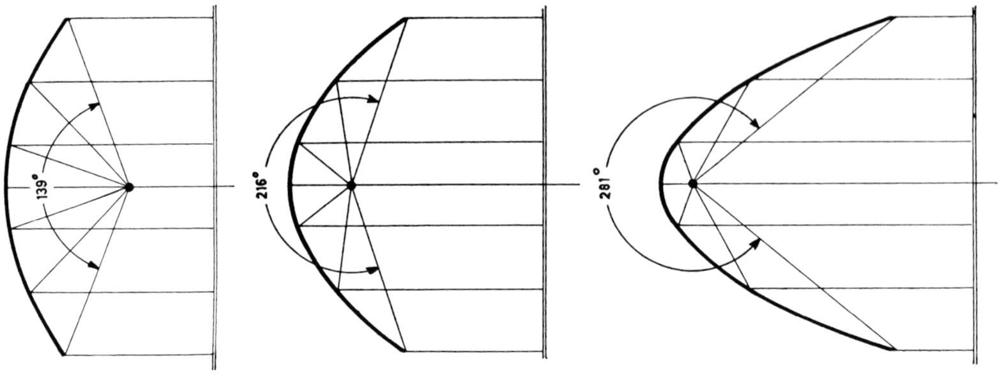

len zu rechnen, auch in Photo-Büchern und derlei werden überall brav Punkte gezeichnet und so darf man sich nicht wundern, daß da immer wieder dieser spezielle Streitgegenstand auftaucht:

Die einfache Erfahrung lehrt, daß eine bestimmte Scheinwerferlampe mit ihrem Strahl um so weiter reicht (oder ein in bestimmtem Abstand befindliches nicht zu großes Objekt um so heller anleuchtet), einen je größeren Durchmesser der Scheinwerferspiegel hat.

Andererseits besagt das optische Schulwissen, daß es doch eigentlich gleichgültig sein müsse, welchen Durchmesser der Scheinwerferspiegel hat, denn er kann ja nicht mehr Licht nach vorwärts werfen, als auf den von ihm umschlossenen Raumwinkel entfällt, Bild 2.

Nach letzterer Vorstellung käme es darauf an, einen Scheinwerfertopf möglichst tief zu machen, damit der Spiegel einen möglichst großen Raumwinkel umgreift, weil ja dadurch ein immer größerer Teil des gesamten Lichtstromes erfaßt wird. Dieser Gedanke wäre auch absolut richtig, wenn es wirklich punktförmige Lichtquellen gäbe. Es müßten dann allerdings mathematische Punkte sein, keinesfalls größer als ein Atomkern, der ja als Quelle eines Lichtquants in Frage kommt. Hier weiterzudenken ist natürlich müßig, da wir es immer mit Lichtquellen endlicher Ausdehnung zu tun haben, nach dem heutigen Stand der Glühlampentechnik sind das mehrere Millimeter Länge bei etwa einem Millimeter Breite. Von nun ab passiert etwas *ganz* anderes:

Wie Bild 4 zeigt, werden die von einem endlichen Glühfaden ausgehenden Lichtstrahlen auch von einem idealen Paraboloid nur sehr bedingt parallel gerichtet, man kann abschätzen – und könnte es auch millimetergenau berechnen –, in welcher Entfernung der Glühfaden der Lampe zu einer etwa quadratmetergroßen Lichtfläche wird, die – vielleicht auf einem Scheunentor – erscheint. Um diesen Strahlengang zu zeichnen, wie unser Bild das zeigt, haben wir nur sechs Punkte des Scheinwerferspiegels gebraucht. Da er aber unendlich viele Punkte hat, die alle genau denselben Effekt geben, können wir sagen, der Scheinwerfer ziehe das Bild des Glühfadens zu einer berechenbaren größeren Fläche auseinander. Daran beteiligt sich jeder einzelne Punkt der Spiegelfläche, und wenn wir recht viele Punkte nehmen, den Spiegel also sehr groß machen, müßte nach dieser Logik die angeleuchtete Fläche auf dem Scheunentor immer heller werden. *Und in der Tat wird sie auch heller.*

Bild 3
Linke Seite: Drei verschiedene Scheinwerfertöpfe mit gleichem Durchmesser, aber verschiedenen umfaßten Raumwinkeln, geben dennoch praktisch gleiche Beleuchtungsstärken. (Die Ungleichheiten rühren nicht von den verschiedenen Raumwinkeln, sondern vom Einfluß des „dicken und langen" Glühfadens.)

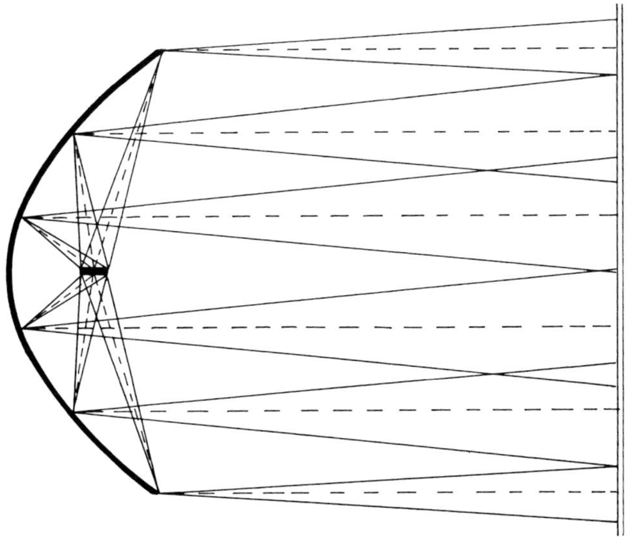

Bild 4
Rechts: Auf diese Weise entsteht bei einem Glühfaden merklicher Abmessung – der also kein mathematischer Punkt mehr ist – die Streuung, die im übrigen für eine gleichmäßige Ausleuchtung des ganzen angeleuchteten Feldes sorgt und insofern gar nicht unerwünscht ist.

Stellt man sich nun vor diese angeleuchtete Fläche und blickt in den Scheinwerferspiegel hinein, dann sieht man, wohin man sich auch innerhalb der beleuchteten Fläche stellt, den Scheinwerferspiegel gleichmäßig ausgeleuchtet, also als zusammenhängend gleichmäßig helle Fläche. Welchen Punkt der Scheinwerferfläche man auch ins Auge faßt, er spiegelt einem immer nur das Bild des Glühfadens ins Auge. So wird es wohl verständlich, warum der *größere* Spiegel auf dem Scheunentor den *helleren* Lichtfleck gibt: Es sind eben mehr Spiegelpunkte da, die jeder für sich den Glühfaden auf das Scheunentor abbilden.

Damit kommen wir auch unversehens hinter ein zweites Gesetz der Scheinwerferoptik:

Es ist ziemlich gleichgültig, wie tief man den Scheinwerfertopf macht, er kann ganz flach sein, wie ein Suppenteller, er kann auch tief sein, wie ein Clownshut, der Lichtfleck auf dem Scheunentor ist immer gleich hell, die Helligkeit richtet sich nur nach dem Spiegeldurchmesser. Bild 3.

Da wir es hier weder mit geometrischen Punkten noch mit geometrischen Flächen zu tun haben, sind natürlich gewisse Einschränkungen notwendig: Die Helligkeit des Lichtflecks gehorcht zwar dem Gesetz vom Scheinwerferdurchmesser, vor allem, wenn man einigermaßen in der Mitte des Lichtflecks mißt, wohl aber fällt die von Hause aus ziemlich unscharfe Begrenzung des Lichtflecks erheblich unterschiedlich aus und richtet sich tatsächlich nach der Tiefe des Spiegels. Der besagte flache Suppenteller als Spiegel gibt einen ungewöhnlich scharf begrenzten Lichtfleck, der tiefe Topf gibt eine wesentlich weniger scharfe Begrenzung. Das heißt also, daß der flachere Reflektor eine schärfere Bündelung ergibt, das heißt auch, daß man gerade wegen dieser schärferen Bündelung eine wesentlich größere Reichweite zu erzielen vermag. In der Tat werden auch Marine-Scheinwerfer und Flak-Scheinwerfer, bei denen es auf allergrößte Reichweite ankommt und bei denen man ein kleines ausgeleuchtetes Feld in Kauf nimmt, mit sehr flachen Spiegeln ausgerüstet, wie sich das ja an zahlreichen Bildern solcher Scheinwerfer mühelos feststellen läßt.

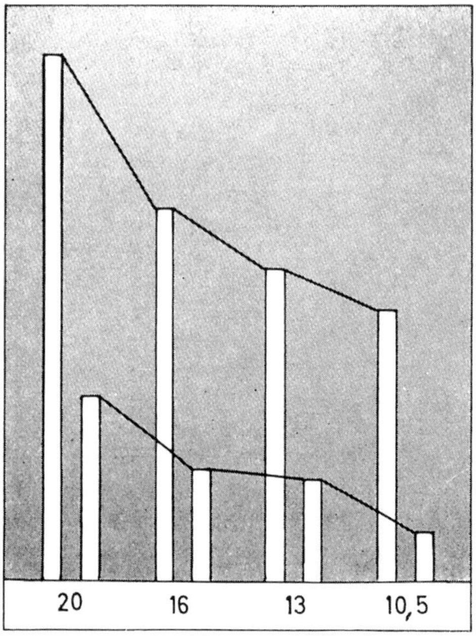

Bild 5
Die erzielbaren Reichweiten mit Scheinwerfern verschiedenen Durchmessers bei gleicher Glühlampenleistung. Der Sprung beim Fernlicht von 16 auf 20 cm ist zu einem Teil dadurch begründet, daß dabei auch die Streuscheibe geändert wurde, der Unterschied wäre sonst – geringfügig! – geringer. Der Reichweitenunterschied von Fern- zu Abblendlicht ist erschreckend groß und weitgehend unerkannte Ursache von Nachtunfällen – er ist katastrophal bei den 10,50er Rollerfunzelchen.

Bei einem Fahrzeugscheinwerfer kommt es nun zwar auch auf Reichweite an, man kann aber nicht wie bei einem Marine-Scheinwerfer ein nur kleines, ausgeleuchtetes Feld in Kauf nehmen, man ist auf eine relativ große Öffnung des Scheinwerferkegels angewiesen, man möchte ja auch an den Straßenrändern und in den Straßenkrümmungen etwas sehen, außerdem spielt die Lichtkegelöffnung auch der Höhe nach eine nicht unbeträchtliche Rolle, wie man beim Fahren über Kuppen und durch Kuhlen ohne weiteres feststellen kann. Das hat dazu geführt, daß alle Fahr-Scheinwerfer für Kraftfahrzeuge ein ziemlich einheitliches Verhältnis von Tiefe zu Durchmesser haben. Insofern sind also auch Fahrzeugscheinwerfer durchaus nach den Gesetzen der Optik konstruiert, man hat da schon seit langer Zeit einen ziemlich engen Bereich des Verhältnisses Scheinwerferdurchmesser zu Scheinwerfertiefe herausgefunden, das zum Straßenfahren ein brauchbares Verhältnis zwischen Reichweite und Größe des ausgeleuchteten Feldes ergibt. (In Ländern, in denen Zusatzscheinwerfer für besonders weitreichendes Licht erlaubt sind, findet man für diese Zusatzscheinwerfer bezeichnenderweise bedeutend flachere Spiegel, wenn natürlich auch nicht ganz so flach wie beim Marine-Scheinwerfer.)

Über allem jedoch steht das Grundgesetz, daß der jeweils ausgeleuchtete Fleck um so heller ausgeleuchtet wird, je größer der verwendete Spiegel ist.

Die Beleuchtungsstärke, die man mit einem Scheinwerfer zu erzielen vermag, ist proportional der Öffnungsfläche des Spiegels, also proportional dem Quadrat des Spiegeldurchmessers.

Gehen wir mit dem angeleuchteten Scheunentor weiter weg, dann sinkt natürlich die Beleuchtungsstärke, die angeleuchtete Fläche wird größer, aber auch entsprechend weniger hell angeleuchtet. Die Beleuchtungsstärke wird mit dem Quadrat der Entfernung geringer, daraus können wir ein neues Gesetz ableiten:

Bild 6
Einer R 69 genau in die Schnauze geschossen: Die beiden weißen Kreise entsprechen einem 20er-Scheinwerfer mit Glasrand – man müßte also schon genau hinsehen, um den Unterschied an der Maschine erkennen zu können. Lichttechnisch würde der große Scheinwerfer aber 35 m hautschonenden Bremsweg bringen.

II *Die Beleuchtungsstärke in einer festgehaltenen Entfernung wächst mit dem Quadrat des Scheinwerferdurchmessers, die von einem bestimmten Scheinwerfer hervorgerufene Beleuchtungsstärke fällt mit dem Quadrat der Entfernung.*

Das heißt, daß die Reichweite eines Scheinwerfers, also der Abstand, in dem eine bestimmte, erwünschte Beleuchtungsstärke erzielbar ist, linear mit dem Durchmesser des Scheinwerfers wächst. Beispiel: Wenn mit einem Scheinwerfer mit 13 cm Durchmesser in 70 m Entfernung irgend ein Hindernis gerade noch erkannt werden kann, dann vermag man dieses Hindernis mit einem Scheinwerfer von 20 cm Durchmesser schon in 116 m Abstand zu erkennen. Daß diese 46 m Differenz entscheidend über Leben und Tod sein können, braucht man den Lesern dieses Buches ja wohl kaum eigens zu sagen. Das sind über anderthalb Sekunden, die man (bei 100 km/h) zum Nachdenken zur Verfügung hat.
Die hier aufgemachte Rechnung ist nicht ganz genau: Wie man sich an den Fingern abzählen kann, beteiligt sich an der Erzeugung des Scheinwerferstrahls die Kuppe des Spiegels nicht mehr, also der Teil, der den Lampenfuß enthält. (Auch wenn der Lampensockel blankpoliert ist, besagt das nichts, er ist dennoch optisch kaum wirksam, den Aufwand der Spiegelpolitur treibt man da aus anderen Gründen.) Da die Größe des Lampensockels nur durch die Größe der Glühlampe diktiert wird, ist sie bei einem kleinen Scheinwerfer so groß wie bei einem großen Scheinwerfer, der prozentuale Verlust fällt also bei einem kleinen Scheinwerfer weit empfindlicher ins Gewicht. Aus unserem Diagramm Bild 5 ist dies ohne weiteres zu ersehen, dabei sei auch gleich betont, daß die Werte dieses Diagramms nicht etwa errechnet, sondern an ausgeführten Kraftfahrzeugscheinwerfern tatsächlich gemessen sind. Ferner muß dazugesetzt werden, daß diese Reflektoren unterschiedlicher Größe „geometrisch ähnlich“ sind, also genau gleiche Strahleigenschaften haben, was die

Seitenstreuung des Lichtes angeht. Mit diesem Vorbehalt sind wir nun unversehens da gelandet, wo im Kraftfahrzeugbau die Ingenieurwissenschaft aufhört und die bewußte Täuschung des Kunden beginnt:

Ein großer Spiegel kostet Geld, mehr als ein kleiner, einfach weil mehr Blech dran ist. Er kostet aber keinesfalls proportional der Größe mehr, man bekommt also doppelte Beleuchtungsstärke um durchschnittlich den 1,5-fachen Preis. Weil nun Fahrzeugkäufer nichts von Optik verstehen, nützen die Fabrikanten diese Unkenntnis aus und kaufen einfach die billigeren Scheinwerfer. Das wird auch noch von den Scheinwerferfabrikanten insofern unterstützt, als die Scheinwerferverkäufer zu den Einkäufern der Fahrzeugfabriken kommen und sagen: „Da seht mal her, unser kleiner Scheinwerfer gibt in 100 m Abstand genau dieselbe Beleuchtungsstärke wie der große Scheinwerfer der bösen Konkurrenz." Darauf fallen die Einkäufer der Fahrzeugfabriken herein, keiner fragt danach, wie es denn nun mit der Seitenausleuchtung stehe, obwohl doch eigentlich klar sein müßte, daß es nichts umsonst gibt. Es ist keine Kunst, mit einem kleinen Scheinwerfer irgendwo in der Ferne dieselbe Beleuchtungsstärke zu erzielen wie in einem großen Scheinwerfer, wenn man den Strahl entsprechend konzentriert und auf Seitenausleuchtung verzichtet.

Bevor wir nun weitermachen, müssen wir uns erst darum kümmern, was es denn mit dieser Seitenstreuung auf sich hat:

Versehen wir den Scheinwerfer mit einer klaren oder auch gar keiner Glasscheibe, dann bekommen wir einen leicht kegeligen Strahl, dessen Öffnungswinkel kunstreich so bemessen ist, daß er in den benötigten Entfernungen nach oben und unten genügend streut, also sowohl Straße wie auch Baumäste, Wegweiser und derlei ausreichend angeleuchtet werden. Dieses bescheidene Maß Streuung reicht aber bei weitem nicht aus, auch die Straßen*ränder* genügend auszuleuchten, daß man also auch in Kurveneinläufe genügend gut hineinsehen kann. Also muß man das Licht in die Quere noch *besonders* streuen, man macht das mit der innen gerippten Streuscheibe. Diese Streuscheibe ist im Grunde nur eine Reihe zusammengepappter Prismenstäbe und man hat es in der Hand, durch mehr oder weniger überlegte Gestaltung der Rippen viel oder wenig Licht vom Hauptstrahl zu klauen und nach der Seite zu lenken. Hier steht „klauen" – denn das Licht, das man zur Seite an den Straßenrand lenkt, fehlt im Hauptstrahl, *gute Seitenausleuchtung kostet also Reich-*

Bild 7
Lichttechnisch nicht gerade ideal, der Besitzer dieser Anlage nützt aber die 100 Watt möglicher Leistung der BMW-Lichtmaschine aus. Die beiden kleinen Scheinwerfer sind ausgesprochene Weitstrahler, fast ohne jede Streuung, sie brennen nur mit dem Fernlicht zusammen – wenn man um die Grenzen weiß, ist das eine nützliche Notlösung und besser als der Serienscheinwerfer. Im übrigen ist das ein wirklich feiner Mann, wie man an den Schnellverstell-Flügelmuttern sehen kann!

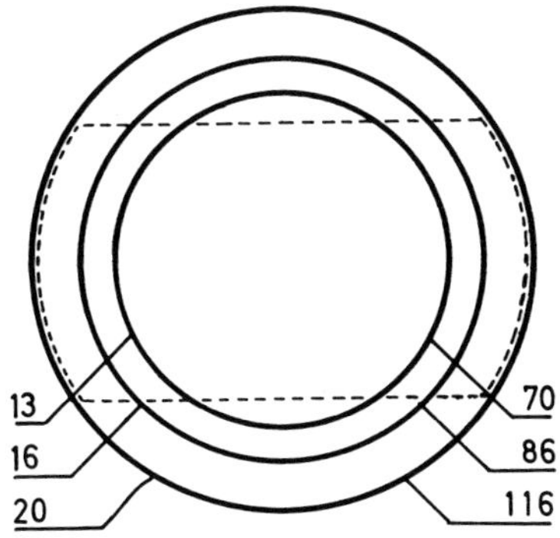

Bild 8
Maßvergleich der Öffnungen – linke Zahlen – und der bei gleicher Lampenleistung gegebenen Reichweiten – rechte Zahlen. Einpunktiert ist ein Rechteckscheinwerfer gleicher Lichtleistung wie ein runder 16er.

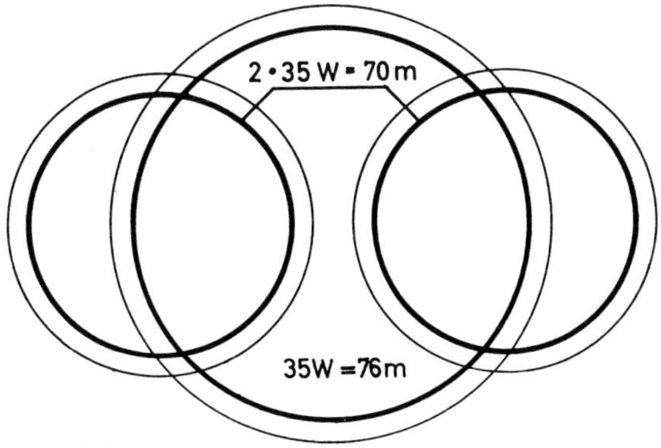

Bild 9
Zwei 13er-Scheinwerfer mit je 35 Watt bestückt, geben immer noch weniger Reichweite als ein einziger 20er-Scheinwerfer mit einer einzigen Glühlampe von 35 Watt – zwei Augen sehen nicht mehr als eines, es ist nur ein Blickfang für Dumme.

weite. Wenn man die Streuscheiben der verschiedenen Scheinwerfermacher untersucht, kommt man allerdings in Versuchung, zu glauben, diese Streuscheiben seien weniger von Optikern, als vielmehr von Tapetenzeichnern gemacht. (Ich habe bis jetzt auch nur einen einzigen Ingenieur in einer einzigen Motorradfabrik gesehen, der sich einmal wirklich um Streuscheiben gekümmert hat – er tut aber seit 1955 etwas anderes, macht keine Motorräder mehr.)

Hier ist natürlich von einfacher Bauernfängerei bis zu bewußter Täuschung jede Art von Geschäftsabschluß möglich, bis zu einem seltsamen Grad: Selbst wenn eine Fahrzeugfabrik groß genug ist, um sich nicht nur ahnungslose Maschinen-Ingenieure zu halten, sondern auch noch den einen oder anderen Physiker, dem die Optik also kein böhmisches Dorf ist, dann läßt man diesen besagten Physiker ruhig quatschen, man denkt gar nicht daran, sich nach seinen Vorschlägen zu richten. *Es gibt also bis jetzt keine Fahrzeugfabrik, die es fertigbrächte, die Scheinwerfer ihrer Fahrzeuge nach optischen Notwendigkeiten auszulegen.* Auch insofern werden also Kraftfahrzeuge keineswegs von Ingenieuren konstruiert, wir werden aber zu solcherlei Beanstandungen noch mehr Gelegenheiten finden. Jedenfalls haben wir einen unabdingbaren Grundsatz festzuhalten:

Ein Fahr-Scheinwerfer ist um so besser, je größer er ist.

Daraus folgern aber auch einige Selbstverständlichkeiten, die allerdings insofern für den Normalverbraucher nicht selbstverständlich sind, als ja von allen möglichen Machern laufend dagegen verstoßen wird. So sieht man beispielsweise immer wieder, daß Motorräder mit zwei Scheinwerfern statt einem einzigen ausgerüstet werden, da aber der Platz da vorn relativ beschränkt ist, sind das regelmäßig auch zwei *kleine* Scheinwerfer. Eine Nachrechnung überzeugt wohl:
Ein einziger 13er Scheinwerfer soll die gewünschte Beleuchtungsstärke in 50 m Abstand ergeben. Mit zwei Scheinwerfern von je 13 cm Durchmesser bekommt man

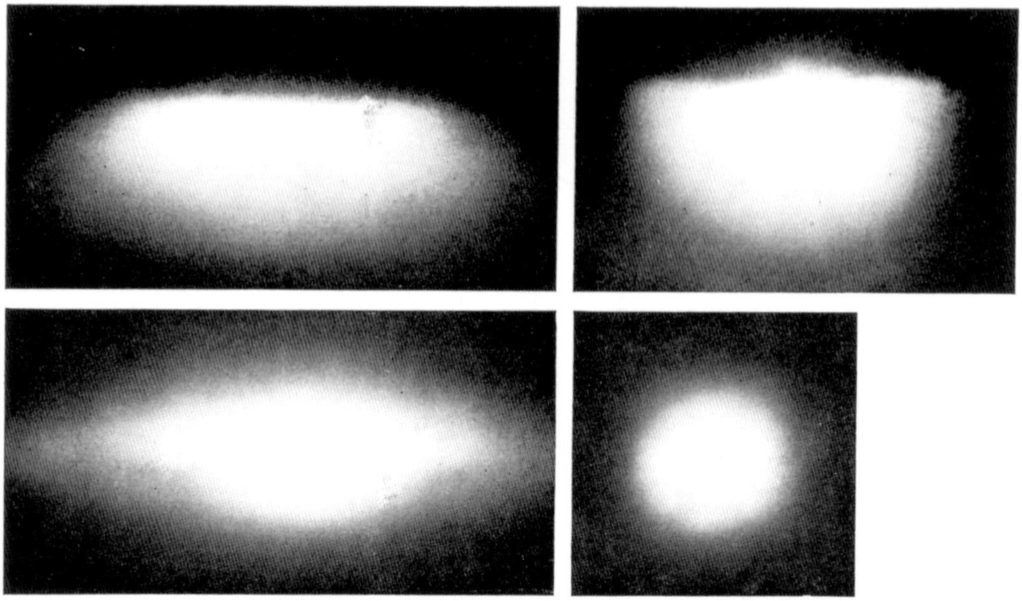

dann die gleiche Beleuchtungsstärke in $50 \cdot \sqrt{2} = 70$ m Entfernung. Würde man statt dessen nun einen einzigen Scheinwerfer von 20 cm Durchmesser verwenden, dann bekäme man die gleiche Lichtstärke in 76 m Entfernung! Nun sind aber zwei 13er Scheinwerfer nicht nur wesentlich teurer als ein 20er Scheinwerfer, sie sind auch schwerer (auf der Vordergabel eines Einspurfahrzeuges spielt das eine sehr große Rolle) und fressen mehr Bauraum. *Ebenso braucht man natürlich auch zwei Scheinwerferlampen,* ganz abgesehen davon, daß die Lichtmaschine überhaupt erst einmal die elektrische Leistung dafür aufbringen müßte.

Wenn man also mit dem Licht einer vorhandenen Maschine unzufrieden ist, dann ist es absolut witzlos, an *zwei* Scheinwerfer zu denken, man kommt bedeutend weiter, wenn man den vorhandenen Scheinwerfer einfach gegen *einen größeren* Scheinwerfer austauscht.

Da man überhaupt nie genug Licht haben kann, kann also auch der Scheinwerfer nie groß genug sein, und ob ein Mann etwas auf dem Kasten hat, erkennt man nicht daran, daß er zwei kleine Scheinwerfer an seiner Maschine hat, sondern einen einzigen großen.

Die Sache mit der Abblendung

Unsere bisherigen Überlegungen waren ganz allgemeiner Art, sie gelten auf jeden Fall, sei es nun für Fernlicht oder für Abblendlicht. Für den Fall des Abblendlichtes treten lediglich noch einige weitere Bedingungen hinzu:

In Europa, mit dessen Gesetzesvorschriften wir es nahezu ausschließlich zu tun haben, ist nur die sogenannte Bilux-Abblendung zugelassen. Wir zeigen das Verfahren noch einmal in Bild 13, in Ansehung des Umstandes, daß man so etwas heutzutage in der Fahrschule nicht mehr immer mitbekommt. Die Glühlampe hat dabei

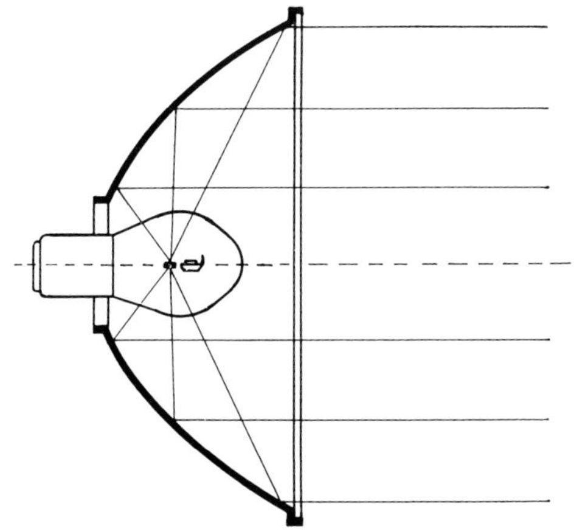

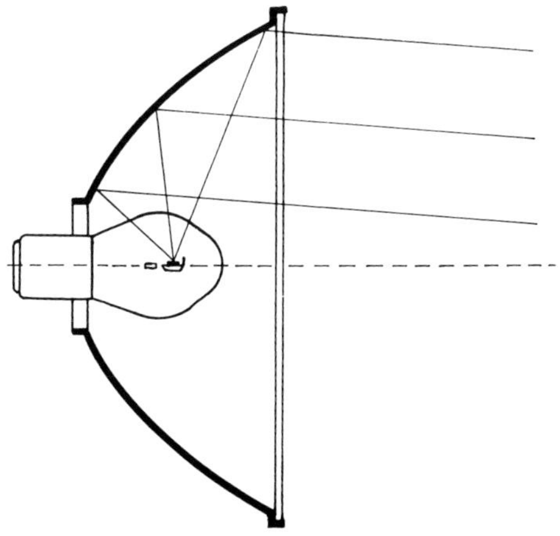

Bild 10
Linke Seite, oben: Bilux-Abblendlicht, links mit Streuscheibe, rechts ohne Streuscheibe, man erkennt die starke Streuung bei Abblendung, die Schramme in der angeleuchteten Wand eignet sich gut zum Vergleich.

Bild 11
Linke Seite, darunter: Fernlicht, links mit Streuscheibe, rechts ohne Streuscheibe. Wie man an der Schramme sieht, ist das Licht sehr viel heller, ohne Scheibe ist es so hell, daß das Weiß des Druckpapiers dies nicht mehr wiedergeben kann.

Bild 12
Oben links: Der Fernfaden befindet sich im Brennpunkt und gibt nur so viel Streuung, wie dies durch die endliche Ausdehnung des Fadens erzwungen wird, sonst ist der Strahl absolut achsparallel.

Bild 13
Oben rechts: Der Abblendfaden liegt vor dem Brennpunkt, das ergibt Strahlneigung nach unten. Weil das Abschirmblech die nach oben geneigte Strahlhälfte herausfängt, halbiert die Bilux-Abblendung die Lichtausbeute.

zwei Fäden, die abwechselnd eingeschaltet werden können, der eine Faden, der Fernfaden, liegt sehr genau im Brennpunkt des Spiegel-Paraboloids. Der vom Fernfaden herrührende Strahl ist sehr eng gebündelt, wie das der Genauigkeit und der Auslegung des vorhandenen Spiegels entspricht, dementsprechend groß ist auch die Reichweite. Der zweite Faden nun befindet sich ein Stück vor dem Brennpunkt, daraus geht zunächst einmal hervor, daß der Abblendstrahl des Scheinwerfers spürbar breiter gestreut und weniger scharf begrenzt sein muß als der Fernlichtstrahl. Auf unserer Zeichnung Bild 13 ist deutlich zu erkennen, daß die Abblendstrahlen durchaus nicht mehr parallel oder wenigstens annähernd parallel sind, sie divergieren erheblich.

Sodann ist der zweite Faden nach unten durch eine kleine Blechwanne abgedeckt, es kann also kein Licht auf die untere Spiegelhälfte gelangen. Darauf beruht nicht nur der Abblendeffekt, also die Tatsache, daß der ganze Abblendstrahl eine mehr oder weniger ausgeprägte Hell-Dunkel-Grenze nach oben zeigt, sondern auch eine weit unangenehmere Tatsache, die allerdings überall geflissentlich verschwiegen wird: *Weil für das Abblendlicht nur die eine Hälfte des Spiegels ausgenützt wird, bekommt man auch nur die halbe Beleuchtungsstärke wie beim Fernlicht!*

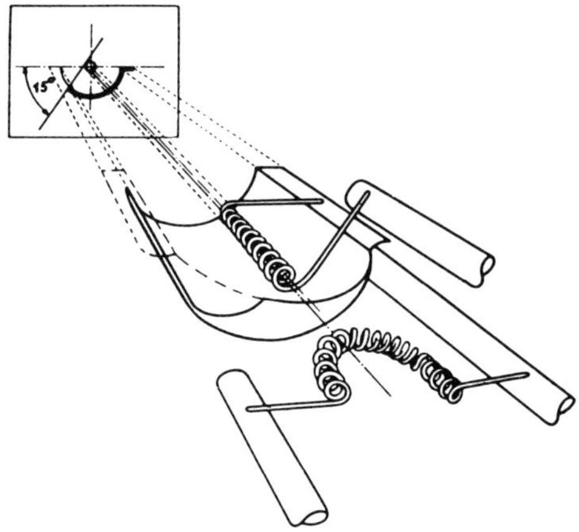

Bild 14 und 15
Bei asymmetrischer Abblendung ist lediglich die Abdeckkappe etwas angeschnitten und die Streuscheibe in einem schmalen Sektor auf geringere Streuung ausgelegt, das ist alles. Die Zeichnung ist von hinten, vom Fahrer aus gesehen.

Das ist bitter, es ist nun einmal das Erbübel des Bilux-Systems, daß man ausgerechnet dann, wenn man unterhalb der Hell-Dunkel-Grenze möglichst viel erkennen möchte, auch noch nur die halbe Beleuchtungsstärke wie beim Fernlicht hat.

Beim amerikanischen Abblendsystem – sealed-beam-System – werden auch zwei Glühfäden benutzt, der Fernfaden befindet sich auch genau im Brennpunkt, der zweite Faden befindet sich wieder außerhalb des Brennpunktes, ohne daß er aber irgendwie abgedeckt wäre. Schaltet man hier auf den Abblendfaden um, dann wird der nunmehr entstehende Strahl auch etwas breiter gestreut, genau wie beim Bilux-Licht, aber dank der außermittigen Anordnung des Abblendfadens auch noch zur Seite gelenkt. Eine ausgeprägte Hell-Dunkel-Grenze ist beim sealed-beam-System nicht vorhanden. Wohl aber bekommt man, weil der ganze Spiegel ausgenützt wird, eine hohe Beleuchtungsstärke, doppelt so hoch wie beim Bilux-System, nur hat man nicht so recht etwas davon, weil man ja durch den Gegner entsprechend stärker angeblendet wird, in summa ist also das amerikanische System weder besser noch schlechter als das Bilux-System, man kann sich das Aufkommen des amerikanischen Systems eigentlich nur so erklären, daß die Amerikaner von allem Anfang an breitere Straßen hatten und nicht auf so schmalen Wegen so dicht aneinander vorbeizukriechen brauchten wie wir im alten Europa.

Wohl aber gibt es seit drei Jahren ein neues Abblendsystem, das dem herkömmlichen Bilux-System in einigen Punkten überlegen ist, das sogenannte asymmetrische Abblendverfahren. An sich ist das Verfahren nicht erschütternd, es handelt sich nur um ein etwas verbessertes Bilux-Verfahren, dem folgender Gedanke zugrunde liegt:

Beim einfachen Bilux-Verfahren verläuft die Hell-Dunkel-Grenze genau waagerecht, so, als kämen einem nicht nur auf der linken, sondern auch auf der rechten Straßenseite Fahrzeuge entgegen, auf die es Rücksicht zu nehmen gilt. Da die Gegenkommer

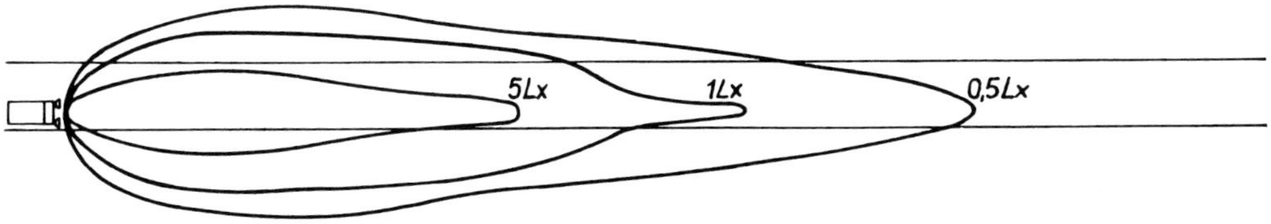

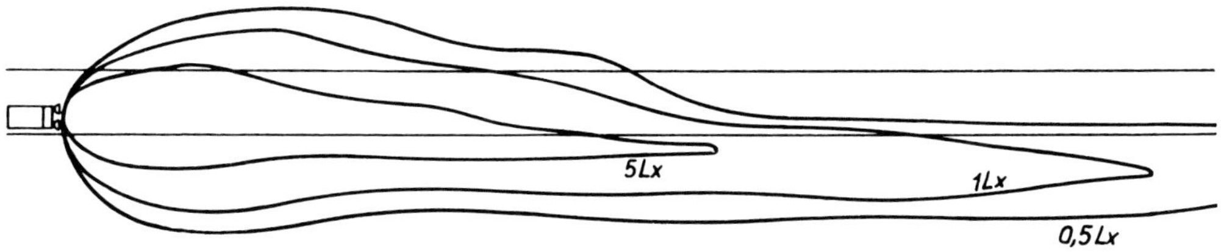

Bild 16
Oben: Verteilung der Beleuchtungsstärken, von oben gesehen, bei normaler Bilux-Abblendung.

Bild 17
Darunter: Verteilung der Beleuchtungsstärken bei asymmetrischer Abblendung, Straßenbreite und Wagengröße im Verhältnis zur Reichweite maßstäblich gezeichnet.

tatsächlich aber nur links vorbeifahren, besagt eine einfache Überlegung, daß eigentlich nur auf der linken Straßenseite eine Hell-Dunkel-Grenze benötigt wird, und daß sie um so weniger nötig ist, oder sinngemäß höher verlaufen könnte, je näher es dem rechten Straßenrande zugeht. Die Logik ist überaus einfach, man hat dazu nichts weiter zu tun, als die Blechwanne für den Abblendfaden seitlich etwas auszuschneiden, dadurch neigt sich die Hell-Dunkel-Grenze auf der rechten Fahrbahnseite etwas nach oben.

Dagegen ist nun an sich gar nichts einzuwenden, man braucht sich aber nur vorzustellen, daß man selbst auf einer Straße fährt, die leicht nach rechts abbiegt. Auf dieser Straße fahre ein Gegenkommer, der wird nun sichtlich erst einmal unter unserer rechts etwas angehobenen Hell-Dunkel-Grenze durchfahren müssen, er wird also eine deutliche Blendung verspüren. *Diese Blendung nimmt man bewußt in Kauf,* da der feststellbare Vorteil des asymmetrischen Lichtes diesen Nachteil ganz wesentlich zu überwiegen scheint:

Auf einigermaßen gerader Strecke wird auch das richtig eingestellte normale Bilux-Licht eines Gegenkommers ab einem Fahrzeugabstand von rund 40 m bis auf die letzten paar Meter beim Passieren objektiv störend, neben dem Gegenkommer ist das berüchtigte „schwarze Loch", bei dem man sich nicht mehr auf Sicht, sondern nur noch auf Gedächtnis verlassen kann, man muß also schon vorher an Lichtreflexen, an Silhouettenwirkung und sonstwie erkannt haben, daß auf diesem nicht mehr einsehbaren Straßenteil nichts ist, auf das man drauffahren könnte. Das asymmetrische Licht hellt nun dieses schwarze Loch ganz beträchtlich auf, ohne aber den Gegenkommer in irgendeiner Weise zu beeinflussen. *Wenn hier steht „ganz beträchtlich", dann meine ich das auch so, das habe ich also selbst festgestellt, ich rede da keinem Scheinwerfermacher zu Gefallen.*

Das ist das ganze Geheimnis des asymmetrischen Abblendverfahrens, es wird ledig-

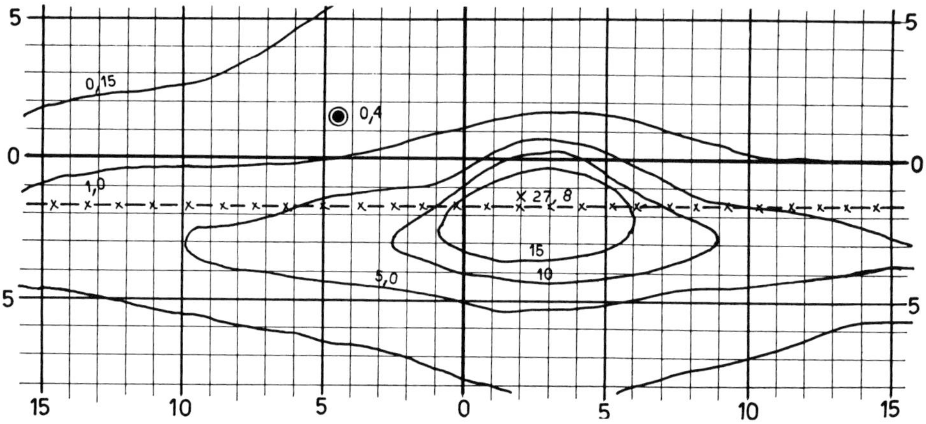

Bild 18, 19 und 20
Beleuchtungsstärken, wie sie auf einem vor dem Fahrzeug aufgebauten Schirm gemessen werden können und allein einen objektiven Vergleich einer Scheinwerferleistung ermöglichen. Die Koordinatenwerte sind Winkelgrade, das eigene Fahrzeug befindet sich auf 0 Grad in Bildmitte, die Stacheldrahtlinie bezeichnet die Straßenoberfläche für ein Motorrad als eigenes Fahrzeug, der dicke, weißgeringelte Punkt ist das Auge eines Gegenkommers auch auf einem Motorrad. Bild 18, oben, zeigt die Beleuchtungsstärken bei Abblendung eines amerikanischen sealed-beam-Scheinwerfers, Bild 19, rechte Seite oben, zeigt die Beleuchtungsstärken bei Bilux-Abblendung, Bild 20, darunter, asymmetrische Abblendung – das gibt natürlich aus, da kann einer schon an größere Reichweite glauben.

lich das berüchtigte „schwarze Loch" etwas aufgehellt, sonstige Erscheinungen gibt es nicht, weder eine größere Lichtausbeute noch sonst irgend einen optischen Effekt.

Dennoch gibt es Leute, die auf ihren neuen asymmetrischen Scheinwerfer schwören: Der Gesetzgeber, dessen Behördenverstand nun einmal unbegreiflich ist, besteht nach wie vor darauf, für normale Bilux-Scheinwerfer nur eine Lichtleistung von 35 W zuzulassen, obwohl es dafür keinen irgendwie gearteten physikalischen oder sonst lichttechnischen Grund gibt. Aus ebenso unerfindlichen Gründen sind für asymmetrische Scheinwerfer aber 45 W für den Fernfaden und 40 W für den Abblendfaden zugelassen und das gibt naturgemäß eine Mehrausbeute an Lichtstrom, die durchaus bemerkt wird. Wenn also ein gleich großer asymmetrischer Scheinwerfer heute weiter leuchtet als der alte Bilux-Scheinwerfer, gegen den er vielleicht ausgewechselt wurde, dann hat das keinen *optischen* Grund, sondern nur einen *elektrischen* Grund, es ist eben ein um ca. 30 % höherer Lichtstrom vorhanden.

Die „alten Leute" lassen sich dadurch freilich nicht verblüffen: Man bekommt zwar in Deutschland keine Bilux-Lampen für 50 W zu kaufen, wohl aber werden sie in Deutschland in rauhen Mengen gemacht, weil sie ins europäische Ausland transportiert werden. Jenseits der deutschen Grenzen bekommt man in größeren Elektro-Läden anstandslos Scheinwerferlampen mit zweimal 50 W, die auch in deutsche Lampenfassungen passen. Es ist mir noch nie begegnet, daß bei Fahrzeugkontrollen auf der Straße auch noch die Glühlampen kontrolliert worden wären, da traut sich ganz einfach keiner heran, bei den normalen §-29-Überprüfungen stecken aber natürlich auch in meinen Scheinwerfern vorsorglich biedere 35-W-Lampen drin.

Wir können das Kapitel Abblendlicht nicht abschließen, ohne an eine Mode zu denken, die sich in den letzten paar Jahren bei Automobilen seuchenartig ausgebreitet

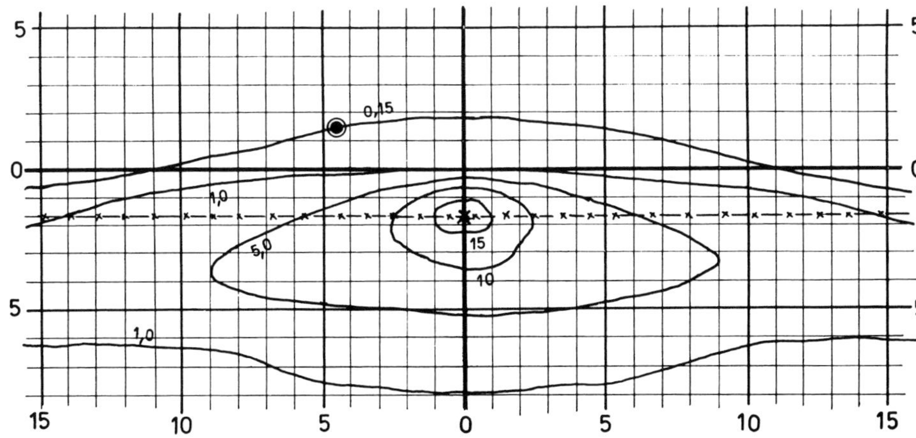

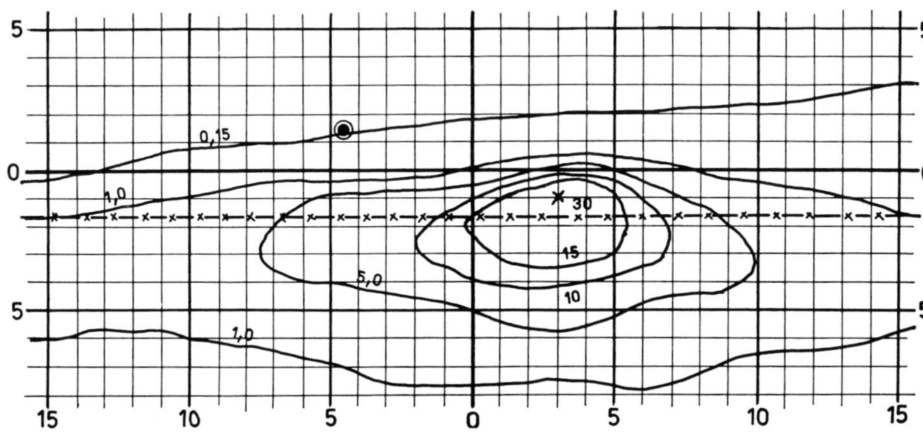

hat: Die Doppelscheinwerfer. Dabei funktioniert das eine Spiegelsystem nur für Fernlicht, das andere Spiegelsystem nur für Abblendlicht. Wenn man nun den Abblendspiegel etwas anders konstruiert als den Fernlichtspiegel und wenn man ihn ferner mit einer anderen Streuscheibe versieht, ist es durchaus möglich, mit dem Abblendscheinwerfer eine so scharfe, waagerechte Hell-Dunkel-Grenze zustande zu bringen, wie sonst nur mit einer Bilux-Lampe. Man hat aber eben auch noch die *ganze* Spiegelfläche ausgenützt, kommt also gegenüber der Bilux-Lampe auf die doppelten Beleuchtungsstärken. Es fragt sich aber sehr, ob sich der Aufwand überhaupt lohnt, denn alle bisher verwendeten Doppelscheinwerfer sind wesentlich kleiner, als auf dem vorhandenen Platz ein Einzelscheinwerfer unterzubringen gewesen wäre. Nützt man aber den vom Doppelscheinwerfer eingenommenen Raum für einen Einzelscheinwerfer aus, dann hat der im Abblendzustand mindestens dieselbe Reichweite bzw. Beleuchtungsstärke wie der Fernlicht-Einzelscheinwerfer, das *Fern*licht des *großen* Scheinwerfers ist aber dem des Doppelscheinwerfers *weit* überlegen.

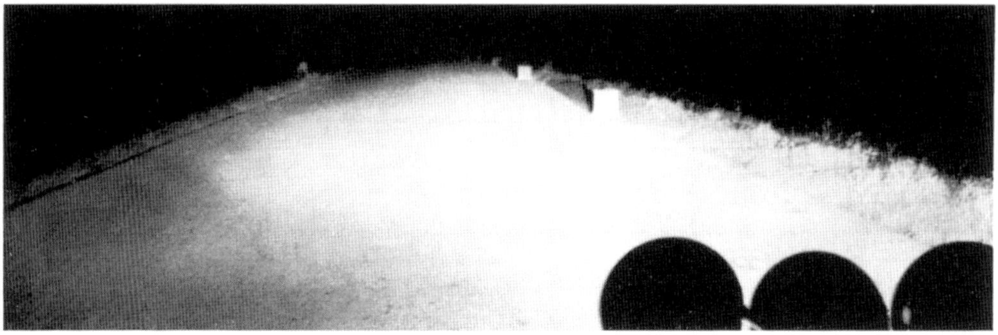

Bild 21
Oben: Normales Bilux-Abblendlicht, man kann an den Meßtafeln am linken und rechten Straßenrand abzählen, wie weit das Licht reicht. (Auf Fotos kann man bekanntlich keine Helligkeit erkennen, weil das Papier nicht mehr weißer werden kann, als es schon ist.)

Bild 22
Rechte Seite: Gleiche Voraussetzungen, aber asymmetrische Abblendung, man vergleiche die Tafeln am Straßenrand. (Die Bilder stammen von einem Bosch-Versuchswagen, deshalb sind da so eine Menge Scheinwerfer dran.)

Also auch die Doppelscheinwerfer der Wagen sind physikalisch nicht begründet, jede vorhandene Wirkung ist mit einem entsprechend großen Einzelscheinwerfer mindestens genau so zu erzielen, in vielerlei Beziehung sogar besser, das heißt, also, daß Doppelscheinwerfer nichts weiter sind als Angeberei. (Bis hier her klingt das natürlich wie die verquere Behauptung eines Besserwissers, zumal sich in der ganzen weiten Fachliteratur zwar nur versteckte – oder längst wieder vergessene – Hinweise darauf befinden. Hinzu kommt auch noch, daß etliche „Fachjournalisten" gerade über diese Kinkerlitzkes-Doppelscheinwerfer sich regelrecht einen abgebrochen haben, so mit „Vier Augen sehen mehr als zwei" und derlei. Ich rechne also nicht damit, daß mir jemand so ohne weiteres glaubt. Am Ende des übernächsten Abschnittes wird aber noch so eine ergänzende Bemerkung nötig und da steht dann auch die berühmte Literaturstelle angegeben, auf die sich zu stützen bei uns zu Lande für den feinen Mann nun einmal als vornehm gilt.)

Mogelei mit Streuscheiben

Wir sagten gleich zu Anfang, ein Scheinwerfer rufe je nach Abmessung bzw. umschlossenem Raumwinkel einen unterschiedlich eng gebündelten Strahl hervor. Da kann man nun viel und gelehrt darüber schwätzen, ich empfehle statt dessen einen überzeugenden Versuch:

Man nehme aus dem eigenen Scheinwerfer die Glasscheibe heraus und schalte den scheibenlosen Scheinwerfer ein – *man wird verblüfft sein, was da für ein scharf begrenzter Lichtknüppel herauskommt und wie unverschämt weit der leuchtet.*

(Ich weiß, was für eine Popelsarbeit das ist, die Druckfedern aus dem Glasrand hervorzuzaubern, mindestens eine davon hüpft einem in der Dunkelheit auf Nimmerwiedersehen auch weg, in der gleichen Nacht kriegt man das Ding sowieso nicht wieder zusammengebaut, dennoch empfehle ich den Versuch, er wirkt derart verblüffend, als habe man das Gehirn mit einem Viertelpfund Schnupftabak ausgefegt.)

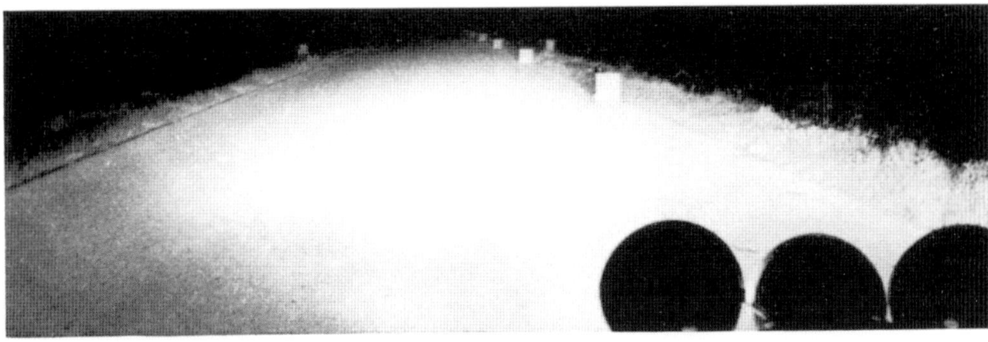

Man kann übrigens die Streuscheibe gut auch bei Tage ausbauen und eine kleine Nachtfahrt ohne Streuscheibe machen, denn die ganzen Spiegel moderner Maschinen, die also ungefähr ab 1955 gebaut worden sind, haben keine Silberverspiegelung mehr, sondern eine eloxierte Aluminium-Verspiegelung, man kann da also ruhig ein bißchen Staub und ein paar Fliegen draufkriegen, zu Hause kann man den Spiegel unter dem Wasserhahn mit einem bißchen Watte wieder tadellos sauberwischen und in aller Ruhe die Streuscheibe wieder einsetzen.

Bei der Versuchsfahrt ohne Streuscheibe ist auch eine gewisse Vorsicht nötig, auf kurviger Strecke fühlt man sich zunächst nahezu blind: Da sind zwar in der Ferne in einer Straßenbiegung ein oder zwei Baumstämme blendend grell angeleuchtet, man kann aber nicht entdecken, ob die Straße nach rechts oder links abbiegt, man muß sich trotz der enormen Helligkeit und der enormen Reichweite an die Ecke viel vorsichtiger herantasten, als wenn man die Streuscheibe noch drin hätte. Gerade deshalb empfehle ich den praktischen Versuch so angelegentlich, man muß das wirklich erlebt haben, um zwischen gelehrtem Werbegeschwätz und optischen Tatsachen unterscheiden zu können.

Zugegebenermaßen sind ja nun die Motorradfahrer geistig ein bißen minderbemittelt, die sind nie darauf gekommen, daß man sich klammheimlich andere als die behördlich zugelassenen Streuscheiben zulegen könnte, zumal ja keine Polizeikontrolle darauf geeicht ist, sich auch um die Art der vorhandenen Streuscheiben zu kümmern. (Nachher für die §-29-Prüfung kann man ja die vorgeschriebene Streuscheibe wieder drin haben.) Es waren in der Tat auch Wagenfahrer, die darauf gekommen sind, Streuscheiben von geringerer Streuwirkung einzubauen, als in Deutschland vorgesehen. Es ist also durchaus möglich, daß man irgendeinem Wagenfahrer begegnet, der behauptet, all das, was hier über Beleuchtungsstärken und Reichweiten steht, sei purer Blödsinn, er habe in seine Scheinwerfer lediglich eine andere „Scheibe" eingesetzt und jetzt trage sein Licht mindestens doppelt so weit wie vorher. Dieser Mann hat zwar durchaus richtig beobachtet, er hat aber die Hälfte verschwiegen. Oder, da Wagenfahrer zwar ein bißchen, aber nur unbedeutend klüger sind als Motorradfahrer, ist ihm auch bloß etwas anderes nicht aufgefallen: Er mußte diese größere Reichweite mit einer empfindlichen Einbuße an Seitenstreuung bezahlen, und wenn er sich gar vollends einfallen läßt, das weiter reichende Fernlicht durch höhere Fahrgeschwindigkeit auszunützen, gerät er erst recht in des Teufels Küche.

Bild 23
Wirkung einer Hella-Streuscheibe (am Dreieckmuster kenntlich), sehr heller Lichtkern, der im Foto wieder nicht so hell aussieht wie in Wirklichkeit, ziemlich geringe Seitenstreuung, beträchtliche Höhenausdehnung.

Bild 24
Rechte Seite: Gleichgroßer Spiegel mit Bosch-Streuscheibe, auch heller Kern, aber hellere Seitenbänder in größerer Breite, Höhenausdehnung geringer, dafür im Kern heller. (Große Höhenausdehnung wird schnell störend.)

Siehe eigener Versuch ganz ohne Streuscheibe. Da sich Wagenfahrer nun auch noch hinsichtlich Leichtsinn in keiner Weise von Motorradfahrern zu unterscheiden pflegen, liegt hier eine um so bösere, weil völlig unbekannte Gefahrenquelle, und man kann sonst gegen die unergründliche Weisheit des Gesetzgebers haben, soviel man will, so ganz unbegründet ist die in Deutschland vorgeschriebene große Seitenstreuung nicht.

(Allerdings: Von einer bestimmten Grenze ab, die sehr niedrig liegt, ist es bereits dem Scheinwerfermacher überlassen, welchen Grad der Seitenstreuung er vorsehen will. Sagen wir es also unverblümt: Die Bosch-Leute haben von jeher die Richtung vertreten, daß die Seitenstreuung verhältnismäßig groß sein müsse, während man bei Hella immer auf eine kleine Seitenstreuung ging. Infolgedessen reichten die Hella-Scheinwerfer schon immer spürbar weiter als die Bosch-Scheinwerfer gleicher Größe, das bezahlte man aber damit, daß auf kurviger Strecke für ausgesprochene Schnellfahrerei ein Hella-Scheinwerfer wesentlich schlechter, um nicht zu sagen gefährlicher war, als ein Bosch- oder Notek-Scheinwerfer. Es waren auch Hella-Leute, die den Motorradmachern sagten, ein kleiner Hella-Scheinwerfer habe dieselbe Reichweite wie ein größerer Bosch-Scheinwerfer, gerade sie haben dazu beigetragen, daß eine pfennigfuchsende Motorrad-Industrie sich nie zu anständig großen Scheinwerfern durchzuringen vermochte. Das Argument von der größeren Reichweite war wie gesagt nicht einmal gelogen, man hat nur verschwiegen, daß der Bosch-Scheinwerfer gleicher Größe eine wesentlich bessere seitliche Ausleuchtung auf kurviger Strecke ergab. Im Grunde genommen fuhr man mit dem Bosch-Scheinwerfer auf kurviger Strecke mindestens ebenso schnell wie mit dem Hella-Scheinwerfer größerer Reichweite, einfach weil man die Kurveneinläufe besser zu beurteilen vermochte und wesentlich mehr Fahrt stehenlassen durfte. *(Den Schusseln auf Motorrädern und in Wagen fällt das natürlich nicht auf, aber irgendwoher muß ja schließlich die große deutsche Unfallrate kommen.)* Es geht nun

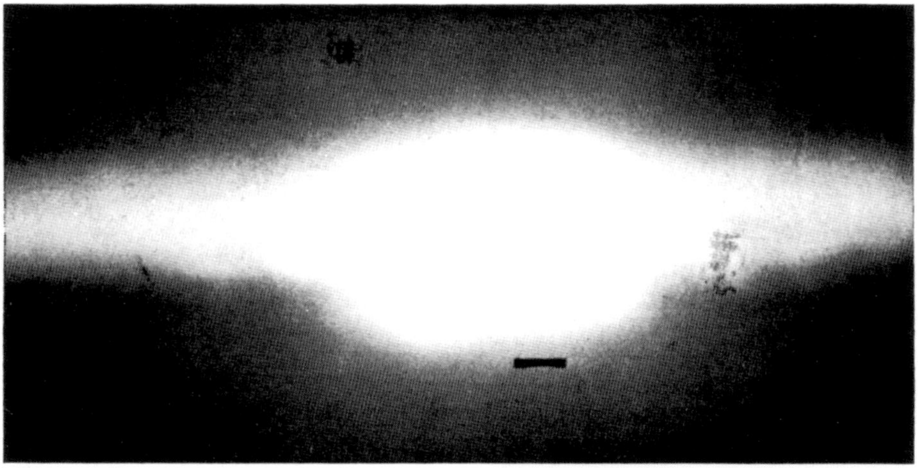

keinesfalls auf irgendeine ingenieurmäßige Überlegung zurück, es ist eine ganz einfache Erfahrungstatsache, wenn man den folgenden Grundsatz formuliert:

Bei allen derzeit verwendeten Motorrad-Scheinwerfern, sei das nun Bosch, Notek oder Hella, ist es völlig gleichgültig, was für eine Streuscheibe man drin hat, welcher Grad der Seitenstreuung also verwendet wird. Die schmalen Lichtknüppel der Hella-Scheinwerfer reichen zwar etwas weiter, man muß sich aber vorsichtiger an Kurven herantasten, bei den Bosch-Scheinwerfern wird zwar breiter gestreut und das Licht reicht nicht ganz so weit, dank der großen Seitenstreuung kann man aber im Endeffekt etwas mehr Dampf stehenlassen, ohne daß man schon durch mangelnde Reichweite behindert wäre. Im Endeffekt fährt man also mit jedem dieser Scheinwerferfabrikate gleich schnell.

(Ich für meine Person ziehe allerdings einen breiter streuenden Scheinwerfer vor.)

Ende des Jahres 1959 ist allerdings ein Wunder geschehen: Seit diesem Zeitpunkt sind nämlich – auch bei Motorrädern – Zusatzscheinwerfer für Fernlicht zugelassen. Solche Fernlichtscheinwerfer sind an sich nicht neu, waren beispielsweise in England schon immer zugelassen, sie sind daran kenntlich, daß sie keine Streuscheibe, sondern eine ganz einfache, glatte Glasscheibe haben. Wir wissen ja, daß so etwas einen sehr scharf begrenzten Strahl gibt, der ebenso gewaltig weit reicht, ein solcher Scheinwerfer tut also seinen Dienst, sofern er mit einem normalen Fahrscheinwerfer zusammen arbeitet: Der normale Scheinwerfer liefert die nötige Seitenstreuung auf mäßige Distanz, der Fernlichtscheinwerfer gibt dazu noch ein weit vorausliegendes Punktlicht.

Der Lichtfleck auf der Fahrbahn

An sich wäre hier das Kapitel über Scheinwerferoptik zu Ende, bei Motorradfahrern ist aber noch eine spezielle Augeneigenschaft wichtig, die tatsächlich nur bei uns ins Gewicht fällt und von der man infolgedessen in der gesamten Fachliteratur auch nicht einen Buchstaben findet:

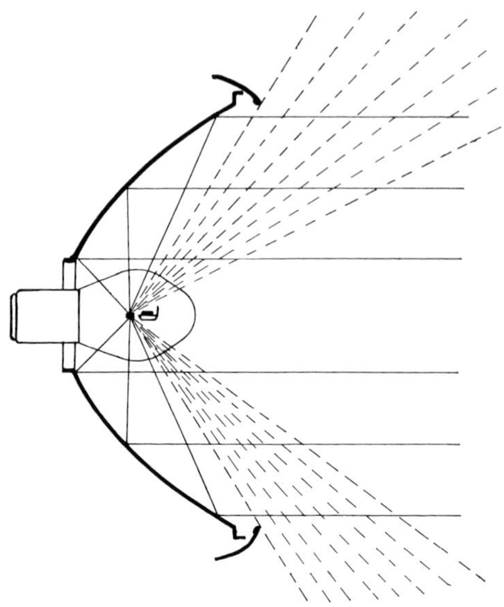

Bild 25 und 26
Das Direktlicht, das vom Glühfaden ohne Umweg über den Spiegel austritt, strahlt nahe Objekte grell an und erzeugt störende Lichtflecke, vor allem auf der Straße. Der Wagenfahrer ahnt nichts davon, der Motorradfahrer wird durch das eigene Licht am Sehen gehindert.

Jedermann weiß, daß man einige Sekunden lang nichts sehen kann, wenn man aus einem dunklen Raum ins helle Sonnenlicht hinaustritt. In der Helligkeit verschwimmt dann alles. Umgekehrt dauert es ebenso ein Weilchen, bis man wieder sehen kann, wenn man aus dem hellen Licht kommend einen dunklen Raum betritt. Man sagt da ganz einfach „das Auge muß sich daran gewöhnen". Gelehrt nennt man den Vorgang Adaptation, er besagt nichts anderes, als daß das Auge imstande ist, seine Empfindlichkeit je nach der gerade herrschenden Beleuchtung ganz automatisch einzuregeln. Bei Dunkelheit stellt also das Auge eine weit höhere Empfindlichkeit ein als in heller Sonne und umgekehrt. Das ist zwar sehr vorteilhaft, kann einem aber auch einen Streich spielen: Man braucht in Augennähe nur eine größere, hell beleuchtete Fläche anzubringen, damit das Auge seine Empfindlichkeit auf diese Helligkeit einregelt. Man ist dann nicht mehr imstande, an der hell beleuchteten Fläche vorbei im Schatten einen weniger hell beleuchteten Gegenstand genau zu sehen. Für diesen weniger hell beleuchteten Gegenstand reicht eben die heruntergeregelte Augenempfindlichkeit nicht mehr aus. Man kann das sehr leicht nachprüfen, indem man sich an die Hinterwand eines hell beleuchteten Zimmers stellt und durchs Fenster draußen in der Nacht etwas zu erkennen versucht: Das Fenster ist nichts weiter als ein schwarzes Loch. Sobald man aber dicht unters Fenster tritt und womöglich ein Stück vor das Fenster, so daß links und rechts von einem nichts mehr hell angeleuchtet ist, dann kann man draußen im Finstern beträchlich weit sehen. Wie Bild 25 zeigt und wie man durch Versuch feststellen kann, verursacht ein Motorradscheinwerfer eine ganz ähnliche Erscheinung: Das vom Glühfaden der Lampe kommende Direktlicht, das also den Reflektor nicht passiert hat, leuchtet die Kotflügelspitze und den Vorderreifen hell an, eben-

Bild 27
Oben: Man erkennt an den Büschen rechts den auch in der Höhe eng gefaßten Fernlichtstrahl, der die Fahrbahn so gut wie gar nicht anleuchten würde – erst viel weiter draußen, wo man das braucht –, wenn nicht das Direktlicht unmittelbar vor dem Vorderrad den störend grellen Lichtfleck gäbe.

Bild 28
Unten: Umgeschaltet auf Abblendlicht, der Lichtfleck vor dem Vorderrad ist weg, herausgefangen durch das Bilux-Wännchen. Dafür ist jetzt die Fahrbahn ab ungefähr 10 m Distanz voll angeleuchtet – am Kieshaufen am rechten Fahrbahnrand ist die Strahl-Untergrenze gut zu erkennen.

so entsteht ein ziemlich heller Lichtfleck auf der Fahrbahn, ungefähr 2 m vor der Maschine. Dieser Lichtfleck ist schon auf einer dunkelgrauen Straßendecke bemerkbar, auf einer hellen Straßendecke, die man sich sonst doch so sehr wünscht, wird dieser Lichtfleck ausgesprochen störend:

Auch wenn man nicht geradezu auf diesen Lichtfleck hinsieht, veranlaßt er doch das (in die Ferne gerichtete!) Auge, *eine weit niedrigere Empfindlichkeit einzuregulieren,* sich also so niedrig zu adaptieren, *daß das vorhandene Fernlicht scheinbar weit weniger Reichweite hat.* Millionen von Motorradfahrern ahnen davon überhaupt nichts, sie halten es für selbstverständlich, nehmen es also einfach als gegeben hin, daß man mit dem vorhandenen Fernlicht nicht weiter zu sehen ver-

mag, als dies eben mit der Fehladaptation möglich ist, die der helle Lichtfleck unmittelbar vor der Maschine erzwingt.

Man hätte also nichts weiter zu tun, als vor der Glühlampe eine kleine Blende anzubringen, die verhindert, daß Direktlicht unmittelbar vor der Maschine auf die Straße fallen kann. Die Wirkung der Blende, die diesen Lichtfleck herausfängt, ist verblüffend, *sie ist so groß, daß man fast anderthalbmal weiter sehen kann so, als ob man plötzlich zwei Scheinwerfer hätte.*

Wie schon gesagt ist das eine Wirkung, die nur der Motorradfahrer feststellen kann, der normale Wagenfahrer ahnt nichts davon, weil für ihn ja die Wagenschnauze diesen Fleck Direktlicht auf der Straße vor ihm verdeckt. Im Kleinlaster natürlich mit vorgebauten Fahrerhäusern, auch beim BMW 600 und beim Zündapp Janus ist der Effekt natürlich vorhanden, weil man da ja schon 2 m vor dem Fahrzeug die Straße sieht. Auch bei diesen Fahrzeugen täte man gut daran, vor der Glühlampe die besagte Blende anzubringen, die das Direktlicht herausfängt. Im übrigen *gibt* es aber Scheinwerfer mit solchen Blenden, sie sind so wichtig, daß wir dafür ein besonderes Kapitel aufwenden werden.

(In der Zeit, als dieser Text abgesetzt wurde und bis er zum Umbruch wieder zu mir zurückkam, hat sich aber ein Wunder ereignet: In der ATZ vom Juli 1960 hat ein Mann gewagt, genau das zu schreiben, was hier auch steht – daß nämlich

1. *Doppelscheinwerfer optisch Mumpitz seien, ganz gleich, ob sealed-beam oder gar Bilux-System, daß ferner*
2. *ein großer Scheinwerfer nun einmal mehr Licht gebe als ein kleiner und daß endlich*
3. *in dem von Doppelscheinwerfern eingenommenen Raum sich Einzelscheinwerfer konstruieren ließen, die noch weit überlegen seien.*

Solches weist dieser Mann zahlenmäßig nach – mit Zahlen von tatsächlichen Lichtmessungen, also nicht mit fiktiven Vorausrechnungen. Dieser gleiche Mann nun verliert in diesem Artikel ganz beiläufig auch noch einige Worte über die „Vorfeldbeleuchtung", die bei zu großer Beleuchtungsstärke infolge Fehladaptation des Auges die Reichweite empfindlich beeinträchtigt – dieser Mann hat also etwas gemerkt. Als Wagenfahrer. Die Boschleute stritten mir an 1955 den Lichtfleck-Effekt aber noch Stein und Bein ab. Und nun das Interessanteste an der Sache: Der Autor dieses ATZ-Artikels verbirgt sich hinter dem Redaktionsgeheimnis, sein Name ist um keinen Preis zu erfahren. Das kann nur heißen, daß dieser Mann ein Angestellter einer Scheinwerferfabrik ist, dem seine Geschäftsleitung verboten hat, etwas zu schreiben, was dieser Geschäftsleitung nicht paßt, und sei es zehnmal richtig – ich behaupte natürlich nicht, das s e i so, aber es ist doch sehr wahrscheinlich, wenigstens ist ein anderer Grund ohne weiteres nicht denkbar. Das ist symptomatisch für die Lage der Kraftfahr-Fachpresse: Es kann etwas noch so richtig und noch so wünschenswert sein, es wird nicht veröffentlicht, wenn es einem Inserenten nicht in den Kram paßt. Irgendwann sagt irgend jemand zum Anzeigenchef des Verlages: „So lange der X bei Ihnen solche Artikel schreibt, bekommen Sie von uns natürlich keine Anzeigen mehr!" So ganz beiläufig – nichts schriftlich, nichts mit Zeugen, nur so. Und dann gibt es mit einer total anderen Begründung mal wirklich ein hal-

bes Jahr keine Anzeigen mehr – jeder kann sich ausmalen, was der Verleger dann zu seinem Redakteur X sagt. Und irgend wann wird das dem Redakteur mal zu dumm und er tut fortan etwas anderes. Deshalb sprach ich eingangs von einem Wunder – es ist nicht gerade häufig im deutschen Blätterwald, daß ein Redakteur es wagen kann, so kitzlige Dinge zu drucken, von denen er zudem noch genau weiß, w e m sie nicht in den Kram passen.)

Der nebelbrauchbare Scheinwerfer

Bei einem normalen Scheinwerfer fällt das Direktlicht vom Glühfaden nicht nur auf die Straße, es fällt auch seitwärts und nach oben, bloß sieht man es da nicht, weil nichts ist, was angeleuchtet würde. Es sei denn, man fahre ganz dicht an einer weißgetünchten Hauswand entlang, man kann sich dann allerdings nicht über Wirkung beklagen. In einigen Metern Entfernung vom Fahrzeug ist das Direktlicht schon so schwach geworden, daß es niemanden mehr stört, mindestens ist sich dessen niemand bewußt. Ich war allerdings schon einmal Zeuge eines Unfalles, da fuhr ein Wirtschaftswunderbürger mit seinem Wagen in eine ziemlich schmale Allee auch noch dicht stehender Bäume ein, die zu allem Unglück hin noch frisch weißgekalkte Stämme hatten. Der Mann war sich natürlich über die zu erwartende

Bild 29
Rechts: Dieser Mützenschild ist zwar richtig gedacht, aber nicht ausreichend gedacht, er ist wesentlich zu kurz.

Bild 30
Unten: Dieser lange Mützenschild ist tatsächlich voll wirksam, aber auch ziemlich störend. Übrigens: Das Bild rechts ist ein Jahr jünger, von der Winterfahrt darauf! So wenig kann man sich auf sogenannte Werkserfahrung verlassen!

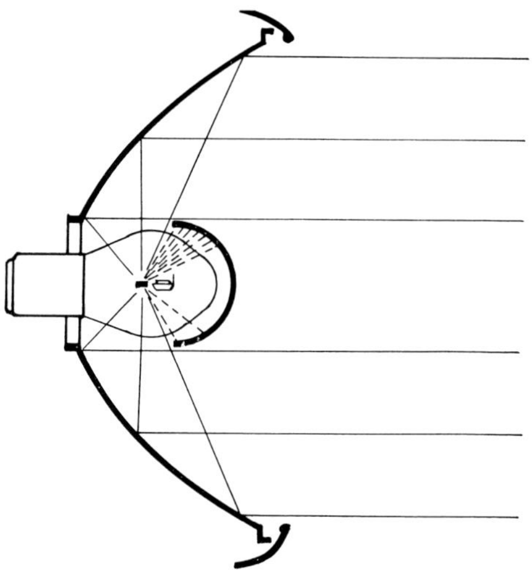

Bild 31
Für Fernlicht richtig angebrachter Blendlöffel, er läßt gerade noch kein Direktlicht entwischen, nützt aber den Spiegel voll aus.

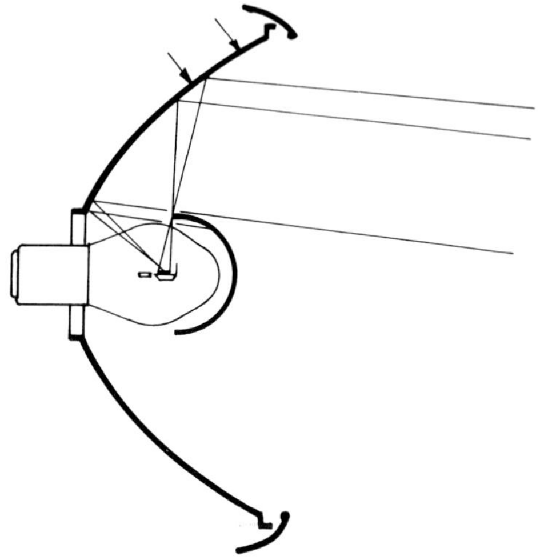

Bild 32
Der für Fernlicht genau richtige Blendlöffel läßt den Spiegel bei Abblendung um etwa 15–20% unausgenützt – wo das Licht gerade besonders kostbar wäre.

Wirkung in keiner Weise klar, er erschrak furchtbar und latschte auf die Bremse, einfach weil er sich geblendet fühlte. Ein dicht hinter ihm fahrender Motorradfahrer ahnte natürlich auch nichts von dem, was dem nichtsahnenden Wagenfahrer in der Allee passieren und was er tun würde und bevor er selbst noch richtig aufgewacht war, saß er im Kofferraum des Wagens. (Übergetitelt: Erfahrung!) Der Wagenfahrer war genau so verdattert wie der Motorradfahrer, ich habe mir damals den Spaß gemacht, den Wagenfahrer gröblich anzuschimpfen, er war zum Schluß überzeugt, „völlig grundlos" gebremst zu haben, er hat völlig freiwillig die Schuld auf sich genommen. Er ahnt bis heute nicht den tatsächlichen Grund, aus dem er nun wirklich gebremst hat. (Das geschieht ihm aber ganz recht, Dummheit muß bestraft werden. Natürlich war der Motorradfahrer auch dumm, aber so brauchte er sich wenigstens mit der Versicherung seines Gegners nicht zu zanken.)

Sobald es nun natürlich Nebel hat, ist unmittelbar vor dem Fahrzeug kein Mangel an Dingen, die vom Direktlicht angeleuchtet werden, eben die zahllosen Nebeltröpfchen. Daher rührt also die blendend weiße Wand, in die man bei Nebel hineinfährt. Es ist hoffnungslos, da mit noch so großer Anstrengung durchgucken zu wollen, das Auge regelt automatisch eine niedrige Empfindlichkeit ein, man kann deshalb nichts mehr sehen, was auch nur wenig dunkler ist als der hell leuchtende Nebelfleck unmittelbar vor dem eigenen Scheinwerfer.

Wie wir nun gesehen haben, hat man da nichts anderes zu tun, als für Nebelfahrerei vor der Glühlampe wieder eine Blende anzubringen, die es verhindert, daß der Nebel vom Direktlicht angeleuchtet wird.

Wenn man das tut, leuchtet natürlich der gebündelte Scheinwerferstrahl den Nebel auch noch an, der angeleuchtete Querschnitt ist aber höchstens ein Zehntel so groß wie die sonst angeleuchtete Nebelfläche, entsprechend gering ist die Wirkung auf

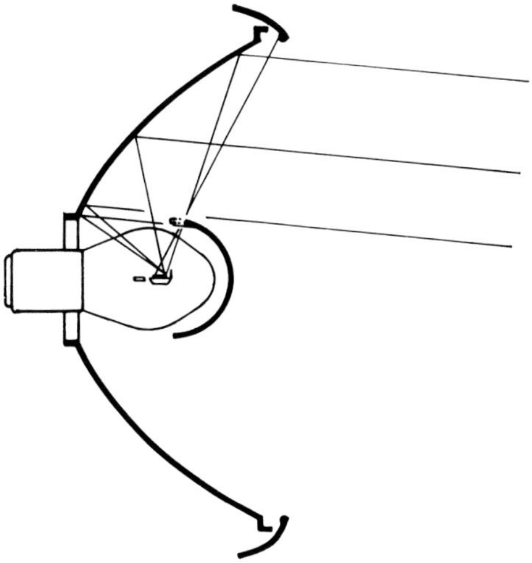

Bild 33
Um volle Spiegelausnützung zu bekommen, muß der Blendlöffel oben ein Stückchen ausgeschnitten werden. (Unten ist ja sowieso bei Abblendung nichts da.)

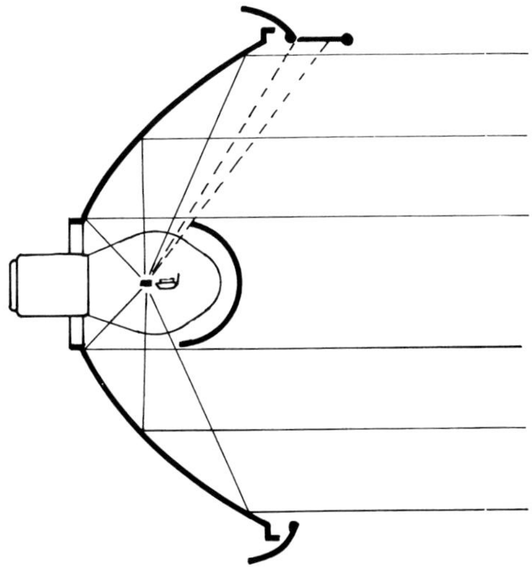

Bild 34
Weil das nun beim Zurückschalten auf Fernlicht wieder störenden Austritt von Direktlicht gäbe, muß dieses mit einem – jetzt natürlich ganz schmalen – Mützenschild herausgefangen werden.

die Adaptation des Auges. Wenn man also eine solche Blende vor der Glühlampe hat, kann man nicht nur glatt mit Fernlicht in den Nebel hineinstechen, man sieht auch erstaunlich weit, notabene mit Fernlicht! Bei Abblendlicht ist die Wirkung nicht anders, ein harmloser Mensch könnte nun allerdings fragen, warum denn nicht grundsätzlich alle Scheinwerfer mit solchen Blenden ausgerüstet seien, wenn man damit angeblich so großartig im Nebel fahren kann.

Die einzige Antwort darauf: Man verdient mehr, wenn man statt zweier Blechblenden vor den Glühlampen eines Wagens, die zusammen 15 Pfennige kosten, einen oder gar zwei komplette Nebelscheinwerfer, das Stück zu mindestens 15 Mark, verkaufen kann. Einen anderen Grund gibt es auf Ehre nicht. Ich bin mir vollkommen klar darüber, daß ich mir mit dieser Feststellung den heftigen Zorn sämtlicher Nebelscheinwerfermacher zuziehe, aber es läßt sich nun eben einmal nichts an der Tatsache abstreiten, daß jeder gewöhnliche Fahrscheinwerfer mit einer ganz einfachen Blendkappe vor der Glühlampe *voll nebelbrauchbar* ist.

In einem ganz kleinen Punkt nur kann man eine effektive, bemerkbare Überlegenheit eines „eigentlichen" Nebelscheinwerfers ausrechnen: Wenn dieser Nebelscheinwerfer von einem wirklichen Ingenieur gemacht ist, dann wurde er nicht wie ein Fahrscheinwerfer für relativ große Reichweite ausgelegt, sondern für beträchtliche Seitenstreuung. Wenn er außerdem noch von einem Manne angebracht ist, der sein Handwerk versteht, dann hat dieser den Nebelscheinwerfer bei einem Wagen nicht in die Mitte oder an die linke Seite des Fahrzeuges gesetzt, sondern an die rechte Seite, er hat ihn ferner so eingestellt, daß der Nebelscheinwerfer beträchtlich nach rechts schielt. Die bemerkbare Wirkung eines solchen auch noch auf diese Weise eingerichteten Nebelscheinwerfers beginnt aber erst bei ausgesprochen *sehr* dichtem Nebel, wo man an Reichweite in auch noch so geringe Ferne

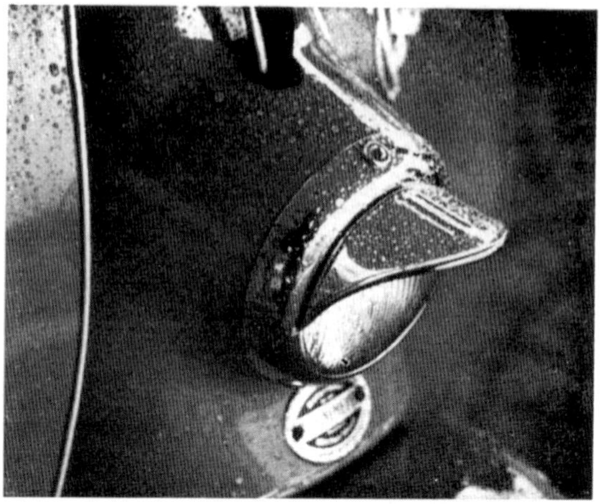

Bild 36
Das ist im Gegensatz dazu das klassische Blechpofelchen, völlig nutzlos – kenntlich übrigens am geschwungenen Rand und an den drei Sicken oben. Es ist übrigens immer noch nicht ausgestorben, Stenze und brave Bürger finden es immer noch schick.

Bild 35
Das ist der richtige, nebelsichere Hella-Scheinwerfer, wie viele andere gute Dinge wird er heute nicht mehr gemacht.

Bild 37
Ein wirksamer Blendlöffel ist ziemlich tief gezogen, also ein richtiger Pott.

Bild 38
Dies dagegen sieht bloß so aus, ist viel zu flach, bleibt unwirksam, da Randstrahlen immer noch vorbei können.

Bild 39
Erstens auf der falschen Seite, gehörte nach rechts, zweitens viel zu klein – guter Wille, aber sichtlich keinerlei Sachkunde. Natürlich Bastelleistung, dem Manne darf man das nicht übelnehmen.

Bild 40
Dies ist dagegen eine Werks-Leistung – man hätte dort wissen können, daß es nebelsichere Hella-Einsätze um diese Zeit schon gab. Aber wenigstens sitzt das Nebel-Dingsdaleinchen auf der richtigen, rechten Seite.

überhaupt nicht mehr interessiert ist, wo die letzte Chance nur noch darin besteht, das Bankett am rechten Fahrbahnrand in höchstens 2–3 m Entfernung vor dem Fahrzeug so anzuleuchten, daß man mit geringster Fahrt gerade noch daran entlangzukriechen vermag. Man kann das sogar genau fixieren: Alles, was es an besonderen Nebelscheinwerfern zu kaufen gibt, ist überhaupt erst bei derart dickem Nebel wirksam, daß man von Hause aus keinesfalls über 15 km/h fährt. (Als erstklassiger Fahrer mit kürzester Reaktionszeit.) Nebel von dieser Milchsuppendicke ist aber selbst bei uns selten, bei dünnerem Nebel, der an sich eine höhere Fahrgeschwindigkeit zuließe, sind auch die besten überhaupt gebauten Nebelscheinwerfer witzlos, denn sie sind optisch ausnahmslos für maximal 30 m Reichweite bemessen.

Es wird nun keinem vernünftigen Menschen einfallen, an einem Motorrad einen Nebelscheinwerfer benützen zu wollen, in dieser Feststellung ist auch einbegriffen, daß man vor Jahren bei Winterfahrten und derlei Wettbewerbsmaschinen mit speziellen Nebelscheinwerfern ausgerüstet sah. Keiner dieser Fahrer war sich aber über die Wirkung klar, er hätte die Dinger sonst schleunigst wieder abmontiert. Hier spielt nämlich ein Gesetz herein, das wir schon zu Anfang dieses Abschnittes fixiert haben: Die Lichtausbeute eines Scheinwerfers hängt bekanntlich von seiner Größe ab, je größer der Scheinwerfer, desto mehr Licht. *Es ist absolut witzlos, irgendeine Wirkung von einem Nebelscheinwerfer zu erwarten, der wesentlich kleiner ist, als man den Hauptscheinwerfer machen würde.*

Man wird hier einwenden, daß doch 99% aller bei Wagen verwendeten Nebelscheinwerfer ja ganz *bedeutend* kleiner seien als die Hauptscheinwerfer: Die Dinger sind in der Tat auch wirkungslos! Ein Nebelscheinwerfer von weniger als 15 cm Lichtaustritt ist objektiv für die Katz, er spendet seinem Besitzer nicht mehr als

Bild 41
Links: Das lief tatsächlich mal frei rum, ein ganzes Jahr lang! Der Mann merkte einfach nicht, daß vom Fernlicht nur genau 50% und vom Abblendlicht nur ungefähr 20% übrig blieben. (Und dann wundert man sich, daß es Leute gibt, die 10,5er Scheinwerfer kaufen!)

Bild 42
Rechte Seite, innen: Auch das stammt von einer Winterfahrt. Einen davon könnte man sich zum Anleuchten von Wegweisern gefallen lassen, hier waren aber beide zusammen als Fahrscheinwerfer gedacht.

Bild 43
Rechte Seite außen: Heute ist der hohe Lenker-Scheinwerfer ziemlich Norm, der Kotflügelscheinwerfer war lebensgefährlich nutzlos.

einen geistlichen Trost, obwohl es natürlich denkbar ist, daß sich einmal eine Wetterlage bzw. eine Nebeldichte ereignet, bei der auch von einem kleinen, handelsüblichen Nebelscheinwerfer eine Wirkung zu erwarten ist, sofern der wenigstens ganz tief unten und ganz außen am rechten Stoßstangenhorn montiert wird. Eine solche Wetterlage ereignet sich bei uns aber nur alle Jubeljahre einmal, 999 von 1000 Fahrern sind davon aber schon so beeindruckt, daß sie das Fahren längst aufgegeben haben und erst recht nicht imstande sind, eine Wirkung ihres Miniaturscheinwerferchens festzustellen.

Erschwerend kommt nun noch dazu, daß es bis Anfang 1959 Vorschrift war, einen Nebelscheinwerfer nur zusammen mit dem Abblendlicht brennen zu lassen, man durfte ihn also weder für sich allein noch auch mit den Standlichtern zusammen benutzen. Wenn nun der oder die Hauptscheinwerfer keine Blenden vor den Glühlampen besaßen, dann leuchteten der oder die Hauptscheinwerfer die Nebelwand im bekannten Umfang an, man war also erst recht nicht imstande, eine Wirkung etwa vorhandener Nebelleuchten zu erkennen. (Das ist auch der Grund, weswegen ich vorhin so radikal erklärt habe, die ganzen bisher für Wagen verkauften Nebelscheinwerfer seien für die Katz.) Zwar ist es seit Anfang 1959 erlaubt, Nebelscheinwerfer zusammen mit dem Standlicht zu fahren, aber bei so gut wie keinem Fahrzeug, bei dem der Nebelscheinwerfer nach bisheriger Vorschrift mit dem Abblendlicht zusammengeschaltet war, ist bislang auf Standlicht umgeschaltet worden. Die fahren also nach wie vor das Nebellicht zusammen mit dem Abblendlicht, so daß die vorhin getroffene Feststellung auch nach wie vor gilt. Nach der seit einigen Monaten gültigen neuen StVZO dürfen Nebelscheinwerfer jetzt auch zusammen mit dem Standlicht brennen – aber wollen wir wetten, daß die bisherige Schaltung mit dem Abblendlicht zusammen da, wo sie schon vorhanden ist, in nicht einem einzigen Fall geändert wird? Einfach weil die Leute dazu zu dumm sind? (Leute: Die damit fahren und die es in den Werkstätten ändern müßten.)

Sinngemäß heißt das alles nun, daß man den Hauptscheinwerfer nur mit einer Blende vor der Glühlampe zu versehen braucht, daß man ohne weitere Hilfsmittel bei beträchtlich dickem Nebel mit einer Affenfahrt in die Waschküche hineinstechen kann, selbst mit Fernlicht, wie man das mit keinem noch so schönen käuflichen Nebelscheinwerfer dürfte. Selbst wenn der Nebel so dick wird, daß die Seiten-

streuung eines gut gemachten und gut eingerichteten Nebelscheinwerfers zum Tragen käme, können wir als Motorradfahrer darauf verzichten: Wir werden bei so dickem Nebel sowieso ohne Brille fahren und haben damit eine Sichtmöglichkeit, die um ein Vielfaches über der eines Mannes liegt, der durch eine Windschutzscheibe hindurchstarren muß. *Mit dem bißchen Seitenstreuung, das unser Hauptscheinwerfer gibt, sehen wir meistens noch ein bißchen besser als der Wagenfahrer selbst mit einem optimal gut gemachten und eingerichteten Nebelscheinwerfer.*

(Dieser Satz gilt auch für den Roller NSU-Prima, der eine Zeitlang mit einem kleinen Nebelscheinwerfer auf der Spitze des Vorderkotflügels geliefert wurde.)

Es fragt sich nun, wie eine solche Blende vor einer Glühlampe gemacht sein muß, da man ja schließlich alles auch falsch machen kann:

Zunächst einmal hat man ein Interesse daran, den Durchmesser der Blende so klein wie möglich zu machen, sie soll also im Durchmesser tunlichst nicht größer sein als der Glühlampenkolben. (Nach dessen Größe bemißt sich ja bekanntlich der Durchmesser des optisch unwirksamen Teils des Spiegels, der sich mit der Glühlampenfassung nach hinten herausziehen läßt.) Wenn man nun die Blende im Durchmesser so klein macht, muß man einen regelrechten Topf daraus machen, denn der Blendenrand muß so liegen, daß zwischen Blendenrand und Reflektorrand kein Direktlicht nach außen durchtreten kann. Damit ergibt sich schon wieder eine neue Forderung: Die Blende muß nicht nur als ziemlich tief gezogenes Töpfchen ausgebildet werden, sie muß auch noch sehr genau angebracht werden. Sitzt sie zu weit vorn, dann kann Direktlicht austreten, die Blende wird unwirksam. Sitzt sie zu weit hinten, dann verdeckt sie einen Teil des Reflektors, was wiederum einen Lichtverlust bedeutet. Das ist aber noch lange nicht alles, es gibt da noch eine Tücke:

Wie unsere Bilder zeigen, kann man die Blende ohne weiteres so bemessen und anbringen, daß sie für Fernlicht ganz genau stimmt, daß also weder Störlicht austritt noch Nutzlicht herausgefangen wird. Sobald man aber auf Abblendlicht geht, dessen Glühfaden ja weiter vorn und mithin tiefer drin im Blendtöpfchen liegt, wird nicht mehr die ganze obere Reflektorhälfte ausgeleuchtet, man bekommt also vom Blendlöffel bei Abblendlicht einen mit dem Auge gerade feststellbaren Lichtverlust. Wenn der Blendlöffel also auch für Abblendlicht geeignet sein soll, muß man ihn oben wieder ein bißchen anschneiden, damit das Abblendlicht tatsächlich auch noch den vordersten Rand des Reflektors erreicht. Schaltet man nun wieder zurück auf Fernlicht, dann könnte jetzt durch den Ausschnitt im Blendlöffel Direktlicht austreten, was dann nicht tragisch wäre, wenn man sich bei Nebel nur auf das Fahren mit Abblendlicht beschränken würde. Da stimmt ja dann der Ausschnitt im Blendlöffel. Weil man nun aber mit einem Blendlöffel im Hauptscheinwerfer sehr lang mit vollem Fernlicht fahren kann, möchte man darauf auch nicht verzichten, man braucht es nicht, wenn man – unsere Bilder zeigen das auch wieder – am Scheinwerfer einen ganz schmalen Mützenschild anbringt. Bilder 31–34.

Dieser schmale Mützenschild zusammen mit einer geeigneten Blende vor der Glühlampe ist unbedingt wirksam und hat nicht das allermindeste mit den Chrompofelchen zu tun, die man gemeinhin vor Motorradscheinwerfern und vor Wagenscheinwerfern findet.

Einen nach diesen Grundsätzen konstruierten, voll nebelbrauchbaren Motorradscheinwerfer gab es einmal bei Hella, weil er aber ungefähr Einsfuffzig mehr kostete als der normale Scheinwerfer, wurde er von den Herren Motorradfabrikanten nur selten eingebaut. Deswegen „ging" dieser Hella-Scheinwerfer nicht, die Fertigung wurde wieder aufgegeben, soviel ich weiß ungefähr 1957.

Wenn man also heute seinen eigenen Scheinwerfer nebelbrauchbar machen will, bleibt einem nichts anderes übrig, als sich den Blendlöffel selbst zurechtzuschustern und auch selbst anzubringen. Das ist kein Hexenwerk, die Blende auszurichten ist noch viel weniger eine Hexerei, man bringt sie zunächst so an, daß sie ein bißchen zu weit vorn steht, so daß man also zwischen Scheinwerferrand und Blendenrand hindurchspicken kann und den Glühfaden zu sehen vermag. (Man braucht ihn ja nicht mit der ganzen Spannung brennen zu lassen, er brennt mit 2 Volt schon so, daß man ihn sieht, er einen aber noch nicht blendet.) Man drückt dann die Blende so weit nach innen, daß der Glühfaden gerade eben verschwindet und damit ist die Blende auch schon ausgerichtet.

Wie gesagt ist die Wirkung eines genau ausgerichteten Blendlöffels im Hauptscheinwerfer gewaltig, man läßt damit jeden noch so schön mit Nebellampen ausgerüsteten Wagen einfach stehen, ohne selbst im mindesten etwas zu riskieren. (Es sei denn, der Wagenfahrer wisse auch Bescheid und habe seine Hauptscheinwerfer genauso auf dem Bastelwege mit Blenden versehen.)

Nur noch ein paar Worte zu den soeben erwähnten Blechpofelchen: Die meisten sind ja inzwischen wieder verschwunden, einfach weil sie scharfe Vorderkanten besaßen und deswegen anläßlich irgendeiner §-29-Prüfung verschwinden mußten. (Wenn man natürlich einen Hella-Scheinwerfer besaß, zu dem ja der optisch korrekte Mützenschild gehört, brauchte man lediglich einen etwa 6 mm starken Kunststoffschlauch der Länge nach aufzuschlitzen und ihn als Wulst auf die Blechkante zu setzen, dann war dem Gesetz Genüge getan.) Die besagten Blechpofelchen waren also purer Unsinn – es gibt aber keinen Unsinn, der sich nicht von irgendeiner mißverstandenen, aber sinnvollen Einrichtung herleitet: Es hat schon immer Praktiker gegeben, die zwar von Blendlöffeln im Scheinwerfer nichts ahnten, aber von ihrem Gehirn Gebrauch machten: Diese Leute sahen, daß die berühmte weiße Nebelwand von Strichen durchzogen war, deren Ausgangspunkt gar nichts anderes sein konnte als der Glühfaden selbst. Man hatte also nichts weiter zu tun, als dem Scheinwerfer ein möglichst langes Mützenschild zu verpassen, das vermochte ja das Direktlicht auch herauszublenden. Nur ist es eben so, daß ein solches, tatsächlich wirksames Mützenschild sehr lang sein muß, bei einem 16-er Scheinwerfer muß es mindestens 30, noch besser 40 cm lang sein. Diese langen Schilde sind in der Tat optisch wirksam, sie sind keinesfalls falsch gedacht, vor 10 Jahren stellten sie der Intelligenz ihrer Erfinder und Benützer ein unbedingt gutes Zeugnis aus, nur sind sie eben keine elegante Lösung. Man erreicht dieselbe Wirkung mit einem Blendlöffel und einem höchstens 5 cm langen Mützenschild, schließlich stand 1952 zum ersten Male im MOTORRAD, was es mit Mützenschildern und Blendlöffeln so auf sich hat.

Anbauhöhe und Einstellung

Bei Motorrädern sitzt ja nun der Scheinwerfer glücklicherweise immer ziemlich hoch, so ziemlich am höchsten verfügbaren Punkt. Bei Rollern ist dies keineswegs immer der Fall gewesen, da konnten die Scheinwerfer überall sitzen, mitten auf dem Lenker, an der Oberkante der vorderen Spritzwand, in der Mitte der vorderen Spritzwand oder gar ganz unten auf dem Kotflügel. Wenn nun irgendwelche Dinge derart große Verschiedenheiten im Anbringungsort aufweisen, dann kann man darauf schwören, daß mit dieser Anbringung die Ingenieure nichts zu tun hatten, wohl aber die Formgestalter, das heißt also, daß ungefähr 95 % der benutzten Anbringungsarten ruhig als idiotisch und bar jeder Begründung bezeichnet werden dürfen. Untersuchen wir also, was es mit der Anbringungshöhe auf sich hat:

Laut gesetzlicher Vorschrift muß die Hell-Dunkel-Grenze des Abblendlichtes auf 5 m Distanz um 5 cm abfallen. Auf die Gefahr hin, von meinen Lesern erschlagen zu werden, bringe ich hier noch einmal (zum hunderttausendstenmal) das aus unzähligen Bosch-Druckschriften bekannte Bild für die richtige Einstellung eines Motorrad-Scheinwerfers. Auf einigermaßen ebener, also nicht geneigter Bodenfläche,

Bild 44
Bitte nicht schießen, aber das ist nun mal das vorschriftsmäßige Bild für eine Scheinwerfereinstellung, fünf Meter, fünf Zentimeter, Maschine belastet.

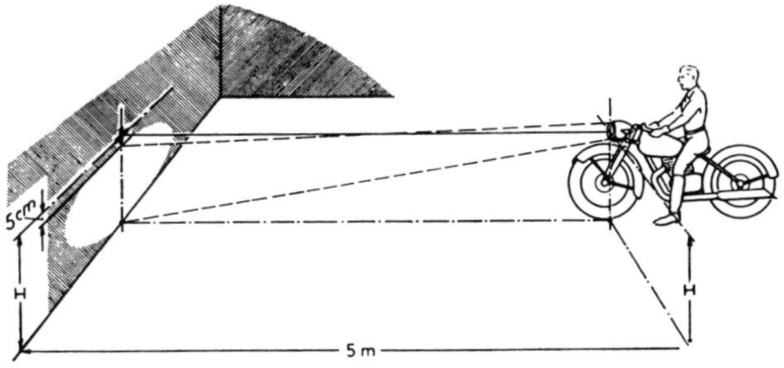

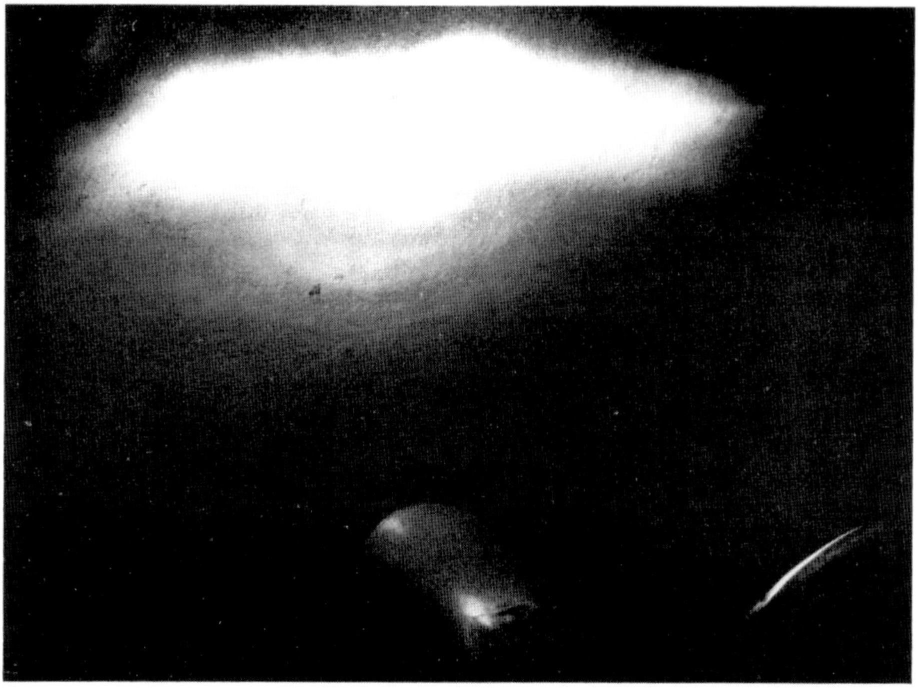

fährt man gegen eine Wand, Abblendlicht eingeschaltet, und markiert auf der Wand die Hell-Dunkel-Grenze. Dann setzt man sich 5 m von der Wand ab und dabei muß die Hell-Dunkel-Grenze um 5 cm tiefer wandern.

(Über die Konturenschärfe der Hell-Dunkel-Grenze gibt es zwar auch gesetzliche Vorschriften, doch haben diese mit der hier geschilderten Einstellung der Neigung der Hell-Dunkel-Grenze überhaupt nichts zu tun, obwohl das recht häufig verwechselt wird.)

Wie man nun leicht sehen kann, muß die so eingestellte Hell-Dunkel-Grenze irgendwo vor dem Fahrzeug die Fahrbahn treffen, darüber hinaus kann das Abblendlicht also nicht leuchten. Wenn die Hell-Dunkel-Grenze auf 1 m Entfernung um 1 cm fällt, dann heißt das nichts anderes, als *daß die Reichweite des Abblendlichts so viel Meter beträgt, wie die Anbauhöhe des Scheinwerfers in Zentimetern mißt.* Befindet sich also die Scheinwerfermitte 90 cm über der Fahrbahn (das gilt für alle großen (Maschinen), dann beträgt die Reichweite des Abblendlichtes 90 m. In der Theorie. Da ein Gegenstand eine gewisse Höhe haben muß, die angeleuchtet werden kann und daraufhin erst sichtbar wird, kann man also sagen, daß ein 5 cm hohes Hindernis in 85 m Abstand noch erkannt werden kann. Noch einmal Theorie: Sofern in 85 m Abstand die *Beleuchtungsstärke* zum Erkennen noch ausreicht. Bei den von normalen Motorradscheinwerfern von 16 cm Lichtaustritt gelieferten Beleuchtungsstärken trifft dies knapp zu, bei 13er Scheinwerfern kann man zur Not sagen, es träfe gerade noch zu, wenn der angeleuchtete Gegenstand wenigstens eine sehr helle Farbe hat. *Die Beleuchtungsstärke eines 10,5er Rollerscheinwerfers reicht aller-*

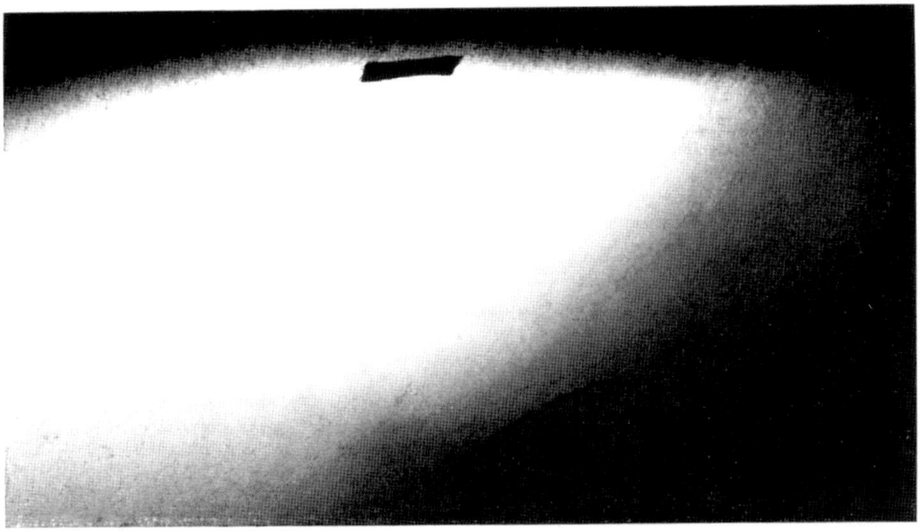

Bild 45 und 46
So mache ich das: Vorderrad genau gegen die Wand, Bild linke Seite – sieht man am Kotflügel und am Glasrand des Scheinwerfers – und Klebstreifen an die Wand, der schon ziemlich überstrahlt wird. (So viel Licht schafft kein Film, der Kotflügel sollte ja auch noch kommen!) Im Bild oben ist die Maschine ganze zwei Meter zurückgefahren, Helldunkelgrenze genau durch den Klebstreifen. Sind schon etwas mehr als die auf 2 m Distanz geforderten 2 cm Strahlneigung. Selbst probieren!

dings ganz einwandfrei nicht mehr aus, der trägt also bei weitem keine 85 m mehr.

Würde man nun den gleichen Scheinwerfer nur 50 cm hoch anbringen, dann hätte man eine höchste Reichweite von auch nur 50 m, ein 5 cm hoher Gegenstand wäre in 45 m Abstand voll ausgeleuchtet, zwar mit einer ziemlich vierfach höheren Beleuchtungsstärke als vorher in 85 m Abstand, aber bevor man nicht auf mindestens 50 m heran ist, *könnte man ihn überhaupt noch nicht sehen.*

Daraus ist zu ersehen, ein wie großes Interesse man daran hat, den Scheinwerfer so hoch anzubringen, wie es die gesetzlichen Vorschriften überhaupt nur zulassen – nach der derzeitigen StVZO wären dies 1,20 m.

Wenn ein Fahrzeugmacher bei irgendeinem Fahrzeug einen Scheinwerfer nicht so hoch anbringt, wie dies mit allen Hilfsmitteln der Technik nur möglich ist und wie dies die gesetzlichen Vorschriften nur irgendwie zulassen, *dann geschieht das immer zum Nachteil des Kunden, der bei dem vorhandenen elektrischen und optischen Aufwand für jeden Zentimeter „versäumter" Anbauhöhe 1 m weniger weit sehen kann.*

Es ist also klare Narretei, wenn bei Wagen wegen irgendeiner modischen Schnauzenlinie auch nur ein einziger Zentimeter Anbauhöhe verschenkt wird, auch wenn dies bei so berühmten Fahrzeugen wie dem VW und den verschiedenen Porsches geschieht. Ein Scheinwerfer kann nun einmal nicht hoch genug angebaut sein.

Wenn man also beispielsweise damit umgeht, einen vorhandenen 16-er Scheinwerfer durch einen 20er zu ersetzen, indem man (zweckmäßig) auf dem Schrottplatz das Gehäuse eines 20-er Wagenscheinwerfers kauft, um sich dazu dann später im Laden einen 20-er Spiegel-Einsatz mit passendem Glasrand zu kaufen, dann

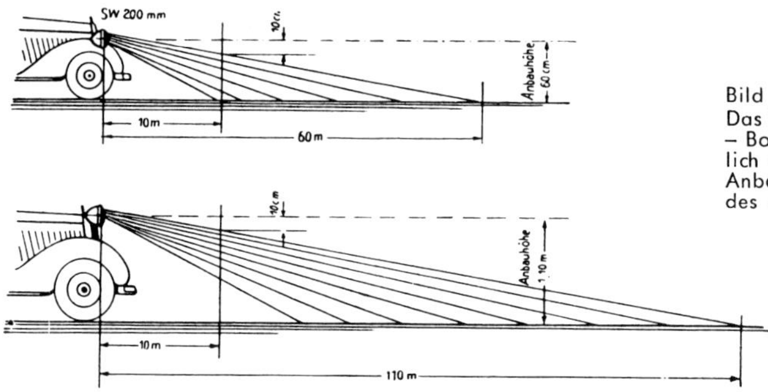

Bild 47
Das klassische Bild aus – sehr alten! – Bosch-Druckschriften. Es geht wirklich darum, daß jeder Zentimeter Anbauhöhe einen Meter Reichweite des Abblendlichtes bringt.

schadet es gar nichts, wenn man bei dieser Gelegenheit auch noch 5 cm mehr Anbauhöhe herausbetrügt, denn diese 5 cm bringen volle 5 m Reichweite, damit auch 5 m Bremsweg!

Damit ist auch klar, was für einen gefährlichen Pofel die meisten Rollerfabrikanten an eine unwissende Kundschaft verkauft haben: Bei den Rollern galt es schon immer als elegant, den Scheinwerfer tief angebracht zu haben. Es gibt nur eine einzige lendenlahme Entschuldigung dafür: Ein 10,5-er Scheinwerfer hat von Hause aus eine derartig jämmerliche Beleuchtungsstärke bei Abblendlicht, daß jenseits 30 m Distanz sowieso nichts mehr zu erkennen ist, bei einer solchen Stallfunzel ist es mithin gleichgültig, ob man sie hoch oder tief anbringt, damit ist in jedem Fall nur eine verkehrsgefährliche Beleuchtungsstärke möglich.

Falls nun jemand Bedenken bekommt, weil er an den allermeisten Mobilen und Kleinwagen nur kleine und zudem tief angebrachte Scheinwerfer zu entdecken vermag: Auch dafür gelten selbstverständlich die Gesetze der Optik, es ist Fabrikantenunfug, Fahrzeuge mit derart widersinnigen Beleuchtungsanlagen zu verkaufen, es *wäre wirklich besser, etwas weniger Geschrei um die vielgerühmte innere Sicherheit zu machen und dafür optisch etwas mehr für die äußere Sicherheit zu tun.* Zwar betätigen sich bei uns Versicherungsdirektoren und Medizinprofessoren mit dilettantischer sogenannter „Unfallforschung", indem sie frommgläubig Formulare zählen – in diesen Formularen steht natürlich nichts von Beleuchtungsstärken und nichts von Abblend-Reichweiten, infolgedessen wird zeitlebens unentdeckt bleiben, welchen Anteil am Unfallgeschehen optisch unzulänglich ausgerüstete Fahrzeuge haben. Wenn man gerne den eigenen Kopf behalten möchte, ist es also von vornherein besser, diesen Kopf genügend lang vorher zum selbständigen Denken zu verwenden und sich auf diesem Wege an das eigene Fahrzeug eine optisch richtige Beleuchtungsanlage anzubauen, mit der man dann wirklich etwas anfangen kann.

Was dennoch immer vergessen wird:
Ein Motorrad, insbesondere eines mit erstklassiger, langhubiger Federung, muß zum Scheinwerfer-Einstellen besetzt sein. Mit Sozius, wenn mit Sozius gefahren werden soll. Das heißt, daß man für Soziusbetrieb und Solobetrieb jedesmal umstellen muß, wenn man weder die anderen blenden noch selbst zuwenig Reichweite haben will. Das ist nun eben mal so — und die Umstellkinkerlitzkes in manchen Scheinwerfern haben wesentlich zuwenig Hub. Also stellt man eben um — ist ja keine Hexerei. (Siehe auch Bild 7.)

Rund oder rechteckig?

Alle Überlegungen, die in diesem Abschnitt angestellt worden sind, gingen von einer drehrunden Scheinwerferform aus. Diese Form erzeugt einen der Höhe nach genügend eng begrenzten Strahl, in der Waagerechten zieht man den engen Strahl jedoch mit Hilfe einer entsprechend bemessenen Streuscheibe zu einem genügend breiten Lichtband auseinander. Nicht nur der kleine Moritz, sondern auch ausgewachsene Ingenieure kommen da schon mal auf den Gedanken, daß unter solchen Umständen ein drehrunder Scheinwerfer vielleicht doch nicht logisch sei. Rein gefühlsmäßig läßt man sich also schon mal zu dem Gedanken verleiten, daß ein flachgedrückter Scheinwerfer doch eigentlich angebrachter wäre. Nur hält dieser Gedanke eben einer genauen Nachprüfung nicht stand:

Angenommen, wir brauchen in 50 m Abstand vor dem Fahrzeug ein rund 5 cm breites Lichtband, um Fahrbahn und rechten Fahrbahnrand ausreichend anzuleuchten. Mit einer normalen Glühlampe, einem drehrunden Scheinwerfer und einer ebenso üblichen Streuscheibe schafft man dieses Lichtband mühelos. Es ist aber ohne weiteres zu erkennen daß es nutzlos wäre, den Glühfaden der Lampe nicht zu einer Wendel aufzuwickeln, sondern gestreckt zu lassen, wobei er vielleicht 5 cm lang würde. Man könnte daraufhin zwar den drehrunden Scheinwerfer in der Mitte senkrecht aufschneiden und ein 5 cm langes Stück Spiegel mit rechteckigem Querschnitt einsetzen, wie dies unser Bild zeigt, man bekäme allein schon wegen der großen Länge des Glühfadens ohne jede Streuscheibe einen sehr breit gestreuten Strahl. (Wer mag, soll sich das selber genau aufzeichnen, er wird dann schon merken, daß schon mit 1 cm Fadenlänge keine Streuscheibe mehr nötig ist.) Da sich nun der „verzerrende" Einfluß eines langgestreckten Glühfadens nicht nur in der Horizontalebene bemerkbar macht, sondern auch in allen anderen Ebenen, wird bei einem merklich langen Glühfaden der Strahl auch in der Vertikalen stark gestreut – wir bekommen einen drastischen Reichweiteverlust und leuchten zudem noch

Bild 48 und 49
Rechteckige Scheinwerfer sind Augenauswischerei für Dumme, sie geben immer weniger Licht als ein vollrunder Scheinwerfer gleicher Breite.

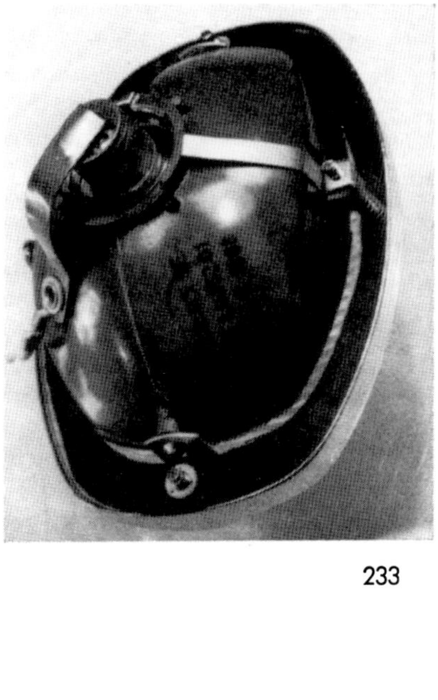

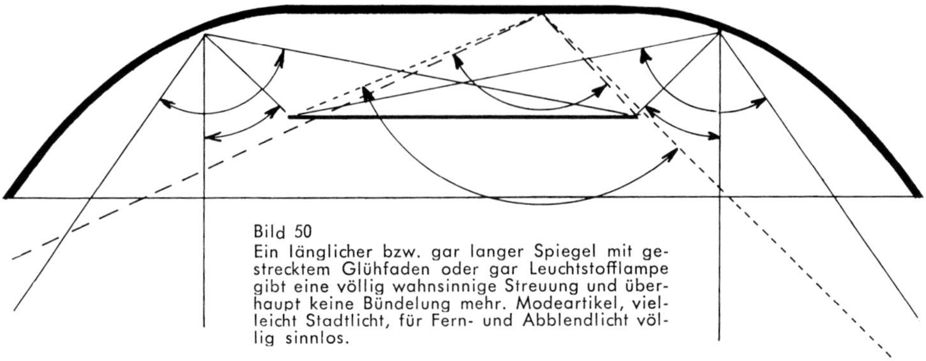

Bild 50
Ein länglicher bzw. gar langer Spiegel mit gestrecktem Glühfaden oder gar Leuchtstofflampe gibt eine völlig wahnsinnige Streuung und überhaupt keine Bündelung mehr. Modeartikel, vielleicht Stadtlicht, für Fern- und Abblendlicht völlig sinnlos.

Dinge an, die stören, ganz abgesehen davon, daß eine halbwegs scharfe Hell-Dunkel-Grenze des Abblendlichtes dann auch nicht mehr möglich ist.

Wie wir gesehen haben, erzwingt die endliche Größe herstellbarer Lichtquellen einen Scheinwerferspiegel, der nicht zu klein sein darf, man macht sich diese endliche Größe auch zunutze, um mit Hilfe der dadurch bedingten Strahlunschärfe bzw. Streuung mittels kleiner Scheinwerfer große Objekte anzuleuchten. Das hat aber sehr deutliche Grenzen, die bei etwa 1 mm Dicke und 5–6 mm Länge der Lichtquelle bzw. des Glühfadens liegen. Dabei können diese 5 mm Länge auch nur toleriert werden, wenn sie waagerecht liegen – etwa den Fernfaden einer Glühlampe senkrecht zu stellen ergäbe eine untragbare Höhenstreuung. *Was in der Dimension über die gerade noch tragbaren 5–6 mm Länge hinausgeht, ist optisch nicht zu bewältigen.*

In letzter Zeit begegnet man auch Bildern von einer neuen – natürlich amerikanischen – Fortschrittlichkeit: Da erstreckt sich ein ungefähr 15 cm hoher Reflektor über die volle Breite einer Wagenschnauze, also über 1,2–1,6 m Länge. In diesem Spiegel steckt eine Leuchtstofflampe: Dies gilt wie gesagt als letzter Schrei. Optisch ist das natürlich purer Wahnsinn, wir sahen ja, daß die Wirksamkeit eines Scheinwerferspiegels darauf beruht, daß der Glühfaden der Lampe nicht höher als etwa 1 mm und nicht breiter als etwa 5 mm ist. Man kann mit den Fingern greifen, was für eine Streuung herauskommt, wenn der Leuchtkörper nicht mehr nur 1 mm dick ist, sondern 10 mm, denn vorderhand sind noch dünnere Leuchtstofflampen einfach nicht möglich. Scheinwerfer mit Leuchtstofflampen sind also nichts weiter als amerikanischer Mumpitz, sie haben praktisch keine Bedeutung, von irgendeiner Überlegenheit gegen normale Wendel-Glühlampen kann schon gar nicht die Rede sein.

Nun gehören aber doch bei Rollern und bei Mopeds rechteckige Scheinwerfer durchaus zur Norm? Das ist optisch überhaupt nicht begründet, es ist eine reine Modespielerei, schuld daran sind die Roller- und die Mopedmacher, die eben nichts von Optik verstehen. (Den Scheinwerfermachern kann man keinen Vorwurf machen, die machen und verkaufen schließlich alles, was die Roller- und Mopedfabrikanten bestellen.) Wenn man so ein Ding öffnet und hineinguckt, dann entdeckt man auch alsbald, daß der rechteckige Spiegel da drin lediglich einen Ausschnitt eines ursprünglich drehrunden Spiegels darstellt, und daraus geht wieder hervor, daß die Lichtstärke eines solchen rechteckigen Scheinwerfers auch wieder nur der Querschnittfläche der freien Öffnung entspricht. Was für wilde Sachen hier herauskommen, war in Bild 8 gezeichnet: Der innerste Kreis entspricht einem 13er Scheinwerfer, der nächste einem 16er und der äußerste Kreis einem 20er Scheinwerfer. Das eingezeichnete Rechteck hat genau dieselbe Lichtaustrittsfläche von 200 cm^2, wie der drehrunde 16er Scheinwerfer, man sieht aber, daß man dazu einen ursprünglich 20 cm großen Reflektor brauchte, aus dem sich erst der für den rechteckigen Scheinwerfer nötige Reflektor herausschneiden läßt. Wie man sich an den Fingern abzählen kann, entspricht der Materialaufwand eines rechteckigen Scheinwerfers annähernd dem eines spürbar größeren kreisrunden Scheinwerfers, der Arbeitsaufwand ist alles in allem *wesentlich höher, so daß also ein rechteckiger Scheinwerfer nicht nur nichts bringt, sondern auch noch wesentlich teurer wird.*

Nun entspricht es aber keinesfalls der Erfahrung, daß an billigen Fahrzeugen teure Sachen dran sind – wenn also irgendjemand ein beliebiges Fahrzeug mit einem rechteckigen Scheinwerfer versieht, dann ist das verdächtig, da muß unbedingt ein Pferdefuß dabeisein, denn dieser rechteckige Scheinwerfer darf ja auf gar keinen Fall teurer werden, als ein runder Scheinwerfer würde: Man braucht also nur nachzumessen und auszumultiplizieren, dann wird man entdecken, daß jeder irgendwo verwendete rechteckige Scheinwerfer eben seiner absoluten Größe nach unzulänglich ist. Der Fahrzeugfabrikant hat sich nicht mehr getraut, einen runden Scheinwerfer von der gleichen Lichtaustrittsfläche zu nehmen, wie sie der verwendete rechteckige Scheinwerfer hat, – einfach weil ein so kleiner runder Scheinwerfer ausgesprochen poplig aussehen würde. Man kann also ruhig sagen, daß die derzeit verwendeten rechteckigen Scheinwerfer auch eine glatte Augenauswischerei, eine Täuschung der Kundschaft seien, sie sind von unzulänglicher Lichtwirkung und entsprechen derart kleinen runden Scheinwerfern, wie sie sich die betreffenden Fahrzeughersteller längst nicht mehr zu verwenden trauen. *Rechteckige Scheinwerfer sind in jedem Fall eine Spekulation auf die Unwissenheit der Laienkundschaft.*

Von den Glühlampen

Es gibt keinen Gegenstand, und sei es gleich ein hölzerner Rührlöffel, den der Fabrikant nicht mit dem schmückenden Beiwort „Präzision" versehen würde. Abgesehen davon ist es aber doch wohl klargeworden, daß ein Scheinwerferspiegel ein in der Tat recht genau herzustellendes Werkstück ist. Es läßt sich über den Daumen peilen, daß nun auch entsprechende Anforderungen an die Genauigkeit der Glühlampen selbst wie auch ihrer Sockelung gestellt werden, denn wenn da beispielsweise der Fernlichtfaden nicht genau im Brennpunkt des Spiegels liegt, kann von einer einwandfreien Strahlbündelung und damit nennenswerten Lichtstärke in der Ferne nicht mehr die Rede sein.

Die Genauigkeitsanforderungen an die Glühlampen sind recht hoch, andererseits sind Scheinwerferglühlampen wieder recht billige Artikel, demnach steht zu erwarten, daß bei weitem nicht alle Glühlampen so genau ausfallen, wie dies optisch notwendig wäre.

Es gibt zwar kluge Fahrzeugfabrikanten, die beziehen ihre Scheinwerfer vom Scheinwerferfabrikanten gleich *mit* Glühlampe. Wenn dieser Scheinwerfermacher sehr gewissenhaft ist, dann prüft er jede einzelne Glühlampe vor dem Einbau und sortiert

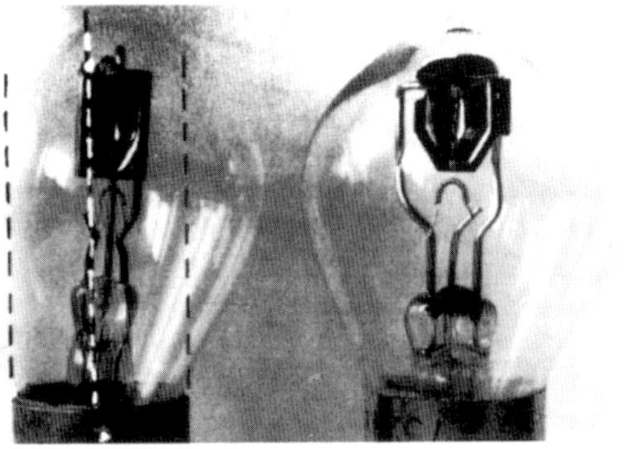

solche Glühlampen aus, die nicht der in seinem Haus üblichen Toleranz entsprechen. Selbst bei durchschnittlichen Anforderungen beziehungsweise Toleranzen sind es nun durchschnittlich 20 – 30 % der vom Lampenmacher angelieferten Glühlampen, die der Scheinwerferfabrikant nicht durchläßt und an den Glühlampenfabrikanten wieder zurückgibt. Der denkt aber natürlich nicht daran, diese Glühlampen zu zerschlagen, er tut sie fein säuberlich in hübsch und vornehm bedruckte normale Packungen und verkauft diese Glühlampen an den sogenannten Fachhandel. Selbstverständlich verkauft der Glühlampenfabrikant den größten Teil seiner Fertigung von vornherein an den Handel, von dem wiederum ungefähr 20 – 30 % als „Ausschuß" im genannten Sinne zu bezeichnen sind, indessen wir still und friedlich den vollen Ladenpreis dafür hinlegen. Mit einer Wahrscheinlichkeit von etwa 50 % werden wir also, wenn wir im Laden eine nagelneue Glühlampe kaufen, *eine solche erwischen, bei der die Fadenlage nicht genau genug stimmt, so daß also ein falsch gestreutes, falsch gebündeltes und unzulänglich weit reichendes Licht herauskommt!*

Für den Privatmann gibt es kein Mittel, alsbald eine solche unzulängliche Glühlampe zu erkennen, man kann das immer nur subjektiv feststellen, vor allem kann man die Unzulänglichkeit gegenüber dem Verkäufer nicht beweisen, man kann also auch keinen Ersatz verlangen. Das ist äußerst bedauerlich, entspricht aber der derzeitigen kaufmännischen Gepflogenheit, *eine Ersatzglühlampe zu kaufen ist nun einmal zu 50 % ein Lotteriespiel.*

Es sei denn, man besäße einen ungebrauchten Scheinwerferspiegel, den man irgendwo fest aufbauen und in den man die zu untersuchenden Glühlampen einsetzen

Bild 51
Oben links: Hier ist der gläserne Quetschfuß schief, Fäden geraten aus dem Brennpunkt, schlechte Lichtleistung. Passiert auch, wenn der Kolben schief in die Fassung gekittet wird. Ausschuß.

Bild 52
Oben rechts: Wenn ein Scheinwerfer für 15-Watt-Lampen bemessen war, können keine 35-Watt-Lampen eingesetzt werden, Fadenorte passen nicht für die Brennweite des kleinen Spiegels.

Bild 53
Links: Vergleich einer neuen Lampe mit glarem Glaskolben und einer etwa 30 Brennstunden alten Lampe mit bereits dunkel bedampftem Glaskolben.

kann. Den Scheinwerfer betreibt man ohne Streuscheibe, dann kann man an Konturenschärfe und Größe des entstehenden Lichtflecks beurteilen, ob die jeweils drinsteckende Glühlampe gut oder schlecht ist. Voraussetzung dazu ist natürlich, daß man über eine entsprechend große Batterie von konstanter Spannung verfügt, so daß nicht von dieser Seite her Täuschungsursachen kommen.

Glühlampen leben bekanntlich nicht ewig, das weiß man ja nun auf jeden Fall. Scheinwerferglühlampen unterliegen aber noch bestimmten Bedingungen, laut Normblatt sollen sie eine mittlere Lebensdauer von 100 Stunden haben. In der Praxis liegt diese Lebensdauer aber wesentlich höher, es gibt kaum eine Glühlampe, die auf weniger als 120 Stunden käme, 150 Stunden sind Mittelwert, 200 Stunden kommen immer wieder vor. Bevor aber ein Glühfaden wirklich durchbrennt, wird die Lampe erst mal „schwarz": Der Glühfaden verdampft ja im Laufe der Stunden und der Metalldampf schlägt sich auf der Innenseite des Glaskolbens nieder. Hält man eine völlig neue Glühlampe und eine gebrauchte Glühlampe vor ein sehr weißes Blatt Papier, dann sind schon 10 – 15 Stunden Brenndauer ohne weiteres zu erkennen, der Glaskolben ist sichtbar einen Stich dunkler geworden. Eine Glühlampe, die schon 100 Stunden auf dem Buckel hat, ist sogar beträchtlich schwarz geworden, so schwarz, *daß man dies bereits an der Lichtausbeute merkt,* der Scheinwerfer trägt wesentlich weniger weit als früher. Wenn es einem also auf bestmögliches Licht ankommt, dann benützt man eine Scheinwerferlampe nicht bis zum endgültigen Durchbrenn-Tod, man nimmt sie bei Gelegenheit mal heraus und vergleicht mit einer neuen Glühlampe – es ist witzlos, eine merklich schwarz gewordene Lampe noch weiter zu benutzen.

Hier kann man auch gleich auf eine andere Ursache für Lichtverlust zu sprechen kommen: Wenn man sich an einem langen Sommertag die Scheibe dick mit Fliegen bekleistert hat oder Bau-Lkws sie einem mit Dreck vollgepflastert haben, dann bedeutet das 20–30 % Licht- und damit Reichweitenverlust – also die paar Meter Bremsweg, auf die es ankommt. Etwas weniger gelehrt:

MACH MAL AB UND ZU DEINE SCHEIBE SAUBER!

Noch ein Lampenfehler sei bei dieser Gelegenheit bedacht: Manchmal ist der Glaskolben durchgebrannter Lampen innen mit einem blau-weiß-milchigen Belag versehen, der so merkwürdig schlierig verläuft. Solche Lampen haben dann gewöhnlich auch nicht lang gelebt, das passiert normalerweise während der ersten 20 Stunden Brenndauer. Eine solche Lampe wirft man nicht weg, das ist immer ein Garantiefall, man läßt sich da beim Händler eine neue geben – vielleicht hat der aber auch noch nie etwas davon gehört und guckt einen bloß dumm an. Man sagt ihm dann unmißverständlich, er möge diese milchig gewordene Glühlampe dem Vertreter der Glühlampenfabrik in die Hand drücken und seinerseits Ersatz dafür verlangen. Die Glühlampenfabriken sehen so etwas nämlich gar nicht gern und bemühen sich aus eigenem Interesse, solche Pannen aus der Welt zu schaffen – eine innen milchig gewordene Glühlampe hat nämlich „Luft gezogen", da ist also ein Glasfehler oder ein Schmelzfehler, jedenfalls etwas, was die Glühlampenfabrik zu vertreten hat. (Und auch anstandslos vertritt!)

Im Lichtmaschinenkapitel sprachen wir bereits vom Lampenbetrieb mit Überspannung, hier müssen wir nun genauer darauf eingehen:

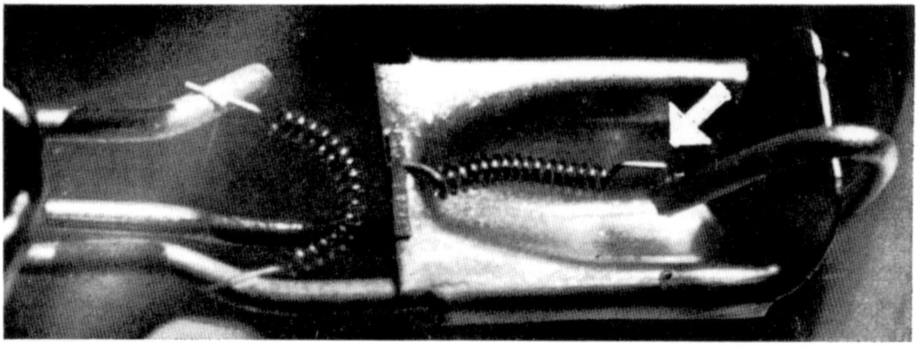

Es ist bekannt, daß mit steigender Betriebsspannung die Lichtausbeute bei einer Glühlampe gewaltig wächst, daß aber ebenso gewaltig auch die Lebensdauer absinkt. Dafür gibt es auch Normen und Erfahrungswerte, allerdings habe ich den wohlbegründeten Verdacht, daß diese Normen ähnlich alt seien wie die Gesetzestafeln Mosis vom Berge Sinai. Alles, was ich in dieser Linie bisher noch zu Gesicht bekam, machte den Eindruck, nicht geradezu vorgestern messend ermittelt, sondern eher aus altägyptischer Gräberliteratur abgeschrieben zu sein. Das heißt also, daß die heutige Praxis dagegen spricht. Lediglich der allgemeinen Information halber setze ich das Diagramm her, das in allen Lehrbüchern und Fabrikdrucksachen drin ist, und in dem die senkrechte Mittellinie 100 % der Nennspannung bedeuten. Die Zahlen auf den vier Ordinaten sind auch Prozentzahlen, sowohl für Lichtstrom wie für Lebensdauer, wie für Leistungsaufnahme. Wenn man danach eine Glühlampe mit 110 % ihrer Nennspannung betreibt, dann schluckt sie 120 % Leistung, gibt 160 % Lichtausbeute und zeigt noch knapp 30 % ihrer sonstigen Lebensdauer. Was die Leistungsaufnahme angeht, stimmt das Diagramm immer noch und ohne weiteres, auch der Lichtstrom stimmt halbwegs, wenn ich auch der persönlichen Meinung bin, der Anstieg der Lichtausbeute sei eher etwas größer. Daß die Lebensdauer aber bei weitem nicht nur 30 % beträgt, daß sie spürbar größer ist, das glaube ich ganz einwandfrei zu wissen. (Hier scheinen die Fadenmacher einiges dazugelernt zu haben, was man zu der Zeit noch nicht konnte, als die Formel für die Lebensdauer aufgestellt wurde.) Deshalb fahre ich meine eigenen Scheinwerferlampen seit vielen Jahren mit einer ziemlich hohen Überspannung und ich fahre nicht schlecht damit, obwohl ich meist gar nicht warte bis eine Scheinwerferlampe ganz ausgebrannt ist, sie wird bei mir immer schon dann freiwillig ausgewechselt, wenn der

Bild 54
Oben: Ein nicht sehr häufiger Fall, aber unbedingt ein Garantiefall: Da ist der Abblendfaden vom Haltebügel abgeplatzt, eine „kalte" Schweißstelle. Gibt es auch bei Fernfäden. Aber nicht alle Tage.

Bild 55
Links: Kommt etwas häufiger vor – Lampe hat „Luft gezogen", kenntlich am bläulich-grauen wolkigen Belag. Ist immer Garantiefall.

Bild 56
Lichtausbeuten und Lebensdauer normaler Glühlampen bei verschiedenen Betriebsspannungen. Entstammt zwar einem sehr braven Lehrbuch, es ist aber nicht so sehr ein Problem, die Lampen vor Überspannung zu bewahren, als vielmehr die Netzspannung bis tatsächlich an den Lampensockel heranzubringen – da fehlt gewöhnlich ein ganzes Volt.

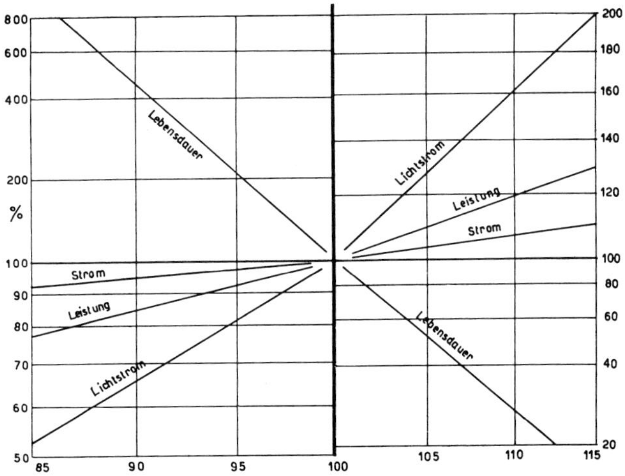

Glaskolben merklich schwarz geworden ist. Als normaler Mensch, der seine Maschine im großen Ganzen nur zum Spaß hat, fährt man ja verhältnismäßig selten in der Nacht, 50 Betriebsstunden kommen bei vielen Leuten in einem Jahr noch nicht zusammen. Selbst wenn man mit der Maschine zur Arbeit fährt und morgens und abends eine halbe Stunde Licht braucht, dann kommen 100 Stunden erst in vier Monaten zusammen, so daß man mit einer einzigen Glühlampe wenigstens den Winter über reicht. Die so niedrig aussehenden Brenndauern sind also gar nicht besonders schrecklich, es ist augenscheinlich gar nicht nötig, eine Glühlampe etwa mit Unterspannung zu betreiben.

Die Nennspannung für Scheinwerferlampen von 35 Watt beträgt 6,3 Volt, für Lampen von 25 Watt Aufnahme beträgt die Nennspannung 6,75 Volt.

Wenn wir nun den Regler unserer Lichtmaschine so einstellen, daß er bei voller Last eine Netzspannung von 7,5 Volt einregelt, dann sind das zwar scheinbar 19 % Überspannung, die Glühlampe dürfte dabei nur auf ungefähr 10 % ihrer sonst möglichen Lebensdauer kommen. Das ist aber eine Milchmädchenrechnung, denn von unseren 7,5 Volt Netzspannung kommen an der Glühlampe höchstens noch 7,0 Volt an, die Lampe brennt also nur noch mit ungefähr 11 % Überspannung und auch das nur bei Einhaltung ganz besonderer Vorsichtsmaßregeln:

Unsere Netzspannung von 7,5 Volt haben wir ja an der Klemme der Lichtmaschine gemessen. Von da geht der Strom erst mal durch den großen Lichtschalter im Scheinwerfer, dann durch den Abblendschalter und zum Schluß noch durch die Fußkontakte zum Lampensockel. Man kann rechnen, daß selbst bei allerbestem Zustand dieser

Bild 57
Ein feiner Mann hat das in der Manteltasche, gibt es bei Osram und hat bei mir in nunmehr acht Jahren jegliche Fährnisse und jegliche Mißhandlung überstanden, aber schon etliche Male schnelle Nachtfahrten gerettet. (Meine Lampen brennen mit fast 7 Volt am Sockel.)

Kontakte in jedem Kontakt 100–150 Millivolt steckenbleiben, *ganz unabhängig von der Stromstärke, also nicht dem Ohmschen Gesetz gehorchend.* Es brauchen dann nur ein bis zwei weitere Klemmverbindungen da zu sein, normalerweise sind auch die Leiterquerschnitte nicht besonders groß, man muß also ganz froh sein, wenn bei 7,5 Volt an der Klemme der Lichtmaschine noch irgend etwas zwischen 6,5 und 7,0 Volt am Sockel der Glühlampe erscheint. Dazu gehören aber erstklassige Verschraubungen, gehören etwas größere Leiterquerschnitte als gemeinhin verwendet werden und gehört ein guter Allgemeinzustand der Maschine. War also eine Maschine einmal 2–3 Jahre in Betrieb, dann sind bei allen Kabeln mehr oder weniger Leiterdrähte angebrochen, sind selbst fest angezogene Klemmen korrodiert und sind die Übergänge an Schalterkontakten schlecht geworden, man braucht gar nicht erstaunt zu sein, wenn dann an der Glühlampe gar nur noch 5,0 Volt ankommen. (So etwas merkt man natürlich nicht mit einem normalen Testgerät, man braucht dazu schon ein genaues Voltmeter, mit dem man einmal die Lichtmaschinenklemme antippt und dann den Fußkontakt der Glühlampe, man wird vielleicht sein blaues Wunder erleben.)

Dazu gleich eine Illustration: Als ich die Vergleichsbilder von den Streuscheiben machte, war ich natürlich zu faul, die vorhandenen Scheiben auszuwechseln, sogar zu faul, den Einsatz aus der KS herauszunehmen und gegen den Hella-Einsatz auszuwechseln. Also wurde der Hella-Einsatz frei neben den Bosch in der KS gehängt und mit einem Kabel direkt aus der Batterie gespeist, der Strom für den Bosch ging natürlich durch das KS-Bordnetz und über Haupt- und Abblendschalter. Mit dem Auge war auf der weißgetünchten Garagenwand kein Unterschied zu bemerken – aber für das Bild mit der Bosch-Lichtverteilung war die dreifache Belichtungszeit nötig! *Nur wegen der Spannungsverluste im Bordnetz.* Ich habe meine Faulheit, mit der ich zehn Minuten zu sparen dachte, mit einer Wiederholung der ganzen Aufnahmenreihe bezahlt!

Und weil wir schon dabei sind, gleich noch ein Phänomen, von dem die wenigsten Leute etwas ahnen:

Nichts läßt sich so leicht betrügen wie ein Menschenauge!

Dieses Kapitel über Lichttechnik wimmelt doch von Beispielen haarsträubender Fehlkonstruktionen, es erscheint unglaublich, daß sich sonst ganz tüchtige Ingenieure solche Wahnsinnstaten leisten, wie sie hier aufgespießt werden mußten. In der Tat, die Leute sind gar nicht so dumm, wie ihre Werke aussehen, sie sind nur einem Phänomen zum Opfer gefallen, das man seit Generationen als das „Weber-Fechnersche Gesetz" kennt. Dieses besagt, daß Sinneseindrücke – also vor allem Gesicht und Gehör – nur mit dem Logarithmus der Reizstärke wahrgenommen werden. Das hieße z. B., daß eine Beleuchtung oder ein Ton nur als „Doppelt" so hell bzw. laut empfunden werden, wenn sie tatsächlich *zehnmal* so hell bzw. laut sind. (Inzwischen weiß man – nur die Mediziner wissen noch nicht –, daß dieses Weber-Fechnersche Gesetz nicht *ganz* stimmt, aber es stimmt doch immer noch in den hier wichtigen Grenzen.) Am besten wirken wohl Beispiele:

Würde man irgend etwas, ein Fahrzeug, einen Busch oder so, ganz genau so hell beleuchten, wie dieses Etwas uns in ganz grellem Scheinwerferlicht in der Nacht erscheint, und würde man das so beleuchtete Etwas in eine sonnige Landschaft setzen, es sähe aus wie eine völlig schwarze Tafel. (Scheinwerferlicht ergibt, wenn es sehr hell ist, 30 bis 50 Lux, bei Tageslicht und trübem Wetter hat man 3000 bis 5000 Lux, also das Hundertfache, bei heller Sonne hat man 50 000 bis 100 000 Lux.)

Mit dem Auge empfindet man Beleuchtungen – wenn nicht binnen Bruchteilen einer Sekunde, also völlig ohne Zwischenverdunklung umgeschaltet wird – noch als absolut identisch, die bei normalem Schwarz-Weiß-Negativmaterial die drei- bis vierfache Belichtungszeit erfordern.

Menschenauge und Menschenohr haben eben die sonst gewiß sehr schätzenswerte Eigenschaft, eine um so höhere Empfindlichkeit einzuregeln, je geringer die Reize werden. Und umgekehrt. (Die Nase Gott sei Dank auch.) Das ist der Grund, weshalb sich Lichteindrücke nicht im Gedächtnis speichern lassen. Und das ist der Grund, warum die Leute, die uns den ganzen schaurigen Beleuchtungsmist verkaufen, das mit relativ gutem Gewissen tun: Sie sind überzeugt, „nur ein bißchen" Wirkung verloren zu haben.

Wenn man also Scheinwerfer vergleichen will, dann kann man das nicht von einem Tag zum anderen tun, ja, man kann es kaum von einer Minute zur anderen. Man kann Lichtwirkungen nur vergleichen, indem man mißt.

Man kann auf zweierlei Arten messen:

1. Man sucht sich eine stille, gerade Straße mit möglichst viel Bäumen oder Pfosten oder derlei. Da werden die zu vergleichenden Scheinwerfer hingefahren und dann wird abgezählt, bis zu welchem Baum irgend etwas gerade noch erkannt werden kann. So primitiv diese Methode aussieht, so genau ist sie.
2. Man sucht sich einen kleineren stillen Fleck, womöglich von Wiesen umgeben (weil Büsche im Winter Blätter verlieren und das Streulicht dann anders wird), wo man einen 10-m-Abstand genau markieren kann. Über diese genau einzuhaltende Distanz mißt man mit einem ganz beliebigen Foto-Belichtungsmesser *gegen* den Scheinwerfer. Das erlaubt sehr genaue Messungen, etwa auf „ganz leise mattierte" Spiegel oder „noch kaum schwarze" Glaskolben. Selbst ein bißchen Streulicht macht noch nichts aus, ist es doch gewöhnlich 1:100 dunkler als das gemessene Hauptlicht. Man kann so auch Lichtverteilungen sehr gut ausmessen.

Ich kann nur empfehlen, das einmal selbst zu versuchen, vor allem das mit dem Foto-Belichtungsmesser macht ja weiter keine Umstände. Sie werden sich wundern! Denn ein Effekt ist auch nicht abzustreiten: *Das, was man an den Bäumen abzählt oder am Belichtungsmesser abliest, ist das, woran Kopf und Kragen hängt* – die Bäume und die Zahlen auf dem Belichtungsmesser sagen uns genau, ob wir die berühmte Schweinerei noch erbremsen können oder nicht.

Der Spiegel als Ding an sich

In alten Fachbüchern und Fachartikeln, sogar in meinen eigenen, findet man genau so wie in den modernsten Bosch-Druckschriften einen Kniff, der eigentlich seit vielen Jahren schon überholt ist:

Da steht also drin, schön mit Bildchen – als gewissenhafter Autor wiederholte ich es hier auch, Bild 58 – man solle bei einer Glühlampe niemals den Glaskolben mit

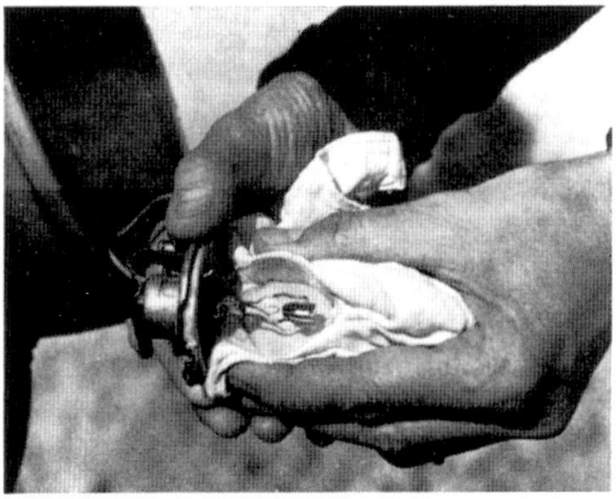

Bild 58
Links: Man muß es zeigen, weil es in allen Lehrbüchern steht, auch in meinen eigenen alten Büchern. Heute, bei eloxierten Spiegeln, ist das nicht mehr wichtig.

Bild 59
Rechte Seite: Spiegel lassen sich nur äußerst schlecht fotografieren, man sieht aber doch gewisse Unterschiede: Der Spiegel links ist ein alter, zwar nicht matter, aber doch nicht mehr voll wirksamer Silberspiegel, Mitte ein – älterer! – eloxierter Spiegel mit immer noch giftigem Hochglanz, rechts ein von feinsten Narben durchzogener und deshalb schlecht gewordener eloxierter Alu-Spiegel. (Da hat der Lack unter der Alu-Schicht gelitten, kommt vor!)

den Fingern anfassen, daß man dazu also entweder das Verpackungspapier oder ein (notabene reines) Taschentuch verwenden solle. Diese Vorsichtsmaßnahme war einmal sehr begründet, nämlich zu einer Zeit, als man noch Silberspiegel hatte. Da Silber bekanntlich gerade *kein* Edelmetall ist, wird es im Laufe der Zeit schon an der Luft unweigerlich angegriffen, es wird ganz besonders angegriffen, wenn auf dem Glaskolben befindliche Spuren von Schweiß und Fett in der Hitze verdampfen.

Nun hat man aber seit geraumer Zeit, also wenigstens seit 1955, die Silberspiegel verlassen, alle heutigen Spiegel sind mit Aluminium bedampft und dieses Aluminium ist auch noch eloxiert. Diese Oxydschicht ist nicht nur enorm hart, sie ist auch chemisch nur sehr schwer angreifbar, Fettspuren und Schweißspuren auf dem Glühlampenglas sind damit uninteressant geworden.

Die mechanische Robustheit der optisch unsichtbaren Oxydschicht auf einem Aluminiumspiegel ist so groß, daß man einen verschmutzten Spiegel – wenn man etwa mit zerschlagener Scheibe fahren mußte – ruhig „mit dem Lappen" wieder sauberwischen kann. Man wird natürlich nicht gerade dreckige und sandige Putzwolle dazu nehmen, man wird vielleicht ein sauberes Taschentuch oder sogar Watte dazu nehmen, man wird auch nicht trocken wischen, sondern unter fließendem Wasser, man wird aber nie imstande sein, auf einem eloxierten Aluminiumspiegel Wischspuren zu entdecken, während man auf einem Silberspiegel unweigerlich Spuren bekommt, auch wenn man ihn nur mit Watte auswischt.

In bezug auf die Verwendung von Silber und Aluminium zu Scheinwerferspiegeln sind vielleicht noch ein paar Worte nötig: In physikalischen und technischen Lehrbüchern, deren Autoren mit Kraftfahrzeugscheinwerfern noch nichts zu tun hatten, findet man mehr oder weniger ausgedehnte Tabellen über das Reflexionsvermögen verschiedener Stoffe. Da findet man zwar für poliertes Silber ein Rückstrahlvermögen von rund 90–93 %, für poliertes Aluminium findet man 65–70 %, Chrom liegt etwas darunter, Nickel liegt vollends zwischen 50 und 60 %. Diese Werte sind nun nicht etwa falsch, sie betreffen nur eben massive Metallbleche, die mechanisch poliert oder auch – man kann das neuerdings – elektrolytisch geglänzt worden sind. Die Scheinwerfermacher können da nun ganz einwandfrei ein bißchen mehr, die machen den Scheinwerferspiegel zwar nach wie vor aus Stahlblech, das wird aber mechanisch poliert. (Wahrscheinlich inzwischen auch elektrolytisch geglänzt, es kommt eben auf die Einrichtung an.) Zuweilen wird die glänzende Stahlfläche auch noch lackiert, weil

der Lack eine noch glattere und geschlossenere Oberfläche gibt, als dies bei mechanischem Polieren oder elektrolytischem Glänzen möglich wäre. Entweder direkt auf den Stahl oder auf die Lackschicht wird dann im Vakuum Aluminium aufgedampft und *diese* Aluminiumschicht hat nun ein Reflexionsvermögen, das dem einer optimalen Silberfläche praktisch gleichkommt. Die schützende Oxydschicht auf dem Aluminium bringt keinen Lichtverlust mehr, man hat also von vornherein ein ebenso gutes Reflexionsvermögen wie bei Silber, nur daß eben dieses Reflexionsvermögen im Laufe vieler Benützungsjahre voll erhalten bleibt, während ein Silberspiegel im Laufe von 5 – 6 Jahren wenigstens die Hälfte seines Reflexionsvermögens zu verlieren pflegt, auch wenn man ihn noch so sorgfältig behandelte.

Damit dürfte auch eine weitere Folgerung klar sein: Auch an 1955 waren noch keineswegs *alle* Scheinwerferspiegel aus Aluminium, es gab immer noch den einen oder anderen Silberspiegel. Bei noch älteren Fahrzeugen kann man überhaupt mit Silberspiegeln rechnen, es lohnt sich also schon, einmal den eigenen Scheinwerfer auseinanderzunehmen und den Spiegel zu betrachten: Wenn der nicht ganz giftig hell glänzt (Aluminium glänzt ja immer ein bißchen bläulich), wenn also im Glanz ein bißchen Gelb zu sein scheint, oder wenn der Glanz überhaupt nicht mehr ausgesprochen strahlend ist, dann tut man gut, sich einen neuen Spiegel zuzulegen, man wird sich vielleicht wundern, um wieviel dadurch das Licht plötzlich besser wird. Ein neuer Spiegel ist übrigens keine Kostbarkeit, auch wenn der Händler auf dem eigenen Dorf ein dummes Gesicht macht und nicht weiß, wie er den einfachen, blechernen Spiegel herbeischaffen soll. Man fährt dann eben in die nächste Großstadt und dort zur Bosch-Niederlassung oder zur Hella-Vertretung (die man übrigens unter der Firmenbezeichnung „Westfälische Metall-Industrie" im Telefonbuch findet), dort wird man dann schon um ein paar Mark einen losen Spiegel bekommen.

Der mitschwenkende Scheinwerfer

Als es nur Motorräder gab, hätte man sich nicht den Kopf darüber zerbrochen – da war es klar, daß der Scheinwerfer mit der Gabel eben mitschwenkt. Als aber die ersten deutschen Roller auftauchten, kleisterten die Rollermacher ihre Scheinwerfer fest auf das Frontblech, weil das die geringsten geistigen Unkosten verursachte. Ich konnte damals aber die Progreß-Leute dazu überreden, ihren 13er Scheinwerfer wenigstens mitschwenkend zu machen. Später war es dann mal aktuell, in ein

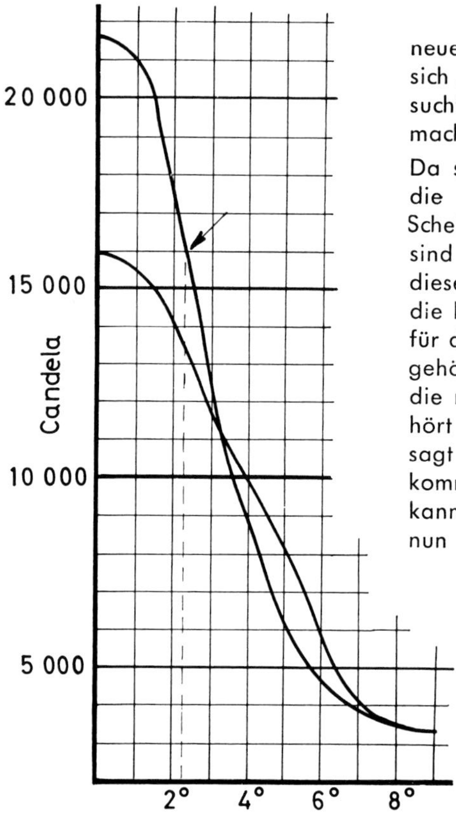

neues Modell einen 16er einzubauen und da ergaben sich Anbauschwierigkeiten, so daß wir ernsthaft untersuchten, was denn die Schwenkerei nun tatsächlich ausmacht. Bei einer Nachmessung kam Bild 60 heraus:

Da sind der Höhe nach die Lichtstärken abgetragen, die auf einer Wand in etlichen 20 m Abstand vom Scheinwerfer gemessen werden, waagerecht abgetragen sind die Winkelabstände von der Mittellinie, in denen diese Lichtstärken gemessen wurden. Die hohe Kurve, die bis über 21 000 Candela (das ist das heutige Maß für das, was man früher als „Kerze" bezeichnete) reicht, gehört zu einem normalen 16er Motorradscheinwerfer, die niedrige Kurve, die bis 16 000 Candela reicht, gehört zu einem 13er gleichen Fabrikats. (Das muß gesagt werden, weil es dabei auf die Streuscheibe ankommt, Scheinwerfer mit verschiedenen Streuscheiben kann man nicht ohne weiteres vergleichen.) Wie man nun sieht, ist bei etwas über 2 Winkelgrad seitwärts

Bild 60
Lichtstärken mit 13-cm- und 16-cm-Scheinwerfern – der große Scheinwerfer hat ungeschwenkt bei 2°20′ noch eine Lichtstärke anzubieten, zu der man den kleinen 13er schon um diese 2°20′ schwenken müßte, Pfeil. Große Scheinwerfer zahlen sich eben immer aus.

der Mittellinie beim 16er eine Lichtstärke von 16 000 Candela da – wollte man mit dem 13er hier die gleiche Lichtstärke haben, müßte man den in der Tat um etwas über 2 Winkelgrade verschwenken. Danach könnte man es sich also glatt leisten, den 16er da noch fest einzubauen, wo man den 13er schon mitschwenkend machen *muß*.

Das ist aber eine müßige, papierene Rechnerei, denn der Effekt wird weit überdeckt durch die Unterschiede der Streuscheiben, die dieser und jener Scheinwerferfabrikant für nötig hält – siehe Abschnitt „Mogelei mit Streuscheiben". Und noch etwas: Wagenscheinwerfer stehen doch seit Carl-Gottlieb Benz-Daimlers Zeit fest. Seit dieser Zeit macht man auch die Streuscheiben von Wagenscheinwerfern etwas weniger „radikal" als die von Motorradscheinwerfern, womit man sich bekanntlich etwas mehr Reichweite zu ermogeln vermag. Dafür werden Wagenscheinwerfer auch wieder etwas „schielend" eingestellt – kurz und gut, da wird viel geredet, sehr viel weniger beobachtet, gar nichts gemessen, aber alles geglaubt. Wirklich verläßlich sind nur zwei Dinge:

1. Die Mitschwenkerei ist bei weitem nicht das, wofür man sie gefühlsmäßig hält, weder bei Gespannen noch erst recht bei Solomaschinen, weil insbesondere bei Schnellfahrt immer nur winzige Winkelbeträge herauskommen.

2. Im Zweifelsfall bringt eine leichte Vergrößerung des Scheinwerfers immer noch das Vielfache dessen, was man mit Schwenkerei oder anders bemessenen Streuscheiben bei einem kleinen Scheinwerfer äußerstenfalls zu erzielen vermöchte.

Das eigene Genick

Es dürfte jetzt doch wohl klargeworden sein, wieviel sich an einer Lichtanlage verkorksen läßt und wieviel sich umgekehrt auch wieder gewinnen läßt, wenn man damit umzugehen weiß. Leider ist es so, daß eine verehrliche und fürsorgliche Fahrzeugindustrie keineswegs das liefert, was technisch möglich wäre und was in den geforderten Preisen immer noch anstandslos drin wäre.

(Inzwischen haben ja auch 90 % der Motorradindustrie die fortgesetzte Lieferung unzulänglichen Plunders mit der eigenen Existenz bezahlt. Womit aber bei weitem nicht gesagt sein soll, daß die noch überlebenden Motorradhersteller heute auch tatsächlich das liefern würden, was technisch möglich wäre.) Nun hängt aber einwandfrei die Fahrsicherheit bei Nacht von der Güte mindestens der eigenen Lichtanlage ab, und wenn man also sein Genick nicht in dem Maße riskieren will, wie die verschiedenen Motorrad-, Roller- und Scheinwerfermacher das anscheinend für unumgänglich halten, dann muß man eben seinen eigenen Verstand benützen und die Leistung der wenigstens eigenen Lichtanlage an die oberste, technisch mögliche Grenze heranführen. Nur aus diesem Grunde ist dieses Kapitel so lang geworden.

Von Zündern und von Kerzen

Dieses Kapitel beginnt zunächst scheinbar langweilig mit 14 Seiten sogenannter blasser Theorie. Man sollte diese 14 Seiten aber dennoch lesen – man braucht dann nämlich von den vielen späteren Seiten erstens nichts mehr auswendig zu lernen, und zweitens kann man sich dann auch auf Grund eigenen Verstehstes in den Fällen selber helfen, die einem als die berühmten „seltenen Pannen" immer mal begegnen und die man auch beim allerbesten Willen in keinem Buch beschreiben kann. Alte Sache: Je mehr man von einer Sache verstanden hat, desto weniger braucht man sich davon zu merken. Daß in diesem Kapitel sehr viel mehr steht als in den üblichen Schulbüchern, und daß zuweilen das Gegenteil offizieller Schulweisheit drinsteht – nun, das ist eben so und anderes haben meine Leser auch schwerlich erwartet.

Das Grundwissen vom Zünden

**scheint nur langweilig und „theoretisch",
man muß aber doch erst mal Bescheid wissen.**

Wenn man gangbaren Lehrbüchern folgt, so zum Beispiel dem, das für die Bundeswehr maßgebend ist, dann ist die motorische Zündung eine überaus einfache Sache:

„Bei Otto-Motoren wird kurz vor OT mittels eines elektrischen Funkens, der an den Elektroden der Zündkerze überspringt, das verdichtete Kraftstoffluftgemisch entflammt – – – – Für den Überschlag des Funkens ist eine Spannung von 15000 bis 20000 Volt erforderlich, die von der Batteriezündung oder vom Magnetzünder erzeugt und zum Zündpunkt auf die einzelnen Zylinder verteilt wird."

Daß dieser so simpel scheinende Vorgang mit gewissen Mängeln behaftet ist, wissen wir alle, wir kennen auch alle ein bis zwei Dutzend mündlich überlieferter mehr oder weniger vager Störungsursachen und mögliche Abhilfen, wenn so ein Ding einmal nicht will. Darüber hinaus gibt es eine ganz winzige Anzahl Bücher (sofern man mir gestattet, die Zahl 1 als „winzige Anzahl" zu formulieren), in denen sich hinreichend genaue Angaben über die Zündung von Otto-Motoren befinden, hinreichend genau, daß man damit wirklich etwas anfängt, wenn das allgemein verbreitete Fahrschulwissen einmal nicht mehr ausreicht – was ja bekanntermaßen sehr bald der Fall ist. Dieses besagte eine Buch heißt „Die Zündung" und ist von Erich Klaiber, es wurde im Technischen Verlag Herbert Cram, Berlin W 35, an 1950 neu aufgelegt, ist inzwischen also auch schon ein bißchen alt, man muß aber doch sagen, daß dieses Buch auch heute noch ein Musterbeispiel uralter Bosch-Tradition für Fachschreiberei ist, da drin steht nämlich wirklich lückenlos alles, was an 1950 über elektrische Zündung überhaupt gewußt wurde. Da steht auch keine gelahrte Schwafelei drin, wohl aber ein Satz, der mit denkbarer Präzision den Kern der Dinge bei der motorischen Zündung trifft:

Es darf wohl einmal darauf hingewiesen werden, daß in vielen Fällen allein die glückliche Überdeckung des Streugebiets der Zünderspannung und des Streugebiets des Spannungsbedarfes einen Betrieb des Motors überhaupt ermöglicht.

Dieser Satz gilt heute noch genau so gut, wie an 1948 oder 1949, als er abgefaßt wurde.

Wer nicht so ganz hinterm Monde lebt, hat im Verlauf des vergangenen Jahres bestimmt auch schon von einem neuen amerikanischen Wunderwerk auf dem Gebiet der Zündung gehört, nämlich von der „elektronischen" Zündung. Unter elektronischer Zündung kann man sich eine ganze Menge vorstellen, beispielsweise auch das, was wir im allerersten Heft des Nachkriegs-MOTORRAD, also in Nr. 1/1949 gebracht haben, nämlich die Thyratron-Zündung, nur ist eben das, was die Amerikaner *heute* als elektronische Zündung bezeichnen, so ungefähr das Gegenteil davon.

Bild 1
Die Innenfläche eines blankgeputzt gewesenen Zweitakter-Kopfes **nach etwa einer** Stunde Betriebszeit. Man sieht an den Rußspuren, daß die Ladung des Zylinders keineswegs homogen ist, daß es da drin erhebliche „Schlieren" gibt, die natürlich auch unterschiedlich zündfreudig sind, und es kommt sehr darauf an, ob die Funkenstrecke der Kerze an einer zündfreudigen oder zündträgen Schliere liegt. Deshalb bringen unterschiedliche Kerzenbauarten bei gleichem Wärmewert zuweilen unterschiedliche Leistungen.

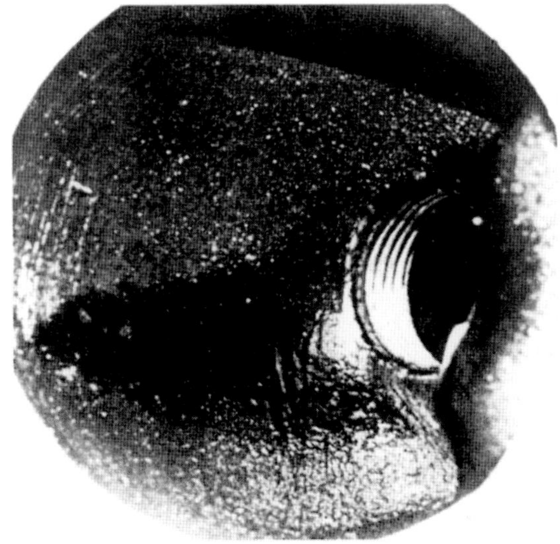

Bei der in Nr. 1/49 kurz angedeuteten Thyratron-Zündung galt das Ziel, einen normalen Unterbrecher, der ja mit Trägheit behaftet ist und von einer bestimmten hohen Drehzahl ab versagen **muß,** durch einen einfachen Schleifkontakt zu ersetzen, dessen Wirksamkeit nicht mehr drehzahlbegrenzt ist Bei den Amerikanern ging es nun nicht um das Bewältigen einer möglichst hohen Drehzahl, sondern um das Gegenteil: Wir wissen, daß die amerikanischen Wagenmotoren sehr groß und sehr stark sind, sie liegen alle zwischen 150 und 320 PS. Nun werden aber diese Motoren keineswegs ausgefahren, sie bummeln im geschwindigkeitsbeschränkten Stadtbetrieb dahin und werden dabei meistens nur mit 10, allerhöchstens 15 PS belastet. Einem großen Motor gefällt das gar nicht, er beantwortet es mit einer ziemlich gemeinen Rückstandsbildung, die bekanntlich auf der Brennstoffseite zur Beimischung von allerhand Hexenmitteln geführt hat, wobei – einiges davon haben wir ja auch bei uns verspürt – gewöhnlich der Teufel mit Beelzebub ausgetrieben wurde.

Das ist aber gar nicht alles, ein derart unterbelasteter Motor läuft auch unzuverlässig und stotternd, einfach weil bei dieser niedrigen Drehzahl und geringen Füllung von einer anständigen Gemischaufbereitung im Vergaser wie von einer entsprechenden Durchwirbelung oder gar ausreichenden Verdichtung im Verbrennungsraum des Zylinders nicht mehr die Rede sein kann. Es hat sich herausgestellt – wozu nicht gerade viel Geist gehörte –, daß eine Teilursache für diesen unzuverlässigen und stolpernden Gang die Funkenzündung war. Der klassische Robert-Bosch-Funke, wie wir ihn alle kennen und wie man ihn wohl in Zukunft wird nennen müssen, wenn die elektronische Zündung erst weiterhin Verbreitung findet, genügt eben nicht mehr, um ein so – sagen wir es schon deutlich – hundsschlechtes Gasgemisch noch zu entzünden, wie es sich in einem derart unterbelasteten, im ganzen aber überstarken Motor nun einmal unvermeidlich bilden muß.

Bei der elektronischen Zündung gibt es keine Einzelfunken mehr, die in Zündspulen erzeugt werden, man hat statt dessen einen gewöhnlich mit Transistoren bestückten Mittelfrequenz-Hochspannungs-Generator, der in der Lage ist, einen zeitlich endlosen Funkenstrom hoher elektrischer Leistung zu erzeugen. Während beim klassi-

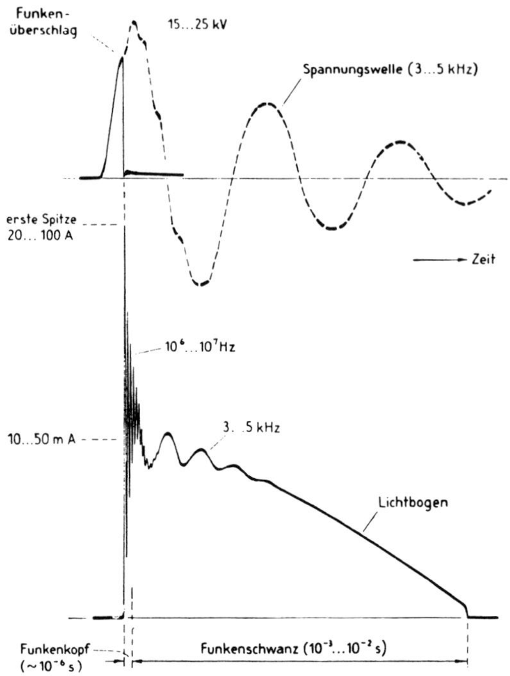

Bild 2
Oszillogramm eines Zündfunkens – ein ordnungsmäßig brennfähiges Gemisch zündet während der ersten Mikrosekunde, was danach noch kommt, ist für die Verbrennung bedeutungslos. Bei einem zündfaulen (Leerlauf- oder Start-) Gemisch wird auch der Funkenschwanz wichtig, bis zu mehreren hundert Mikrosekunden, das kann die Spulenzündung herkömmlicher Art aber nicht schaffen.

schen Robert-Bosch-Funken der für das Anbrennen der Zylinderladung bei den weitaus meisten Betriebszuständen maßgebenden Funkenkopf nur eine Mikrosekunde (1/1 000 000 sec) dauert, muß man für diese langsam laufenden und weit unterbelasteten Motoren mit einer notwendigen Zündzeit von ungefähr 20 Millisekunden (0,02 sec), also der zwanzigtausendfachen Zeit rechnen. Die elektronische Zündung ist ohne weiteres in der Lage, an der Zündkerze einen Feuerstrom zu liefern, der 20 und noch mehr Millisekunden dauert, an dem sich also auch ein langsam brennendes Gemisch zuverlässig durchzuzünden vermag.

Wer die vor der IAA 1959 herausgegebenen Boschdrucksachen genau studiert hat, fand darin auch einen Satz ungefähr folgenden Inhalts: „Auch bei Bosch hat man ein elektronisches Zündverfahren entwickelt und könnte damit herauskommen, man hat es aber einstweilen auf Eis gelegt, weil es bei den derzeitigen europäischen Motoren noch keine Bedeutung hat." Man ist geneigt, diese Feststellung nicht gerade als Freundlichkeit aufzufassen – hier soll uns offenbar etwas vorenthalten werden, wofür wir noch nicht reif sind? In Wirklichkeit haben die Bosch-Leute mit ihrem Standpunkt aber dennoch recht:

Sobald ein Motor im Bereich zwischen $^1/_5$ Vollast bis $^1/_1$ Vollast betrieben wird, sofern er weiterhin nicht wesentlich über 9 – 10 000 U/min hinaus zu drehen braucht, ist die elektronische Zündung von der klassischen Spulenzündung (es wäre wohl gut, diese Art von Zündung auch als Robert-Bosch-Zündung zu bezeichnen) einfach nicht zu unterscheiden.

Wenn ein Motor zwischen Nullast bis $^1/_5$ Last betrieben wird, kommt es wieder darauf an, *wie lang* diese Art des Betriebes dauert und ob sie des öfteren durch längerdauernde Zeiten höherer Belastung abgelöst wird. Sofern gelegentliche und gar regelmäßige Höherbelastungen vorkommen, hat die elektronische Zündung auch noch keine Bedeutung,

wirklich zum Tragen kommt sie erst, wenn ein Motor für ausgesprochen *sehr lange* Zeiten, also halbe bis ganze Stunden lang mit einer Last betrieben werden soll, die zwischen Null und $1/_{10}$ der Vollast liegt.

Mit diesen wenigen Punkten – zu denen sich natürlich noch einiges hinzufügen ließe, etwa der gar nicht sehr schöne Einfluß der heutzutage üblichen automatischen Kupplungen – ist ja nun wohl hinreichend dargetan, daß das Zündungsgebiet voller Fußangeln liegt, daß man sich also zunächst einmal nach Kenntnissen umtun muß, was da überhaupt gespielt wird. – Und das eben müssen wir tun, um irgendwann einmal auftretende Zündschwierigkeiten durch Überlegung und den richtigen Griff beheben zu können, statt erst umständlich an den Westenknöpfen abzählen und ein Dutzend Hausmittelchen durchprobieren zu müssen.

Von dicken und von dünnen Funken

An 1918 gab es auf den deutschen Straßen so gut wie überhaupt keine Automobile, man wußte nur aus dem Lehrbuch, wie ein Viertaktmotor geht und daß die Ladung da drin durch einen elektrischen Funken gezündet wird. Wohl aber besaß zu damaliger Zeit ein Pennäler auch einen Funkeninduktor, mit dem sich zwischen nadelscharfen Spitzen ein 10 mm langer Funkenstrom erzeugen ließ. Mit diesen Funken ließen sich allerhand harmlose Späße anstellen, und jeder glückliche Besitzer eines Funkeninduktors versuchte natürlich, mit diesen Funken auch Brandwirkungen hervorzurufen, wie sie im Experimentierbuch so schön geschildert waren. Man tat also ein paar Tropfen Benzin (man kaufte es damals ausschließlich als Reinigungsmittel in der Apotheke) in einen Dosendeckel, obendrauf ein Flöckchen Watte, das sich mit dem Benzin schön durchtränkte, und dann hielt man diese Watteflocke in den Funkenstrom, auf daß sie sich entzünde.

Sie tat einem den Gefallen aber nie!

Weil es damals noch keine Radioläden und keine Kondensatoren gab, machte man sich „Leidener Flaschen", damit ging die Funkenlänge am Induktor auf ungefähr 1 mm herunter, die Funken wurden dafür aber strahlend weiß und knallend, nur – so ohne weiteres wollte sich auch jetzt die benzingetränkte Watte nicht entzünden. Manchmal allerdings gelang es, der Versuch ermangelte aber der Zuverlässigkeit und des Effektes, also legte man das alles wieder beiseite. Man war ja erst 13 Jahre alt und kam erst vier Jahre später mit Motorrädern in Berührung.

Immerhin lehrt diese Erfahrung etwas, was man heutzutage nicht mehr selber zusammen – experimentiert, sondern nur noch aus Büchern lernt: Es gibt gewaltig lange Funken, die *nicht* zünden, und es gibt erstaunlich kurze Funken, die *erstaunlich gut* zünden, aber auch nur dann, wenn sie „fett" genug sind. Da die letzten Influenz-Maschinen schon vor ziemlich 40 Jahren aus den Schaufenstern der Spielwarenläden verschwunden sind, ist man heute nicht mehr ohne weiteres in der Lage, die richtigen langen und dafür dünnen Funken zu machen, die man mit solchen Influenz-Maschinen machen konnte: Das waren ziemlich 10 cm lange Funkenfäden, deretwegen man ein Zimmer schon ziemlich abdunkeln mußte, wenn man den Funken sehen wollte. Dafür gibt es heute Nylon- und Perlonhemden, die man sich nur in einem trockenen Raum über den Kopf zu ziehen braucht, um daraus 5–10 cm lange Funken ziehen zu können. In einem stillen Raum hört man so einen Überschlag ausgesprochen deutlich knistern, in absoluter Dunkelheit sieht man auch einen sehr schwachen, blauen Faden überspringen. Mit diesen Funken etwas anzünden zu wollen ist natürlich völlig hoffnungslos und auch aus dem Induktorversuch können wir den Schluß ziehen, *daß es die Spannung allein eben nicht tut.* Man braucht zwar eine gewisse Spannung, um einen freien, mit dem brennbaren Gas angefüllten Raum durchschlagen zu können, aber zu der Spannung gehört unbedingt noch etwas, wenn die Verbrennung überhaupt in Gang kommen soll: Wichtig ist die *Energie,* denn nicht die Funkenspannung, sondern *die Funkenenergie ist das Maß für die entwickelte Wärme,* nur diese wiederum ist maßgebend dafür, ob das brennbare Gas überhaupt entzündet wird und unter bestimmten Umständen sogar maßgebend dafür, ob und wie schnell das entzündete Gemisch weiterbrennt.

Über den Daumen gepeilt kommen da natürlich äußerst geringe Energiemengen in Frage und wir müssen danach trachten, uns erst einmal den entsprechenden Größenbegriff zu verschaffen – es hätte wenig Sinn, dem Leser ohne Kommentar da irgendeine neue, gelehrt klingende Maßeinheit um die Ohren zu knallen, nur damit er die nötige Ehrfurcht vor dem Verfasser dieses Buches bekäme. Kümmern wir uns also zunächst einmal um die Energieeinheiten:

Geläufig als elektrische Energieeinheit ist doch wohl die Kilowattstunde, die wir mit Händen greifbar mit einem Elektromotor aus dem Netz entnehmen oder fühlbar in Gestalt von Wärme aus einem Strahlöfchen, das womöglich gerade 1 Kilowatt Aufnahme hat und in jeder Stunde also 1 Kilowattstunde aus dem Netz lutscht, die wir wieder mit 8–12 Pfennigen bezahlen. Es ist also handgreiflich fühlbar, wie eine Kilowattstunde unsere Bude wärmer macht, und wärmermachen, bis zur Entzündung wärmermachen, wollen wir ja auch die Ladung im Motorenzylinder.

Leider ist das Maß „Kilowattstunde" ein bißchen groß, wir müssen uns zunächst nach etwas kleinerem umsehen: Nehmen wir mal unsere 6-V-Batterie, da hängen wir eine normale Scheinwerferlampe von 35 Watt dran, und diese Lampe lassen wir eine Stunde lang brennen. Nach dieser Stunde hat sie die Arbeitsmenge von 35 Wattstunden verbraucht, wir hätten sie beispielsweise in einer kleinen Büchse brennen lassen können und in dieser Büchse wäre es ganz schön warm geworden. Damit sind wir von den tausend Watt-Stunden, die ja eine Kilowattstunde darstellen, wenigstens einmal auf 35 Wattstunden heruntergekommen, wir können uns jetzt aber auch mühelos vorstellen, daß die Glühlampe nicht eine volle Stunde lang brennt, sondern nur eine Sekunde lang – sie verbraucht dann eben 35 Wattsekunden. Damit haben wir jetzt eine Art Augenmaß, ein Gefühl für so kleine Energiemengen: Eine Scheinwerferlampe, die eine Sekunde lang brennt, verbraucht rund 35 Wattsekunden. Für **eine** Wattsekunde wiederum gibt es ein in der Physik sehr viel gebrauchtes Maß, nämlich das **Joule,** mit dem wir jetzt bequemer weiteroperieren können:

Da wäre zunächst zu fragen, wo eigentlich man sich noch Vorgänge ansehen kann, bei denen nur einzelne Joule oder gar noch weniger umgesetzt werden.

Stellen wir uns mal eine Metallkugel vor, zwei Zentimeter Durchmesser, aufgeladen auf 10 000 Volt. Dieser Kugel nähern wir einen zugespitzten Draht, und wenn dieser Draht (das *genaue* Maß hängt von einer ganzen Anzahl augenblicklicher Umstände in dem betreffenden Raum ab) von der Kugel einen Abstand von 5 bis vielleicht auch nur 3 mm hat, dann schlägt da ein fadendünnes, fast unsichtbares Fünkchen über und *dieses Fünkchen führt eine Arbeit von 0,00005 Joule mit sich.*

Sachen mit gar so vielen Nullen sind aber schon wieder schlecht vorstellbar, gehen wir also zum nächstgeeigneten Objekt, etwa zu einem Wassereimer oder einem großen Benzinkanister, man hat ja hinreichend oft gehört, daß sich diese Dinger auch aufladen können, wenn sie zufällig irgendwo gut isoliert stehen. Wenn wir in der geschilderten Weise aus einem auf 10 000 Volt aufgeladenen Kanister wieder einen Funken ziehen, werden dabei 0,001 Joule umgesetzt. Nehmen wir gar einen Menschen an, der auch auf 10 000 Volt aufgeladen wird, dann ist der Funke, den wir diesem Menschen mit der Drahtspitze etwa aus dem Knöchel ziehen können, zwar auch nur etwa 3–5 mm lang, aber immerhin schon merklich fetter, man sieht ihn zwar noch nicht bei Tageslicht, aber im Finstern ist er schon ziemlich deutlich, er setzt nämlich bereits 0,005 Joule um.

Der aufgeladene Mensch kommt häufiger vor, als man so denkt: Man braucht zu diesem Behufe nur einen Automobilsitz mit einem sogenannten Schonbezug zu versehen, der aus Nylon oder Perlon gemacht ist, dem Mann ziehe man, wie das einem Wirtschaftswunderbürger zusteht, eine reinwollene Kammgarnhose an, man ziehe ihm Schuhe mit Kunststoffsohle an und man gebe ihm ein Kunststofflenkrad in die Hand, versehe auch Schalthebel und Handbremse mit Kunststoffgriffen. Dieser Mann kann sich durch ganz einfaches Rutschen auf seinem Sitz auf diese etwa 10 000 Volt aufladen und er braucht nur nach dem Türgriff seines Automobils zu fassen, um dieses 3-mm-Fünkchen als ganz leichten Nadelstich zu empfinden.

Man wird sich auch daran erinnern, daß vor ein oder zwei Jahren gegen Kanister aus Kunststoff so ein kleiner Sturm im Wasserglas entfacht worden ist, es hieß sogar einmal, irgendeine Kraftstoffirma habe ihre Tankstellen angewiesen, fortan kein Benzin mehr in Plastik-Kanister zu füllen. Nun sind diese Plastik-Kanister in der Tat in der Lage, sich bis zu erstaunlich hohen Spannungen aufzuladen, so wie sich auch ein Hartgummikamm oder ein Nylonhemd auflädt, man kann aus diesen Kanistern 5–10 cm (Zentimeter!) lange Funken ziehen. Nur sind aber eben diese Funken so entsetzlich dünn, daß damit beim besten Willen nichts mehr anzuzünden ist: Während beim blechernen Kanister, der auf 10 000 Volt aufgeladen ist, im Augenblick des Überschlags die gesamte Ladung des Eimers übergeht und 0,001 Joule umgesetzt werden, geht vom Plastik-Kanister bestenfalls $^{1}/_{10\,000}$ der gesamten Ladung über, denn in wenigen Zentimetern Entfernung kann man bereits einen neuen Funkenfaden ziehen, es fließt also nicht die gesamte Ladung auf einen Ruck ab. Deshalb sind aufgeladene Kunststofferzeugnisse so harmlos, es knistert wohl, piekt vielleicht sogar ein bißchen, aber zum Anzünden von irgend etwas reicht es gemeinhin nicht aus.

(Als dies schon abgesetzt war und umbrochen wurde, ist noch ein interessanter Fall bekannt geworden: In einem Segelboot wurde Benzingeruch bemerkt, Ursache etwa zwei Liter Benzin, die durch eine lose Kannenverschraubung ausgelaufen waren. Die zwei Leute wußten natürlich, was die Glocke geschlagen hatte: Sofort wurde mit Lappen und Schwamm das Bilgewasser sorgfältig in einen Blecheimer befördert und alles tadellos sauber gemacht, auch ganz doll gelüftet. Als alles schon völlig in Ordnung schien, reichte der eine Mann den längst leeren Eimer dem zweiten Mann, der inzwischen irgendwo außenbords stand – und in diesem Augenblick knallte es! Erfolg schwere Verbrennungen, obwohl nur der Inhalt des „leeren" Blecheimers hochgegangen war. Daran sind zwei Tatsachen bemerkenswert: Die Leute hatten sich vorher mehrfach den „vollen" Eimer zugereicht, ohne daß etwas passiert war – da war sichtlich so viel Benzindampf da, daß das Ganze nicht mehr zündfähig war. Erst bei „leerem" Eimer war die zur Zündfähigkeit nötige Gemischverdünnung da. Zweitens gehörte zum Zünden das ganze Millijoule statischer Aufladung, das ein Blecheimer nicht nur zu speichern, sondern in einem einzigen Funken abzugeben vermag. Höchstwahrscheinlich staken da auch noch die ca. 5 Millijoule des mit aufgeladenen einen Mannes dahinter! Wäre das ein Kunststoff-Eimer gewesen, dann hätte er zwar auch Funken gezogen, aber die 1 – 6 Millijoule hätten nicht geschlossen übergehen können, es wäre bestenfalls $^1/_{1000}$ Millijoule übergegangen und das hätte bestimmt zu keiner Zündung gereicht. Also: Im Grunde sind Blecheimer und Blechkanister wesentlich zündgefährlicher als Kunststoffgefäße!)

Es lohnt sich nun nicht so recht, nach einer Erscheinung weiterzusuchen, bei der vielleicht ein volles Joule umgesetzt wird, es genügt, wenn wir uns merken, daß beim Funkenziehen aus einem Eimer ungefähr 1 Millijoule und beim Funkenziehen aus einem Menschen das Fünffache, also 5 Millijoule, umgesetzt werde. Mit diesem einzelnen Millijoule sind wir nämlich in einem Bereich angelangt, wo die Entzündbarkeit brennbarer Gase beginnt. Womit wir uns einem neuen Gebiet zuzuwenden haben.

Die Kunst, ein Gas anzuzünden

Über die Entzündbarkeit brennender Gase brauchen sich nicht nur die Motorenbauer Gedanken zu machen, ganz abgesehen davon, daß die sich diese Gedanken gar nicht erst machten, sondern lieber probierten, weil das schneller zum Ziel führte. Viel mehr Anlaß zu wirklich genauen Überlegungen hatten die Feuerwehrmänner, die Unfall- und die Brandschützer. Alle naselang geht ja irgend etwas in die Luft, in unserer Nachkriegszeit ist es schon beinahe an der Tagesordnung, daß ganze Häuser infolge einer Leuchtgasexplosion glatt auseinandergeblasen werden. Es kann sogar als allgemein bekannt vorausgesetzt werden, daß zum Auslösen einer solchen Explosion nicht etwa der „fette" Schaltfunke an einem Lichtschalter nötig ist, daß dazu schon das winzige Gefünkel an der mit Niederspannung betriebenen Türklingel vollauf genügt. (Gute Regel: Wenn es irgendwo beträchtlich nach Gas stinkt, dann weder Schalter noch Klingelknopf noch sonst etwas anfassen, alsbald in den Keller laufen oder auf den Dachboden und die Hauptsicherung fürs ganze Haus rausdrehen. Dies in der Hoffnung, daß rund um diese Hauptsicherung herum noch kein zündfähiges Gas vorhanden ist.) Weil das in der Industrie nun so ungeheuer wichtig ist – es kann zum Beispiel von einem mit Benzin bereits gereinigten Wollpullover allein beim Herausziehen dieses Pullovers aus dem Benzinspiegel ein Funke übergehen, der den ganzen Laden in Brand setzt –, hat man sich ziemlich intensiv mit der Brennbarkeit von allerhand Gasen befaßt und hat festgestellt, welche Mindestenergien nötig sind, um diverse Gase zu entzünden. Man ist dabei zu den Werten nachstehender Tabelle gekommen:

Wasserstoff	0,20	Millijoule
Stadtgas	3,00	„
Methan	32,50	„
Benzol	0,20	„
Schwefelkohlenstoff	0,009	„

Aus dem sehr niedrigen Wert für Wasserstoff ist zu ersehen, wie wenig Energie, ein wie winziges Fünkchen also nötig war, um seinerzeit die „Hindenburg" in Lakehurst ausbrennen zu lassen. Man wundert sich direkt, daß nicht ausnahmslos jeder Zeppelin auf diese Art heruntergefallen ist. Es wäre nur noch zu bemerken, daß die Zahlen unserer Tabelle der diesbezüglichen Feuerschutz-Fachliteratur entnommen sind, man wird sie also nicht gerade auf die Goldwaage legen dürfen, *es kommt aber auch auf eine Kommastelle mehr oder weniger nicht an.* Nicht nur, daß alle Autoren diesbezüglicher Bücher versichern, diese 0,2 – 32 Millijoule gälten nur für optimalen Zustand, also beste Gemischaufbereitung – im Motorenbau kam man durch einfaches Probieren auf etwas höhere Werte: Der schlechteste, praktisch gerade noch brauchbare Zünder, als welcher zum Beispiel ein Kobalt-Magnetzünder der zwanziger Jahre zu betrachten wäre, gibt in seinem Funken 50 Millijoule ab, von heutigen Zündern verlangt man ungefähr 100 Millijoule und von ausgesprochenen Hochleistungszündern 150 Millijoule.

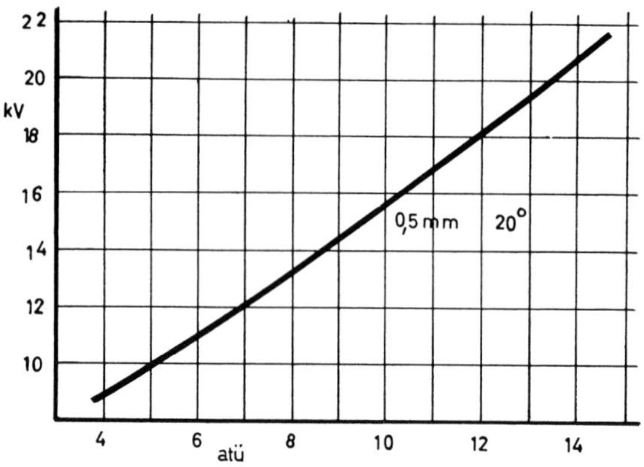

Bild 3
Abhängigkeit der Zündspannung (für einen 0,5 mm langen Kerzenfunken bei 20 Grad Ladungstemperatur) vom Ladedruck. Hohe Kompression bedeutet also das Gegenteil von Startfreude – sollte man meinen. In Wirklichkeit gehört aber zu hoher Kompression auch hohe Temperatur – wie diese wirkt, ist auf der Seite drüben zu sehen.

Damit sind wir wieder einigermaßen da, wo wir hinwollten:

Bei übergroßen Motoren und bei extrem niedriger Belastung ist die Gemischaufbereitung derart schlecht, daß selbst diese 150 Millijoule nicht mehr genügen, hier ist der Einsatzpunkt der elektronischen Zündung, die vermöge der langen Funkendauer 1 – 1,5 *ganze* Joule zu liefern vermag, mit dem dann auch ein extrem liederliches Gemisch noch anbrennt.

Es ist aber nicht nur an dem, daß solcherlei Wissen nur bei amerikanischen Supermotoren wichtig wäre: Es gibt Motorradmotoren, die bei Vollast, also bei Spitzengeschwindigkeit und Vollgas 0,5 mm Elektrodenabstand an der Zündkerze verlangen und mit 0,8 –1,0 mm deutlich langsamer gehen. Es gibt aber ebensolche Motoren, dann aber natürlich anderen Fabrikates, bei denen es genau umgekehrt ist, die mit dem 1-mm-Abstand ebenso deutlich schneller gehen als mit 0,5 mm Abstand. Natürlich kann man auch Pech haben, man kann einen Motor erwischt haben, der für die Höchstgeschwindigkeit einen Elektrodenabstand von 0,5 mm braucht, wobei er aber wieder nur einen stotternden Leerlauf gibt. Geht man dann auf 0,8 –1,0 mm Elektrodenabstand, dann ist plötzlich der Leerlauf seidenweich und der Motor ver-

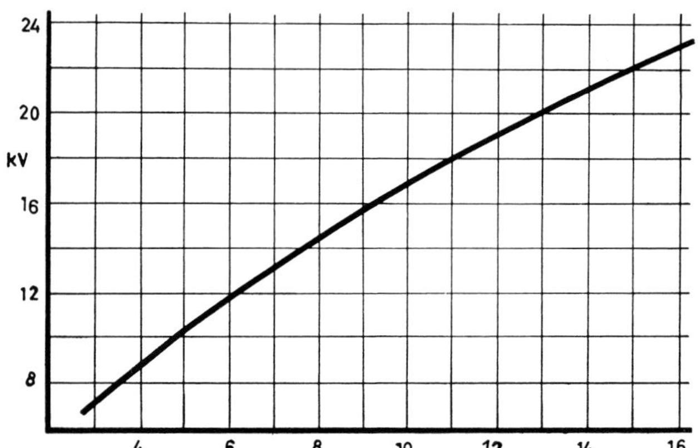

Bild 4
Schlagweite und zugehörige Funkenspannung bei einer Prüf-Funkenstrecke nach Bild 6, die Kurve gilt also für Spitzen, für normale Atmosphäre ohne Überdruck und für normale Temperatur.

Bild 5
Zusammenhang zwischen notwendiger Zündspannung, Verdichtungsdruck und Verdichtungstemperatur. Gerade bei hohen Verdichtungsdrucken fällt die Temperatur viel stärker ins Gewicht als bei geringen Drucken. Deshalb ist es bei sehr kalten Motoren auch nützlich, mit dem elektrischen Starter zwanzig bis dreißig Sekunden stur durchdrehen zu lassen – dabei heizt sich der Verbrennungsraum durch die Kompressionswärme immer weiter auf, bis zum Schluß die Temperatur für die vorhandene Zündspannung doch zu einem Funken reicht.

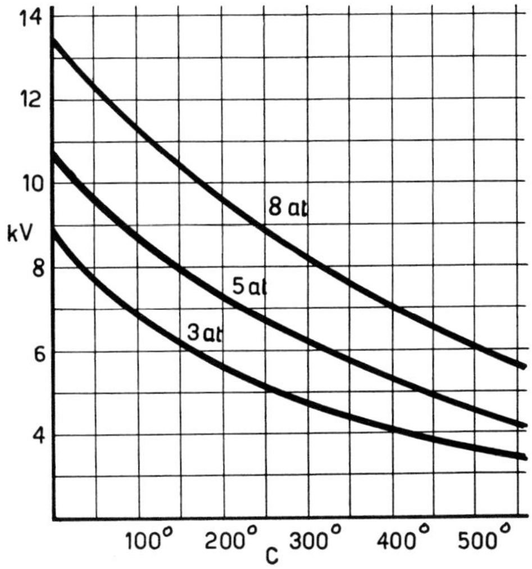

trägt auch stundenlanges Dahintuckern in der Kolonne. (Heutzutage ist dieser Zustand allerdings nicht mehr ernst, wenigstens soweit das Motorrad-Motoren betrifft, denn *da hat man schon aus ganz anderen Gründen* – etwa Kraftstoff oder Vergaser – *sowieso zwei verschiedene Kerzen, eine für Stadtbetrieb und eine andere für lange Autobahnjagerei.)*

Wir stellten soeben fest, daß zu dieser ausgeprägten Erscheinung unterschiedlicher Elektrodenabstände an der Zündkerze für Leerlauf und Vollast mindestens zwei verschiedene Motorenbauarten nötig seien, weil diese Erscheinung zwangsläufig von der Gestalt des Brennraumes und auch von der Lage des Kerzensitzes im Brennraum herrührt. Ganz genau gesagt hängt diese Erscheinung an der Verwirbelung des Gemisches bzw. an der Verteilung des Kraftstoffes in der Verbrennungsluft. Diese ist ja niemals gleichmäßig, man muß sich die Ladung als beträchtlich schlieriges Zeug vorstellen, so ähnlich wie ein Marmorkuchen, so daß die Ladung gar nicht an jeder Stelle gleich gut anbrennt. Es gibt aber noch eine Erscheinung dazu: Da sind etwa zwei Motoren nicht nur gleichen Typs und gleichen Fabrikates, sondern auch noch mit dicht zusammenliegenden Fertigungsnummern, die also meinetwegen unmittelbar hintereinander vom Band gefallen sind. Beide Motoren waren neu auch gleich gut, der eine läuft auch heute, sagen wir einmal nach ein oder zwei Jahren, noch seidenweich, der andere hat zwar volle Höchstleistung, aber er hat einen schlechten, stolpernden Leerlauf, man kann ihn auch im Stadtbetrieb nicht langsam fahren, man muß ihn dann entweder in einem viel zu niedrigen Gang jaulen lassen oder muß immer wieder mit Kupplung und Gas arbeiten, nur weil er eben in geringer Drehzahl nur stolpernd geht. Bei Batteriezündung hilft es da manchmal, auf einen besonders großen Elektrodenabstand zu gehen, etwa auf 1,0 mm, bei Magnetzündung hilft gewöhnlich der umgekehrte Weg, da geht man dann auf 0,4 mm Elektrodenabstand, meist helfen aber auch diese Abstandskunststücke nicht, der Motor geht nun einmal in niedriger Drehzahl stotternd. Dabei wird vorausgesetzt, daß der Stotterer mechanisch in tadellosem Zustand ist, daß vor allem auch die

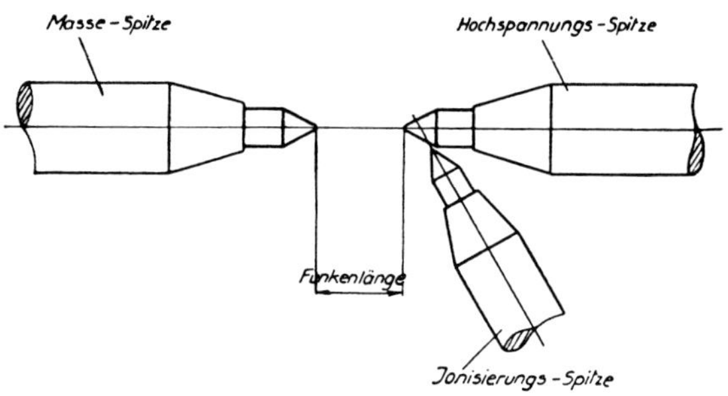

Bild 6
Die klassische Meß-Funkenstrecke, die auch heute noch nichts von ihrer Bedeutung verloren hat.

Bild 7
Rechts: Die Beru-Meßfunkenstrecke, nicht ganz so genau, aber dafür besonders handlich und – bei annähernd gleichen Motoren – dennoch wieder erstaunlich genau.

Vergasereinstellung ganz einwandfrei stimmt, so daß wirklich nur die Zündung als Störungsursache bleibt. Das ist sogar ein recht häufiger Fehler, *die Zündanlage dieses einzelnen Motors gibt einfach wesentlich weniger Leistung her als im Neuzustand.* Die Verlustquellen, deretwegen die Funkenenergie geringer wird, sind zahlreich, wir werden sie im Laufe der nächsten Seiten ja noch im einzelnen kennenlernen. Wir müssen uns jetzt jedenfalls darum kümmern, welchen Anforderungen ein Funke eigentlich sonst noch genügen muß, daß man mit der Maschine einigermaßen vernünftig fahren kann.

Aus irgendwelchen Lehrbüchern ist einem noch im Gedächtnis haften geblieben, daß zu einem Zündfunken irgend etwas zwischen 10 000 und 20 000 Volt gehört. (Nur um nicht so viele Nullen tippen zu müssen, werden wir künftig „kV" tippen, ein halbwegs gewitzter Motorradfahrer wird sich ja wohl ohne weiteres zusammenreimen, daß 1 kV = 1 000 V ist). Dem ist in der Tat so, und schon zu der Zeit, als Robert Bosch noch persönlich an den Zündspulen probierte, war es – ganz genau wie heute – die größte Sorge der Zündspulenmacher, eine Meßvorrichtung zu finden, mit der man die von einer Zündspule hergegebene Spannung erträglich genau zu messen vermag. Als einziges verläßliches und gleichzeitig einfaches Mittel gibt es bis heute noch nichts anderes als die berühmte Funkenstrecke, und wie sie auch vom allermodernsten Testgerät bis heute nicht zu verdrängen war:

Charakteristikum an dieser Funkenstrecke ist die dritte Spitze, die sich unmittelbar neben der Hochspannungsspitze befindet. Diese dritte Spitze ist nirgendwohin verbunden, steht also „nur so" da, sie dient der Ionisierung der Hauptfunkenstrecke. (Glücklicherweise brauchen wir uns hier nicht mehr damit zu befassen, was Ionisierung überhaupt ist, wie etwa ein Überschlag in freier Luft zustande kommt und welch komplizierte Vorgänge dabei ablaufen. Bei der motorischen Zündung spielt das – so etwas ist ja selten genug – ausnahmsweise einmal keine Rolle. Wer aber neugierig ist und mehr darüber wissen will, findet es in den dickeren Physik- und mitteldicken Elektrotechnik-Büchern, am besten sucht man dazu im Stichwortverzeichnis nach der Bezeichnung „Townsend-Entladung".)

Diese etwas umständlich scheinende Drei-Spitzen-Funkenstrecke ist notwendig, damit der Zusammenhang zwischen Funkenlänge und zugehöriger Überschlagspannung einigermaßen konstant beziehungsweise reproduzierbar bleibt. *Nur mit der Dreispitzen-Funkenstrecke hat man die Garantie, daß zu verschiedenen Zeiten in verschiedenen Werkstätten und bei verschiedenen Zündspulen zu einer bestimmten erzielten Funkenlänge immer die gleiche Spannung gehört.*

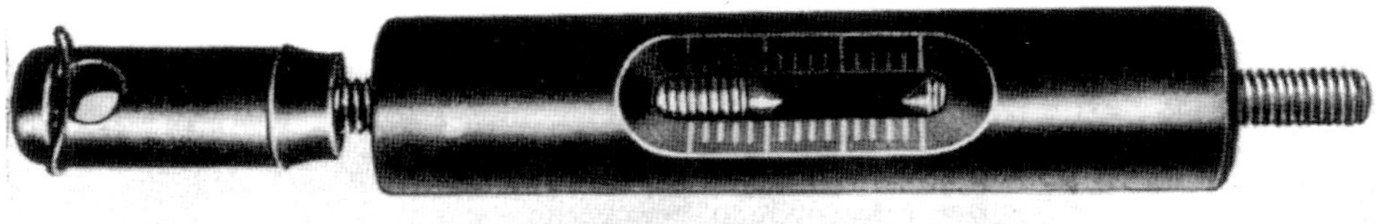

Es ist also gegenstandslos, von einer Kerze den Stecker abzuziehen und den Funken durch die freie Luft etwa auf eine Kühlrippe schlagen zu lassen. Das heißt natürlich, können kann man schon, man darf dann nur aus der erzielten Funkenstrecke keine Rückschlüsse auf die Höhe der Spannung ziehen wollen.

Zuweilen findet man auch eine Warnung vor diesem Verfahren, der Warner sagt dann immer, diese Funkenzieherei sei gefährlich, weil sie die Isolation der gesamten Zündanlage übermäßig beanspruche. Der Mann hat damit zwar nicht so ganz unrecht, aber auf der Fehlersuche *bezweckt man gerade* das so manches Mal: Wenn man die Zündanlage im Verdacht hat, da säße der Wurm drin, und man daraufhin das Zündkabel von der Kerze abzieht und das Kabel womöglich überhaupt frei hängen läßt, so daß der Funke nirgendwohin schlagen kann, dann braucht man eigentlich nur die Ohren ein bißchen zu spitzen: Meist hört man es irgendwo knistern, da haut das blaue Feuer irgendwo anders über, irgendwo auf der Strecke zwischen Zündkabelende und Zündspulenkopf. Diese Stelle, an der *jetzt* die Überschläge knistern, kann im normalen Zündbetrieb, *wenn also an der Kerze immer noch ein Funke übergeht,* dennoch so viel Energie abziehen, daß der Funke an der Kerze schwach genug wird, *um nicht unter allen Umständen mehr zu zünden* – der Motor geht dann stolpernd. (Die Starkstromer machen es ja öfter, daß sie auf einen noch schwachen Nebenschluß, der zwar Strom frißt, aber nicht ohne weiteres aufzufinden ist, längere Zeit eine möglichst hohe Spannung draufgeben, damit dieser Nebenschluß „ausbrennt", daß er sich also durch eine Brandstelle dokumentiert und dadurch aufgefunden werden kann.)

Es ist ganz einfach an jede Zündanlage die Grundforderung zu stellen, daß die Isolation auch dann ausreicht, wenn ein Zündfunke nirgendwo überschlagen kann.

Wenn sich bei freihängendem Zündkabel an einer nicht gewollten Stelle ein Überschlag einstellt, dann war dort eben die Isolation so schlecht, daß der betreffende Teil unter allen Umständen ausgewechselt werden muß, *die Stelle wäre in den nächsten vier Tagen, vier Wochen bis äußerstenfalls vier Monaten doch überschlagen worden und hätte ausgewechselt werden müssen.*

Nun hat man aber eine solche Dreispitzen-Funkenstrecke gerade dann nicht zur Hand, wenn man sie eigentlich bräuchte. Dafür gibt es eine andere, erfahrungsgemäß sehr ordentliche Einrichtung: Bei Beru gibt es um ganz wenig Geld eine Vorschaltfunkenstrecke zu kaufen, die nichts weiter ist als zwei verstellbare Spitzen in einem Glasrohr, nicht einmal evakuiert, also eine überaus simple Einrichtung. Statt des normalen Kerzensteckers steckt man diese Funkenstrecke auf die Kerze, der Kerzenstecker kommt dafür ans andere Ende der Funkenstrecke. Die Strecke wird zunächst auf 1,0 bis höchstens 0,5 mm Abstand gestellt, damit kann man den Motor laufen lassen. Bei laufendem Motor dreht man nun diese Funkenstrecke auf einen immer weiteren Abstand, man kann das gefahrlos tun, man kriegt dabei also nicht mal eine verplättet. Man wird so eine Funkenlänge finden, bei der die Zündung einfach aufhört und der Motor stehenbleibt.

Diese Funkenlänge, bei der die Zündung aussetzt, ist ein erstaunlich gutes Maß für die Leistungsfähigkeit der jeweils vorhandenen Zündanlage.

Sie ist nicht so genau wie die Dreispitzen-Funkenstrecke, ich habe aber gefunden, daß man damit die ganz leicht angeknacksten Zündanlagen zuverlässig zu erkennen vermag, insbesondere in Fällen wie den geschilderten, wo ein Motor mit einer einwandfreien Zündanlage auch einwandfrei geht, aber ein zweiter Motor trotz erstklassigen mechanischen und Vergaserzustandes stolpernd geht, sei das bei Vollast und hoher Drehzahl, sei die Stolperei wie geschildert im niedrigsten Lastbereich.

Man erkennt damit auch ein Nachlassen der Magnetisierung bei Schwungmagneten, die etwa auf der Lichtseite eines Schwungmagneten mit dem Voltmeter kaum zu erkennen wäre, aber unter Umständen eben schon zu Zündstörungen Anlaß gibt.

Man erkennt damit bei Batteriezündungen auch eine Minderung der Zündenergie, die etwa auf einen „noch guten" Kondensator oder auf leicht angefressene Unterbrecherkontakte zurückzuführen ist.

Wenn man den Umgang mit dieser Beru-Funkenstrecke erst einmal heraus hat, dann hängt man sie als erste Maßnahme in das Zündkabel, bevor man an dieser Zündanlage irgendeine Schraube oder sonst etwas auch nur anfaßt. (Man muß natürlich beim eigenen Motor einmal feststellen, bei wieviel Millimetern die Zündanlage in gesunden Tagen auszusetzen pflegt, bei fremden Motoren muß man wissen, welche Aussetzerlängen von (Zünder-) Fabrikat zu Fabrikat vorhanden zu sein pflegen.

Obwohl es nun eigentlich nicht hierher gehört, ist hier doch die beste Gelegenheit, auf einen uralten Ladenhüter einzugehen, der alle paar Jahre wieder herumspukt und für den Leute immer wieder Geld ausgeben: Der sogenannte „Zündverstärker". So ein Zündverstärker ist ein geheimnisvoll aussehendes Ding, rund herum schön zugesiegelt, nur eben an jedem Ende mit einer Klemmschraube, einer Buchse oder irgendeiner sonstigen Kontaktmöglichkeit versehen. Der Verstärker ist dazu bestimmt, ganz ähnlich wie die Beru-Meßfunkenstrecke, zwischen Kerze und Zündkabel gesteckt zu werden, manche sind auch so eingerichtet, daß das Zündkabel abgeschnitten und der Zündverstärker in die Schnittstelle montiert werden muß. Letzteres sieht natürlich besonders geheimnisvoll aus, man kann dann Einsfuffzig mehr dafür verlangen. Das ganze Geheimnis dieser Zündverstärker besteht aus einer in freier Luft befindlichen Funkenstrecke von 0,2 – 1,0 mm Länge, wobei es keine Rolle spielt, ob nur ein Spitzenpaar oder mehrere Spitzenpaare vorhanden sind. Wichtig ist allein eben nur die freie Funkenstrecke.

Bei gut instand befindlichen Motoren zeigt ein solcher Zündverstärker keinerlei Wirkung, weder im Leerlauf noch bei Vollast. Eine deutliche Wirkung ist aber vorhanden, wenn die Kerze leicht verschmutzt ist: Eine solche Kerze kann zwar bei

Vollast noch tadellos zünden, bei Niedriglast gibt sie aber Aussetzer beziehungsweise eben stolpernden Gang. Mit dem Zündverstärker verschwindet dieser stolpernde Gang, das ist aber auch alles. Da dieser Laufzustand aber durch einen Kerzenfehler bedingt wird, ist es im Grunde genommen völlig witzlos, einen Zündverstärker zu verwenden. Der richtige Weg ist, eine saubere Kerze zu verwenden und, wenn diese nicht sauber bleibt, eben dafür zu sorgen, daß der Motor eine vernünftige Vergasereinstellung oder einen anständigen Kraftstoff bekommt, mit dem die Kerze dann auch sauber *bleibt*. (Es wird dabei als selbstverständlich vorausgesetzt, daß anspruchsvolle Hochleistungsmotoren, also von 60 PS/l aufwärts, Anspruch auf *zwei verschiedene* Kerzen für Stadtbetrieb und für Jagerei haben. Es wäre witzlos, wenn auch kurzzeitig möglich, die im Stadtbetrieb verschmutzende Jagekerze durch einen solchen Zündverstärker für den Stadtverkehr brauchbar zu machen. Wir können es auch kurz und hart formulieren:

> Man kann einen sogenannten Zündverstärker zwar nicht als Schwindelmittel bezeichnen, weil er ja bei leicht verdreckten Kerzen Wirkung zeigt. Es ist aber ganz bestimmt das falsche Mittel. Wenn ein Zündverstärker Wirkung zeigt, dann ist das nur ein Zeichen, daß der Motor entweder mit der falschen Kerze gefahren wird, daß die Vergasereinstellung grob nicht stimmt oder daß irgend ein Drecks-Kraftstoff gefahren wird. (Weil dieser Kraftstoff für eine entsprechende Kerzenverschmutzung meist in Gestalt von Bleiglas sorgt.)

Wie befürchtet, sind das nun doch eine ganze Menge Seiten mit Theorie geworden, die so manchem doch ein bißchen blaßblau erscheinen mag. Sie war aber notwendig, um die folgende Feststellung zu begründen:

Auch der billigste, kümmerlichste Motorradzünder liefert im Neuzustand die fünfzig- bis hundertfache Zündenergie, die eigentlich zu sicherem Zünden nötig wäre.

Es gibt aber eine ganze Menge durchaus normale Betriebszustände, bei denen nur diese mindestens fünfzigfache Energie zu sicherem Start und voller Motorleistung ausreicht.

Da auch eine Zündanlage im Laufe der Zeit nur schlechter wird, wenn sie nicht überhaupt still verludert, stellt diese scheinbar gewaltige Leistungsreserve eine sehr nützliche und meist unerkannte Alterungsreserve dar.

Wenn ein Motor rätselhaft scheinende Leistungsverluste zeigt, für die man trotz Nachsuche an anderer Stelle keine rechte Ursache finden kann, dann ist es durchaus möglich, daß die Zündanlage an Leistung verloren hat. Es ist – immer vorausgesetzt, daß die Nachsuche an allen übrigen maßgebenden Punkten nichts ergeben hat – angebracht, sich nicht mit dem sichtbaren Vorhandensein eines Zündfunkens zu begnügen, sondern zu untersuchen, ob die derzeit vorhandene Zündspannung und Zündenergie überhaupt noch ausreichen.

Jede Herrichtarbeit an einem Motor, insbesondere das Schnellermachen mit größerem Vergaser, also wesentlich vergrößerter Füllung und veränderter Spülung, ergibt so grundlegende Änderungen im Verbrennungscharakter, daß man mit der Zündung darauf Rücksicht nehmen muß.

So funktioniert ein Zünder

Auch wer glaubt, schon Bescheid zu wissen, soll ruhig nochmal lesen - hier ist manches anders als in Lehrbüchern.

Es entspricht einer ganz alten Tradition, in Lehrbüchern zwischen Magnetzündung und Batteriezündung zu unterscheiden. Wenn man aber wirklich erfahren will, was da los ist, braucht man gar keine solche Unterscheidung. Wir fangen also erst mal anders an:

Bild 8 zeigt, wie – heute noch – jeder Zünder aufgebaut ist: Im Grunde genommen ist es ein Hochspannungstransformator, schön ordentlich mit Eisenkern, einer dickdrähtigen Primärwicklung und einer dünndrähtigen Hochspannungswicklung, siehe auch Bild 9. Wir brauchen uns da nun gar nicht gewaltig auf Theorie einzulassen, es genügt, wenn wir uns folgende Tatbestände gut merken:

1. So lange der Unterbrecher in Bild 8 offen ist (der Zündschalter natürlich geschlossen), passiert zunächst gar nichts, es kann ja kein Strom durch die dickdrähtige Wicklung fließen. Dreht man nun den Nocken, daß der Unterbrecher schließt, dann fließt in der dickdrähtigen Wicklung ein ziemlich starker Gleichstrom von einigen Ampere. Irgend etwas Sichtbares passiert dabei nicht. Auch wenn man während des Schließvorganges die Hochspannungsklemme 4 anfaßt, geschieht nicht viel, man muß schon sehr gut aufpassen, wenn man beim Schließen der Kontakte überhaupt einen leichten Stich in der Fingerspitze verspüren will. Im Eisenkern baut sich da erst mal ein Magnetfeld auf, ein Vorgang, der ziemlich langsam vor sich geht, und ist dieses Magnetfeld erst mal aufgebaut, dann hat der fließende Strom vollends nichts anderes mehr zu tun, als die Wicklung nur noch zu heizen. (Was einem wiederum nicht angenehm ist und was man am liebsten verhindern würde, wenn man nur könnte.)

2. Dreht man nun den Motor weiter, so daß der Nocken den Unterbrecher wieder auseinanderdrückt, dann passiert freilich wesentlich mehr: Die Unterbrechung des Primärstromes läßt das Magnetfeld im Eisenkern wieder zusammenbrechen. Es bricht nun aber in *sehr viel kürzerer Zeit* zusammen, als es aufgebaut werden konnte, und eben deswegen, also wegen des abrupten Zusammenbrechens, entsteht in der Hochspannungswicklung das, was man von ihr erwartet, nämlich eine tatsächlich hohe Spannung, die irgendwo zwischen 10 und 25 kV liegt. Wenn man dabei die Klemme 4 immer noch in der Hand hatte, spürt man davon natürlich ganz hübsch etwas.

Jeglicher Zünder herkömmlicher Art, sei das also Batteriezünder oder Magnetzünder, lebt davon, daß durch abruptes Öffnen des Primärstromes das Magnetfeld in der Zündspule ebenso abrupt zusammenbricht und erst dieser Zusammenbruch erzeugt in der Sekundärwicklung den Spannungsstoß, den wir als Zündfunken ausnützen.

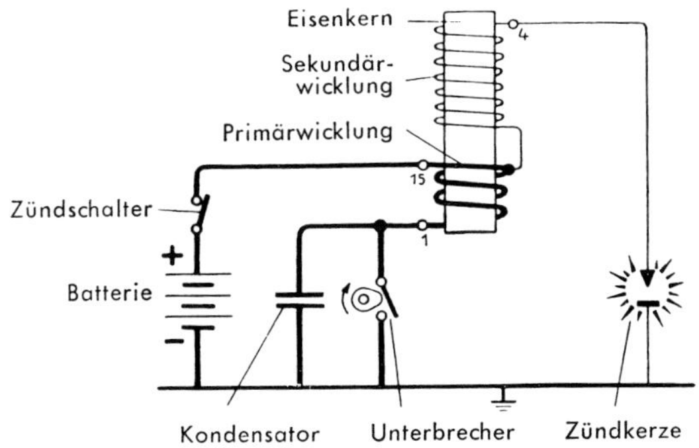

Bild 8
Oben: Die Grundsatzschaltung jedes Batteriezünders.

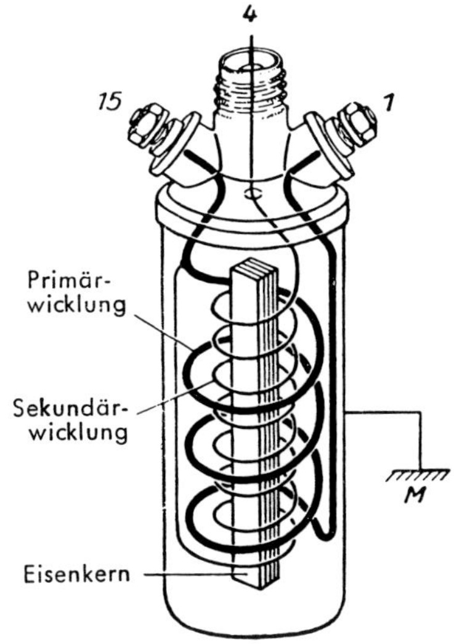

Bild 9
Rechts: Der Aufbau jeder Batterie-Zündspule – es kommt nicht immer darauf an, daß der Blechmantel einen magnetischen Eisenschluß bewirkt.

Dieser Vorgang läuft nun ab, ganz gleich, ob der in Bild 8 gezeichnete Kondensator vorhanden ist oder nicht. Nehmen wir aber zunächst einmal an, der Kondensator sei nicht vorhanden: Die einfache Erfahrung lehrt, daß der Zünderstrom beim Öffnen des Unterbrechers nicht einfach glatt abgeschnitten wird, wir beobachten zwischen den Unterbrecherkontakten „Feuer". Es handelt sich hier um regelrechte kleine Lichtbogen, die einen verhältnismäßig starken Strom zu führen vermögen, das heißt also, daß der Strom im Moment des Öffnens der Kontakte gar nicht schnell unterbrochen wird, sondern über den Lichtbogen, über das „Kontaktfeuer", noch eine nennenswerte Zeit weiterfließt und ziemlich allmählich schwächer wird. Vorhin sagten wir aber, es käme darauf an, den Strom so plötzlich wie möglich zu unterbrechen. Gerade dazu dient nun der Kondensator:

Es lohnt sich durchaus, an der eigenen Maschine (sofern sie Batteriezündung hat) einmal einen Versuch zu machen und die Kurbelwelle so zu drehen, daß der Unterbrecher geschlossen ist. Die Zündkerze dreht man heraus und legt sie, am Zündkabel steckend, so hin, daß man einen Funken daran gut sehen kann. Dann wird der Zündschalter eingeschaltet und man kann jetzt mit Fingernagel oder Schraubenzieher den Unterbrecherhebel anlüften: Bei jedem Abheben gibt es an der Kerze einen hellen, klatschenden Funken. Dabei ist es kaum möglich, am Unterbrecher selbst einen Funken zu entdecken, man muß dazu schon sehr genau in den Kontaktspalt hineinpeilen und auch dann gelingt es einem höchstens bei jedem fünften oder sechsten Abheben, ein ganz winziges Unterbrecherfünkchen zu entdecken.

Ganz anders, wenn man jetzt die zum Kondensator führende Zuleitung (sie führt immer zum isolierten Mittelpol des Kondensators) unterbricht bzw. abklemmt: Jetzt bilden sich zwischen den Unterbrecherkontakten ganz helle, regelrecht zischende Funken, während an der Kerze nur noch ganz verhungerte, schwächliche Fünkchen erscheinen. Der Kondensator erfüllt also eine doppelte Aufgabe: Er sorgt einmal

Bild 10
Der Weise hat den Reservekondensator schon fest eingebaut, aber nicht angeschlossen. (Das hier gehörte mal Ulrich Pohl.) Die Schraubanschlüsse am Mittelpol haben etwas für sich, sind handlicher, wenn es unterwegs pressiert, gar Nacht ist und es einem noch ins Genick regnet. (Ist Ihnen schon mal bei Tag und gutem Wetter ein Kupferwurm vorgekommen?)

dafür, daß die Zündspule eine genügend hohe Spannung liefert, zum zweiten unterbindet er denkbar weitgehend die Lichtbogenbildung an den Unterbrecherkontakten und verhütet deren kurzfristige Zerstörung.

Die Zündspule selbst ist wie gesagt ein überaus einfacher Transformator, man kann schon beinahe sagen, sie sei im Vergleich zu einem Wechselstrom-Leistungstransformator direkt primitiv. Während man bei einem solchen Wechselstromtransformator auf einen geschlossenen Eisenweg denkbar großen Wert legt, beschränkt man sich bei Zündspulen auf einen einfachen, stabförmigen Eisenkern, der natürlich geblättert sein muß, wie das Bild 9 zeigt. Das ist elektrisch insofern begründet, als es bei einer Zündspule weniger auf eine Leistungsumformung ankommt, als vielmehr auf die Abgabe einer nicht einmal besonders großen Elektrizitätsmenge während einer nur sehr kurzen Zeit, aber bei einer sehr hohen Spannung. Wir sagten ja vorhin, die Zündspule gebe ihre Zündleistung während des schnellen Zusammenbruchs des Magnetfeldes ab: Im allgemeinen steht ziemlich viel Zeit zum Aufbau des Magnetfeldes zur Verfügung, der hohen Zündspannung wegen braucht man eine Hochspannungsspule mit sehr vielen Windungen, also viel Kupfer, das wieder einen bestimmten Raum beansprucht. Innerhalb dieses Raumes hat wieder so viel Eisen Platz, daß man auf den geschlossenen magnetischen Eisenweg nicht mehr angewiesen ist und sich einen simplen, geraden Kern leisten kann, der nicht einmal immer in eine Eisenbüchse gesetzt zu werden braucht. (Bei diesem ganzen Elektrozeug war ja von jeher der Preis wesentlich wichtiger als der optimale elektrische Wirkungsgrad, sehr im Gegensatz zur übrigen Elektrotechnik.)

Wenn wir von der Batterie absehen, die den Strom zum Aufbau des Magnetfeldes liefert, bei dessen Zusammenbruch der Zündfunke gewonnen wird, dann gehören zu einem Zündsystem die drei Grundelemente

1. Zündspule
2. Unterbrecher
3. Kondensator.

Bild 11
Italienischer Zünder mit gelöteten Anschlüssen am Kondensator: Übel, wenn man bauen muß, man kann sich nicht immer darauf beschränken, nur den Anschluß am Unterbrecher (Pfeil) zu lösen. Übrigens: Da ist keine Zündspule drauf, sondern eine Erregerspule für die getrennt montierte Zündspule.

Wenn wir von der Batterie absehen – es muß nicht unbedingt eine Batterie sein, die das Magnetfeld im Eisenkern der Zündspule aufbaut. Wir können das auch viel unmittelbarer machen, indem wir einen hinreichend starken Magneten am Kern der Zündspule vorbeibewegen, denn in dem Maße, wie der Dauermagnet sich dem Eisenkern nähert, wird in diesem Eisenkern ja auch ein Magnetfeld aufgebaut. Wie das aussieht, ist in Bild 12 gezeigt, der Kern der Zündspule hat einfach zwei Verlängerungen erhalten, die man als „Polschuhe" betitelt und zwischen diesen Polschuhen dreht sich ein Dauermagnet. Nach diesem Verfahren arbeiten alle heutigen Magnetzünder, möglich wurde es aber erst mit der Erfindung moderner Magnetmaterialien, die es erlauben, hinreichend starke Magnete sehr kurz auszuführen. Ich muß jetzt bitten, auf Seite 169 im Kapitel „Wechselstrom-Lichtmaschinen" nachzulesen, was es mit diesem Magnetmaterial und der dadurch ermöglichten kurzen Baulänge auf sich hat. Es ist dabei gleichgültig, ob man den Magneten so rotieren läßt, wie dies in Bild 12 gezeigt ist, oder ob man eine ganze Anzahl Magnete auf der Innenseite eines über die Spule gestülpten Schwungrades anordnet. Wir werden auf beides noch zu sprechen kommen. Bei ganz alten Motorrädern, wie sie heute noch von Liebhabern zu „Veteranen" hergerichtet werden, findet sich auch noch die Ur-

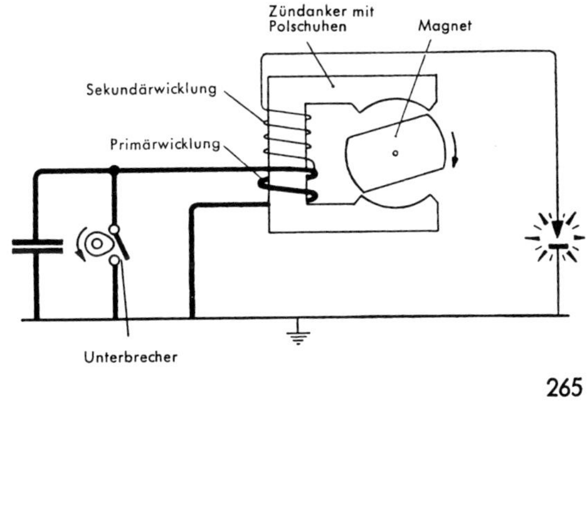

Bild 12
Grundsatzschaltung eines modernen Magnetzünders mit feststehender Zündspule und umlaufendem Magneten, ist nur mit modernem Magnetmaterial mit hoher Koerzitivkraft möglich, nur so bekommt man kurze Magnete.

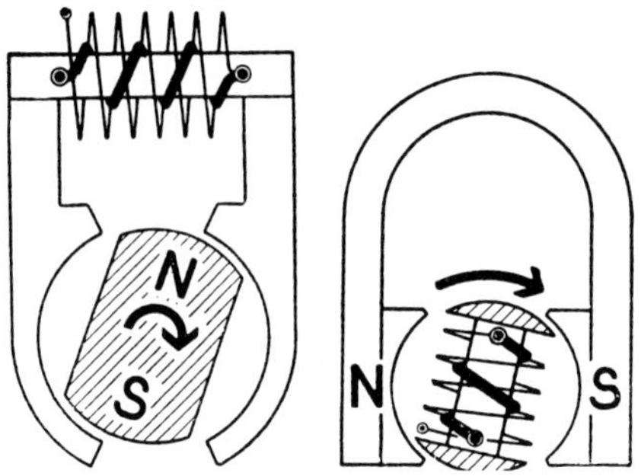

Bild 13
Vergleich eines modernen Magneten mit einem älteren Magneten mit umlaufender Spule – dazu war man bei älteren Magnetstählen gezwungen.

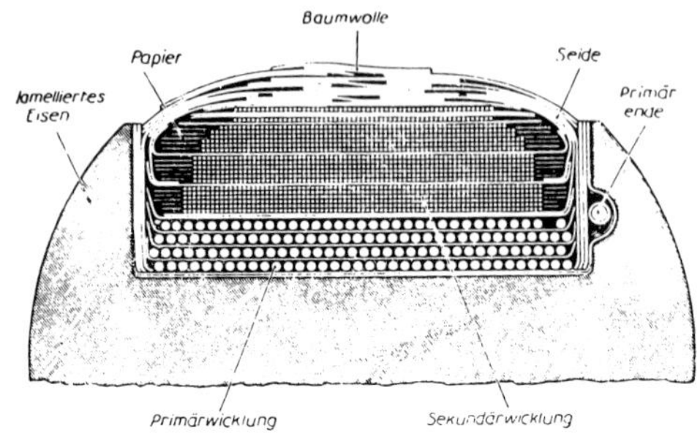

Bild 14
So sind bei den Umlauf-Ankern älterer Zündmagnete die Spulen aufgebaut.

form des Magnetzünders: Nach dem Vergleichsbild 13 läuft da zwischen den Polen eines gewaltigen, hufeisenförmigen Magneten aus Kohlenstoffstahl oder Kobaltstahl (deswegen muß da der Magnet so lang sein) ein doppel-T-förmiger Anker aus Weicheisen, auf den die Zündspule direkt aufgewickelt ist. Bild 14 zeigt, wie diese Wicklung auf dem Doppel-T-Anker aussieht. Zu dieser Lösung war man einmal gezwungen, als man noch nichts anderes als diese einfachen Stähle hatte, die eine große Baulänge für den Magneten erzwangen. Daß die Zündspule dabei mit umlaufen muß, ist alles andere als angenehm, dadurch muß auch der Unterbrecher mit umlaufen und die Hochspannung muß durch einen Schleifkontakt abgeführt werden.

Bild 15
Explosionszeichnung der ganz modernen BMW-Anlagen mit getrennter Lichtmaschine und Zünder – gibt es von Bosch und von Noris.

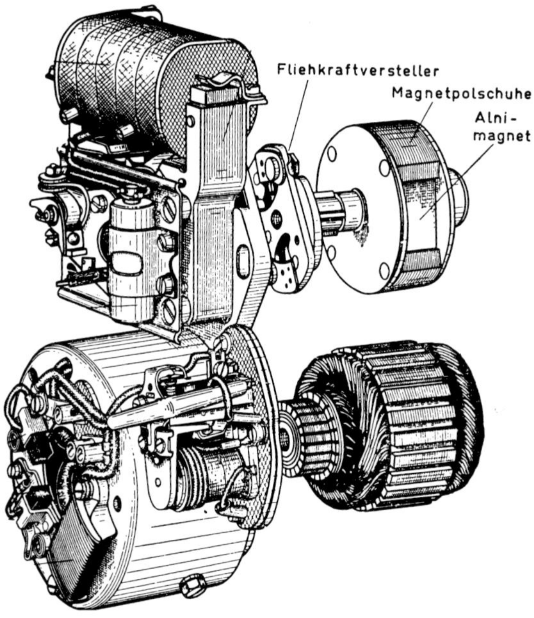

Bild 16
So sieht der selbständige Magnetzünder mit Zweifunkenspule in natura aus.

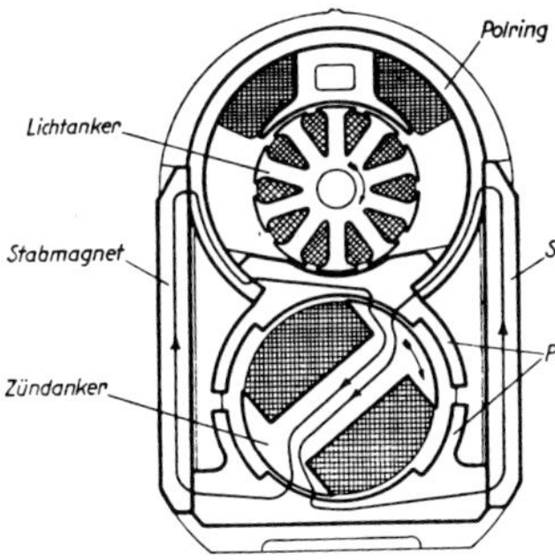

Bild 17
Oben: Schematischer Aufbau des alten, berühmten Bosch DB-Lichtmagnetzünders.

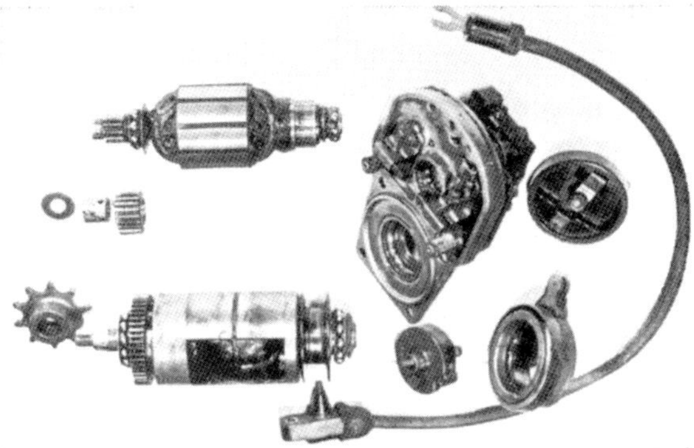

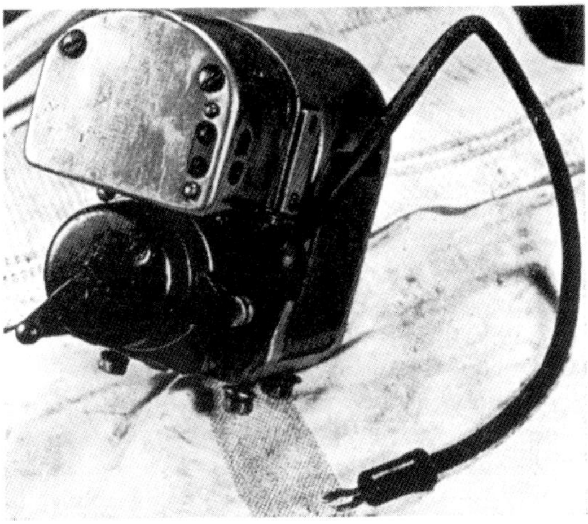

Bild 18
Rechts und rechts oben: Der Bosch DB-Lichtmagnetzünder mit seinen zwei Läufern, oben Lichtläufer, unten Zünderläufer. Zündspannungsabnahme durch Schleifbürste.

Bei modernen Magnetzündern – serienmäßig verwendet aber nur bei BMW, weil es ein paar Piepen mehr kostet, zur Gleichstrom-Lichtanlage noch ein ganz selbständiges Magnet-Zündsystem aufzubauen – ordnet man aber durchgehend die Spule fest an und läßt den kurzen Magneten rotieren, auf den dann auch gleich der Unterbrechernocken aufgesetzt wird. Die Bilder 15 und 16 zeigen, wie das in der Praxis aussieht.

Hier muß auch auf eine ehemals sehr berühmte Licht-Magnet-Maschine von Bosch eingegangen werden, die bis in die mittleren Dreißigerjahre in (ungelogen!) Zehntausende von dicken Import-Motosacoches, -Rudges, -Japs, Barks und Columbusse eingebaut wurde und mit der heute kaum ein Werkstattmann noch etwas anzufangen weiß, wenn er diese Zeit nicht mehr selber erlebt hat. (Er müßte dann heute mindestens 45 Jahre alt sein und hätte diese Maschine bestimmt nur noch „gebraucht" erlebt.) Wohl aber ist sie für Veteranenmaschinen noch durchaus wichtig: Wie die Bilder 17 und 18 zeigen, handelt es sich um ein Eisengehäuse mit aufgesetzten Plattenmagneten aus Kobaltstahl. Im unteren Polschuhpaar läuft der Zündanker, ganz schulbuchmäßig mit umlaufendem Unterbrecher und feststehendem bzw. mit Handhebel einstellbarem Nocken. Der Kondensator befindet sich im umlaufenden Zündanker, da, wo er eine scheinbar dicke Endscheibe (auf der Zahnradseite) hat. Das ist in Wirklichkeit eine Schachtel und da drin ist der (meist kaputte)

Kondensator. Im oberen Teil des Gehäuses (das mit dem Dauermagnetfeld aber nichts mehr zu tun hat) läuft der Gleichstromläufer, der über ein Zwischenrad mit 4–5facher (ich weiß das nicht mehr so genau) Drehzahl gegenüber dem (mit Nokkenwellen- also halber Motordrehzahl umlaufenden) Zündanker übersetzt ist. Der Lichtläufer muß so schnell drehen, um überhaupt auf die hohe Leistung von 30 Watt kommen zu können. Mehr ist da aber auch nicht drin, damals waren 25 Watt im Scheinwerfer schon ganz anständig. Das Zwischenrädchen hat auf seinem Achsbolzen serienmäßig sehr viel Spiel, muß sein, da ist also nichts verschlissen. Diese Maschine war einmal zu ihrer Zeit eine unbedingte Meisterleistung an Kleinheit und elektrischer Leistung, man sollte sich Mühe und Kosten nicht verdrießen lassen, sie etwa für eine Veteranenmaschine wieder richtig herzurichten – das Ding ist ungefähr so sagenhaft wie eine RT 3 oder eine Blutblase.

Bei Schwungrad-Anlagen sitzt – wenigstens annoch bei deutschen Motorrädern – die Zündspule friedlich unten bei den Lichtspulen und heizt sich da brav auf. Eigentlich sind ja die Zündspulen erst im nächsten Kapitel „dran", dort wird dann auch gesagt, daß und warum eine Zündspule nicht an den heißen Motor, sondern an einen kühlen Ort und vor allem in die Nähe der Kerze gehört. Da bei deutschen Motorrad-Motoren seit 1955 praktisch keinerlei Entwicklung mehr stattfand, hat alles über 100 ccm die Zündspule noch stur innerhalb des Schwungrades sitzen. Die Italiener machten es inzwischen anders: Die hatten ja zwangsläufig auch gemerkt, daß ein heißer Kurbelkasten keine gute Nachbarschaft für eine Zündspule ist, infolgedessen wickelten sie bloß eine Erregerspule aus dickem Draht, die da unten ins Schwungradgehäuse kam, die Zündspule kam oben unter den Tank. Wer unsere Bilder aufmerksam betrachtet, wird bei den italienischen Zündern diese dickdrähtige Erregerspule finden, die nichts anderes zu tun hat, als den Primärstrom für die eigentliche Zündspule zu liefern. Weil nun in Deutschland inzwischen aus den albernen Mopeds wenigstens richtige „Mokicks" geworden sind, aus deren Motoren 4 und 4,5 PS herauskommen, durfte man die Zündspulen wirklich auch nicht mehr länger unten im Magnetrad lassen – seitdem gilt auch in deutschen sogenannten Fachkreisen eine bloße Erregerspule im Magnetrad mit getrennt untergebrachter Zündspule als Glanzleistung moderner Ingenieursintelligenz.

Man kann natürlich aus jedem vorhandenen Schwungradzünder die – meist ziemlich poplige – Zündspule herauswerfen und auf ihren Eisenkern eine Erregerspule wickeln. Leider kann man dabei nicht viel rechnen, weil jede Annahme, die man macht, falsch sein kann. Also sägt man die alte Zündspule auf – muß man sowieso, um den Eisenkern zu gewinnen. Wenn die Hochspannungsspule runter ist und die dickdrähtige Primärspule zum Vorschein kommt, wird diese Windung für Windung abgewickelt, die Windungen werden genau gezählt. Und nun kann man eine todsichere Tour reisen: Man nimmt neuen Draht von etwa 1,5fachem Durchmesser und wickelt davon zunächst die gleiche Windungszahl auf. Danach wird noch viel Platz sein, so daß man eine weitere Spule mit 35 Prozent der Windungszahl und noch eine mit weiteren 65 Prozent wickeln kann. Damit hat man dann zur Originalspannung noch eine weitere um 35 Prozent höhere Spannung, eine um 65 Prozent höhere und wenn es sein muß und alle drei Spulen hintereinander liegen, auch 100 Prozent höhere Spannung. Der Querschnitt reicht auf alle Fälle aus und man kann ausprobieren, was am besten zur jeweiligen äußeren Zündspule paßt.

Was uns nun als Praktiker vornehmlich interessiert, das sind die an einem Zünder auftretenden Fehlermöglichkeiten. Das ist unweigerlich bei allen technischen Einrichtungen so, man nimmt von ihrer Existenz immer erst dann Kenntnis, wenn sie nicht mehr richtig wollen. Gehen wir die Zünderteile also Stück für Stück durch:

Die Zündspule

Glücklicherweise ist an der ganzen Zündanlage die Zündspule ausgerechnet der Teil, dem gemeinhin am wenigsten passiert. Weil das so ist, pflegen sparsame Fabrikanten an der Zündspule auch zuerst zu sparen, und weil dabei immer ein bißchen mehr gespart wird, als eigentlich gespart werden dürfte, geht gelegentlich eben doch einmal etwas dran kaputt.

Bis auf die letzten Jahre, in denen wirklich noch ausgewachsene Motorräder gebaut wurden, galt es als technischer Fortschritt, die Zündspule mit im Lichtmaschinengehäuse unterzubringen und die Hochspannung mit einem langen Kabel und einer mehr oder weniger gewaltigen Gehäusedurchführung nach oben an die Kerze zu transportieren. Dagegen wäre (bis auf die Durchführung, siehe Seite 185) weiter nichts einzuwenden, wenn es da unten im Lichtmaschinengehäuse nicht manchmal gar so warm wäre. Insbesondere bei Zweitaktern kann sich das dem Kurbelkasten unmittelbar aufsitzende Lichtmaschinengehäuse derart aufheizen, daß dies – wenigstens langfristig – zu einem Zerfall der gesamten Isolationsmaterialien der Zündspule führt. Es bleibt dann zu überlegen, ob man die zerstörte Zündspule im Original ersetzen will oder ob man nicht doch lieber gleich eine ganz normale Wagenzündspule verwenden will, die man außerhalb des Lichtmaschinengehäuses mit einer Schelle an einem geeigneten Rahmenpunkt unterbringt. (Siehe Bild 19.) Das hätte den Vorzug einer sehr kurzen Zuleitung zur Zündkerze, man hätte keinen Kummer mit der Hochspannungsdurchführung mehr und außerdem bliebe da oben am Rahmen die Zündspule bestimmt viel kälter als unten im Lichtmaschinengehäuse.

Bild 19
Eine Zündspule gehört nicht an den heißen Motor, sondern an einen kühlen Ort in der Nähe der zugehörigen Kerze, aber geschützt vor Nässe und Dreck. Hier DKW, unterm Tank hinterm Steuerkopf.

Aus gutem Grund hat man das in der Nachkriegszeit bei DKW grundsätzlich so gemacht, auch die Italiener wußten schon, warum sie bei ihren schnellen Apparaten die Zündspule grundsätzlich vom Motor weg irgendwo an den Rahmen anbauten. Auch bei einigen heutigen deutschen 50-ccm-Motoren mit Magnetzündern geht man dazu über, den Umlaufmagneten nur noch mit einer Erregerwicklung zu versehen und eine selbständige Zündspule irgendwo außerhalb des Motors an den Rahmen anzubauen. Die Einbauzündspule durch eine getrennt, also außen angebaute normale Zündspule zu ersetzen hat mindestens den Vorteil, daß man nicht auf den Originalersatz zu warten braucht, der heutzutage auch bei großen Bosch- oder Noris-Diensten keineswegs mehr in der Schublade parat zu liegen pflegt. Wohl aber sind Zündspulen nach Bild 19 nicht nur bei Elektrodiensten, sondern schon in jeder halbwegs normalen Wagenwerkstatt ohne weiteres greifbar. Auch auf Auslandsreisen würde ich mich nicht mehr mit der Mitnahme einer Originalzündspule belasten (es sei denn, ich hätte einen Magnetzünder drin), denn als Ersatz geeignete Zündspulen sind heute auch auf dem Dorf greifbar.

Wohl aber fragt es sich, ob man bei der Gelegenheit des Umbaues nun wirklich eine ganz normale Wald-Wiese-Zündspule verwenden soll oder eine „Hochleistungszündspule". Selbst wenn man das Geld für die meist teurere Hochleistungszündspule aufzuwenden bereit wäre, muß da erst noch etwas überlegt werden:

Zwar geben Hochleistungszündspulen sehr große Schlagweiten und auch sehr fette, laut klatschende Funken, sie nehmen aber auch notwendig einen hohen Primärstrom auf. Es ist meist gar nicht einmal die Frage, ob dieser hohe Primärstrom von 4–5 Ampere geliefert werden kann, der ist meist ohne weiteres vorhanden, eine solche Zündspule verlangt aber in der Bedienung Sorgfalt: Man darf die Zündung bei stillstehendem Motor nicht versehentlich auf die Dauer eingeschaltet lassen. Auch wieder weniger, weil dadurch die Batterie rapid entladen würde, sondern weil dabei die Zündspule verschmort. Anständige normale Zündspulen vertragen es aber durchaus, daß der Fahrer gelegentlich einmal das Abschalten der Zündung vergißt, Hochleistungsspulen sind dagegen hinüber. Bei Bosch weist man zwar ausdrücklich darauf hin, daß solche Zündspulen „für höhere Anlaßleistung" nicht ruhestromsicher seien, das heißt also, das steht im großen Katalog. Ob es der Verkäufer hinterm Ladentisch seinem Kunden auch noch sagt, ist wieder etwas anderes, deshalb wird hier darauf hingewiesen. (Bei Wagen mit ihren Mehrzylindermotoren hat man außerdem Zündstromverteiler – übrigens auch bei englischen Zweizylindermotoren – und da ist bei Hochleistungszündspulen mit weiteren Schwierigkeiten zu rechnen: Die Verteilerkontakte werden elektrisch ziemlich stark angegriffen, außerdem geht im Verteilergehäuse eine Art Salpetersäurefabrikation los, man kann also nicht sagen, daß da eine Hochleistungsspule besonders erfreulich sei. Hat man aber denn eine Hochleistungsspule überhaupt nötig? Was kann man damit überhaupt gewinnen? Offen gestanden weiß ich keinen Motorrad-Motor, bei dem man auf eine Hochleistungsspule angewiesen wäre. Wenn man sie nötig zu haben glaubt, weil der Motor schlecht anspringt (und das ist wirklich der einzige Grund, weswegen eine Hochleistungsspule angebracht sein könnte), dann liegen hier andere Fehler vor, entweder am Unterbrecher, am Kondensator, am Vergaser oder sonstwo, die man besser als solche aufsucht und beseitigt.

Es gibt keinen vernünftigen Grund, weshalb man bei einem Motorrad eine Hochleistungszündspule verwenden sollte, sie bringt nichts ein.

In der Tat, auch das kümmerlichste, allerbilligste Motorradzündspulchen für Einbau ins Lichtmaschinengehäuse liefert (in gutem Zustand) die für einen völlig braven Start erforderliche Zündleistung und Zündspannung, ganz zu schweigen von einer normalen, einfachen Wagenzündspule.

Wenn es auch grundsätzlich nicht darauf ankommt, wo man eine von der Lichtmaschine getrennte Zündspule montiert, wird man sich doch einen Platz dafür suchen, wo sie weder dem Regen noch den vom Vorderkotflügel gelieferten Wasserströmen ausgesetzt ist. Man wird sie ferner einigermaßen in die Nähe der Zündkerze setzen, das ist aber auch alles. Etwas anderes ist es allerdings mit den Zuleitungen: Die werden normalerweise aus handelsüblichem Lackkabel gemacht, also 0,75 mm^2 Querschnitt. Bei einer neuen Anlage darf man das ganz bestimmt, denn die paar Prozent Primärleistung, die in diesem Kabelquerschnitt steckenbleiben, spielen bei einer noch völlig in Ordnung befindlichen Anlage keine Rolle. Ich selbst verwende in meiner eigenen Maschine 1,5 mm^2 Querschnitt und obendrein mit sehr sorgfältig aufgelöteten Polschuhen für die Klemmschrauben. Dies aber nur in der Erwägung, daß sich alle heiligen Zeiten doch einmal eine Lage ergibt, in der es auch auf das letzte Prozent ankommt.

An sich ist es ziemlich gleichgültig, ob man die Zündspulenklemme 1 oder die Klemme 15 an den Unterbrecher legt. Die richtige Schaltung, also 1 am Unterbrecher und 15 am Pluspol der Batterie, ergibt bei deutschen Zündanlagen – bei denen also grundsätzlich der Minuspol von Batterie und Lichtmaschine an Masse liegt – eine um 1–2 kV höhere Zündspannung. Die Gelegenheiten, bei denen diese höhere Zündspannung eine Rolle spielt, sind aber außerordentlich selten. (Offen gestanden: Ich wüßte nicht, wo und wann das außer bei Verwahrlosung tatsächlich eine Rolle spielen sollte.) Wenn man aber einmal genötigt ist, im Ausland eine Zündspule zu kaufen, bei der die Primärklemmen nicht oder völlig anders und mithin unverständlich bezeichnet sind, wird man sich mit dem Anschluß kein besonderes Kopfzerbrechen machen. Nur wenn es ganz hoch kommt, wenn man sich also auf keine andere Art mehr zu helfen weiß, kann man ja probeweise einmal die Anschlüsse der beiden Zündspulenklemmen miteinander vertauschen.

Anscheinend doch wichtig:

Als ich vor zwei Monaten diese Absätze über die Polung der Primärseite einer Zündspule schrieb, hatte ich kein gutes Gewissen, einfach weil ich das alles für ein bißchen überholt und für heute nicht mehr wichtig hielt. Bevor das noch abgesetzt und umbrochen werden konnte, mußte ich mich aus heiterem Himmel mit motorisierten Rasenmähern befassen – und was da an Motoren drin ist, meist aus amerikanischer Massenproduktion, das ist nach unseren Vorstellungen von Motoren ein so abenteuerlicher Schund, daß ein Moped-Motor daneben wie Super-Präzisionsarbeit aussieht. Dazu kommt noch, daß diese Motoren nicht nur von Hause aus auf die billigste Art zusammengeschludert sind, sie wurden auch noch in einer Weise „zurechtgemacht", daß sie für den blutigen Laien auf dem Ladentisch möglichst ansprechend aussehen. Wenn da also beispielsweise ein rückwickelnder Seilstarter drauf ist, dann ist bei dem natürlich in keiner Weise darauf Rücksicht genommen, daß das Seil in einem Winkel von 45 Grad zur Führung gezogen wird und also die halbe Zugkraft in Gestalt von Reibung verlorengeht. So ließe sich mühelos noch sehr viel mehr aufzählen, uns fiel aber im Laufe längerer Zeit auf, daß verschiedene Exemplare selbst des gleichen Typs äußerst unterschiedlich starteten. Natürlich gingen wir mit der Methodik des kummergewohnten Motorradschlossers dahinter und eliminierten der Reihe nach alle möglichen Ursachen, die für einen schlechten Start in Frage kommen konnten, zum Schluß blieben aber immer die Zünder übrig: Mit der Funkenstrecke gemessen gab der eine Zünder bei der Drehzahl, die man mit dem Seilstarter eben noch zu erreichen vermochte, bis zu 7 mm lange Funken, beim anderen Motor kam man über 3 mm nicht hinaus. (Vielleicht wird jetzt auch klar, warum hier so sehr auf der Verwendung einer Meßfunkenstrecke herumgeritten wurde und das Eingangskapitel über das Gasanzünden so lang wurde!) Nun waren aber doch offensichtlich diese unterschiedlichen Zünder von gleichem Fabrikat, wir wußten zudem, daß die betreffende Motorenfabrik sogar 20 000 Motoren pro Tag (!) verkauft, da scheint es doch nach unseren Begriffen völlig ausgeschlossen, daß es irgendwelche baulichen Unterschiede geben soll. Blieb also der Verdacht, daß der Magnetismus der Schwungradmagneten nicht stabil sei und im Einzelfall eben sehr stark nachgelassen hatte: Ein Austausch der Magneträder untereinander ergab aber nichts, der schwache Zünder behielt auch mit einem anderen, scheinbar einwandfreien Magnetrad seine kurze Funkenlänge.

Es dauert nun eine Weile, bis man sich entschließt, so einen Zünder komplett abzubauen und eine Aufnahmevorrichtung an einem Elektro-Prüfmotor mit regelbarer Drehzahl zu basteln, der es erlaubt, das Verhalten des Zünders bei gleichmäßig fallender bzw. niedriger Drehzahl festzustellen. (Bei hohen Drehzahlen ließen sich so gut wie keine Unterschiede in der Funkenlänge feststellen.) Dabei kam natürlich des Pudels Kern zutage: Sobald ungefähr 1000 U/min unterschritten wurden, ergaben sich sehr starke Unterschiede der Funkenlängen, bei ungefähr 400 U/min, also der Mindest-Startdrehzahl, waren einmal 3 mm lange, nur äußerst kümmerliche Fünkchen zu erhalten, bei anderen Zündspulen gleichen Typs waren aber schon 6–7 mm lange, nach Augenschein auch sehr viel fettere Funken vorhanden. Wohl aber zeigten alle diese Spulen gleiche und einwandfreie Leitwerte, ebenso gleiche Isolationswerte, sie mußten also jede übliche Prüfung als einwandfrei passieren. Man muß nun schon sehr verzweifelt sein und man kommt sich zuerst auch sehr dumm dabei vor, aber es blieb tatsächlich nur noch der Verdacht übrig, daß die Primärseiten dieser Zündspulen nicht alle gleich gepolt seien. Was sich in der Tat auch herausstellte! Bei diesen Produkten raffinierter automatischer Fertigung lag zwar jeweils das gleiche Ende der Primärseite an Masse, sie waren aber nicht alle im gleichen Sinn gewickelt! Ich könnte mir denken, daß es da in der Motoren-Fertigung Teilserien gibt, die für Linkslauf bestimmt sind und bei denen infolgedessen die Primärseite der Zündspule andersherum gepolt oder bei gleicher Polung andersherum gewickelt sein muß, und daß die Kennzeichnung solcher Spulen nicht so einwandfrei ist, als daß nicht gelegentlich doch Verwechslungen vorkommen.

Sei dem nun auch, wie immer ihm wolle, es ist gut, daran zu denken, wenn ein Motor mit Magnetzünder auffällig schlecht startet und man für dieses schlechte

Starten einen unzulänglichen Zündfunken bei niedriger Drehzahl herausfindet. Wenn man bei der eigenen Maschine so etwas findet, ist freilich guter Rat teuer: Wir haben uns bei den Mähern so geholfen, daß wir einen mit 400 U/min laufenden Prüfapparat bauten, mit dem aus dem Vorrat die Zündspulen herausgeworfen werden konnten, die weniger als 6 mm Funkenlänge ergaben – sie wurden anstandslos als Garantiefälle umgetauscht. Wenn bei der eigenen Maschine die vorhandene falsch gewickelte oder falsch gepolte Zündspule nicht umgepolt und auch nicht ausgetauscht werden kann, bleibt eigentlich nur übrig, die Magnete im Magnetrad umzupolen – das, was bisher ein Südpol war, muß ein Nordpol werden. Ein solches Umpolen ist durchaus möglich, wobei einem natürlich schon wieder ein teuflischer Gedanke aufdämmert: Was man hier absichtlich machen würde, kann bei einem schon einmal stattgefundenen Aufmagnetisieren unabsichtlich passiert sein, man hätte damit auch die Erklärung dafür, weshalb der eigene Motor zwar bei hoher Drehzahl wieder ausgezeichnet läuft, aber jetzt auf einmal so sehr viel schlechter startet als früher.

Mit solchen Sachen muß man also rechnen und es ist keinem heutigen Elektrofachmann übelzunehmen, wenn er davon nichts ahnt, wo hätte er es auch in seinem Nachkriegs-Berufsdasein bisher lernen sollen? In keinem gangbaren Lehrbuch steht etwas darüber, und selbst im klassischen Lehrbuch, dem Klaiber, wird nur so beiläufig daran erinnert, wie das hier zu Anfang des Zünderkapitels auch geschehen ist. Selbst in der sonst so ausgezeichneten „Praxis der Auto-Elektrik" von Kierdorf ist nichts darüber enthalten.

Hier geht es ganz normal weiter:

An Sonderzündspulen ist eigentlich nicht viel zu berücksichtigen: Die deutschen Zweizylinder, also BMW und Zündapp, arbeiten mit Doppelspulen, aber mit einem Unterbrecher. (Dabei geht dann immer im „falschen" Totpunkt, also wenn beide Ventile offen sind und gespült wird, ein Funke über, der wirkungslos bleibt.) Zwar sind die Zündspulen beider Maschinen nicht gerade mager dimensioniert, Fehler sind viel weniger zu erwarten als bei den winzigen Spulchen normaler Motorräder, immerhin ist es mir aber doch schon passiert, daß die große Spule der KS mit Durchschlag ihren Geist aufgab. Man könnte sich bei der KS mit zwei primärseitig in Serie geschalteten 3-V-Zündspulen helfen, diese gibt es nämlich auch, doch kaum über den Ladentisch. Also nimmt man doch besser Originalersatz mit.

Einige Puch-Maschinen haben wegen des langgestreckten Verbrennungsraums der U-Zylinder zwei Kerzen im Kopf, dazu gehören sinngemäß zwei Zündspulen, diese haben aber hintereinandergeschaltete Primärwicklungen, die für 3 Volt Nennspannung bemessen sind. Solche Zündspulen gibt es bei Bosch serienmäßig, man ist also nicht auf Puch-Originalteile angewiesen, wohl aber müßte es einer genauen Überlegung nach möglich sein, auch wieder zwei Wagenzündspulen zu verwenden, deren Primärwicklungen, die naturgemäß auf 6 Volt bemessen sind, einfach parallel geschaltet werden. (Sonst ist Parallelschaltung mit Vorsicht zu genießen, im Zweifelsfall also erst mal probieren.)

Bei den Adler- und Ilo-Zweizylindern ist die Sache vollends ganz einfach, hier sind zwei getrennte Zündkreise mit getrennten Spulen vorhanden, von denen jede für sich im Notfall ersetzt werden kann.

Der Kondensator:

Den Zweck des Kondensators haben wir vorhin schon herausgestellt: Er muß die übermäßige Funkenbildung am Unterbrecher verhüten und andererseits ist es ihm zu verdanken, daß die Zündspule volle Leistung und volle Spannung hergibt. Es ist nun von vornherein gut zu wissen, daß Kondensatoren Verbrauchsobjekte sind, also einer natürlichen, elektrischen Abnützung unterliegen. Als anständiger Mensch hat man für den Scheinwerfer eine Ersatzglühlampe mit, es ist keine Affäre, auch einen Ersatzkondensator mitzuhaben. Ganz feine Leute haben einen zweiten Kondensator schon von vornherein ins Lichtmaschinengehäuse eingebaut, so daß man im Notfall bloß das Zuleitungskabel umzuhängen braucht, Bild 10. Auch Kondensatoren sind einigermaßen wärmeempfindlich und dürften eigentlich nicht im Lichtmaschinengehäuse montiert werden. Nach aller Erfahrung, die ich aber mit auch schwer beanspruchten Serienmaschinen habe, ist das kein sehr wichtiger Umstand. Man findet zwar bei Wettbewerbsmaschinen, vor allem bei den Italienern, immer wieder irgendwo außerhalb angebaute Kondensatoren, gelegentlich sogar zwei Stück davon, ich werde aber das Gefühl nicht los, daß das eigentlich herzlich überflüssig sei und zum wenigsten die Umstände nicht lohne. Schließlich gehört dazu noch ein außen liegendes Drahtende und eine außen liegende Schraube, das Ganze ist dem Dreck und der Nässe zugänglich – also dann schon lieber Einbau, denn sooo wild ist das mit der Wärme da drin auch wieder nicht.

Wenn ein Kondensator kaputt geht, dann tut er das manchesmal nicht auf einen Ruck, sondern schön allmählich: Die kalte Maschine startet wunderschön, man kann auch herrlich damit fahren, aber in dem Maße, wie die Maschine warm wird, also nach 5–15 Minuten, ist mindestens der Leerlauf weg, der Motor bleibt also an der nächstbesten Straßenkreuzung (wenn man eben wirklich in den Leerlauf ging) stehen und ist auch zunächst nicht wieder anzutreten. Manchmal gelingt es noch, ihn anzuschieben oder durch Abrollen an einem Berg zum Laufen zu bringen, sobald man ihn aber nicht auf Drehzahl halten kann und in Leerlaufnähe kommt, bleibt er wieder stehen. Natürlich macht man dann die Lichtmaschine auf, nachdem man die Kerze vergeblich untersucht hat, um da nun der Reihe nach herumzuprobieren. Wenn man das lang genug und erfolglos genug gemacht hat, kühlt dabei der Kondensator so weit ab, daß beim abermaligen Anheben des Unterbrechers plötzlich wieder Zündfunken da sind und die Maschine sich wieder antreten läßt – um nach weiteren 5 Minuten Betrieb wieder still und stumm stehenzubleiben.

Um nun in solcher Lage nicht zu Fuß Ersatz herbeiholen zu müssen, kann man es sich durchaus leisten, den Kondensator einfach abzuklemmen. (Der freie Kabelschuh muß natürlich mit Isolierband gut gesichert werden, denn wenn er irgendwo Masse berührt, bedeutet das Kurzschluß des Unterbrechers.) Auf diese Weise bekommt man wenigstens überhaupt Zündfunken, naturgemäß sind die aber jetzt überaus

Bild 20
Das war mal Veteranenkonstruktion, wird aber jetzt wieder sehr modern: Unterbrecher völlig getrennt von der übrigen Elektrik irgendwo auf das Ende der Nokkenwelle gesetzt, Kondensator notwendig darangebaut. Ganzes Gehäuse zur Zündzeitpunktverstellung verdrehbar mit Drahtzug, Unterbrecherabstand mit Schlitzlöchern im Kontaktböckchen regelbar.

kümmerlich und man wird infolgedessen auch die Zündkerze sehr eng zusammenbiegen. (Als anständiger Mensch hat man irgendwo eine neue oder mindestens tadellos sauber gebrannte Zündkerze; es ist gut, diese jetzt hineinzudrehen, denn die bislang im Motor befindliche Zündkerze ist wegen der bisher stattgefundenen Aussetzer alles andere als sauber, es ist durchaus möglich, daß man mit der neuen Zündkerze ein ganz annehmbares Fünkchen bekommt, daß aber an der alten Zündkerze überhaupt nichts mehr übergeht.) Vielleicht gelingt es nicht, mit dem kondensatorlosen Zünder den Motor anzutreten: Wenn er spätestens beim dritten Tritt nicht anspringt, dann kann man es nur noch mit Anschieben versuchen, noch besser wäre natürlich, man könnte einen Berg hinunterrollen, um auf eine möglichst hohe Motordrehzahl zu kommen, weil dabei der Vergaser ein brennfähigeres Gemisch liefert als bei niedriger Drehzahl. Immerhin gelingt es so, bis zur nächsten Werkstatt zu kommen, und glücklicherweise gehören auch Kondensatoren heute zum Bestand jeder normalen Werkstatt, man ist also nicht auf Elektro-Werkstätten angewiesen.

Zwar werden alle zufällig erhältlichen Kondensatoren ganz anders aussehen als das Originalstück, das man in der Lichtmaschine hatte, aber darauf kommt es in diesem Notfalle auch gar nicht an: *Wir müssen nur überhaupt einen Kondensator haben.* Der kann jetzt auch ruhig außerhalb der Lichtmaschine angebracht werden, und wenn man ihn mit Draht an irgend einem blanken (aber möglichst nicht heißen) Maschinenteil anbinden muß. Es kommt eben nur darauf an, daß das Kondensatorgehäuse einen guten Masseschluß bekommt. Man braucht dann nur noch ein Stück isolierten Draht, mit dem man den vorhandenen Kabelschuh im Zünder bzw. Lichtmaschinengehäuse mit dem Mittelpol des irgendwo festgebammelten Kondensators verbinden kann. Damit hat man sich mindestens für die betreffende Fahrt geholfen, der Motor ist wieder voll leistungsfähig und auch dem Unterbrecher geschieht dabei nichts mehr.

Natürlich spielt sich ein Kondensatorentod nicht immer so romantisch ab, meist bleibt einem der Zündfunke schlicht auf einen Ruck weg, der Motor ist plötzlich tot. Man stellt das zunächst an der herausgedrehten Zündkerze fest, die schlicht keinen Funken mehr gibt, auch die bestimmt gute Reservekerze funkt nicht. Also Lichtmaschine bzw. eben Unterbrechergehäuse auf, zwar gilt der erste Blick wieder dem Unterbrecher, ob der völlig schließt und auch ordnungsmäßig öffnet, wenn der Nocken vorbeiläuft, der nächste Griff gilt aber dem Kondensator: Die Klemmschraube wird gelöst und der Kabelschuh abgenommen. Man stellt danach den Motor so, daß der Unterbrecher geschlossen ist, schaltet die Zündung noch einmal ein und drückt den Unterbrecher mit dem Daumennagel auf: Dann muß mindestens an einer eng gestellten, neuen Zündkerze ein mageres Fünkchen kommen. Das bleibt wieder weg, sobald man den Kondensator provisorisch noch einmal anschließt, damit ist der Beweis erbracht, daß der Kondensator die Störungsursache ist. Alle anderen Störungsursachen bei einer Zündung sind gewaltig viel seltener, deshalb gilt der erste Griff bei Zündstörungen immer dem Kondensator.

Schließlich gibt es aber auch noch eine dritte Möglichkeit einer durch den Kondensator bedingten Störung: Die Isolation kann ganz allmählich schlechter werden. Das äußert sich wochenlang vorher in schlechtem Anspringen, der Motor kommt aber auch nicht mehr so recht auf Höchstgeschwindigkeit, scheinbar nimmt er ab $^{2}/_{3}$ Gas „kein Gas mehr an". Auch wenn ein Motor einmal mehrere Jahre lang in Betrieb war, gehört es zur routinemäßigen Überholung, den Kondensator mindestens einmal herauszunehmen und auf Isolation zu prüfen. *Ein guter Kondensator muß einen Isolationswiderstand von mindestens 10 Megohm aufweisen, und diese sind nach längerer Betriebszeit keineswegs mehr vorhanden.*

Es ist gar nicht so einfach, einen so hohen Isolationswert auf sein Vorhandensein nachzuprüfen, die wenigsten heute noch im Gebrauch befindlichen Kontrollgeräte in den Elektrowerkstätten sind dazu geeignet. Man bekommt also nach einer solchen „Prüfung" den untersuchten Kondensator höchstwahrscheinlich mit der Bezeichnung „noch einwandfrei gut" wieder zurück, dennoch kann die Isolation bereits so schlecht sein, daß nur noch die halbe oder noch weniger der ursprünglichen Zündenergie geliefert wird und der Motor deshalb ausgesprochen schlecht anspringt. Bevor man nun lang herumrennt und etwa in einer guten Radiowerkstatt den Isolationswert prüfen läßt, ist es meist billiger, einen nagelneuen Kondensator zu kaufen und gegen den alten zu vergleichen. Erweist sich dann der alte Kondensator als tatsächlich noch gut, dann ist das Geld auch nicht vergeblich ausgegeben, man hat dann wenigstens für sicher noch kommende Zeiten schon einen Ersatz.

Am besten ist es natürlich, wenn man einen Originalkondensator zur Hand hat, der genau paßt. Im Notfall tut es aber jeder andere Zünderkondensator, obwohl deren Kapazitäten zwischen 0,05 und 0,35 Mikrofarad schwanken. Es kommt auf die Kapazität meistens gar nicht sehr an, Hauptsache, man hat überhaupt einen Kondensator drin. Im äußersten Notfall, also etwa mitten in der Nacht und auf der Autobahn, gibt es bei einem Kondensatorschaden aber noch eine Aushilfsmöglich-

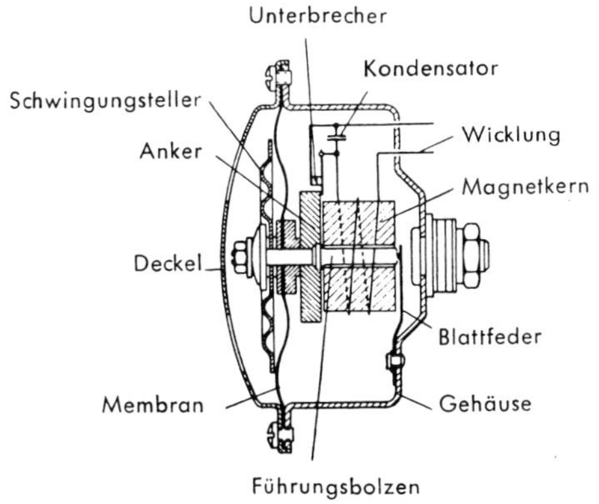

Bild 21
Grundsatzschaltung jedes Horns, man sieht, wie das Ding aufgebaut ist und wo der Kondensator sitzt.

Bild 22
Wenn man Anker niederdrückt, öffnet der Unterbrecher, Pfeil, und man kann ein Isolierpapierchen dazwischenklemmen.

keit: *Im Horn ist nämlich auch ein Kondensator drin, den man nicht einmal herauszumontieren braucht, um ihn benützen zu können.* (Gelegentlich ist er nämlich eingepreßt, so daß man ihn überhaupt nicht herausbekommt.) Man ersetzt also den Zünderkondensator einfach durch den Hornkondensator, zu diesem Zweck wird das Horn zunächst einmal abgeschlossen, die jetzt freien Drahtenden werden natürlich (jedes für sich) isoliert und irgendwo einstweilen beigebunden. Das Horn muß geöffnet werden, es muß also wohl oder übel die Membrane herunter, dadurch wird auch der Unterbrecher im Horn zugänglich, man kann ihn auseinanderdrücken und ein Stück Papier oder Isolierband dazwischenklemmen. Das ist sehr wichtig, der Unterbrecher im Horn muß auf jeden Fall geöffnet werden und muß zuverlässig offen bleiben. Man braucht jetzt nur noch die eine Hornklemme, von der innen im Horn eine Leitung zur Magnetspule führt, mit Masse zu verbinden, ein zweiter Draht muß von derselben Klemme außen um den Topfrand herum zum anderen Ende (das am Unterbrecher liegt) der Wicklung geführt werden – meist ist da eine Klemmschraube, unter die man unterklemmen kann. Zweck: Die Hornwicklung muß ihrer Induktivität wegen kurzgeschlossen werden. Von der anderen Hornklemme zieht man ein Kabel hinunter an den Zünderunterbrecher, dahin, wo bisher der Zünderkondensator angeschlossen war. Damit kann man beliebig lang fahren, man braucht nichts kaputt zu machen und das Horn läßt sich jederzeit wieder in funktionsfähigen Zustand zurückbauen.

Natürlich kann man sich auch mit einem Radiokondensator helfen, der irgend etwas zwischen 0,05 und 0,35 – 0,4 Mikrofarad hat, erfreulich ist ein Radiokondensator aber auf die Dauer nicht, er hat nämlich nur einen Bruchteil der Wirkung eines ordentlichen Zünderkondensators und das hat folgenden Grund: Die Wirkung des Zünderkondensators spielt sich im Bruchteil einer Mikrosekunde ab, und dabei fließen in der Tat Ströme in der Größenordnung von 100 Ampere. Dafür müssen die Zuleitungen zu den Kondensatorbelegen bemessen sein, das ist eine spezielle Eigenschaft der Zünderkondensatoren im Gegensatz zu den Radiokondensatoren, die keine so hohen Ströme zu führen brauchen. Aus dieser Tatsache folgert auch noch eine weitere Regel:

Man hat ein unmittelbares Interesse daran, den Kondensator möglichst dicht an den Unterbrecher heranzurücken, damit die Verbindungsleitung so kurz wie nur möglich wird. Die Leute, die ihre Zünderkondensatoren nicht mit Kabel und Kabelschuh anschließen, sondern mit einem Blechstreifen, tun das meist mit einer gewissen Überlegung, es kommt wirklich darauf an, der Verbindungsleitung zwischen Unterbrecherkontakt und Kondensator einen möglichst geringen Widerstand zu geben.

Wir haben aber doch gerade empfohlen, bei Verwendung eines Ersatzkondensators oder gar des Horn-Kondensators einfach eine lange Leitung vom Zünder bis zum Horn zu ziehen? Das ist insofern zulässig, als man damit den Motor wenigstens wieder zum Laufen bekommt, schließlich ist er ja noch einigermaßen warm, auch sind alle übrigen Umstände für einen guten Start günstig. Ins Gewicht fällt eine schlechte Zuleitung zum Kondensator aber immer dann, wenn der Motor noch geringfügige andere Fehler hat, die alle zusammen einen Start erschweren, vor allem bei Kälte. Die kurze Zuleitung zum Kondensator fällt also bei allgemein günstigen Betriebsbedingungen noch nicht ins Gewicht, genau wie eine 0,75 mm^2 starke Zuleitung der Zündspule nicht ins Gewicht fällt, sie fällt aber zusammen mit anderen ähnlichen Umständen immer dann ins Gewicht, wenn einmal zufällig der Teufel los ist, man also einen schlechten Kraftstoff erwischt hat, es morgens beim Antreten sehr kalt ist oder man bei längerer Kolonnenbummelei zwangsläufig die Kerze verdrecken lassen mußte. Es gehört einfach zur Herstellung des Optimalzustandes einer Maschine, daß man auf eine kurze und möglichst starke Zuleitung zum Zündkondensator achtet.

Der Unterbrecher

Wenn schon der Zünderkondensator ein Verbrauchsgegenstand ist, dann ist es der Unterbrecher erst recht. Auch ein noch so wenig feuernder Unterbrecher unterliegt unvermeidlich der Kontaktwanderung, bei jeder einzelnen Unterbrechung wandert also atomweise Material vom beweglichen Kontakt auf den festen Kontakt hinüber, es entstehen damit einerseits Löcher und auf der anderen Seite wird Material aufgeschweißt, es entstehen Berge. Man kann zwar mit abenteuerlich zerfressenen Kontakten auch noch fahren, man soll aber dann weder mit einem guten Start noch mit Höchstleistung rechnen. Der Unterbrecher kann daran schuld sein, daß bei an sich noch vorhandener nahezu voller Zündspannung, also gleicher Funkenlänge, die Zündenergie auf ein Zehntel des Sollwertes heruntergeht.

Wenn ein Unterbrecher einmal 20 000 bis 30 000 km hinter sich hat, dann hat er eigentlich seine Pflicht erfüllt, es ist kein Luxus, die Zweifuffzig für Ersatz auszugeben. Meist wird man dann seinen Motor nicht wieder erkennen, wie brav der plötzlich wieder anspringt, was für einen wunderschönen runden Leerlauf er wieder

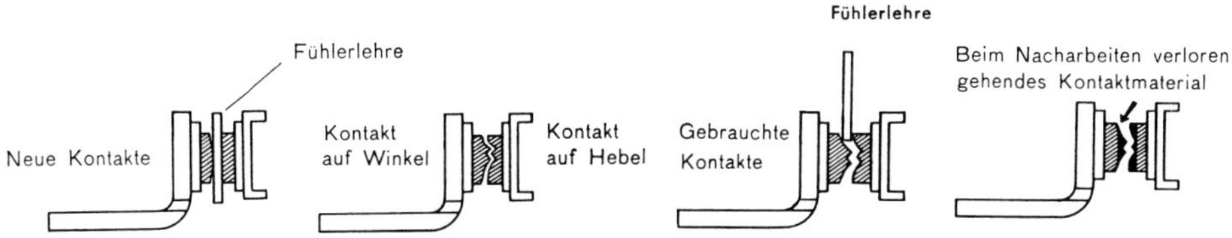

Bild 23
Ganz links zwei neue Kontakte, Fühlerlehre ergibt richtigen Abstand. Anschließend angebrannte Kontakte, funktionieren noch, können aber mit Fühlerlehre nicht mehr genau eingestellt werden, wie das dritte Bild zeigt – würde einen viel zu großen Abstand geben. Bild ganz rechts: Man muß die Kontakte erst glätten, um mit Spion einstellen zu können – das ruiniert aber die Kontakte.

hat und wie oben plötzlich die 10 km/h Spitze wieder da sind, von denen man immer schon gern gewußt hätte, wo sie eigentlich hingekommen sind.

Wenn ich gerade sagte, ein Unterbrecher habe nach 20 000 bis 30 000 Fahrkilometern seine irdische Pflicht erfüllt und sei pensionsreif, dann gilt das im Grunde genommen wieder nur für Viertakter, weil in deren Lichtmaschinengehäuse bzw. Zündergehäuse kein Gas einzutreten pflegt. Ganz anders bei Zweitaktern: Da kommt es nicht nur vor, es ist regelrecht an der Tagesordnung, daß die Kurbelwellendichtungen auf der Lichtmaschinenseite im Laufe der Zeit etwas durchlassen, wir haben schon im Lichtmaschinenkapitel darauf hingewiesen. Ob das Kurbellager durchbläst, merkt man nicht zuerst an der Motorleistung, dazu bläst dann doch viel zu wenig durch, man entdeckt es zuerst daran, daß das Innere des ursprünglich tadellos saubergeriebenen Lichtmaschinendeckels nach einiger Zeit einen leichten Ölhauch zeigt. Wenn sich gar regelrechte Ölpfützchen gebildet haben, die im Lichtmaschinengehäuse herumschwimmen, dann ist es vollends höchste Zeit, nach den Kurbellagerdichtungen zu sehen. Es ist nun zwar relativ selten, daß das durchgetretene Gas vom Unterbrecherfeuer gezündet wird und der Lichtmaschinendeckel deshalb in die Gegend fliegt (vorgekommen ist es aber schon), viel schlimmer ist, daß dieses Leckgas auf das Kontaktmaterial losgeht, meist in der Weise, daß der Übergangswiderstand bei geschlossenen Kontakten erheblich erhöht wird. Das führt wieder zu Verlust an Zündenergie, also vornehmlich zu schlechtem Start und schlechtem Leerlauf, auch zu Leistungsverlust bei sehr hohen Drehzahlen. Wenn man also im Lichtmaschinendeckel ein Ölpfützchen findet, dann braucht man sich über schlechten Start nicht mehr zu wundern, *dann sind auf jeden Fall neue Unterbrecherkontakte fällig.*

Wie schon gesagt, zeigt jeder längere Zeit in Betrieb gewesene Unterbrecher auf dem einen Kontakt Anfressungen, auf dem anderen Huckel. Infolgedessen steht auch in allen älteren Lehrbüchern, die Kontakte müßten glattgefeilt werden. Es gibt dazu sogar besondere Schmirgelsteinchen zu kaufen. (Eine normale Feile packt nämlich auf dem sehr harten Wolframmaterial überhaupt nicht.) Man sollte sich aber darüber klar sein, daß eine solche Nacharbeit der Kontakte mit dem Schmirgelsteinchen nur sehr bedingten Wert hat: Das Schmirgelsteinchen gehört bei mir auch nicht zur heimatlichen Werkstattausrüstung, sondern zum Bordwerkzeug. Der Zweck ist, sich damit momentan helfen zu können, also sehr stark angegriffene Kontakte (meist bei Maschinen, deren Besitzer hilflos winkend an der Autobahn gestanden

Bild 24
Der Pfeil weist auf die Isolierstoffbuchse, die auf ihrem Bolzen nicht im geringsten klemmen darf – Spiel soll sie aber erst recht nicht haben. Links erkennt man die üblichpoplige Sicherung, die 0,5 bis 1 Volt zu fressen vermag.

haben) auf Gedeih und Verderb so weit glätten zu können, daß der Unterbrecher wenigstens für die nächsten zwei bis drei Stunden wieder funktioniert, bis man also dahin kommt, wo es neue Unterbrecherkontakte zu kaufen gibt.

Vorhin sprachen wir vom Angriff der Unterbrecherkontakte durch Öl bzw. Kraftstoffdunst. Es gibt da nun so seltene wie merkwürdige Grenzfälle: Es kann sein, daß ein solcher Kontakt noch tadellos aussieht, also kaum Brandspuren erkennen läßt, daß er eine scheinbar einwandfrei metallisch blanke Oberfläche zeigt, im übrigen kann man aber machen was man will, man kann eine neue Zündspule verwenden, man kann einen neuen Kondensator einsetzen, die Funken sind und bleiben lahm. Wenn man da auch noch die Kontakte auswechselt, hat man wieder die früheren, saftigen Funken und alles ist in Ordnung. Mir selber ist das bis jetzt noch nicht passiert, ich kenne aber einige einwandfrei belegte Fälle von anderen Leuten. Leider haben sie die ausgewechselten Kontakte alle weggeworfen, es war also nicht möglich, festzustellen, ob es tatsächlich an der verringerten Leitfähigkeit der Kontaktoberfläche gelegen hatte. Jedenfalls sei hier aber daran erinnert, ein ganz einwandfrei aussehender Kontakt kann also doch so weit gelitten haben, daß er einen zu großen Übergangswiderstand bietet und daß deshalb kein ausreichender Funke mehr zustande kommt.

Ganz klar ist auch, daß jedesmal *beide* Kontakthälften ausgewechselt werden, also sowohl die Schraube im Böckchen (oder der Flansch) wie auch der ganze Unterbrecherhammer. Da dies nur etwas um Zweifünfzig herum kostet, kann man immer Ersatz mithaben und braucht sich vor allem nicht mit schlechten Start- und Leerlaufeigenschaften zu begnügen, wo sich nun einmal schlechte Kontakte zuerst äußern.

Wenn ein Motor trotz nagelneuer Unterbrecherkontakte und sonst völlig einwandfreier Zündanlage *in sehr hohen Drehzahlen Aussetzer* gibt, muß man sich um die Unterbrecher*lagerung* kümmern. Solche Zündaussetzer können sich zwar durch Vergaserpatscher oder Schüsse aus dem Auspuff bemerkbar machen, brauchen aber nicht. Meist merkt man sie viel früher daran, daß die Maschine nicht mehr auf die sonst gewohnte Höchstgeschwindigkeit kommt und man das Gefühl hat, als zupfe einer in unregelmäßigen Abständen hinten an der Maschine, versuche also, einen festzuhalten.

Da man ja wie gesagt einen völlig neuen Unterbrecherhammer mit Feder eingebaut hatte, scheidet die etwa lahmgewordene Feder als Ursache aus. Wohl aber kann es

Bild 25
Diese italienische Unterbrecherbauart läßt sehr hohe Drehzahlen zu und ist auch sonst recht gut gemacht, das textilverstärkte Kunstharz bedarf aber in den ersten Betriebsmonaten einiger Überwachung, weil sich die Bohrung gelegentlich verengt.

sein, daß der Unterbrecherhebel auf seiner Achse ein bißchen stramm geht. So etwas läßt sich von Hand, also mit dem Fingernagel schlecht beurteilen, so stramm ist schließlich die Unterbrecherfeder alle Male, daß sie bei langsamer Bewegung den Hammer wieder auf den festen Kontakt zurückzudrücken vermag. Erst bei hoher Drehzahl kann es dann sein, daß die Kontakte nach der Unterbrechung nicht früh genug wieder schließen, einfach weil die Feder den Hammer zu langsam wieder zurückholt. Zudem ist der Hammer auch mit einer Isolierstoffhülse ausgebuchst, wenn er nicht überhaupt aus Isolierstoff besteht, Bild 24, und diese Isolierstoffe haben die Eigenschaft, nicht unbedingt zu „stehen". Es kann also schon sein, daß diese Isolierstoffbuchse auf der Welle kaum merklich „stramm geht", dabei ist gar nicht einmal gesagt, daß Schmieren etwas hilft. Man kommt schneller zum Ziel, wenn man ein Streifchen ziemlich feines Schmirgelpapier um einen wesentlich dünneren Spiralbohrer wickelt und damit die Bohrung im Isolierstoff ausreibt. Dazu gehört ein bißchen Geduld, man darf nicht zuviel wegnehmen, denn die Hammerbuchse soll auf ihrer Welle auf gar keinen Fall wackeln, das ergäbe wilde Kontaktanfressungen und vor allem unsaubere Zündzeitpunkte.

Die gesammelte Weisheit

Wie man inzwischen schon selbst festgestellt haben wird, gibt es bei der Funktion der drei Grundbestandteile jedes Zünders, Spule, Kondensator und Unterbrecher, keinerlei Unterschiede zwischen Batteriezünder und Magnetzünder. Wohl aber ist es gut, wenn man sich eine weitere Grundregel merkt:

Alle Zündanlagen heutiger Motorräder einschließlich der Mopeds sind trotz geizähnlicher Sparsamkeit der Hersteller immer noch mit so viel Reserve ausgelegt, daß jeder einzelne dieser Bestandteile für sich allein ganz gewaltige Mängel aufweisen darf, bevor der Fahrer überhaupt etwas merkt. (Und wenn, dann immer erst mal in Gestalt von Aussetzern bei hoher Drehzahl, von unregelmäßigem Leerlauf und unzuverlässigem Anspringen.) Es dauert meist sehr lang, bis sich überhaupt erst einmal Fehler an der Zündanlage bemerkbar machen, und wenn man dann glaubt, *einen* solchen Fehler lokalisiert zu haben, also etwa eine mangelhafte Zündspule, einen mangelhaften Kondensator oder einen verbrannten Unterbrecher, dann wiege man sich keineswegs in Sicherheit, denn in neunundneunzig von hundert Fällen *war der ausgewechselte Teil gar nicht allein schuldig.* Im Laufe längerer Betriebszeit sind auch die übrigen Zünderbestandteile schlechter geworden, man darf nicht überrascht sein, wenn kurze Zeit, nachdem man einen Unterbrecher ausgewechselt hat, auch der Kondensator Mucken zu zeigen beginnt und noch etwas später auch die Zündspule sich als mangelhaft erweist.

Hier ist es auch Zeit, noch mal auf eine Fehlermöglichkeit hinzuweisen, die an sich schon im Lichtmaschinenkapitel bei den Wechselstrommaschinen besprochen worden ist: In den frühen fünfziger Jahren gab es gelegentlich bei den Alni-Magneten für die Wechselstromlichtanlagen einzelne schlechte Lieferungen, die nach einiger Zeit im Magnetismus nachließen. So eine Maschine ging bei Tage einwandfrei, sobald man aber das Licht einschaltete, gab es Zündaussetzer bis zu regelrechten Vergaserpatschern und Auspuffschüssen. Hier hilft natürlich nur ein Wiederaufmagnetisieren des kompletten Magnetrades, wofür wieder nur größere Boschdienste bzw. Norisdienste ausgerüstet sind.

Noch so ein Hinweis: Wenn man an irgendwelchen Magnetzündern herumarbeitet, sie also auseinandernehmen muß, dann trage man rechtzeitig dafür Sorge, daß ein herauszuziehender Dauermagnet so, wie er aus der Maschine zum Vorschein kommt, in eine Weicheisenbüchse hineingeschoben wird, oder daß für einen Weicheisenanker, den man aus einem Magnetsystem herauszieht, unmittelbar ein massives Weicheisenstück, etwa ein dickwandiges Rohr, nachgeschoben wird. Wenn einem das zu umständlich erscheint, kann man natürlich den ganzen Zünder auch so auseinandernehmen und die Bröcklein vor sich auf den Tisch legen. Man muß dann nur den ganzen Apparat nach dem Wiederzusammenbau in die Elektrowerkstatt bringen und dort nachmagnetisieren lassen. Ein solches Nachmagnetisieren ist immer noch wirksamer als noch so große Vorsichtsmaßnahmen bei der Demontage, ich bringe mich also mit solchem Eisenschluß gar nicht mehr um, rupfe das Zeug also ohne jede Vorsichtsmaßregel auseinander und lasse nachher wieder aufmagnetisieren. Den Schwungradmagneten macht ein gelegentliches Abziehen des Schwungrades kaum etwas aus, wenn man allerdings langdauernden Verdruß hatte, so daß die Schwungscheibe fünf- bis sechsmal abgenommen werden mußte, tut man doch gut daran, gelegentlich bei der Elektrowerkstatt vorbeizufahren und dort eben mal aufmagnetisieren zu lassen.

So stellt man eine Zündung ein:

Man soll nicht einstellen wollen, bevor alle Zünderteile völlig tadellos sind - man probiert sonst den größten Irrsinn zusammen. Wer glaubt, die Seiten 269 bis 282 nicht nötig zu haben, und wer deshalb gleich drauflosreguliert, ist selber schuld. Ich will niemanden schulmeistern, aber einen Zünder mit noch unerkannten Mucken kann niemand richtig einstellen.

Es ist ein ganz gewaltiger Unterschied, ob man als Mechaniker in der Werkstatt mit einem Minimum von Zeitaufwand den mehr oder weniger heruntergewirtschafteten Schlorren eines Kunden einstellen soll oder ob man bei der gut gehaltenen eigenen Maschine die *bestmögliche* Zündeinstellung sucht. Das hat einen ganz einfachen Grund:

Die Maschine des Kunden muß auf einen bestimmten Vorzündungsbetrag eingestellt werden, den man aus den Werksdrucksachen kennt und der beim großen Durchschnitt des betreffenden Typs eine verhältnismäßig gute Leistung gibt. Außerdem ist der Kunde nicht bereit, den Lohn für mehrere Arbeitsstunden zu bezahlen oder gar das Risiko einzugehen, das mit einer längeren Versuchsfahrt auf einer sehr schnellen Probestrecke verbunden wäre.

Umgekehrt ist es aber auch so, daß selbst serienmäßige Motorradmotoren und erst recht solche Motoren, an denen man nachträglich etwas geändert hat, und sei es nur die Vergasereinstellung, für etwas veränderte Zündzeitpunkte manchmal ganz dankbar sind. Man kann aber nicht vorausberechnen, wo dieser geänderte Zündzeitpunkt liegen soll, man kann ihn immer nur ausprobieren, wozu wieder die besagten ausgedehnten Probefahrten gehören.

Es liegt also nicht am guten Willen der Werkstatt, wenn sie nur Zündungs-Durchschnittswerte einzustellen vermag, zur Optimal-Einstellung würde ganz einfach ein Arbeitsaufwand gehören, den nur der Privatmann für die eigene Maschine aufbringen kann.

Dementsprechend befassen wir uns bei dieser Einstellanweisung hier nur ganz am Ende mit den Methoden, die in der Werkstatt angewendet werden, sondern zuerst mal mit der zum Teil absolut gegensätzlichen Methode, die man überall da anwendet, wo man auf höchstmögliche Leistung Wert legt, also bei Sportmaschinen und in der Entwicklung neuer Motorenmodelle.

Erst und immer: Der Unterbrecherabstand

Bevor wir uns um die Einstellung des eigentlichen Zündzeitpunktes kümmern, müssen wir erst einmal den vielberühmten richtigen Unterbrecherabstand einstellen. Generationen von Motorenkonstrukteuren und Zünderbauern haben einen Unterbrecherabstand von 0,4 mm ihren gesamten weiteren Konstruktionen zu Grunde gelegt. *Unter diesem Unterbrecherabstand versteht man die Weite, auf die sich die Unterbrecherkontakte voneinander entfernen, wenn der Nocken sich in seiner höchsten Stellung befindet, der Unterbrecherkontakt also am weitesten abgehoben ist.* Für die Einstellung dieses Unterbrecherabstandes gibt es eine eiserne Regel:

Bevor man am ganzen Zündapparat irgend etwas genau nachprüft oder gar den Zündzeitpunkt nachstellt, muß erst einmal der genaue Unterbrecherabstand von 0,4 mm eingestellt werden.

Der Unterbrecherabstand hat nämlich die Eigenheit, daß er sich im Laufe längerer Betriebszeiten ändert, gewöhnlich wird er immer kleiner. Dabei gibt mindestens auch der Zünd*zeit*punkt etwas nach, bei Magnetzündern ist es auch möglich, daß sich die Zündenergie verringert, man kann also über den Gesamtzustand der Zündanlage erst dann etwas sagen, wenn man zunächst einmal den korrekten Unterbrecherabstand von 0,4 mm hergestellt und damit eine Probefahrt gemacht hat.

Zum Einstellen des richtigen Unterbrecherabstandes bedient man sich normalerweise einer Fühlerlehre, also eines Spions, den ein ordentlicher Mensch ja sowieso in seinem Werkzeug hat. Zu manchen Motorrädern gehört ins Serienwerkzeug auch ein Zünd-Einstellschlüsselchen, an dem manchmal ein 0,4 mm starkes Fühlerblättchen dran ist, Bild 26. Wenn nur diese Schlüsselchen nicht auch gar so liederlich wären, nach zwei bis drei Einstellungen sind sie leider wegschmeißreif. Es lohnt sich also durchaus, sich für die eigene Maschine ein oder zwei sehr genaue Stahlschlüsselchen anzuschaffen und zum Einstellen den sonst auch verwendeten Spion zu nehmen. (In sehr guten Werkzeugläden bekommt man übrigens einzelne Fühlerblätter von genauer Stärke zu kaufen.) Noch ein Tip: Die Fühlerblättchen an den billigen Einstellschlüsselchen haben gewöhnlich ein bißchen Grat, man kann damit nicht genau einstellen, also wird der Grat erst mal mit dem Schmirgelsteinchen beseitigt.

Wir sagten gerade, der Kontaktabstand verändere sich im Laufe längerer Betriebszeit, Grund dafür ist die Abnützung des Fiberklötzchens, das auf dem Unterbrechernocken läuft. Es gehört zwar zur Kunst der Zünderbauer, das richtige Nockenmaterial mit dem richtigen Klötzchenmaterial zu paaren, ganz läßt sich die Abnützung

Bild 26
Immer noch das zuverlässigste Mittel, die 0,4 mm Unterbrecherabstand einzustellen – wenn nur das Schlüsselchen selbst nicht ein gar so trauriger Blechartikel wäre.

Bild 27
Nur so zum Zeigen: Unterbrecher der 250er BMWs, Abstand durch Schraubkontakt einzustellen, auf schwenkbarem Plättchen montiert, Kondensator unmittelbar angebaut.

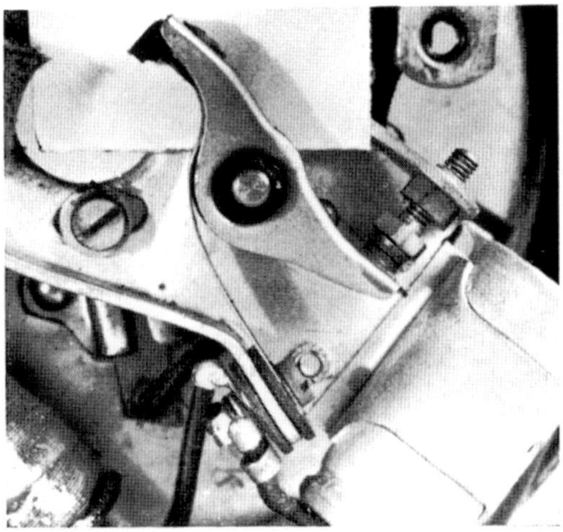

aber dennoch nicht vermeiden, vor allem befindet sich deshalb auch an jedem Unterbrecher eine besondere Schmiervorrichtung in Gestalt eines Stückchens Filz. Dieser Filz soll nun nicht etwa mit Öl getränkt werden, dazu gibt es bei den Spezial-Elektrodiensten auch ein Spezial-Fett, mit dem man den Filz gut einreibt, das man aber keinesfalls im Überfluß daraufpatzen soll. Überschüssiges Fett oder gar Öl wird nämlich vom Nocken nur in der Gegend herumgeschleudert und gerät gelegentlich sogar zwischen die Unterbrecherkontakte, wo es keinesfalls angebracht ist. Ganz übel ist es, wenn sich gar noch der Spannungsregler der Lichtmaschine in der Nähe befindet und Fettspuren zwischen dessen Kontakte geraten – aus dieser Ursache kann gelegentlich einmal die ganze Lichtmaschine samt Regler ausbrennen (Siehe auch Bild 124, Seite 133). Wo sich nun immer Schmierstellen befinden, die zwar geschmiert werden *müssen*, aber keineswegs im Überfluß geschmiert werden *dürfen*, verwendet der Weise ein Molybdän-Fett – das gibt es bei Molykote zu kaufen,

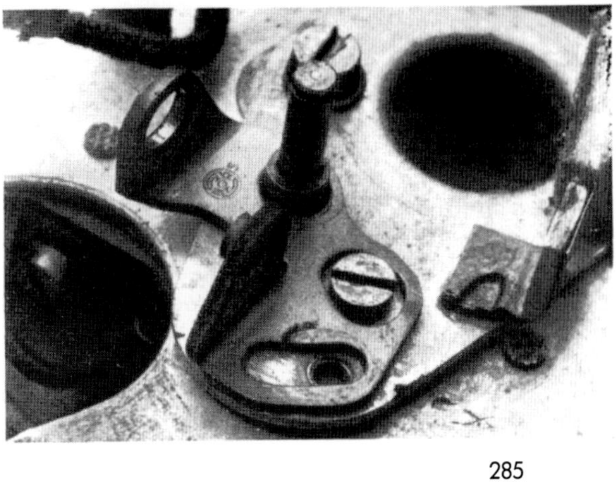

Bild 28
Unterbrecherbock der großen Zündappen, Abstandregelung mit Exzenterschraube (im kurzen Oval-Loch), festgeklemmt mit der (hier herausgedrehten) Kopfschraube über dem Langloch.

Bild 29
Oben und links: Mit der im kurzen Ovalloch befindlichen Exzenterschraube wird der Unterbrecherabstand eingestellt, festgelegt wird er mit der links entfernten, oben mit gewaltiger Unterlagscheibe aufgesetzten Klemmschraube, die auch gleich die ganze Zündergrundplatte (zur Zeitpunktverstellung) festhält. Scheint genial einfach, ist aber tückisch, wenn man es noch nicht weiß.

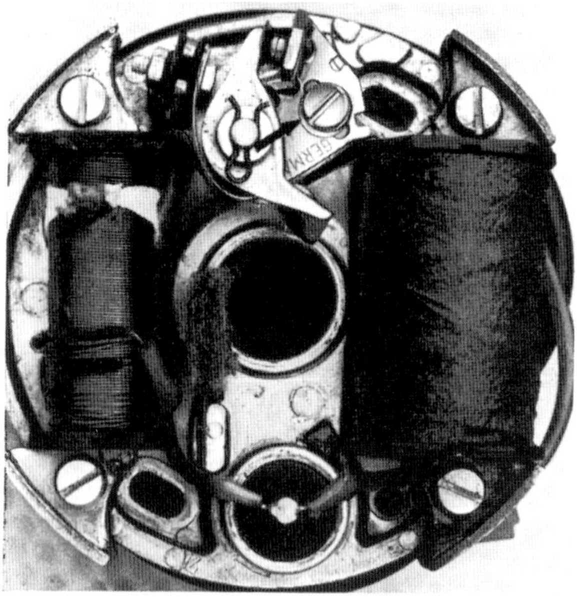

Bild 30
Links: Gleiches (deutsches) Fabrikat, Unterbrecherabstand wieder für sich einstellbar, sogar hübsche Ansatznuten für den drückenden Schraubenzieher. Kondensator mit gelöteten Anschlüssen und in die Grundplatte eingepreßt. Zwei Gemeinheiten, wenn einem unterwegs etwas passiert. (In der Werkstatt passiert ja nie etwas.)

es kann bei einem Motorrad an zahllosen Schmierstellen mit Nutzen verwendet werden, für den Unterbrecher-Schmierfilz genügt eine stecknadelkopfgroße Wenigkeit, die man in den Filz gut einmassiert.

Es kann im Ausnahmefall einmal nützlich sein, einen kleineren Unterbrecherabstand als 0,4 mm einzustellen, bis herunter zu 0,2 mm. (Es gibt einzelne italienische Zündertypen, die von Hause aus für 0,2 mm Unterbrecherabstand ausgelegt worden sind!) Man tut das vor allem dann, wenn man einen Motor auf wesentlich höhere als die ursprüngliche Leistung gebracht hat, wenn er 1000 oder gar 2000 U/min mehr hergibt, als er im Originalzustand abzugeben vermochte. Wenn bei diesen hohen Drehzahlen Zündaussetzer auftreten, und wenn man vor allem keine andere

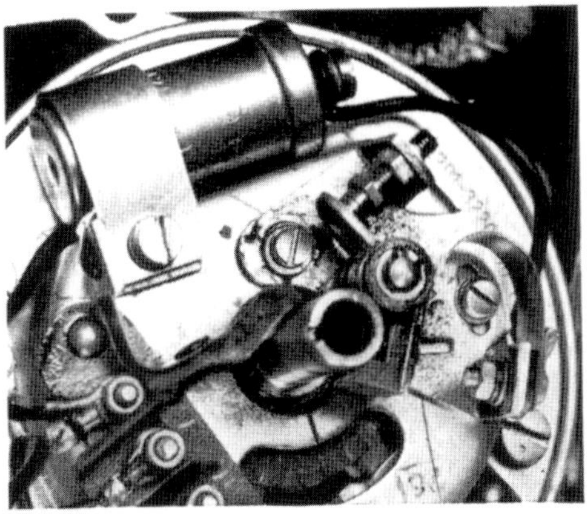

Bild 31
DKW-Zünder: Das Lichtmaschinengehäuse ist fest montiert, nur der Unterbrecher ist zur Zündzeitpunktverschiebung auf seiner Grundplatte in Langlöchern drehbar. Regelung des Abhubes mit Schraubkontakt.

Ursache für diese Zündaussetzer zu finden vermag, dann kann es (muß aber nicht!) ein Aushilfsmittel sein, auf den besagten kleineren Unterbrecherabstand bis herunter zu 0,2 mm zu gehen. Man kann sich wohl mühelos vorstellen, daß zu diesem geringen Unterbrecherabstand erst recht eine erstklassige Kontaktoberfläche gehört, daß man also die Kontakte noch öfter erneuern muß, als man dies sonst täte.

Umgekehrt wüßte ich aber keinen vernünftigen Grund, aus dem es notwendig wäre, auf einen größeren Unterbrecherabstand als 0,4 mm zu gehen. Eigentlich ist mir da nur ein einziger Fall erinnerlich, lange in der Vorkriegszeit, bei einem Bootsmotorenunterbrecher, dort war das aber durch den ungünstigen „Abriß" dieses altertümlichen Magnetzünders bedingt. (Was bei einem Magnetzünder der Abriß ist, kriegen wir später.) An sich sind Motorradzünder gegen zu großen Unterbrecherabstand weitgehend unempfindlich, einfach weil sie gemeinhin für eine Nockenumdrehung nur eine Unterbrechung zu liefern brauchen. Das heißt, daß auch bei sehr großem Unterbrecherabstand der Unterbrecher immer lang genug geschlossen ist, damit sich in der Zündspule das Magnetfeld voll ausbilden kann. Ganz anders ist das natürlich bei Wagenmotoren, wo auf eine Wellenumdrehung mindestens 4 Unterbrechungen stattfinden müssen, da gerät man leicht mit der Zeit in Bedrängnis, während welcher der Unterbrecher wieder geschlossen sein muß, damit sich in der Zündspule das nötige Magnetfeld aufbauen kann.

Bei Wagenzündern kommt es also sehr darauf an, den Unterbrecherabstand von 0,4 mm äußerst genau einzuhalten, und nur weil man heutzutage nicht allen Schlossern mehr zumuten kann, mit der Fühlerlehre genau genug umzugehen, spielen bei der Versorgung von Wagenzündern die modernen Schließwinkelmesser eine so große Rolle. Da stellt man dann nicht mehr auf Unterbrecherabstand ein, man stellt den beweglichen Kontakt einfach so weit nach, bis der Schließwinkelmesser einen genügend großen Schließwinkel anzeigt.

Natürlich könnte man bei der eigenen Maschine einen weitgehend beliebigen Unterbrecherabstand zu Grunde legen – sofern man nicht wegen erheblich heraufgesetzter Höchstdrehzahl auf 0,2 mm Unterbrecherabstand gehen muß – man bräuchte nur den einmal gewählten Unterbrecherabstand immer konsequent einzuhalten. Besser hält man sich aber an die Norm, auch bei der eigenen Maschine die 0,4 mm Abstand stur durchzuhalten. Ist man aber Besitzer eines Schwungmagneten, dann lese man am besten gleich jetzt auf Seite 305 beim „Abriß" nach.

Wenn man gar nichts weiß

sucht man den richtigen Zündzeitpunkt auf diese Art:

Man mache es sich zur eisernen Regel, immer erst einmal den Unterbrecherabstand korrekt einzustellen, bevor man nachsieht, welche Einstellung des Zündzeitpunktes bei der jeweiligen Maschine vorhanden ist oder bevor man etwa bei einem Wiederzusammenbau der Maschine den Zündzeitpunkt überhaupt einstellt. Eine Veränderung des Unterbrecherabstandes zieht immer eine geringe Veränderung des Zündzeitpunktes nach sich, nur aus diesem Grunde muß also immer der genaue Unterbrecherabstand eingestellt werden, bevor man auf den Zündzeitpunkt losgeht.

Sehr im Gegensatz zum Werkstattbetrieb haben wir es meist mit Maschinen zu tun, für die Werksunterlagen nicht mehr vorhanden sind, die außerdem untereinander trotz Serienmäßigkeit gewisse individuelle Abweichungen zeigen oder die – und nun wird es ganz finster – gar durch erhebliche Umbauten hergerichtet und auf höhere Leistungen gebracht worden sind. Für solche Motoren kann man einen geeigneten Zündzeitpunkt nicht errechnen, man muß ihn für den jeweils vorliegenden Motor durch Ausprobieren suchen. Da einem dazu normalerweise kein Prüfstand zur Verfügung steht, läuft es also immer darauf hinaus, zunächst einmal einen provisorischen Zündzeitpunkt einzustellen und dann mit der Maschine auf eine Prüfstrecke hinauszugehen, wo man der Reihe nach verschiedene Zündzeitpunkte durchprobiert, um dann anhand der ermittelten Höchstgeschwindigkeit und der in Steigungen bei Vollgas gerade noch erreichten Drehzahlen festzustellen, welcher der vier bis fünf ausprobierten Zündzeitpunkte sich am besten bewährt.

Ganz gleich, ob der Motor eine automatische Zündverstellung besitzt oder nicht, weist jeder Zünder darüber hinaus immer noch eine weitere Einstellmöglichkeit für den Zündzeitpunkt auf: Entweder ist da die ganze Zündergrundplatte bzw. eben Lichtmaschinengrundplatte mittels Langlöchern für die Befestigungsschrauben auf dem Motorgehäuse verdrehbar, oder aber, wenn nicht die ganze Grundplatte verdrehbar ist, befindet sich der Unterbrecher auf einem Grundplättchen, das seiner-

Bild 32
Von diesen Noris-Zündern laufen immer noch Hunderttausende – die Pfeile weisen auf die Langlöcher zur Zeitpunktverstellung, rechts oben erkennt man die Körnermarkierung, mit der man sich bei Versuchsarbeiten zurechtfindet.

Bild 33
Bosch-Magnetzünder, Zeitpunktstellung durch einen Meißelhieb über Motorflansch und Zündergrundplatte markiert.

seits um einen gewissen Winkelbetrag auf der Zünder- bzw. Lichtmaschinengrundplatte verdreht werden kann. Natürlich ist da ein bißchen Aufmerksamkeit nötig, man darf die für das Einstellen des Zündzeitpunktes vorgesehenen Klemmschrauben bzw. Langlöcher nicht mit denen verwechseln, die möglicherweise zum Einstellen des richtigen Unterbrecherabstandes dienen. Wir bringen deshalb diese vielen Bilder, da ist sicher auch das dabei, was am eigenen Motor zutrifft.

Natürlich klingt es kindisch, wenn man das so mir nichts dir nichts hinschreibt, aber zuerst dreht man den Motor mit dem Starter einmal durch, um die Laufrichtung festzustellen. Und mag es nun noch blöder klingen oder nicht, ich mache mir mit dem Ölstift oder der Reißnadel einen Pfeil irgendwohin, um nachher immer sicher zu wissen, wie herum der Motor dreht, wenn er läuft. (Alte Leute wissen schon!)

(Muß man eigentlich darauf hinweisen, daß man bei herausgedrehter Zündkerze durchdreht? Bei der eigentlichen Einstellarbeit kann man gewöhnlich mit Hilfe eines Schraubenschlüssels durchdrehen, den man am Kopf der Befestigungsschraube der Lichtmaschine ansetzt.)

Bild 34
Zünder der 250er BMWs, Lichtmaschinengehäuse auch fest montiert wie bei DKW, aber Unterbrecher auf speziellem Grundplättchen in Langlöchern (Pfeil) verdrehbar.

Bild 35
Sieht bloß banal aus, aber jeder muß es erst mal lernen: So stellt man die mm Kolbenhub fest – die Marke an einer Kopfrippe oder sonst wo ist sehr wichtig.

Nunmehr angelt man mit einem Schraubenzieher oder einem Blechstreifen durch das Kerzenloch, bis man den Kolbenboden fühlt, und so stellt man die Kurbelwelle auf oberen Totpunkt ein. Man wird alsbald feststellen, daß man dabei gut und gern zehn Winkelgrade vor- und zurückdrehen kann, ohne daß sich der Schraubenzieher oben besonders rührt, deshalb ist diese Art der Totpunktermittlung auch ziemlich ungenau, für die hier exerzierte Methode ist sie allerdings vollauf genau genug, ich mache es nie anders, wenn ich einen Motor einzustellen habe. Nun bringt man am Blechstreifen oder am Schraubenzieher eine Marke an, die sich mit irgendeiner geeigneten Marke am Zylinderkopf oder sonstwo deckt, in Bild 35 ist das die untere Marke. Sodann dreht man *entgegengesetzt der Laufrichtung des Motors die Kurbelwelle zurück,* so weit, bis der Blechstreifen, dem Kolben folgend, um die gewünschte Millimeterzahl, obere Marke in Bild 35, in den Zylinder hineingesunken ist.

Es dreht sich also darum, zu wissen, welche Millimeterzahl man für diese erste Einstellung nehmen soll – sie richtet sich nach der Größe bzw. nach dem Hub des betreffenden Motors, wenigstens ist dies das einzige Maß, nach dem wir uns richten können. Im Diagramm Bild 36 sind für die bei Motorradmotoren gebräuchlichen Hubwerte die *Mindest*werte für die Vorzündung in Millimetern angegeben. Diese Vorzündungen sind also bewußt ein bißchen knapp, es ist sogar durchschnittlich viel zu wenig Vorzündung, was man damit bekommt. (Das spielt aber insofern keine Rolle, als man damit anstandslos auf die Versuchsstrecke fahren kann, dem Motor passiert dabei bestimmt nichts, vor allem klingelt er nicht und neigt auch nicht zum Zurückschlagen, der für den betreffenden Motor wirklich notwendige genaue Wert wird ja erst draußen im Fahrversuch ermittelt.)

Hat nun die Kurbelwelle die richtige Stellung, bei der sich also der Kolben um die

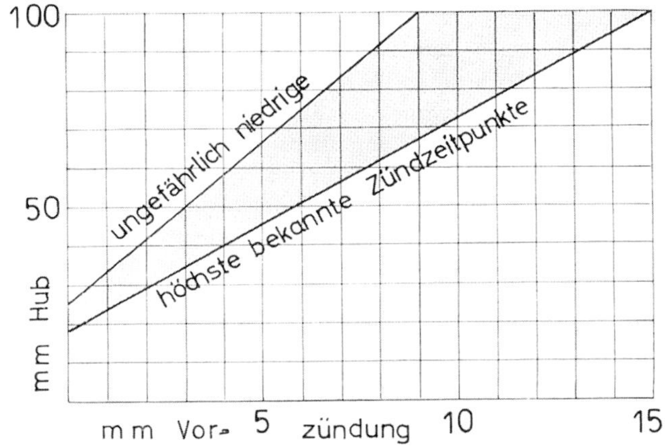

Bild 36
Die zulässigen Vorzündungswerte für Zylinder verschiedener Hubräume. Zu modernen niedrigen Hubhöhen (bei großen Bohrungen) gehören natürlich auch niedrige Vorzündungswerte, ältere Motoren mit kellertiefem Hub vertragen bzw. brauchen mehr Millimeter Vorzündung.

jeweils gewünschte Millimeterzahl *vor* dem oberen Totpunkt befindet, dann kümmern wir uns erst wieder um den Unterbrecher: Der muß bei dieser Kurbelwellenstellung gerade anfangen, abzuheben. Wenn er schon offen ist, oder wenn er umgekehrt noch fest geschlossen ist, *dann drehen wir die ganze Lichtmaschine in ihren Langlöchern (oder den Unterbrecherträger in seinen Langlöchern)* so weit, daß der Unterbrecher bei dieser Kurbelwellenstellung gerade zu öffnen beginnt.

Wenn wir gerade einen Viertakter in der Mache haben, dann kann es sein, daß der Unterbrecher in dieser Totpunktstellung überhaupt nicht zum Öffnen zu bewegen ist – das ist bei allen den Einzylindern der Fall, bei denen der Zünder bzw. Unterbrecher mit Nockenwellendrehzahl umläuft, also der halben Kurbelwellendrehzahl. Da kann es sein, daß wir ausgerechnet den Totpunkt erwischt haben, in dem beide Ventile offen sind. Wir drehen dann eben eine Kurbelwellenumdrehung weiter, bis wir den richtigen Totpunkt erwischt haben und wiederholen das Einstellverfahren mit dem Schraubenzieher, dann wird die Sache mit dem Unterbrecher-Abheben schon funktionieren. Bei vielen Viertaktern läuft aber die Lichtmaschine und damit auch der Unterbrecher mit Kurbelwellendrehzahl um, bei denen ist es natürlich gleichgültig, welchen Totpunkt man nimmt, im übrigen wäre hier nur noch zu sagen, daß der Motor von diesem im Spültotpunkt übergehenden „falschen Funken" überhaupt keine Notiz nimmt.

Es handelt sich jetzt nur noch darum, wie man dieses gerade-eben-abheben des Unterbrechers feststellen will: Nach klassischer Werkstattmethode klemmt man zwischen die (glatten!) Unterbrecherkontakte ein Streifchen Zigarettenpapier, das naturgemäß von den geschlossenen Kontakten völlig festgehalten wird. Sobald die Kontakte zu öffnen beginnen, läßt sich das Papierblättchen mit den Fingerspitzen gerade eben herauszupfen. (Ganz klar: Es muß Zigarettenpapier sein, weil das nun einmal das dünnste Papier ist, das man gemeinhin zur Hand zu haben pflegt. Zeitungspapier oder Briefpapier ist viel zu dick. Ebenso dürfte auch klar sein, daß dazu tadellos glatte Kontakte gehören, die also noch nicht angefressen sein dürfen.)

Die Klemmschrauben, mit denen die Lichtmaschinengrundplatte oder das Unterbrecherplättchen festgehalten werden, dürfen vorderhand nur erst ganz mäßig festgezogen werden, wir lassen auch das Papierblättchen zwischen den Unterbrecherkontakten eingeklemmt und drehen jetzt den Motor mit dem Kickstarter ein paarmal energisch durch, daß er ein paarmal herumwirbelt. Wieder angeln wir mit dem Schraubenzieher durch das Kerzenloch, achten aber darauf, *daß die Kurbelwelle jetzt nur noch in Laufrichtung bewegt wird,* wir drehen also so weit, bis der Schraubenzieher gerade bis zur Vorzündungsmarke herausgeschoben wird. Wir stellen also nicht mehr den oberen Totpunkt fest, um dann bis zur Vorzündungsmarke zurückzudrehen, sondern wir drehen in einem Zug durch, bis vor dem oberen Totpunkt eben die Vorzündungsmarke erreicht ist. Dieser Punkt ist kritisch: Jetzt muß sich das Papierchen gerade zupfen lassen. Notfalls wird eben die Lichtmaschinengrundplatte oder das Unterbrecherplättchen noch einmal ein bißchen nachgestellt, man weiß ja jetzt, wie herum man drehen muß, damit sich das Papierblättchen leichter zupfen läßt.

Jetzt können die Befestigungsschrauben endgültig festgezogen werden, man versäume aber nicht, *die so erreichte Stellung von Grundplatte oder Zünderplatte mit einem Meißelhieb oder zwei Körnerpunkten zu markieren,* das ist für die folgende genaue Einstellung auf Leistung unerläßlich.

Diese Einstellmethode gilt, wenn der Motor keine automatische Zündverstellung besitzt. Wie diese aussieht, zeigen zur Genüge unsere Bilder, und wenn eine solche vorhanden ist, hat man es vollends einfach: *Dann wird der Unterbrecher so eingestellt, daß er genau im oberen Totpunkt abzuheben beginnt.*

Wie schon gesagt, wird der Motor mit dieser Zündeinstellung einigermaßen laufen, jedenfalls wird ihm nichts passieren. Jetzt begibt man sich auf die Meßstrecke. Dabei ist es gut, wenn man ein völlig ebenes Straßenstück kennt, auf dem man ungefährdet Höchstgeschwindigkeit fahren kann, sodann bräuchte man eigentlich noch ein zweites Straßenstück, auf dem der Motor bei Vollgas nur auf ungefähr zwei Drittel bis höchstens drei Viertel der Höchstgeschwindigkeit kommt, auf dem man ihn also sonst in den dritten Gang herunterschalten würde. Hier wird aber auch stur mit Vollgas und im großen Gang gefahren. Man notiert sich sowohl die nach Tachometer erreichte Höchstgeschwindigkeit in der Ebene wie auch die erreichte Höchstgeschwindigkeit (bei Vollgas) am Berg.

Ich sage ausdrücklich „man notiert", auch wenn man sich als Neuling dämlich vorkommt, weil man glaubt, sich „so eine Kleinigkeit" doch merken zu können. Man kann eben nicht! Also Notizbuch her, aufschreiben, als sei das für einen Dummen oder für den Direktor bestimmt. Ich bewahre solche Aufschriebe sogar gut auf und habe sie gelegentlich noch nach Jahren sehr gut brauchen können. Erfolgreiche Versuchsarbeit beruht nicht zuletzt in genauen, erschöpfenden Aufschrieben, jeder Dreck wird notiert – es kommt unfehlbar einmal der Punkt, wo sich Versuchsergebnisse zu widersprechen scheinen und diese scheinbar stur-kindischen Notizen die Lösung des Widerspruchs enthalten. Es ist auch gar nicht schlecht, so eine Messung zu wiederholen, auch dreimal zu machen – man wird sich wundern, wie verschieden die Werte ausfallen.

Man hat nun nichts weiter zu tun, als die Lichtmaschine kurz zu öffnen, die Klemmschrauben zu lockern und Lichtmaschinengrundplatte oder Zünderplättchen *in Richtung auf mehr Vorzündung* um ein beliebiges Stück zu verschieben, sagen wir einmal so, daß die beiden Meißelmarken oder die beiden Körnerpunkte rund 1 – 2 mm

Bild 37
Es soll ja niemand sagen, man wisse bei BMW nicht, wo eine Zündspule hingehört, wenn es um die Wurscht geht: Bei dieser Sechstagemaschine sitzt sie brav unterm Tank, auch das Zündkabel ist gewissenhaft abgestützt. Auch das Horn sitzt da, wo es seinen Krach ungehindert abstrahlen kann. (Siehe Kapitel über Tutehörner!)

auseinanderstehen. Hatte man einen ganz neuen Unterbrecherhebel eingebaut, dann ist es durchaus möglich, daß schon die paar Kilometer Fahrt bis zur Meßstrecke den Unterbrecherabstand haben kleiner werden lassen, auf jeden Fall wird er auch gleich kontrolliert und ggf. auf 0,4 mm zurückgebracht. Man zieht wieder alles gut fest, Deckel drauf und kann jetzt zurückfahren an den Ausgangspunkt der Meßstrecken. Man fährt erneut ab und schreibt erneut auf, welche Tachometergeschwindigkeiten jetzt herauskommen.

Da wir bei der ersten Einstellung den Zündzeitpunkt bewußt nicht sehr früh genommen haben, wird sich bei dieser zweiten Meßfahrt aller Wahrscheinlichkeit nach eine spürbare höhere Höchstgeschwindigkeit sowohl in der Ebene als auch am Berg ergeben. Danach wird das Spiel von vorhin wiederholt, man stellt die Zündung noch ein bißchen früher und probiert wieder, welche Höchstgeschwindigkeiten man jetzt bekommt. Im Laufe von 4 – 5 Nachstellungen wird man eine Einstellung für den Zündzeitpunkt herausfinden, von der ab die Höchstgeschwindigkeit in der Ebene nicht mehr gewachsen ist. Geht man darüber hinaus noch früher, dann wird man wahrscheinlich in der Ebene zunächst noch keine Übelstände bemerken, nur eben auch keine höhere Geschwindigkeit mehr bekommen. Da ist nun die Gegenkontrolle am Berg wichtig: Da wird sich wahrscheinlich doch ein Zündzeitpunkt herausstellen, den man *nicht* überschreiten darf, weil sonst die am Berg höchstmögliche Geschwindigkeit wieder fällt. (Es ist nicht gesagt, daß der Motor dabei schon klingeln muß!)

Diese Zündeinstellung, bei der man also sowohl in der Ebene als auch am Berg die höchstmögliche Geschwindigkeit erreicht, ist die für diesen Motor und diese Vergasereinstellung genau richtige Vorzündung.

Der Vorbehalt „für diese Vergasereinstellung" ist sehr wichtig, denn eigentlich müßte man jetzt die günstigste Vergasereinstellung suchen. Wie man das macht, ist aber in „Besser machen", Band II im Vergaserkapitel beschrieben, dort steht auch, daß man nach dem Aufsuchen der richtigen Vergasereinstellung noch einmal zwei bis drei Probefahrten mit veränderter Zündeinstellung fahren soll.

Ich habe diese Art der Zündeinstellung vorangestellt, weil es die einzig mögliche Art ist, bei einem völlig unbekannten oder baulich geänderten Motor die richtige Zündeinstellung aufzufinden, in den Versuchsabteilungen der Motorenwerke macht man das nämlich auch nicht anders, nur spart man sich da eben die Versuchsarbeit auf der Straße und stellt die Zündung lieber auf der Bremse ein.

Die hier empfohlenen Fahrversuche zur Zündeinstellung sehen nicht nur umständlich aus, sie *sind* auch umständlich und sie sind vor allem zeitraubend. Wie schon gesagt, ist es unerläßlich, *sich sehr genaue Notizen zu machen,* ebenso sollte man es sich auch zur Regel machen, jede Meßfahrt mindestens zweimal auszuführen, also zu jeder vorgenommenen Zündeinstellung *zweimal* Höchstgeschwindigkeit in der *Ebene* feststellen und *zweimal* Höchstgeschwindigkeiten am Berg. Wenn diese beiden Resultate jeweils ziemlich genau übereinstimmen, also nicht mehr als 2 – 3 % differieren, dann kann man sie schon als richtig jeder weiteren Maßnahme zugrunde legen. Wenn solche Werte aber einmal mehr als 5 % differieren, dann muß noch ein drittesmal gefahren werden, damit man zu erkennen vermag, welcher der beiden stark differierenden Werte nun „ausgefallen" ist. Es lohnt sich dann auch, sehr genau noch einmal die Umstände zu überdenken, unter denen der „ausgefallene" Wert gefahren worden ist, ob da Wind war, ob der Motor dazwischendrin besonders stark auskühlen konnte, ob etwa am Kraftstoffzufluß etwas nicht stimmte oder irgend sonstwas. Wenn man eine solche Erklärung nicht zwanglos findet, dann soll man ja nicht sagen: „Das ist wahrscheinlich der Grund gewesen", man sollte es dann über sich bringen und auch noch eine vierte Messung fahren, ob die sich den beiden übereinstimmenden Werten anfügt oder ob sie etwa wieder dem „ausgefallenen" Wert näher liegt. Wenn solche Meßwerte *immer wieder* stark streuen, dann hat es keinen Sinn, mit der gerade in Angriff genommenen Arbeit weiterzumachen, man muß dann ernsthaft untersuchen, woher diese starke Streuung kommen könnte. Sie kommt gewöhnlich von einer Ursache, an die man zunächst nicht denkt, und sei es gleich bei Versuchsfahrten im Winter auf der Solomaschine ein Mantelzipfel, der sich bei den einzelnen Meßfahrten verschieden weit ausbeutelt.

Um gleich dabei zu bleiben: Es wäre natürlich barer Unsinn, sich bei der Ermittlung der Höchstgeschwindigkeit in der Ebene irgendwie langzumachen oder sonst irgend etwas zu tun, von dem der Laie meint, es trage zu besonders hoher Geschwindigkeit bei. Man kann sich also anziehen wie man will, man kann ein Taschentuch oder einen Zylinderhut aufsetzen, wesentlich ist nur, daß man *bei jeder Meßfahrt genau gleich angezogen* ist, um genau gleichen Luftwiderstand zu bieten. Man bleibt auch schön aufrecht sitzen, so bequem wie nur irgend möglich, weil darin eigentlich die einzige Garantie liegt, daß man jedes Mal *auch wirklich gleich sitzt und den gleichen Widerstand bietet.*

Im übrigen soll man Meßfahrten in möglichst kurzzeitiger Aufeinanderfolge abspulen, Zahlen, die man am kühlen Vormittag ermittelt hat, sind nicht mehr mit Zahlen zu vergleichen, die vom heißen Nachmittag stammen, Zahlen aufeinanderfolgender Tage sind überhaupt kaum zu vergleichen, es sei denn, man würde sich auch noch genau die Temperaturen und die Barometerstände aufschreiben. Überhaupt besteht ja die Kunst des Experimentierens darin, Dinge, deren Verhalten man messend ermitteln will, so einzurichten, daß man schön hintereinanderweg arbeiten kann. Man radelt also mindestens zwei Meßwerte in der Ebene und am Berg hintereinander ab und macht die Aufschriebe, die Maschine muß schon so vorgerichtet sein, daß man danach mit einem Minimum von Zeitaufwand die gewünschte Änderung treffen kann, etwa die Verschiebung der Zündergrundplatte, dann müssen sich unmittelbar die nächsten Meßfahrten anschließen. Wenn man dann abends mit einem Zettel voller Zahlen wieder nach Hause kommt, wird man sich über die Resultate wundern:

Man sieht zum erstenmal, was etwas ausmacht und wieviel es ausmacht!

Es beginnt einem dann zu dämmern, was für einem albernen Geschwätz man bisher vielfach aufgesessen ist, wenn man an die Biertischanweisungen sogenannter Fachleute geglaubt hat, und es dämmert einem auch, warum die Leute in der Industrie für ihre Entwicklungen manchmal so viel Zeit und so viel Kilometer brauchten. Und noch ein Drittes: Man wird sich wundern, *wie die ermittelten Zahlen bei genauer Betrachtung doch so manches Mal dem persönlichen Eindruck widersprechen,* den man selbst von der Probefahrt hatte. So manches Mal hat man das Gefühl, die Maschine sei doch merklich schneller oder vielleicht auch langsamer geworden, und doch stimmt es nicht, wenn man die Zahlen vergleicht. Wenn man sich erst einmal angewöhnt hat, genau auf den Tachostand zu achten und Notizen zu machen, dann weiß man erst recht, was man von dem zu halten hat, was einem andere Leute so erzählen.

Die automatische Zündverstellung

Eigentlich wäre jetzt die Schilderung der Werkstattmethode für Serienmaschinen an der Reihe, wir müssen aber vorher noch ein paar Worte für die Einstellung von Zündern aufwenden, die mit automatischer Zündzeitpunktverstellung ausgerüstet sind.

Bei Maschinen mit Batteriezündung gibt es nur den Zündversteller von Bosch-Noris, bei deutschen Schwungradmagneten wird auf eine Zündzeitpunktverstellung überhaupt verzichtet. Anders bei den Italienern, da gibt es fünf bis sechs verschiedene Ausführungsformen, sie beruhen aber alle darauf, daß der im Schwung-

Bild 38
Zerlegter Zündversteller – überall, wo sich etwas bewegt, muß mit Molybdänpaste stramm eingebürstet werden! Ölen oder Fetten hilft nichts und gefährdet den Unterbrecher oder gar den Regler.

Bild 39 und 40
Links: Bosch-Noris-Versteller auf volle Frühzündung gedrückt, man erkennt, wie die Schraubenfeder sich um eine Kurve legt. Rechts italienischer Nockenversteller mit linearem Zug.

rad sitzende Nocken durch Fliehgewichte gegenüber der Nabe verschoben wird. (Bei Batteriezündern wird sinngemäß der Nocken gegenüber der Antriebswelle verschoben.) Vom Bosch-Noris-Zünder bringen wir zwei Bilder, wie man sieht, sind da zwei Gelenke und verschiedene Reibestellen drin, schließlich muß ja auch der Nocken gegenüber seiner Lagerung verdrehbar sein, da ist also eigentlich einiges zu schmieren. Nur ist hier das Schmieren so eine Sache – schließlich ist das Ganze ja eine Zentrifugalmaschine, wie man sie auch zum Wäschetrocknen verwendet, man kann eisern damit rechnen, daß jedes flüssige Schmiermittel binnen Minuten restlos abgeschleudert wird. Es lohnt sich schon, einen solchen Zündversteller bei Gelegenheit völlig auseinanderzunehmen, soweit dies überhaupt nur möglich ist, um alle Gleit- und Lagerstellen mit einem steifborstigen Pinsel mit Molykotepaste einzubürsten. Es ist wirklich erstaunlich, was Molykotepaste hier zu leisten imstande ist, vor allem für sehr lange Zeit.

Bei den Bosch-Noris-Zündverstellern legen sich die Zugfedern an Kurvenbahnen an, die Federn werden also immer steifer, je weiter sich die Fliehgewichte hinwegbegeben: Das gibt tatsächlich eine weitgehend drehzahlabhängige, allmähliche Verstellung, man hat also nicht nur bei geringer Drehzahl die erforderliche geringe Vorzündung, um schon bei nur wenig erhöhter Drehzahl volle Vorzündung zu erhalten, der Versteller regelt tatsächlich schon für Drehzahlunterschiede von wenigen 100 zu 100 U/min einen etwas anderen Zündzeitpunkt ein, um volle Frühzündung erst von einer relativ hohen Drehzahl ab zu geben. Bei den italienischen Zündverstellern ist man nicht so kitzlig, die kennen meist nur lineare Verstellung, das heißt also entweder praktisch volle Frühzündung etwa von 2000 U/min aufwärts oder volle Spätzündung von ungefähr 1500 U/min abwärts.

In den meisten Handbüchern findet man nun die Regel, daß ein Motor mit automatischem Zündpunktversteller auf Zündung im oberen Totpunkt eingestellt werden müsse, und in der Tat ist das auch eine ganz gute Regel, sofern es sich um den Serienzustand des betreffenden Motors handelt. Wir halten uns also auch daran, führen aber dennoch die geschilderten Meßfahrten mit geänderten Grundeinstellungen aus. Haben wir bei den Meßfahrten eine optimale Einstellung gefunden, dann wird diese recht häufig einen Grund-Zündpunkt ergeben, der nicht mehr mit dem oberen Totpunkt zusammenfällt, er kann ebensogut früher wie später liegen. An sich können wir uns mit solcher Kenntnis durchaus begnügen, wenn man aber die Absicht hat, an dem betreffenden Motor weiterzubasteln, also etwa eine Sportmaschine auf noch höhere Leistung zu bringen, dann sollte man es sich nicht verdrießen lassen, die Fliehgewichte des Zündverstellers von Hand voll auszurücken und mit einem Hölzchen in der Stellung voller Frühzündung zu verriegeln, um den so erhaltenen Betrag an tatsächlicher Frühzündung bei Spitzendrehzahl ermitteln zu können. Dieser Betrag an Frühzündung muß nun allerdings mit einer Gradscheibe festgelegt werden, denn es kann unter Umständen ein Ausgangspunkt für Überlegungen für die fernere Frisierarbeit werden.
Damit ist es jetzt endlich so weit, daß wir uns mit der ganz genauen Methode der Zündeinstellung befassen müssen.

Wenn man einen Handbuchwert hat

oder sonst des Glaubens voll ist, kann man so einstellen:

Die nunmehr zu schildernde *ganz genaue* Einstellmethode wird immer da angewendet, wo man es mit Serienmotoren zu tun hat, für die vom Werk ein genauer Einstellpunkt angegeben worden ist, oder wenn man am eigenen Motor sich mit konstruktiven Trimmarbeiten befaßt, die ja auf den erforderlichen Zündzeitpunkt immer irgendwo einen Einfluß haben. Es ist dann gut, zu wissen, daß etwa ein größerer Vergaser nicht nur eine Änderung der Zündeinstellung überhaupt bedingt, sondern auch, *wieviel* diese Änderung in Graden Kurbelwinkel beträgt.

Wie schon gesagt, tut man gut daran, nach Graden Kurbelwinkel einzustellen und nicht nach Millimetern Hubhöhe. Eine Einstellung nach Millimetern Hubhöhe ist immer unzuverlässig, weil es nie gelingt, den oberen Totpunkt auf diese Weise einwandfrei festzulegen. Die Einstellung nach Graden Kurbelwinkel geht folgendermaßen vor sich:

Auf der Nockenwelle muß möglichst starr eine Gradscheibe befestigt werden, bei deutschen Motorrädern ist dies ziemlich einfach, weil da immer die Befestigungsschraube bzw. -mutter zugänglich ist, die den Lichtmaschinenläufer bzw. Zündernocken auf der Kurbelwelle oder der Motoren-Nockenwelle festhält. Eine solche Gradscheibe kann nun aussehen wie sie will, früher gab es sie wenigstens bei den

Bild 41
Die klassische Art, mittels Gradscheibe den Totpunkt zu ermitteln und einen – zuvor schon bekannten – Zündzeitpunkt sehr genau einzustellen. Der Kolbenanschlag dient der Totpunktermittlung, der Drahtzeiger dient der Ablesung bestimmter Gradzahlen.

besseren Motorradfabriken vom Werk als Sonderwerkzeug zu kaufen. In sehr guten Zeichengeschäften gibt es auch Vollkreis-Gradscheiben zu kaufen, aus durchsichtigem Kunststoff, die allerdings auch nicht billig sind, mit 15 bis 20 DM für eine anständig große Scheibe muß man schon rechnen. Ein guter Mann, der zwar wenig Geld, aber desto mehr Kopf hat, wird sich im Zeichengeschäft einen Schulbubenwinkelmesser kaufen und sich eine solche Gradscheibe danach selbst zeichnen. Das ist zwar eine Geduldsarbeit, aber schließlich wird sie ja mit 15 bis 20 DM bezahlt. Man braucht heutzutage auch nicht mehr Pappe für die Gradscheibe zu nehmen, in den besagten großen Zeichengeschäften gibt es auch eine als „Circolon" bezeichnete Reißbrettauflage, ein ziemlich steifer Kunststoff, auf dem sich sehr gut mit Tusche zeichnen läßt. Diese Gradscheibe wird also wie gesagt auf der Zünderwelle unverdrehbar befestigt, und nun müssen wir dafür sorgen, irgendwo anders am Motor einen dünnen Zeiger zu befestigen, der auf einen ganz beliebigen Strich der Gradscheibe weist und an dem man so die bezifferten Striche der Gradscheibe ablesen kann. Wo dieser Zeiger steht, ist vollkommen gleichgültig, wichtig ist nur, *daß er für die betreffende Einstellarbeit eben unverrückbar ist.*

Nächst wichtig ist eine Vorrichtung, die man entweder bei abgenommenem Zylinderkopf am oberen Zylinderrand befestigen kann oder die man in das Kerzenloch hineinschrauben kann und die zuverlässig verhindert, daß sich der Kolben des Motors bis ganz an den oberen Totpunkt begeben kann. Er soll lediglich bis kurz vor den oberen Totpunkt laufen können und soll sich dort zuverlässig an diesem *starren* Hindernis anlegen können. Auch hier ist es völlig gleichgültig, wo sich das Hindernis befindet, es ist auch gleichgültig, ob es am anderen Tag oder in drei Wochen wieder an einem anderen Punkt ist, es muß *nur für die betreffende Einstellarbeit völlig unverrückbar sein.*

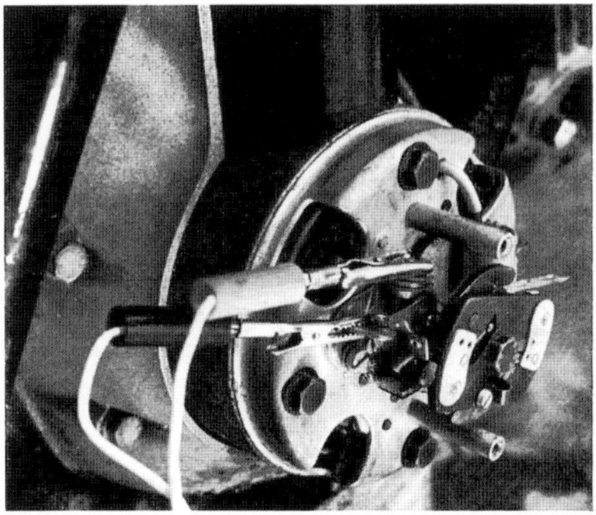

Bild 42
Bei der Gradscheibenmethode kann man das Öffnen des Unterbrechers nur rein elektrisch feststellen – an beide Unterbrecherkontakte wird so ein Signallämpchen angeklemmt.

Wir drehen jetzt die Kurbelwelle so, daß der Kolben sich gegen diesen Anschlag legt, dort halten wir die Kurbelwelle mit ganz wenig Kraft fest und lesen ab, auf welchen Gradstrich der Zeiger weist. Dieses wird aufgeschrieben.

Nunmehr drehen wir die Kurbelwelle anders herum, der Kolben läuft vom Anschlag weg, läuft durch den unteren Totpunkt durch und legt sich jetzt „von hinten her" wieder gegen den Anschlag. Wird wieder mit wenig Kraft festgehalten und es wird wieder der Teilstrich abgelesen, auf den jetzt der Zeiger weist. *Genau in der Mitte zwischen beiden Teilstrichen ist der obere Totpunkt.*

Jetzt kann der Anschlag oben im Zylinderkopf entfernt werden, so daß sich die Kurbelwelle voll durchdrehen läßt, und wir stellen die Kurbelwelle so, daß der Zeiger der Gradscheibe auf den berechneten Mittelwert zeigt, damit haben wir den *wirklich genauen* oberen Totpunkt unseres Motors ermittelt.

Im empfehle, die Kurbelwelle in solcher Lage ein bißchen hin und her zu drehen – man wird sich wundern, um wie viele Grade man nach jeder Seite drehen kann, ohne daß sich der Kolben oben irgendwie sichtbar bewegt!

Kluge Leute markieren diesen oberen Totpunkt auf dem Schwungrad des Motors, sofern dieses zugänglich ist oder mit einem Schauloch im Gehäuse zugänglich gemacht werden kann. Man tut sich damit für spätere Einstellarbeiten wesentlich leichter, als wenn man jedesmal die Anschlaggeschichte montieren und den Totpunkt mittels zweier Gradscheibenwerte erst ermitteln muß. Von diesem Totpunkt ausgehend können wir nunmehr die Kurbelwelle – am besten in Laufrichtung – einmal herumdrehen, bis der Kolben wieder ungefähr 20 mm vor dem oberen Totpunkt angekommen ist. Von da ab wird – immer noch in Laufrichtung des Motors – *ganz vorsichtig* weitergedreht, bis man sieht, daß der Unterbrecher gerade öffnet. Weil man das nun nicht so ohne weiteres sieht, muß man auch hier wieder für eine genaue Ermittlung des Öffnungspunktes sorgen:

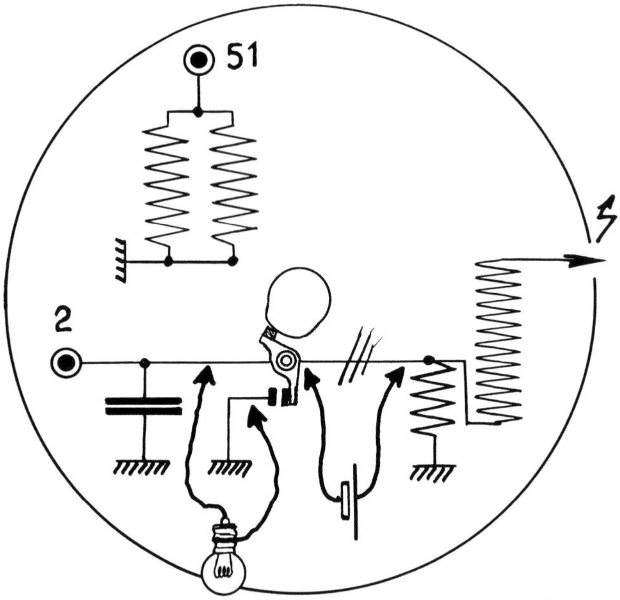

Bild 43
So kann man mit einem 70-mA-Lämpchen und einer einzelligen Batterie auf rein elektrischem Wege das Abheben der Kontakte bei einem Magnetzünder feststellen, ohne dessen Magnetismus zu gefährden. Die durchstrichene Leitung muß natürlich vor dem Anschluß der Batterie aufgetrennt werden. Sonst geht's nicht.

Die Methode mit dem Zigarettenpapier ist hier viel zu ungenau!

Am besten ermittelt man den Abreißpunkt mit einem Glühlämpchen. Bei einer Batteriezündung ist das kindisch einfach, wir löten an ein Glühlämpchen zwei Kabelenden an, Bananenstecker und Krokodilklemme, die Krokodile hängt man an die beiden Unterbrecherkontakte. Man wird bemerken, daß das Glühlämpchen aufflammt, lange bevor man zu sehen vermag, daß die Kontakte sich bewegen.

Diese Methode, mit einem Glühlämpchen den Abreißpunkt festzustellen, ist außerordentlich genau, man sieht ja selbst, daß dies tatsächlich auf einen halben Winkelgrad genau erfolgt.

Hat man also vom Werk einen Zündzeitpunkt in Winkelgraden angegeben, dann wird die Lichtmaschinengrundplatte bzw. eben das Unterbrecherplättchen so weit verdreht, daß beim Erreichen des vorgegebenen Winkelgrades – aber jeweils in Laufrichtung gedreht, also ja nicht einmal vor und einmal zurück – das Signallämpchen jeweils aufflammt. Man kann auch jetzt wieder die zugehörige Stellung des Motor-Schwungrades markieren, um sich künftige Arbeit mit der Gradscheibe zu ersparen.

Die Anzeige mit dem Glühlämpchen ist bei Batteriezündungen selbstverständlich, sie geht aber naturgemäß nicht bei einer Magnetzündung, weil da ja bei stillstehendem Motor keinerlei Strom vorhanden ist. Dennoch gibt es auch hier eine elektrische Methode:

Man hängt auch jetzt wieder über die Unterbrecherkontakte ein Glühlämpchen, nur muß man dafür sorgen, daß das ein möglichst kleines Lämpchen, also mit möglichst geringer Stromaufnahme ist. Es gibt ja heutzutage winzigkleine Taschenlämpchen, zu denen Glühlämpchen für 1,5 Volt mit nur 70 Milliampere Stromaufnahme gehören. Ein solches Lämpchen brauchen wir. Zum beweglichen Kontakt des Unterbrechers führt nun auch von der Zündspule immer eine Leitung, diese

Bild 44
Italienischer Trick: Diese Schablone enthält die Vorzündungswerte für vier verschiedene Motoren, deren Magnetläufer immer nur eine Marke tragen. Auch eine Methode – aber nur für Kundendienste geeignet, deren Motoren festliegende Vorzündungswerte haben.

Leitung wird unterbrochen und dorthinein schalten wir eine einzige Trockenzelle, die wirklich nicht mehr als 1,5 Volt zu haben braucht. Ein je kleineres Lämpchen und je kleinere Batterie wir verwenden, desto besser, denn der Strom dieser Batterie fließt ja auch durch die Primärwicklung der Zündspule. Wäre das ein starker Strom, wie er etwa zu einer 6-Watt-Lampe gehört, dann könnte dieser Strom ohne weiteres den Magnetismus der Dauermagnete beeinträchtigen. Die 70 Milliampere für das Miniaturlämpchen tun aber dem Magnetismus ganz bestimmt noch nichts, infolgedessen ist diese Anzeigemethode auch für ganz billige Zündmagnete gefahrlos, man bekommt damit die genau gleich zuverlässige Zündpunktermittlung wie bei normalen Batteriezündern.

Fassen wir also noch einmal zusammen: Die Einstellung mit Gradscheibe und Anzeigelämpchen ist nur da angebracht, wo man einen Serienmotor auf *einen zuvor genau festliegenden* Zündzeitpunkt einstellen will.

Bei allen Motoren, an denen man herumgeschlossert hat, treffen die vom Werk für die Serienmaschinen angegebenen Vorzündungswerte natürlich nicht mehr zu, hier ist die Einstellung nach Gradscheibe nutzlos, man muß also mit dem im vorhergehenden Kapitel geschilderten Fahrversuch den optimalen Zündzeitpunkt *erst auf der Straße ermitteln.*

Nur wenn man an einem schon bearbeiteten Motor noch weiter herumschlossern will, empfiehlt es sich auch hier, den experimentell auf der Straße ermittelten günstigsten Zündzeitpunkt nachträglich mit der Gradscheibe in Winkelgraden zu ermitteln und zu notieren, um für spätere Einstellfahrten schon einen Ausgangspunkt zu haben.

Es hat Zeiten gegeben, da schien es den Leuten sehr wichtig, in Millimetern angegebene Vorzündungswerte in Winkelgrade umrechnen zu können. Zwar war das früher schon genau so witzlos wie heute, nur ließen sich eben die Leute schlechter davon abbringen. An sich gibt es eine solche Umrechenmethode gar nicht, wenigstens keine, die allgemein gültig wäre. Man müßte nämlich dazu nicht nur die Hubhöhe des Motors und damit den Kurbelwellenhalbmesser kennen, man müßte auch **die genaue Pleuellänge kennen**, die ist aber nirgendwo angegeben und gewöhnlich auch nur mit Schwierigkeiten nachmeßbar. Ebenso muß man eine eventuelle

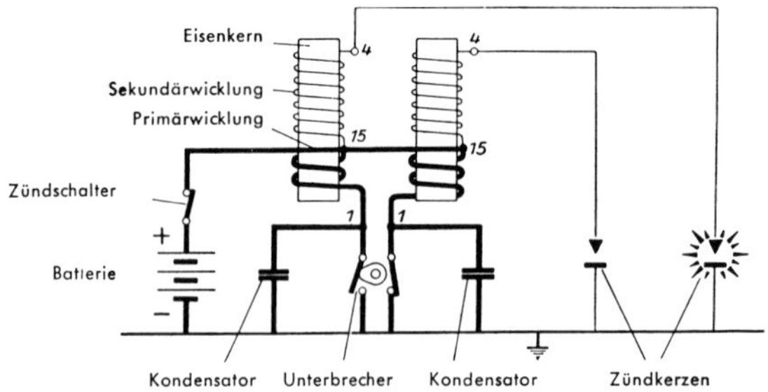

Bild 45
Grundsatzschaltung aller deutschen Twin-Zweitakt-Zünder mit einem Nokken, zwei Unterbrechern und zwei Zündspulen.

Desaxiierung des Zylinders gegenüber der Kurbelwellen-Mittellinie kennen, und diese ist am fertigen Motor erst recht kaum zu ermitteln. Drittens endlich finge man mit einer solchen Umrechnung schon deswegen nichts an, weil alle Angaben in Millimetern Kolbenweg von Hause aus viel zu ungenau sind, als daß es einen Sinn hätte, daraus noch Grade Kurbelwinkel zu errechnen.

Speziell wichtig:
Bei älteren Motorrädern findet man eine Hand-Zündverstellung. Die ist an sich nicht schlecht. Man stellt sie lediglich auf volle Frühzündung, um danach erst die hier beschriebene genaue Einstellung vorzunehmen. Daran hängt nämlich die Höchstleistung. Man braucht dann nur bei kleineren Drehzahlen – wenn nichts Böses mehr passieren kann – nach Gutdünken auf Spätstellung zurückzugehen.

Die Einstellung von Zweizylindern

Gemeint sind natürlich unsere deutschen Twins, also Zweitakter – schließlich laufen ja noch eine ganze Menge Adlers und Ilos herum. (Die englischen Viertakt-Twins haben Zündanlagen nach Wagenvorbild, arbeiten also mit Verteiler, Angaben darüber findet man im Seite 348 genannten „Electrical Manual" von Osborne.) Charakteristikum dieser Zweizylinder-Zweitakt-Zünder ist eine eigentlich ganz normale Zündlichtmaschine mit einem ganz normalen, einfachen Nocken auf dem Kurbelwellenstumpf, dem lediglich statt des einen nunmehr zwei Unterbrecher diametral gegenüberstehen. Natürlich sind auch zwei Kondensatoren und zwei Zündspulen da (die aber ebensowenig da unten hingehören wie bei einem Einzylinder), sonst gibt es aber keinen Unterschied zur Einzylinder-Anlage.

Ganz gleich, ob man nun die werksmäßige Einstellung des Zündzeitpunktes kennt oder ob man zunächst aufs Geratewohl einen nur annähernd richtigen Zündzeitpunkt einzustellen wünscht, geht man in jedem Fall folgendermaßen vor:

Auf der Zündergrundplatte findet man einen Unterbrecher, der unmittelbar auf dieser Grundplatte montiert ist – der in Bild 46 untere Unterbrecher. (Um den anderen, auf einem speziellen, verschiebbaren Plättchen aufgebauten oberen Unterbrecher kümmern wir uns jetzt noch nicht.) Dieser „feste" Unterbrecher wird wie üblich auf korrekten Abstand eingestellt, dazu sind die Schrauben C da. Sodann suchen wir den Zylinder auf, zu dem dieser Unterbrecher gehört – man merkt ja, welche Kerze funkt, wenn man bei eingeschaltetem Strom den Unterbrecher mit dem Fingernagel an-

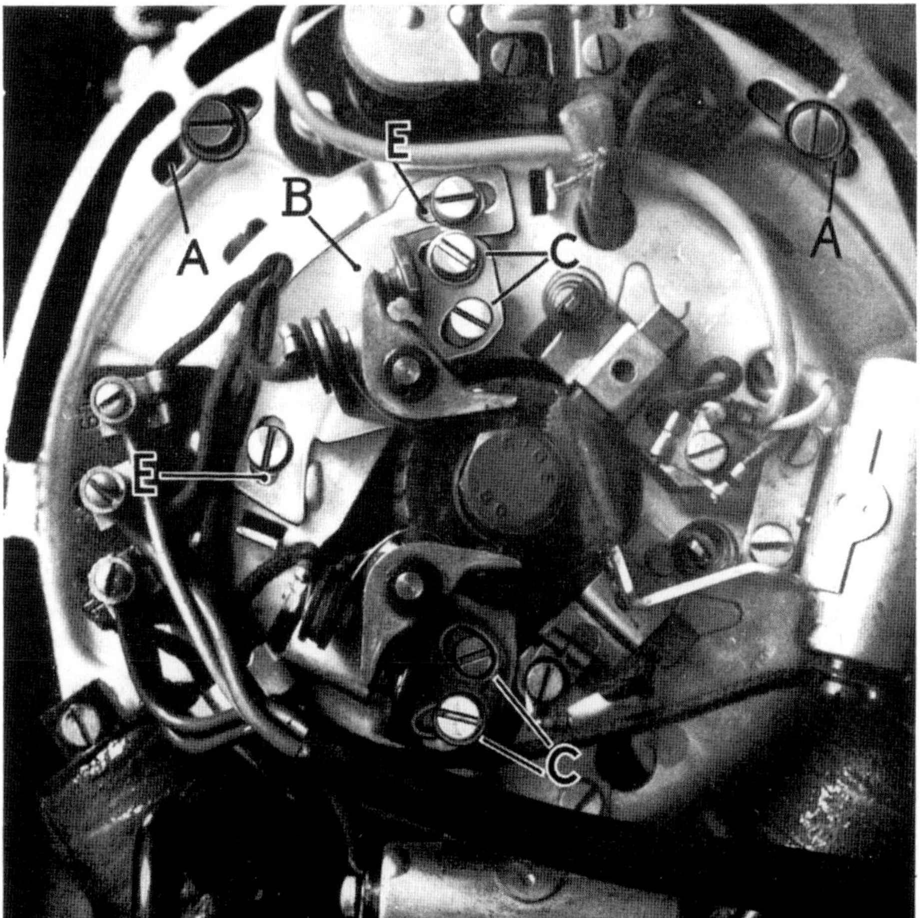

Bild 46
Zünderplatte einer Zweizylinder Adler: In den Langlöchern A wird der Zündzeitpunkt für den unteren Unterbrecher genau eingestellt, mit dem oberen, auf speziellem Plättchen B verschiebbar montierten Unterbrecher wird der Zündpunkt für den zweiten Unterbrecher genau nachgeregelt. Abstandverstellung durch Langlöcher C.

lüftet. Für diesen Zylinder wird der gewünschte Zündzeitpunkt eingestellt, indem man das ganze Lichtmaschinengehäuse in den Langlöchern A in Bild 46 verdreht. Man verfährt dabei um kein Haar anders, als in den beiden vorhergehenden Einstellkapiteln beschrieben wurde.

Wenn der Zündpunkt des unteren Unterbrechers wie gewünscht steht, wird der obere Unterbrecher, der wie gesagt auf einem speziellen Plättchen (B in Bild 46) montiert ist, auch wieder erst mal auf genauen Abstand gebracht. Dann werden die Klemmschrauben über den Langlöchern E gelockert und das ganze Plättchen in diesen Langlöchern so verschoben, daß der obere Unterbrecher genau nach 180 Grad Kurbeldrehung (in Laufrichtung des Motors!) zum unteren Unterbrecher öffnet.

Um das feststellen zu können, braucht man allerdings eine Gradscheibe, auch dann, wenn man gar nicht die werksvorgeschriebene Zündung einstellen will – allein um die genauen 180 Winkelgrade Versetzung zu erhalten, braucht man die Gradscheibe. Es ist witzlos, diese Einstellung etwa mit einer Fühlerlehre durch das Kerzenloch machen zu wollen, das geht nicht mal mit einer Meßuhr, eine Gradscheibe ist die einzige Möglichkeit, um absolute Symmetrie zu erzielen. *Die Tatsache des Öffnens wird natürlich mit Lämpchen festgestellt, Zigarettenpapier geht nicht.*

Wenn beide Unterbrecher auf genau 180 Grad Distanz eingestellt sind, kann man auf die Strecke gehen und im Fahrversuch einen anderen, günstigeren Gesamt-Zeitpunkt aufsuchen. Dabei wird aber selbstredend immer nur die ganze Lichtmaschine in den A-Langlöchern verdreht. Sobald man einen einzelnen Unterbrecher auch nur anfaßt, ist der Bart auch schon ab – dann muß die Gradscheibe drauf und muß erst wieder die verlorene Symmetrie hergestellt werden.

Bei mir hat das bisher in dieser Weise immer ganz ordentlich funktioniert, die Unterbrechersymmetrie ging also nie verloren, wenn ich die ganze Lichtmaschine in den A-Langlöchern verdrehte. Wohl aber schworen einmal – auch noch gleich zwei – MOTORRAD-Leser Stein und Bein, bei ihren Adlers müsse man jedesmal wieder die Symmetrie neu einstellen, wenn man die Lichtmaschine in den A-Löchern auch nur ein bißchen verdreht habe. Ich kann mir das eigentlich nur mit einem verzogenen Lichtmaschinengehäuse erklären, an das ich trotz allem kaum zu glauben vermag. Aber man hat ja auch schon Pferde kotzen sehen.

Dieses Einstellverfahren beruht darauf, daß beide Zylinder den gleichen Vorzündungswert brauchen, also gleiches Gemisch bekommen und – weniger wichtig – auch gleich warm werden. So viel ich weiß, fallen die Kurbelwellen nie so unsymmetrisch aus, daß man deswegen verschiedene Zündzeitpunkte bräuchte. Was aber nicht ist, kann noch werden, es kann ja sein, daß jemand mal eine reparierte und deshalb unsymmetrisch gewordene Kurbelwelle erwischt. Wenn diesbezüglicher Verdacht besteht, stellt man durch Verdrehen in den A-Langlöchern mittels Fahrversuch den *zunächst* optimalen Zündpunkt fest, beide Unterbrecher dabei auf genau 180 Grad Symmetrie eingestellt. Dann wird die Stellung des Plättchens B mit Meißelhieb oder Körnerpunkten markiert – damit man sie wiederfindet – und anschließend das Plättchen einmal vor- und einmal zurückverschoben. Jedesmal Fahrversuch, dann merkt man ja, ob und was dabei herauskommt. Eine eventuell nötige Unsymmetrie wird eben wieder gemarkt.

Daß infolge ungleichen Gemisches in beiden Zylindern ein anderer Zündpunkt für den einen Zylinder nötig wird, habe ich selbst noch nicht erlebt. Ungleiche Gemische treten immer auf, wenn zwei Zylinder aus demselben Vergaser ansaugen – ein uralter Hut, auch wenn die Anordnung noch so schön symmetrisch ist. Das funktioniert eben nicht. Aber: Bei Vollgas ist die Gemisch-Unsymmetrie nie so groß, daß man deshalb unsymmetrische Zündzeitpunkte bräuchte – wenigstens ist das meine persönliche Erfahrung. Bei Teilgas werden zwar die Unsymmetrien in der Gemischbildung wieder recht grob – aber bei Teilfüllung ist der Zündzeitpunkt wieder unkritisch.

Ernsthafte Leute werfen nun bei Twins früher oder später den Einzelvergaser doch weg, bauen den ganzen Einlaß um und setzen zwei genau gleiche Vergaser auf. In solchem Falle werden zunächst beide Vergaser genau gleich eingestellt, die Unterbrecher werden auf genau 180 Grad Symmetrie gehalten und der günstigste gemeinsame Zündzeitpunkt wird aufgesucht. Dann dreht man zuerst aus dem einen Zylinder – ganz gleich, aus welchem – die Kerze heraus und fährt mit nur einem Topf erneut auf Höchstgeschwindigkeit bzw. auf dessen optimale Vergasereinstellung. (Beim gerade nichtbenützten Topf muß der Vergaser aber in Betrieb bleiben, damit der Kurbelkasten Öl kriegt. Es rotzt dann zwar ziemlich viel Saft aus dem Kerzenloch, aber da kann man ja einen Pappdeckel vors Bein binden.) Dann wird das Verfahren mit dem anderen Zylinder wiederholt, wobei eventuell notwendige andere Einstellungen zutage kommen. Jedenfalls weiß man so, daß und welcher Zylinder bzw. Vergaser eine abweichende Einstellung braucht. Ist diese hergestellt, so wird man finden, daß jetzt auf einmal die genau symmetrische Zündeinstellung tadellos paßt!

Auf diese Weise wird man mit jedem Twin fertig.

Die Sache mit dem Abriß

Bei einer Gleichstrom-Zündspule ist es völlig gleichgültig, *wann* man den Unterbrecher öffnet, da bricht eben jedesmal das magnetische Feld im Kern der Spule zusammen und man bekommt den dazugehörigen Funken. Radikal anders ist das aber bei einem Magnetzünder, also beispielsweise in Bild 47:

Im linken Bild ist der Zündanker in einer Stellung gezeichnet, wo der Kern vom Magnetfeld voll durchsetzt wird, in diesem Augenblick fließt in der Primärseite zwar ein sehr starker Strom, und es hätte keinen Sinn, ausgerechnet jetzt den Unterbrecher zu öffnen, man würde bei weitem keinen Zündfunken erhalten, sondern nur ein gewaltiges Unterbrecherfeuer.

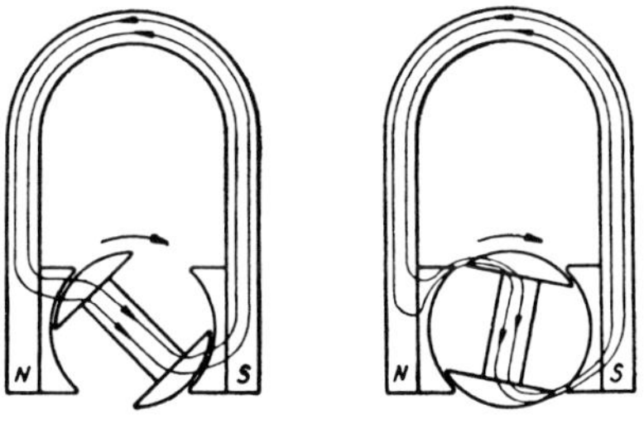

Bild 47
In der links gezeichneten Ankerstellung wäre eine Unterbrechung des Primärstromes fast nutzlos bzw. wegen starkem Öffnungsfunken kaum möglich. In der Stellung rechts ist die Unterbrechung dagegen am wirksamsten und der geringste Unterbrecherfunke zu erwarten.

Anders bei der Stellung, die im rechten Bild gezeichnet ist: So wie hier gezeichnet ist der Kraftlinienverlauf typisch für alle derartigen Maschinen, das Feld ist sehr stark verzerrt, *obwohl man in diesem Augenblick noch nahezu den vollen magnetischen Fluß hat.* Würde sich der Anker auch nur noch um wenige Winkelgrade weiter bewegen, dann würde das Magnetfeld allerdings zusammenbrechen und nach weiteren wenigen Winkelgraden andersherum wieder aufgebaut werden. Selbst wenn man den Strom im Primärkreis der Ankerwicklung gar nicht unterbrechen würde, bekäme man schon ein schwaches Fünkchen, das allein davon herrührt, daß das Magnetfeld im Kern allein im Verlauf der Ankerdrehung innerhalb recht kurzer Zeit zusammenbricht und andersherum wieder aufgebaut wird. Wenn man nun in diesem Augenblick auch noch den Unterbrecher öffnet, also den Strom in der Primärspule galvanisch unterbricht, bekommt man den erwünschten *starken* Zündfunken.

Es kommt also demnach darauf an, bei einem Magnetzünder den Primärstrom *nicht irgendwann* zu unterbrechen, sondern in der wohldefinierten Stellung des Ankers (bei umlaufenden Magneten natürlich bei der entsprechenden Magnetradstellung), *in der das Magnetfeld im Zündspulenkern dicht vor dem Zusammenbruch bzw. vor der Umpolung steht.* Weil sich hier nun gemeinhin der Spulen-Polschuh schon ein Stückchen vom Magnetpolschuh (oder natürlich auch umgekehrt) hinwegbegeben hat, bezeichnet man gewohnheitsmäßig dieses Stückchen, um das sich beide Polschuhe schon entfernt haben, wenn der Unterbrecher abhebt, als „Abriß".

Dieser Abriß wird gemeinhin in Millimetern angegeben, er hängt aber sehr von der Bauart des betreffenden Zünders ab, es ist auch seit Jahrzehnten das heiße Bemühen aller Zünderbauer, ihre Polschuhe so auszuführen, daß es auf den *genauen* Betrag des Abrisses nicht mehr ankommt. Man braucht hier nämlich schon eine gewisse Toleranz, denn beispielsweise bei Schwungmagneten muß der im Innern des Magnetrades befindliche Unterbrechernocken bei der Fertigung sehr genau aufgesetzt werden, damit der zulässige Abrißwert nicht überschritten wird. Weil es nun bei der Montage des Nockens im Schwungrad unvermeidlich Toleranzen gibt, also manche Nocken ein bißchen früh und manche ein bißchen spät stehen, fällt der Abriß nicht bei allen Zündern genau gleich aus und jetzt kommt ein Kniff:

Bei hoher Drehzahl ist es ziemlich gleichgültig, wie groß der Abriß ist, man bekommt immer einen guten Funken und bemerkt überhaupt nichts. Wohl aber kann es sein, *daß eine Maschine schlecht startet,* wenn der Abriß *wesentlich zu früh* oder *wesentlich zu spät* liegt. (Man stellt das natürlich wieder fest, indem man den Zünder nicht auf die Kerze, sondern auf eine Meßfunkenstrecke arbeiten läßt, kritisch ist dabei, daß bei der mittels Fußstarter oder Handstarter erzielbaren Startdrehzahl ein mindestens 6 – 7 mm langer Funke herauskommt.)

Wenn nun der Funke *wesentlich* kürzer ist, machen wir einen verrückt scheinenden Versuch: Höchstwahrscheinlich ist der Unterbrecherabstand im Verlaufe vorheriger Einstellarbeiten auf genau 0,4 mm Abhub eingeregelt worden, wie sich das in gutem Hause so gehört. Wir gehen jetzt versuchsweise einmal auf 0,2 mm herunter und probieren wieder mit der Meßfunkenstrecke bei Startdrehzahl, ob die erreichbare Funkenlänge größer wird. Wenn nicht, machen wir es genau umgekehrt, wir gehen von 0,4 mm Abhub auf 0,6 mm Abhub und probieren wieder. (Das muß

Bild 48
Auch bei Schwungradmagneten muß der Magnet schon ein ganzes Stück an der Polschuhkante vorbeigelaufen sein, bevor der Unterbrecher abheben darf – das Magnetrad dreht hier entgegen dem Uhrzeigersinn.

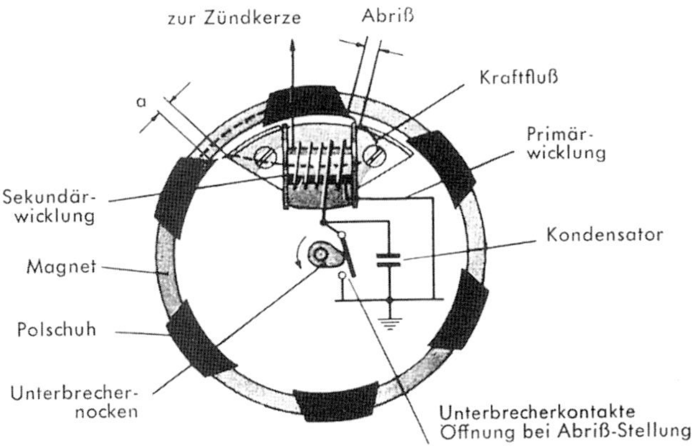

wohl oder übel probiert werden, weil es einfach von der Bauart des Unterbrechers abhängt, ob der Abstand vorwärts oder rückwärts verstellt werden muß. Das Probieren geht ganz einfach schneller als das Nachdenken, außerdem ist es *absolut* sicher, während man beim Nachdenken nie weiß, ob man auch richtig herum gedacht hat.) Mit dieser groben Methode sieht man schon, ob die Veränderung des Unterbrecherabstandes etwas bringt, man kann also jetzt noch einmal mit 0,3 mm bzw. 0,5 mm Unterbrecherabstand erneut probieren, es wird einem dann schon gelingen, einen hinreichend langen Funken hervorzuzaubern.

Damit kommen wir zu einem Lehrsatz, der auch in keinem Lehrbuch steht, aber bei heute üblichen Fertigungstoleranzen bei Schwungmagneten außerordentlich wichtig ist:

> Bei allen Schwungrad-Magnetzündern ist der empfohlene Unterbrecherabstand von 0,4 mm nur als reiner Mittelwert zu bezeichnen, er hängt von der Fertigungsgenauigkeit beim Einsetzen des Nockens ins Magnetrad ab, und es kann durchaus sein, daß einzelne Zünder einen etwas größeren oder auch kleineren Unterbrecherabstand benötigen.

Welcher Unterbrecherabstand nun wirklich notwendig ist, ergibt sich aus der Funkenlänge, die man bei Startdrehzahl erhält. Wenn man nun aber gezwungen war, eine ausreichende Start-Funkenlänge durch Ändern des Unterbrecherabstandes herzustellen, ergibt sich daraus folgend eine weitere Notwendigkeit:

Man hat ja bisher den für Höchstdrehzahl bzw. Höchstleistung gültigen Zündzeitpunkt bei 0,4 mm Unterbrecherabstand hergestellt bzw. eben aufgesucht. Jetzt ist man aber auf einen anderen Unterbrecherabstand gegangen *und damit stimmt auch dieser Zündzeitpunkt nicht mehr,* man muß also mit der Maschine noch einmal hinaus auf die Meßstrecke und muß den Höchstleistungszündzeitpunkt *beim nunmehr als richtig ermittelten Unterbrecherabstand neu feststellen.* Beides schreibt man sich zuverlässig auf, denn wenn man künftig an *diesem* Zünder arbeitet, darf man natürlich nicht mehr die berühmten 0,4 mm Unterbrecherabstand zugrunde legen, sondern muß von vornherein auf den Unterbrecherabstand gehen, der sich bei der Startuntersuchung als notwendig herausgestellt hat.

Wir zeigten vorhin auch, daß italienische Zünder (neuerdings übrigens auch deutsche Zünder) einen im Schwungrad mit Fliehgewicht verstellbaren Nocken haben. Hier ist der Einbau vom Werk so getroffen worden, daß bei niedriger Drehzahl, wenn also die Fliehgewichte noch nicht ansprechen, optimaler Abriß vorhanden ist. Bei steigender Drehzahl wird der Nocken nun verschoben, zwangsläufig in Richtung auf einen ungünstigeren Abriß, bei hoher Drehzahl kann man sich das aber leisten, da ist ja die entsprechende Funkenenergie immer vorhanden.

Damit hängt es höchstwahrscheinlich auch zusammen, daß bei manchen italienischen Magnetzündern ein Unterbrecherabstand von nur 0,2 mm vorgeschrieben wird, immerhin weiß man ja aber jetzt, daß sich bei Magnetzündern der Abriß und damit eine zum Start ausreichende Funkenenergie bei sehr niedriger Drehzahl mit dem Unterbrecherabstand beeinflussen läßt.

Zwar findet man gelegentlich „Fach"-Artikel, in denen sehr gelehrt vom Abriß die Rede ist, zuweilen steht da sogar etwas anderes als hier: Es ist nicht meine Aufgabe, diese Artikel zu kritisieren, wohl aber kann ich die hier gegebene Methode mit gutem Gewissen empfehlen, *denn sie funktioniert auch beim Dummen.* (Bester Beweis: Sie funktioniert seit 30 Jahren und bis in die allerjüngste Zeit hinein sogar bei mir selbst.)

Noch ein paar Handwerkskniffe

Ich habe mich schon ein paarmal entschuldigen müssen, daß in diesem Buch kein so rechtes System drin sei – schließlich ist es aber auch nicht so gewaltig dick, daß man mit etlichem Herumblättern nicht doch fände, was man jeweils sucht. Das, was hier zu beschreiben ist, hätte vielleicht auch an das Ende des Lichtmaschinenkapitels gepaßt, ebensogut kann es aber auch hier stehen – nämlich die Schlosserei an Schwungrädern und Lichtmaschinenläufern:

In beiden Einstellkapiteln wurde immer mal darauf hingewiesen, daß sich beim Verdrehen des Lichtmaschinengehäuses in den Langlöchern zuweilen eine Änderung des Unterbrecherabstandes und auf diesem Umweg auch eine Verschiebung der Symmetrie von Zweizylinder-Doppelunterbrechern ergeben kann. Mir selbst ist das noch nicht begegnet, wohl aber berichteten Leser davon. Ich weiß da nur eine Erklärung: Auf den Flanschen der Kurbelgehäuse, auf die wieder die Lichtmaschinengehäuse aufgesetzt werden, befinden sich sehr genaue Eindrehungen, in die wieder der Flansch der Lichtmaschine passen muß – da drin wird er ja zentrisch geführt. Wenn dieser Flansch verdreckt ist oder angeschlagen, und wenn dann noch jemand da die Lichtmaschine mit Gewalt draufschraubt, dann kann sich deren Gehäuse möglicherweise doch verziehen und dann ist der Bart ziemlich gründlich ab. Wahrscheinlich geht es darauf hinaus, daß man eben die Flanschen von Kurbelgehäuse und Lichtmaschinengehäuse sauber halten muß und nicht zerdöppern darf. Wobei es keineswegs ausgeschlossen ist, daß so etwas auch mal in einer sogenannten Fachwerkstatt geschieht – dort sind ja schließlich auch keine Engel tätig.

Bild 49
Oben: Normaler, billiger Universalabzieher, geht gut, man darf nur keine Spule damit ankratzen.

Bild 50
Rechts: So sieht der sachgemäße Magnetrad-Abzieher aus – wenn man so glücklich ist, den genau passenden Abzieher zu haben.

Kommen wir aber zu häufigeren Schlosseraufgaben, etwa zum Abziehen eines Magnetrades: Dazu gibt es überall, auch bei den Italienern und Engländern, spezielle Abzieher, wie sie Bild 50 zeigt. Leider sind diese Abzieher so vielfältig, daß es wohl nicht einmal eine Werkstatt gibt, die alle Abzieher besitzt, die allein für deutsche Zünder nötig sind. Also läuft man eben herum und besorgt sich für die eigene Maschine genau den bestimmten Abzieher, den sie braucht. Wenn man das *sofort* tut, bevor das Magnetrad runter muß, wird man ihn vermutlich schon auf Anhieb beim ersten Bosch-Dienst kriegen. Ist es aber erst mal so weit, daß das Magnetrad jetzt sofort herunter muß, wird man aber in 200 km Umkreis keinen passenden Abzieher auftreiben können.

Im Notfall kann man ganz gut auch einen Universal-Abzieher nach Bild 49 verwenden – nur überzeuge man sich, daß die Klauen des Abziehers nicht an Zünd- oder Lichtspule scheuern können. Das tun sie nämlich mit besonderer Vorliebe, besonders beim Anziehen der Preßschraube. Also Vorsicht.

Auch wenn man einen Abzieher hat, der genau paßt, kommt es zuweilen vor, daß

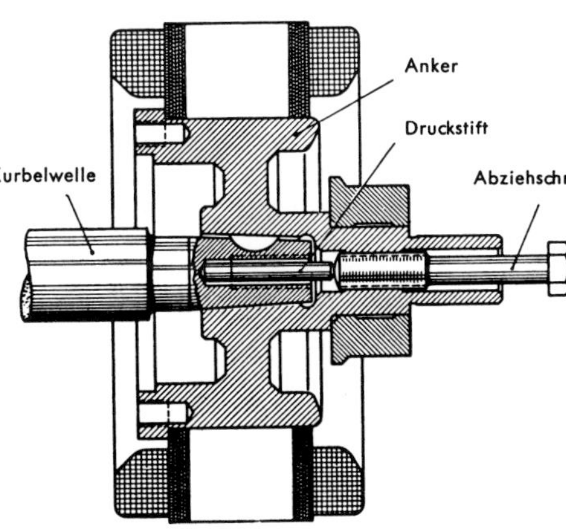

Bild 51
Die Läufer von Gleichstrommaschinen werden mit der Befestigungsschraube auch gleich abgezogen, man muß sich nur einen genau passenden Druckstift dazu machen.

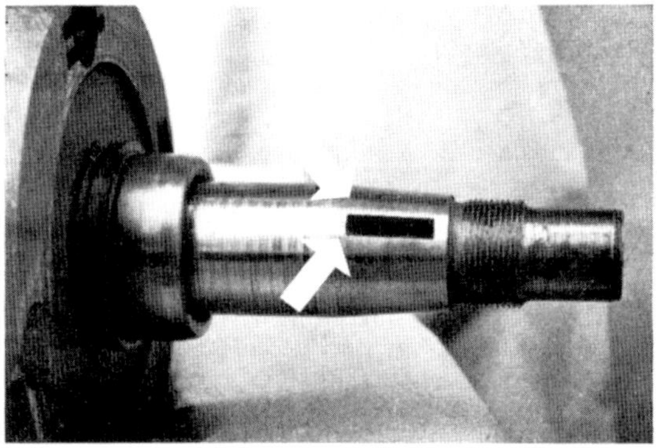

Bild 52
An diesen Nutenkanten machen sich zuweilen Risse bemerkbar – lieber rechtzeitig eine neue Welle besorgen. Magneträder springen nur bei hoher Drehzahl ab und sind dann gemeingefährlich, weil dann gewöhnlich kein Deckel darüber ist und irgendwer die Knochen in der Nähe hat.

man an der Preßschraube gewaltig wuchten muß, bis sich das Rad mit einem ziemlichen Knall vom Konus herunterbegibt. In solchen Fällen zieht man zwar die Preßschraube ziemlich hart an, versucht aber nicht, das Rad nur mit wilder Schraubenkraft herunterzuwürgen – es ist besser, bei hart angezogener Schraube mit einem 2000-Gramm-Hammer einen Schlag auf den Schraubenkopf zu geben. Gewöhnlich springt dann das Rad vom Konus ab.

Die Läufer von Gleichstrom-Lichtmaschinen sind anders befestigt: Man findet auf der Läufernabe eine Schraube, ziemlich lang, die man erst mal ganz herausdreht. Hat diese Schraube einen ziemlich dünnen Schaft und ganz unten ein sehr viel dikkeres Gewinde, dann handelt es sich einwandfrei um eine Abziehschraube, wie sie Bild 51 zeigt. Da müssen wir aus einem Stück Rundeisen von 6–7 mm Durchmesser einen Druckstift sägen, der in das Schraubenloch geschoben wird und gegen den man die Abziehschraube herunterschrauben kann. Wie das aussieht, zeigt Bild 51 ja zur Genüge – die Länge des Druckstiftes muß ausprobiert werden. Macht man sich auch einmal in einer stillen Stunde, um den Druckstift schon zu haben, wenn er mal im Ernst gebraucht werden soll.

Ist die Schwungscheibe herunter, dann wird der Konus genau untersucht: Vor allem bei Schwungradmagneten sind da zuweilen die Konen sanft angerissen, da wo

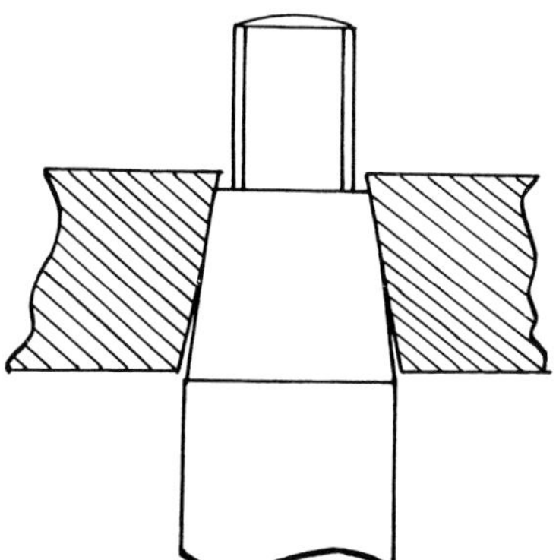

Bild 53
Wenn die Konen nicht genau zusammenpassen – links – brechen die Keile immer wieder, auch wenn die Nabe auf dem Keil reitet – Mitte. Der Keil hält erst, wenn der ganze Konus trägt – rechts.

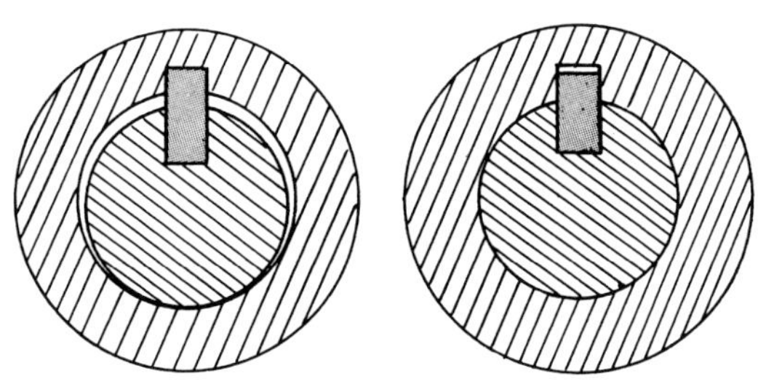

die Pfeile in Bild 52 hinweisen. Aber genau hinsehen! Mit Lupe womöglich. Wenn Riß, dann ist ein neuer Kurbelzapfen fällig – der alte ist fast so gefährlich wie eine Handgranate!

Zuweilen kommt es vor, daß der Keil auf dem Wellenstumpf abgeschert ist – so etwas ist böse, weil dabei immer der Konus zerschunden wird. Die Keiltrümmer werden entfernt, die Nutenkanten in Konus und Nabe werden entgratet und dann bleibt nichts übrig, als die Nabe mit Ventilschleifpaste auf den Konus aufzuschleifen. Eine Geduldsarbeit, denn es kommt darauf an, die ganze Konusfläche schön gleichmäßig grau zu haben. Mit Feinschliff! Und es gibt Leute, die haben so schlechte Erfahrungen mit angefressenen Konen, daß sie zum Schluß mit Läpp-Paste darangehen. Denn es gibt zwei Gründe für abgescherte Keile:

Entweder hat ein Vollidiot die Nabe auf dem Keil „reiten" lassen, Bild 53 Mitte, oder aber haben Nabenkonus und Wellenkonus in der Konizität nie richtig gepaßt, Bild 53 links außen. So etwas ist sehr bitter. Man sieht es beim ersten Schleifgang mit Grobschliff – ist mir einmal passiert, Gott sei Dank war es nicht mein Motor und was der Mann dann damit gemacht hat, weiß ich nicht – vermutlich weggeschmissen. Es muß eine Sauarbeit sein, so etwas von Hand zu schleifen – ich würde lieber die ganze Kurbelwelle ausbauen, auf die Bank nehmen und den Konus ganz, aber wirklich ganz vorsichtig mit der auf den Support gespannten Schleifscheibe zu korrigieren versuchen. Ich würde nie wagen, etwa dem Innenkonus der Nabe auf der Drehbank zuleibe zu gehen. Was da abgenommen werden muß, sind zwar mikroskopische Spänchen – sie aber in Handarbeit mit Schleifpaste wegschleifen zu wollen dürfte noch hoffnungsloser sein. Damit kann – und muß – man nur leicht angefressene, im übrigen aber genau passende Konen wieder voll zum Tragen bekommen.

Beim neuen Keil wird probiert, ob die Nabe nicht etwa auf dem Keil reitet: Der Querschnitt in der Mitte von Bild 53 zeigt, was da gemeint ist – so ein Keil wird beim ersten Zündrückschlag abgeschert. Der Keil muß gegen die Nut in der Nabe ein bißchen Spiel haben, Bild 53 rechts, man stellt das fest, indem man die Keilfläche mit Kreide bereibt – sie wird abgerieben, wenn die Nabe auf dem Keil reitet.

Bevor man die Schwungscheibe wieder aufsetzt, wird deren Nabenbohrung genau wie der Wellenstumpf sehr sorgfältig entfettet, mit einem *sauberen* Lappen und viel *sauberem* Benzin. Fett auf dem Konus muß zwar nicht, kann aber kritisch sein – Gefahr, daß der Keil abschert, weil der Konus im Fett „schwimmt" und der Keil das ganze Drehmoment aufnehmen muß. Ein trockener, auf ganzer Fläche genau passender Konus hält aber praktisch nur auf Grund der Reibung – man könnte da sogar ganz ohne Keil auskommen, wenn der nicht nötig wäre, um die richtige Radstellung zum Unterbrecher zu sichern.

Diese Keilwissenschaft ist immer dann nötig, wenn es sich um große Schwungmassen handelt, also vor allem bei den Magneträdern von Wechselstromzündern. Bei Gleichstromläufern, auch bei den Bosch-Kurbelwellenanlassern, ist es halb so wild, deren bißchen Schwungmoment wird immer gehalten. Wohl aber bedürfen die Glockenanker der Siba-Anlasser wieder besonderer Nabensorgfalt, die haben ja noch größere Schwungmomente als die größten Magneträder.

Schön wär's ja! Das fand mal der Kraus-Wiggerl an seiner Sechstagemaschine, als er zum Schlußrennen antreten wollte.

Gesammeltes Kerzenwissen

Wenn man der Fachpresse den Vorwurf zu machen pflegt, sie drucke nur höchst selten von den Autoren erarbeitetes Wissen und beschränke sich wesentlich auf das Durchkneten und Auswalzen mehr oder weniger banaler und streng entkeimter Fabrikdrucksachen, dann läßt sich darüber in einigen wenigen Wissenszweigen zur Not noch streiten. Gerade über Zündkerzen gibt es aber in der ganzen weiten Literatur nichts, was nicht lange Zeit vorher in irgendeiner Bosch-Druckschrift gestanden hätte. (Die Objektivität erfordert die Feststellung, daß Beru vor etwa drei Jahren auch eine ganz ausgezeichnete Kerzendrucksache herausgegeben hat, nur habe ich bisher noch nicht bemerkt, daß daraus irgendwer etwas nachgedruckt hätte.) An sich ist das erklärlich, denn eigenes Kerzenwissen, also eigene Erfahrungen zu sammeln ist sehr zeitraubend, es erfordert viele Jahre und bedarf äußerst kritischer Beobachtung. Hinzu kommt, daß es gerade bei Kerzen kein „offizielles" Wissen gibt, das irgendwo gelehrt würde und das man wie jede andere Ingenieurwissenschaft lernen könnte. Die Kerzenmacherei ist wie die Reifenmacherei eine ausgesprochene Rezeptwirtschaft. Da sitzen in jedem Betrieb ein paar Leute, die zwar unter Zuhilfenahme wissenschaftlicher Methodik, aber eben doch weitgehend auf Grund persön-

Bild 54
Links eine rußsichere Kerze mit niedrigem Wärmewert, lange Isolationswege, aber auch lange Wärmewege, in heiß gehenden Motoren nicht zu brauchen. Rechts Kerze mit hohem Wärmewert, kurzen Wärmewegen, in heiß gehenden Motoren zu gebrauchen, aber auch kurze Isolationswege, rußt leicht zu.

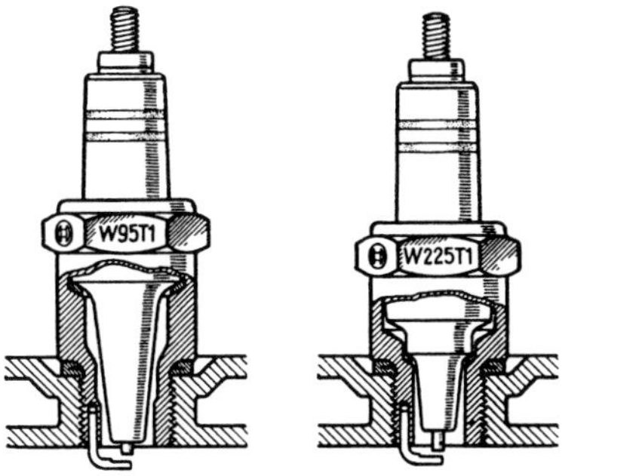

licher Erfahrung und persönlichen Probierens mit den täglichen Schwierigkeiten fertig zu werden versuchen. Was da periodisch an „Fortschritten" in die Welt gesetzt wird, verdient schärfstes Mißtrauen: Meist sind neue Elektrodenformen, Isolatorformen, Werkstoffe und derlei nichts als Werbegags. Der Werbechef braucht ein Schlagwort, also macht man schnell irgendetwas, woraus sich ein Schlagwort herleiten ließ, wenn nur dadurch die Brauchbarkeit der Kerze nicht beeinträchtigt wurde. Die *echten Kerzenfortschritte* – an denen es gewiß nicht mangelt – *sind bislang immer nur ganz im Geheimen eingeführt* worden. Mindestens, weil man die Konkurrenz nicht schlau machen wollte. Kerzenmacherei ist eben Rezeptwirtschaft mit allen unvermeidlichen Folgen.

Ich würde mir nicht einfallen lassen, da nun groß über Kerzen zu schreiben, wenn sich beim MOTORRAD in den letzten zehn Jahren nicht doch eine ganze Menge Erfahrung – und zwar gesicherte Erfahrung – angesammelt hätte. Außerdem erfreuen wir uns der Freundschaft etlicher Kerzenmacher, und so schien es doch nicht mehr so ganz hoffnungslos, einmal einen gründlichen Kerzenartikel zu versuchen, in dem nicht nur die landläufigen Banalitäten drinstehen.

Als allgemein bekannt darf man wohl voraussetzen, daß es Kerzen verschiedenen „Wärmewertes" gibt. Genau wie es im Märchen gute Menschen und böse Menschen gibt, so gibt es – laut obligatorischer Lehre – auch Kerzen, die im einen Motor verrußen und im anderen Motor Glühzündungen geben. Vielleicht war das früher, im goldenen Zeitalter, tatsächlich mal so. Aber schließlich gab es da auch mal die braven Zündäppelchen, 6 PS aus 200 ccm – auch die allergrößte Trantüte fuhr im damaligen Verkehr diese 6 PS sehr häufig voll aus, der Motor fand also im ganzen gleichmäßige Betriebsbedingungen vor. Weil nur 6 PS herauskamen, konnte er nie wirklich gejagt werden, andererseits wurden diese 6 PS wieder so häufig in Anspruch genommen, daß der Motor in einem ziemlich engen Temperaturbereich gefahren wurde – und für diesen schmalen Fahrbereich konnte man eine Kerze finden, die weder beim Langsamfahren verrußte noch beim Jagen Glühzündungen

Bild 55
Moderner Trick, trotz hohen (?) Wärmewertes die Ruß-Sicherheit zu vergrößern – überkragender Stein. Geht nur bei besonders dicker, gut wärmeleitender Mittelelektrode. Angeblich. Für unsere Motoren sind aber zwei Kerzen – eine hohe und eine niedrige – doch noch sicherer.

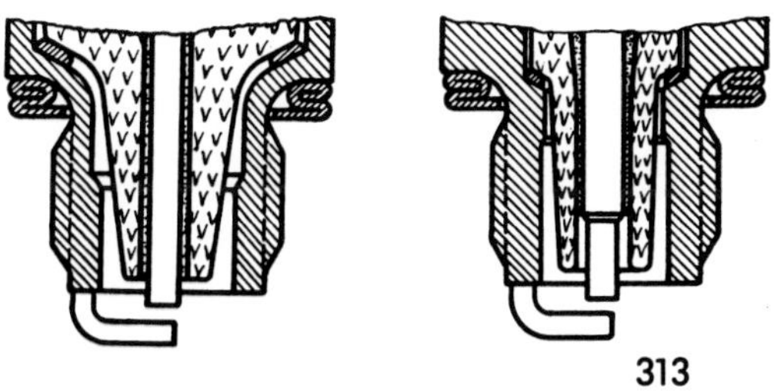

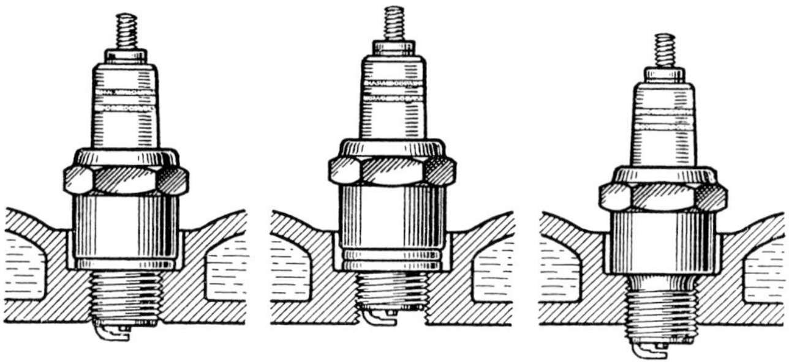

Bild 56
Das Kerzengewinde muß in der Länge genau zum Gewinde im Kopf passen, eine Dichtscheibe muß genügen, links. Zwei Dichtscheiben gegen schlechte Wärmeabfuhr, Kerze erscheint „zu niedrig", außerdem schlechter Leerlauf, weil Funke im Keller, mittleres Bild. Fehlende Dichtscheibe gibt auch schlechte Wärmeabfuhr, rechtes Bild, überstehende Gewindegänge können Klingelursache sein.

gab. Heute holt man aus 200 ccm aber runde 14–15 PS, und damit wird der Fahrbereich weit breiter. Wo vor zehn Jahren das Zündäppelchen seine 6 PS im Vorortverkehr über 80% der Fahrzeit ausnützen konnte, kriecht man heute geschwindigkeitsbeschränkt oder verkehrsverstopft mit 3–4 PS dahin, der Motor wird überhaupt nicht richtig warm, auch wenn ein Fahrkünstler draufsitzt. Andererseits gibt es wieder Straßen, wo die 15 PS voll ausgenützt werden, der Motor nimmt dabei Temperaturen an wie noch vor zehn Jahren nur Rennmaschinen. *Dafür eine Universalkerze zu machen ist ausgeschlossen.* Es ist meine Erfahrung und wird sowohl von den Kerzenmachern wie den Motorradmachern in stillen Stunden auch zugegeben:

Bild 57
Links: So greift schwefelhaltiger Kraftstoff die Kerzenelektroden an. War früher häufig, heute widersteht das Elektrodenmaterial besser.

Bild 58
Rechte Seite oben: Sieht zwar aus, wie eine „hohe" und eine „niedrige" Kerze, sind aber tatsächlich gleiche Wärmewerte, nur Elektrodenlage dem speziellen Motorenfabrikat angepaßt. Gibt es bei Wagenmotoren. (Die sind so!)

Bild 59
Rechte Seite unten: Für einen ganz bestimmten Kraftstoff – der mit all dem Dreckzeug, das da zugemischt ist, auch noch lautstarke Reklame macht – charakteristische Rückstände, die sich besonders im lahmen Kolonnenbetrieb ergeben.

Für einen modernen Hochleistungsmotor von mehr als 60 PS/Liter gibt es keine universell geeignete Kerze, man braucht für Stadtbetrieb und Autobahn zwei verschiedene Kerzen.

Nun gibt es aber doch seit Jahren sogenannte Mehrbereichskerzen, die einen sehr breiten Wärmebereich überdecken. Diese „Mehrbereichs"-Eigenschaft beruht auf einem Fehldenken: Wenn z. B. zehn Motorenfabrikate drei verschiedene Kerzenwärmewerte vorschrieben, dann produzierten 10 000 Durchschnittsfahrer damit, um nur eine beliebige Zahl zu nennen, 1000 Kerzenversager, wenn sie genau die vorgeschriebenen Wärmewerte verwendeten. Weil aber diese Kerzenversager nur sehr bedingt etwas mit der Temperatur zu tun hatten, versuchten die Kerzenmacher andere Bauarten, mit denen dieselben 10 000 Durchschnittsfahrer nur noch 300 oder

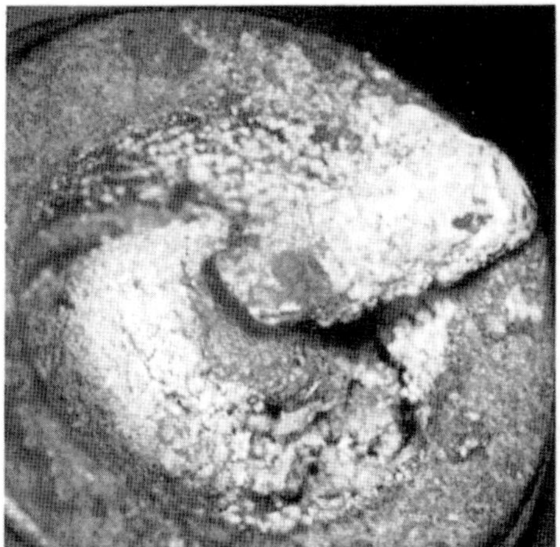

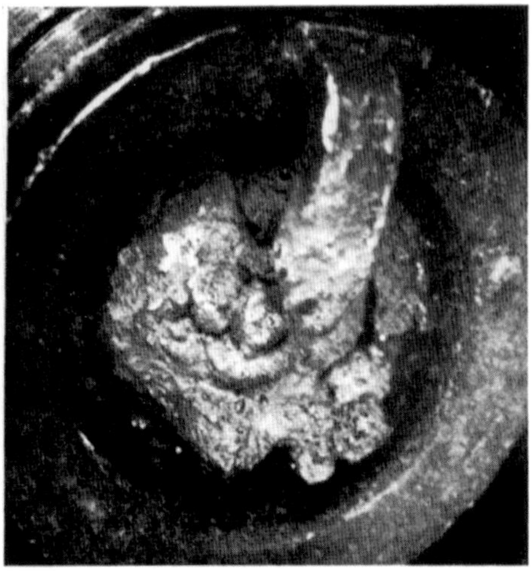

400 Kerzenversager hatten. Weil diese neuen Kerzen-Bauarten zwar einen bestimmten Wärmewert hatten, sich aber gleichermaßen in Motoren bewährten, für die ursprünglich drei verschiedene Wärmewerte vorgeschrieben waren, nannte man sie schlicht „Mehrbereichs"-Kerzen. Im Grunde genommen sind das also nicht Kerzen, die ein breites Wärmeband überdecken – sie überdecken nur ein breites Band von Fahreruntugenden! (Was in der Praxis sehr viel wichtiger sein kann.) Damit können wir eine neue Erkenntnis formulieren:

Sobald man eine moderne „Mehrbereichs"-Kerze unter eindeutigen Betriebsbedingungen herannimmt, sie also entweder langzeitig im langsamen Stadtbetrieb fährt oder umgekehrt ebenso langzeitig auf schnellen Strecken jagt, zeigt sie ganz genau ebenso enge Arbeitsbereiche wie jede andere, normale Kerze auch.

Selbst wenn man einen teuren, bleifreien und damit fast rückstandsfreien Kraftstoff fährt, kann das nicht anders sein, ja, im Gegensatz noch zur letzten Vorkriegszeit, wo 35–40 PS/Liter die Norm waren,

kommt ein moderner Hochleistungsmotor von 70 und mehr PS/Liter auch im Hinblick auf Kraftstoffrückstände mit einer einzigen Kerze keinesfalls aus, man braucht schon der Rückstände wegen grundsätzlich eine „Stadtkerze" und eine „Autobahnkerze".

Das sind wir unseren Motoren schuldig, in um so höherem Maße, je größer der Motor ist. Eine von Obertürkheim täglich nach Zuffenhausen gefahrene Max, die an einem Stremel volle 20 km fährt, brauchte dazu schon immer eine 175er, aber für die Autobahn eine 240er. Klacks konnte bis 1959 von Marbach nach Stuttgart eine 240er sauber halten – seit 1960 ist die Strecke mit Geschwindigkeitskontrollen gespickt, und ich warte auf den Tag, wo er die 240er nach jeweils 2–3 Wochen ausbauen wird: „Sie gibt keinen Funken mehr!" Bei einer stärkeren Maschine, etwa einer R 50, ist der Spielraum noch größer, die braucht erst recht zwei verschiedene Kerzen. (Gespannbetrieb verwischt die Grenzen wieder, da ist der Lastunterschied geringer.)

Nun wird man aber schon aus Preisgründen kaum einmal bleifreien Kraftstoff fahren – schon weil man ihn nicht immer findet, gelegentlich etwas anderes tanken

Bild 60
Linke Seite: Gelbliche, lava-artige, schlackig gesinterte Rückstände eines Konkurrenzkraftstoffes, auch Elektrodenanfressung, schon verglast, Aussetzer. Nicht mehr zu reinigen.

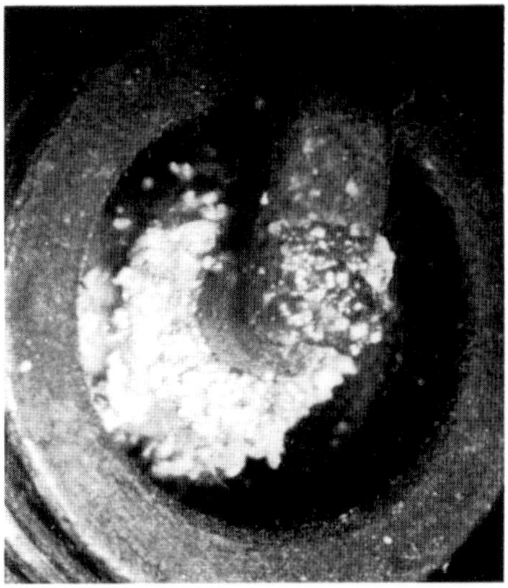

Bild 61
Rechts: Wieder ein anderer Kraftstoff – Rückstände braunrot und glasartig. Kerze entstammt dem „ärmsten" Zylinder eines Wagenmotors. (Bei Mehrzylindern mit nur einem Vergaser bekommt jeder Zylinder ein Gemisch wesentlich anderer Zusammensetzung!)

muß und dann doch den Bleidreck im Motor hat. Sobald man aber den üblichen, verbleiten Kraftstoff fährt, wird es überhaupt übel. Da hört jegliche Kerzenwissenschaft auf. Wohl am besten wird das durch ein Beispiel illustriert: Saß ich da mit ein paar Kerzenleuten zusammen, um irgend etwas zu beratschlagen. Wie das immer so geht, versuchten die erst mal, mich auf die Schippe zu nehmen, legten zehn Kerzen in zwei Reihen vor mich hin und ließen mich raten, welche Kerze mit welchem Kraftstoff gefahren worden sei! (Das ist die inoffizielle Kerzenwissenschaft, die offizielle darf nichts davon wissen, wäre zu gefährlich.) Daß ich sofort auf die zwei übelsten Müllhaufen wies und behauptete, die seien mit XYZ gefahren worden, erntete verzeihendes Lächeln – das wurde als Mindestwissen vorausgesetzt. (Den tatsächlichen Namen von XYZ nenne ich nicht, wäre viel zu gefährlich.)

Zwei andere Kerzen definierte ich weniger siegessicher als mit einem anderen Kraftstoff gefahren, meine Kerzenleute zeigten mir dann aber *noch* drei Kraftstoffsorten mit spezifischen Merkmalen. Ich habe das gut auswendig gelernt, verfüge aber naturgemäß noch nicht über die Treffsicherheit wie die Kerzenmänner.

Das gibt es also auch. Die Rückstände aus dem Bleidreck im heutigen Kraftstoff sind das große Kreuz der Kerzenmacher – und sie sind es, die zu neuen Kerzenbauarten zwangen, eben zu diesen Mehrbereichskerzen. Man kann also auch so sagen:

Eine Mehrbereichskerze ist in einer Vielzahl verschiedener Motoren im gemischten Goldbrillenverkehr gegen Bleidreck hervorragend unempfindlich.

(Diese Entwicklung ist heute gerade wieder dabei, ins Gegenteil umzuschlagen: Heute propagiert man in begründeter Weise für bestimmte Motoren ganz bestimmte Kerzenbauarten, also für jeden Wagen nicht nur einen bestimmten Wärmewert, sondern eine ganz bestimmte Kerzenbauart!)

Leider darf kein Journalist es wagen, die Kraftstoffe zu nennen, die unter Fachleuten für besonders üble Rückstandsbildung jahrelang bekannt sind. Ich kann also nur sagen, kauft euch selber eine Lupe und guckt euch selber eure Kerzen an, mehr als 10 Liter braucht man nie zu verfahren, bis typische Spuren da sind. Man braucht

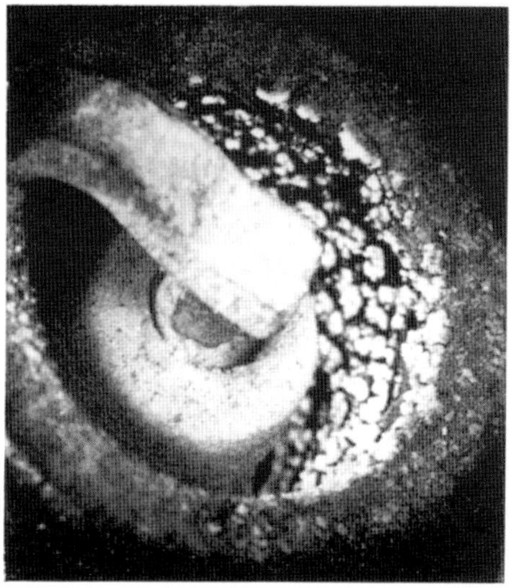

Bild 62
Links: Beginn der Rückstandsbildung beim Kraftstoff, der auch bei der Kerze Bild 60 verwendet wurde – mit Sandstrahl noch wegzubringen.

Bild 63
Rechte Seite innen: Sieht tadellos sauber aus, glänzt nur so sonderbar speckig, als sei eine Schnecke darübergekrochen – im Foto leider nicht zu erkennen. Beginn des Verglasens, meist nicht erkannt.

Bild 64
Rechte Seite außen: Die Glasschicht ist dicker geworden und hat Dreck eingefangen – jetzt sieht man die Verglasung. Aussetzer bei hoher Drehzahl.

auch nicht immer eine neue Kerze dazu, mit sandstrahlen wird sie sauber genug, um mit anderem Kraftstoff andere Merkmale sichtbar zu machen.

Der Bleidreck als Kerzenfeind ist nun schon altbekannt, leider verhält er sich auch nicht einmal einheitlich – es kommt ganz auf die Kraftstoffsorte an. In älteren Bosch-Druckschriften werden bei heftiger Rückstandsbildung höhere Wärmewerte empfohlen – zweifellos stimmt das bei Wagenmotoren, sonst hätten diese alten Boschler das nicht geschrieben. Daß es bei Motorradmotoren nicht stimmt, wissen aber wieder wir ganz genau. Ich glaube zweifelsfrei festgestellt zu haben, daß - auch und gerade bei Zweitaktern – im langsamen Stadtbetrieb eine niedrige Kerze, etwa eine 175er, weder verglast noch sich mit pulvrigen, schlackigen Rückständen füllt und ewig gut und sauber bleibt. Schon eine 225er „verglast" aber – es ist gar nicht nötig, daß man nach längerem Stadtbetrieb irgendwelche Rückstände bemerkt, es genügen aber zwanzig Minuten Vollgas auf der Autobahn, daß Aussetzer kommen. Eben die berühmten „Gummiseile", der Motor braucht nicht zu patschen – es sind ja keine Glühzündungen da –, es gibt nur schlicht Aussetzer mit Leistungsabfall.

Wenn man bei seiner eigenen Maschine so etwas festzustellen glaubt, muß man genau beobachten: Die Aussetzer, die eine verglaste Kerze liefert, sind sozusagen „schlichte" Aussetzer, da fehlt eben für ein paar Takte die Zündung und man hat das Gefühl, man fahre gegen ein gespanntes Gummiseil und werde davon aufgehalten. Dabei kühlt die Kerze – sie kriegt ja 5–6 kalte Frischgasladungen ins Gesicht geblasen, ohne daß eine Verbrennung folgt – wieder so weit ab, daß der Glasüberzug des Kerzensteines wieder nichtleitend wird, der erste Funke geht wieder über und der Motor zieht erneut an – für vielleicht hundert Takte, dann ist die Kerze wieder hochgeheizt, der Glasüberzug leitet wieder, es gibt wieder Aussetzer. Während eine verrußte Kerze sich durch Jagen sauber brennt, gibt eine verglaste Kerze erst beim Jagen Aussetzer, sie geht aber friedlich, wenn man auf Teilleistung zurückgeht.

Da hier das Wort „Glas" auftaucht, muß auch das erklärt werden: Glas, Fensterglas,

vornehm Silikatglas genannt, ist kein fester Körper, sondern eine Flüssigkeit. Ja, leider, obwohl man sich daran bös die Rübe verbeulen kann. Besonders, wenn es als Hart- bzw. Sicherheitsglas vorliegt. Es ist eine lediglich sehr zähe Flüssigkeit, so zäh, daß dadurch Festigkeit vorgetäuscht wird. Daß es trotzdem eine Flüssigkeit ist, merkt man spätestens dann, wenn man etwas Gläsernes festzuschrauben versucht – das Glas weicht binnen Tagen dem Schraubendruck aus, die Schraubverbindung wird lose, Unterlagscheiben rufen sogar sichtbare Dellen in der Fläche hervor. Weil es eine Flüssigkeit ist, hat es auch die unangenehme Eigenschaft, elektrisch leitend zu sein. Aber wieso lehrt man in der Schulphysik, Glasstäbe seien prima Isolatoren? Sind sie auch, bei Zimmertemperatur. Wenn es aber mal über 200 Grad hinausgeht, wird Glas merklich leitend, bei 300 Grad – der Glaskolben einer Glühlampe ist dabei noch nicht weich, der hält noch vollen Luftdruck aus, von sichtbarer Glut schon gar nicht zu reden – ist es so gut leitend, daß man eine etliche Millimeter lange Glasstrecke schon für wenige hundert Volt getrost als Kurzschluß betrachten darf. (Arbeitstemperatur der Kerze: 500 bis 600 Grad.)

So kommen nun die Aussetzer zwar zustande, aber woher kommt das Glas? Ganz einfach aus dem Bleizusatz im Kraftstoff, der da als Klopfbremse fungiert, der nicht entbehrt werden kann, aber auch nicht so verbrennt, wie man es laut Schulbuch erwarten soll. Vieles ist ja im Leben total anders, als es im Schulbuch steht. Das Zeug fällt bei der Verbrennung als Bleioxyd an und es bedarf nur ebenso geringer Spuren von Siliziumoxyd bzw. Quarz, die in Gestalt von Straßenstaub allgegenwärtig sind, um aus beidem genau dasselbe zu erschmelzen, was die Leute in den Glashütten zwecks Broterwerbes auch erschmelzen, nämlich Silikatglas.

Wenn nun Motoren weit unterbelastet laufen, etwa die Riesenmotoren amerikanischer Straßenkreuzer im Stadtverkehr, dann ist die Rückstandsbildung im gesamten Verbrennungsraum besonders übel. Die Amerikaner haben das schon lange bemerkt, und weil das Übel grundsätzlich nicht zu beseitigen war, erfand man diverse Patentmedizinen, die unter feierlichen Bezeichnungen dem Kraftstoff nun auch noch beigemischt werden und die Rückstandsbildung verharmlosen sollen.

Bild 65
Absichtlich angeschmolzene Elektrode bei viel zu niedriger Kerze: Geht nur bei Vierzylindern mit einem Topf, Einzylinder würden lange vorher stehen bleiben, Zweizylinder von Drehzahl kommen.

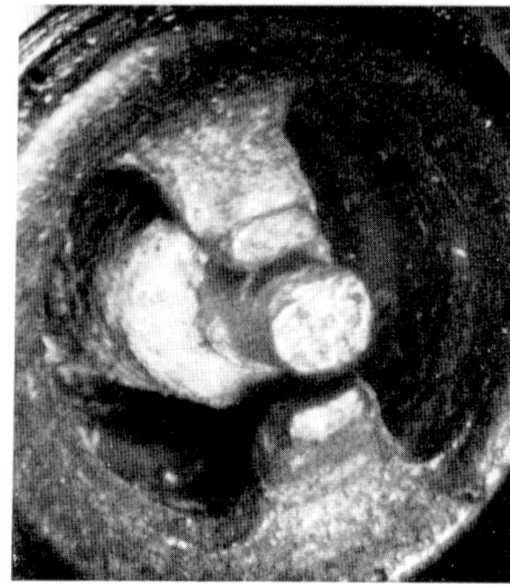

Bild 66
An sich richtiger Wärmewert, aber Verglasung bzw. Kraftstoffdreck infolge Kolonnenschleicherei, fängt mit Aussetzern schon an.

Es soll nicht abgestritten werden, daß irgend jemand mal einen Versuch so hingedeichselt hat, daß er als „Beweis" für eine Wirksamkeit dieser Patentmedizinen betrachtet werden kann. Was *wir* aber in *unseren* Motoren feststellen können, ist eine nach Menge und Bösartigkeit noch verstärkte Rückstandsbildung, die sämtliche Spatzen von sämtlichen Dächern pfeifen, siehe Ratespiel „welche Kerze wurde mit welchem Kraftstoff – –", die es aber offiziell so lange nicht geben darf, wie Benzinanzeigen in der Fachpresse erscheinen.

Soweit ich das nun aus eigener Erfahrung übersehe – die mir von zuverlässigen Beobachtern bestätigt wird –, füllt sich eine Kerze hohen Wärmewertes bei Kaltbetrieb mit zunächst pulvrigen, kaum gesinterten Rückständen. Sie ist nicht etwa verrußt, sie zeigt für den Unerfahrenen ein völlig einwandfreies Gesicht – sobald man aber mit der Maschine auf die Autobahn kommt, erlangt die Kerze ihre eigentlich richtige Temperatur, die pulvrigen Rückstände verfritten zu einer Glashaut und die Aussetzer sind da. Das passiert hervorragend mit Kerzen von 240 aufwärts. Nimmt man eine genügend niedrige Kerze, bis herunter zu 175, dann bleibt diese Kerze nach unserer bisher gesammelten Erfahrung frei von verglasbaren Rückständen. Wenn man den Motor mit der niedrigen Kerze jagt, dann gibt sie vielleicht Glühzündungsaussetzer, die als solche aber ohne weiteres zu erkennen sind – da sind nicht nur „Gummiseile", der Motor schießt und patscht gewaltig aus dem Vergaser. Man hat dann nichts weiter zu tun, als entweder ein bißchen zuzudrehen oder eine höhere Kerze zu nehmen, die schießende niedrige Kerze ist aber nach wie vor gut. Eine verglaste *hohe* Kerze ist aber zum Wegschmeißen – auch mit

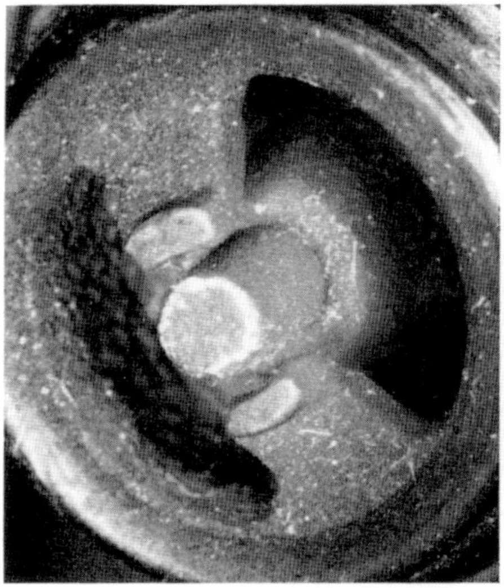

Bild 67
Gleiche Kerze wie Bild 66, aber staubiger, nicht verglaster und auch harmloser Belag, unbekanntes Außenseiterbenzin. (Nicht schlecht! Es gibt schlechtere Markenbenzine!)

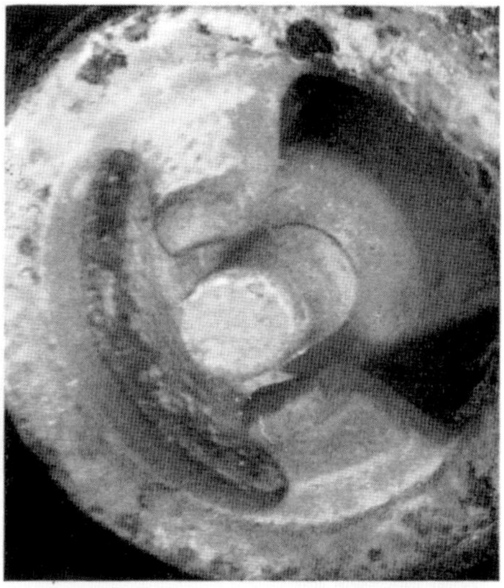

Bild 68
Rechts oben: Gleiche Kerze und gleicher Kraftstoff wie Bild 67, aber durch Kaltbetrieb (viel Leerlauf in der Stadt) und etwas zu fetten Leerlauf auch angerußt, brennt aber wieder sauber, gibt keine Aussetzer.

Bild 69
Gleiche Kerze im Zweitakter – da wird der Rußdreck auch noch schmierig, der Laie sagt dann stolz „verölt" dazu. Im Viertakter wäre die Kerze trocken rußig geworden. Ob sie Aussetzer gibt, hängt nicht von der Schmiere, sondern von der Dicke des Rußes ab.

Sandstrahl ist sie meist nicht mehr sauber zu bekommen, das Glas sitzt auf dem Stein und ist einfach nicht mehr herunterzukriegen.

Wir werden ziemlich häufig von Leuten angeschrieben, deren Motoren angeblich Kerzenfresser sind, von der Max bis zur schlichten, alten BDG, zu schweigen von den besseren Sachen wie etwa SGS. Da hält eine neue Kerze angeblich nur wenige 100 km, dann ist sie „kaputt" und gibt keinen Funken mehr. Weil da zuweilen mehlig weiße Rückstände drin sind, schließt man messerscharf „weiß, zu heiß" und geht noch höher, auf 260 tunlichst. Die womöglich noch weniger Kilometer hält. Da

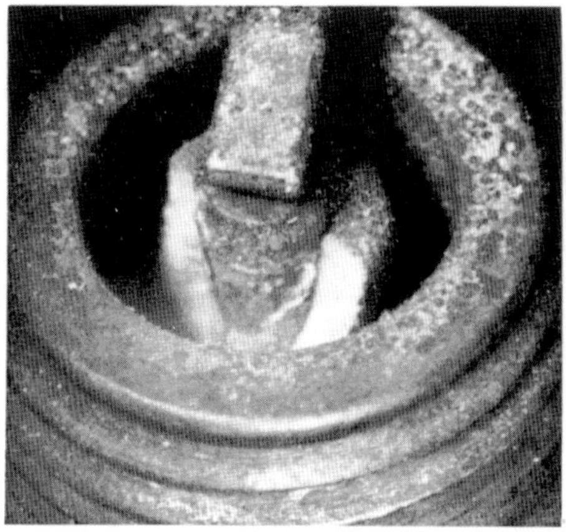

Bild 70
Daran scheinen die berühmten Additives in berühmten Benzinen schuld zu sein – das Dreckzeug kriecht zwischen Elektrode und Stein und sprengt den Stein auf.

Bild 71
Der Beginn der Zerstörung von Bild 70 sieht so aus, die Kraftstoffrückstände greifen auch das Elektrodenmaterial an. Solche Erscheinungen wechseln meist von Jahr zu Jahr.

ist das Gegenteil richtig: Niedrigere Kerze, die mit dem jeweiligen Dreckbenzin und der zugehörigen Fahrbummelei besser fertig wird. Das gilt unweigerlich für alle diese angeblichen Kerzenfresser: Diese Fahrer gehören einem ganz bestimmten Typ an, der ausgesprochen bummelig fährt, sich um keine Vergasereinstellung oder sonst etwas schert und nur, wenn noch ein oder zwei andere Narren ein bißchen Rennerles machen wollen, bis zum Anschlag aufdreht. Wir empfehlen da immer *eine genügend niedrige* Kerze. Fast ganz aufgehört hat das größte Kreuz der frühen fünfziger Jahre – die Fadenbildung bei Zweitaktern. So ein Motor ging herrlich und in Freuden, tobte jeden Berg hinauf, lief jedes Tempo – aber einmal für auch nur fünf Sekunden das Gas zudrehen – und der Motor war und blieb tot. Da hing dann immer ein Glasfilter zwischen den Elektroden. Wenn man die Maschine völlig auskühlen ließ, dann konnte man sie sogar wieder antreten – sie lief dann zwanzig bis dreißig Takte, bis sie wieder stand: So lang hatte der Glasflitter gebraucht, um wieder leitend zu werden. Gut zu wissen: Es ist in mehreren Versuchsjahren niemals gelungen, eine Fadenbildung auf dem Prüfstand zu erzielen! Wenn wir nicht hunderttausende Fadenbildungen gehabt hätten, könnte glatt abgestritten werden, daß es jemals Fadenbildung gab. So, wie derzeit ja auch abgestritten wird, daß die ganzen Patentmedizinen und Zusatzmittel u. U. vermehrte Rückstandsbildung geben. (Auch Bardahl, sogar noch die Molybdänsulfide im Zweitaktsprit.)

Sofern heute noch Fadenbildung vorkommt: Faden wegpicken, Elektroden auf größeren Abstand aufbiegen, kann gut und gerne 1 mm betragen. Damit kommt man wenigstens nach Hause. Wenn dann eine neue, um 1 bis 2 Stufen *niedrigere* Kerze mit korrektem Elektrodenabstand – 0,7 mm – auch wieder Fäden zieht, muß endgültig der Kopf runter – da wird man dann schon sehen, wo die Flitter herkommen, da sitzen dicke Blei- und Dreckkrusten auf Kopf und Kolbenboden. Weg damit.

(Motorrad-Naßluftfilter – mit Ausnahme der Micronic-Filter – sind bekanntlich Sammelvorrichtungen für Straßendreck, der damit nicht mehr körnchenweise, sondern gesammelt batzenweise in den Motor gelangt. Genauso ist das mit den Kerzenflittern: Wenn ein Motor genügend dick verdreckt ist, platzen da kompakte Schollen aus und werden auch mal auf die heiße Kerze geworfen, wo sie alsbald festbacken.)

Bis jetzt war noch gar nicht vom – in allen Lehrbüchern – klassischen Verrußen und Verölen die Rede. Das ist sehr einfach – gegenüber dieser schaurigen Rückstandsbildung spielt das heutzutage überhaupt keine Rolle mehr.

Natürlich gibt es auch heute noch verrußte Kerzen, die dann kohlig schwarz aussehen – wenn das passiert, ist der Motor aber so total falsch reguliert oder läuft der Vergaser so wild über, daß man auf dieses Kerzengesicht wahrhaftig nicht zu

Bild 72
Oben links: Gewöhnliche, trockene Bleirückstände, Aussetzer beginnen, mit Sandstrahl gut zu reinigen, nicht verglast.

Bild 73
Oben rechts: Dieselbe Kerze, gleicher Kraftstoff, aber durch zu fetten Leerlauf und Langsamfahrt verrußt, gibt Ruß-Aussetzer.

Bild 74
Rechts: Wieder dieselbe Kerze von Bild 73, aber im zu fett regulierten Zweitakter auch noch schmierig geworden. (Gibt es auch in Viertaktern mit verschlissenen Ventilführungen.)

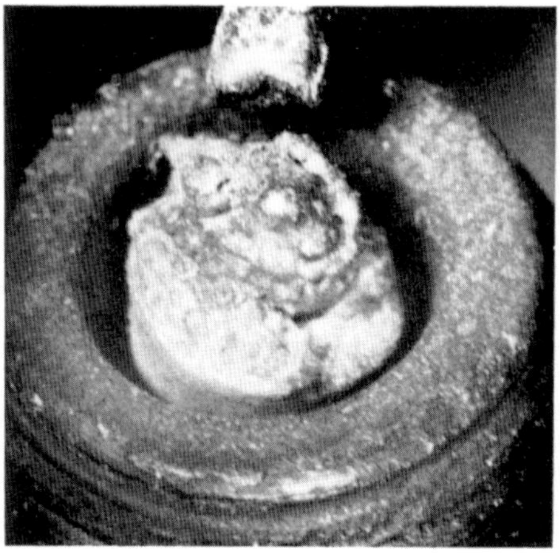

Bild 75
Nur so zum Spaß: Blei- und Glasdreck als Blumenkohl rund um die Mittelelektrode, fast nichts davon im Kerzengrund. Sachen gibt's!

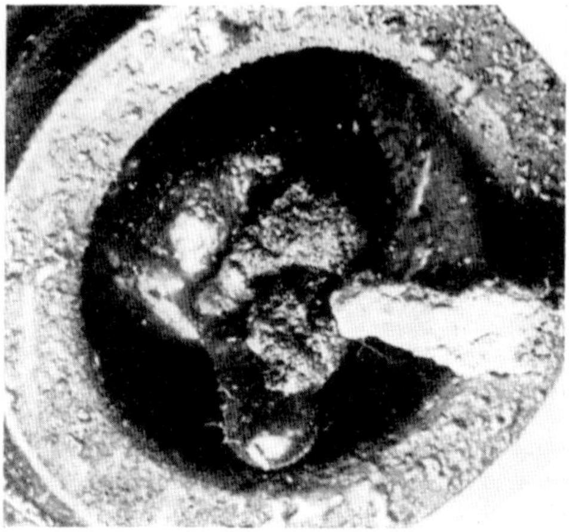

Bild 76
Auch schon etliche Jahre alt: Man sollte einfach nicht glauben, daß es so etwas bei einem Zweitakter gibt! Aber dieser Motor zündete und lief – bis er eines Tages dann eben nicht mehr zündete.

warten brauchte, darüber hat sich der Motor schon anderweitig heftig beklagt, indem er weit unter seiner Höchstgeschwindigkeit blieb, keinen Leerlauf mehr hatte und sonstige schwere Krankheitssymptome zeigte. Natürlich sieht in einem bestimmten Motor eine 260er Kerze etwas dunkler aus als eine 225er – verrußt ist sie damit aber noch lange nicht, sie wird auch alsbald heller, wenn man einmal 10 Minuten Vollgas stehenlassen konnte. Ganz schwarz bis zum Aussetzen des Funkens wird selbst eine 260er nur bei völlig falscher, haushoch überfetteter Vergasereinstellung, dabei ist dann auch ein Viertakter sehr faul, ein Zweitakter kaum zu fahren:

Man kann ruhig sagen, daß bei heutigen Motoren das Kerzengesicht – auch bei bleifreiem Kraftstoff – kein Indiz für die Vergasereinstellung mehr ist. Insbesondere wenn man unserer Einstellanweisung folgt, wird die richtige Vergasereinstellung durch Leistungszunahme oder -abnahme weit früher und weit genauer angezeigt, als man das am Kerzengesicht ablesen könnte. (Siehe „Besser machen", erster Band.)

Verölen: Nun, es gibt keine verölten Kerzen! Auf Ehre, es gibt keine, hat es auch noch nie gegeben, trotz Lehrbuch. Man mache eine Kerze ganz naß, mit Benzin, mit Zweitaktsprit, mit Öl. Man stecke sie auf das Kerzenkabel und trete durch – die Kerze funkt fröhlich, und selbst Öltropfen, die zwischen den Elektroden hängen, versprühen spurlos. Feucht-ölige Kerzen, die keinen Funken mehr geben, waren ursprünglich trocken verrußt – durch überlaufenden Vergaser oder durch in Strömen angesaugtes Öl, etwa durch eine ausgelutschte Ventilführung. Erst mit den letzten Takten vor dem endgültigen Absterben haben sie so viel Sprit oder Sprühöl abgekriegt, daß der Ruß jetzt speckig aussieht – und dazu sagen die Leute dann „verölt".

Zeigt ein Motor also eine schwarz-rußige Kerze, dann ist das schon keine Kerzenfrage mehr – der Motor ist anderweitig schwerkrank, Kerzenwechsel hilft da so wenig wie Schnapswechsel, wenn dem Alten der Schnaps mal nicht mehr schmeckt. Wenn man das alles bis hierher überschaut, dann könnte man einen überraschenden Schluß daraus ziehen:

Wenn ein Motor fehlerfrei eingestellt und mechanisch in Ordnung ist, dann ist es sicherer, eine niedrige Kerze zu nehmen, die bleibt eher frei von Rückständen als eine hohe Kerze.

Das steht im Gegensatz zur Schulbuchmeinung, nach der man lieber eine zu hohe als eine zu niedrige Kerze nehmen soll. Nun, die Zeiten haben sich eben geändert – und mit ihnen die Motoren und die Fahrbenzine.

Es fragt sich nur, wo denn die untere Grenze für die niedrigen Kerzen sei – das probiert man schlicht aus:

Solange eine Kerze bei langzeitigem Jagen keine mit Patschern verbundenen Aussetzer gibt, ist sie keinesfalls zu niedrig. Die Grenze wird durch Patscher angezeigt. (Bei richtig eingestelltem Vergaser!)

Und jetzt kommt ein sehr heikles Kapitel: Die Zweitakter-Sparbüchse, die angeblich von einer zu niedrigen Kerze kommt. Dafür gibt es wunderschöne Erklärungen, so mit großem Gasinhalt, der eine Art Schweißflamme erzeugt, die wieder den Kolben anschmilzt und so weiter und so fort. Alles ganz kalter Kaffee! Alles abgeschriebenes Geschwätz. Gewiß, ich habe das selbst auch jahrelang immer wieder geschrieben – aber wer hat nicht? Schließlich haben wir das von Leuten abgeschrieben und Leuten geglaubt, die solche Weisheiten mit dem vollen Gewicht ihrer Persönlichkeit verkündeten – und selbst daran glaubten. *Löcher in Zweitaktkolben haben mit der Kerze absolut gar nichts zu tun* – sie sind ausschließlich eine Folge zu magerer Vergasereinstellung oder eines falschen Zündzeitpunktes, also allgemeiner Überhitzung. Man kann selbst in einer Puch – die braucht dazu nur Doppelzündung wie die SGS – eine 175er Kerze weiß brennen und einer 145er Schmelzspuren auf der Mittelelektrode verschaffen, ohne daß dem Motor das geringste passiert. Nur muß er dazu eben richtig einreguliert sein. Nicht zu mager. Das ist alles. Also keine Angst vor großen Tieren und niedrigen Kerzen – sie sind harmlos. Es dauert lange, bis man sich so etwas zu schreiben traut, heute bin ich aber abolut sicher, daß die Sparbüchse infolge zu niedriger Kerze auch nur ein Grubenhund ist.

Man konnte allerdings zu solcher Meinung kommen, weil alle Welt speziell bei der Einstellung von Rennmaschinen einer ebenso vorsintflutlichen Methode huldigt – irgendwer hat mal gesagt, man könne am Kerzengesicht eine Vergasereinstellung erkennen. Und nun stellt alle Welt nach dem Kerzengesicht ein. Da fährt also irgendein Knabe, berühmt oder unberühmt, mit seiner Donnerbüchse los, einen Kilometer oder zehn. Dann kommt er ins Fahrerlager, bruprupbrup, bruprupbup, buuuppppatsch, aus. Ein Mann mit Norton-Pirelli-Castrol-feinbesticktem Overall dreht die Kerze raus, ein anderer glotzt mit einer Leuchtlupe tiefsinnig hinein und dann dreht ein Dritter eine andere Düse hinein. Obwohl das, was an der Kerze bestenfalls zu sehen war, nicht von den zehn Kilometern Vollgas stammte, sondern vom romantischen Bruprupppruppatsch. *Wer eine Vergasereinstellung auf Grund eines Kerzengesichts treffen will, verdient es nicht besser.*

Bild 77
So bewahrt der feine Mann seine Reservekerzen auf. Diese schönen PVC-Büchsen gibt es heutzutage beim Dorfmechaniker längst nicht mehr. Ganz sicher hat sie aber DICO, Walter Dillenberg, Stuttgart-Vaihingen, Hauptstraße 43 – der hat noch mehr so ausgekochte Spezialsachen, die es sonst nirgendwo mehr gibt.

Eine Vergasereinstellung kann man auf drei Arten hintrimmen:

1. Auf dem Prüfstand – das ist am sichersten und genauesten.
2. Mit Quarzfenster – dazu tut's ein Windflügel als Bremse und ist auch noch sehr genau.
3. Nach Tachometer auf der Prüfstrecke – das braucht keine Umstände, ist aber sehr mühsam und zeitraubend.

Bei einer so eingestellten Maschine kommt es fast gar nicht mehr auf die Kerze an, da tut's beinahe jedes Nachtlicht. *Es anders machen zu wollen, etwa gar nach dem sagenhaften Kerzengesicht, führt unweigerlich zu grobfalscher Einstellung.*
Nach solcher Entheiligung eines jahrzehntelang zelebrierten Rituals der Kerzenbesichtigung können wir allmählich zum Schluß kommen:

Es kommt sehr darauf an, wo bei einer Kerze die Elektroden sitzen.
Da gibt es zwar die erstaunlichsten Elektrodenformen, nichts gibt es, was es da nicht gäbe, nur sind Sonderformen meist aus Reklamegründen geschaffen worden, tatsächliche Unterschiede sind aber kaum festzustellen. Dagegen gibt es eine uralte Regel, die ohne Rücksicht auf besondere Kerzenbauformen sich erstaunlich oft bestätigt: Mit einer niedrigen Kerze sind bei den meisten Motoren ein paar hundert Umdrehungen mehr herauszuholen als mit einer vorschriftsmäßig hohen Kerze.
Wenn man dann diese beiden Kerzen, die unterschiedliche Drehzahlen geben, genau vergleicht, dann wird man finden, daß bei der niedrigen Kerze der Funke um $^1/_2$ bis 1 mm näher am Verbrennungsraum übergeht als bei der hohen Kerze.

Es kommt eben darauf an, den Funken da übergehen zu lassen, wo gut brennfähiges Gemisch ist – und in weniger als einem Millimeter Abstand von einer gut zündfähigen Schliere kann eine weniger gut zündfähige Schliere sein. Denn mit der Durchwirbelung des Gasgemisches ist das selbst bei heutigen Viertaktern so eine Sache – die ist anscheinend recht mäßig. Auch dann, wenn sich der Kerzensitz nicht an einer besonders schlecht gespülten Stelle des Zylinderkopfes befindet.
Es lohnt sich also schon, immer ein bißchen die Augen offen zu halten und zu gucken, was andere Leute für Kerzen haben. Da taucht immer mal etwas auf, was bei gleichem Wärmewert den Funken weiter vorn übergehen läßt – das wird dann auch probiert.

Bild 78
Das ist zwar die Maschine eines sehr erfahrenen Geländespezialisten, der seine Reservekerzen so unterbringt. Er ist allerdings ein so guter, überlegter Mann, daß er seine Karre wohl nie so hinschmeißt, daß die Kerzen abrasiert würden – ich für meine Person würde das nicht wagen, bei mir wären sie sicher beim ersten Rutscher hin. Beachtlich auch die Verlustsicherung der Achsmuttern mit Riemen und Wirbel!

Vor allem macht sich ein weit vorgezogener Funke natürlich im Leerlauf bemerkbar, aus einem hackenden, bösen Leerlauf kann so ein butterweiches Rummeln werden und aus einem bockigen Übergang kann ein samtweiches Hochziehen werden.

Mancher wird sich wundern, warum hier nichts über Elektrodenabstand gesagt wird, wo das doch groß in allen Lehrbüchern steht. (Das steht da hauptsächlich, weil die Werkbilder dazu nichts kosten.) Auf den kommt es kaum an. Der kann irgend etwas zwischen 0,4 und 0,7 mm sein, und die meisten Motoren sagen auch zu 1,0 mm noch nichts. (Da allerdings fangen Magnetzünder an, unzuverlässig zu starten. Batteriezünder sind weniger empfindlich.) Also höchstens leichter Titsch auf die Elektroden, engerer Abstand, dann tut sie es wieder. Dennoch mache man, wenn der Vergaser richtig steht und der Zündzeitpunkt auch stimmt, einen kurzen Kontrollversuch:

Was tut die Maschine	bei 0,4 mm Abstand	im Leerlauf? bei Vollgas?
	bei 0,7 mm Abstand	im Leerlauf? bei Vollgas?

Das ist bei jedem Motortyp wieder anders, und das ist auch die einzige Art, etwaige Unterschiede herauszubekommen.

Damit wären die Kerzenweisheiten zwar am Ende, ich muß aber doch noch etwas anhängen, was eigentlich nicht hergehört, aber auch im Zünderbandwurm keinen rechten Platz hat: die Zündverstärker. Im sagenhaften Dritten Reich rechneten sie wie Sparvergaser und Spartabletten zu den Schwindelmitteln, heute darf man sie ungestraft wieder an Dumme verkaufen. Das Tückische an diesen Zündverstärkern ist auch noch, daß sie anfänglich sogar Resultate zeigen!

Alle Zündverstärker bestehen aus einer sogenannten Vorfunkenstrecke – da liegt in der Hochspannungsleitung zur Kerze eine ganz kurze Funkenstrecke, 0,5 bis 2,0 mm Überschlagweite, gut nach außen abgedeckt. Wirkung: Die Hochspannung im Zündkreis ist ja nicht Knallbautz auf einen Ruck da, die läuft als Einschwingvorgang schön langsam hoch, bis es zum Überschlag an der Kerze reicht. Wenn nun die Kerze ein bißchen dreckig ist, dann leitet sie auch ein bißchen – von der hochlaufenden Spannung ist vor dem Überschlag schon ein bißchen abgeflossen, der Funke wird schwächer, zündet schlechter oder gar nicht. Legt man nun kurz vor die Kerze eine Funkenstrecke, die lange Zeit sauber bleibt, dann läuft an dieser Unterbrechung die Spannung erst mal hoch, überschlägt danach die Unterbrechung und an der Kerze kommt jetzt die hohe Spannung und die volle Elektrizitätsmenge auf einen Ruck an – auch an einer schon stark verschmutzten Kerze geht ein schöner, fetter Funke über. Und der Käufer der Vorfunkenstrecke freut sich, sieht er doch einen Erfolg. Er fährt damit etliche hundert oder tausend Kilometer, und wenn er dann Kurzschlüsse und Brandspuren vom Kerzenkabel bis hinunter zur Zündspule findet, wundert er sich nicht einmal, denn er ahnt ja nicht, daß die ganze Zündanlage jetzt die doppelte bis dreifache Spitzenspannung aushalten muß. Und wenn noch später die wildesten Rückstandsbildungen beginnen, wenn der Bleidreck bis in die Ventilsitze hineinwächst, dann ahnt er erst recht nicht, daß daran der Zündverstärker insofern schuld ist, als er ernsthafte Krankheitssymptome des Motors einfach zugedeckt hat.

Gewiß kann man schwach leitend gewordene Kerzen mit einer Vorfunkenstrecke wieder zum Zünden bringen – sie sind aber leitend geworden, weil der Motor krank war, und es ist bestimmt besser, erst mal den Motor wieder gesund zu machen, dann braucht man erst gar keinen Zündverstärker mehr.

Erfunden wurden die Zündverstärker in den zwanziger Jahren, als es noch schwierig war, besonders bei Magnetzündern schöne fette Funken zu kriegen. Heute hat man zwar schöne Funken, aber so üble Kraftstoffe und deshalb so dreckige Kerzen, daß deswegen Zündverstärker wieder ein glattes Geschäft sind. Bei Dummen.

Bis hierher war das schon vor sechs Wochen geschrieben, aber jetzt hat sich der Berliner wieder gemeldet, der sich über seine „dauernd ausgebrannten" Kerzen beklagte und Anstoß zu dem war, was da auf Seite 321 beginnt: Er verwendet nun eine Champion J 8, die bis jetzt 1000 km gut blieb. Er schickte uns auch drei Muster seiner alten Kerzen, die nur 30 km standen. Ergebnis: Die Champion hat den Wärmewert 175, die übersandten Kerzen sind 240er und schlicht verrußt, also jedenfalls etwas fetter Leerlauf, zudem ist der Mann ja Berliner, und wo in Berlin soll man ausgerechnet eine Max so fahren, daß eine 240er sauber brennt?

Sodann sind zu den bisher erschienenen Bandwurmgliedern auch schon wieder kritische Lesermeldungen eingegangen. Generalnenner:

Man akzeptiert zwar unsere Methode Stadtkerze-Autobahnkerze, kann sich aber nicht vorstellen, wie groß da der Unterschied zuweilen ist. Also: Wenn in einem Motor, der für Jagerei eine 260er braucht (die auch schon ein helles Krönchen zeigt), aber bei Stadtfahrt eine 175er auf die Dauer schwarz wird, dann darf man da gut und gerne auch eine 145er hineindrehen. (Sofern man absolut sicher ist, daß der Vergaser *richtig* auf Leerlauf eingestellt ist, siehe Vergaserbandwurm.) Das ist bei unseren

Hochleistungmotoren eben nicht anders, von Adler über Max bis Maico und Puch, die haben nun mal bei geringer Füllung, also kleiner Vergaseröffnung, eine abenteuerlich schlechte Spülung. Man hat diese Motoren alle erst mal auf Leistung gezogen, aber niemand hat auch noch Versuche gemacht, um den *für guten Leerlauf richtigen Kerzensitz zu finden*. Da sind sogar Viertakter besonders übel dran, weil die angesaugten Spritbatzen – das ist ja kein Gas, das sind Tropfen – direkt auf die Kerze klatschen können.

Gerade komme ich von einem Motorbootrennen – da konnte einem wieder mit dem Holzhammer bewußt werden, daß Motorradfahrer zwar den Kopf haben, um darauf zu fallen, nur nicht, um damit zu denken – aber Outbordfahrer sind noch viel hartschädeligere Gentlemen. Nicht nur, daß da keiner daran denkt, welchen Einfluß auf den Vergaser es wohl hat, wenn sein Boot mit der Nase gen Himmel ragt oder wenn er es mit dem Heck an Land aufsetzt – mit solchen Überlegungen geben die sich überhaupt nicht ab, sie ziehen lieber wie die Büffel, ziehen, ziehen, ziehen – Outbordsport scheint noch wahrhaft Leibesübung zu sein. Etwas ganz anderes: Sie haben eine panische Angst vor niedrigen Anwärmekerzen. Da soll so ein kalter Schlitten mit einer 380er Rennkerze kalt starten, wo der Zündfunke drei Meter hinter Achterkante Schiff übergeht. Statt so einen Motor mit einer 145er oder 175er anzudrehen, warmzufahren und in den noch heißen Motor ohne Verzug die Rennkerzen einzudrehen – und das so abzupassen, daß längstens nach 30 Sekunden definitiv zum Rennen gestartet wird.

Es ist auch erstaunlich, was von ganz elementarem Vorkriegswissen bis heute verlorengegangen ist – damals war es ziemlich selbstverständlich, zur Startprüfung am frühen Morgen mit einer ganz niedrigen, nagelneuen Kerze in der Hosentasche zu erscheinen. Durchgetreten wurde der Motor mit der hohen Kerze vom Vortag, dann kam die neue, niedrige Kerze hinein, Elektrodenabstand ziemlich weit, fast 1 mm, Zündung ein, Tritt – und da war er.

Das ist bei unseren heutigen Motoren noch wichtiger als jemals – zum ersten Start des kalten Motors braucht man eine niedrige Kerze, weil deren Elektroden gemeinhin weit in den Verbrennungsraum ragen. Man braucht auch großen Elektrodenabstand, weil in einem langen Funken mehr Moleküle angebrannt werden und sicherer weiterbrennen. Den großen Abstand wieder kann man sich leisten, weil Batteriezündungen und heutige Magnete das anstandslos zulassen, sicherer als vor zwanzig Jahren. Mit der niedrigen Startkerze kann man getrost einen oder zwei Kilometer fahren, man darf sogar voll aufdrehen, bis die Kiste richtig heiß ist – die dreißig Sekunden, um die alte, hohe Kerze wieder einzusetzen, sind immer da. *(Heute ist der Kerzenschlüssel im Stiefelschaft wieder durchaus zu rechtfertigen.)* Nur: die kalte Kerze im heißen Kopf nicht festknallen, sondern nur sachte anziehen. Beißt sonst, geht nicht mehr raus. Ich selber habe das Kerzengewinde mit einer Spur Molybdänpaste gefettet. Hilft drehen.

Letzte Frage Lebensdauer: Richtet sich nach dem Elektrodenabbrand und der allmählichen chemischen Veränderung des Kerzensteines. Abbrand läßt sich nachbiegen, im Isolationswert veränderter Kerzenstein ist irreparabel. So nach etwa 5000 km besorgt man sich eine neue Kerze und dreht die mal versuchsweise rein: Ist der Leerlauf besser? Sind bei Vollgas die inzwischen abhanden gekommenen

5 Spitzenkilometer wieder da? Wenn ja, bleibt die neue drin, wenn nein, kommt die alte wieder rein und die neue in eine der neumodischen PVC-Dosen, wo sie tadellos sauber bleibt, bis die alte eines Tages doch ausgedient hat. Solange jedenfalls die neue bei gelegentlichen Proben nicht besseren Leerlauf oder höhere Spitze gibt als die alte, bleibt diese still und friedlich drin.

Noch ein paar Kleinigkeiten

Gewiß, es klingt entsetzlich blöd, ich hätte auch nie gewagt, diese zwei Bilder auf der „drüberen" Seite zu bringen, wenn ich den dazugehörigen Fall nicht selbst erlebt hätte: Ein Mann schlosserte sich sämtliche zehn Finger ab, weil er nicht imstande war, ein – freilich etwas mädchenhaft-zartes – Kerzenfünkchen in der Prallsonne zu sehen (als es wieder da war und er hätte aufhören können, weiterzusuchen). Hören konnte man das Fünkchen auch nicht, es war nämlich Samstag mittag im Juli am Straßenrand, voller Wochenendverkehr tobte auf der B 14 dahin. Also feierlicher Lehrsatz: Halte die Kerze beim Funken-probieren wenigstens in den Schatten!

Noch so eine Blödheit: Es kommt ja auch bei unbescholtenen Leuten vor, daß sie mal bei glühheißem Zylinderkopf die Kerze auswechseln müssen. Dann bitte die neue, natürlich noch kalte Kerze nicht aus Leibeskräften anknallen! Gewiß, kalter Stahl schraubt sich in heißes Leichtmetall verdammt weich hinein, man hat das Gefühl, das Gewinde sei Schweizer Käse, man merkt nur schlecht, wenn und daß die Kerze fest genug angezogen ist. (Das kommt wesentlich daher, daß die Festigkeit von Leichtmetall jenseits 150 Celsiusgraden enorm nachläßt, man kann da wirklich mit drei Fingern ein Kerzengewinde herausziehen wie einen Regenwurm.) Also die kalte Kerze nur mit den Fingerspitzen anziehen, lieber ein paar Kilometer fahren und dann noch mal probieren, ob sich die Kerze jetzt noch eine Vierteldrehung – wieder mit den Fingerspitzen! – nachsetzen läßt, falls sie vorher nicht ganz festgezogen war.

Wenn sich ferner die kalte Kerze in den heißen Kopf nicht von der ersten Windung an schon ganz flüssig hineindrehen läßt, ist überhaupt Vorsicht nötig – heißes Leichtmetall ist gegen Schiefansetzen eines Gewindes äußerst empfindlich. Mein Patentrezept: Ich habe alle meine Kerzengewinde mit Molykote-Paste und einer Zahnbürste gut eingebürstet, die Gewindegänge im Zylinderkopf sind mit einem steifen Pinsel mit Molykote eingebürstet. Wirkt erstaunlich, Gewinde laufen wie Butter.

Hat man ein Kerzengewinde trotz allem doch mal ausgerissen, braucht man dennoch nicht aufzugeben: Es gibt für Kerzengewinde sowohl Ensat-Einsätze wie auch Helicoil-Einsätze, mit denen sich der Schaden beheben läßt. Insbesondere Helicoils sind von einer Art, daß eigentlich ein neuer Zylinderkopf, der den Anspruch erhebt, Qualität zu sein, von vornherein im Kerzenloch einen Helicoil-Einsatz aufweisen müßte. (Keine Angst, die Industrie wird das nie machen, würde zweiundeinenhalben Groschen mehr kosten!)

Bild 79
Nichts ist so banal, als daß man es nicht irgendwann doch mal als Fehler begehen würde: In der Prallsonne kann man etwas lahme, aber doch noch durchaus zündfähige Funken schon nicht mehr sehen.

Bild 80
Also hält man die Kerze in den Schatten, da sieht man. Hier ist der Schatten so tief, daß man kaum mehr die Kerze erkennen kann – aber den Funken sieht man um so besser.

Die auch noch wichtigen Nebendinge

Tatsächlich – das, was hier kommt, sind so die Nebendinge am Motorrad, die weder ins Batterie- noch ins Lichtmaschinen- noch sonst in ein Hauptkapitel paßten. Deswegen sind diese Dinge aber nicht etwa unwichtig – im Gegenteil, da hängt unter Umständen sogar gewaltig viel Ärger drin. Ich habe mich auch entsprechend bemüht, alles hineinzupacken, was man so darüber weiß.

Von Schaltern, Kontakten und Drähten

Immer und immer wieder wurde in diesem Buch darauf hingewiesen, welch große Rolle in einem Bordnetz die Spannungsverluste spielen. Gewöhnlich kommt nicht einmal die Nennspannung von 6 Volt an der Scheinwerferlampe an, geschweige denn die 7,0 Volt bis 7,5 Volt, die von der Lichtmaschine geliefert werden und die man braucht, um die Batterie überhaupt voll zu kriegen. Bei jeder solchen Überlegung streiften wir bisher wenigstens die Ursachen:

1. Gewöhnliche Ohm'sche Verluste in den Leitungen, bedingt durch etwas zu knappe Wahl der Querschnitte, die zuweilen noch empfindlich dadurch beeinträchtigt werden, daß dicht an den Klemmen einzelne Seelendrähte brechen, wobei im Laufe der Zeit immer mehr brechen, ohne daß ein Mensch das bemerken könnte, so daß der an sich schon vorhandene Ohm'sche Widerstand stellenweise noch weiter durch Übergangswiderstände erhöht wird.
2. Die unvermeidlichen Schalterkontakte werden im Laufe der Zeit immer nur schlechter, aber niemals besser, das wird noch verschlimmert dadurch, daß Kraftfahrzeugschalter allgemein und Motorradschalter ganz speziell des billigen Preises halber immer popliger gemacht werden. Man findet hohe Ohm'sche Übergangswiderstände nicht einmal so sehr an den aufeinanderschleifenden Schaltkontakten, als vielmehr an den Schleifkontakten an Gelenken. Wenn man an einem Schalter einen rein Ohm'schen Übergangswiderstand von 0,01 Ohm findet, hat man damit schon ein ganz exzellentes Stück erwischt, bei Hauptschaltern, die zwei oder drei Jahre im Betrieb sind, findet man rein Ohm'sche Widerstände

Bild 1
Zu dieser irren Korrosion genügten ganze vier Wintermonate, manche Klemmen sind ganz weiß „verschimmelt", wozu höchstens noch zu sagen wäre, daß die Maschine niemals im Stuttgarter sogenannten „Schnee" fuhr – eine ziemlich konzentrierte Kochsalzlösung.

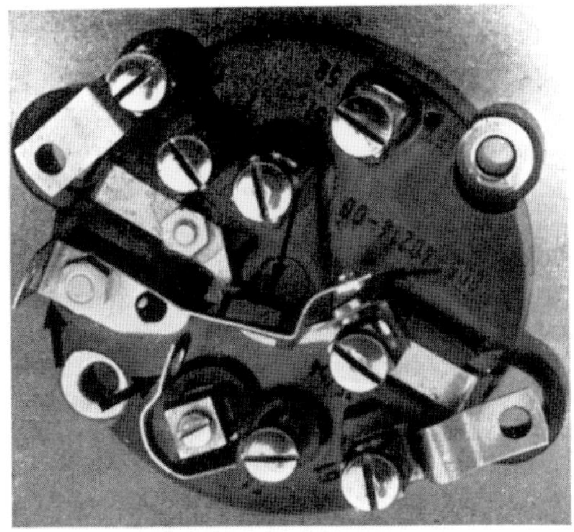

Bild 2
Der DKW-Zündschalter wird vom Schlüsselschaft nicht gedrückt, sondern mit dem Isolierstück – langer Pfeil – zur Seite geschoben, geht also wackelfrei, die Kontakte – kurzer Pfeil – scheuern ziemlich kräftig aufeinander, geben gute Verbindung.

in der Größenordnung von 0,1 Ohm, d. h. also, daß die ca. 8 – 9 Ampere, die in Gestalt von Lichtstrom über diesen Schalter müssen, darin einen Spannungsverlust von 0,8 – 0,9 Volt hervorrufen! Wenn man nun bedenkt, daß ausgerechnet der Strom für den stärksten Verbraucher, für die Scheinwerferglühlampe, nicht nur über den Hauptschalter, sondern auch noch über den Abblendschalter gehen muß, dann wird es einem immer weniger begreiflich, wie es eine angeblich so qualitätsbewußte Industrie fertigbringt, an die Kundschaft einen derartigen Pofel von Schaltern zu verkaufen, wie er gegenwärtig als durchaus handelsüblich betrachtet wird.

3. Jeder mechanische Kontakt, sei das nun ein Schalterkontakt, eine Klemmschraube, eine Quetschstelle (etwa in einem der modernen gequetschten Kabelschuhe), bringt in sich selbst einen Spannungsverlust in der Größenordnung zwischen 50 und 150 Millivolt mit sich. Dieser Spannungsverlust beruht nicht auf Ohm'schem Widerstand, er ist also in gleicher Höhe da, ganz gleich, was für ein Strom über diesen Kontakt fließt. Dieser Spannungsverlust wird durch Vorgänge bedingt, die mit der Halbleitereigenschaft einer Kontaktoberfläche zu tun haben, die Erscheinung hört erst dann auf, wenn die Kontakte entweder verlötet werden oder auf mechanische Weise, etwa durch Reiben unter hohem Druck, zu regelrechtem Fressen gebracht werden, was ja bekanntermaßen im Grunde genommen auch ein Schweißvorgang ist. Bei unseren Fahrzeuginstallationen können wir im Durchschnitt mit 0,1 Volt Spannungsverlust pro Kontaktstelle rechnen, man weiß gemeinhin nur deshalb nichts von diesem Spannungsverlust, weil in Lehrbüchern nichts darüber zu lesen ist. Das wiederum hat auch seine guten Gründe: In der Starkstromtechnik spielen so kleine Spannungsverluste keine Rolle, bleiben also deswegen unbekannt, auf weiten Gebieten der Schwachstromtechnik kommt es auch noch nicht darauf an, nur ausgerechnet in der Fahrzeug-Elektrik bekommt man einen merklichen Einfluß, wesentlich allerdings auch nur bei 6-Volt-Anlagen.

Aus diesen allgemeinen Erwägungen sind wieder eine ganze Anzahl Folgerungen herzuleiten.

Elektrisch am kümmerlichsten ausgebildet ist bei jeglichem Motorrad der Abblendschalter, es ist keine Verschwendung, ihn so ungefähr alle 2 Jahre einmal auszuwechseln.

Der Hauptschalter im Scheinwerfer ist zwar ein kleines bißchen solider, es wird aber empfohlen, gelegentlich mit einem sehr guten, genauen Voltmeter (natürlich bei eingeschaltetem Licht) die Klemme 50 am Scheinwerferschalter anzutippen und die dort vorhandene Spannung zu messen. Sodann wird die Klemme 56 angetippt, und wenn da ein Spannungsunterschied von mehr als 0,3 Volt herauskommt, ist es Zeit, den Schalter gegen einen neuen auszuwechseln. Ähnlich macht man es übrigens auch mit dem Abblendschalter, da wird einmal die Klemme 56 angetippt und dann die Klemmen 56 A und 56 B.

Wenn der Abblendschalter unter Korrosionserscheinungen leidet, ist das noch verständlich, schließlich kann da jederzeit Regen dazu. Ich bin aber noch nicht dahintergekommen, warum auch Hauptschalter im Scheinwerfergehäuse zuweilen böse Korrosionserscheinungen zeigen, es kommt aber doch erstaunlich oft vor. Insgesamt muß man also wohl oder übel sagen, daß Schalter jeder Art Abnützungsobjekte sind und eine beschränkte Lebensdauer haben, wobei die Abnützung durchaus elektrischer Natur sein kann, so ein Schalter kann äußerlich in tadellosem Zustand sein, innerlich, also elektrisch, kann er trotz allem wegschmeißreif sein.

Alle Motorrad-Zündschalter bzw. Lichtschalter werden nun bekanntlich mit einem sogenannten „Schlüssel" geschaltet. Dieser Schlüssel hat allerdings mit dem, was man im normalen Sprachgebrauch unter einem Schlüssel versteht, nur die Eigenschaft gemeinsam, daß er auch in ein Loch hineingesteckt wird. Die zweite wesentliche Schlüsseleigenschaft, daß also zu jedem Loch ein individueller Schlüssel gehört, mithin ein wenn auch noch so beschränkter Diebstahlschutz erreicht wird, geht aber Motorrad-Zündschlüsseln grundsätzlich ab. Wenn dieses Buch gedruckt wird, laufen vermutlich noch 1,2 bis 1,4 Millionen Motorräder mit Noris-Zündschaltern herum, von denen jeder mit einem beliebigen Noris-Zündschlüssel zu betätigen ist. Man wäre nun durchaus geneigt, so etwas als Vorteil zu bezeichnen, warum auch nicht, nur erhebt sich dann wieder eine andere Frage: Warum mußten für ein paar -zig bis hunderttausend andere Maschinen nun eigentlich wieder *andere* Zündschlüssel vorgesehen werden? Als das Manuskript dieses Buches abgeschlossen wurde, gab es neun verschiedene Typen von Zündschlüsseln für Zweiradfahrzeuge, jeder einzelne dieser Schlüssel paßte für 20 000 bis ca. 1,5 Millionen Fahrzeuge, nur waren diese neun Schlüsseltypen *untereinander nicht austauschbar bzw. einsetzbar.*

Die ganz klugen Leute hatten also schon immer statt des Zündschalters, der mit diesem berühmten Zünd-„Schlüssel" betätigt wird, irgendwo an der Maschine versteckt einen sehr soliden Schalter, zu dem man keinen Schlüssel mehr brauchte, von dem man aber nur wissen mußte, wo er montiert war.

Weil wir aber gerade so schön beim Zündschalter sind, soll gleich noch etwas abgehandelt werden, was uns im Jahre 1950 einmal schweres Kopfzerbrechen machte, bis wir durch einen puren Zufall hinter die Lösung kamen:

Die elektrische Kokosnuß

Hahmeyer hat diese Bezeichnung noch erfunden, nachdem ein halbes Dutzend bewährter Nüsseknacker sich krüpplig gesucht und vergeblich die Köpfe zerbrochen hatten. Der Anlaß sah folgendermaßen aus:

Es war eine BMW-R-25, Baujahr 1950, für damalige Zeit ein Gedicht von Maschine. Nach ungefähr 5 000 km Laufzeit – es war eine Testmaschine und es wurde ihr nichts geschenkt – zeigte sich eine ganz eigentümliche Unart: Sobald man über 80 km/h hinauskam, fing erst die rote Signallampe an, ganz leicht zu glimmen, und bei noch höherer Geschwindigkeit (die Maschine kam auf über 90) stellten sich die berühmten „Gummiseile" ein, also Zündaussetzer, die sich so anfühlen, als zupfte ein Riese hinten an der Maschine, versuche sie also ruckend anzuhalten. Im Laufe der Wochen wurde dies immer schlimmer, aus den Gummiseilen wurde ein mehr oder weniger wildes Geschieße aus dem Vergaser, die Geschichte begann jetzt auch schon bei 70 km/h, wir konnten aber keine irgendwie geartete Ursache dafür feststellen. Selbstverständlich wurde der Reihe nach alles untersucht, ganz kritisch auf Wackelkontakte, der Regler wurde ausgewechselt, Zündspule, Kondensator, Unterbrecher, der Kollektor wurde als völlig einwandfrei befunden, auch die Bürsten und ihre Führungen, die Lichtmaschine lief auf dem Wellenstumpf völlig schlagfrei, auch das vordere Kurbelwellenhauptlager war völlig spielfrei, es wurde bei keiner noch so hohen Drehzahl ein besonderes Feuern der Bürsten beobachtet, der Zeiger des Spannungsmessers stand mit oder ohne Regler wie eine Eins, es war rein zum Verzweifeln. Besonders häßlich schien uns, daß sich die Zündaussetzer niemals im Standversuch einstellten, wenn man also den Motor im Stand noch so hoch hinaufdrehen ließ. Sie erschienen immer nur draußen beim Fahren. Erst im Laufe der Zeit, als die Erscheinung sich immer mehr verstärkte und bei immer niedrigerer Geschwindigkeit eintrat, zum Schluß schon ab 70 km/h, war eine weitere Beobachtung möglich: Wenn auf normaler Straße die Aussetzer schon bei 70 km/h losgingen, begannen sie auf sehr guter Straßendecke oder auf der linken Fahrbahnhälfte der Autobahn erst bei 80 oder gar erst bei 85 km/h. Damit war endlich der Schluß gegeben, daß ein durch Fahrerschütterungen hervorgerufener Wackelkontakt vorliegen müsse. Es konnte nur der Zündschalter sein, und in der Tat stellte sich auch heraus, daß das ein durchaus schwingungsfähiges Gebilde war: Ein ungefähr 70 mm langer und 6 mm breiter Bronzestreifen, der in der Mitte vom Zündschlüssel angetippt wurde und am äußersten Ende die Kontakte trug. Das war an sich vom Konstrukteur dieses Schalters durchaus richtig gedacht gewesen, er wollte große Schaltwege haben und große Federwege, ich würde selbst einen Schalter auch heute noch so bauen, nur war eben unser Schalter von Anfang an nicht richtig justiert gewesen, die beiden Kontakte lagen von vornherein mit etwas zu wenig Druck aufeinander, so daß im Laufe der Zeit, als die Federkraft des Bronzestreifens etwas nachließ, der Kontakt zu einem Wakkelkontakt werden konnte. Eine geringe Verbiegung der Feder schaffte absolute Abhilfe.

Wenn wir schon dabei sind: Es kommt öfter mal vor, daß eine Maschine auf schlechter Fahrbahn Zündaussetzer gibt und die rote Lampe zu glimmen anfängt – daran ist dann aber die wacklig gewordene Verriegelung des Zündschlüssels schuld, der Schlüssel hat dann Luft, kann nach oben zurückweichen und der Schalter hat nicht mehr den nötigen Kontaktdruck. Also setzt man einen Tropfen Lötzinn oder eine Schweißperle auf die Schlüsselspitze, überzeugt sich aber, ob das nicht am Ende schon zu viel ist, damit der Schalter jetzt nicht etwa zerdrückt wird.

Und wenn man den Schlüssel in der „anderen" Hosentasche hat: Drei Streichhölzer, vorsichtig in die Schlüsselöffnung gesteckt und ebenso vorsichtig nach unten gedrückt, bis die rote Lampe angeht, tun es auch. Übergetitelt: Der „Schlüssel".

Kontaktleisten

Wenn ein Motorrad einmal einen gewissen Neuheitszustand überwunden hat, stellen sich der Reihe nach eine ganze Anzahl elektrischer Pannen ein, und bis man genügend viel Erfahrung hat, eine auftretende Panne sofort identifizieren und beheben zu können, gerät man unweigerlich in den Geisteszustand, in dem man es vorteilhaft findet, an allen möglichen Stellen der Motorradanlage Klemmleisten anzubringen, mit deren Hilfe man Drahtverbindungen schnell lösen und wieder herstellen kann. Wie gesagt gerät jeder einmal in diesen Zustand, ich habe ihn auch überwinden müssen, wahrscheinlich hat es keinen Sinn, jemandem zuzureden, er solle das nicht auch anfangen. Schließlich bedeutet es keine besondere Mühe, es trägt in dem besagten Zustand auch zweifellos zum seelischen Gleichgewicht bei, allerdings muß gesagt werden, daß jede solche Klemmreihe den berühmten, nicht-Ohm'schen Spannungsverlust von gleich zweimal 0,05 bis zweimal 0,1 Volt mit sich bringt. Später, wenn man die serienmäßigen Unzulänglichkeiten aus der eigenen Lichtanlage definitiv entfernt hat, bedarf man dieser vielfachen Trennbarkeit ja

Bild 3
Diese mit dem Taschenmesser abschneidbaren Klemmenleisten aus Weich-PVC gibt es in jedem besseren Elektrobedarfsgeschäft, nicht alle Kfz-Elektriker ahnen etwas davon. Gibt es übrigens seit 1954.

nicht mehr, es wird dann wieder möglich, diese Klemmleisten herauszuwerfen und die Kabelverbindungen vom Stromverbraucher zum Stromerzeuger glatt durchzuziehen.

Zum Schluß dieses Kapitels noch ein beliebter Abgrund für Ohm'sche und nicht-Ohm'sche Spannungsverluste, die

Sicherungen

Eine Sicherung ist im Grunde nie von Übel, sie kann einem ggf. sogar sehr viel Verdruß ersparen. Es kommt eigentlich nur darauf an, wo sie sitzt:

Gewöhnlich sitzt die Sicherung unmittelbar vor oder hinter der Klemme 51 des Lichtmaschinenreglers, soll die Lichtmaschine also vor Kurzschlüssen im Netz sichern. Sinngemäß müßte man dann eigentlich auch eine weitere Sicherung unmittelbar vor der Klemme 30 der Batterie haben, nur wäre damit aber die Lichtmaschine immer noch nicht vor Störungen in ihrem eigenen Regler gesichert. Es sind nun durchaus Zweifel daran erlaubt, ob bei einem halbwegs aufmerksamen Fahrer eine derartige Sicherung in einer Motorradanlage überhaupt noch praktische Bedeutung habe, d. h. also, ein aufmerksamer Fahrer wird auf das Bestehen einer elektrischen Panne mindestens ebenso früh aufmerksam, wie eine Sicherung an einer dieser Stellen oder gar an beiden anzusprechen vermag. Man kann darüber lang streiten, wirklich sicher ist nur eines: Elektrische Pannen, die eine Gefahr für die Lichtmaschine bedeuten, *die der Fahrer aber nicht ohne weiteres zu bemerken vermag,* bedingen die Anbringung einer Sicherung da, wo sie in Bild 93 im Lichtmaschinenkapitel, also auf Seite 115, eingezeichnet ist. *Gerade da befindet sich aber bei keiner einzigen der serienmäßigen Zweiradanlagen eine Sicherung.* Eine Sicherung an dieser Stelle muß man also wohl oder übel selbst einbauen, vor allem wird man auf eine ordentliche Kontaktgabe achten, also die Sicherungspatrone nicht bloß zwischen zwei poplige Blechzungen klemmen, wie das eine fortschrittliche Zweirad-Industrie mit so großer Vorliebe tut. Bei einer Sicherungsanordnung nach dem Bild auf Seite 115 spielt der Spannungsabfall an der Sicherung noch keine besondere Rolle, er wird automatisch dadurch ausgeglichen, daß die Rotor-Spannung eben ein bißchen höher hinaufläuft. Ganz anders ist es, wenn die Sicherung so angeschaltet wird, wie das heute in Bordnetzen üblich ist, siehe vor allem auch Bild 14 u. 15: Hier läuft der gesamte Verbraucherstrom über die Sicherung, was er ja im Grunde genommen auch soll, *nur gibt sich kein Mensch Rechenschaft darüber, welcher Spannungsabfall dabei in der Sicherung steckenbleibt.* Das können bis zu 0,8 Volt sein! Einesteils ist dieser Spannungsabfall durch die liederlichen Kontakte bedingt, die nun einmal durch die billigen Blechzungen gebildet werden, der größte Teil des Spannungsabfalles rührt allerdings aus dem dünnen, wenn auch nur etwa 10 – 12 mm langen Schmelzdraht her. Inzwischen gibt es aber in der Schwachstromtechnik sogenannte Kleinautomaten, die naturgemäß wesentlich größer sind als so eine Schmelzsicherung, die es aber bereits in Streichholzschachtelgröße gibt und die man infolgedessen bequem noch im Scheinwerfergehäuse unterbringen kann. Diese Kleinautomaten haben nicht nur den gewaltigen Vorzug, daß hier nichts durchbrennt und man keinen Ersatz in der Tasche haben muß, daß man sie also nach jedem Ansprechen wieder ohne weiteres einschalten kann, sie zeigen außer dem unvermeidlichen Kontaktabfall von etwa 0,1 Volt einen wesentlich geringeren Ohm'schen Widerstand als Abschmelzsicherungen, im allgemeinen kommt man bei Strömen von 10 A mit einem rein Ohm'schen Spannungsverlust von noch einmal 0,1 – 0,15 Volt aus.

Die Verdrahtung

Seit Urzeiten verwendet man zur Verdrahtung der ganzen Motorrad-Elektrik sogenanntes Lackkabel. Da ist die Drahtseele treu und brav mit Gummi isoliert, dieser Gummi ist wieder mit Gewebe umflochten und dieses Gewebe wird seinerseits mit Lack getränkt, das Ganze ist tadellos glänzend schwarz und sieht ungeheuer gelehrt und zuverlässig aus. Solches Lackkabel gibt es auch heute noch, einfach weil die Leute nicht denken mögen und lieber glauben, es sei das einzige Material, mit dem man eine Motorrad-Anlage verdrahten könne. Obgleich es nun solches Lackkabel in verschiedenen Querschnitten gibt, findet man im Motorrad-Laden gemeinhin nur den Querschnitt 0,75 mm^2, und der ist im Grunde genommen knapp gut genug, um vielleicht noch ein ganz billiges Schlußlicht mit dem Bordnetz zu verbinden. Wenn irgendwo mal ein Strom von mehr als einem Ampere fließt, wenn mit diesem Strom gar eine Scheinwerferlampe oder ein Starktonhorn versorgt werden soll, dann kommt es doch sehr auf den Spannungsabfall in der Leitung an, und da sind die üblichen 0,75 mm^2 schon spürbar wenig. Wenn man sich also schon mal Zeit für die elektrische Anlage der eigenen Maschine nimmt, dann lohnt es sich, die vorhandenen und meist ein bißchen angegriffenen Leitungen gegen neue Leitungen auszuwechseln. Man kauft diese nun nicht im Motorrad-Laden, wo man wie gesagt nur Lackkabel kriegt, man tut besser daran, in ein möglichst großes Elektro-Geschäft zu gehen, dort findet man gewöhnlich eine Auswahl Kabel der verschiedensten Querschnitte, man nimmt mindestens 1,5 mm^2, für das Haupt-Lichtmaschinenkabel, aus dem die Scheinwerferlampe gespeist wird und aus dem das Starktonhorn gespeist wird, darf man gut und gern 2,5 mm^2 nehmen. Dieses Litzenmaterial ist heute auch nicht mehr mit Gummi isoliert, sondern mit Kunststoff umpreßt, der den großen Vorzug hat, für Benzin und Öl nicht angreifbar zu sein. Bei der eigenen Maschine hat man außerdem die Möglichkeit, ohne Rücksicht auf den Zeitaufwand die Kabel am Maschinenrahmen sehr sorgfältig zu verlegen, sie unter Umständen sogar in Schläuche einzuziehen, sie aber auf jeden Fall mit Klebeband scheuersicher festzulegen und gegen jegliches Gequetschtwerden zu schützen. Auf jeden Fall merken wir uns die Grundregel:

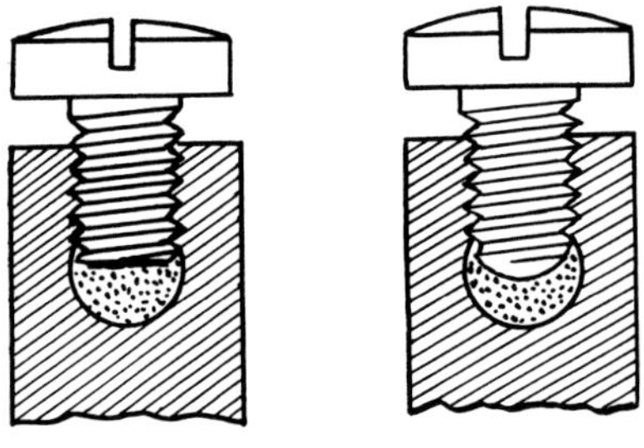

Bild 4
Eine normal abgestochene Schraube zerquetscht unfehlbar die Drahtadern und kneift sie ab, die Drähte brechen, die Schraube wird lose, Bild links. Die Schraube muß einen möglichst halbkugeligen Knauf bekommen, dann kneift sie nicht, nichts bricht und die Schraube lockert sich auch nicht, Bild rechts.

Bild 5
Oben: So machen es die Engländer, primitiv, aber sicher, sogar als positiver Batteriekontakt.

Bild 6
Rechts: Dasselbe als Lichtmaschinenkontakt, einfach mit isolierendem Schutzdeckelchen aufgepreßt.

Man soll am Leitungsquerschnitt ja nicht sparen, sondern lieber einen Quadratmillimeter mehr nehmen als einen zu wenig.

Das nächste Problem ist das Befestigen der Drahtenden unter den Klemmen. Leider ist es da bei den Motorrädern noch die Norm, daß ganz einfache Lochklemmen mit Klemmschrauben verwendet werden, wobei die Schrauben nur im Ausnahmefall halbkugelige Enden aufweisen, mit denen sich die Einzeldrähtchen eines Kabelendes wirklich festklemmen lassen, ohne daß sie dabei abgeschert werden. Man untersucht also erst einmal die Klemmschrauben, und wenn die keine halbkugeligen Enden haben, werden sie mit Sorgfalt kugelig gefeilt, das Schraubenende darf also nicht scharfkantig sein.

Es gilt derzeit noch als einwandfreie Handwerkskunst, ein Litzenende auf 3–4 mm zu verlöten, bevor man es in die Klemme spannt. Nach einem Jahr merkt man dann, was es damit auf sich hat: Auch wenn man wirklich säurefrei gelötet hat, daß also Reste des Lötmittels nicht auf die Kabeldrähtchen losgehen und sie durchfressen, pflegt doch auf die Dauer das Kabel außerhalb der Klemme da zu brechen, wo die Lötung der Einzeldrähte gerade aufhört. Hat man nun Klemmschrauben mit Kugelenden (oder die Enden einfach sauber glattgefeilt), dann kann man es sich ohne weiteres leisten, das unverlötete Kabelende direkt in die Klemme zu stecken und es dort festzuquetschen. Nicht nur pflegt die Klemmschraube sich dabei weniger leicht loszuschütteln als von einem verlöteten Ende, das Kabel bricht auch entfernt nicht mehr so leicht dicht vor der Klemme.

Bei dazu geeigneten Klemmschrauben gilt es als ebenso vornehme Handwerkskunst, dem kurz abisolierten Drahtende einen Kabelschuh aufzulöten. Große Querschnitte lassen sich sogar nur auf diese Art einwandfrei unter dem Kopf einer Klemmschraube befestigen. *Es kommt aber sehr darauf an, wie die Lötstelle ausgeführt wird,* man kann zwar tadellos säurefrei löten, nur muß man diese Lötstellen eben selber machen, denn wenn sie ein Taglöhner macht, sind sie meist un-

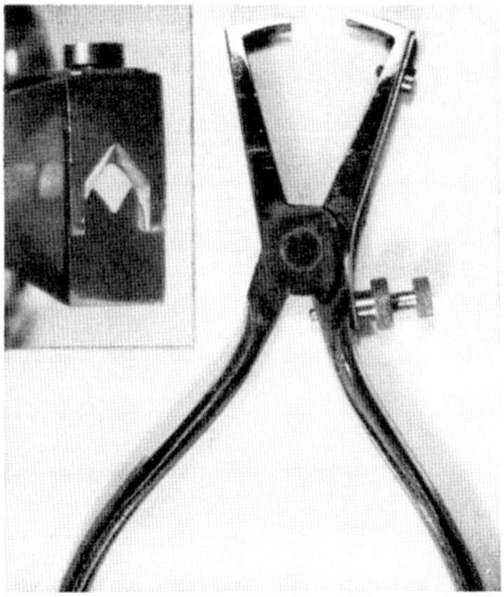

Bild 7
So sieht die berühmte Abisolier-Zange aus. Auf den ersten Blick sieht das schulmeisterhaft und völlig überflüssig aus, lohnt sich aber, selbst für den Privatmann, der sie nur alle halben Jahre mal braucht.

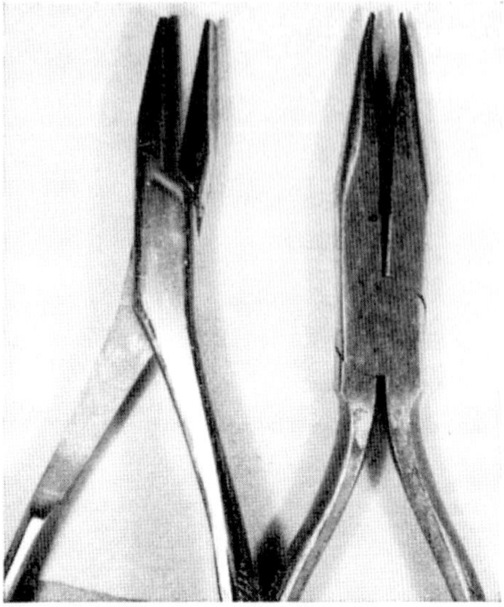

Bild 8
Das links ist die für uns unerhört praktische „Entenschnabelzange" von Belzer, die ihr Geld vielfach wert ist, das rechts sieht bloß so aus, als sei es praktisch, ist aber nicht, habe das auch erst einsehen müssen.

zuverlässig. Außerdem hat man wieder das alte Schicksal, daß das Kabel außerhalb des Kabelschuhs da bricht, wo das Lötzinn aufhört. Deshalb haben noch feinere Leute zuweilen dafür gesorgt, dem Kabelschuh außer der *Lötöse* noch eine *Klemmöse* zu geben, die nach beendigter Lötung um die unmittelbar anschließende Isolierhülle herumgelegt und dort mechanisch festgepreßt wird. Das ist natürlich ein sehr gutes Verfahren, es bedeutet eine fast absolute Sicherung dagegen, daß das Kabel jemals dicht hinter der Lötstelle bricht.

Bei der allermodernsten Art, ein Drahtende mit einem Kabelschuh zu versehen, verzichtet man überhaupt auf jede Lötung, es gibt zu diesem Zweck heute Kabelschuhe, die mit Hilfe einer Spezialzange so fest auf das Drahtende gequetscht werden, daß sie praktisch nicht wieder zu lösen sind. Erfahrungsgemäß ist die Kontaktgabe immer noch besser als mit Lötung, also auch mit einer einwandfreien Lötung, ganz abgesehen von der durchschnittlichen schlechten Lötung. Auch diese Quetsch-Kabelschuhe gibt es mit einem verlängerten Ende, das um den noch isolierten Teil des Kabels herumgequetscht werden kann.

Wenn man natürlich auf dem Dorf sitzt und sich solche Spezialsachen nicht besorgen kann, dann gibt es noch eine Möglichkeit, die von den Modellbauern erfunden worden ist: Diese Leute – sie verstehen übrigens alle etwas vom Löten, bringen also anständige, säurefreie und dennoch gut „geschlossene" Lötstellen fertig – lassen die Isolierung des Kabels auch direkt an den Kabelschuh anstoßen, überziehen dann aber die Tülle des Kabelschuhs und 5–10 mm des Kabels mit

Bild 9
So sieht die berühmte „Vermuffung" mit Epoxy-Harz aus, die Drähte sind stumpf gegen zwei Kontakte gestoßen und auch stumpf aufgelötet, das aushärtende Harz hält besser, als wenn man auf Kabelschuhe gelötet hätte. Zweimaliger Harzauftrag.

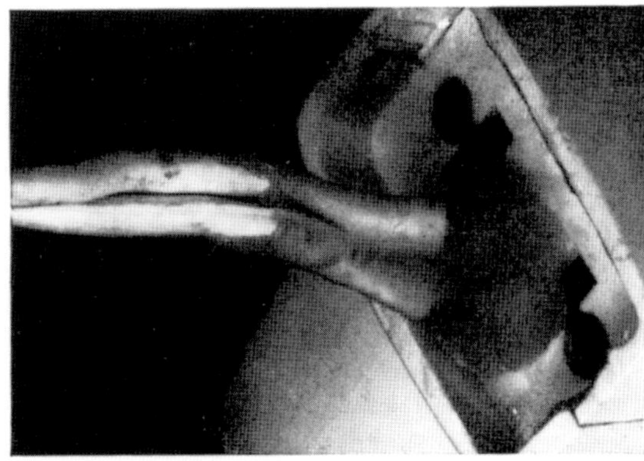

einem aushärtenden Zweikomponenten-Kleber. Als solcher kommt beispielsweise Uhu-Plus in Frage, man rührt zunächst eine geringe Menge davon an und schmiert sie rundherum über den Kabelschuh, also über dessen Hülle und ein Stück weit über die Kabelisolation. Man darf nicht zuviel draufschmieren, weil das nur wieder als Träne heruntertropfen würde. Man läßt es entweder 24 Stunden kalt oder einige Stunden bei ungefähr 50 – 60^0 aushärten, danach kann noch einmal eine Schicht Kleber daraufgeschmiert werden. Die Modellbauer nennen das „vermuffen", ich betreibe das Verfahren selbst seit Jahren und muß sagen, daß ich seither keine Schwierigkeiten mit losgegangenen oder gebrochenen Kabeln mehr habe. (So werden bei mir grundsätzlich Bananenstecker, nachdem sie montiert sind, mit Uhu-Plus völlig ausgegossen, daran lockert sich nie wieder etwas, man hat zuverlässig auf Jahre hinaus Ruhe.) Man kann es sich sogar leisten, ein Drahtende stumpf gegen ein anderes Drahtende oder gegen ein Blech zu löten, man kann sich Dinge leisten, die zu jeder Zeit als grausiger Murks bezeichnet werden müßten: Wenn eine solche „riskante" Lötstelle lediglich gut geflossen ist, daß also die Lötung selbst in

Bild 10
Sieht auch stieselig aus, aber man braucht einen langen **und** einen kurzen Schraubenzieher für die Klemmschrauben und man soll ihn auch immer schön scharfkantig geschliffen halten.

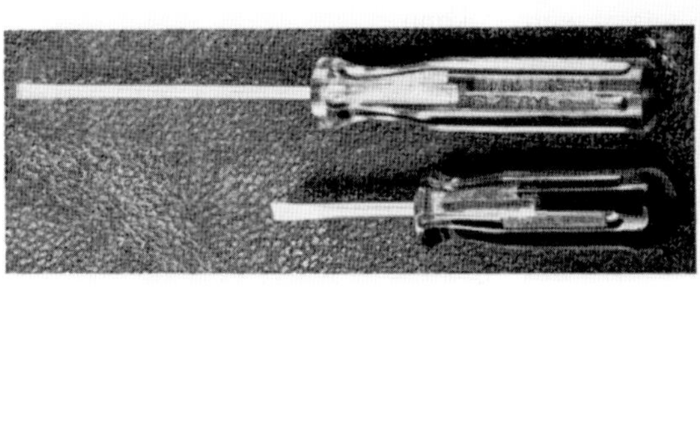

Ordnung ist, braucht man sie nur mehr oder weniger dick mit einem solchen aushärtenden Kunstharzkleber einzuhüllen, der jede mechanische Beanspruchung aufnimmt und aus dem, was nur gelötet wie ein Murks aussah, eine einwandfreie Leistung macht.

Wir sprachen immer vom Abisolieren der Kabelenden: Der Fachmann macht so etwas mit dem Messer, das zu diesem Behufe möglicherweise sogar eigens eine Kerbe aufweist. Was dabei herauskommt, war aber früher schon bei den Gummikabeln Murks, heute bei den Kunststoff-Isolierungen ist es erst recht Murks. Entweder wird die Isolierhülle gar nicht durchschnitten, man muß daran zerren wie ein Bulle und kriegt dennoch keinen einwandfreien Abriß zustande, oder aber werden ein paar Seelendrähte mit abgeschnitten und mit abgerissen. Mit der nötigen Gewissenhaftigkeit kann man natürlich mit einem sehr scharfen Taschenmesser die Isolierhülle vorsichtig ganz dünn einschneiden, so, daß sie gerade eben noch nicht bis auf die Drahtseele durchgeschnitten wird, um sie dann mit einem stumpferen Teil des Messers vollends abzureißen. Besser ist es, wenn man sich einer sogenannten „Abisolierzange" bedient, wir zeigen in Bild 7, wie so etwas aussieht. Diese Zange läßt sich mit einer Stellschraube genau auf die erforderliche Drahtdicke einstellen, man vermag damit die Isolierhülle fast völlig durchzukneifen, ohne daß dabei einem Seelendrähtchen ein Leides geschieht, und wenn man mit der Zange rund um das Kabelende herum ein paarmal „zugebissen" hat, läßt sich mit wenig Kraft das abgekniffene Isolierendchen auch abziehen.

Wie schon gesagt, werden die ganz vornehmen Kabelschuhe schon nicht mehr aufgelötet, sondern nur noch aufgequetscht, wenn aber gelötet werden muß, ist bei modernen Kunststoffhüllen wieder große Vorsicht angebracht, weil der Kunststoff in der Löthitze aufweicht, sich zurückringelt und womöglich gar anschmort, wenn

Bild 11
Kleine Stahlschlüsselchen zur Zündereinstellung sind besser als Zangen, man muß sie nur genau passend schleifen. Die Pinzette ist überhaupt wichtig, aber die winzige Hexenzange ist bei weitem nicht sooo praktisch, wie man nach der Erfahrung mit großen Hexenzangen denkt.

Bild 12
Diese kleine, aber bullig starke Schere wird eines der am meisten gebrauchten Werkzeuge – wenn man sie erst mal hat.

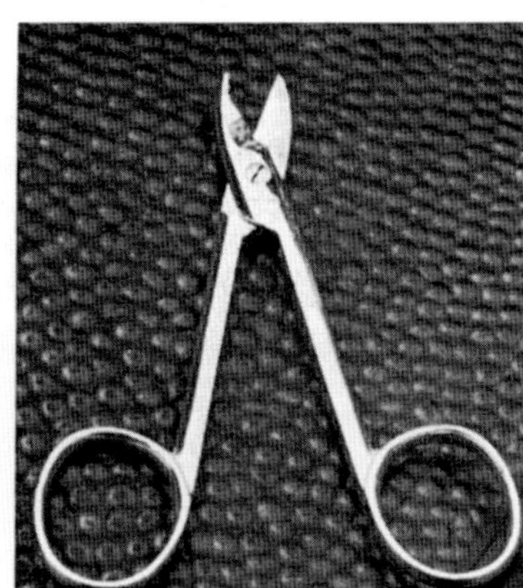

Bild 13
Diese langen Kabelenden sind wirklich gut gemeint – aber Ursache für Brüche. Ich lasse sie ruhig dran, lege sie aber mit Klebeband am Gehäuse fest, daß nichts schwingen kann.

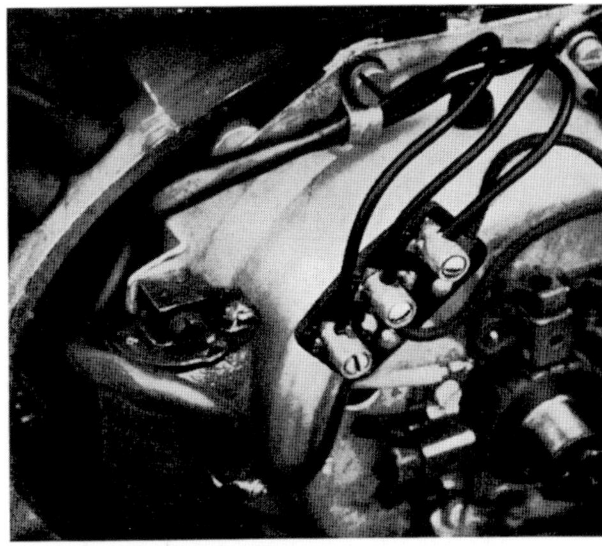

der Löter sein Handwerk noch nicht so recht versteht. Die Gefahr ist um so geringer, je heißer der Lötkolben ist, weil dann die Löterei wenigstens schnell vor sich geht, und der Kolben wieder weggenommen werden kann. Die üblichen Murkslötungen mit zu kaltem und vor allem zu schmutzigem Kolben sind bei Kunststoffkabeln noch weniger angebracht, als sie schon immer bei Gummikabeln waren.

Schließlich noch eine wichtige Regel: Weil die Kabelenden erfahrungsgemäß immer wieder dicht hinter den Klemmschrauben bzw. hinter den Lötstellen zu brechen pflegen, haben gewissenhafte Motorradmacher schon immer dafür Sorge getragen, ihre Kabel nicht allzu kurz zu schneiden. Wenn also so eine Lötstelle einmal brach, dann sollte der Kunde noch ein paar Zentimeter verfügbares Material vorfinden, um den Kontakt wieder herzustellen. ohne daß er den betreffenden Draht im Kabelbaum auswechseln mußte. Eine solche Fürsorge des Motorradmachers für seinen Kunden ist durchaus anzuerkennen, es fragt sich aber, ob da trotz allen guten Willens am Ende nicht doch etwas falsch gemacht wird: Gewöhnlich wurden diese freien, verfügbaren Kabelenden als 10 – 15 cm lange Bucht ins Lichtmaschinengehäuse oder ins Scheinwerfergehäuse gelegt, wobei die Bucht unter den Fahrerschütterungen fröhlich schwingen konnte. Das heißt also, daß diese so gut gemeinte Vorsicht eigentlich erst die Ursache für andauernde Kabelbrüche war und daß die Brüche erst dann langsam aufhörten, wenn die Bucht glücklich völlig herausgeschnitten war. Wenn also Bucht, dann sorge man dafür, sie möglich dicht hinter der Klemme so festzulegen, etwa mit Klebeband, daß da nichts schwingen und wackeln kann.

Schaltbilder und Klemmenbezeichnungen

Es mußte zwar wiederholt bemerkt werden, daß dies kein sehr ordentliches Buch ist, daß also manches darin ein bißchen durcheinander zu gehen scheint, wenn man die bei anderen Lehrbüchern üblichen Maßstäbe anlegt. Dennoch geht es auch hier nicht ganz ohne Pedanterie, wir bringen deshalb noch zwei Grundsatz-Schaltbilder für Gleichstrom-Lichtanlagen, das ähnliche Grundsatz-Schaltbild für Wechselstromanlagen befand sich schon Seite 174. Die berühmten „alten Leute" werden diese Schaltbilder natürlich für kindisch halten, ich würde sie auch dafür halten, wenn ich nicht jahrelang hätte Anfragen meiner Leser beantworten müssen, bei denen es immer kostbar war, auf bestimmte Klemmen-Nummern verweisen zu können. Natürlich enthebt ein solches Schaltbild einen nicht der Notwendigkeit, sich um die *tatsächliche* Schaltung bei der *eigenen* Maschine zu kümmern, die immer mal ein bißchen von einer dieser Normschaltungen abweichen könnte. Frühestens bei dieser Gelegenheit stellt man dann auch fest, daß die Gesamtschaltung eines Bordnetzes doch nicht ganz so einfach ist, wie man auf den ersten Blick geglaubt hat. Wenn es etwa darum geht, irgendeine halbwegs ausgefallene Sache auszutüfteln, sagen wir einmal die zweckmäßige Anschaltung von geheizten Lenkergriffen oder das Zurechtbasteln einer Lichthupe, dann ist man heilfroh, sich an diesen Schaltbildern überzeugen zu können, was nun jeweils „heiß" oder „kalt" ist. Aus diesem Grunde habe ich auch eine Tabelle der wichtigsten Klemmenbezeichnungen und Verbindungen aufgestellt, die für sich allein ungefähr so genießbar ist, wie eine Kilobüchse mit Senf. Das heißt also, daß man im Ernstfall immer nur eine Zeile davon brauchen wird, nur kommt es eben auf diese Zeile dann immer auch an.

Zwangsläufig mußte diese Liste der Klemmenbezeichnung doch verhältnismäßig kurz werden, es ist also durchaus denkbar, daß irgendwann, etwa bei Mobilen, einmal der Fall eintritt, daß diese Liste nicht mehr reicht. Für diesen Fall empfehle ich die Bosch-Druckschrift „Schaltbilder und Schaltpläne von elektrischen Kraftfahrzeuganlagen", mit der internen Kennziffer VDT-UBE 001/3, in der zwar nicht für jeden nur irgendwie herumlaufenden Karren ein komplettes Anlagenschaltbild enthalten ist, in der man aber praktisch alle in Frage kommenden Grundschaltbilder findet, die sich mit ganz wenig eigenem Gehirnschmalz wieder auf jedes nur irgendwie denkbare Fahrzeug anwenden lassen. (Da sind auch sechs volle Seiten mit Klemmenbezeichnungen drin!)

Bei englischen Maschinen sind nun die Klemmenbezeichnungen leider so, daß sie sich in unserer vorstehenden Tabelle nicht ohne weiteres unterbringen ließen. Die Drucksachen, die man beispielsweise von Lucas bekommt, sind auch nicht gerade begeisternd schön, sie sind zwar korrekt, aber auch eben so stur und unzulänglich,

Bedeutung der bei deutschen Motorrädern vorkommenden Klemmenbezeichnungen

Klemme Nr.	sitzt an oder im	Klemme muß verbunden werden mit	Vorkriegsbezeichnung bei anderen Firmen als Bosch	
			Noris	DKW
1	Zündspule	Unterbrecher		I, II, 2
1	Unterbrecher	Zündspule		
2	Magnetzünder	Kurzschlußknopf		
4	Zündspule	Kerze oder Verteiler		
4	Verteiler	Zündspule, Hochspannungskabel		
15	Zündschalter	Zündspule und Tagesverbraucher, wie Horn, Bremslicht, Heizscheibe	4 und 5	10 B, ZH
15	Zündspule	Zündschalter		
30	+ Pol Batterie	Scheinwerfer Klemme 30/51, Lichtmaschine Klemme 51 oder Anlasser Klemme 30		3, 1a
30h	Reglerkasten	Anlasser-Feldwicklung		
30/51	Reglerkasten	Batterie Pluspol		
31	—Pol Batterie, Zündschalter im Scheinwerfer, Anlaßschalter	Masse		M
50	Anlasser	Anlaßschalter oder -druckknopf		
51	+ Pol Lichtmaschine	Batterie Pol. 30 oder Scheinwerfer Klemme 30/51	9	
54	Scheinwerfer Blinkerschalter	Tagesverbraucher, wie Horn, Bremslichtschalter, Heizscheibe, Blinkgeber		
K	Blinkgeber	Blinkanzeiger		
56	Lichtschalter	Abblendschalter am Lenker		
57	Lichtschalter im Scheinwerfer	Standlicht		St (am Schaltkasten)
58	Lichtschalter im Scheinwerfer	Schlußlicht und Seitenwagen-Begrenzungsleuchte		R (am Schaltkasten)
59	Ladespule i. Wechselstrom-Lichtmaschine	Ladegleichrichter, von dort weiter zu —Pol-Batterie		
61	Lichtmaschine	Klemme 61 im Scheinwerfer oder unmittelbar zur Ladekontroll-Lampe	6	1
61	Scheinwerfer	Lichtmaschine Klemme 61 Heizgriffe		

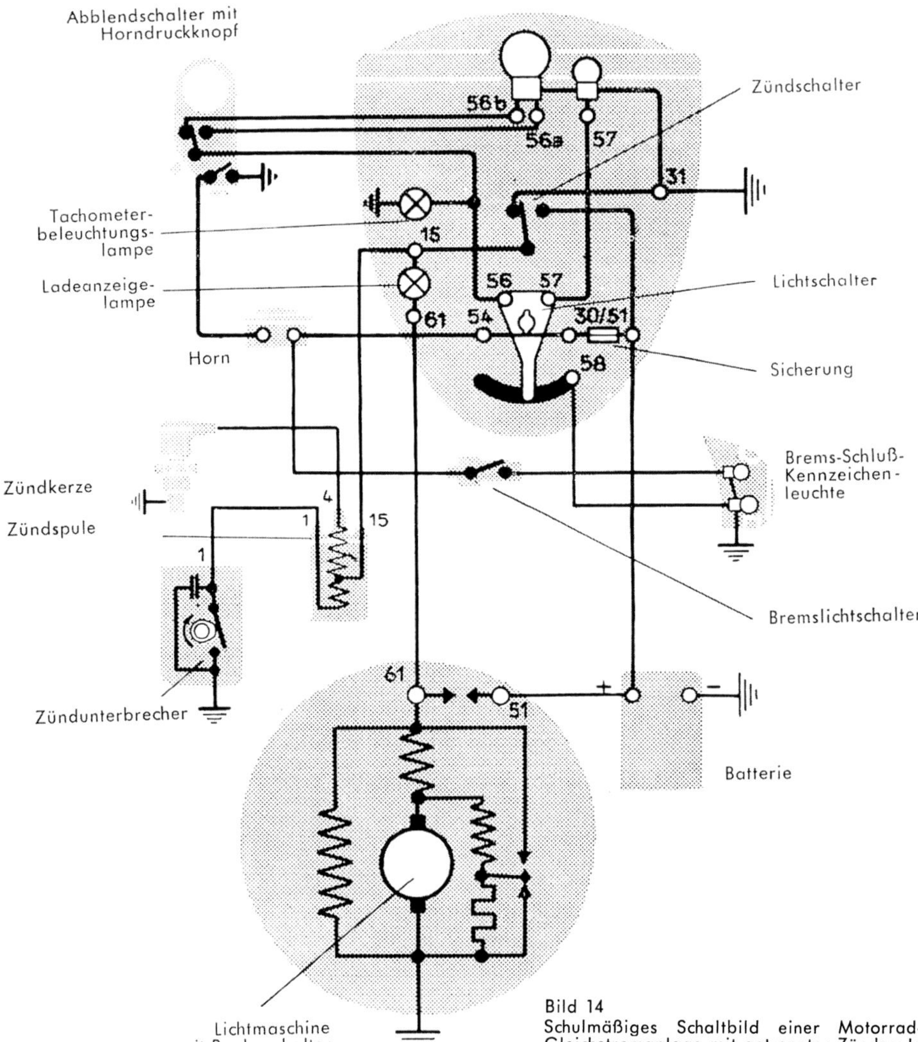

Bild 14
Schulmäßiges Schaltbild einer Motorrad-Gleichstromanlage mit getrennter Zündspule und getrenntem Unterbrecher.

wie das bei uns früher die Noris-Drucksachen waren. Ist man mit einer englischen Maschine gesegnet, dann rätselt man nicht lange mit „Fachleuten" herum, es sei denn, man hätte gerade einen erwiesen guten Mann zur Hand, es gibt da einen kürzeren und zuverlässigeren Weg: Bei der Temple Press Ltd., Bowling Green Lane, London, E. C. 1, gibt es das periodisch in neuer Auflage erscheinende „Motor Cycling" Electrical Manual von Bernal Osborne (unserem aus vielen Motorenschlachten befreundeten „Mister Bittaschön", der sein Handwerk wirklich versteht), das einem

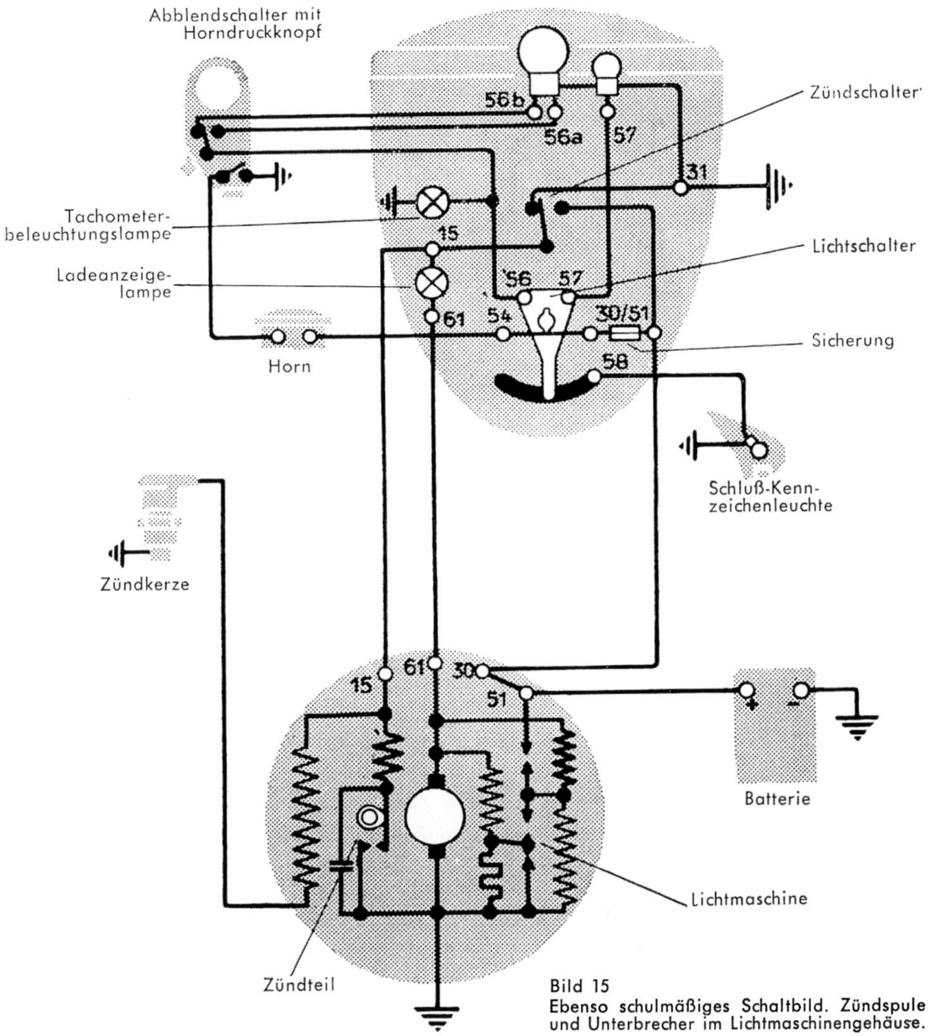

Bild 15
Ebenso schulmäßiges Schaltbild. Zündspule und Unterbrecher im Lichtmaschinengehäuse.

anstandslos jeder deutsche Buchhändler besorgen kann. (Die besseren deutschen Importeure englischer Motorräder müßten dieses Buch eigentlich im Regal zur Hand haben.) Es ist keinesfalls notwendig, Englisch zu können, um von diesem Buch einen Nutzen zu haben, der gute Osborne hat es derart reichlich bebildert und von jeder irgendwie denkbaren Maschine ein komplettes Schaltbild gebracht, daß eigentlich jeder Normalverbraucher damit ohne weiteres zurechtkommen müßte. Auch wenn er kein Englisch und statt Deutsch vielleicht nur Oberbayrisch kann.

Die Kurbelwellen-Anlasser

Ich habe lang überlegt, ob ich in dieses Buch überhaupt ein Kapitel über Anlasser aufnehmen soll. Schließlich ist es ja so, daß es nicht gerade Rollerfahrer sein werden, die zuallererst dieses Buch kaufen, bei Motorrädern aber haben Anlasser noch nie eine Rolle gespielt. Eine gewisse Verbreitung haben sie erst bei Rollern erlangt und bei Licht besehen auch nur bei ungefähr einem Fünftel der überhaupt vorhandenen Stückzahl. Wenn man aber schon mal beim Aufwaschen ist, kann man eigentlich auch die Anlasser gleich mit erledigen:

Wer das Batterie-Kapitel und das Kapitel über allgemeine Elektrotechnik aufmerksam gelesen hat, dem kann nicht entgangen sein, welche Sonderstellungen Batterien einnehmen, die zum Anlassen gebraucht werden sollen: Sie müssen sehr starke Ströme hergeben können, und es kommt sehr auf die Spannung an, bei der diese Ströme hergegeben werden, die Spannung soll also auch bei noch so starkem Strom möglichst wenig abfallen. Andererseits haben wir aber gesehen, daß Motorradfabrikanten bestrebt sind, eine Motorradbatterie so kümmerlich zu machen, wie man das nur irgend kann, sie nehmen lieber eine Batterie von 6 Ah statt einer solchen von 7 Ah, auch wenn der Fahrer (für reinen Licht- und Zündbedarf) gut und gern für 15 Ah Verwendung hätte und eine solche Batterie über kurz oder lang für sein eigenes Geld doch noch einbaut. Überlegen wir also, was ein elektrischer Anlasser leisten muß und womit er gefüttert werden muß:

Die größten Motoren, die keine besonderen Anlasser bekommen, bei denen vielmehr Lichtmaschine und Anlasser als kombinierte Maschine auf den Kurbelwellenstumpf gesetzt werden, sind 700er Viertakter, es muß also jeweils die Kompression eines Viertaktzylinders von 350 ccm Hubraum überwunden werden können. Das größte Problem dabei ist nicht etwa die Abgabe einer genügend hohen Leistung für ein mehrere Sekunden langes Durchdrehen, dazu gehört sogar eine verhältnismäßig niedrige Leistung, die größte Schwierigkeit besteht im Überwinden der ersten Verdichtung, vor der sich der Zylinder noch richtig vollsaugen konnte. Bei Viertaktern ist dies ganz speziell schwierig, Zweitakter lassen sich bedeutend leichter durchdrehen und eben so leicht auch über die erste Kompression wegdrehen, und in der Tat waren es auch hervorragend Zweitakter, die zuerst mit elektrischen Kurbelwellenanlassern ausgestattet wurden. Die dazu verwendeten Kurbelwellenanlasser sind durchschnittlich nur halb so groß wie die in Mobilen verwendeten Anlasser, mit denen also 600er und 700er Motoren mit Sicherheit angelassen werden können. Ein solcher Mobil-Anlasser muß erfahrungsgemäß mindestens 3,5 mkg höchstes Drehmoment abgeben können (auch bei halbvoller Batterie und bei -10^0 Kälte), bei einem 175er Viertakter oder einem 250er Zweitakter kommt man mit ungefähr 2 mkg höchstem Drehmoment aus. Es handelt sich hier wirklich um Minimalzahlen, in denen keine besondere Reserve enthalten ist, es ist also beispielsweise nicht möglich, mit einem Anlasser, der einen Heinkel-Roller-Motor mit Sicher-

Bild 16
Bosch-Kurbelwellenanlasser, die Glocke über dem Läufer ist Schwungmasse, oben auf dem Ständergehäuse ist ein Regler für den Lichtmaschinenteil aufgebaut.

heit durchdreht, einen halbwegs anständigen 250er Viertakter auch noch anzulassen. Zu diesen hohen Drehmomenten gehören Ströme, die für 3,5 mkg bei ungefähr 160 Ampere liegen, bei kleineren Drehmomenten proportional weniger. Wenn natürlich erst einmal die erste Kompression überwunden ist und der Anlasser, bzw. die damit vereinigte Schwungmasse „Fahrt aufgenommen" hat, die Drehzahl also auf die zum Anlassen notwendigen und 500 – 600 U/min hinaufklettert, dann sinken die Ströme schnell ab, auf 100 bzw. 40 bis 50 Ampere.

So erschreckend ein so hoher Strom zunächst nun auch aussieht, rein kapazitätsmäßig bedeutet er nicht viel: Man probiere selbst mit dem Sekundenzeiger der Taschenuhr, wie ungewöhnlich lang 10 Sekunden sind – es wäre wirklich eine ungewöhnlich lange Anlaßzeit. Dennoch würde bei einem Strom von 100 A nur eine Kapazität von 0,3 Ah verbraucht, also eigentlich nicht der Rede wert. Kapazitätsmäßig würde zum Anlassen also schon eine sehr kleine Batterie ausreichen, nur können eben diese kleinen Batterien nicht Ströme von 50 bis 100 oder gar 160 Ampere abgeben. Dazu gehört nun einmal eine bestimmte Plattengröße und diese ergibt wieder unvermeidlich eine hohe Kapazität.

Gerade diese Batteriegröße war es, die es eigentlich verhinderte, daß Zweiradfahrzeuge in wirklich bedeutendem Umfang mit elektrischen Anlassern ausgerüstet worden sind. Es geht gar nicht einmal so sehr darum, daß der kombinierte Motor-Generator, also der eigentliche Lichtanlasser, naturgemäß größer, schwerer und teurer werden müßte, als eine reine Lichtmaschine – da gewinnt man an sich auch

Bild 17
Das Gehäuse von Bild 16 umgedreht, rechts davon der Deckel für das Kollektorgehäuse mit Lüfterrad, das auch den Unterbrechernocken trägt – die Licht-Anlaß-Maschine besteht also aus drei Teilen.

den Nebenvorteil, daß diese kombinierte Maschine, als reine Lichtmaschine arbeitend, eine erfreulich hohe Leistung besitzt, nämlich rund doppelt soviel wie sonst übliche Lichtmaschinen. Und man hätte doch weiß Gott Verwendung für eine solche Lichtmaschinenleistung, sie würde einem gewaltig viel Kummer ersparen, den man sonst mit Lichtmaschinen, Reglern und Batterien hat. Weil man sich an keine große Batterie herantraute, hat man von allem Anfang an versucht, ein Anlaßverfahren zu erfinden, das es erlaubte, mit der *normalen* Motorrad-Batterie von nur 7 Ah bei 6 Volt Netzspannung auszukommen.

Ein solches Verfahren, das sich aber nie allgemein eingeführt hat und nur noch in einigen hundert Exemplaren herumgeistert, ist der Anlasser von Uher-München: Dabei läuft die Lichtmaschine in Anlaßschaltung zwar auch als Motor, dreht aber nicht sofort den Verbrennungsmotor durch, sondern dreht erst einmal die Schwungmasse allein hoch, ungefähr auf 800 – 1000 U/min. Dazu sind 10 – 20 Sekunden nötig, dann erst wird die drehende Schwungmasse auf die Kurbelwelle gekuppelt, wobei der Motor 5 – 6mal durchgedreht wird, und wenn man Glück hat, springt er dabei sogar an. Elektrisch ist gegen dieses Verfahren nichts einzuwenden, sonst hätte man ja schließlich bei Uher kein Geld in der Entwicklung investiert, soweit ich aber feststellen konnte, machte das Aufkuppeln der drehenden Schwungmasse auf den Kurbelwellenstumpf im Dauerbetrieb Schwierigkeiten, auch scheinen die meisten Leute sich nicht damit abgefunden zu haben, daß man den Anlasser erst

Bild 18
Der Siba-Kurbelwellenanlasser, der Feldspulenträger steht fest, Läufer ist der glockenförmige Anker rechts, der auf der Innenseite des Flansches, hier unsichtbar, den Scheiben-Kollektor trägt.

einmal 20 Sekunden lang hochdrehen lassen mußte, bevor der Verbrennungsmotor angedreht wurde. Dieses Verfahren hat sich also, abgesehen von den besagten paar hundert Versuchsexemplaren, nicht einführen können.

Ein ähnliches Schicksal war dem Pendel-Anlasser von Bosch beschieden, der folgendermaßen funktionierte: Die etwas vergrößerte Lichtmaschine trug auch eine spezielle Anlaßwicklung, die Stromaufnahme war aber so bemessen, daß der Anlasser den Verbrennungsmotor bestimmt nicht über die erste Kompression wegzudrehen vermochte. Wohl aber wurde durch eine Automatik der Anlaßstrom kurz vor Erreichen des oberen Totpunktes abgeschaltet und kurz darauf umgepolt. Der gegen die Kompression gejagte Kolben federte also vor der Kompression wieder zurück, dazu kam noch der umgepolte Anlasserstrom – der Anlasser drehte jetzt den Verbrennungsmotor fast eine volle Umdrehung *rückwärts*. Gleichzeitig wurde auch noch die Zündung auf einen extrem späten Zündzeitpunkt (weit *nach* OT) gelegt, und wenn der Kolben sich nunmehr von rückwärts der Kompression wieder näherte, dann hatte man alle Aussicht, daß es kurz vor Erreichen des oberen Totpunktes einen Zündfunken und so ein bißchen etwas wie eine Verbrennung gab. Desgleichen wurde der Anlaßstrom zum zweiten Mal umgepolt, und mit Hilfe eben dieser (wenn auch noch so schwachen) Verbrennung plus Anlaßstrom „richtig rum" lief der ganze Apparat jetzt wieder in seiner Sollrichtung, also vorwärts, durch die gleiche Automatik wurde der Zündzeitpunkt wieder auf seine richtige Stellung vor OT hingelegt, und nun war tatsächlich die Wahrscheinlichkeit groß, daß es trotz niedriger Stromaufnahme gelang, den Verbrennungsmotor in seiner Sollrichtung über die Kompression wegzudrehen und eine „richtige" Zündung bzw. Verbrennung zu erhalten, so daß der Verbrennungsmotor selbständig zu laufen vermochte. So geistreich das nun aussieht, so unzuverlässig war es auch, daran war aber nicht etwa schlechte Arbeit der Beteiligten schuld, sondern die in der gesamten Technik unvermeidbare Tatsache, daß mechanische Schalterkontakte unzuverlässig sind. Bei handbetätigten Schaltern merkt man das bloß nicht, einfach weil man sich keine Rechenschaft darüber gibt, daß der Handschalter bei einem Versager eben unwillkürlich noch einmal betätigt wird. Wenn eine so große Zahl von Schaltungen aber automatisch vor sich gehen muß und dabei ein Kontakt aussetzt, dann merkt man das in sehr unangenehmer Weise. Nun sind zwar die Nachrichtenleute schon gewöhnt, einen Aussetzer auf 10 000 Kontaktspiele als untragbar zu empfinden, die Fahrzeugleute waren daran noch nicht gewöhnt, man kann ihnen also nicht übelnehmen, wenn sie glaubten, so etwas in Kauf nehmen zu dürfen. Die Kundschaft gewöhnte sich aber nicht daran, die Aussetzer führten zu ewigen Reklamationen und so konnte sich der Pendel-Anlasser auch nicht einführen.

(Diese regelmäßigen Aussetzer bei mechanischen Kontakten sind übrigens auch die Ursache dafür, daß elektrisch geschaltete Getriebe, so wunderschön sie beispielsweise bei Mobilen aussehen, nicht nur unzuverlässig sind, sondern auch im Verkehr zu einer gewaltigen Gefahr werden können: Man stelle sich vor, was passiert, wenn etwa beim Hinaufschalten während eines Überholvorganges ein Kontakt in der elektrischen Getriebeschaltung nicht anspricht! Elektrische Getriebeschaltungen werden erst dann zuverlässig sein, wenn man sie nicht mehr mit mechanischen Schaltkontakten versieht, sondern kontaktlos mit Hochleistungs-Transistoren steuert, bei denen es nun einmal beim besten Willen keine Kontaktaussetzer geben kann.)

Ob man nun wollte oder nicht, man war gezwungen, zur allereinfachsten, regelrecht „brutalen" Art des Anlassens zurückzukehren: Dabei erhält die auf der Kurbelwelle des Verbrennungsmotors sitzende, etwas vergrößerte Lichtmaschine eine zweite, sehr dickdrähtige Feldwicklung, durch die der Anlaßstrom fließt. Dieser Bedingung mußte nun selbstredend auch die Batterie angepaßt werden, wobei man zuerst merkte, daß es nicht so sehr ratsam war, eine 6-Volt-Batterie mit 20 Ah zu nehmen, man kam weiter, wenn man eine 12-Volt-Batterie mit 10 Ah verwendete. (Warum das so ist, wurde gründlich in den beiden Einleitungskapiteln dieses Buches geschildert.) Mit diesen gerade genannten 12 Volt und 10 Ah kann man nun mit erträglicher Sicherheit einen Zweitakter von 125 – 150 ccm anlassen, schon ein 175er Zweitakter macht aber sanfte Schwierigkeiten, man tut gut daran, auf 12 Volt und 15 Ah zu gehen. Dies erst recht, wenn der 175er Motor ein Viertakter sein soll, man muß dann sogar schon auf guten Batteriezustand achten, es ist also nicht gesagt, daß man dabei mit halbvoller Batterie und bei Temperaturen unter null Grad immer sicher anlassen kann. Die ganzen Mobile, also von 500 ccm Zweitakt aufwärts bis zu 600 oder 700 ccm Viertakt, werden, wie schon eingangs erwähnt, mit Batterien mit 12 Volt und 24 Ah ausgerüstet, wobei aber diese 24 Ah bei 10 Grad Kälte schon wieder ein bißchen kümmerlich sind, der Weise besorgt sich schon im Lauf des ersten halben Winters entweder eine größere Batterie oder eine zweite Batterie, die zur serienmäßigen Batterie parallelgeschaltet werden kann.

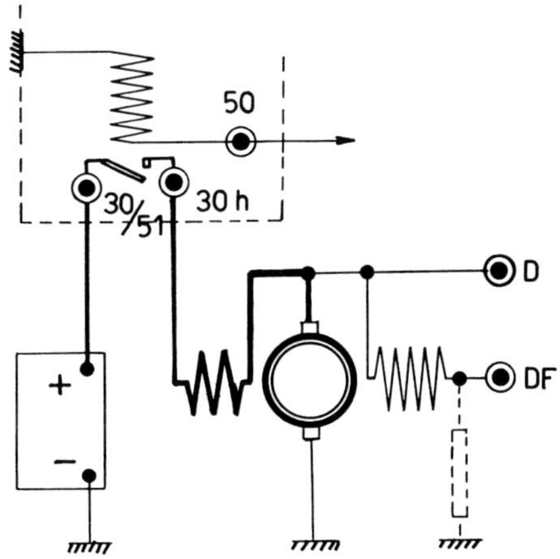

Bild 19
Grundsatzschaltung jeder kombinierten Licht- und Anlaß-Maschine – sie hat immer zwei Feldwicklungen und ebenso immer ein besonderes Schaltschütz für den Anlaßstrom.

Bei dieser „brutalen" Art, einen Motor anzulassen, kann eigentlich nicht viel passieren, man braucht eben nur noch eine genügend große Batterie und diese muß in halbwegs ordentlichem Zustand sein. Vor allem bedeutet es so gut wie keine Komplikation für die elektrische Maschine, bei der es sich immer nur um eine vergrößerte Lichtmaschine handelt, deren Größe wiederum automatisch Betriebssicherheit mit sich bringt. Zwar trägt der Feldmagnet eine zweite Wicklung, die Anlaßwicklung, doch kann man diese füglich nicht als Komplikation bezeichnen, es sind eben ein paar Kupferbänder, die da still und friedlich mit in der Maschine drinliegen. Die Grundsatzschaltung ist in Bild 19 gezeichnet, ich empfehle Vergleich mit den zahlreichen Schaltbildern, die im Lichtmaschinenteil dieses Buches gebracht worden sind. Man findet also für den Lichtmaschinenteil die gleichen Schaltungen und gleichen Klemmenbezeichnungen, in Bild 19 ist der bei den Motorrad-Lichtmaschinen fast grundsätzlich in der Feldwicklung eingebaute Regelwiderstand nur punktiert gezeichnet, weil er nicht in allen Kurbelwellenanlassern auch tatsächlich mit in der Feldwicklung untergebracht ist, zuweilen findet man ihn lose sowohl am Lichtmaschinengehäuse angebaut wie auch am Reglerkasten angebaut – jedenfalls dürfte es dem halbwegs aufmerksamen Leser nicht schwerfallen, diesen Regelwiderstand entweder auf der Frontplatte der Lichtmaschine oder irgendwo am Reglerkasten wiederzuentdecken.

Charakteristisch für alle Kurbelwellenanlasser ist aber die Tatsache, daß der starke Startstrom nicht mit dem Zündschalter oder mit dem Starterknopf direkt geschaltet wird, sondern immer über ein sogenanntes Schaltschütz, wie in Bild 19 gezeichnet. Die dort von Klemme 50 wegführende, mit einem Pfeil bezeichnete Leitung führt also erst zum Starterdruckknopf bzw. zum Zünd-Anlaßschalter. Die zwischen den Klemmen 30/51 und 30 h gezeichneten Schalterkontakte sind sehr klotzig ausgeführt, das Schaltschütz ist normalerweise mit dem Reglerschalter fest zusammengebaut und man hat keine Mühe, das Schütz an diesen grobklotzigen Kontakten zu identifizieren. Daß man hierbei auch auf entsprechende Leitungsquerschnitte achten muß, dürfte sich ja wohl am Rande verstehen. Wenn der Anlasser beim Betätigen des Druckknopfes oder des Zünd-Anlaßschalters stumm bleibt, wird man also den Reglerkasten öffnen und versuchen, die beiden schweren Schütz-Kontakte von Hand anzudrücken – dann wird der Anlasser schon angehen. Damit wissen wir dann auch, daß die Ursache für das anfängliche Nichtanspringen irgendwo auf

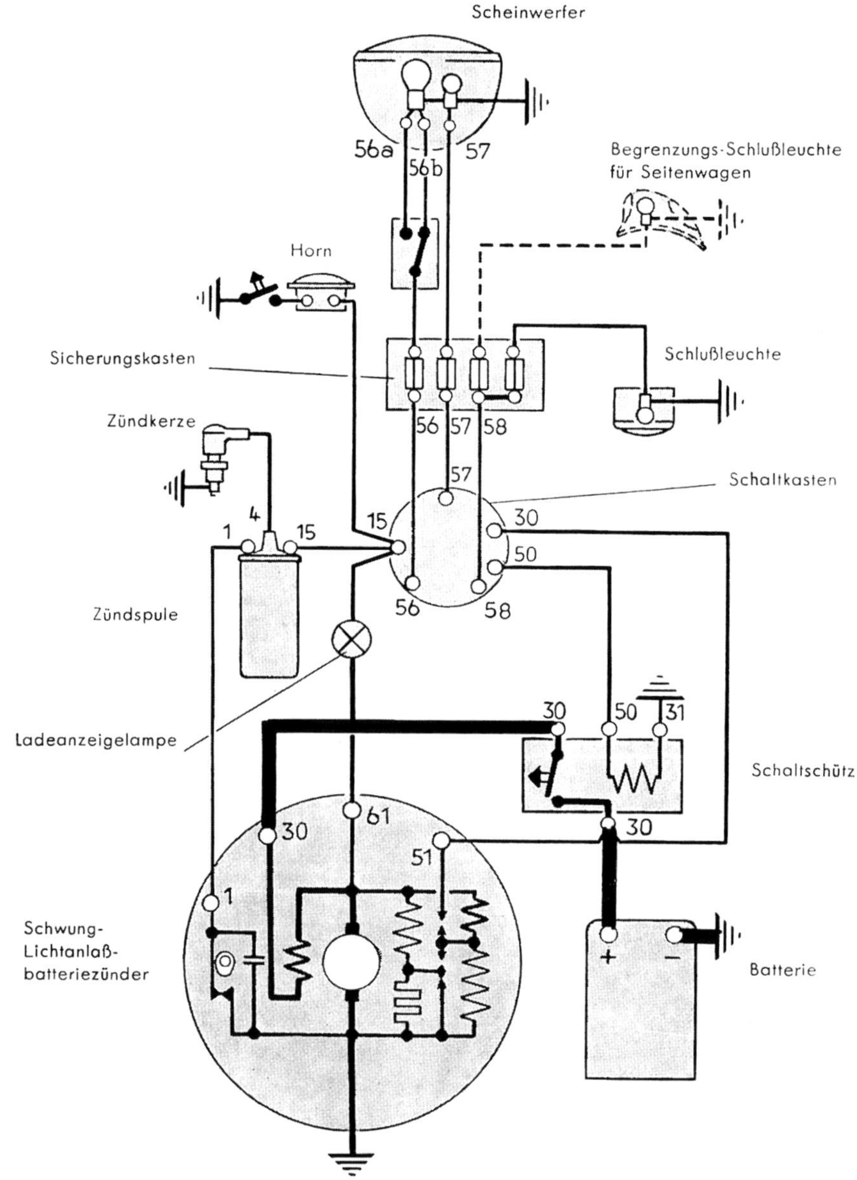

Bild 20
Grundsatzschaltung einer Anlage mit Bosch-Kurbelwellen-Anlasser. Die besonders dick (und kurz!) zu machenden Leitungen sind auch besonders dick gezeichnet.

dem Stromweg von der Schützwicklung bis zum Anlaßknopf liegen muß und wir suchen also dort weiter.

Zwar sind im Zuge der notwendigen Maschinenvergrößerungen die speziellen Generatoreigenschaften des Kurbelwellenanlassers in höchst erfreulicher Weise gewachsen, dafür ist aber auch die Kollektorbelastung binnen der wenigen Sekunden der Benützung als Anlasser extrem hoch, insgesamt braucht also ein solcher Lichtanlasser doch wieder eine etwas häufigere Kontrolle als der Kollektor einer Lichtmaschine. Dies gilt ganz speziell für die Bosch-Bauart mit Innenläufer und herkömmlichem Trommelkollektor, während für die Siba-Bauart mit dem flachen, scheibenförmigen Kollektor die Bürstenbelastung offensichtlich wesentlich niedriger ist. (Ich habe das nicht nachgemessen, ich richte mich mit dieser Feststellung ganz einfach nach den Erfahrungen, die ich gemacht habe.)

Wie schon mehrfach gesagt, gehorcht der Lichtmaschinenteil des Kurbelwellenanlassers allen den Gesetzmäßigkeiten, die für jede andere Lichtmaschine auch gelten, die Verhältnisse sind sogar insofern einfacher, als man sich wegen der großen abgebbaren Leistung viel leichter tut als bei einer normalen, kleinen Lichtmaschine. Es werden auch vor allem genau dieselben Regler verwendet, die nach genau denselben Gesichtspunkten eingestellt werden. Wegen der hohen Lichtmaschinenleistung braucht ein solcher Regler auch nur eine sehr geringe Kennlinienneigung zu haben, man hat sehr spürbar weniger Einstellverdruß als beim Regler einer Lichtmaschine kleinerer Leistung. Auf der Anlaßseite kann sowieso nichts passieren, wir können uns also damit begnügen, nur noch ganz kurz auf die zweckmäßige Benützung des Anlassers bei großer Kälte einzugehen, einfach weil davon in keinem anderen Lehrbuch etwas zu stehen pflegt:

Wenn man Herrn Heinerich Normalverbraucher bei halbwegs großer Kälte seinen Motor anlassen sieht bzw. hört, dann geht das doch immer so vor sich, daß er ungefähr 3 Sekunden lang auf den Knopf drückt und dabei der Motor nicht anspringt. Der brave Mann wartet weitere 5 Sekunden, drückt noch mal 3 Sekunden, es passiert wieder nichts, er wartet wieder 5 Sekunden, drückt wieder 3 Sekunden, es passiert zum dritten Male nichts und so geht das weiter, bis Heini der Finger wehtut oder der Anlasser überhaupt nicht mehr durchdreht.

Heini Normalverbraucher tut das in der dumpfen Vorstellung, damit auf geheimnisvolle Weise Batterie und Anlasser zu schonen, er ist also bitter enttäuscht, wenn der Motor auch nach der zwanzigsten Minute noch nicht anspringt und die Batterie inzwischen dennoch klapperleer gelutscht ist. Wer um die Anlaßbedingungen eines sehr kalten Motors Bescheid weiß, macht es grundsätzlich anders:

Wenn ein sehr kalter Motor nicht schon nach der vierten oder fünften Drehung anspringt, also buchstäblich binnen der ersten oder wenigstens der ersten zwei Sekunden, dann hat das weder etwas mit dem Anlasser noch mit dem Zündfunken zu tun (schließlich hört man ja, ob der Anlasser etwa besonders müde dreht und deshalb auch nicht mehr mit einem Zündfunken zu rechnen ist), *das Nichtanspringen hat in solchem Falle mit der Gemischbildung zu tun.* Es kann sich also vom vorhergehenden Tag her im Vergaser nur schwer zündendes Restbenzin befinden, dieses kann vollends auf dem sehr kalten Ansaugweg nur schwer verdunsten, und endlich kann im eiskalten Zylinderkopf nicht die Verdichtungstemperatur erreicht werden,

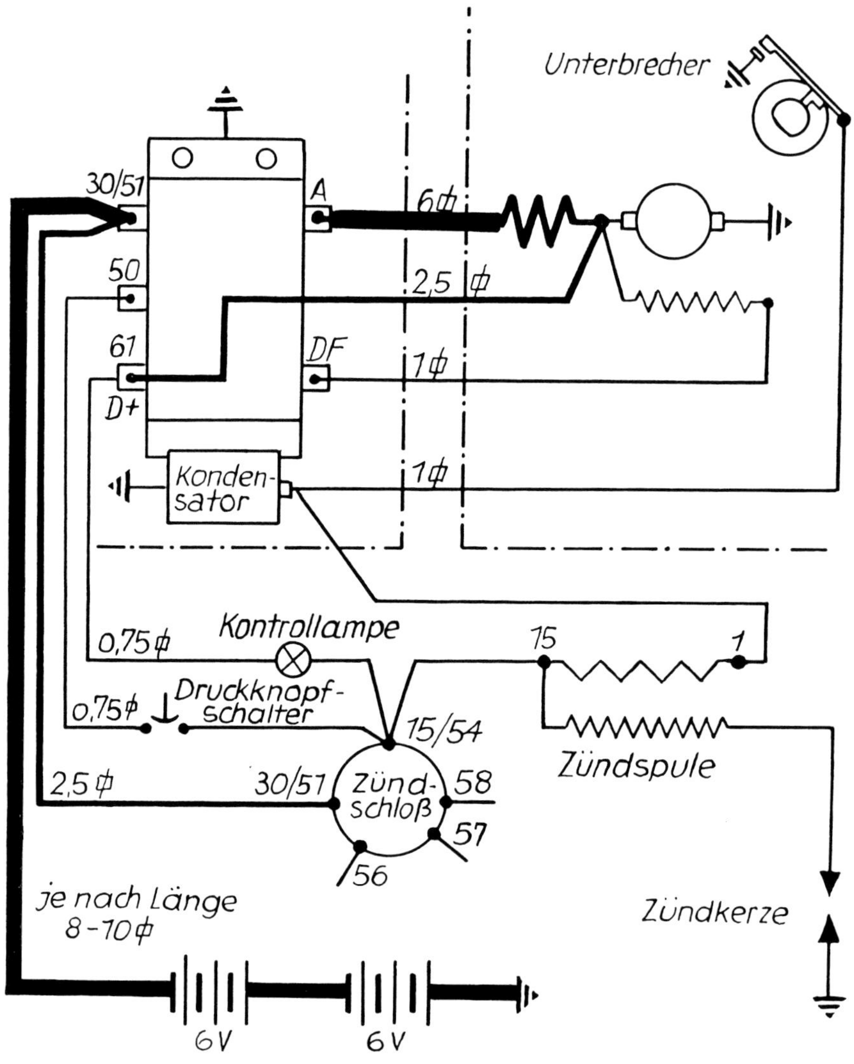

bei welcher der vorhandene Zündfunke das an sich brennfähige Gemisch zu entzünden imstande ist. (Deshalb haben wir nämlich Bild 5 auf Seite 257 gebracht!) Bei solcher Sachlage ist es nun wirklich nutzlos, immer nur 5 Sekunden lang durchdrehen zu lassen und dann wieder mehrere Sekunden lang Pause zu machen. Man kommt sehr viel weiter, wenn man den Finger einmal 15 volle Sekunden lang ununterbrochen auf dem Anlasser hält, also diese 15 Sekunden durchdrehen läßt. Dabei wird nicht nur genügend viel Kraftstoff in Tropfenform bis in den Verbrennungsraum gefördert, dieser heizt sich auch durch die unentwegt aufeinanderfolgenden Kompressionen genügend hoch auf, daß ein bißchen Benzin verdunstet, sich so überhaupt Gas bildet und damit ein brennfähiges Gemisch entsteht.

Bild 21
Linke Seite: Grundsatzschaltung der Siba-Anlage in der Originaldarstellung, auch hier kritische Leitungen wieder dick gezeichnet.

Bild 22
Rechts: Die Anlasser-Seite des Siba-Reglers, siehe auch die Reglerbilder Seite 122.

Wie schon gesagt, sieht man beim ersten derartigen Versuch am besten auf den Sekundenzeiger der Uhr, denn 15 Sekunden sind sehr lang, *und der Normalverbraucher ist geneigt, schon nach 5 oder 10 Sekunden aufzugeben, dabei ist es durchaus möglich, daß sich nach 12 oder 13 Sekunden Durchdrehens die ersten Zündungen einstellen.* Diese ersten Zündungen sind nicht zu überhören, einfach weil dabei der Anlasser an Drehzahl zulegt, man tut aber immer noch gut daran, nicht gleich den Finger vom Knopf zu nehmen, sondern noch eine ganze Weile weiter durchdrehen zu lassen. Es ist unverkennbar, wie die anfänglich vereinzelten Zündungen häufiger und beinahe regelmäßig werden, wie dabei die Drehzahl des Anlassers zulegt und wie schließlich der Verbrennungsmotor selbständig durchläuft, so daß man nunmehr den Anlasser tatsächlich loslassen kann.

Man braucht dabei weder um die Batterie noch um den Anlasser zu fürchten, denn gerade der eiskalte Anlasser verträgt ohne weiteres ein 30 Sekunden langes, ununterbrochenes Durchdrehen, ohne dabei den geringsten Schaden zu nehmen. Auch die Batteriebelastung ist immer noch gering, auch bei einer Anlaßdauer von 30 Sekunden liegt die Stromentnahme erst bei 1 bis 1,5 Ah, so etwas schafft die Batterie allemal. Stellt sich dabei allerdings heraus, daß nach etwa 10 Sekunden Durchdrehens die Anlaßdrehzahl beträchtlich sinkt, der Anlasser also „hinunterjammert", dann ist das nur ein Zeichen, daß die Batterie heruntergehunzt war, also entweder nicht voll geladen worden ist oder sich sowieso am Ende ihrer Lebensdauer befindet. Aber auch hier hat man noch einen beträchtlichen geistlichen Trost: Die Wahrscheinlichkeit, daß man auch mit einer ziemlich tief entladenen oder sonst heruntergewirtschafteten Batterie einen sehr kalten Motor gerade noch zum Laufen bringt, ist mit dem beschriebenen Dauer-Durchdrehstart wesentlich größer als mit dem „Katzenmacher"-Kurzstartverfahren mit wiederholtem, nur sekundenlangem Durchdrehen. Daran ändert auch nichts die Tatsache, daß etwa Huschke v. Hanstein die Karnickelmethode über alle Fernsehschirme empfiehlt – er weiß es eben nicht besser.

Selbstverständlich gilt dieses Dauerstartverfahren nur für ausgesprochene Kälte, also unterhalb null Grad. Wenn ein Motor bei Plustemperaturen mit einem elektrischen Anlasser nicht binnen längstens 3 Sekunden Durchdrehens anspringt, dann ist die Vergaserseite nicht in Ordnung, dann muß danach gesehen werden, warum der Motor keinen Sprit bekommt oder warum er vielleicht auch umgekehrt ersäuft. Im Falle er ersäuft, kann man sich zwar momentan helfen, indem man auf Vollgas geht und Vollgas festhält, bis die ersten Zündungen kommen, das darf aber selbstredend nicht mehr als eine Augenblickslösung sein, man muß also ehestens sich um die Ursache des Ersaufens kümmern.

Ich möchte dieses Kapitel nicht schließen, ohne noch kurz auf Namen und Geschichte dieser Anlasser-Bauart einzugehen:

Herkömmlich hat ein Verbrennungsmotor eine Lichtmaschine und völlig davon getrennt einen Anlasser aufzuweisen. Natürlich lag der Gedanke nahe, bei kleinen Motoren oder bei Zweitaktern mit ihrem niedrigen Kompressionswiderstand (wobei also nur niedrige Anlaßleitung nötig ist), beide Maschinen in eine Einheit zusammenzuziehen, weil das billiger sein muß als zwei getrennte Maschinen. In Deutschland wurde das in großem Maßstab von der Auto Union bei ihren Zweitakt-Fahrzeugen betrieben, und weil die Auto Union ihren elektrischen Kram stets selber machte, statt ihn bei Bosch, Garbe-Lahmeyer oder sonstwo zu kaufen, erfand man für diese Sorte kombinierter Anlasser-Lichtmaschinen auch gleich die Bezeichnung „Dynastarter". So schön und handlich diese Bezeichnung nun auch gewesen wäre, (sie hätte sich um ein Haar als Generaltitel für die Bauart überhaupt eingebürgert) war das Wort „Dynastart" der Auto Union als Warenzeichen geschützt, konnte also von sozusagen Normalbürgern nicht gebraucht werden. Infolgedessen gibt es bis heute kein richtiges Alltagswort dafür. Und das geht wieder so: In der Nachkriegszeit, als alles am Boden lag, machten ein paar tüchtige frühere Bosch-Leute, die mit ihren Fragebogen Schwierigkeiten gehabt hatten, zusammen mit einem tüchtigen früheren Auto Union-Mann in Plochingen die Firma SIBA auf, um erst mal Elektro-Nachschub für die zahlreich noch laufenden Vorkriegs-DKWs zu machen. Daraus wurde schnell Neufertigung für die auch wieder anlaufende Auto Union, für viele Rollerproduktionen und erst recht Mobil-Produktionen. Man entwickelte damals bei Siba auch einen Dynastarter eigener Konstruktion mit Scheibenkollektor, hatte dafür auch einen sehr großen Absatz, aber keinen rechten Namen, und im Laufe des Jahres 1958 wurde Siba auch noch von Bosch übergeschluckt. Damit fing die bei Bosch nun mal eingeführte, sprachlich absolut korrekte, aber auch denkbar unhandliche, bretthölzerne Namengebung an: Solche Kurbelwellenanlasser heißen also seitdem korrekt und unaussprechbar

Schwung-Licht-Anlaß-Batterie-Zünder

Wenn man nichts Besseres zu tun hat, kann man das gut auswendig lernen, man gewöhnt sich auch schnell an die dummen Gesichter der Umstehenden, wenn man sich einfallen läßt, diese Bezeichnung nun wirklich anzuwenden. Es ist also gar nicht so schlimm. Im übrigen: Alle Siba-Nachschubteile gibt es seitdem bei Boschens.

Das Tutehorn

Es mag zwar ein bißchen stieselig aussehen, wenn hier ein paar Seiten und ein paar Bilder für das Signalhorn vertan werden, bei genauen Leuten gehört so etwas aber allein der Vollständigkeit wegen doch in ein Elektrik-Buch hinein. Schließlich kann es ja auch immer mal vorkommen, daß man vorübergehend das Horn auseinanderrupft, nur um dessen Kondensator anstelle des ausgefallenen Zünderkondensators verwenden zu können. Wenn man aber solches schon einmal getan hat, dann möchte man ja schließlich auch das Horn später wieder zusammenbauen können, deshalb also ein paar Worte über das Horn:

Die Wirkungsweise eines Horns ist ganz einfach, da ist eine Magnetspule drin, die einen Eisenklotz anzieht, der seinerseits wieder mit der Membrane des Horns starr verbunden ist. Damit das nun nicht einfach einen Knack gibt, wenn der Mann oben auf den Hupenknopf drückt, kann sich das Eisenblöckchen nicht ohne weiteres gegen den Spulenkern legen, es drückt dabei noch einen Unterbrecher auf, der Magnetismus erlischt, die Membrane schnellt zurück, der Unterbrecher schließt wieder und so geht das ewig weiter.

Alle Unterbrecher haben nun die Eigenschaft, daß sie von vornherein nur mit mäßiger Genauigkeit montiert werden können und daß sie im Laufe längeren Gebrauches ihre Einstellung verändern. Infolgedessen hat jedes Horn auf der Rückseite irgendwo eine Stellschraube, und es empfiehlt sich, beim eigenen Horn nicht zu warten, bis es überhaupt nicht mehr funktioniert, sondern an dieser Stellschraube nächstens mal mit einem Schraubenzieher zu drehen und gut hinzuhören, was da-

Bild 23
Das gab's auch einmal – an einem kleinen Föxelchen. Die Kindlein konnten auch schon 1952 nicht genug Krimskrams dranmachen – da vorn am gelenkten Teil der Gabel soll man jedes Gramm sparen, das sich herausgeizen läßt, da gehört kein Horn hin, geschweige denn zwei.

Bild 24
Das ist die Einstellschraube für den Ton, die jedes Horn irgendwo hat. Man muß da ab und zu mal nachstellen.

bei alles passiert. Dabei lernt man viel mehr als mit Worten zu schildern wäre, also bitte hingehen und probieren.

Im Grunde genommen geht ein Horn ja nun kaum einmal ganz kaputt, es sei denn, man haut die Maschine gegen einen Baum oder die Tute fällt einem aus der Hand auf den Betonboden. Es kann natürlich auch sein, daß da drin mal ein Drahtende von einem Kabelschuh wegbricht, jedenfalls ist es kein Kunststück, ein Horn auseinanderzunehmen und einen eventuell elektrischen Fehler zu suchen. Beim Wiederzusammenbau des Horns ist nun eine gewisse Vorsicht nötig, es ist nicht gesagt, daß man auf Anhieb alles wieder so zusammenkriegt, daß der Unterbrecher da drin wirklich sauber unterbricht und daß vor allem der Einstellbereich der Stellschraube ausreicht. Weil man da nie voraussehen kann, was sich unbeabsichtigt verstellt, läßt sich hier nicht schildern, was jeweils zu tun ist – es kommt also tatsächlich auf das Gehirnschmalz an, ob man am Benehmen des Horns beim

Bild 25
Links: Es ist der einzig mögliche Ort für ein Horn, wenn auch nicht besonders schön, aber so wird es von Vordermännern wenigstens gehört.

Bild 26
Rechte Seite, innen: Da vorn vor dem Tank kann man das Horn zur Not anmachen, liegt einigermaßen geschützt und wird gut gehört. („Josefine")

Bild 27
Rechte Seite, außen: Das Horn da hinten hinzusetzen ist billig, aber dumm: Da wird sein ganzer Krach von Stiefeln und Mänteln aufgefressen.

Verstellen des Unterbrechers erkennen kann, ob der Unterbrecher überhaupt keinen Strom durchläßt oder ob er zwar durchläßt, aber dafür nicht mehr unterbricht. Hexenwerk ist es jedenfalls nicht, mit ein bißchen Überlegung ist es von Fall zu Fall schon zu schaffen. Wenigstens bei einem normalen, kleinen Motorradhorn. Sofern man ein ausgesprochenes Starktonhorn vor sich hat, gibt es einen Tip: Ein Starkstromhorn braucht einen *ausgesprochen sehr starken* Betriebsstrom, eine normale Motorradbatterie muß zu diesem Zweck schon voll aufgeladen sein, man darf auch keine zu dünnen Leitungsdrähte oder gar nur punktweise angreifende Krokodilklemmen verwenden, sonst sagt das Starktonhorn zwar „knack", gibt aber keinen Dauerton von sich. Man muß also für die 8–10 Ampere, die da fließen, sowohl genügend Saft in der Batterie haben wie auch entsprechend niedrige Leitungs- und Klemmenwiderstände. Vielleicht wird bei dieser Gelegenheit auch klar, warum ein Starktonhorn, das man anstelle des normalen Motorradhorns montierte, gar nicht um sooo viel lauter ist, wie man das auf Grund des Preises verlangen zu dürfen glaubte. Gewöhnlich reichen nämlich dazu die kümmerlichen Leitungsquerschnitte einer Motorradinstallation nicht aus!

Wenn man sich also schon ein Starktonhorn leistet, dann lohnt es sich, seinetwegen unmittelbar von der Batterie her eine Leitung von wenigstens 2,5 mm^2-Querschnitt zu verlegen, gleich stark macht man auch die Leitung vom Horn zum Druckknopf. Wobei man dann gewöhnlich feststellen wird, daß der vorhandene kümmerliche Dreigroschen-Druckknopf für sich allein schon so viel Spannung wegfrißt, daß das Starktonhorn allein deswegen nicht lauter geht als das normale Horn. Also wird man sich eben irgendwo einen anständigen, starken Horndruckknopf leisten und diesen mit entsprechender Gewissenhaftigkeit oder vielmehr entsprechendem Masseschluß am Lenker befestigen. *Dann wird das Starktonhorn schon tun, was es soll.*

Bild 28
Da, wo der Pfeil hinzeigt, sitzt der Unterbrecher, der von der Ankerplatte aufgedrückt wird, unter den breiten Kabelschuhen rechts saß der Kondensator.

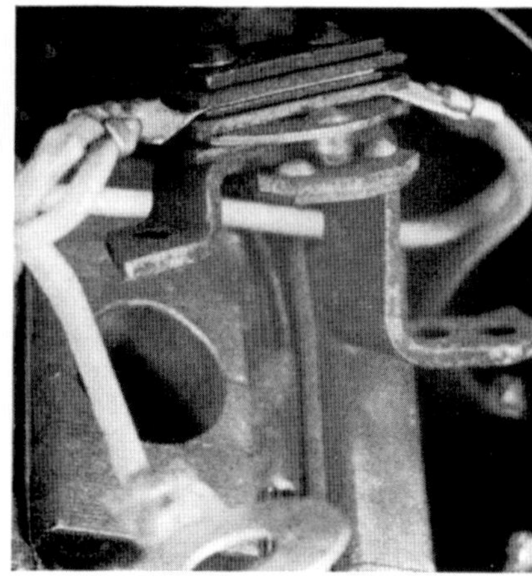

Bild 29
Das ist zwar der Unterbrecher eines Starktonhorns, so sind aber ziemlich alle Horn-Unterbrecher aufgebaut.

(Kleine Nebenbemerkung: So schön auch Nickelbatterien sind, sie sind nicht ohne weiteres imstande, den sehr starken Strom für ein Starktonhorn zu liefern, unterhalb einer Kapazität von 15 Ah ist ihr Innenwiderstand gewöhnlich schon so hoch, daß das Starktonhorn nur noch schwächlich anspricht, 7 Ah Nickelbatterie lassen es gar nicht mehr ansprechen.)

Vor einer Versuchung hüte man sich aber wohlweislich.

Man weiß zwar seit Urzeiten, daß die Fäden von Glühlampen sehr empfindlich gegen Erschütterungen sind. Nicht so sehr gegen die groben Stöße der Fahrerschütterungen, als vielmehr gegen Vibrationen. Dennoch haben unkundige Motorradmacher immer wieder versucht, ihre Hörner in das Scheinwerfergehäuse einzubauen. Natürlich ist das ein beträchtlicher Blödsinn, dennoch waren es bis 1956 z. T. sogar sehr berühmte Motorradfabriken, die das gemacht haben. Ich gebe gerne zu, daß es nicht immer leicht ist, an einem Motorrad einen geeigneten Platz für ein

Bild 30
Die Ankerplatte – man muß beim Zusammenbau darauf achten, daß sie mit der Mitte einer Langseite auch wirklich die Unterbrecherzunge – Pfeil in Bild 28 – erwischt.

Bild 31
Links: Ein Horn-Kondensator ist mechanisch ein ziemlich verletzliches Gebilde, also Vorsicht.

Bild 32
Rechts: Man kann ein Horn auch am Rand fassen und montieren wie bei diesem Roller.

Horn zu finden, vor allem, wenn man auch noch verlangt, daß dieses Horn tatsächlich zu hören sei. Es aber ausgerechnet in den Scheinwerfer hineinzubauen, dürfte einem ernsthaften Ingenieur nun wirklich nicht passieren.

Damit sind wir ungefähr beim letzten Punkt angelangt: Ein Horn ist für die Stadt grundsätzlich zu laut, da wäre es also gleichgültig, wo es hingebaut wird. Draußen auf freier Strecke ist es aber ebenso grundsätzlich zu leise, man hätte also allen Anlaß, es so zu montieren, daß auch nicht der Bruchteil eines Phon verlorengeht. Es gehört also irgendwo vorn an die Maschine hin, es soll seinen Krach nach vorn, allenfalls leicht nach rechts gerichtet ausstrahlen. Nun klingt dieser Satz leicht blöd, denn in ein oder zwei wenigstens der besseren Fachbücher über Fahrzeugelektrik steht zu lesen, daß die Abstrahlcharakteristik eines Horns nahezu kugelig sei, man kann also nicht von einer speziellen Richtung der Schallabgabe sprechen. Die Kugelcharakteristik trifft ja nun unbedingt zu, aber wirklich nur dann, wenn man das Horn frei auf ein Stativ montiert, es mitten auf einen Fußballplatz stellt und mit dem Meß-Mikrofon rundherum läuft.

Zwar strahlt das Horn seinen Krach wunderschön nach allen Richtungen ab, das besagt aber noch lange nicht, daß dieser Krach nicht in einer bestimmten Richtung auch *abgeschattet* werden könnte! Wenn man also das Horn seitwärts an der Maschine montiert, dann wird man auf der Seite, auf der das Horn sitzt, bestimmt mehr Krach messen als auf der gegenüberliegenden Seite. Manche Motorrad-Konstrukteure setzen das Horn sogar irgendwo unter den Sattel, in den Deckel eines Werkzeugbehälters oder sonst an irgendeine verborgene Stelle, wo sie es für gut und sicher untergebracht halten. *Es ist kaum zu glauben, wieviel da unter Umständen das Hosenbein des Fahrers oder der Mantel der Sozia an Signallautstärke schluckt.* Man kann ein wunderschön lautes Horn haben und kann sich dennoch schwer wundern, daß draußen auf der Straße der angehupte Lastzug einen nicht hört.

Genauso ist es Unsinn, das Horn unter den Tank zu setzen und gegen die Straße pusten zu lassen, es ist tatsächlich an dem, daß das Horn irgendwo vorn in die Gegend des Steuerkopfes gehört, und daß es *nach vorn gerichtet* sein muß, damit sein Krach in der gewünschten Richtung auf keinen Fall abgeschattet wird. Es gibt da nur eine Regel zu beachten: Das Horn darf zwar notfalls am Steuerkopf befestigt werden, *es soll aber nicht an einem beweglichen, also gelenkten Gabelteil befestigt werden.* Es ist nun einmal eisernes Prinzip, der Vordergabel jedes Gramm Gewicht bzw. hier eben Masse zu ersparen, das sich nur irgendwie sparen läßt, infolgedessen hat am beweglichen Teil der Vordergabel das Horn unter keinen Umständen etwas zu suchen.

Zum Schluß noch so ein Tip, der gewöhnlich übersehen wird: Normalerweise hat ein Horn eine zentrale Befestigungsschraube, es darf aber mit dieser Schraube an keinem absolut starren Maschinenteil befestigt werden, es gibt sonst nur noch einen winzigen Bruchteil seiner sonst möglichen Lautstärke her. Auch ein steifes Flacheisen zu verwenden ist schlecht, das kostet auch Lautstärke. Feine Hornmacher liefern zu ihren Hörnern deshalb Befestigungslaschen, die aus Federstahlblättern aufgebaut sind, nur mit diesen elastischen Laschen kann man auf volle Lautstärke rechnen. Es lohnt sich also durchaus, auf die richtige Anbringung eines Hornes etwas mehr Gehirnschmalz zu verwenden, als es seinerzeit der Motorradmacher aufzubringen vermochte.

Wenn das mit der elastischen Lasche nicht zu machen ist, gibt es immerhin noch die Einspannmöglichkeit am Membranrand, da, wo die Schrauben sitzen, mit denen Membran und Abschlußdeckel auf den Hornkörper geschraubt werden. Es ist nicht unbedingt nötig, da nun den *ganzen* Rand zu fassen, es genügen unter Umständen zwei Kreissegmente, von denen jedes zwei Schrauben erfaßt. Man ist auch nicht auf die Originalschrauben angewiesen, sondern kann nach Bedarf längere Schrauben verwenden, auch kann die Aufhängung am Rande absolut starr sein, sie braucht also nicht elastisch zu sein. Wohl aber sei davor gewarnt, das Horn in einer ganzen Blechwand zu montieren, etwa im Blech des Seitenwagenbootes. So etwas haben in den Anfangszeiten die Mobilbauer mit großer Begeisterung gemacht, auch die Mobilkäufer waren zunächst sehr befriedigt, denn sie hatten den Eindruck, dieses Horn müsse man bis nach Afrika hören – nur die es hören sollten, also die anderen Leute auf der Straße, pflegten es nur durchaus mäßig zu hören. So passiert es auch, daß der Seitenwagenpassagier das Gefühl hat, vom Horn aus dem Boot geblasen zu werden, nur der besagte LKW hört kaum etwas.

Die Sache mit den Heizgriffen

Es hat schon mal fabrikmäßig gemachte Heizgriffe gegeben. Sie „gingen" bloß nicht – sie verkauften sich also nicht so recht. Und sie „gingen" auch technisch nicht so, wenigstens nicht ganz so, wie sich der Pilgersmann das verspricht. Das kam aber nicht daher, daß der Fabrikant dieser Griffe nichts gedacht hätte – wenn man etwas für Hinz und Kunz fabrizieren muß, kann es nie so schön werden, wie wenn man es an Ort und Stelle „nach Maß" anfertigen kann. Gehen wir aber mal systematisch vor:

Die käuflichen Heizgriffe mußten einen „Wendel" aus Widerstandsdraht in einem aufsteckbaren Griff aus Kunstharz-Preßmasse unterbringen. Dadurch war eine Wandstärke gegeben, die den Griff unangenehm und unhandlich dick machte – jahrelang hatten wir für dünne Lenker mit dünnen Griffen gekämpft, und nun hatten wir der Heizerei wegen doch wieder dicke Griffe. Kein Zustand. Aber auch auf Sicht keine Abhilfe möglich.

Zweitens: Diese käuflichen Griffe waren aus Polystyrol, hatten zwar eine „griffige" Gaufrierung eingepreßt, aber diese griff sich sehr schnell glatt, dazu waren keine 10 000 km nötig, und der Griff war und blieb spiegelglatt, unangenehm und krampfhaft glatt.

Drittens: Wenn man so überlegte, wo die Wärme blieb, war das auch verzweifelt! Ungefähr $^1/_3$ der beheizten Oberfläche wurde von der Hand gar nicht umfaßt, vertat also die Leistung nutzlos, und mindestens die Hälfte der Heizleistung ging sowieso nach innen ins Lenkerrohr. Das war auch so ein nicht behebbarer Grundsatzfehler. Logisch wäre es, den Heizkörper gegen Wärmeübergang zum Lenkerrohr so gut wie nur möglich zu isolieren.

Wenn man da nun weiterdenkt, wäre es auch logisch, nicht den ganzen Griff rund-

Bild 33 und 34
So sahen die vor Jahren einmal käuflichen Heizgriffe aus, einpolig angeschlossen, aus Polystyrol, etwas zu dick.

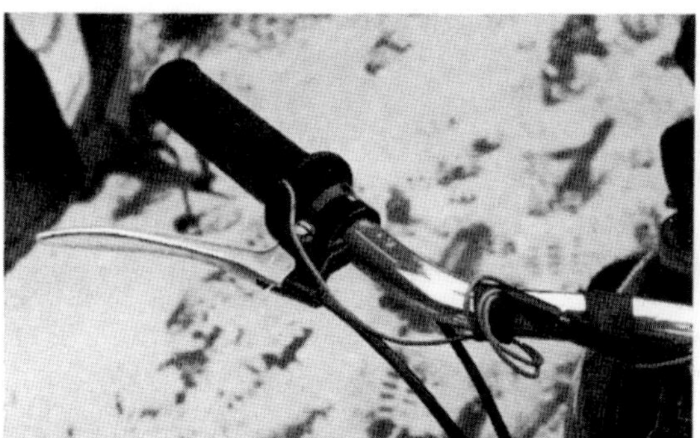

Bild 35
Beim selbstgemachten Griff wird der Heizdraht auf ein schmales Stück Pappe gewickelt, das da auf den Gummigriff gelegt wird, wo man die Wärme braucht, wo also die Finger liegen.

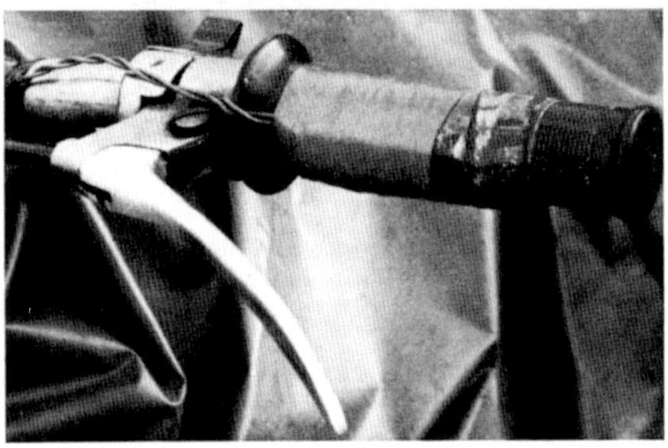

Bild 36
Die Heizkörperpappe wird erst mit einigen Windungen Klebeband festgeheftet und dann sauber mit einer Decklage aus „Lenkerband" überwickelt, ist sehr solide und trägt kaum auf.

herum zu heizen, sondern die Wärmeleistung da zu konzentrieren, wo sie wirklich gebraucht wird – an den vordersten beiden Fingergliedern. Erstens kühlen die jedesmal empfindlich aus, wenn man nach Kupplung und Bremse faßt und brauchen deshalb mehr Wärme als die Handfläche. Zweitens ist die Handfläche sowieso viel unempfindlicher – also warum nicht nur die Vorderfläche der Griffe heizen? Man braucht ja den Widerstandsdraht nicht rundherum um den Griff zu wickeln, man kann ihn auf einen Streifen dünnes Isoliermaterial wickeln, das man einfach an die Vorderfläche des Lenkergriffes legt – *auf* den Griffgummi, der dann gleich die Wärmeisolierung gegen das Lenkerrohr darstellt. Damit müßte man die Wärme da haben, wo man sie braucht, und wahrscheinlich müßte man auch mit etwas weniger Leistung auskommen als bei rundumgeheizten Griffen.

Was sich auch in der Tat herausstellte. Ich habe meine Heizgriffe an der KS mit 5 Ohm Gesamt-Widerstand gemacht, also in jeden Griff 2,5 Ohm gepackt, das gab bei 8,0 V Netzspannung (die für Winterbetrieb stets eingeregelt sind) einen Strom

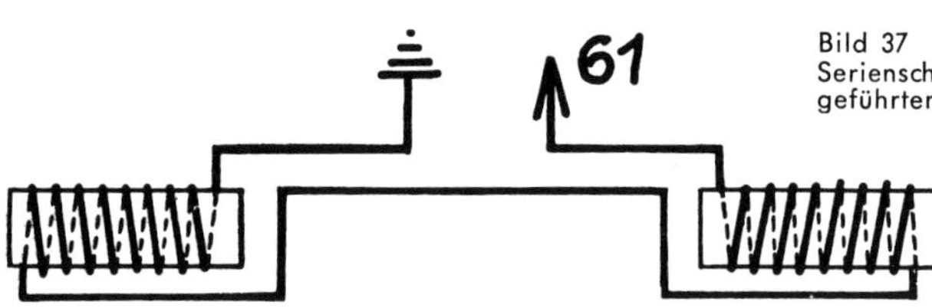

Bild 37
Serienschaltung der Heizkörper mit herausgeführtem Masse-Anschluß.

Bild 38
Heizanschlüsse am Lenkerkopf – die Heizgriffe sind gesteckt, geschieht gemeinhin einmal im Jahr, die beiden freien Bananenweibchen sind Masse und Pluspol für ein Heizkissen im Seitenwagen – genau genommen für die Hütte des Pekings.

von 1,6 A und eine Leistungsaufnahme von ziemlich 13 Watt. Reicht dicke, ist sogar auf Langstrecke etwas zuviel, beim Stadtoldendorfer Elefantentreffen habe ich unterwegs immer wieder „lange Finger" gemacht, weil die Griffe zu warm – lästig warm – wurden.

Noch ein Kniff: Bei den käuflichen Heizgriffen zeigte sich der Masse-Anschluß zuweilen als Fehlerquelle. Ich habe darauf verzichtet und die beiden Heizkörper zu je 2,5 Ohm hintereinandergeschaltet, das Ende zum Steuerkopf geführt und dort solide mit Schraube an Masse gelegt. Der niedrige Ohmwert bei Serienschaltung ergibt eine kurze Drahtlänge und einen schmalen Heizkörper, gar nicht zu verachten.

Wo man den Widerstandsdraht herkriegt? Entweder bei Bügeleisenflickern, es ist aber nicht gesagt, ob die heutzutage noch solchen Draht haben. Wenn nicht, muß man einen größeren Radio-Bastlerladen auftun, der Nickelin, Konstantan, Isabellin oder so etwas hat. Man läßt sich da gleich zwei Stück von je 2,5 Ohm abschneiden – diese Leute haben Ohmmeter und machen einem das schön genau – und sagt gleich, daß die Stücke weder viel länger noch viel kürzer als etwa 50 bis 60 cm sein sollen, daß also die Drahtstärke entsprechend auszuwählen sei. Das Widerstandsmaterial läßt sich nicht löten, das tut aber nichts, die Kupferlitze des Leitungsdrahtes wird eben rumgewickelt, der Draht umgebogen und festgequetscht, hält, bei mir jetzt den dritten Winter.

Wickelkörper: Ein feiner Mann nähme Isoliermaterial – weil ich kein feiner Mann bin, mußte es glatte Pappe tun. Die Wicklung wird mit dünnem, durchsichtigem Tesaband (Büro-Papier-Laden) umwickelt und so festgelegt. Nun, und dann wikkelt man den Heizkörper an der geeignet scheinenden Stelle eben mit Tesa-„Lenkerband" (Fahrradladen) fest, schön stramm. Dieses Lenkerband ist billig und hat die nützliche Eigenschaft, nicht mal bei Nässe glatt zu werden. Sieht glatt aus, bleibt aber griffig. Und wenn einem eines Tages die Geschichte nicht gefällt, wickelt man ab, ändert und wickelt wieder neu, ist wirklich eine Minutensache – eine Rolle Lenkerband kostet ganze neun Groschen! Mehr Erklärung ist eigentlich nicht nötig, dazu sind schließlich auch noch die paar Bilder da.

Falls jemand über die drei Bananenweibchen am Steuerkopf des KS stolpert: Das eine ist für die Heizgriffe bestimmt, die sowieso einerseits an Masse liegen, die andern beiden sind „heiß" und „Masse" für ein Heizkissen, das zum Seitenwagen gehört. Der Stecker wird nur einmal im Jahr gezogen: Etwa Mitte April. Und einmal gesteckt – Anfang Oktober. Im übrigen hängt der heiße Pol der Griffheizung nicht etwa an Klemme 51 oder sonstwo, von wo die Griffe Batteriestrom beziehen könnten – das heiße Ende hängt grundsätzlich an der Klemme 61, so daß die Griffe garantiert nur Lichtmaschinenstrom bekommen und ganz automatisch vom Bordnetz und damit von der Batterie getrennt sind, sobald die Maschine steht.

Das ist alles – also mach das Zeug *jetzt*, dann haste's im Winter!

Noch ein Kniff: Seit an der KS statt des Rückstromschalters eine Silizium-Ventilzelle ist, liegt die Lichtmaschinenspannung rund 1 Volt höher als die Netzspannung, jetzt sind die 2,5 Ohm Heizkörperwiderstand entschieden zu niedrig – ich empfehle, sich zwei Stücke von je 3 Ohm abschneiden zu lassen. Sollte sich dann im Winter zeigen, daß die Griffe nicht genügend heizen, ist es ja ein Kinderspiel, das Lenkerband wieder abzuwickeln und etwa 15 % Drahtlänge abzuschneiden – dann fließt mehr Strom, und die Griffe werden wärmer. Ist ja bei diesem Klebezauber alles kein Problem.

Die elektronische Regelung

Sie würde länger leben als das ganze Fahrzeug, aber sie ist teuer. Deshalb kauft sie niemand, und deshalb „gibt es sie" auch nicht, kann man nur selber machen.

Es war 1948, es gab noch nicht mal gute D-Mark, da las man zum erstenmal in der amerikanischen Zeitschrift „Electronics", jemand habe eine der damals durchaus bekannten Kristall-Dioden mit einer weiteren Elektrode versehen und habe damit eine Stromverstärkung erzielen können. Daraus wurden dann später die Dinger, die man heute Transistoren nennt. Der Normalverbraucher kennt Transistoren als Winzigdingerchen, mit denen man winzig kleine Radiogeräte bauen kann. Die Leute, die Radioröhren aber zu „ernsthaften" Zwecken brauchten, also etwa zum Telefonieren, für Rechenmaschinen und zur Selbststeuerung – feine Leute sagen Automation – von Werkzeugmaschinen, griffen zu Transistoren, nicht weil sie klein waren und sehr geringen Eigenverbrauch hatten (das wurde stillschweigend gleich mitkassiert), sondern weil sie sehr im Gegensatz zu Röhren eine unbeschränkte Lebensdauer versprachen. Soweit man das heute, 1961, sagen kann, nachdem man „großtechnisch" diese Transistoren seit 1954 einsetzt, wurde gerade diese Lebensdauerversprechung erfüllt. Wenn man Transistoren nicht mit Hitze quält, sie also nicht überlastet, leben sie offensichtlich lang genug, daß man – noch – eine Lebensdauergrenze nicht zu sehen vermag.

Sehr im Gegensatz zu mechanischen Schaltkontakten.

Von einem mechanischen Kontakt – hier speziell einem Reglerkontakt – weiß man nur eines ganz genau: Daß er täglich schlechter wird und irgendwann entweder nicht mehr schließt oder nicht mehr öffnet. Mit zuweilen verheerenden Folgen: Lichtmaschine völlig im Eimer.

Also versuchten kluge Leute, diese Schalterkontakte durch Transistoren zu ersetzen – weil das im Werkzeugmaschinenbau und im Rechenmaschinenbau schon lang alle Leute tun, die sich unzuverlässige mechanische Kontakte nicht mehr leisten können. So datiert auch von 1956 ein Bosch-Patent, das eine normale Gleichstromlichtmaschine mit einem Transistor in Serie mit der Feldwicklung betrifft. Seitdem könnte man auch unsere ganz normalen Lichtmaschinen mit Reglern versehen, die keine mechanischen Kontakte mehr haben, also nie mehr kaputtgehen können. So ein Transistorregler wird zusammengebaut, eingestellt und mit Kunstharz zu einem massiven Block vergossen, aus dem nur noch die Anschlußdrähte herausragen. Da ist nie wieder etwas nachzustellen, nichts mehr geht kaputt, lebt ewig. Dennoch wurden seitdem, bis heute, noch Millionen mechanischer Regler gebaut und wir ärgern uns damit herum – denn sie werden auch noch einige Jahre weitergebaut werden. Warum?

Ein mechanischer Schalterkontakt, etwa bei einem Rückstromschalter, kostet mit seinen zwei Wicklungen etwa zwei Mark – bis er in der Hand des Kunden ist,

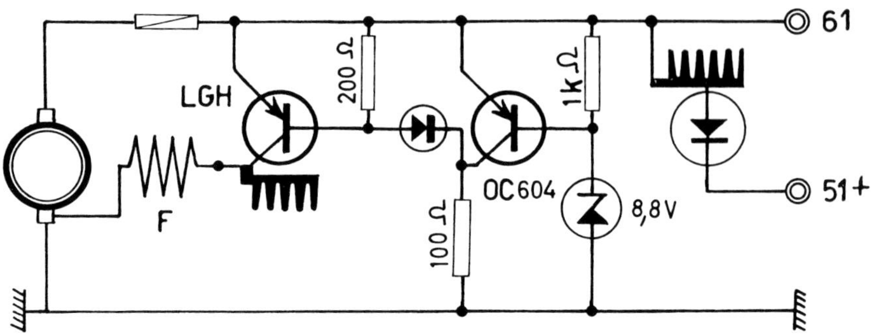

Bild 39
Grundsatzschaltung einer Transistorregelung für Gleichstromlichtmaschine, die Werte sind eingeschrieben.

sind es rund acht Mark geworden. (Man hat gewöhnlich keine Vorstellung davon, was es kostet, eine von der Produktion fertig ausgespuckte Sache bis zum Endverbraucher zu schaffen! Die dicken, von keiner Rationalisierung erfaßbaren Kosten entstehen bei vielen Dingen erst, wenn sie längst fertig sind und verkauft werden sollen.) Derselbe Rückstromschalter, als Halbleitergerät ausgeführt, kostet aber, von der Fertigung ausgespuckt, schon rund 15 Mark. Man rechne aus, ob der Kunde bereit sein wird, eine unendlich lang lebensfähige Elektronik mit 60 Mark zu bezahlen, wenn er dieselbe Sache mit Mechanik, aber beschränkter Lebensdauer, um Achtfuffzig haben kann. Man kann auch eine ganz normale 90-Watt- oder 150-Watt-Lichtmaschine ihres mechanischen Reglers – der zwischen 26 und 48 Mark kostet – berauben und dazu sich selber einen Transistorregler bauen. Dazu braucht man einen dicken Schalttransistor für dicken Strom, etwa 1 A (um ganz sicher zu gehen), der im Laden etwas über 20 Mark kostet. Dazu braucht man einen kleineren Leistungstransistor, der aber auch so runde 15 Mark kostet, eine gewöhnliche Diode um etwa 5 und eine Zehner-Diode um etwa 10 Mark. Das sind rund 50 Mark für die nackten Halbleiter. Dazu ein paar Widerstände, ein paar Klemmen, ein Kühlkörper, etwas Gießharz, gesamter Materialwert auf dem Ladentisch des Elektrohändlers nicht unter siebzig guten Mark. Zum Zusammenbau braucht man gut einen Probiertag mit Meßinstrumenten, die heute nicht mal jeder Radioflicker hat, Normalverbraucher oder gar Kfz-Elektriker haben sie schon gar nicht. (Die Arbeitsstunden rechnet man eigentlich nicht, darf sie nicht rechnen.)
Würde man diesen Transistorregler für vorhandene Lichtmaschinen fabrikmäßig fertigen wollen, etwa als Austauschobjekt für vorhandene, ärgerverursachende mechanische Regler, dann müßte man vom Endverbraucher allein für den Regler einen Preis verlangen, der etwas über dem Preis einer kompletten, neuen Lichtmaschine samt neuem mechanischem Regler läge. Deshalb gibt es für vorhandene Lichtmaschinen immer noch keine Transistorenregler – *Heini Normalverbraucher* würde sie nie kaufen. Er nimmt lieber das Risiko hin, daß ihm die mechanisch geregelte Lichtmaschine ganz zusammenbricht und er den Hundertmarkschein, den er zu sparen gedachte, für Abschleppkosten und sonstige Nebenkosten mehrfach ausgeben muß.

Es wird zwar eines Tages elektronisch geregelte Lichtmaschinen auch für Motorräder (falls es bis dahin noch Motorräder gibt) geben, das werden aber sehr viel einfachere und damit billigere Generatoren sein als unsere heutigen Lichtmaschinen – da muß die Lichtmaschine selber um so viel billiger werden, wie die Halbleiter teurer sind als zwei Wolframkontakte und ein Spulchen. Trotz allem werden aber auch diese stark vereinfachten Maschinen insgesamt doch immer noch etwas teurer sein als unsere heutigen mechanisch geregelten Anlagen.

So sieht das also aus. Niemand braucht mir zu glauben. Wer aber in seinem Zivilberuf mit modernen elektronischen Steuerungen zu tun hat und deren Preise kennt, wird die hier genannten Preise noch niedrig und vielleicht allzu optimistisch finden. Bei mir läuft nun seit Juni 1960 die Lichtmaschine der KS mit einem Voll-Transistorregler. Ich hätte den Bau hier beschreiben können – auf daß jeder hätte sehen können, was der C. H. doch für ein gelehrter Tausendsassa ist. Aber kein Mensch – außer Berufselektronikern – hätte ihn nachbauen können. Und selbst diese hätten es am Arbeitsplatz tun oder die Meßinstrumente dazu im Betrieb vorübergehend „entleihen" müssen. Ich setze aber wenigstens die Schaltung her, vielleicht ist doch ein Transistorenfachmann so verrückt, seine Lichtmaschine *auch* umbauen zu wollen – ihm genügen dann auch die paar eingeschriebenen Werte.

Wohl aber ist es ziemlich leicht möglich, den kritischsten mechanischen Kontakt an jedem Regler, nämlich den Rückstromschalter, durch eine einfache Silizium-Diode zu ersetzen. Diesen Dreißigmarkschein kann man sich eher mal leisten, zumal es zum Einstellen nur eines üblichen genauen Voltmeters und keiner Experimentiererfahrung bedarf. (Bis man mit dem Transistor-Regler umgehen kann, verbrennt man zwei Sätze Transistoren im Versuch, der dritte Satz steht es vielleicht durch!)

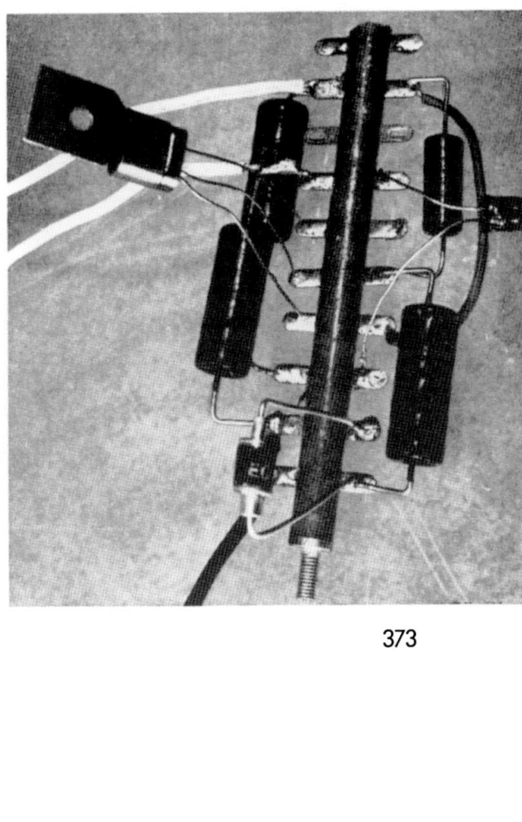

Bild 40, rechts
So sieht die Schaltung Bild 39 (ohne Hochlast-Transistor und -Diode) in Wirklichkeit aus.

Bild 41, unten
Der Hochleistungstransistor wird in einem Kühlkörper für sich montiert, siehe auch Bild 44.

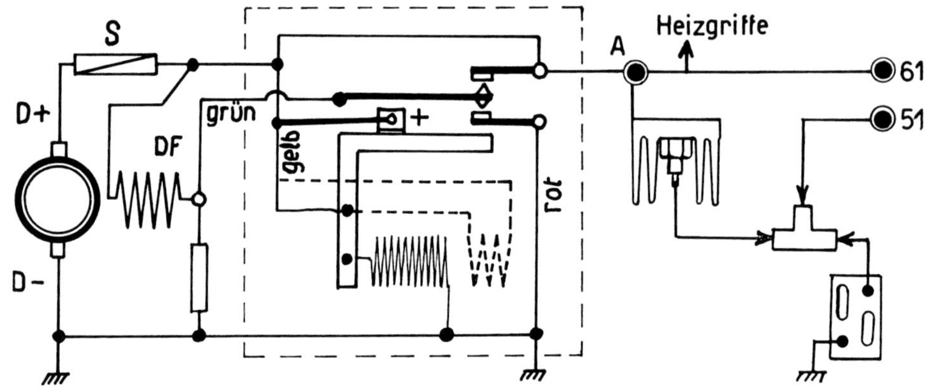

Bild 42
Lichtmaschine mit gemeinem F-Regler, Rückstromschalter ersetzt durch Hochlast-Diode, Stromspule beseitigt oder überbrückt.

Das, was im folgenden Abschnitt kommt, stand im Dezember im MOTORRAD, nachdem es dort etwa sieben Monate abgelagert war. Es gilt auch heute noch. Wörtlich. Wobei ich nur wieder sagen kann: Man staunt, wie brav ein bloßer Zweipunktregler wird, wenn man ihn vom Rückstromschalter trennt, und man staunt noch mehr, wenn das ein elektronischer Rückstromschalter ist.

1. Das Grundübel am magnetischen Regler ist die Tatsache, daß der Rückstromschalter (der die Lichtmaschine von der Batterie trennen soll, sobald die Spannung nicht mehr ausreicht) erst auf einen tatsächlich fließenden Rückstrom anspricht, der sich als Batteriebelastung darstellt und mehrere Ampere betragen kann.
2. Das zweite Übel ist im heutigen Kriechverkehr begründet: Man ist im Stadt- und neuerdings auch im Überlandverkehr gezwungen, oft viele Kilometer in einer gleichmäßig niedrigen Fahrt zu kriechen, die wiederum den Motor zwingt, bei einer so niedrigen Drehzahl langzeitig zu gehen, daß der Rückstromkontakt dauernd hin und her schaltet, also „rattert" – und damit schnellstens zerstört wird.

Die Schwäche der mechanischen Kontakte hat man bisher nur deshalb totgeschwiegen, weil es eben bis vor kurzem keine andere Lösung gab. In der allgemeinen Elektrotechnik kannte man deren Unzuverlässigkeit aber genau und seit mehreren Jahren denkt da kein Mensch mehr daran, einen mechanischen Kontakt zu verwenden, wenn die Aufgabe mit einem Halbleiter oder mit einem magnetischen Regler (Transduktor) zu lösen ist – die allgemeine Elektrotechnik verwendet heute mechanische Kontakte nur noch mit größtem Vorbehalt und nur da, wo sie noch ganz und gar nicht zu ersetzen sind. Nur in der Kfz-Elektrik werden derzeit immer noch Millionen mechanischer Kontakte gemacht – weil es die Kundschaft nicht besser weiß.

Die Schwäche 1. mag noch vor zehn Jahren nur im Ausnahmefall des damaligen dauernden Stadtverkehrs von Bedeutung gewesen sein, heute ist sie ausgesprochen

böse und der Grund ewig leerer Batterien – nicht nur im eigentlichen Stadtverkehr, sondern auch weitgehend im Überlandverkehr, sofern er sich zu den Geschäftsschlußzeiten im Kolonnenbetrieb abspielt.

Die Schwäche 2. endlich kann einem zu jeder Jahreszeit einen Streich spielen, selbst auf einem einzelnen Kilometer Autobahn-Einspur kann es passieren, daß der Rückstromkontakt infolge Ratterns derart verbrennt, daß die rote Lampe nicht mehr ausgeht. *Guter Rat: Wer in eine Kriechkolonne gezwungen ist, lasse sich nie verleiten, mit leise tuckerndem Motor mitzukriechen – unbedingt kleinen Gang rein, und wenn der Motor noch so lärmt und die Leute noch so dämlich gucken (die gucken übrigens gar nicht, das meint man nur ganz für sich allein), dem Motor tut es nichts und die Rückstromkontakte bleiben dabei zu, rattern nicht.*

Bild 43, oben
So sitzt der (uralte!) F-Regler auf dem Deckel des KS-Motors, dahinter der Kühlkörper der Diode, der Schlitz im Reglerkästchen diente nur der Nachstellung des Reglers. (Erster Versuchsaufbau.)

Bild 44, rechts
Hier ist das ein bißchen deutlicher, man erkennt die wohlisolierte Befestigung des Dioden-Kühlkörpers, ein massiver Kupferbrocken. Die vielen Bananenweibchen dienten nur dem Schnellanschluß während der Versuchszeit. (Funktionierte auf Anhieb so gut, daß das nie gebraucht wurde.)

Die Aufgabe des Rückstromkontaktes besteht ja darin: Bei langsam laufendem Motor gibt die Lichtmaschine weniger als die 6,5 bis 7,0 Volt Spannung, die nötig wären, um neben der Batterie Strom ins Netz liefern zu können. Dabei würde die Maschine sogar Strom aus der Batterie aufnehmen – also muß die Lichtmaschine vom Netz getrennt bleiben, bis sie mehr als 6,5 bis 7,0 Volt abgibt. Das besorgt der Rückstromschalter – schlecht und recht.

Nun gibt es seit 3 oder 4 Jahren Halbleiter-Gleichrichter zu kaufen, die in der Form von Silizium-Gleichrichtern besonders angenehme Eigenschaften haben: Wenn man so einen Gleichrichter zwischen Lichtmaschine und Bordnetz bzw. Batterie legt, richtig herum gepolt, dann läßt er zwar (bei genügender Spannung) Strom von der Lichtmaschine ins Bordnetz bzw. in die Batterie, er läßt aber überhaupt nichts zurück, wenn die Lichtmaschinenspannung wieder sinkt. Das ist ein überaus nützlicher Effekt: Man hat keinen mechanischen Kontakt mehr, da kann nichts mehr verschmutzen, nichts verbrennen, nichts rattern, das machen die Elektronen alles unter sich aus, so eine Siliziumpille kann in Dreck und Speck, in Öl und in Luft, selbst im normalen Straßendreckwasser fröhlich weiterarbeiten. Man sollte sich auch durch das Wort „Gleichrichter" nicht verblüffen lassen, in der allgemeinen Elektrotechnik spricht man auch in der Tat mehr von „Dioden" bzw. „Ventilzellen", weil man da weitaus häufiger gar nicht mehr Wechselströme gleichrichtet, sondern die Zellen nur zum Zu- und Abschalten schwankender Spannungen ausnützt.

So eine Siliziumzelle hat ungefähr die Größe eines Kleinfingernagels und läßt dann Ströme von vielen Ampere durch, die hier in den Bildern gezeigte Zelle verträgt nominell 12 A, die Sperrwirkung liegt bei weit über 150 Volt, wird also überhaupt nicht ausgenützt, der Rückstrom in Sperr-Richtung liegt bei Bruchteilen eines Mikroampere. Die Lebensdauer ist so ziemlich unendlich, die Zelle bedarf also keinerlei Wartung. Einzige Empfindlichkeit: Obere Grenztemperatur 80° Celsius, deshalb werden die Dinger immer zusammen mit schönen kupfernen – und der Abstrahlung wegen geschwärzten – Kühlkörpern geliefert. Diese Kühlkörper sind für ortsfeste Anlagen bemessen – kann man so einen Kühlkörper von auch nur dürftigem Fahrwind anströmen lassen, so wächst die Belastbarkeit sofort ins Mehrfache – im vorliegenden Fall kann die 12-A-Zelle glatt mit 25 – 30 Ampere belastet werden. Noch ein Nachteil: Billig ist so ein Ding nicht, dreißig Mark wird man dafür schon los. Dafür ist man dann aber auch radikal jeden – und wirklich jeden – Ärger los. Man kriegt es auch nicht im Kfz-Elektroladen – es gibt nur einige wenige große Radio-Bastelläden, die so etwas besorgen können.

Wie man die Si-Zelle schaltet, zeigen die Fotos und das Schaltbild – der Kupferklotz muß also von Maschinenmasse sorgfältig isoliert werden, er ist ja „heiß" und führt Lichtmaschinenspannung.

Im Regler selbst wird laut Schaltbild sowohl der Rückstromkontakt wie auch die Rückstromspule einfach überbrückt, also kurzgeschlossen – wie man sieht, ist das ein biederer alter F-Regler, der durch die Pensionierung des Rückstromkontaktes plötzlich von einer bislang ungekannten Gutmütigkeit ist. (Man könnte fast wieder Vertrauen zu mechanischen Kontakten gewinnen – aber die eigentlichen Regelkontakte sind ja auch nur ganz niedrig belastet.)

Am besten macht man am vorhandenen Regler außer der Überbrückung von Strom-

Bild 45
Ist nur so groß, damit man die Verbindung sieht, mit der die Stromspule totgelegt wurde. (Man rupft so etwas ja nie gerne ab, wer weiß, wozu es nach Jahren nochmal gebraucht wird?)

spule und Rückkontakt gar nichts, schaltet also den ganzen Kram mit der Si-Zelle komplett zusammen und läßt den Motor laufen. Nicht zu langsam, ziemlich schnell, er muß sicher weiterlaufen, wenn man die Batterie abschaltet. Bei abgetrennter Batterie hängt man zwischen Masse und Klemme 51 ein Voltmeter und kann jetzt an der Regler-Stellschraube drehen, bis (bei brennendem Fernlicht noch mal kontrollieren!) 7,5 Volt Netzspannung da sind. Dann stimmt's und man kann einpacken, mehr ist nicht mehr zu tun.

Für die Elektriker eine Nebenbemerkung: Bei meiner Si-Zelle habe ich unter Höchstlast einen inneren Spannungsabfall von 1,0 V gemessen, obwohl 1,4 bis 1,5 V zu erwarten gewesen wären, die Lichtmaschine geht also bei 7,5 V Netzspannung mit 8,5 V, die man zwischen Klemme 61 und Masse feststellen kann.

Das kommt einer Mehrbelastung der Lichtmaschine um 10 Watt gleich, meist aber viel weniger. Der höchste an der KS bisher tatsächlich gemessene Maschinenstrom betrug 9 A bei fast leerer Batterie von 45 Ah (Blei). Diese 10 Watt (im Höchstfall) Verlustleistung werden von dem Kupferkörper glatt weggekühlt.

Die Überbrückung der Stromspule im Regler wäre an sich nicht nötig gewesen, man hätte sich mit einem Kurzschluß nur des Rückstromkontaktes begnügen können – ich wollte aber unbedingt die Neige-Regelung loswerden, also unter bewußter Inkaufnahme einer möglichen Lichtmaschinenüberlastung (die für 20 – 30 Minuten anstandslos vertragen wird) eine ziemlich leere Batterie schnellstens wieder vollkriegen. Daher also die Überbrückung der Stromspule, der Regler stellt damit die Netzspannung von 7,5 Volt unter *jeder* Last unverändert her. Obwohl meine Bat-

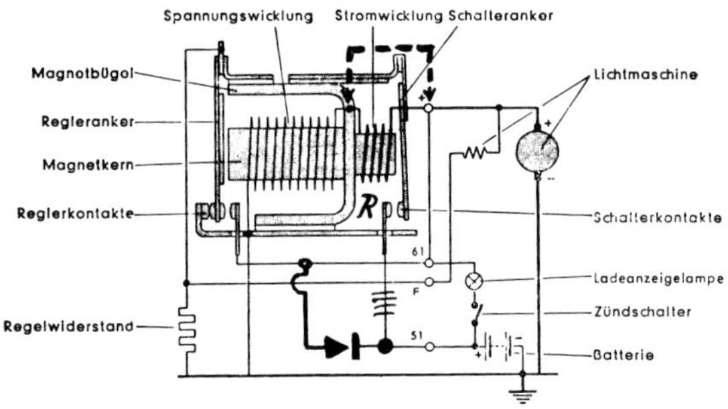

Bild 46
In vielen moderneren Motorrädern sind diese Z-Regler drin, hier ist eingetragen, wo eine Verbindung gezogen werden muß, eine Leitung (durchgestrichen) zu unterbrechen ist und die Hochlast-Diode angeschaltet werden muß.

terien einigermaßen überwacht sind, also nie völlig leer werden, wollte ich doch – der Teufel ist nun mal ein Eichhörnchen – nicht ganz ohne Schutz sein und habe in die Leitung zur Plusbürste in der Lichtmaschine eine „träge" 15-A-Sicherung gesetzt. Spannungsabfall daran bei normaler Last von 6–7 A unterhalb 150 Millivolt.

Inzwischen wurden auch schon Bedenken geäußert: Die kurzgeschlossenen Windungen der Stromspule auf dem Regler müssen die Funktion der Reglerkontakte verlangsamen. Theoretisch ja, praktisch nein. Ferner: Die Anlaufcharakteristik der Sperr-Diode muß doch wieder eine Neigecharakteristik geben. Theoretisch ja. Die von mir verwendete Eberle-Diode fährt aber mit einem so scharfen Knick hoch, daß die vorhandene 16-Ah-Bleibatterie (der auch noch gefahrenen Ni-Cd-Batterie tut es erst recht nichts!) bei nur zündungsbelastetem Netz rund 400 mA Dauerladestrom (bei etwa + 20° Außentemperatur) bekommt, die (absichtlich) tiefstentladene Batterie nimmt während der ersten Minuten 13—14 A auf, danach sinkt die Entnahme auf etwa 9 A, um im Laufe einer Stunde auf 5 A zurückzugehen. Diese Messungen wurden mit jeweils kalter Maschine angefahren, sie entsprechen also nicht dem Aufbau auf dem Labortisch, offensichtlich spielt die Änderung des Innenwiderstandes der Lichtmaschine auch eine Rolle. (Ganz ehrlich: Weil die Messung auf der Batterieseite der Sperrdiode so glatt lief, habe ich auf der Generatorseite nicht noch mal kontrollgemessen. Haben Sie schon mal solche Messerei auf der Straße zu fahren versucht? Siehste!)

Die in den Bildern zu sehende, im Deckel des KS-Motors sitzende Klemme mit den vielen Steckern ist isoliert, hat also keinerlei Masseverbindung – ist nur da, um bequem messen zu können, der Normalverbraucher benötigt diese Klemme nicht oder kann die Verbindungen auch in Gestalt einer Klemmenleiste irgendwo geschützt am Rahmen anbringen. Es ist ja typisch für solche elektronische Anordnungen: Wenn die erst mal richtig eingestellt sind, ändern sie sich nie wieder, man braucht danach nie wieder etwas anzufassen.

Im Schaltbild findet man noch einen Abzweig „Heizgriffe" – die sind bei mir grundsätzlich an Klemme 61 angeschlossen, ein Trick aus uralter Zeit. Hat nämlich den großen Vorteil, daß sie keinesfalls Strom aus der Batterie lutschen können, man kann sie den ganzen Winter angeschaltet lassen und kann sie nicht mehr abzuschalten vergessen – sie kriegen erst Strom, wenn die Lichtmaschine läuft, sie kriegen auch dann noch etwas Strom, wenn man kriechen muß und die Zündung längst aus der Batterie lebt, nur aus der Batterie kriegen sie eben unter all und gar keinen Umständen mehr Strom.

Bild 47
Nur daß es keine Zweifel gibt: Beim Z-Regler ist R der Rückstromschalter, der totzulegen ist. An der mit Pfeil bezeichneten Reglerzunge wird die Spannung nachgestellt, die wegen des Spannungsverlustes in der Diode um rund 1 V höher sein muß als früher mit Schalter.

Ja – vielleicht muß man das noch mal wiederholen: Jetzt kann ich mit der KS in jeder Gangart und mit jeder Drehzahl kriechen – derzeit hat sie wieder mal einen besonders stillen Leerlauf –, ohne irgend ein Rattern fürchten zu müssen. Der roten Lampe zuzusehen macht besonders Spaß, wie die jetzt flackerfrei friedlich verglimmt und genauso wiederkommt.

Wenn man allerdings sehr gut aufpaßt und wenn vor allem volle Leistung auf der Lichtmaschine steht, dann sieht man die rote Lampe deutlich wieder glimmen, nachdem sie zuvor beim Hochdrehen des Motors völlig verlöscht war: Jetzt brennt sie mit umgekehrter Spannung, regelrecht „andersherum", weil sie jetzt den Spannungsabfall bekommt, der zum hohen Stromdurchgang durch die Siliziumzelle gehört.

Bild 48
So werden Hochleistungstransistor, Hochlastdiode und der ganze übrige Kram mit Isolierstreifen zusammengebaut – alle Kühlkörper führen ja Spannung gegen Masse. Der ganze Kram von Bild 40 wird in ein Schächtelchen zwischen die Klemmreihen gelegt und dort mit Gießharz zu einem massiven Block vergossen, nur die Klemmen sind dann noch zugänglich. (So viele, weil anfänglich viel damit gemessen wurde, nötig sind nur zwei und eine Masseschraube.)

Die Sache mit den Blinkewinkern

Der aufmerksame Leser vermißt sicher schon beim ersten Durchblättern dieses Buches Fotos, Zeichnungen und Schaltungen von Blinkanlagen, sowohl solche doch seit Mitte 1960 auch für Motorräder zwingend vorgeschrieben sind. Ich will nicht lügen: Zur Zeit, da dies niedergeschrieben wird, hat meine KS noch keine Blinker und ich bin gesonnen, es auf mindestens zwei Mahnungen ankommen zu lassen, bis ich endlich diese traurigen Kinkerlitzchen auch dranmache. Ergo: Ich kenne zwar Fabrikdrucksachen, habe aber mit diesem stinkenden Dreckzeug noch keine eigene Erfahrung. (Dazu fahre ich wieder zu wenig Wagen!) Ich kann also nicht sagen, wo bei diesem Blechkram (ist ja alles auf superbillig zusammengestoppelt) das weißte-wie und weißte-wo steckt. Daß es überhaupt zur Vorschrift von Winkern kam, dürfte der Unentschlossenheit der sogenannten Fachpresse zu danken sein – zwar war es uns vom MOTORRAD vor Jahren gelungen, die 80-km/h-Vorschrift für Motorräder zu Fall zu bringen, aber als die Blinkervorschrift vorbereitet wurde und es Zeit gewesen wäre, dagegen anzugehen, waren die Helden eben müde. Oder verstanden zu wenig davon. Und jetzt müssen wir uns eben mit dem Pofel herumschlagen. Meine Meinung: Überflüssig und gefährlich.

Für den guten Fahrer überflüssig aus folgenden Gründen:

Der gute Fahrer fährt so, daß jeder Hintermann und jeder Gegenkommer schon aus seiner Fahrweise sehen muß, was er will, er setzt sich also beispielsweise immer schön früh links heraus, wenn er abbiegen will. Außerdem weiß der gute Fahrer, daß die andern immer Kretins mit kilometerlanger Leitung sind, daß man also speziell darauf achten muß, ob die auch richtig mitgekriegt haben, was man selber tun will – man wird also nicht abbiegen, ehe man sich überzeugt hat, daß von hinten kein Würstchen mit Affenzahn überholen will. Umgekehrt verläßt man sich selbst auch niemals auf die Blinkewinker anderer Leute – wer sagt mir, daß die nicht etwa bloß vergessen haben, ihren Weihnachtsbaum wieder zurückzustellen? Wenn Sie mich fragen: Ich achte auf die R ä d e r der anderen.

Für schlechte, also dumme Fahrer gefährlich aus diesen Gründen:

Sie verlassen sich darauf, daß ihr Weihnachtsbaum *überhaupt* gesehen wird, daß er ferner *rechtzeitig* gesehen wird und daß er richtig *entziffert* wird. Also mir wäre das zu gefährlich!

Ein persönlicher Trick: Ich habe mich bisher schon mit Armwinken nie überanstrengt, ich bin lieber auf die sichere Tour gefahren, so daß Abwinken überflüssig wurde. Ich habe auch seit einigen Jahren schon nicht mehr gehört, daß unterbeschäftigte und auf Beförderung erpichte Polizisten sich einen Sport daraus machen, nicht-abwinkende Motorradfahrer aufzuschreiben. Wenn ich also an die

KS auch endlich mal Blinker dranmachen muß, werde ich mir auch damit keine Verzierung abbrechen. Denn da gibt es im Fall einer Verhandlung die nicht zu widerlegende Einlassung: „Ich habe selbstverständlich den Blinkerschalter betätigt, aber angesichts der mäßigen Qualität der allein käuflichen Schalter entfallen auf ca. 100 Betätigungen 1 – 2 Versager, in denen der Schalter zwar umgelegt wird, aber der Kontakt nicht hergestellt wird, so daß die Blinkerlampen nicht ansprechen, ohne daß der Fahrer dies zu bemerken vermöchte. Bei der nächsten Betätigung geht der Kontakt durch, so daß der Versager später nicht festgestellt werden kann." Diese Einlassung ist wie gesagt nicht zu widerlegen, denn solche Schalterversager – bei allen Schaltern, nicht nur bei Winkerschaltern – kommen ziemlich häufig vor. Man braucht sich also gar nicht auf Wackelkontakte, Drahtbrüche, „durchne" Lampen und derlei zu berufen – jeder Kleinschalter und ganz besonders unsere Motorradschalter zeichnen sich durch eine bestimmte (und recht häufige) Zahl von Fehlschaltungen aus, in denen ohne feststellbare Gründe (einfach weil es mehrere Ursachen gibt und die spezielle Ursache beim Zurückschalten und Wiederschalten beseitigt wird) der Kontakt nicht hergestellt wird, obwohl sich die Kontaktflächen scheinbar berühren.

Schon deshalb verlasse ich mich nie darauf, daß mein eigenes Blinksignal erkannt wird – einfach weil es im entscheidenden Augenblick ohne weiteres gänzlich versagen kann. Ergo: Wir haben wieder mal ein Gesetz, von blutigen Laien gemacht und – auch wenn die Herren derwegen gekränkt sind – von ebenso blutigen Laien nicht genügend bekämpft. Das Geld dafür müssen aber wir verplempern. Nicht mehr zu ändern.

Und nun zum mehr oder weniger guten Ende

So lange ich noch Redakteur beim MOTORRAD war, hatte ich ein redlich Teil Verdruß auszustehen mit allen möglichen Handwerkerzünften, die sich immer kollektiv aufregten, wenn im MOTORRAD irgendwelche Murksgeschichten erzählt wurden, etwa die Batteriegeschichte, die hier auf Seite 63 erzählt wurde. (Damals stellte sich übrigens auch heraus, daß diese Werkstatt – bitte, eine sehr angesehene und gar nicht kleine Spezial-Elektrowerkstatt in der Stadtmitte Groß-Stuttgarts – kein Voltmeter besaß, mit dem man zuverlässig eine Batteriespannung hätte messen können.) Ich hatte anläßlich dieses Falles zwar geschworen, diese Werkstatt nie wieder zu betreten, aber der Teufel ist bekanntlich ein Eichhörnchen, ein Vierteljahr später stand ich doch wieder auf dem Hof, mit einem Geschäftsfreund, der wegen irgend einer Spezialsache auf diese Bude angewiesen war. Wir stehen und warten – da knallt es unversehens hinter mir! Genau die unverkennbaren, charakteristischen Patscher, die es gibt, wenn einer mit dem „Prüfdraht" an Batteriepolen rumfummelt – das kennt man ja, wie der Landser eine Russen-MPi, deutsche MPi und Ami-MPi schon vom zweiten Schuß an auseinanderkennt. Ich fahr auf dem Absatz rum – wer ist der Knulch? Natürlich mein Freund mit der Nickelbatterie – hier hatte er eine 3=6-Batterie in der Mache! Na weeßte! Aber schließlich haben sich meine engeren Landsleute ja schon immer durch ein gerüttelt Maß von Sturheit ausgezeichnet.

Wieder ein bißchen später saßen wir in Garmisch im Olympia-Stadion und schimpften ein weidliches darüber, daß man in Bundesdeutschland kein Fest eröffnen kann, ohne daß mindestens vier Bonzen denselben belanglos-stumpfsinnigen Wortbrei dahersabbeln. In Ostblockländern sabbeln wenigstens bloß zwei Bonzen, in allen anderen Ländern dagegen spricht ein Funktionär nicht mehr als zwanzig Worte und dann geht man an den Start – vielleicht sind wir deshalb ein bißchen verwöhnt. Nun, da kam ein Bayer und versuchte, unsere desolate Stimmung zu bessern, indem er diesen Lichtmaschinenläufer auf den Tisch legte. Zwar ein Lucas-Läufer, aber von einer bayrischen Werkstatt – da, wo Bayern am bayrischsten ist – neu gewickelt. Irgendwer in dieser Werkstatt hatte diesen neu gewickelten Läufer „ausgewuchtet", indem er diese Löcher bohrte. Weil es aber der Lehrbub war und sein Gemüt noch einer menschlichen Regung fähig, zweifelte er nun offenbar doch an solchem Tun, ging hin und patzte die Löcher mit Lötzinn wieder zu. Solches geschah aber nicht nur in der Stille der Werkstatt, dieser „ausgewuchtete" Läufer ging über dem Meistertisch, es wurde noch eine Rechnung dafür geschrieben, der Läufer wurde auch richtig über den Ladentisch ausgehändigt und die Rechnung bezahlt. Dem Kunden dämmerte, daß hier etwas nicht in Ordnung sein könne, als das Lötzinn nach etlichen Kilometern in der Lichtmaschine herumspritzte. Denn bis